高等学校新工科计算机类专业教材

计算机组成原理

陈智勇　主　编

陈　宏　王　鑫　参　编

西安电子科技大学出版社

内 容 简 介

本书系统地讲述了计算机最基本的组成和工作原理、分析方法和设计技术，以及有关的先进技术和在计算机组成方面的最新进展。

全书共分8章。第1章计算机系统概论主要讲述计算机的发展历程、计算机系统的层次结构及组成、计算机的工作过程、性能、分类和应用。第2章运算方法和运算器主要讲述数值数据和非数值数据的表示方法、定点数与浮点数的运算方法和运算器以及数据校验码。第3章存储系统主要讲述存储器的基本概念、半导体存储器、多模块交叉存储器、相联存储器、Cache存储器以及虚拟存储器。第4章指令系统主要讲述指令和数据的寻址方式、指令格式的分析与设计以及CISC和RISC的基本概念。第5章中央处理器主要讲述CPU的功能和组成、时序产生器、微程序控制器、硬连线控制器、流水线技术以及提高单机系统指令级并行性的措施。第6章总线结构主要讲述总线的基本概念、总线仲裁和总线通信以及总线标准。第7章输入/输出设备主要讲述典型输入/输出设备的工作原理和常见的性能指标。第8章输入/输出系统主要讲述输入/输出系统的基本概念、I/O接口的功能和基本结构以及I/O设备的数据传送控制方式。每章针对各主要知识点给出了大量的例题和习题，附录A给出了部分习题的参考答案。

本书可作为高等院校普通本科计算机科学与技术、软件工程、网络工程和信息技术等专业的教材，也可作为应用型本科相关专业的教材。

★ 本书配有电子教案，需要者可登录出版社网站，免费下载。

图书在版编目(CIP)数据

计算机组成原理/陈智勇主编. —西安：西安电子科技大学出版社，2009.2(2025.1重印)
ISBN 978-7-5606-2169-2

Ⅰ. 计…　Ⅱ. 陈…　Ⅲ. 计算机体系结构—高等学校—教材　Ⅳ. TP303

中国版本图书馆CIP数据核字(2009)第005354号

责任编辑　阎　彬　云立实
出版发行　西安电子科技大学出版社(西安市太白南路2号)
电　　话　(029)88202421　88201467　　邮　　编　710071
网　　址　www.xduph.com　　电子邮箱　xdupfxb001@163.com
经　　销　新华书店
印刷单位　西安日报社印务中心
版　　次　2009年2月第1版　2025年1月第6次印刷
开　　本　787毫米×1092毫米　1/16　印　张　24
字　　数　567千字
定　　价　48.00元
ISBN 978-7-5606-2169-2
XDUP 2461001-6
＊＊＊如有印装问题可调换＊＊＊

前　言

“计算机组成原理”是计算机科学与技术一级学科各专业必修的一门专业公共基础课，它以计算机单机系统为研究对象，主要介绍计算机硬件的基本组成、工作原理和逻辑设计。

本书根据高等学校计算机科学与技术专业公共基础课“计算机组成原理”的核心知识体系和研究生入学考试全国统考大纲的要求编写而成，较为全面地介绍了计算机系统中各部件的内部工作原理、组成结构、逻辑设计以及相互连接方式，以便让读者建立计算机系统整机的概念。通过对基础理论和基础知识的讲述，让读者能够运用计算机组成的基本原理和基本方法，对有关计算机硬件系统中的理论和实际问题进行计算、分析和设计。本书内容丰富、取材先进，在阐述计算机的基本组成和工作原理的基础上，力图给出设计方法和实例，以帮助读者更好地理解一些比较抽象的概念。

本书在编写上具有四个特色：第一，基础性强，知识结构合理，教材内容组织符合《高等学校计算机科学与技术专业发展战略研究报告暨专业规范（试行）》和研究生入学考试全国统考大纲的要求；第二，取材先进，在计算机的发展趋势、指令系统的发展、提高单机系统指令级并行性的措施、总线标准等章节中引入了近几年来较新的计算机技术；第三，符合计算学科的认知理论，注重实践能力的培养，教材在内容的设置上依据了人们在计算学科领域的认识规律，即从感性认识（抽象）到理性认识（理论），再由理性认识（理论）回到实践（设计）；第四，每章针对各主要知识点给出了大量的例题，解题过程详细，思路清晰，有助于对基本理论、基本方法的理解。各章节后的习题附有部分参考答案，有助于读者自学。

本书中有关 CPU 的设计电路已通过 EDA 软件设计验证。在保持 CPU 整体结构不变的前提下，通过扩展指令系统、设计新的指令格式和寻址方式、增加通用寄存器的个数、更新操作控制器的设计等，可设计各类功能强弱不同的 CPU，并通过运行机器语言源程序来验证 CPU 设计的正确性。此部分可作为该课程的综合实践性环节，通过让学生自己做来增强其实践动手能力。

为使用方便，本书所使用的一些常用二进制逻辑元件的图形符号未采用国标，读者可通过附录 C 来进行对照学习。

本书可作为高等院校普通本科计算机科学与技术、软件工程、网络工程和信息技术等专业的教材，也可作为应用型本科相关专业的教材。课程的参考教学时间为 72 学时，也可根据实际情况选择基础知识部分进行教学。

本书由陈智勇主编。陈智勇编写了第1、2、4、5章以及附录；陈宏编写了第6和第8章；王鑫编写了第3和第7章。本书由王忠民教授主审，非常感谢他对书稿提出了许多宝贵的修改意见。西安电子科技大学出版社为本书的出版也做了大量的工作，在此表示衷心的感谢。

由于计算机技术的飞速发展，新的理论和技术层出不穷，本书难以反映计算机组成的最新发展变化，加之编者的水平有限，书中难免会存在不妥之处，恳请广大读者批评指正。

编　者
2008年10月
于桂林电子科技大学

目　录

第 1 章　计算机系统概论

计算机系统是一个由硬件和软件组成的复杂的自动化设备，计算机系统中的哪些功能由硬件来实现，哪些功能由软件来实现，是计算机系统结构研究的范畴。计算机组成研究的内容是在计算机系统结构确定的情况下，如何来进行逻辑设计。本章首先介绍计算机发展历程，然后介绍计算机系统层次结构、计算机系统的组成、计算机的工作过程和计算机性能，最后介绍计算机的分类和应用。

1.1　计算机发展历程

电子数字计算机是一种能够自动、高速、精确地进行信息处理的现代化电子设备。其基本特点是运算速度快、记忆能力强、有逻辑判断能力。电子数字计算机最初只是作为一种计算工具，现已应用于人类生产和生活的各个方面。

1.1.1　冯·诺依曼型计算机的特点和功能

1943 年开始研制的电子数字积分器和计算机(Electronic Numerical Integrator And Computer，ENIAC)是美国第一台由程序控制的电子数字计算机，由美国宾夕法尼亚大学莫尔(Moore)学院的莫克利(J. W. Mauchly)和埃克特(J. P. Eckert)共同负责研制。当时正值第二次世界大战，美国的军队非常迫切地需要对他们设计的新型火炮的弹道进行计算，当得知电子计算机可以将弹道表的计算时间从几天缩短到几分钟时，美国陆军部决定资助 ENIAC 计划。事实上，ENIAC 的确可以把计算一个弹道表的时间从 20 小时缩短为 30 秒钟。但不幸的是，直到战争结束，这台机器都未能建成。直到 1945 年年底，ENIAC 计算机才研制完成，并于 1946 年 2 月正式交付使用，它被公认为世界上第一台全电子通用数字计算机。

ENIAC 计算机共使用了 18 000 多个电子管，1500 个继电器，重达 30 吨，占地 170 m^2，每秒可进行 5000 次加法运算，有一个存储容量为 1000 比特(可存储大约 20 个字长为 10 位的十进制数)的存储器。但 ENIAC 计算机还不是存储程序的计算机，也就是说，程序并不是存放在存储器中，而是通过人工设置开关和插拔电线以改变接线的方法来编排程序。ENIAC 计算机还没有采用二进制的计算方式，而是采用十进制的计算方式，它通过采用 10 条信号线来表示 0～9 之间的一个数据。

1950 年第一台存储程序计算机 EDVAC(Electronic Discrete Variable Automatic Computer)诞生，它由美籍匈牙利数学家冯·诺依曼(Von Neumann)与莫尔(Moore)小组合作研制。EDVAC 计算机采用了二进制的数据表示方法，并设置了能对二进制数进行运算的算术逻辑运算单元(ALU)。该计算机采用存储程序工作方式，程序存储在主存储器中，可以随时修改。

冯·诺依曼在他发表的《关于电子计算装置逻辑结构初探》报告中提出了存储程序的思想。该思想可以概括如下：计算机要自动完成解题任务，必须将事先设计好的、用以描述计算机解题过程的程序如同数据一样采用二进制形式存储在机器中，计算机在工作时自动高速地从机器中逐条取出指令加以执行。

以存储程序原理为基础的各类计算机，统称为冯·诺依曼计算机。早期经典的冯·诺依曼计算机具有如下基本特点：

(1) 计算机由运算器、控制器、存储器、输入设备和输出设备五大部件组成。

(2) 采用存储程序的方式，程序和数据存放在同一存储器中，并且没有对两者加以区分，指令和数据一样可以送到运算器进行运算，即由指令组成的程序是可以修改的。

(3) 指令和数据均以二进制编码表示，采用二进制运算。

(4) 指令由操作码和地址码组成，操作码用来表示操作的类型，地址码用来表示操作数和操作结果的地址。操作数类型由操作码决定，操作数本身不能判定其数据类型。

(5) 指令在存储器中按其执行顺序存放，由指令计数器(又称程序计数器)指明要执行的指令所在的存储单元的地址。一般情况下，每执行完一条指令，指令计数器顺序递增。指令的执行顺序可按运算结果或外界条件而改变，但是解题的步骤仍然是顺序的。

(6) 机器以运算器为中心，输入/输出设备与存储器之间的数据传送都通过运算器。

经典的冯·诺依曼计算机是以运算器为中心的，如图 1.1 所示。其中，输入设备、输出设备与存储器之间的数据传送都需通过运算器。

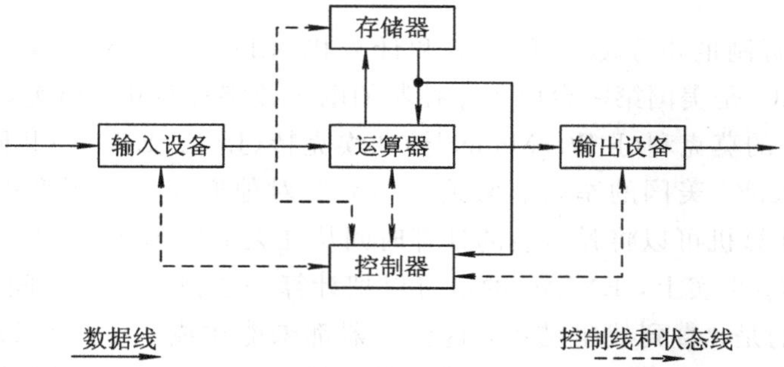

图 1.1 冯·诺依曼型计算机硬件组成图

按照存储程序原理，冯·诺依曼型计算机必须具备五大功能：

(1) 输入/输出功能。计算机必须有能力把原始数据和解题步骤输入到机器中，同时也可以把计算结果和计算过程中的情况输出给使用者。

(2) 记忆功能。计算机能够存储(记忆)原始数据和解题步骤，以及解题过程中产生的一些中间结果。

(3) 计算功能。计算机应能进行一些基本的计算，并能利用这些基本计算组合成使用者所需的一切计算。

(4) 判断功能。计算机在完成一步操作后，应具备从预先无法确定的几种方案中选择一种操作方案的能力，以保证解题过程的正确性。

(5) 自我控制功能。计算机应能保证程序执行的正确性和各部件之间的协调性。

虽然计算机种类繁多，运算处理能力有强有弱，但作为计算机，它们的基本功能却是相同的。即冯·诺依曼型计算机都应当具有输入/输出、记忆、计算、判断和自我控制这五大功能。

60 多年来，随着计算机技术的发展和新应用领域的开拓，通用计算机在设计时对冯·诺依曼结构作了很多改进，使计算机系统结构有了很大的发展，例如机器程序与数据分开存放在不同的存储器区域中，程序不允许修改，计算机不再以运算器为中心，而是以存储器为中心等。虽然有以上这些突破，但其本质变化不大，习惯上仍称之为冯·诺依曼型计算机。

冯·诺依曼型计算机的局限性在于它的并行性有限，使工程设计人员一直未能找到构建廉价且与大部分商用软件兼容的快速系统的途径。显然，未受到要与冯·诺依曼体系结构保持兼容性要求约束的工程师们，就可以自由地选择使用许多不同的计算模式。许多不同的研究领域都属于非冯·诺依曼模型的范畴，包括神经网络(利用人脑模型的思想作为计算范式)、基因算法(利用生物学和 DNA 演化的思想开发的算法)、量子计算机(在量子效应和量子力学基础上开发的进行高速数学和逻辑运算、存储及处理量子信息的计算机)、光子计算机(利用光子取代电子进行数据运算、传输和存储的计算机)、纳米计算机(采用纳米技术研发的新型高性能计算机)和大规模并行处理机等。在这些新的体系结构中，并行计算的概念是目前最流行的。

1.1.2 计算机的发展历史

自从电子计算机问世 60 多年来，从使用器件的角度来说，计算机的发展经历了五个阶段，习惯上称为五代。

第一代为电子管计算机时代(1946 年～1957 年)。其主要特点是采用电子管作为基本器件，计算机的运算速度为每秒几千次至几万次，其体积庞大，成本很高，可靠性较低。在此期间，计算机主要用于军事和国防尖端技术方面的计算与研究工作，但它为计算机技术的发展奠定了基础，其研究成果后来扩展到民用，又转为工业产品，形成了计算机工业。

20 世纪 50 年代中期，美国 IBM 公司在计算机行业中崛起，1954 年 12 月推出的 IBM650 小型机是第一代计算机中销售最广的机器，销售量超过了 1000 台。

第二代为晶体管计算机时代(1958 年～1964 年)。在这个时期，计算机的主要器件逐步由电子管改为晶体管，运算速度提高到每秒几万次至几十万次。与电子管计算机相比，晶体管计算机缩小了体积，降低了功耗，提高了速度和可靠性。尽管使用了晶体管，这一代的计算机系统的体积还是过于庞大且价格也相当昂贵，通常只有一些大学、政府机关和大型商业机构才买得起。

在这一时期，涌现了大量的计算机制造商。其中，IBM 公司、数字仪器公司(DEC)和 Univac 公司(现在称做 Unisys 公司)等主导了当时的计算机产业。据统计，IBM 公司在这期间成功销售了 7094 台作为科学应用和 1401 台作为商业应用的晶体管计算机。DEC 公司在当时则忙于建造 PDP-1 型的计算机系统。Univac 公司推出了它的 Unisys 1100 系列产品，出现了系列化思想的萌芽。控制数据公司(CDC)在这个时期建造了世界上第一台超级计算机 CDC6600，这台价格为 1000 万美元的超级计算机每秒可以执行 1000 万条指令，采用 60 位字长，并且拥有在当时令人吃惊的 128 KB 的主存储器。

第三代为集成电路计算机时代(1965 年～1971 年)。在这个时期，计算机采用集成电路作为基本器件，在每个集成电路芯片上可集成几十个至几千个元件，计算机的运算速度提高到每秒几十万次至几百万次。由于采用了集成电路，计算机的体积、功耗和成本等进一步下降，而速度和可靠性则相应提高，这就促成了计算机应用范围的进一步扩大，占领了诸如科学计算、数据处理、实时控制等多个应用领域。

IBM360 系列计算机是第一批采用集成电路制造的商用计算机，也是影响最大的第三代计算机。IBM360 系列机是 IBM 公司提供的第一代可以相互兼容的系列机产品，也就是说这个系列的计算机都使用相同的汇编语言。这样，一些小型机用户可以很方便地升级到较大型的机器，而无需重新编写原来所有的应用软件。除系列化之外，IBM360 还具有通用化和标准化的特点，这在当时来说是一种具有革命性的新思想。

第四代为大规模和超大规模集成电路计算机时代(1972 年～1990 年)。在这个时期，计算机采用大规模和超大规模集成电路(Very Large Scale Integration，VLSI)作为基本器件，在每个集成电路芯片上可集成多达几千个至几十万个元件。由于采用了大规模和超大规模集成电路，计算机的体积进一步缩小，成本进一步降低，可靠性进一步提高，运算速度可达每秒一千万次至几亿次。

在这个时期，还引入了分时共享和多道程序处理的概念，即具有允许多个人同时使用一台计算机的能力。具有分时共享能力的小型计算机系统的出现，例如 PDP - 8、PDP - 11 的出现，使得计算机逐步进入到一些小型公司和许多大学，应用领域进一步扩大。在这个时期，由大规模集成电路组成的微型计算机和单片机开始出现。集成电路技术的发展同样也促进了功能更加强大的超级计算机的开发，如 Cray Research Corporation 公司于 1976 年推出了价格为 880 万美元、用于向量处理的 Cray - 1 超级计算机。Cray - 1 在性能上已经远远超过了 CDC6600，它可以在一秒钟内执行超过 1.6 亿条指令，并支持 8 MB 的存储器。

第五代为巨大规模集成电路计算机时代(1991 年至今)。这一代计算机采用巨大规模集成电路(Ultra Large Scale Integration，ULSI)作为基本器件，在每个集成电路芯片上集成的元件超过一百万个，有的甚至达一千万个以上。由于采用了巨大规模集成电路，计算机的体积进一步缩小，成本进一步降低，运算速度可达每秒十亿次至千万亿次。

在这个时期，微型计算机和嵌入式计算机得到了进一步的发展，同时还出现了单芯片多核处理器、可重构单芯片多核处理器等高性能处理器，以及采用这些高性能处理器构成的超级计算机。单个处理器的运算速度已达到每秒几亿次至几百亿次，由高性能微处理器构建的超级计算机的速度可达到每秒一千万亿次浮点运算(1PFLOPS)。例如，2008 年 6 月 18 日，《全球超级计算机 TOP500 强名单》发布，IBM 的走鹃(Roadrunner)超级计算机大幅超越了蓝色基因/L(BlueGene/L)，成为目前世界上运行速度最快的超级计算机，它是全球第一台混合式超级计算机，采用了 Cell 处理器和 x86 架构的 AMD 皓龙处理器，最高性能达 1.026 PFLOPS，正式宣告超级计算机的运算能力进入千万亿次级。由 IBM 和美国能源部(DOE)下属的国家核安全局(NNSA)联合开发的蓝色基因/L 超级计算机的 Linpack 性能(Linpack 为一基准测试程序)达 478.2 TFLOPS。2008 年 6 月 25 日，包含了近 7000 颗低功耗 AMD 四核皓龙处理器的国产曙光 5000A 超级计算机在上海推出，最高性能达

230 TFLOPS，Linpack性能高达160 TFLOPS。这个速度将有望让中国高性能计算机再次跻身世界前十。这台超百万亿次的计算机是目前中国运算能力最强的超级计算机，它不仅向世界再次展示了中国在高性能计算领域的强大实力，也为中国众多重大科研项目铺平了道路，为中国信息产业的长远发展打下了坚实的基础。曙光公司将与龙芯公司合作，计划于2010年推出我国第六代千万亿次超级计算机。

总之，从1946年计算机诞生以来，在保持芯片价格不变的前提下，微处理器芯片上的晶体管数每隔18～24个月便翻一番。在保持微处理器速度不变的前提下，微处理器芯片价格每18～24个月将降低约48%，这就是著名的摩尔定律(Moore's Law)。在1965年，当时为Intel公司奠基人的摩尔曾预测他的这个假定能够维持10年左右的时间。然而，芯片制造技术的进步已经让摩尔定律维持了超过40年。因为迹线和器件的尺寸取决于蚀刻光束的波长，而我们生成和聚焦短波长激光和X射线的能力有限。此外，芯片迹线的宽度将很快接近构成迹线的材料的分子宽度，迹线不可能小于一个分子宽度。因此，当采用当前的微处理器设计和制造技术达到极限时，摩尔定律所预测的集成电路的这种发展趋势不可能再延续下去，除非计算机采用全新的技术，如光子技术、量子技术、纳米技术等。

1.1.3　计算机的发展趋势

未来的计算机将以巨大规模集成电路为基础，向巨型化、微型化、网络化、智能化和多媒体化的方向发展。

1. 巨型化

巨型化计算机是指具有高速度、大容量、高吞吐量的计算机。巨型机又称超级计算机，它采用并行处理技术来改进计算机结构，使计算机系统可同时执行多条指令或同时对多个数据进行处理，进一步提高计算机的运行速度。超级计算机通常由成百上千甚至更多的处理器(机)组成，能完成普通计算机或服务器不能计算的大型复杂任务。从超级计算机获得的数据分析和模拟结果，能推动各个领域尖端项目的研究与开发。目前，一般超级计算机的运算速度可达每秒百万亿次浮点运算。世界上最受欢迎的动画片、很多耗巨资拍摄的电影中使用的特技效果等都是在超级计算机上完成的。日本、美国和中国已成为世界上拥有每秒百万亿次浮点运算超级计算机的国家，这些国家和其他国家正在进一步研发更高速的超级计算机。超级计算机的研发涉及的内容很广，主要包括高速微处理器、高速互连网络、并行操作系统、并行编译、并行算法、并行编程等，超级计算机已在科技界内引起了开发与创新的狂潮。

由于硅芯片技术越来越接近其物理极限，因此超级计算机发展的另一个趋势是采用全新的元件和技术，使计算机的体系结构与技术都产生一次量与质的飞跃。新型的量子计算机、光子计算机、分子计算机和纳米计算机，将会在21世纪走进我们的生活，遍布各个领域。

2. 微型化

微型化计算机是指采用巨大规模集成电路组成的体积小、价格低、功能强的计算机。这种计算机主要包括嵌入式计算机和微型计算机。嵌入式计算机已进入仪器、仪表、家用电器等小型仪器设备中，同时也作为工业控制过程的心脏，使仪器设备实现“智能化”。随着微电子技术的进一步发展，笔记本型、掌上型、嵌入式等计算机必将以更优的性能价格比受到人们的欢迎。

3. 网络化

计算机与互联网络组成高速信息通道，互联网络扩展了计算机的概念。全世界几乎所有的国家都直接或间接地与 Internet 相连，使之成为一个全球范围的计算机互联网络。人们已充分领略到网络的魅力，可以通过 Internet 与世界各地的其他用户自由地进行通信，可以共享计算机硬件资源、软件资源和信息资源。

目前，通信业界正在酝酿着空前的从互联网到光网络的革命。为了克服 Internet 本身的缺陷，满足商业用户对电子商务的需求，光速经济应运而生。该阶段的网络具备以下特性：达到 99.999％的高可靠性，绝对的网络安全性，接近零的网络时延，无限的网络带宽和网络交换容量，普遍的、灵活的宽带接入。光网络是互联网络的高级阶段，是光电子技术发展的必然趋势，是电子商务的必要条件。光网络的出现将开拓全新的信息产业领域，使网络设施发生根本改变。由于计算机间的通信不受时间、空间和带宽的限制，网络的发展将从根本上改变人们的工作和生活方式。

4. 智能化

智能化是指计算机模拟人类的智能活动，诸如感知、判断、理解、学习、问题求解和图像识别等。智能化的发展将使各种知识库及人工智能技术得到进一步普及，人们将用自然语言和机器对话。计算机将从数值计算为主过渡到知识推理为主，从而使计算机进入知识处理阶段。

5. 多媒体化

多媒体化是指计算机具有全数字式、全动态、全屏幕的播放、编辑和创作多媒体信息的功能，具备控制和传输多媒体电子邮件、电视会议等多种功能。

1.2 计算机系统的层次结构及计算机组成

1.2.1 计算机系统的层次结构

现代计算机的解题过程通常是先由用户用高级语言编写程序(称做源程序)，然后将它和数据一起送入计算机内，再由计算机将其翻译成机器能识别的机器语言程序(称做目标程序)，机器自动运行该机器语言程序，并将结果输出。计算机的解题过程如图 1.2 所示。

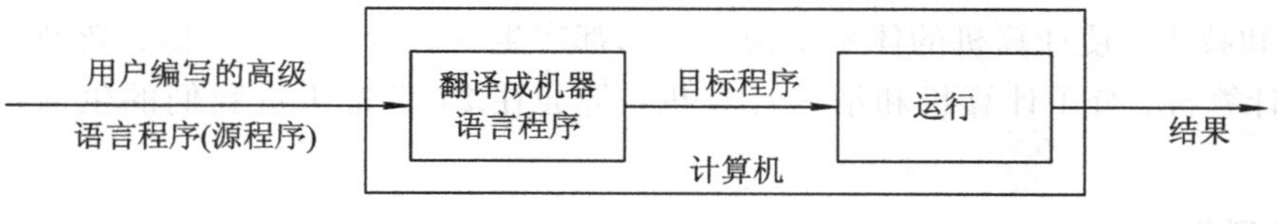

图 1.2 计算机的解题过程

机器语言程序由计算机能够直接识别和执行的机器指令组成。这些机器指令与机器硬件直接对应，并能被其直接识别和执行，然而使用机器语言编程既不方便，也无法适应解题需要和计算机应用范围的扩大。于是在 20 世纪 50 年代出现了一个比机器指令更方便使用或编程的指令集合，由它构成新的语言，即汇编语言。汇编语言是一种符号语言，给程序员编程提供了方便。尽管汇编语言的每个语句基本上仍与机器指令对应，却并不能被机器直接识别和执行。用汇编语言开发的程序经过翻译，转换成机器能识别的机器语言后才能在实际机器上执行，这个翻译过程是由汇编程序来实现的。

汇编语言源程序可以在机器上运行并获得结果，是因为有汇编程序的支持。在汇编语言程序设计者看来，有了汇编程序的支持就好像有了一台用汇编语言作为机器语言的机器。这里的机器是指能存储和执行程序的算法和数据结构的集合体。我们把以软件为主实现的机器，称为虚拟机器，而把由硬件和固件实现的机器称为实际机器。固件是将程序固化在 ROM 中的一种部件，它是一种具有软件特性的硬件，既具有硬件的快速性，又具有软件的灵活性。显然，虚拟机器的实现是构筑在实际机器之上的。图 1.3 给出了虚拟机器与实际机器之间构成的一个简单的层次结构。

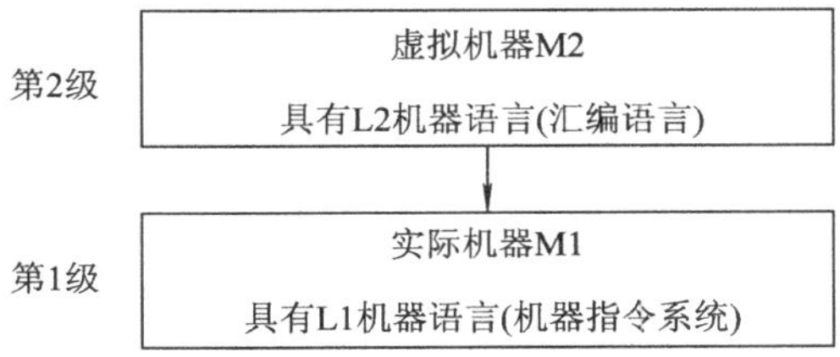

图 1.3　虚拟机器和实际机器层次结构举例

语言与虚拟机器之间存在着重要的对应关系，每种机器都有由它能执行的指令组成的机器语言。同时，语言也定义了机器，即机器要能执行这种语言所编写的程序。有 n 层不同的语言，就对应有 n 层不同的虚拟机。图 1.4 给出了典型的现代计算机的多级层次结构。汇编语言(L3)是面向机器的一种符号语言，其语法、语义结构仍然和二进制机器语言基本相同，但与解题所需的差别较大，于是进一步出现了面向题目和过程的高级语言(L4)。随之研究出来的是这些语言的翻译程序。由高级语言编写的高级语言源程序，经过翻译转换成汇编语言程序或中间语言程序，然后再翻译成机器语言程序，再在实际机器上运行。

高级语言的翻译程序有编译程序和解释程序两种。编译程序是将编写的源程序中全部语句翻译成机器语言程序后，再执行机器语言程序。假如一个题目需要重复计算几遍，那么一旦翻译之后，只要源程序不变，就不需要再次进行翻译。但源程序若有任何修改，都要重新经过编译。解释程序则是在将源程序的一条语句翻译成机器语言以后立即执行它(而且不再保存刚执行完的机器语言程序)，然后再翻译执行下一条语句。如此重复，直到程序结束。它的特点是翻译一次只能执行一次，当第二次重复执行该语句时，又要重新翻译，因而效率较低。ALGOL、FORTRAN、C 和 Pascal 等语言是用编译程序进行翻译的，而 BASIC 语言则有解释和编译两种。

随着计算机应用的发展，有大量数据需要存储、检索，于是数据库及管理系统应运而生。为了提高应用软件的开发效率，缩短软件开发周期，在 20 世纪 80 年代出现了面向应用的应用语言(L5)。到了 20 世纪 90 年代，大量基于数据库管理系统的应用语言商品化软件已在计算机应用领域中获得了广泛应用，它以数据库管理系统所提供的功能为核心，进一步构造了开发高层应用软件系统的开发环境，例如，菜单生成、报表生成和多窗口表格

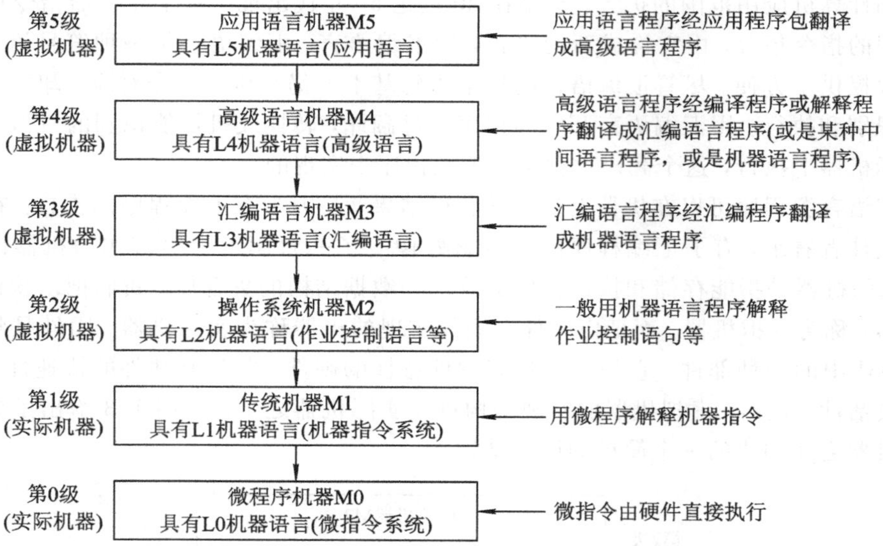

图 1.4 计算机系统的多级层次结构

设计系统，图形、图像处理系统，决策支持系统等。应用语言具有面向应用、简单易学、用户界面友好等一系列优点。

对于实际机器级，若采用微程序(L0)控制，则它又可分解成传统机器级 M1 和微程序级 M0。虽然目前很多机器上的操作系统(L2)已不再用汇编语言编写，而是用高级语言，如 C 语言编写，但从实质上看，操作系统是传统机器的引申，它要提供传统机器所没有但为汇编语言和高级语言的使用和实现所需的某些基本操作和数据结构，如文件管理、进程管理、中断管理、作业控制、存储管理和输入/输出等，它们在许多机器上是经机器语言程序解释实现的。因此，操作系统级放在传统机器级之上，汇编语言级之下。

从功能上把一个复杂的计算机系统看成是由多个机器级构成的层次结构，可以有如下的好处。首先，有利于理解软件、硬件和固件在系统中的地位和作用。从系统层次的划分可以看出，微程序机器级(M0)、传统机器级(M1)、操作系统机器级(M2)不是为应用程序员解题设计的，而是为运行支持更高层次机器级程序所必需的编译程序和解释程序而设计的，以便能设计和实现新的虚拟机器级。在这之上的机器级(M3～M5 级)则主要是为应用程序设计人员解决各类实际应用问题而设计的。其次，系统按层次进行划分，有利于理解各种语言的实质和实现途径。计算机各层次的语言总是通过低一级的语言翻译来实现的，这就说明相邻机器级之间的语义差别不能太大。再次，系统按层次进行划分，有利于推动计算机系统结构的发展。例如，可以重新分配软、硬件的比例，为虚拟机器的各个层次提供更多更好的硬件支持，改变硬件及器件快速发展而软件却日益复杂、开销过大的状况；可以用硬件和固件来实现高级语言和操作系统而形成高级语言机器和操作系统机器；可用真正的机器来取代各级虚拟机，摆脱各级功能都在同一台实际机器上实现的状况，发展多处理机系统、分布式处理机系统、计算机网络等系统结构。最后，系统按层次进行划分，有利于理解计算机系统结构的定义。把计算机按功能划分成多个不同的层次结构，从各个层次的功能划分和实现去了解计算机系统，有助于更深入地了解系统结构的定义。

1.2.2　计算机系统结构和计算机组成

在学习计算机组成时，应当注意如何区分计算机系统结构与计算机组成这两个基本概念。

计算机系统结构这个词是 Amdahl 等人在 1964 年介绍 IBM360 时提出的。他们把系统结构定义为由程序设计者所看到的一个计算机系统的属性，即概念性结构和功能特性。这实际上是计算机系统的外特性。按照计算机系统的层次结构，不同程序设计者所看到的计算机具有不同的属性。在计算机技术中，一种本来存在的事物或属性，从某种角度看却好像不存在，称为透明性。通常，在一个计算机系统中，低层机器级的概念性结构和功能特性，对高级语言程序员来说是透明的。例如高级语言程序员所看到的计算机属性主要是软件子系统和固件子系统的属性，包括程序设计语言、操作系统、数据库管理系统、网络软件等用户界面，而汇编语言程序员所看到的计算机属性主要是计算机的指令系统、寻址方式、寄存器组织、数据表示等。

计算机系统结构研究的主要内容是计算机系统的多级层次结构中各级之间界面的定义及其上下的功能分配。通常所说的计算机系统结构，主要讨论传统机器级的系统结构，即从机器语言程序员的角度所看到的计算机系统结构。如图 1.4 所示，传统机器级之上的功能由软件实现，传统机器级和微程序机器级的功能由硬件/固件实现。因此计算机系统结构是研究软、硬件功能的分配以及对机器级界面的确定，即由机器语言设计者或编译程序设计者所看到的机器物理系统的抽象或定义。它是机器语言程序设计者或是编译程序生成系统为使其所设计或生成的程序能在机器上正确运行，所需看到和遵循的计算机属性。它不包括机器内部的数据流和控制流、逻辑设计或器件设计等。有关计算机系统结构的内容，将在计算机系统结构课程中讲授。

计算机组成又称计算机设计，是指计算机系统结构的逻辑实现。它研究的内容主要包括机器内部的数据流和控制流的组成以及逻辑设计等。它着眼于机器内各事件的排序方式与控制机构、各部件的功能以及各部件间的联系。

计算机组成的设计是按所希望达到的性能价格比，最佳、最合理地把各种设备和部件组合成计算机，以实现所确定的计算机系统结构。本教材主要讨论基于传统机器级系统结构的计算机组成，即讨论传统机器 M1 和微程序机器 M0 的组成原理及设计思想，其他各级虚拟机的内容，将在其他的软件课程中讲授。

1.3　计算机系统的组成

一个完整的计算机系统由硬件和软件两大部分组成。所谓硬件，是指计算机中的电子线路和物理装置。它由看得见摸得着的各种电子元器件、各类光学、电子、机械设备的实物组成，如主机、外设等。所谓软件，按照国际标准化组织(ISO)的定义，是指计算机程序及运用数据处理系统所必需的手续、规则和文件的总称。软件通常存储在介质上，人们可以看到的是存储软件的介质，而软件本身是看不见摸不着的。

1.3.1 计算机的硬件系统

现代计算机已经由早期的冯·诺依曼体系结构逐渐发展成为被称为系统总线模型的计算机体系结构，如图1.5所示。计算机硬件由运算器、控制器、存储器、输入设备和输出设备等五大部件组成。存储器包括内存储器和辅助存储器。内存储器简称内存，它由高速缓冲存储器Cache和主存储器组成。主存储器简称主存，它由半导体只读存储器(ROM)和半导体读写存储器(RAM)组成。运算器和控制器通常集成在同一个芯片上，称为中央处理器(CPU)。现代CPU芯片上除了集成运算器和控制器外，还有片内高速缓冲存储器Cache。CPU和内存合在一起称为主机。我们将完成信息输入到CPU或内存储器中的设备称为输入设备，而将完成CPU或内存储器中的信息输出的设备称为输出设备。辅助存储器简称辅存，由于位于主机之外，因此又称为外存储器，简称外存。辅存中的信息既可以读出又可以写入，因此辅存为输入/输出设备。输入设备、输出设备和辅助存储器都位于主机之外，因此称之为外围设备，简称外设。由于外设的作用是完成输入/输出操作，因此外设又称为I/O设备。输入/输出设备由适配器或接口电路、输入/输出设备本身组成。

在计算机中，各部件间传送的信号可分为三种类型，即地址、数据和控制信号。通常这些信号是通过系统总线来传送的，系统总线包括三类传输线，即地址总线、数据总线和控制总线，如图1.5所示。CPU发出的控制信号，经控制总线送到存储器和输入/输出设备，控制这些部件完成指定的操作。与此同时，CPU(或其他设备)经地址总线向存储器或输入/输出设备发送地址，使得计算机各个部件中的数据能根据需要互相传送。输入/输出设备和存储器有时也向CPU反馈一些信息，CPU可根据这些反馈信息来调整本身发出的控制信号。现代计算机还允许输入/输出设备直接向存储器提出读/写要求，控制数据完成DMA(直接存储器存取)操作。

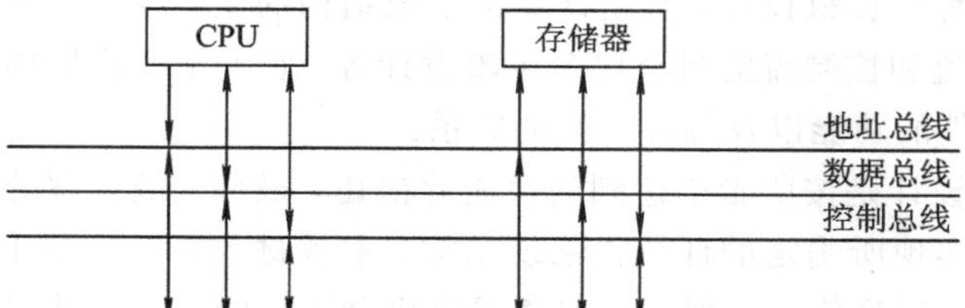

图1.5 以系统总线连接的计算机结构框图

1. 运算器

运算器是进行算术运算和逻辑运算的部件。算术运算是指按照算术规则进行的运算，如加、减、乘、除以及它们的复合运算；逻辑运算是指非算术性运算，如比较、移位、逻辑加、逻辑乘、逻辑非、异或操作等。

运算器通常由算术逻辑运算单元(Arithmetic and Logic Unit，ALU)、通用寄存器和状态字寄存器组成，如图1.6所示。ALU是完成算术逻辑运算的单元，由加法器以及其他逻辑运算单元组成，是运算器的核心。通用寄存器用于存放参与运算的操作数或用于存放中间结果，通用寄存器的数据来自于存储器或输入设备，最后的结果存放到存储器中或送至输出设备。状态字寄存器用于存放运算的结果状态和系统的工作状态。图 1.6 中的 DR_1、DR_2 均为数据暂存器，在单总线结构的运算器中用于临时保存参与运算的数据。在双总线和三总线结构的运算器中，由于参与运算的数据可通过不同的内部数据总线进行传送，因此没有设置数据暂存器。

有关运算器的内容将在第 2 章详细讨论。

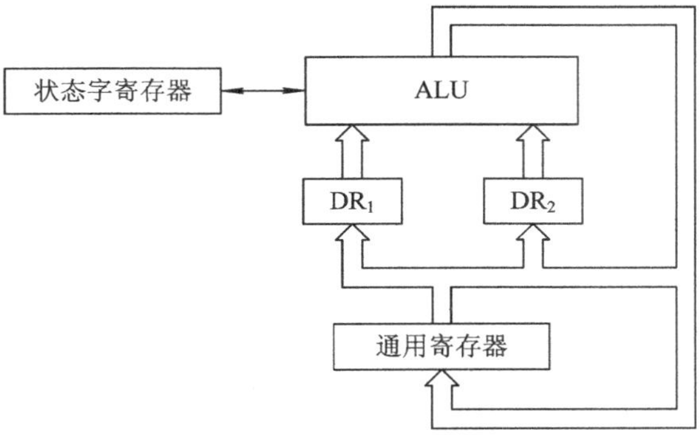

图 1.6　运算器组成简图

2. 控制器

控制器是计算机的指挥中心，是发布命令的"决策机构"，要完成协调和指挥整个计算机系统的操作。控制器的主要功能是产生计算机的全部操作控制信号，对取指令、分析指令和执行指令的操作过程进行控制。

控制器由程序计数器(PC)、指令寄存器(IR)、指令译码器、时序产生器和操作控制器组成。程序计数器的作用是给出指令在内存中的地址，在取指令操作完成后，程序计数器的值自动加 1(或其他某一个固定值，因机器而异)，形成下一条指令在内存中的地址，保证程序的顺序执行。如果当前执行的是转移指令且转移成功，将强制改变程序计数器的值，从而实现分支。指令寄存器用来保存正在执行指令的指令代码，并在指令执行过程中始终保持不变。指令译码器的作用是对指令的操作码进行译码，从而识别指令功能。时序产生器的作用是产生各种节拍脉冲信号和节拍电位信号，对各种控制信号实施时间上的控制。操作控制器是控制器的核心，如图 1.7 所示，它根据指令寄存器中指令的操作码和寻址方式、状态字寄存器中的状态信息，以及时序产生器生成的时序信号，产生各种具有时间标志的操作控制信号，对指令解释的全部过程进行控制。不同的指令完成不同的功能，操作控制器也会产生不同的操作控制信号，因此在了解控制器的工作原理之前，首先必须掌握指令系统的有关知识。

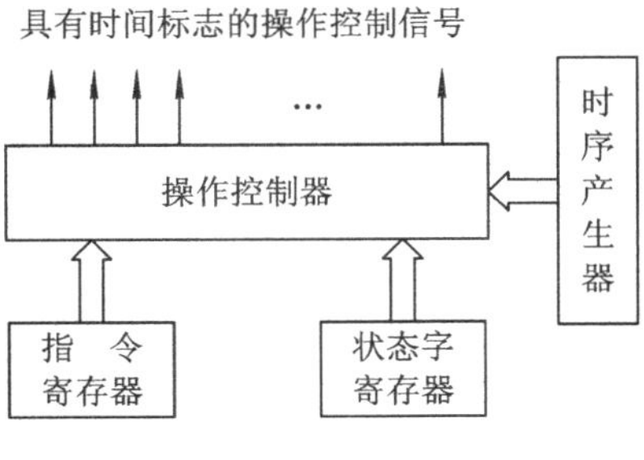

图 1.7　控制器的组成简图

有关指令系统的内容将在第 4 章详细讨论，而有关控制器的内容将放在指令系统之后，在第 5 章详细讨论。

3. 存储器

计算机为了完成存储程序和存储数据的功能，必须具备能存储信息的存储器。现代计算机以存储器作为各种信息存储和交流的中心，存储器可与 CPU、输入/输出设备交换信息，起到存储、缓冲和传递信息的作用。

程序是指能实现一定功能的指令序列，数据是指令序列操作的对象，它们均以二进制的形式表示。按照存储程序的思想，程序和数据必须被存放到存储器中。主存储器中最基本的存储单位为存储元，一个存储元存储一位的信息。CPU 每次访问主存储器所能访问到的所有存储元的集合，构成一个存储单元。主存储器的简单组成如图 1.8 所示，存储单元按照某种顺序编号，每个存储单元对应一个编号，称为存储单元地址。通过地址就可以访问到相应的存储单元，在读/写命令的控制下对其内容进行读/写操作。

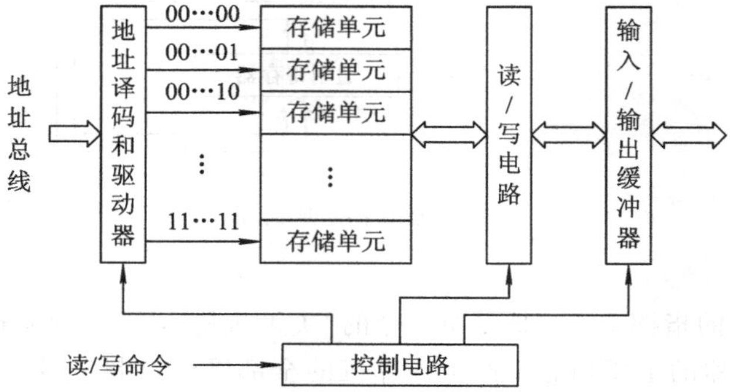

图 1.8 主存储器的组成简图

存储器包括内存储器和辅助存储器，有关内存储器的内容将在第 3 章详细讨论，有关辅助存储器的内容将在第 7 章详细讨论。

4. 输入设备

输入设备的作用是将原始数据和处理这些数据的程序送入计算机。常见的输入设备包括键盘、鼠标、扫描仪、数字照相机、摄像头、数字化仪、话筒等。它们多是电子和机电的混合装置，与运算器和存储器等纯电子部件相比，其速度较慢。输入设备将人们熟悉的信息形式，如数字、字母、符号、文字、图形、图像、声音等通过接口电路或适配器转换成计算机能识别的二进制信息并存入存储器中。输入设备与主机之间的接口电路具有地址选择、控制、数据缓冲、状态、信息转换以及中断控制等功能。

5. 输出设备

输出设备的作用是将计算结果转化为用户或者设备所能识别或者接收的信息形式，如数字、字母、符号、文字、图形、图像、声音等。常见的输出设备包括显示器、打印机、绘图仪、扬声器等。与运算器和存储器等纯电子部件相比，其速度较慢。输出设备与主机之间的连接也是通过接口电路或适配器来实现的。

常见的磁盘、光盘、磁带机等辅助存储器也是重要的外部设备，它们既可以作为输入设备，也可以作为输出设备；此外，辅助存储器还有存储信息的功能。它们与输入/输出设备一样，也要通过接口电路或适配器与主机相连。

有关输入设备、输出设备和辅助存储器的内容，将在第 7 章详细讨论。

6. 系统总线

系统总线是构成计算机系统的骨架，是多个系统部件之间进行数据传送的公共通路。借助系统总线，计算机在 CPU、存储器、输入设备、输出设备之间实现地址、数据、控制/状态等信息的传送操作。

有关系统总线的内容将在第 6 章详细讨论。利用系统总线实现主机与外设互连的接口，以及主机与外设的信息交换方式将在第 8 章详细讨论。

1.3.2 计算机的软件系统

按照前面国际标准化组织(ISO)对软件的定义，一般认为软件由程序与文档两部分组成。程序是为了实现一定功能而编写的指令序列，文档则是描述程序操作及使用的有关资料。程序可由计算机执行，而文档则不能由计算机执行。程序是计算机软件的主体，故一般所说的软件都是指程序。

一台计算机中全部程序的集合，统称为这台计算机的软件系统。计算机软件按功能的不同可分为系统软件和应用软件两大类。

1. 系统软件

系统软件又称系统程序，它是计算机设计者为了充分发挥计算机的效能而向用户提供的一系列软件。这些软件主要用于实现计算机系统的管理、调度、监视和服务等功能，其目的是为了方便用户，提高计算机的使用效率、扩充系统的功能。系统软件主要包括语言处理程序、操作系统、服务性程序、数据库管理系统等。

1) 语言处理程序

计算机能直接识别和执行的计算机语言是机器语言，即用“0”、“1”代码表示的指令序列。但是用户往往用程序设计语言编写程序，如汇编语言、C 语言、Pascal 语言、FORTRAN 语言、BASIC 语言等，它们各自都规定了一套基本符号和语法规则。用这些语言编制的程序称为源程序，用机器语言编制的程序称为目标程序。语言处理程序的功能就是将源程序翻译成目标程序。不同程序设计语言的源程序对应于不同的语言处理程序，常见的语言处理程序包括各类汇编程序、编译程序、解释程序等。

2) 操作系统

操作系统是指控制和管理计算机硬件和软件资源、合理地组织计算机的工作流程以及方便用户的程序的集合。操作系统的功能主要表现在三个方面：① 控制和管理计算机系统的硬件和软件资源，使之能被有效地利用；② 合理地组织计算机的工作流程，以增强系统的处理能力；③ 提供用户与计算机之间的软件接口，使用户能通过操作系统方便地使用计算机。操作系统的规模和功能可大可小，随不同的要求而异。常见的操作系统如 DOS、UNIX、Windows、Linux 等。操作系统是系统软件的核心。

3) 服务性程序

服务性程序又称实用程序，它是指为了帮助用户使用和维护计算机、提供服务性手段而编制的一类程序。例如，用于程序的装入、连接、编辑及调试用的装入程序、连接程序、编辑程序及调试程序，以及故障诊断程序、纠错程序等。

4）数据库管理系统

数据库管理系统又称数据库管理软件，用来管理系统中的所有文件，实现数据共享。数据库是为了满足大型企业的数据处理和信息管理的需要，在文件系统的基础上发展起来的。数据库包含大量文件，有数据、表格、文字档案、信息资料等，它们彼此间存在着一定的关系，通过数据库管理系统将它们联系在一起，对它们进行检索、组合、扩建，或按用户要求形成新的文件。这类软件在信息处理、情报检索、办公室自动化和各种管理信息系统中起着重要的支撑作用。

2. 应用软件

应用软件又称应用程序，它是用户利用计算机来解决某些应用问题而编制的各种程序。如科学计算程序、数据处理程序、过程控制程序、工程设计程序、企业管理程序、情报检索程序等。随着计算机的广泛应用，应用软件的数量和种类将越来越多。

1.3.3 计算机硬件与软件的逻辑等价性

软件和硬件在逻辑功能上是等效的，同一逻辑功能既可以用软件也可以用硬件或固件实现。从原理上讲，软件实现的功能完全可以用硬件或固件完成，同样，硬件实现的逻辑功能也可以由软件的模拟来完成，只是性能、价格以及实现的难易程度不同而已。例如，在计算机中实现十进制乘法这一功能，既可以用硬件来实现，也可以用软件来完成。用硬件实现，需设计十进制乘法机器指令，用硬件电路来实现该指令，其特点是完成这一功能的速度快，但需要更多的硬件。而用软件来实现这个功能，则要采用加法、移位等指令通过编程来实现，其特点是实现的速度慢，但不需增加硬件。一般而言，用硬件实现的功能可以具有较高的执行速度，成本也相对较高，而且硬件不易更改，灵活性也较差。但是硬件是基础，通常由硬件实现一些最基本的功能，软件则实现一些比较复杂的功能，作为硬件的扩充。

软、硬件的功能分配比例可以在很宽的范围内变化，这种变化是动态的，软、硬件功能分配的比例随不同时期以及同一时期的不同机器的变化而变化。由于软、硬件是紧密相关的，它们的界面常常是模糊不清的，在计算机系统的功能实现上，有时候很难分清哪些功能是由硬件完成的，哪些功能是由软件完成的。在满足应用的前提下，软、硬件功能分配比例的确定，主要是看能否充分利用硬件、器件技术的现状和进展，使计算机系统达到较高的性能价格比。对于计算机系统的用户，还要考虑他所直接面对的应用语言所对应的机器级的发展状况。

从目前软、硬件技术的发展速度及实现成本上看，随着器件技术的高速发展，特别是半导体集成技术的高速发展，以前由软件来实现的功能，越来越多地由硬件或固件来实现。总的来说，软件硬化是目前计算机系统发展的主要趋势。

1.4 计算机的工作过程

本节通过一个简单例子，用机器语言编制程序，并结合一个简单计算机的组成框图来说明计算机各组成部件是怎样相互配合来自动执行程序的，以便使读者初步建立整机的概念，在学习后面各章之前先对各部件的工作有一个基本的认识。

1.4.1　使用计算机求解的一个简单例子

采用现代计算机系统求解问题时，一般遵循如下步骤：首先由用户提出任务并建立数学模型，其次是要确定便于计算机实现的算法，然后是选择合适的语言编写程序，最后是上机调试运行。无论采用何种程序设计语言编写程序，都必须翻译成机器语言程序，即目标程序后才能在计算机上运行。机器语言程序是实现一定功能的机器指令(简称指令)序列。计算机的工作过程，就是执行指令的过程。

1. 一个简单例子

[例 1.1]　用计算机求解 z=x+y，其中 x 和 y 为已知数。

解题步骤为：

① 将 x 的值从主存单元取出，存入某一个寄存器；

② 将 y 的值从主存单元取出，存入另一个寄存器；

③ 将 x 和 y 的值相加，运算结果存入寄存器；

④ 将结果从寄存器取出，存入主存单元 z 中。

将上述解题步骤按照计算机的指令格式和指令系统编写成对应的机器指令，就完成了程序的编写。

2. 指令与指令系统简介

指令是要求计算机执行某种操作的命令，是计算机硬件能够直接识别和执行的二进制机器指令。指令系统是指一台计算机中所有机器指令的集合。一条指令通常由操作码和地址码两个字段组成，操作码指出了指令要执行的操作类型，即给出了指令的功能。地址码指出了与操作数相关的地址或操作数本身，即规定了指令操作的对象。在指令格式中，不同操作类型的指令其地址码的个数可以不相同，可以是零个到多个。例 1.1 中计算机的指令格式如图 1.9 所示，每条指令的长度均为 16 位，指令的前 4 位为操作码，后 12 位为地址码，地址码的个数可以是 0 个、2 个或 3 个，对应的指令分别称为零地址指令、二地址指令和三地址指令。假设该机指令系统中只包含有 4 条指令，如表 1.1 所示。

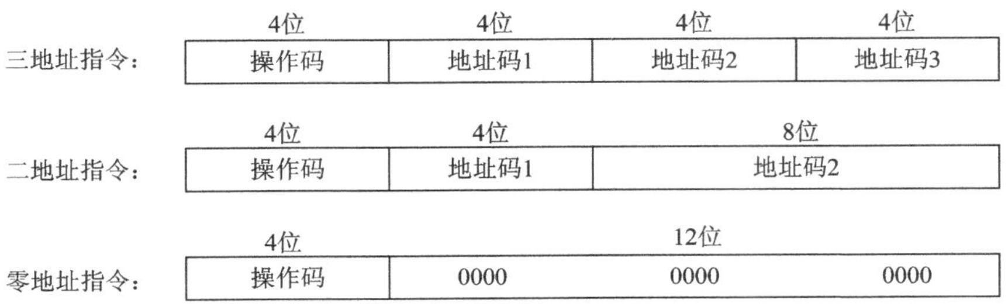

图 1.9　三类指令的指令格式

表 1.1 例 1.1 中的指令系统及功能描述

操作码（十六进制）	地址码（十六进制）	功能描述
1	RXY	(XY)→R，将主存地址 XY 单元中的数据取出，存入寄存器 R 中
2	RXY	(R)→XY，将寄存器 R 中的数据存入主存地址 XY 的单元中
3	RST	(S)+(T)→R，将寄存器 S 与 T 中的数据相加，结果存入寄存器 R 中
4	000	停机，指令代码为 4000

3. 编写机器语言程序

按照图 1.9 中的指令格式和表 1.1 中的指令系统，结合解题步骤，编写出一个计算 z=x+y 的机器语言程序，如表 1.2 所示。设程序在主存空间的起始地址为 0，x 和 y 的值已事先存入到地址为 10、11(十六进制)的主存单元，运算结果 z 要求存入到地址为 12(十六进制)的主存单元。

从表 1.2 可以看出，指令和数据都是以代码的形式存储于同一存储器的，计算机在执行时才加以区分，这是冯·诺依曼型计算机的基本原理。

1.4.2 计算机工作过程

设一个简单计算机的组成框图如图 1.10 所示(未画出输入设备和输出设备)，CPU 由控制器和运算器组成，控制器主要由一个 8 位的程序计数器(PC)、一个 16 位的指令寄存器(IR)、指令译码器、操作控制器和时序产生器组成，运算器主要由 ALU、状态字寄存器

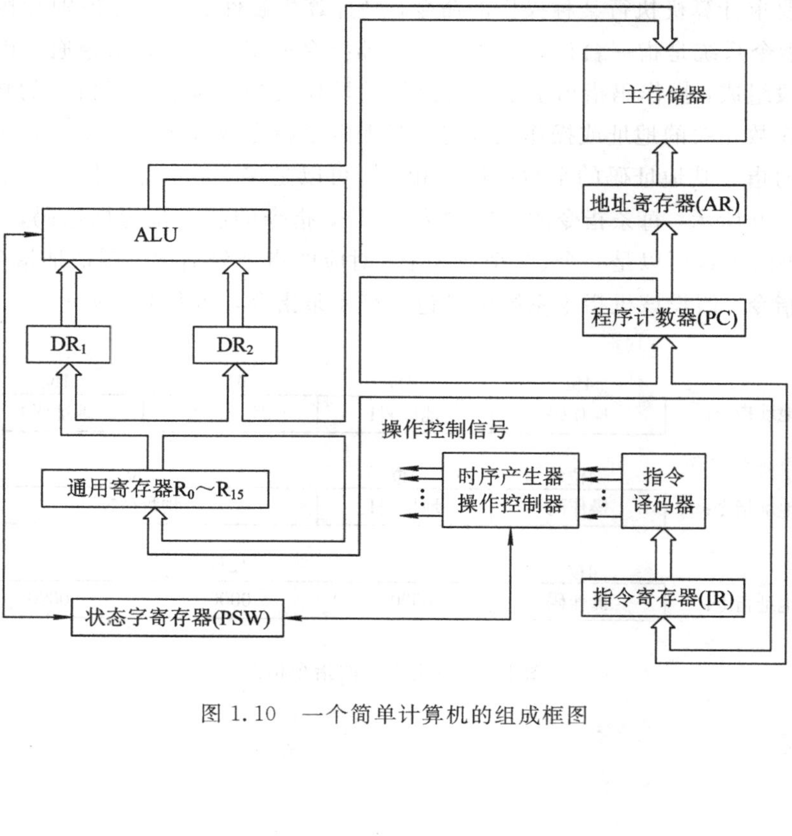

图 1.10 一个简单计算机的组成框图

(PSW)和 16 个 16 位的通用寄存器(R_0～R_{15})组成。另外，运算器中还包含两个数据暂存器 DR_1 和 DR_2。在单总线结构的运算器中，采用数据暂存器的目的在于临时保存参与运算的数据。主存储器包含有 256 个存储单元，存储单元地址为 0～FF(十六进制)，存储单元的内容如表 1.2 所示。

表 1.2　计算 z=x+y 的机器语言程序

主存地址(十六进制)	指令或数据(十六进制)	注　释
0	1110	将数 x 从主存单元取出，存入寄存器 R_1
1	1211	将数 y 从主存单元取出，存入寄存器 R_2
2	3012	将寄存器 R_1 与 R_2 中的数据相加，结果存入寄存器 R_0
3	2012	将寄存器 R_0 中的数据存入主存单元 z 中
4	4000	停机
⋮	⋮	⋮
10	0002	原始数据 x
11	0006	原始数据 y
12		存放结果 z
⋮	⋮	⋮

下面结合图 1.10 和表 1.2 中的机器语言程序，来说明计算机的工作过程。

首先按表 1.2 所列的指令和数据，通过键盘输入到主存的相应存储单元中，并置 PC 的初值为程序在主存空间的起始地址 0，即程序从主存单元的 0 地址开始执行。启动机器后，计算机便自动按主存中所存放的指令顺序，有序地逐条取出指令、分析指令和执行指令，直至执行到程序的最后一条指令为止。

计算机工作的具体过程如下：

① 启动机器后，操作控制器发出控制信号，将程序计数器(PC)的内容(这里设置的初值为 0)送至地址寄存器(AR)，然后启动对主存的读操作，从主存的 0 地址中读出一条指令，并将指令代码“1110”(十六进制)送入指令寄存器(IR)，同时 PC 的内容加 1，形成下一条指令在主存中的地址。从而完成了第一条指令的取指操作过程。

② 通过指令译码器对指令寄存器(IR)中的操作码“1”(十六进制)进行分析，识别出该指令的功能为取数指令，于是操作控制器发出操作控制信号，将指令寄存器(IR)中的地址码部分“10”(十六进制)送入地址寄存器(AR)，然后启动对主存的读操作，从主存的 10(十六进制)地址中读出 x 的内容 0002 送入通用寄存器 R_1。从而完成了第一条指令的分析过程和执行过程。

③ 重复①、②的操作过程，由于 PC 的值在每次取指操作完成时都进行了加 1 操作，因此计算机会自动地、顺序地逐条取出指令、分析指令和执行指令，直到执行完停机指令后，机器便自动停机。

在指令执行过程中也有可能遇到改变程序计数器 PC 值的转移类指令，指令执行的具体过程与计算机的硬件结构有着密切的关系，但基本工作过程是相似的。在第 5 章我们还将结合各类指令、各种寻址方式和时序信号，对计算机的工作过程进行更深入的讨论。

1.5 计算机性能

衡量计算机的性能可采用各种尺度，常见的衡量尺度是响应时间和吞吐率，此外还有可扩展性、可编程性、可靠性、兼容性和性能价格比。反映计算机性能的参数包括主频、机器字长、数据通路宽度、运算速度、存储器容量等。

1.5.1 计算机性能的衡量尺度

1. 响应时间

响应时间是指从用户向计算机系统发送一个请求后，到系统对该请求作出响应并获得它所需要的结果所花的等待时间。其中包括访问磁盘和访问主存储器的时间、CPU 运算时间、输入/输出动作时间以及操作系统工作的时间开销等。

2. 吞吐率

吞吐率是指系统响应用户请求的速率。对于 CPU 而言，吞吐率可表示为每秒钟执行的指令数，或每秒钟执行的浮点操作次数。对于事务处理而言，吞吐率是指单位时间内能处理的事务数，对应的单位是 TPS(Transactions Per Second)。在工作负载较低时，系统的吞吐率随工作负载的增加而线性增加。当工作负载增加到一定程度时，系统的吞吐率随工作负载的增加而达到一个峰值，这是因为系统的容量接近于饱和。吞吐率越高，计算机系统的处理能力就越强。

3. 可扩展性

如果一个计算机系统能加以扩展以满足不断增长的对性能和功能的要求，或是能够缩减资源以降低成本，则称此计算机系统具有可扩展性。可扩展性意味着一个扩展后的计算机系统能够提供更多的功能和更好的性能，并且为扩展所花的代价必须合理，同时具有硬件和软件兼容性。

4. 可编程性、可靠性和可用性

可编程性主要是指程序设计的方便性。可靠性是指一个计算机系统能无故障运行的可靠程度(指无故障运行的工作时间)。可用性是指一个计算机系统可正常使用的时间占总时间的百分比。通过大量冗余的处理器、存储器、磁盘、I/O 设备、网络及操作系统映像等，可提高计算机系统的可用性。

5. 兼容性

兼容性是指一个系统可以通过使用下一代的部件，如一个更快的处理器、一个更快的存储器、一个新版本的操作系统、一个更强功能的编译器等，进行扩展，以使计算机系统具有更强的功能和更好的性能。概括为一句话就是，一个系统应具有向后兼容性。通常所说的软件兼容性是指在一台机器上用其指令系统编写的软件可直接在其他机器上运行。为了保护用户在软件开发与投资上的利益，一个系统除了具有向后兼容性外，还应具有向上兼容性。在系列机中，应用软件、操作系统和编译器是兼容的，区别在于运行所需的时间不同。但兼容并不是绝对的、无条件的。

6. 性能价格比

计算机系统的成本包括元器件成本、开发设计成本、生产成本和销售成本等，这些成本的总和构成计算机系统的价格。性能与价格之比称为性能价格比。

1.5.2　反映计算机性能的参数

1. 主频

通常所说的主频指的是 CPU 的时钟频率，单位通常为 MHz（1 M＝10^6）、GHz（1 G＝10^9）。CPU 时钟频率的倒数，称为 CPU 时钟周期，单位通常使用纳秒（ns）。CPU 的时钟周期是计算机内部操作的基本时间单位，即计算机内部每一基本功能操作在一个或多个时钟周期的时间内完成。主频是衡量一台计算机速度的重要参数，主频越高，计算机的运行速度就越快。

2. 机器字长

机器字长是指运算器一次能运算的二进制数的最多位数，它与 CPU 内通用寄存器的位数、CPU 内部数据总线的宽度有关。机器字长越长，数的表示范围也越大，精度也越高。机器字长越长，表示计算能力越强。倘若 CPU 字长较短，又要运算位数较多的数据，那么需要经过两次或多次的运算才能完成，这样势必会影响整机的运行速度。通常所说的 32 位机、64 位机等指的就是机器字长，它是计算机的重要性能指标。常见的机器字长有 8 位、16 位、32 位和 64 位。

3. 数据通路宽度

数据通路宽度是指数据总线一次所能并行传送的数据的位数。它关系到信息的传送能力，从而影响计算机的有效处理速度。CPU 内部的数据通路宽度一般等于机器字长，而外部数据通路宽度则取决于系统总线。

4. 运算速度

计算机的运算速度与许多因素有关，如机器的主频、所执行的操作、主存本身的速度等。通常采用单位时间内执行指令的平均条数来衡量，单位为 MIPS，即每秒执行百万条指令。也可用平均一条指令执行所花的时钟周期数来衡量，单位为 CPI。还可用单位时间内执行浮点操作的平均数来衡量，单位为 MFLOPS，即每秒执行百万次浮点操作。

5. 存储容量

存储容量是指一个存储器中可以容纳的存储单元总数。存储容量越大，所能存储的信息就越多。存储容量的单位有 B（字节）、KB（1 K＝2^{10}）、MB（1 M＝2^{20}）、GB（1 G＝2^{30}）、TB（1 T＝2^{40}）、PB（1 P＝2^{50}）、EB（1 E＝2^{60}）等。

1.5.3　性能因子 CPI

设 CPU 的时钟周期为 T_C，CPU 的时钟周期的倒数 f_C 则是 CPU 的时钟频率。一个程序在 CPU 上运行所需的时间 T_{CPU} 可以用下述公式表示：

$$T_{CPU} = I_N \times CPI \times T_C = \frac{I_N \times CPI}{f_C} \tag{1.1}$$

式中，I_N 表示要执行程序中的指令总数（这里指动态执行指令数），CPI(clock Cycles Per Instruction)表示执行每条指令所需的平均时钟周期数。由此公式可见，程序运行的时间取决于三个特征：CPU 的时钟周期、每条指令所需的时钟周期数以及程序中总的指令数。由 CPI 的含义可得到如下表达式：

$$CPI = \frac{\text{执行整个程序所需的 CPU 时钟周期数}}{\text{程序中指令总数 } I_N} \tag{1.2}$$

在程序执行过程中，要用到不同类型的指令，令 I_i 表示第 i 类指令在程序中的执行次数，CPI_i 表示执行一条第 i 类指令所需的时钟周期数，n 为程序中所有的指令种类数。则式(1.2)可以改写为

$$CPI = \frac{\sum_{i=1}^{n} CPI_i \times I_i}{I_N} \tag{1.3}$$

因为 I_N 是一个常数，所以式(1.3)可以改写为

$$CPI = \sum_{i=1}^{n}\left(CPI_i \times \frac{I_i}{I_N}\right) \tag{1.4}$$

其中，I_i/I_N 表示第 i 类指令在程序中所占的比例。式(1.4)说明平均 CPI 或称有效 CPI 等于每类指令的 CPI 和该类指令在整个程序中出现的百分比的乘积之和。

1.5.4 计算机性能常用指标

1. MIPS(Million Instructions Per Second，每秒百万条指令)

这是一个用来描述计算机性能的尺度。对于一个给定的程序，MIPS 定义为

$$MIPS = \frac{I_N}{T_E \times 10^6} = \frac{I_N}{I_N \times CPI \times T_C \times 10^6} = \frac{f_C}{CPI \times 10^6} \tag{1.5}$$

在式(1.5)中假定 $T_E = T_{CPU}$，即计算机的指令执行时间就是 CPU 的执行时间；f_C 表示 CPU 的时钟频率，它是 CPU 时钟周期 T_C 的倒数。

由式(1.5)可得程序的执行时间 T_E 的表达式为

$$T_E = \frac{I_N}{MIPS \times 10^6} \tag{1.6}$$

[例 1.2] 已知 Pentium Ⅱ 450 处理机在运行某一测试程序时所获得的性能为 0.5 CPI，试计算 Pentium Ⅱ 450 处理机在运行该程序时所获得的 MIPS 速率。

解：由于 Pentium Ⅱ 450 处理机的 f_C=450 MHz，因此，由式(1.5)可求出：

$$MIPS_{\text{Pentium II 450}} = \frac{f_C}{CPI \times 10^6} = \frac{450 \times 10^6}{0.5 \times 10^6} = 900 \text{ MIPS}$$

即 Pentium Ⅱ 450 处理机在运行该程序时所获得的 MIPS 速率为 900 MIPS。

在使用 MIPS 作为性能指标时，存在以下不足之处：① MIPS 依赖于指令系统，因此用 MIPS 来比较指令系统不同的机器的性能是不准确的；② 在同一台机器上，MIPS 因程序的不同而变化，有时会相差很大；③ 它只适宜于评估标量机，因为在标量机中执行一条指令，一般可得到一个运算结果，而在向量机中，执行一条向量指令通常可得到多个运算结果。因此，用 MIPS 来衡量向量机是不合适的。

2. MFLOPS(Million Floating point Operations Per Second，每秒百万次浮点运算)

MFLOPS 可用如下公式表示：

$$\text{MFLOPS} = \frac{I_{FN}}{T_E \times 10^6} \tag{1.7}$$

其中，I_{FN}表示程序中的浮点运算次数。

由于 MFLOPS 取决于机器和程序两个方面，因此 MFLOPS 只能用来衡量机器浮点操作的性能，而不能体现机器的整体性能。例如对于编译程序，不管机器的性能有多好，它的 MFLOPS 都不会太高。

由于 MFLOPS 是基于操作而非指令的，因此它可以用来比较两种不同的机器。这是因为同一程序在不同的机器上执行的指令可能不同，但是执行的浮点运算却是完全相同的。采用 MFLOPS 作为衡量单位时，应注意它的值不但会随整数、浮点数操作混合比例的不同发生变化，而且也会随快速和慢速浮点操作混合比例的变化而变化。例如，运行由100%浮点加组成的程序所得到的 MFLOPS 值将比由 100%浮点除法组成的程序要高。

［**例 1.3**］ 用一台 40 MHz 处理机执行标准测试程序，程序所含的混合指令数和每类指令的 CPI 如表 1.3 所示，求有效 CPI、MIPS 速率和程序的执行时间。

表 1.3　标准测试程序的混合指令数和每类指令的 CPI

指令类型	整数运算	数据传送	浮点操作	控制传送
指令数	45 000	32 000	15 000	8000
CPI	1	2	2	2

解：总的指令数为

$$45\ 000 + 32\ 000 + 15\ 000 + 8000 = 100\ 000 \text{ 条}$$

因此各类指令所占的比例分别是：整数运算为 45%，数据传送为 32%，浮点操作为15%，控制传送为 8%。

有效 CPI、MIPS 速率和程序的执行时间分别计算如下：

(1) 有效 CPI 为

$$1 \times 0.45 + 2 \times 0.32 + 2 \times 0.15 + 2 \times 0.08 = 1.55\text{CPI}$$

(2) MIPS 速率为

$$40 \times 10^6/(1.55 \times 10^6) \approx 25.8 \text{ MIPS}$$

(3) 程序的执行时间为

$$100\ 000 \times 1.55/(40 \times 10^6) = 0.003\ 875 \text{ s}$$

1.6　计算机的分类和应用

1.6.1　计算机的分类

从不同的角度看，计算机有不同的分类方法，下面分别从信息的形式及处理方式、计算机的用途、规模、使用方式和结构等几个方面进行分类。

1. 按信息的形式及处理方式分类

计算机按信息的形式及处理方式的不同，可分为电子数字计算机、电子模拟计算机和数字模拟混合计算机。在电子数字计算机中，处理的是二进制数字信号，其特点是解题精度高、便于信息存储、是通用性很强的计算工具。电子数字计算机能胜任科学计算、数据处理、计算机控制、计算机辅助设计与制造、人工智能、嵌入式应用、网络应用以及多媒体技术等领域的工作。通常所说的电子计算机指的就是电子数字计算机。

在电子模拟计算机中，处理的是模拟信号，如温度、压力、电压等随时间连续变化的物理量。其基本运算部件是由运算放大器、电阻、电容、二极管等电子元件构成的反向器、加法器、函数运算器、微分器、积分器等运算电路。电子模拟计算机的特点是运算速度快、运算精度低、通用性差、信息存储困难。这种计算机主要用于求解数学方程或自动控制模拟系统的连续变化过程。

数字模拟混合计算机综合了数字计算机和模拟计算机的长处，既能处理数字信号，又能处理模拟信号，既能高速运算，又便于信息存储，但这种计算机设计困难，造价昂贵。

2. 按计算机的用途分类

计算机按用途的不同，可分为专用计算机和通用计算机。专用计算机是面向某个特定应用领域设计的，具有效率高、速度快、价格低等优点，同时具有适应性差的缺点，如银行系统的计算机、网络计算机等。通用计算机则正好与专用计算机相反。我们通常所说的计算机指的是通用计算机。

3. 按计算机的规模分类

计算机按规模的不同，可分为嵌入式计算机、微型计算机、工作站、小型计算机、大型计算机和超级计算机六类，如图 1.11 所示。它们的差异存在于简易性、体积、功耗、性能、存储容量、指令系统和价格等方面。一般来说，嵌入式计算机结构简单、体积小(只作为系统的一个部件)、功能简单、运算速度较低、存储容量小、指令系统简单、价格低。而超级计算机的结构复杂、体积大、功能强大、运算速度高、存储容量大、指令系统丰富、价格昂贵。介于嵌入式计算机与超级计算机之间的微型计算机、工作站、小型计算机和大型计算机，它们的结构规模依次增大，性能依次增强。

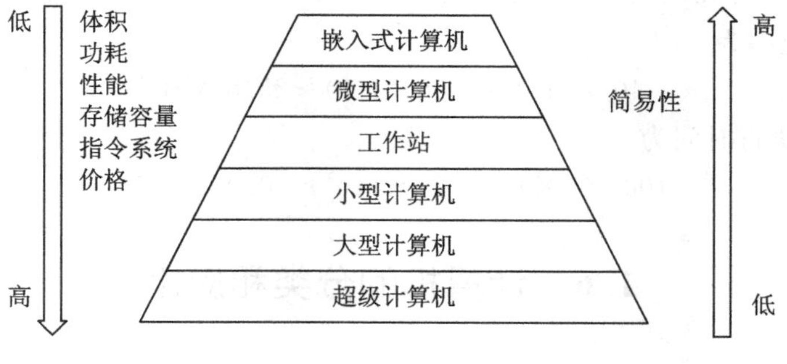

图 1.11　各类通用计算机之间的区别

在很多的应用中，计算机只作为一个部件，成为其他设备的一部分，如作为机器人的大脑或者作为家用电器的控制部件，这种计算机称为嵌入式计算机。它的成本低，用途广。

嵌入式计算机的结构通常是面向特定应用，为特定应用专门开发设计的。不同的嵌入式应用有不同的要求，差异较大，需要根据不同的应用进行专门的开发设计。一般的嵌入式计算机的硬件包括微处理器、存储器及外设器件的 I/O 接口、图形控制器等，它以通用微处理器作为内核，集成应用所需的其他接口电路和存储器接口。如果在嵌入式微处理器中集成了存储器电路，则构成了单片机。嵌入式系统设计通常采用 SOC(片上系统)的设计方式，大部分对成本是十分敏感的，如用于电器和智能 IC 卡中的嵌入式系统。嵌入式计算机对性能要求不高，在设计中需要采用简化的措施，最小化存储器需求和最小化功耗需求，以使成本控制在一定范围内。

微型计算机是设计用于满足单个用户的信息处理需要的计算机系统，通常也称为 PC 机(个人计算机)、微机，它是性能价格比高、应用广的计算机类型。便携式计算机也属于微型计算机，如膝上式计算机、笔记本计算机和手提式计算机。微型计算机执行的处理任务包括文字处理、计算机游戏和中小型应用程序。微型计算机系统中除了 CPU 和存储器芯片外，还有大规模集成的外围设备接口芯片，用于连接 CPU、存储器、图形显示设备、磁盘以及各种串行设备、并行设备、输入/输出总线等。微型计算机系统的 CPU 通常要求具有合理的成本和较高的性能。一般台式计算机可以允许较高的耗电功率和风扇方式散热，而便携式计算机则因为采用电池供电和体积较小，要求省电且发热量较小。

工作站是一种比微型计算机功能更强大的计算机，它与 PC 机的主要区别在于系统的配置和运行的操作系统，工作站的配置比 PC 机高。这种情况在科学和工程技术应用中尤为突出，与完成一般的企业和家庭处理任务相比，这类应用中的处理任务需要更强的计算机硬件能力。硬件密集型任务包括复杂的数学计算、计算机辅助设计和操纵高分辨率视频图像。工作站的能力常常接近于小型计算机，不过工作站的总体设计是面向单用户操作环境的。

小型计算机用于为多个用户提供信息处理，可以同时执行许多应用程序。支持多个用户和程序时，需要功能相当强大的处理能力、存储能力和输入/输出子系统。此外，小型计算机需要的系统软件也比通常安装在微型计算机上的更为复杂。支持多用户的方法有很多，可以利用相对简单的 I/O 设备(如视频显示器)将多个用户和一个计算机系统连接起来。这时，所有的数据处理、数据存储和网络通信都由这个共享计算机系统处理。多个用户也可以共享一个或多个资源(如打印机、数据库和 Web 页面)。小型计算机可以支持几十个使用视频显示终端的用户，或者同时响应几百个对共享资源的请求。

大型计算机用于为大量用户和应用程序提供信息处理，它区别于其他类型计算机的特性在于能够存储大量数据，并将数据从一个地方快速移动到另一个地方。数据可以在几十个 CPU、几个辅助存储器设备以及通过网络连接的几百或者几千个用户之间移动。虽然也需要快速 CPU 和大容量的主存储器、辅助存储器，不过大型计算机的最佳应用主要还是在于快速和有效的数据移动。

超级计算机又称巨型计算机，是针对快速数学计算而设计的，主要用于计算密集型应用程序，如模拟原子弹爆炸、模拟流体动力、3D 建模、预测天气、计算机动画和大型数据库的实时分析。这样的任务需要多个具有最高计算速度的 CPU，对存储和通信要求也非常高，不过它们排在计算速度之后。超级计算机使用最新的计算机技术。

4. 按计算机的使用方式分类

计算机按使用方式的不同，可分为嵌入式计算机、桌面计算机和服务器，这是目前广泛使用的分类方法。桌面计算机包括微型计算机和工作站，而服务器描述的计算机可以小到微型计算机，也可以大到超级计算机，因此，服务器的类型可以分为小型服务器、大型服务器和超级服务器。服务器这个术语不是指硬件能力的最低组合，而是指一种特定的使用模式。服务器是管理一个或多个共享资源的计算机系统，这些资源包括文件系统、数据库、Web 站点、打印机和高速 CPU，服务器允许用户通过局域网或广域网访问这些共享资源。服务器的硬件能力取决于共享的资源和同时访问的用户数量。例如，在局域网上的十几个用户之间共享一个文件系统和两台打印机时，普通的微型计算机作为服务器就足够了。但当共享资源的要求比较高时，如几千个用户访问的大型数据库，可能就需要使用大型计算机服务器，有时还必须使用超级计算机作为服务器以增加用于计算机辅助设计和动画设计的计算能力。

5. 按计算机的结构分类

计算机按结构的不同，可分为冯·诺依曼结构的计算机和非冯·诺依曼结构的计算机。因为冯·诺依曼曾在普林斯顿大学任教，故冯·诺依曼结构的计算机又称为普林斯顿结构的计算机。在冯·诺依曼结构的计算机中，指令和数据都以二进制数据的形式存放在同一个存储器中。这种结构存在存储器访问冲突，特别是当 CPU 的工作速度越来越高，访存操作速度显得越来越慢的时候。

为了解决访存冲突，可以将指令存储器和数据存储器分开，形成两个独立的存储器。这就构成了非冯·诺依曼结构的计算机，因为这种结构是早期由哈佛大学研制的计算机中曾经采用的结构模型，故又称之为哈佛结构的计算机。这种结构使数据访问与指令访问可以同时进行，提高了并行性，从而提高了系统性能。在采用流水线技术的计算机中，由于在每个时钟周期中都可能需要进行存储器访问，存储器访问冲突成为常态，而哈佛结构能够减少这种冲突，从而提高存储器的带宽，因此哈佛结构成为新型计算机中普遍采用的结构。

在微处理器中通常有 Cache。Cache 的构成也可以有两种：统一的 Cache 和分离的 Cache。统一的 Cache 将程序运行中的指令和数据缓存在同一个 Cache 中。分离的 Cache 则有一个指令 Cache 和一个数据 Cache，两者相互分离。统一的 Cache 同样存在访问冲突问题，为了解决这种冲突，现在的微处理器普遍采用分离的 Cache。采用了分离 Cache 的 CPU 结构也被称为哈佛结构。

1.6.2 计算机的应用

计算机的应用领域已渗透到社会的各行各业，正在改变着传统的工作、学习和生活方式，推动着社会的发展。计算机的主要应用领域如下。

1. 科学计算

科学计算是指利用计算机来完成科学研究和工程技术中提出的数学问题的计算。早期的计算机主要用于科学计算，目前，科学计算仍然是计算机的重要应用领域之一。例如，在高能物理、量子化学、工程设计、地震预测、气象预报、航天技术等领域中，都需要依靠计算机进行大量复杂的运算。在现代科学技术工作中，科学计算问题是大量的和复杂的。例如，在军事上，导弹的发射及飞行轨道的计算、原子弹爆炸模拟的计算；在航天应用领域，流体动力学应用中的计算、实时雷达信号处理中的计算等。利用计算机的高速计算、大存储容量和连续运算的能力，可以实现人工无法解决的各种科学计算问题。例如，建筑设计中为了确定构件尺寸，通过弹性力学导出一系列复杂方程，长期以来由于计算方法跟不上而一直无法求解。而计算机不但能求解这类方程，并且促进了弹性理论的一次突破，出现了有限单元法。

由于计算机具有运算速度快、精确度高等特点以及逻辑判断能力，还出现了诸如计算力学、计算物理、计算化学、生物控制论等新的学科。

2. 数据处理

数据处理是指对各种数据进行收集、存储、整理、分类、统计、加工、利用、传播等一系列活动的统称。它具有输入/输出数据量大而计算却很简单的特点，当前大部分的计算机主要用于数据处理，这类应用领域的范围广、工作量大，决定了计算机应用的主导方向。

数据处理从简单到复杂已经历了三个发展阶段，它们是：

① 电子数据处理(Electronic Data Processing，EDP)，它以文件系统为手段，实现一个部门内的单项管理。

② 管理信息系统(Management Information System，MIS)，它以数据库技术为工具，实现一个部门的全面管理，以提高工作效率。

信息管理是目前计算机应用最广泛的一个领域之一。利用计算机来加工、管理与操作任何形式的数据资料，如企业管理、物资管理、工资管理、人力资源管理、报表统计、成本核算、利润预估、信息情报检索等。近年来，国内许多机构纷纷建设自己的管理信息系统，生产企业也开始采用制造资源规划软件(MRP)，商业流通领域则逐步使用电子信息交换系统(EDI)。

③ 决策支持系统(Decision Support System，DSS)，它以数据库、模型库和方法库为基础，帮助管理决策者提高决策水平，改善运营策略的正确性与有效性。

目前，数据处理已广泛地应用于办公自动化、企事业计算机辅助管理与决策、情报检索、图书管理、电影电视动画设计、会计电算化等各行各业。

3. 计算机控制

计算机控制是指利用计算机及时采集检测数据，按最优级迅速地对控制对象进行自动调节或自动控制。采用计算机进行过程控制，不仅可以大大提高控制的自动化水平，而且还可以提高控制的实时性和准确性，从而改善劳动条件、提高产品质量及合格率。因此，计算机控制已在机械、冶金、石油、化工、纺织、水电、军事、航空、航天等部门得到了广泛的应用。例如，在汽车工业领域，利用计算机控制机床、控制整个装配流水线，不仅可以实现精度要求高、形状复杂的零件加工自动化，而且可以使整个车间或工厂实现自动化。

用于控制的计算机，其输入信息往往是电压、温度、机械位置等模拟量，要先将它们转换成数字量(称为模/数转换)，然后计算机才能进行处理或计算。计算机处理的结果是数字量，一般要将它们转换成模拟量(称为数/模转换)后再去控制对象。如有需要，可将结果打印输出或显示在屏幕上，以供观察。提供计算机控制系统的厂家往往会将控制程序编制好，与硬件设备一起提供给用户。

4. 计算机辅助设计与制造

计算机辅助设计(Computer Aided Design，CAD)是指利用计算机系统辅助设计人员进行工程或产品设计，以实现最佳设计效果的一种技术。它已广泛地应用于飞机、船舶、汽车、光学仪器、超大规模集成电路(VLSI)、建筑和轻工等领域。例如，在电子计算机的设计过程中，利用CAD技术进行体系结构模拟、逻辑模拟、插件划分、自动布线等，从而大大提高了设计工作的自动化程度。又如，在建筑设计过程中，可以利用CAD技术进行力学计算、结构计算，绘制建筑图纸等，这样不但提高了设计速度，而且可以大大提高设计质量。

计算机辅助制造(Computer Aided Manufacturing，CAM)是指利用计算机系统进行生产设备的管理、控制和操作的过程。例如，在产品的制造过程中，用计算机控制机器的运行，处理生产过程中所需的数据，控制和处理材料的流动以及对产品进行检测等。使用CAM技术可以提高产品质量，降低成本，缩短生产周期，提高生产率和改善劳动条件。

将CAD和CAM技术集成，实现设计生产自动化，这种技术被称为计算机集成制造系统(Computer Integrated Manufacturing Systems，CIMS)。它是利用信息技术和现代管理技术改造传统制造业、加强新兴制造业、提高市场竞争能力的一种生产模式。

5. 人工智能(或智能模拟)

人工智能(Artificial Intelligence，AI)又称智能模拟，是指计算机模拟人类的智能活动，诸如感知、判断、理解、学习、问题求解和图像识别等。人工智能学科研究的主要内容包括知识表示、自动推理、搜索方法、机器学习、知识获取、知识处理系统、自然语言理解、计算机视觉和智能机器人等。

智能机器人的研究与制造源于工业和军事上的需要。机器人的研究涉及机械、电子、控制及计算机等方面，从人工智能角度研究机器人主要涉及表示技术、感知技术、自动推理技术和规划方法等。

现在人工智能的研究已取得不少成果，有些已开始走向实用阶段。例如，能模拟高水平医学专家进行疾病诊疗的专家系统、具有一定思维能力的智能机器人等。

6. 嵌入式应用

在大多数应用背景下，微型计算机的体积和价格都无法满足智能控制系统的嵌入式需求。随着现代微电子技术的发展，人们根据应用的需要，将计算机系统的全部或部分集成到一个芯片中，实现了计算机的芯片化，这就是通常所说的单片机。随着数字信号处理(DSP)的应用和软件技术的进步，嵌入式计算机走向了产业化和规模化的发展道路，从而促使嵌入式应用拓展到更加广阔的领域。

目前，嵌入式计算机已经广泛应用于消费电子、通信网络、仪器仪表、汽车电子、工业控制、家用电器、医疗仪器、机器人、航空航天、军事国防等众多领域。嵌入式技术为各种现有行业提供了技术变革和技术升级的手段，同时也创造出许多新兴行业，其市场前景非常广阔，嵌入式应用正在逐步形成一个充满商机的巨大产业。

7. 网络应用

计算机技术与现代通信技术的结合构成了计算机网络。计算机网络的建立，不仅解决了一个单位、一个地区、一个国家中计算机与计算机之间的通信，各种软、硬件资源的共享，也大大促进了国际间的文字、图像、视频和声音等各类数据的传输与处理。计算机网络的典型应用包括电子邮件、视频会议、电子商务、网络计算、网络游戏、网络聊天、网络数据库等。

8. 多媒体技术

多媒体技术是指利用计算机综合处理文字、图形、图像和声音等多种媒体信息的技术，它是计算机技术和视频、音频及通信技术集成的产物。多媒体技术包括信息的采集和显示技术、数据编码和压缩技术、多媒体数据库技术、多媒体通信技术等。多媒体技术使展现在人们面前的信息不仅是数字和文字，而且还有声情并茂的声音和图像，如飞行仿真模拟、虚拟演播室等。

本章小结

计算机的发展经历了电子管、晶体管、集成电路、大规模和超大规模集成电路、巨大规模集成电路计算机五个时代。未来的计算机将以巨大规模集成电路为基础，向巨型化、微型化、网络化、智能化和多媒体化的方向发展。通用计算机的发展基本上遵循了冯·诺依曼的思想，但量子计算机、光子计算机、纳米计算机和大规模并行处理机的发展，已突破冯·诺依曼型计算机的局限性，成为未来高速并行计算领域的发展趋势。

一个复杂的计算机系统，是一个由微程序级、传统机器级、操作系统级、汇编语言级、高级语言级、应用语言级组成的多级层次结构。在每一级上都能进行程序设计，并且每一级的语言总是通过低一级的语言翻译(汇编、编译或解释)来实现的。

在学习计算机组成时，应当注意如何区分计算机系统结构与计算机组成这两个基本概念。计算机系统结构是指由程序设计者所看到的一个计算机系统的属性，即概念性结构和功能特性。计算机组成又称计算机设计，是指计算机系统结构的逻辑实现。

一个完整的计算机系统由硬件和软件两大部分组成。计算机硬件由运算器、控制器、存储器、输入设备和输出设备等五大部件组成。运算器和控制器通常集成在同一个芯片上，称为中央处理器(CPU)。现代CPU芯片上除了集成运算器和控制器外，还有片内高速缓冲存储器Cache。计算机软件按功能的不同可分为系统软件和应用软件两大类。系统软件是计算机设计者为了充分发挥计算机的效能而向用户提供的一系列软件，它主要包括语言处理程序、操作系统、服务性程序、数据库管理系统等，其中操作系统是系统软件的核心。应用软件是用户利用计算机来解决某些应用问题而编制的各种程序。

计算机的软件和硬件在逻辑功能上是等效的，同一逻辑功能既可以用软件也可以用硬件或固件实现，只是性能、价格以及实现的难易程度不同而已。

计算机的工作过程就是在启动机器后，根据程序计数器PC给出的程序在主存空间的起始地址，自动地、有序地逐条取出指令、分析指令和执行指令，直至执行到程序的最后一条指令为止。

衡量计算机的性能可采用各种尺度，常见的衡量尺度有响应时间和吞吐率。此外，还有可扩展性、可编程性、可靠性、兼容性和性能价格比。反映计算机性能的参数包括主频、机器字长、数据通路宽度、运算速度、存储器容量等。

电子计算机按信息的形式及处理方式的不同，可分为电子数字计算机、电子模拟计算机和数字模拟混合计算机。电子数字计算机按用途的不同，可分为专用计算机和通用计算机。我们通常所说的计算机指的是通用计算机。计算机按规模的不同，可分为嵌入式计算机、微型计算机、工作站、小型计算机、大型计算机和超级计算机六类，它们的差异存在于简易性、体积、功耗、性能、存储容量、指令系统和价格等方面。计算机按使用方式的不同，可分为嵌入式计算机、桌面计算机和服务器，这也是目前广泛使用的分类方法。计算机按结构的不同，可分为冯·诺依曼结构(又称普林斯顿结构)的计算机和非冯·诺依曼结构(又称哈佛结构)的计算机。

计算机的应用领域已渗透到社会的各行各业，正在改变着传统的工作、学习和生活方式，并推动着社会的发展。这些应用领域主要包括科学计算、数据处理、计算机控制、计算机辅助设计与制造、人工智能、嵌入式应用、网络应用和多媒体技术等。

习 题 1

1. 冯·诺依曼型计算机的基本思想是什么？
2. 简述冯·诺依曼型计算机的基本特点。
3. 按照存储程序原理，冯·诺依曼型计算机必须具备哪些功能？
4. 计算机的发展经历了哪几代？
5. 未来计算机的发展趋势是什么？
6. 计算机系统可分为哪几个层次？说明各层次的特点及其相互联系。
7. 分别解释虚拟机器和实际机器的含义。
8. 简述计算机系统结构和计算机组成的含义，以及两者研究内容上的区别。
9. 什么是计算机系统的硬件和软件？
10. 计算机的硬件由哪些部件组成，它们各起什么作用？
11. 什么叫计算机的软件系统？计算机软件按功能的不同可分为哪几类？它们各起什么作用？
12. 为什么说计算机系统的硬件和软件在逻辑功能上是等效的？
13. 假设在一台 40 MHz 处理机上运行 200 000 条指令的目标代码，程序主要由四种类型的指令所组成。根据程序跟踪实验结果，已知指令混合比和每类指令的 CPI 值如表 1.4 所示。

表 1.4 各类指令的指令混合比及每类指令的 CPI 值

指 令 类 型	指令混合比	CPI
算术和逻辑	60%	1
高速缓存命中的加载/存储	18%	2
转移	12%	4
高速缓存缺失的存储器访问	10%	8

(1) 试计算用上述跟踪数据在单处理机上执行该程序时的平均 CPI；

(2) 根据(1)所得到的 CPI，计算相应的 MIPS 速率及程序的执行时间。

14. 某工作站采用时钟频率为 15 MHz、处理速率为 10 MIPS 的处理机来执行一个已知混合程序。假定每次存储器存取为 1 个时钟周期。

(1) 试问此计算机的有效 CPI 是多少。

(2) 假定将处理机的时钟频率提高到 30 MHz，但存储器子系统速率不变。这样，每次存储器存取需要两个时钟周期。如果 30%的指令每条只需要一次存储器存取，而另外 5%的指令每条需要两次存储器存取，还假定已知混合程序的指令数不变，并与原工作站兼容，试求改进后的处理机性能。

15. 计算机按信息的形式及处理方式的不同，可分为哪几类？

16. 电子数字计算机按用途的不同，可分为哪几类？

17. 计算机按规模的不同，可分为哪几类？

18. 计算机按使用方式的不同，可分为哪几类？

19. 计算机按结构的不同，可分为哪几类？

20. 简述计算机的主要应用领域。

第 2 章 运算方法和运算器

计算机的基本功能是进行算术运算和逻辑运算，运算器就是进行这些运算的功能部件。本章主要讲述数值数据和非数值数据的表示方法、定点加减乘除运算的运算方法和运算器结构、逻辑运算和移位运算、定点运算器的组成、浮点加减乘除运算的运算方法和运算器结构，以及数据校验码等。

2.1 数值数据的表示方法

2.1.1 数据格式

计算机中数据的小数点并不是用某个二进制数字来表示的，而是用隐含的小数点的位置来表示的。根据小数点的位置是否固定，将计算机中的数据表示格式分为两种，即定点格式和浮点格式。一般来说，定点格式所表示的数的范围有限，但运算复杂度和相应的处理硬件都比较简单；而浮点格式所表示的数的范围很大，但运算复杂度和相应的处理硬件都比较复杂。

1. 定点数的表示方法

所谓定点格式，是指在数据表示时，约定机器中所有数据的小数点的位置是固定不变的。由于小数点的位置是固定的，因此在数据存储和运算时，就不必专门用某个二进制数字来表示小数点。我们把用定点格式表示的数称为定点数。在计算机中，通常将定点数表示成纯小数或纯整数。

假设用一个 n+1 位字来表示一个定点数 x，其中数的符号称为数符，占 1 位，放在数据的最高位，并用数值 0 或 1 分别表示正号或负号；数的量值称为尾数，占 n 位。对于任意一个 n+1 位的定点数 x，在定点机中可表示成如图 2.1 所示的格式。

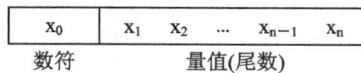

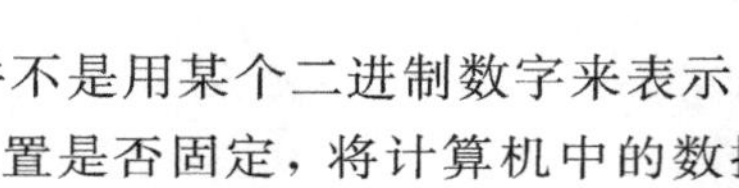

图 2.1 定点数的表示格式

如果数 x 表示的是纯小数，那么小数点在 x_0 和 x_1 之间，即数符和尾数之间。如果数 x 表示的是纯整数，那么小数点在 x_n 后面，即数据的最后。定点纯小数和定点纯整数的表示范围与数的机器码表示有关，在后面介绍各种数的机器码表示时，再详细讨论。本章后面所提到的定点小数均是指定点纯小数，定点整数均是指定点纯整数。

2. 浮点数的表示方法

在科学计算中，常常会遇到非常大或非常小的数值，如果用定点数来表示的话，很难同时满足数据的表示范围和运算精度的要求。为了解决这一问题，计算机中采用了浮点格式。所谓浮点格式，是指在数据表示时，将浮点数的范围和精度分别表示，相当于小数点的位置随比例因子的不同而在一定的范围内可自由浮动。我们把用浮点格式表示的数称为浮点数。

对于一个任意进制数 N，均可表示成 $N=M\times R^{E}$，比如十进制数表示的 23.67×10^{-2}、0.68×10^{3}。其中：M 称为浮点数的尾数，用定点小数表示，值可正可负，尾数的符号就是浮点数的符号，尾数的位数决定了浮点数的表示精度；E 称为浮点数的阶码，即通常所说的指数，用定点整数表示，值可正可负，其位数决定了浮点数的表示范围；R 称为浮点数阶码的基数，在二进制浮点数据表示中，R 的取值通常为 2，由于 R 的取值是默认的，因此，在浮点数的表示格式中省去了对 R 的表示。

1）浮点数的表示格式

在早期的计算机中，一个浮点数在机器中的表示格式，通常由阶码和尾数两部分组成。其中阶码又包括阶符和阶码值两部分，尾数又包括数符和尾数值两部分，如图 2.2 所示。

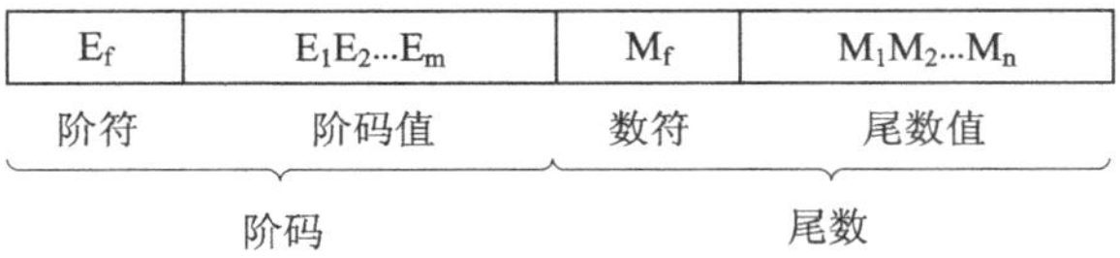

图 2.2　浮点数的表示格式

在上述浮点数的表示格式中，阶符占 1 位，阶码值占 m 位，数符占 1 位，尾数值占 n 位。由于尾数用定点小数表示，尾数的小数点位于数符与尾数值之间。由于阶码用定点整数表示，阶码的小数点位于阶码值的最后。浮点数的表示范围与尾数和阶码采用的机器码表示有关，一般来说，浮点数的尾数常用原码或补码表示，而阶码常用移码或补码表示。

后来为便于软件移植，IEEE 754 规定了浮点数的表示标准，这包括定义了单精度(32 位)和双精度(64 位)两种常规格式，如图 2.3 所示，以及两种扩展格式。限于篇幅，这里只介绍两种常规格式。

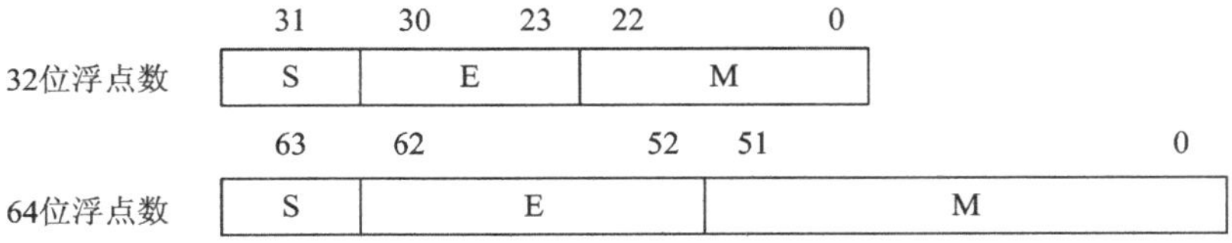

图 2.3　IEEE 754 标准中浮点数的两种常规格式

32 位浮点数和 64 位浮点数中阶码的基数都是 2。32 位浮点数格式中，S 是浮点数的符号位，占 1 位，S=0 表示正数，S=1 表示负数；M 是浮点数的尾数，放在低位部分，占 23 位，小数点放在浮点数格式中的 E 和 M 之间，即 M 的最前面，实际尾数的取值为 1.M；E 是浮点数的阶码，占 8 位，阶符采用隐含方式。64 位浮点数格式中 S、E 和 M 的含义与 32

位浮点数格式相同，不同的是 64 位浮点数格式中的 M 占 52 位，E 占 11 位。

2）浮点数的规格化

在浮点数的表示中，若不对浮点数的表示作出明确规定，同一个浮点数则可表示成多种不同的形式。例如，$(9.25)_{10}$可以表示成 1001.01×2^0，也可以表示成 100.101×2^1，还可以表示成 10.0101×2^2、1.00101×2^3、0.100101×2^4、0.0100101×2^5 等多种形式。为了使浮点数的表示方法有尽可能高的精度，充分利用尾数的有效数位，同时也是为了使浮点数的表示具有惟一性，通常采用浮点数规格化形式。即当尾数的值不为全 0 时，规定尾数的最高位必须是一个有效值。规格化浮点数定义如下：

若尾数用双符号位原码表示，则规格化正数的尾数形式为 00.1××…××，规格化负数的尾数形式为 11.1××…××；

若尾数用双符号位补码表示，则规格化正数的尾数形式为 00.1××…××，规格化负数的尾数形式为 11.0××…××。

对于非规格化的浮点数，要进行尾数的规格化处理，尾数每向左移动 1 位，阶码减 1；当尾数溢出时，要进行尾数右移的规格化处理，尾数每向右移动 1 位，阶码加 1。

在 IEEE 754 标准中，尾数用原码表示，尾数的符号即浮点数的符号，由 S 表示。因为规格化浮点数尾数域最左位(最高有效位)总是 1，故这一位经常不予存储，而认为隐藏在小数点的左边。

在 IEEE 754 标准中，一个规格化的 32 位浮点数 x 的真值可表示为

$$x=(-1)^s\times(1.M)\times2^{E-127} \tag{2.1}$$

其中，S、M、E 分别为 32 位浮点数表示格式和存储格式中的数符、尾数和阶码。公式中的 E－127 表示浮点数 x 的指数 e，即 e＝E－127 或 E＝e＋127。

在 IEEE 754 标准中，一个规格化的 64 位浮点数 x 的真值可表示为

$$x=(-1)^s\times(1.M)\times2^{E-1023} \tag{2.2}$$

其中，S、M、E 分别为 64 位浮点数表示格式和存储格式中的数符、尾数和阶码。公式中的 E－1023 表示浮点数 x 的指数 e，即 e＝E－1023 或 E＝e＋1023。

当阶码 E 为全 0 或全 1 时用于表示包括±0 和±∞等特殊值。对于 32 位的规格化浮点数，E 的范围是 1～254，对应真值指数的范围是－126～＋127。32 位浮点数表示的数的绝对值范围是 $10^{-38}\sim10^{38}$(以 10 的幂表示)。对于 64 位的规格化浮点数，E 的范围是 1～2046，对应真值指数的范围是－1022～＋1023。64 位浮点数表示的数的绝对值范围是 $10^{-308}\sim10^{308}$(以 10 的幂表示)。

当阶码 E 为全 0 且尾数 M 也为全 0 时，表示的真值 x 为 0。结合符号 S 为 0 或 1，有正零和负零之分。如果阶码 E 为全 0 而尾数 M 不为全 0，则这是一种非规格化数，表示的值为 $\pm(0.M)\times2^{E-126}$(32 位浮点数)或 $\pm(0.M)\times2^{E-1022}$(64 位浮点数)。

当阶码 E 为全 1 且尾数 M 为全 0 时，表示的真值 x 为无穷大。结合符号 S 为 0 或 1，有＋∞和－∞之分。如果阶码 E 为全 1 而尾数 M 不为全 0，表示的是一个非数，即由零除以零、取负数平方根或无穷大减无穷大等无效操作产生的结果。

［例 2.1］ 若浮点数 x 的 IEEE 754 标准的 32 位存储格式为$(C2540000)_{16}$，求其浮点数的十进制数值。

解： 首先将十六进制数转换成二进制数，然后根据 IEEE 754 标准中 32 位浮点数的表

示格式，将二进制数分成 S、E 和 M 三部分。

$$\underset{S}{1}\underbrace{100\ 0010\ 0}_{E(8位)}\underbrace{101\ \ 0100\ \ 0000\ \ 0000\ \ 0000\ \ 0000}_{M(23位)}$$

即 S=1，E=10000100=$(132)_{10}$，M=10101000000000000000000

包括隐藏位的尾数 1.M=1.10101000000000000000000=1.10101

根据 IEEE 754 标准中的 32 位浮点数真值与存储格式之间的转换公式

$$x = (-1)^s \times (1.M) \times 2^{E-127}$$

有

$$\begin{aligned} x &= (-1)^1 \times (1.10101) \times 2^{132-127} \\ &= -(1.10101) \times 2^5 \\ &= -110101 \\ &= (-53)_{10} \end{aligned}$$

［例 2.2］　将数$(35.875)_{10}$转换成 IEEE 754 标准的 32 位浮点数的二进制存储格式。

解：首先将十进制数 35.875 转换成二进制数：

$$(35.875)_{10} = (100011.111)_2$$

然后将二进制数表示成浮点数形式，并使其尾数为 1.M 的形式。

$$100011.111 = 1.00011111 \times 2^5$$

根据 IEEE 754 标准中的 32 位浮点数真值与存储格式之间的转换公式

$$x = (-1)^s \times (1.M) \times 2^{E-127}$$

有

S=0，E=$(5)_{10}+(127)_{10}=(132)_{10}=(10000100)_2$，M=00011111000000000000000

最后得到该 32 位浮点数的二进制存储格式为

$$0100\ \ 0010\ \ 0000\ \ 1111\ \ 1000\ \ 0000\ \ 0000\ \ 0000 = (420F8000)_{16}$$

3. 十进制数串的表示方法

大多数通用性较强的计算机都能直接处理十进制形式表示的数据。十进制数串在计算机内主要有以下两种表示形式：

(1) 字符串形式。在字符串表示形式中，一个字节存放一个十进制的数位或符号。在主存中，这样的一个十进制数占用连续的多个字节，故为了指明一个十进制数，需要给出该数在主存中的起始地址和位数(串的长度)。以这种方法表示的十进制字符串主要用在非数值计算的应用领域中。

(2) 压缩的十进制数串形式。在压缩的十进制数串表示形式中，一个字节存放两个十进制的数位。它比前一种形式节省存储空间，又便于直接完成十进制数的算术运算，是广泛采用的较为理想的方法。

用压缩的十进制数串表示一个十进制数，也要占用主存连续的多个字节。每个数位占用半个字节，即用 4 位二进制表示一位十进制数，其值可用 BCD(Binary Code for Decimal)码或数字符的 ASCII 码的低 4 位表示。符号位也占半个字节并存放在最低数字位之后，其值选用 4 位二进制编码中的六种冗余状态中的有关值，如用 12(C)表示正号，用 13(D)表示负号。在这种表示中，规定数位加符号位之和必须为偶数，当和不为偶数时，应在最高数字位之前补一个 0。例如＋239 和－56 分别被表示成：

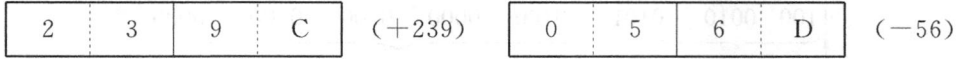

2	3	9	C

(＋239)

0	5	6	D

(－56)

在上述表示中，一个实线框表示一个字节，虚线把一个字节分为高低各半个字节，每半个字节给出一个数字位或符号位的编码值(用十六进制形式给出)。符号位在数字位之后。

与字符串形式类似，要指明一个压缩的十进制数串，也得给出它在主存中的首地址和数字位个数(不含符号位)，又称位长，位长为 0 的数其值为 0。十进制数串表示法的优点是位长可变，许多机器中规定该长度为 0～31，有的甚至更长。

2.1.2　数的机器码表示

所谓无符号数，就是指整个机器字长的全部二进制位均表示数值位(没有符号位)。若机器字长为 n＋1 位，则无符号数的表示范围为 $0 \sim 2^{n+1}-1$。如机器字长为 8 位，则无符号数的表示范围为 0～255。

所谓有符号数，就是用正、负符号加绝对值来表示数的大小，这种按一般书写形式表示的数值在计算机技术中称为真值。但计算机中所能表示的数或其他信息都是数码化的，对于一个有符号数，要将数的符号连同数一起编码，并作为数的一部分同数一起参与运算。这种在机器中使用的连同数符一起进行编码的数称为机器数或机器码。在计算机中根据运算方法的需要，数的机器码表示往往会不相同，常见的有原码、反码、补码和移码四种表示方法。

1. 原码表示法

原码表示法是一种比较直观的机器码表示法。原码的最高位作为符号位，用“0”表示正号，用“1”表示负号，有效值部分用二进制数的绝对值表示。定点小数和定点整数的原码表示定义如下：

对于定点小数，设 $[x]_原 = x_0.x_1x_2\cdots x_n$，共 n＋1 位，其中 x_0 为符号位，则

$$[x]_原=\begin{cases} x & ,0\leqslant x\leqslant 1-2^{-n} \\ 1-x=1+|x| & ,-(1-2^{-n})\leqslant x\leqslant 0 \end{cases} \tag{2.3}$$

对于定点整数，设 $[x]_原 = x_0x_1x_2\cdots x_n$，共 n＋1 位，其中 x_0 为符号位，则

$$[x]_原=\begin{cases} x & ,0\leqslant x\leqslant 2^n-1 \\ 2^n-x=2^n+|x| & ,-(2^n-1)\leqslant x\leqslant 0 \end{cases} \tag{2.4}$$

[例 2.3]　已知 $x_1 = 0.1101$，$x_2 = -0.1010$，求 $[x_1]_原$、$[x_2]_原$。

解： $[x_1]_原 = 0.1101$

$[x_2]_原 = 1.1010$

[例 2.4]　已知 $x_1 = 1001$，$x_2 = -1110$，求 $[x_1]_原$、$[x_2]_原$。

解： $[x_1]_原 = 01001$

$[x_2]_原 = 11110$

由例 2.3 和例 2.4 可以看出，不管是定点小数还是定点整数，一个正数的原码的符号位为 0，数值位为原来的；一个负数的原码的符号位为 1，数值位为原来的。实际上就是将数的符号表示放到了机器码的符号位。

对于真值零，其原码有正零和负零之分，即零的原码表示不惟一。故对于定点小数和定点整数，零的表示各有两种形式：

对于定点小数，$[+0]_{原}=0.00\cdots00$，$[-0]_{原}=1.00\cdots00$；

对于定点整数，$[+0]_{原}=000\cdots00$，$[-0]_{原}=100\cdots00$。

如果已知一个数的原码，求它的真值的方法是：

对于定点小数，直接将符号位 0 还原成正号“+”或缺省，将符号位 1 还原成负号“−”，整数位为 0，数值位是原来的。

对于定点整数，直接将符号位 0 还原成正号“+”或缺省，将符号位 1 还原成负号“−”，数值位是原来的。

[例 2.5]　已知$[x_1]_{原}=0.1011$，$[x_2]_{原}=1.0001$，$[y_1]_{原}=11001$，$[y_2]_{原}=01001$，求 x_1、x_2、y_1、y_2。

解：　$x_1=0.1011$　　$x_2=-0.0001$

$y_1=-1001$　　$y_2=1001$

原码表示法的优点是直观易懂，机器码和真值之间的转换很容易，用原码实现乘、除法运算的规则很简单；缺点是实现加减运算的规则较复杂。在计算机中，加减运算中的数一般采用补码来表示。

2. 补码表示法

在计算机中，机器字长是有限的，例如某机器字长为 32 位，两个 32 位的数据进行某种运算后，若运算的结果位数超过了 32 位，则由第 32 位向更高位产生的进位就被丢失，被丢失位的大小就是该计算机的“模”。如果是 n+1 位定点小数(最高位为符号位)，则其模为 2。如果是 n+1 位定点整数(最高位为符号位)，则其模为 2^{n+1}。定点小数和定点整数的补码表示定义如下：

对于定点小数，设$[x]_{补}=x_0.x_1x_2\cdots x_n$，共 n+1 位，其中 x_0 为符号位，则

$$[x]_{补}=\begin{cases}x & ,\ 0\leqslant x\leqslant 1-2^{-n}\\ 2+x=2-|x| & ,\ -1\leqslant x\leqslant 0\end{cases}\pmod 2 \tag{2.5}$$

对于定点整数，设$[x]_{补}=x_0x_1x_2\cdots x_n$，共 n+1 位，其中 x_0 为符号位，则

$$[x]_{补}=\begin{cases}x & ,\ 0\leqslant x\leqslant 2^n-1\\ 2^{n+1}+x=2^{n+1}-|x| & ,\ -2^n\leqslant x\leqslant 0\end{cases}\pmod{2^{n+1}} \tag{2.6}$$

[例 2.6]　已知 $x_1=0.0101$，$x_2=-0.1100$，求$[x_1]_{补}$、$[x_2]_{补}$。

解：　$[x_1]_{补}=0.0101$

$[x_2]_{补}=1.0100$

[例 2.7]　已知 $x_1=1011$，$x_2=-0100$，求$[x_1]_{补}$、$[x_2]_{补}$。

解：　$[x_1]_{补}=01011$

$[x_2]_{补}=11100$

由例 2.6 和例 2.7 可以看出，不管是定点小数还是定点整数，一个正数的补码的符号位为 0，数值位为原来的；一个负数的补码的符号位为 1，数值位按位取反并在末位加 1。

对于真值零，其补码表示是惟一的：

对于定点小数，$[+0]_{补}=[-0]_{补}=0.00\cdots00$；

对于定点整数，$[+0]_补=[-0]_补=000\cdots00$。

如果已知一个数的补码，求它的真值的方法是：

对于定点小数，若符号位为0，则该数为正数，补码表示的数即为真值；若符号位为1，则该数为负数，将符号位1还原成负号"−"，整数位为0，数值位按位取反并在末位加1。

对于定点整数，若符号位为0，则该数为正数，将符号位0还原成正号"+"或缺省，数值位是原来的；若符号位为1，则该数为负数，将符号位1还原成负号"−"，数值位按位取反并在末位加1。

[例2.8] 已知$[x_1]_补=0.1011$，$[x_2]_补=1.0001$，$[y_1]_补=11001$，$[y_2]_补=01001$，求x_1、x_2、y_1、y_2。

解： $x_1=0.1011$　　$x_2=-0.1111$

$y_1=-0111$　　$y_2=1001$

3. 反码表示法

定点小数和定点整数的反码表示定义如下：

对于定点小数，设$[x]_反=x_0.x_1x_2\cdots x_n$，共$n+1$位，其中$x_0$为符号位，则

$$[x]_反=\begin{cases}x & ,0\leqslant x\leqslant 1-2^{-n}\\(2-2^{-n})+x & ,-(1-2^{-n})\leqslant x\leqslant 0\end{cases}\tag{2.7}$$

对于定点整数，设$[x]_反=x_0x_1x_2\cdots x_n$，共$n+1$位，其中$x_0$为符号位，则

$$[x]_反=\begin{cases}x & ,0\leqslant x\leqslant 2^n-1\\(2^{n+1}-1)+x & ,-(2^n-1)\leqslant x\leqslant 0\end{cases}\tag{2.8}$$

[例2.9] 已知$x_1=0.1110$，$x_2=-0.0001$，求$[x_1]_反$、$[x_2]_反$。

解： $[x_1]_反=0.1110$

$[x_2]_反=1.1110$

[例2.10] 已知$x_1=0100$，$x_2=-1101$，求$[x_1]_反$、$[x_2]_反$。

解： $[x_1]_反=00100$

$[x_2]_反=10010$

由例2.9和例2.10可以看出，不管是定点小数还是定点整数，一个正数的反码的符号位为0，数值位为原来的；一个负数的反码的符号位为1，数值位按位取反。

对于真值零，其反码有正零和负零之分，即零的反码表示不惟一。故对于定点小数和定点整数，零的表示各有两种形式：

对于定点小数，$[+0]_反=0.00\cdots00$，$[-0]_反=1.11\cdots11$；

对于定点整数，$[+0]_反=000\cdots00$，$[-0]_反=111\cdots11$。

如果已知一个数的反码，求它的真值的方法是：

对于定点小数，若符号位为0，则该数为正数，反码表示的数即为真值；若符号位为1，则该数为负数，将符号位1还原成负号"−"，整数位为0，数值位按位取反。

对于定点整数，若符号位为0，则该数为正数，将符号位0还原成正号"+"或缺省，数值位是原来的；若符号位为1，则该数为负数，将符号位1还原成负号"−"，数值位按位取反。

[例2.11] 已知$[x_1]_反=1.1011$，$[x_2]_反=0.0001$，$[y_1]_反=01001$，$[y_2]_反=11001$，求

x_1、x_2、y_1、y_2。

解： $x_1=-0.0100$　　$x_2=0.0001$

$y_1=1001$　　$y_2=-0110$

4. 移码表示法

移码通常用于表示浮点数的阶码，一定为整数。对于定点整数，设$[x]_{移}=x_0x_1x_2\cdots x_n$，共 n+1 位，其中 x_0 为符号位，则移码表示定义为

$$[x]_{移}=2^n+x,\ -2^n\leqslant x\leqslant 2^n-1 \tag{2.9}$$

[例 2.12] 已知 $x_1=-0001$，$x_2=1100$，求$[x_1]_{补}$、$[x_2]_{补}$、$[x_1]_{移}$、$[x_2]_{移}$。

解： $[x_1]_{补}=11111$　　$[x_2]_{补}=01100$

$[x_1]_{移}=01111$　　$[x_2]_{移}=11100$

由例 2.12 可以看出，同一个数的补码与移码表示的区别仅在于符号位刚好相反。因此，若已知一个数的真值要求其移码，可以先求出这个数的补码，再将符号位取反，即可得该数的移码表示；反过来，若已知一个数的移码表示要求其真值，可以先将移码的符号位取反得到该数的补码表示，再将补码转换成该数的真值。

对于真值整数零，其移码表示是惟一的，即$[+0]_{移}=[-0]_{移}=100\cdots00$。

前面我们介绍了数的四种机器码表示的定义、数的表示范围，以及真值与机器码之间相互转换的方法。若定点数的表示格式如图 2.1 所示，则各种机器码所表示的数的范围如表 2.1 所示。从表 2.1 中我们可以看出，原码和反码的表示范围相同，且所能表示的最大正数和最小负数互为相反数，所能表示的最小正数与最大负数也互为相反数；补码和移码的表示范围相同，移码只能表示定点整数。补码所能表示的最大正数与原码和反码相同，但定点小数所能表示的最小负数为−1，定点整数所能表示的最小负数为-2^n。

表 2.1　各种机器码所表示的数的范围

表示范围	定点小数			定点整数			
	原码	反码	补码	原码	反码	补码	移码
最大正数	$1-2^{-n}$	$1-2^{-n}$	$1-2^{-n}$	2^n-1	2^n-1	2^n-1	2^n-1
最小正数	2^{-n}	2^{-n}	2^{-n}	1	1	1	1
最大负数	-2^{-n}	-2^{-n}	-2^{-n}	−1	−1	−1	−1
最小负数	$-(1-2^{-n})$	$-(1-2^{-n})$	−1	$-(2^n-1)$	$-(2^n-1)$	-2^n	-2^n

[例 2.13] 已知 $x=-23/64$，用 8 位定点小数表示，其中最高位为符号位，求$[x]_{原}$、$[x]_{反}$、$[x]_{补}$、$[-x]_{补}$。

解： 先将 x 转换成 8 位二进制数，得 $x=-0.0101110$，则

$[x]_{原}=1.0101110$　　$[x]_{反}=1.1010001$

$[x]_{补}=1.1010010$　　$[-x]_{补}=0.0101110$

在例 2.13 中，需要将一个分式转换成小数，其转换方法与十进制数的转换方法相同，如 $67/10^3$，分子为十进制且分母为 10 的幂次方，若分母为 10^3 则表示小数位有 3 位，转换为十进制小数为 0.067。同样的道理，$-23/64=-10111/2^6$，分子为二进制且分母为 2 的

幂次方，由于分母为 2^6，表示小数位有 6 位，转换为二进制小数为－0.010111。

[例 2.14] 若机器字长为 32 位，浮点数的表示格式中阶符占 1 位，阶码值占 7 位，数符占 1 位，尾数值占 23 位，阶码和尾数均用补码表示。则该浮点数所能表示的最大正数、最小正数、最大负数和最小负数各是多少？

解： 该浮点数的表示格式如图 2.4 所示。

1位	7位	1位	23位
阶符	阶码值	数符	尾数值

图 2.4 浮点数的表示格式

按照题意，阶码和尾数均用补码表示，根据浮点数的表示格式与真值之间的关系 $N=M\times 2^E$，有：

① 当 M 取最大正数 $1-2^{-23}$，且 E 也取最大正数 $2^7-1=127$ 时，所表示的浮点数为最大正数，即 $(1-2^{-23})\times 2^{127}$；

② 当 M 取最小正数 2^{-23}，且 E 取最小负数 $-2^7=-128$ 时，所表示的浮点数为最小正数，即 $2^{-23}\times 2^{-128}=2^{-151}$；

③ 当 M 取最大负数 -2^{-23}，且 E 取最小负数 $-2^7=-128$ 时，所表示的浮点数为最大负数，即 $(-2^{-23})\times 2^{-128}=-2^{-151}$；

④ 当 M 取最小负数 -1，且 E 取最大正数 $2^7-1=127$ 时，所表示的浮点数为最小负数，即 $(-1)\times 2^{127}=-2^{127}$。

[例 2.15] 假设由 S、E、M 三个域组成一个 32 位二进制数所表示的非零规格化浮点数 x，其中 S 占 1 位，E 占 8 位，M 占 23 位，真值表示（注意此例不是 IEEE 754 标准定义的格式）为

$$x=(-1)^s\times(1.M)\times 2^{E-128}$$

问：它所表示的规格化的最大正数、最小正数、最大负数、最小负数分别是多少？

解： 按照真值与浮点数表示格式之间的关系，有：

① 当 S=0，1.M 取最大值 $[1+(1-2^{-23})]$，且 E－128 取最大正数 $(2^8-1)-128=127$ 时，所表示的最大正数为 $[1+(1-2^{-23})]\times 2^{127}$，即

1 位	8 位	23 位
0	11111111	11111111111111111111111
S	E	M

② 当 S=0，1.M 取最小值 1.0，且 E－128 取最小负数 $0-128=-128$ 时，所表示的最小正数为 1.0×2^{-128}，即

1 位	8 位	23 位
0	00000000	00000000000000000000000
S	E	M

③ 当 S=1，1.M 取最小值 1.0，且 E－128 取最小负数 $0-128=-128$ 时，所表示的最大负数为 -1.0×2^{-128}，即

1 位	8 位	23 位
1	00000000	00000000000000000000000
S	E	M

④ 当 S=1，1.M 取最大值$[1+(1-2^{-23})]$，且 E−128 也取最大正数$(2^8-1)-128=127$时，所表示的最小负数为$-[1+(1-2^{-23})]\times 2^{127}$，即

1 位	8 位	23 位
1	11111111	11111111111111111111111
S	E	M

2.2　非数值数据的表示方法

计算机不但要处理数值领域的问题，而且还要处理大量非数值领域的问题，如文字、字符、字符串以及一些专用符号等。

2.2.1　字符数据的表示

1. 字符的表示

字符是计算机中使用最多的信息形式之一，是人与计算机进行通信、交互的重要媒介。在国际上普遍采用 ASCII 码(美国国家信息交换标准码)来表示字符。ASCII 码共有 128 个字符，其中 95 个编码(包括大小写各 26 个字母、10 个数字符“0”～“9”、标点符号等)对应着计算机终端能键入并可以显示的 95 个字符，打印机也可打印出这 95 个字符；另外的 33 个字符被用来表示控制码，控制计算机某些外部设备的工作特性和某些计算机软件的运行情况。在计算机中，用一个字节表示一个 ASCII 码，低 7 位可以给出不同字符的二进制编码，最高位可以作奇偶校验位，用来检查错误，也可以用于西文字符和汉字的区分标识。

ASCII 码对英语特别适合，但对其他语言就不太合适了，如带重音符的法语、带变音符的德语、非英语字母表的俄语等。为解决这个问题，一些主要的计算机公司形成一个联盟，推出了 Unicode 字符编码系统。目前，Unicode 已被绝大多数程序设计语言和操作系统所支持。

除以上两种字符编码方式以外，使用比较广泛的编码方式还有 ANSI(美国国家标准协会)编码和 EBCDIC(扩展二、十进制交换码)。

2. 字符串的表示

随着计算机在文字处理与信息管理中的广泛应用，字符串已成为最常用的数据类型之一，许多计算机都提供了字符串操作功能，一些计算机还设计出了能读/写字符串的机器指令。

字符串是指连续的一串字符，通常，它们占用主存中连续的多个字节，每个字节存放一个字符的 ASCII 码。当主存的每一个存储单元由 2 个、4 个或 8 个字节组成时，在同一个存储单元中，既有按从低位字节向高位字节的顺序存放字符串内容的，也有按从高位字

节向低位字节的顺序存放字符串内容的。这两种存放方式都是常用方式，不同的计算机可以选用其中任何一种。

2.2.2 汉字的表示

汉字处理技术是我国计算机推广应用工作中必须要解决的问题。汉字数量大，字形复杂，读音多变。常用汉字有 7000 个左右。和西文相比，汉字处理的主要困难在于汉字的输入、输出和汉字在计算机内部的表示。

1. 汉字的输入

输入码是为使输入设备能将汉字输入到计算机而专门编制的一种代码。目前已出现了数百种汉字输入方案，常见的有国标码、区位码、拼音码和五笔码等。这数百种汉字输入方案按其输入码的编码方法不同可分为三类，即数字编码、拼音编码和字形编码。

(1) 数字编码。常用的数字编码有国标码和区位码，它们是专业人员使用的一种汉字编码，是以数字代码来区分每个汉字的。我国在 1981 年颁布了《通用汉字字符集及其交换码标准》GB2312—1980 方案，简称国标码。它把 6763 个汉字归结在一起称为汉字基本字符集，再根据使用频度分为两级。第一级包括 3755 个汉字，按拼音排序。第二级包括 3008 个汉字，按部首排序。此外，还有各种图形符号、数字、字母等 682 个，总计 7445 个汉字、符号等。GB2312—1980 规定每个汉字、图形符号都用两个字节表示，每个字节只使用低 7 位编码，因此最多能表示出 128×128＝16 384 个汉字。

区位码将 GB2312—1980 方案中的字符，按其位置划分为 94 个区，每个区 94 个汉字(位)，区和位组成一个二维数组，每个汉字在数组中对应一个惟一的区位码。区码和位码各用两位十进制数字表示，因此输入一个汉字需按四个数字键。区位码是国标码的变形，两者之间的关系为："国标码＝区位码＋2020H"。

数字编码输入的优点是无重码，且输入码与内部编码的转换比较方便，缺点是代码难以记忆。

(2) 拼音编码。常用的拼音编码有全拼、双拼、微软拼音、智能 ABC 等。拼音编码是以汉语拼音为基础的输入方法，凡掌握汉语拼音的人，不需训练和记忆，即可使用。但汉字同音字太多，输入重码率很高，因此按拼音输入后还必须进行同音字选择，影响了输入速度。

(3) 字形编码。常用的字形编码有五笔字型、五笔画等，字形编码是用汉字的形状来进行编码的。汉字总数虽多，但都由一笔一画组成，全部汉字的部件和笔画是有限的。因此，把汉字的笔画部件用字母或数字进行编码，按笔画的顺序依次输入，就能表示一个汉字。例如，五笔字型就是以字形来区分每个汉字的，它的重码少，是目前最具影响力的一种字形编码方法。

2. 汉字在机内的表示

汉字在机内的表示由汉字内码来实现，它是用于汉字信息的存储、交换、检索等操作的机内代码，一般采用两个字节表示。英文字符在机内的表示是用七位的 ASCII 码来实现的，当用一个字节表示时，其最高位为"0"。为了与英文字符能相互区别，汉字内码中两个字节的最高位均规定为"1"。它是在国标码的基础上，将每个字节的最高位置"1"作为汉字标记而组成的。汉字内码与国标码两者之间的关系为："汉字内码＝国标码＋8080H"。

3. 汉字的输出与汉字字库

显示器是采用图形方式来显示汉字的，汉字的输出通过采用点阵表示的汉字字模码来完成。每个汉字至少需要 16×16 的点阵才能显示，若要获得更美观的字形，则需采用 24×24、32×32、48×48 等点阵来表示。因此，一个实用汉字系统的字模码要占用很大的存储容量。以 16×16 点阵的字模码为例，每个汉字要占用 32 个字节，国标两级汉字要占用 256K 字节。因此字模点阵只能用来构成汉字库，而不能用于机内存储，汉字库中存储了每个汉字的点阵代码。

在机器中建立汉字库有两种方法。一种是将汉字库存放在硬盘中，每次需要时自动装载到计算机的内存中。用这种方法建立的汉字库称为软字库。另一种是将汉字库固化在 ROM(称汉卡)中，再插在计算机的扩展槽中，这样不占内存，只需要安排一个存储器空间给字库即可。用这种方法建立的汉字库称为硬字库。

一般常用的汉字输出只有显示输出和打印输出两种形式。输出汉字的过程为：先将输入码转换为汉字内码，然后用汉字内码检索汉字库找到其字形点阵码，再输出汉字。

2.3　定点加法、减法运算

定点加法、减法运算既可采用补码也可采用原码和移码进行，不同机器码表示的运算方法也不相同。

2.3.1　补码加法、减法

1. 补码加法

计算机中采用补码进行加法运算，并约定存储单元和运算寄存器中的数都采用补码表示，数据运算结果也用补码表示。

定点小数补码加法的运算公式为

$$[x]_{补}+[y]_{补}=[x+y]_{补}\quad (\mathrm{mod}\ 2) \tag{2.10}$$

式(2.10)的含义是：两个定点小数的补码之和等于两个数和的补码。反过来，两个数相加所得到的和的补码等于这两个数补码的和。下面分几种情况来证明这个公式。

假设 x 和 y 均采用定点小数表示，运算结果仍在定点小数的表示范围之内，即 $|x|<1$，$|y|<1$，$|x+y|<1$。

(1) $x>0$，$y>0$，则 $x+y>0$。

由于参加运算的两个数都为正数，故运算结果也一定为正数。正数的补码等于其真值，根据数据补码的定义可得：

$$[x]_{补}=x,\ [y]_{补}=y$$

所以

$$[x]_{补}+[y]_{补}=x+y=[x+y]_{补}\quad (\mathrm{mod}\ 2)$$

(2) $x>0$，$y<0$，则 $x+y>0$ 或 $x+y<0$。

当参加运算的两个数中一个为正数，另一个为负数时，运算的结果有可能为正数，也有可能为负数。根据补码的定义可得：

$$[x]_补=x,\ [y]_补=2+y$$

所以

$$[x]_补+[y]_补=x+2+y=2+(x+y)$$

此时可能出现两种情况：

当 $x+y>0$ 时，$2+(x+y)>2$，2 为符号位相加产生的进位，又因为 $x+y>0$，进行 mod 2 运算后，得：

$$[x]_补+[y]_补=x+y=[x+y]_补 \quad (\text{mod } 2)$$

当 $x+y<0$ 时，$2+(x+y)<2$，又因为 $x+y<0$，所以

$$[x]_补+[y]_补=2+(x+y)=[x+y]_补 \quad (\text{mod } 2)$$

(3) $x<0$，$y>0$，则 $x+y>0$ 或 $x+y<0$。

这种情况与第(2)种情况类似，把 x 和 y 的位置对调即可得证。

(4) $x<0$，$y<0$，则 $x+y<0$。

由于参加运算的两个数都为负数，故运算结果也一定为负数。根据补码的定义可得：

$$[x]_补=2+x,\ [y]_补=2+y$$

所以

$$[x]_补+[y]_补=2+x+2+y=2+(2+x+y)$$

由于 $x+y$ 为负数，其绝对值又小于 1，那么 $(2+x+y)$ 就一定是小于 2 而大于 1 的数，所以进行 mod 2 运算后，得：

$$[x]_补+[y]_补=2+x+y=2+(x+y)=[x+y]_补 \quad (\text{mod } 2)$$

因此，在模 2 定义下，任意两个定点小数的补码之和等于这两个数和的补码。这是补码加法的理论基础，其结论推广到定点整数后得出定点整数补码加法的运算公式为

$$[x]_补+[y]_补=[x+y]_补 \quad (\text{mod } 2^{n+1}) \qquad (2.11)$$

在式(2.11)中，假设定点整数补码表示的格式中符号位占 1 位，尾数占 n 位。式(2.11)的证明与式(2.10)的证明相似，这里不再重复。

[例 2.16] 已知 $x=0.0011$，$y=0.0111$，用单符号位补码计算 $x+y$。

解： $[x]_补=0.0011$，$[y]_补=0.0111$

$$\begin{array}{rr} [x]_补 & 0.0011 \\ +\ [y]_补 & 0.0111 \\ \hline [x+y]_补 & 0.1010 \end{array}$$

所以

$x+y=0.1010$

[例 2.17] 已知 $x=0.1101$，$y=-0.0011$，用单符号位补码计算 $x+y$。

解： $[x]_补=0.1101$，$[y]_补=1.1101$

$$\begin{array}{rr} [x]_补 & 0.1101 \\ +\ [y]_补 & 1.1101 \\ \hline [x+y]_补 & 0.1010 \end{array}$$

（在模 2 定义下，符号位相加向前产生的进位要丢掉）

所以

$x+y=0.1010$

[例 2.18]　已知 $x=+1001$，$y=-0101$，用单符号位补码计算 $x+y$。

解：$[x]_补=01001$，$[y]_补=11011$

$$
\begin{array}{rll}
 & [x]_补 & 01001 \\
+ & [y]_补 & 11011 \\
\hline
 & [x+y]_补 & 00100
\end{array}
$$

（在模 2^{n+1} 定义下，符号位相加向前产生的进位要丢掉）

所以

$x+y=+0100$

由例 2.16、例 2.17 和例 2.18 可以看出，定点小数加法运算与定点整数加法运算的区别仅在于小数点的位置不同而已，即定点小数的小数点在符号位之后，而定点整数的小数点在机器码的最后。实际上，对于定点数的其他运算，定点小数与定点整数的区别也仅在于小数点的位置不同而已，运算规则完全相同。

2. 补码减法

计算机中补码减法运算是转换成补码加法运算来实现的，它们使用同一加法器电路，从而简化了运算器的设计。

定点小数补码减法的运算公式为

$$[x]_补-[y]_补=[x-y]_补=[x]_补+[-y]_补 \quad (\mathrm{mod}\ 2) \tag{2.12}$$

将式(2.10)中 y 换成 $-y$，得 $[x+(-y)]_补=[x]_补+[-y]_补$，即

$$[x-y]_补=[x]_补+[-y]_补$$

所以这里只要证明 $[x]_补-[y]_补=[x]_补+[-y]_补$，即 $[-y]_补=-[y]_补$，式(2.12)即可得证。现证明如下：

因为

$$[x+y]_补=[x]_补+[y]_补 \quad (\mathrm{mod}\ 2)$$

所以

$$[y]_补=[x+y]_补-[x]_补 \tag{2.13}$$

又因为

$$[x-y]_补=[x]_补+[-y]_补 \quad (\mathrm{mod}\ 2)$$

所以

$$[-y]_补=[x-y]_补-[x]_补 \tag{2.14}$$

将式(2.13)和式(2.14)相加得

$$
\begin{aligned}
[y]_补+[-y]_补 &= [x+y]_补-[x]_补+[x-y]_补-[x]_补 \\
&= ([x+y]_补+[x-y]_补)-[x]_补-[x]_补 \\
&= [x+x]_补-[x]_补-[x]_补 \\
&= [x]_补+[x]_补-[x]_补-[x]_补 \\
&= 0
\end{aligned}
$$

因此

$$[-y]_补=-[y]_补 \quad (\mathrm{mod}\ 2) \tag{2.15}$$

由式(2.15)可以看出，已知 $[y]_补$ 求 $[-y]_补$，实际上就是求 $[y]_补$ 的相反数，这类似于 x86 汇编语言中的 NEG 指令，计算方法是：将 $[y]_补$ 包括符号位一起取反并在末位加 1，即

可得到$[-y]_{补}$。

因此，在模2定义下，任意两个定点小数的补码之差等于这两个数差的补码。其结论推广到定点整数后得出定点整数补码减法的运算公式为

$$[x]_{补}-[y]_{补}=[x-y]_{补}=[x]_{补}+[-y]_{补} \quad (\text{mod } 2^{n+1}) \tag{2.16}$$

在式(2.16)中，假设定点整数补码表示的格式中符号位占1位，尾数占n位。式(2.16)的证明与式(2.12)的证明相似，这里不再重复。

[例2.19] 已知$[x]_{补}=0.1011$，$[-y]_{补}=1.0011$，求$[-x]_{补}$、$[y]_{补}$。

解：$[-x]_{补}=1.0100+0.0001=1.0101$

$[y]_{补}=[-(-y)]_{补}=0.1100+0.0001=0.1101$

[例2.20] 已知$x=-0.0001$，$y=0.0101$，用单符号位补码计算$x-y$。

解：$[x]_{补}=1.1111$，$[-y]_{补}=1.1011$

$$\begin{array}{lr} & [x]_{补} \quad 1.1111 \\ + & [-y]_{补} \quad 1.1011 \\ \hline & [x-y]_{补} \quad 1.1010 \end{array}$$

（在模2定义下，符号位相加向前产生的进位要丢掉）

所以

$x-y=-0.0110$

[例2.21] 已知$x=0.1001$，$y=-0.0011$，用单符号位补码计算$[x]_{补}-[y]_{补}$。

解：$[x]_{补}=0.1001$，$[-y]_{补}=0.0011$

$$\begin{array}{lr} & [x]_{补} \quad 0.1001 \\ + & [-y]_{补} \quad 0.0011 \\ \hline & [x]_{补}+[-y]_{补} \quad 0.1100 \end{array}$$

所以

$[x]_{补}-[y]_{补}=[x]_{补}+[-y]_{补}=0.1100$

[例2.22] 已知$x=-1101$，$y=-1010$，用单符号位补码计算$x-y$。

解：$[x]_{补}=10011$，$[-y]_{补}=01010$

$$\begin{array}{lr} & [x]_{补} \quad 10011 \\ + & [-y]_{补} \quad 01010 \\ \hline & [x-y]_{补} \quad 11101 \end{array}$$

所以

$x-y=-0011$

3. 溢出的概念与判断方法

在定点小数机器中，数据的表示范围为$|x|<1$（小数补码表示的最小负数除外）；在定点整数机器中，假设定点整数补码表示的格式中符号位占1位，尾数占n位，则数据的表示范围为$|x|<2^n$（整数补码表示的最小负数除外）。当定点数的运算结果超出了定点数所能表示的范围时，称运算结果发生溢出。浮点数的溢出及判断将在2.8节讨论。由于补码

减法也是转换成补码加法进行运算的，因此，下面我们以 5 位定点整数补码(其中含 1 位符号位)的加法为例来说明在定点加减运算中出现溢出时的特点。

[例 2.23]　两个 5 位二进制整数补码相加，可能会出现的六种不同情况举例。

① 9+3=12

```
   01001
+  00011
 -------
   01100
```

② 9+8=−15

```
   01001
+  01000
 -------
   10001
```

③ (−5)+(−7)=−12

```
   11011
+  11001
 -------
   10100
```

④ (−9)+(−12)=11

```
   10111
+  10100
 -------
   01011
```

⑤ 9+(−5)=4

```
   01001
+  11011
 -------
   00100
```

⑥ (−12)+4=−8

```
   10100
+  00100
 -------
   11000
```

在运算②中，两个正数相加的结果成为负数，在运算④中，两个负数相加的结果成为正数，这两种运算的结果都是错误的。之所以发生错误，是因为运算结果产生了溢出。溢出分为正溢和负溢两种。两个正数相加，若运算结果大于机器所能表示的最大正数，称为正溢。两个负数相加，若运算结果小于机器所能表示的最小负数，称为负溢。

5 位定点整数补码(其中含 1 位符号位)的表示范围为 −16～+15，很明显，运算②、④的正确结果应分别为 17 和 −21，超出了 5 位定点整数补码的表示范围，因此定点整数补码加法时会产生溢出。我们将会产生溢出的运算②、④与其他几种不会产生溢出的运算进行对比，得出在定点整数补码加法运算时若发生溢出，将同时存在以下两个相同的特点：

a. 同符号数相加，结果的符号位与被加数和加数的符号位相异；

b. 符号位向前产生的进位值与尾数最高位向前产生的进位值相异。

在定点小数补码加法运算时若发生溢出，存在的特点与定点整数补码加法运算完全相同。

对于定点数补码的加减运算，判断溢出的方法有下面三种：

(1) 采用单符号位法。根据前面介绍的溢出的特点 a 可知，只有在同符号数相加，结果的符号与被加数和加数的符号位相异时才会产生溢出，其他情况下的补码加法均不会产生溢出。例如，两个正数相加的结果仍然为正数，两个负数相加的结果仍然为负数，一个正数与一个负数相加的结果可能为正数也可能为负数，这些都不会超出定点数的表示范围。

设 $[x]_补=x_0x_1x_2\cdots x_n$，$[y]_补=y_0y_1y_2\cdots y_n$，$[z]_补=[x]_补+[y]_补$，$[z]_补=z_0z_1z_2\cdots z_n$，则判断溢出的逻辑表达式为

$$V = x_0 y_0 \overline{z_0} + \overline{x_0}\ \overline{y_0}\ z_0 \qquad (2.17)$$

若 V=0，表示结果无溢出；若 V=1，表示结果有溢出。实现这种判断的逻辑电路如图2.5 所示。

(2) 采用进位判断法。根据前面介绍的溢出的特点 b 可知，当符号位向前产生的进位值与尾数最高位向前产生的进位值相异时才会产生溢出。设两个单符号位补码进行加减运算时，符号位向前产生的进位为 C，尾数的最高位向前产生的进位为 S，则判断溢出的逻辑表达式为

$$V = C \oplus S \qquad (2.18)$$

若 V＝0，表示结果无溢出；若 V＝1，表示结果有溢出。实现这种判断的逻辑电路如图 2.6 所示。

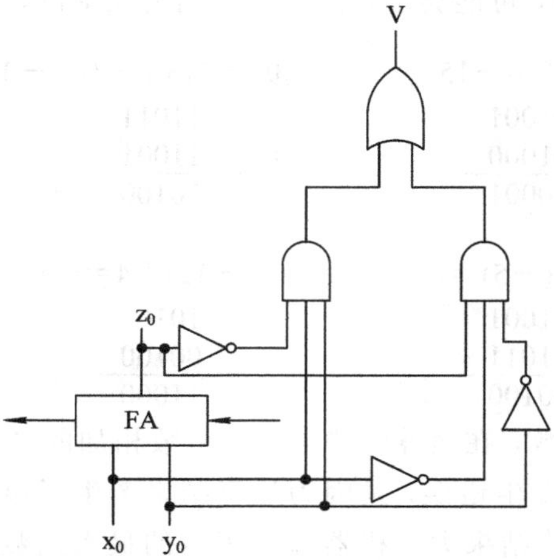

图 2.5　溢出判断方法之一

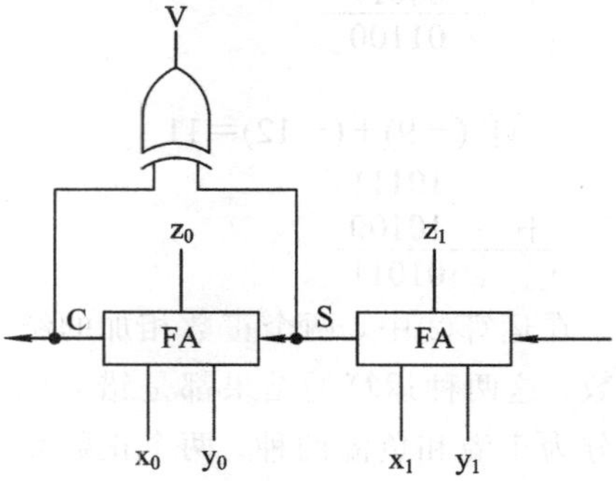

图 2.6　溢出判断方法之二

(3) 采用双符号位法，这种方法又称为“变形补码”或“模 4 补码”。

对定点小数，设$[x]_补=x_0.x_1x_2\cdots x_n$，共 n+1 位，其中 x_0 为符号位，则变形补码表示的定义为

$$[x]_补=\begin{cases}x & ,0\leqslant x\leqslant 1-2^{-n}\\ 4+x & ,-1\leqslant x\leqslant 0\end{cases}\pmod 4 \tag{2.19}$$

对定点整数，设$[x]_补=x_0x_1x_2\cdots x_n$，共 n+1 位，其中 x_0 为符号位，则变形补码表示的定义为

$$[x]_补=\begin{cases}x & ,0\leqslant x\leqslant 2^n-1\\ 2^{n+2}+x=2^{n+2}-|x| & ,-2^n\leqslant x\leqslant 0\end{cases}\pmod{2^{n+2}} \tag{2.20}$$

变形补码实际上是指在一个数的补码表示中用两个相同的符号位表示该数的符号。用变形补码进行定点数补码加减运算的方法与用单符号位进行定点数补码加减运算的方法相同，即

定点小数补码加法的运算公式为

$$[x]_补+[y]_补=[x+y]_补\pmod 4 \tag{2.21}$$

定点整数补码加法的运算公式为

$$[x]_补+[y]_补=[x+y]_补\pmod{2^{n+2}} \tag{2.22}$$

定点小数补码减法的运算公式为

$$[x]_补-[y]_补=[x-y]_补=[x]_补+[-y]_补\pmod 4 \tag{2.23}$$

定点整数补码减法的运算公式为

$$[x]_补-[y]_补=[x-y]_补=[x]_补+[-y]_补\pmod{2^{n+2}} \tag{2.24}$$

在实际运算时，须将数的两个符号位都看做是数的一部分参与运算，运算结果的最高符号位相加向前产生的进位要丢掉。若运算结果的双符号位相同，即为 00 或 11 时，表示运算结果未发生溢出；若运算结果的双符号位不相同，即为 01 或 10 时，表示运算结果发

生溢出，第一符号位为结果的真正符号位。当运算结果的双符号位为 01 时，表示运算结果发生正溢；当运算结果的双符号位为 10 时，表示运算结果发生负溢。

设采用变形补码进行加减运算时，结果的双符号位分别为 z_0' 和 z_0，则判断溢出的逻辑表达式为

$$V = z_0' \oplus z_0 \tag{2.25}$$

若 V=0，表示运算结果未发生溢出；若 V=1，表示运算结果发生溢出。实现这种判断的逻辑电路如图 2.7 所示。

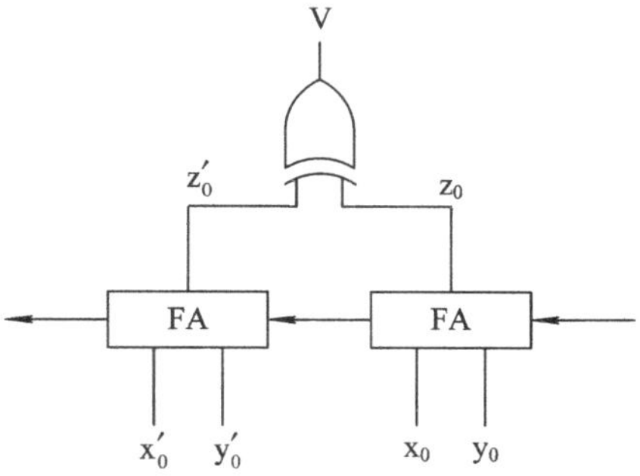

图 2.7　溢出判断方法之三

[例 2.24]　已知 x=0.1100，y=0.1001，用变形补码计算 x+y，同时指出运算结果是否发生溢出。

解： $[x]_补$=00.1100，$[y]_补$=00.1001

	$[x]_补$	00.1100	
+	$[y]_补$	00.1001	
	$[x+y]_补$	01.0101	（运算结果发生正溢）

[例 2.25]　已知 x=−1100，y=+1000，用变形补码计算 x−y，同时指出运算结果是否发生溢出。

解： $[x]_补$=110100，$[-y]_补$=111000

	$[x]_补$	110100	
+	$[-y]_补$	111000	
	$[x-y]_补$	101100	（运算结果发生负溢）

[例 2.26]　已知 x=−1101，y=+0110，用变形补码计算 x+y，同时指出运算结果是否发生溢出。

解： $[x]_补$=110011，$[y]_补$=000110

	$[x]_补$	110011	
+	$[y]_补$	000110	
	$[x+y]_补$	111001	（运算结果未发生溢出）

所以

x+y=−0111

4. 基本的二进制加法/减法器

表 2.2 给出了一位全加器的真值表，表中 A_i、B_i 和 C_i 为输入，S_i 和 C_{i+1} 为输出。其中，A_i 和 B_i 为两个相加的一位数，C_i 为低位向本位的进位，S_i 为相加产生的和，C_{i+1} 为本位相加时向前产生的进位。由真值表可以写出输出端 S_i 和 C_{i+1} 的逻辑表达式为

$$\begin{cases} S_i = A_i \oplus B_i \oplus C_i \\ C_{i+1} = A_iB_i + B_iC_i + A_iC_i = (A_i \oplus B_i)C_i + A_iB_i \end{cases} \tag{2.26}$$

表 2.2 一位全加器的真值表

输入			输出	
A_i	B_i	C_i	S_i	C_{i+1}
0	0	0	0	0
0	0	1	1	0
0	1	0	1	0
0	1	1	0	1
1	0	0	1	0
1	0	1	0	1
1	1	0	0	1
1	1	1	1	1

实现式(2.26)的一位全加器的逻辑电路图如图 2.8(a)所示，图 2.8(b)是一位全加器的符号表示。

一位全加器输出端 S_i 和 C_{i+1} 的逻辑表达式还可以写成与或非的形式：

$$\begin{cases} S_i = \overline{\overline{A_i}\,\overline{B_i}\,\overline{C_i} + A_iB_i\overline{C_i} + A_i\overline{B_i}C_i + \overline{A_i}B_iC_i} \\ C_{i+1} = \overline{\overline{A_i}\,\overline{B_i} + \overline{A_i}\,\overline{C_i} + \overline{B_i}\,\overline{C_i}} \end{cases} \tag{2.27}$$

实现式(2.27)的一位全加器的逻辑电路图如图 2.8(c)所示。由于两个表达式都可用与或非逻辑电路实现，因此在这种全加器中 S_i 和 C_{i+1} 的延迟时间相等，即 S_i 和 C_{i+1} 同时产生。

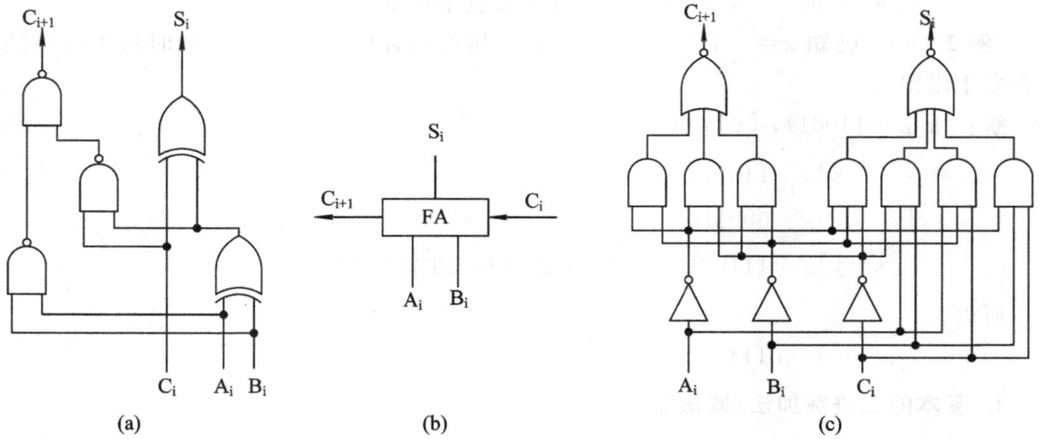

图 2.8 一位全加器的逻辑电路图及符号表示

进行补码二进制加法/减法运算的逻辑结构图如图 2.9 所示，它是由 n 个一位的全加器(FA)级联而成的一个 n 位的串行进位的补码加法/减法器。输入端$[A]_补 = A_{n-1}A_{n-2}\cdots A_1A_0$，$[B]_补 = B_{n-1}B_{n-2}\cdots B_1B_0$，其中 A_{n-1} 为$[A]_补$的符号位，B_{n-1} 为$[B]_补$的符号位。若为定点小数进行补码加/减运算，则定点小数的小数点在符号位之后。M 为方式控制输入端，若

M=0，$[B]_补$通过异或门时，输出保持不变，仍然是$[B]_补$，通过串行进位的 n 位全加器完成$[A]_补+[B]_补$运算，输出$[A+B]_补$；若 M=1，$[B]_补$通过异或门时，完成对$[B]_补$按位取反，并在加法时通过 C_0 在末位加 1，得到$[-B]_补$，通过串行进位的 n 位全加器完成$[A]_补+[-B]_补$运算，输出$[A-B]_补$。

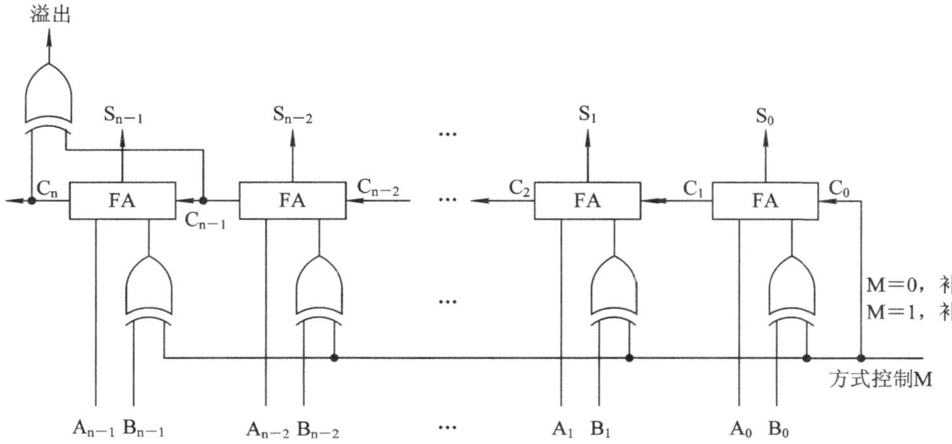

图 2.9　串行进位的补码加法/减法器

图 2.9 采用了我们前面介绍的进位判断法来进行溢出检测，如其左上角的异或门。当 $C_n \neq C_{n-1}$，即符号位运算产生的进位和数值的最高位运算产生的进位不相同时，异或门的输出为 1，表示运算结果发生溢出；当 $C_n = C_{n-1}$，即符号位运算产生的进位和数值的最高位运算产生的进位相同时，异或门的输出为 0，表示运算结果未发生溢出。

2.3.2　原码加法、减法

在进行原码加法、减法运算时，操作数与运算结果均用原码表示，运算时尾数进行加法或减法运算，符号位则单独处理，不能参加运算。原码加法、减法运算比较复杂，因为当两个操作数异号时，加法实际上变成了减法，减法实际上又变成了加法。在进行减法运算时，需先将减数求相反数，然后再进行加法运算。这样在原码运算时还需要使用补码，导致计算机系统将同时使用两种机器码进行运算。在计算机中，无论是进行加法运算，还是进行减法运算，最后都是转换成加法进行操作的。

设参加运算的两个定点小数的表示格式如图 2.10 所示，同时假设：

被加(减)数 x 的原码为：$[x]_原 = x_0.x_1x_2\cdots x_{n-1}x_n$；

加(减)数 y 的原码为：$[y]_原 = y_0.y_1y_2\cdots y_{n-1}y_n$；

和(差)z 的原码为：$[z]_原 = z_0.z_1z_2\cdots z_{n-1}z_n$，$[z]_原$的尾数部分记为 $z_尾$；

机器操作后的结果为：$z' = z'_0.z'_1z'_2\cdots z'_{n-1}z'_n$，$z'$的尾数部分记为 $z'_尾$。

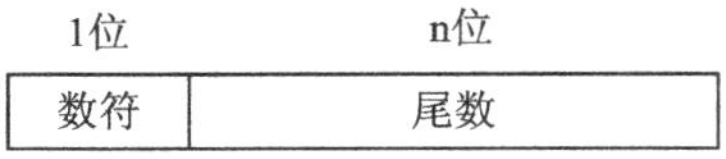

图 2.10　定点小数的表示格式

原码操作数进行加法或减法运算时，必须考虑符号位。原码加法、减法的运算规则如表 2.3 所示。

表 2.3　原码加法、减法的运算规则

运算	x_0	y_0	机器操作	结果的尾数 $z_{\text{尾}}$	结果的符号位 z_0	溢出
加法	0	0	$\lvert x\rvert+\lvert y\rvert$	$z_{\text{尾}}=z'_{\text{尾}}$	$z_0=x_0=0$	$z'_0=1$，正溢出
	1	1			$z_0=x_0=1$	$z'_0=1$，负溢出
	0	1	$\lvert x\rvert+[-\lvert y\rvert]_{\text{补}}$	若 $z'_0=0$，则 $z_{\text{尾}}=z'_{\text{尾}}$；若 $z'_0=1$，则 $z_{\text{尾}}$ 等于对 $z'_{\text{尾}}$进行求补运算的结果	若 $z'_0=0$，则 $z_0=x_0$	无溢出
	1	0			若 $z'_0=1$，则 $z_0=y_0$	
减法	0	0			若 $z'_0=0$，则 $z_0=x_0$	
	1	1			若 $z'_0=1$，则 $z_0=\overline{y_0}$	
	0	1	$\lvert x\rvert+\lvert y\rvert$	$z_{\text{尾}}=z'_{\text{尾}}$	$z_0=x_0=0$	$z'_0=1$，正溢出
	1	0			$z_0=x_0=1$	$z'_0=1$，负溢出

由表 2.3 可得出如下结论：

(1) 两个数绝对值相加的条件：两个数同号且进行加法运算，或两个数异号且进行减法运算时，机器完成操作 $z'=|x|+|y|$。

和(差)的结果为

$$[z]_{\text{原}}=x_0+z'_{\text{尾}}=x_0.z'_1z'_2\cdots z'_{n-1}z'_n$$

(2) 两个数绝对值相减的条件：两个数异号且进行加法运算，或两个数同号且进行减法运算时，机器完成操作 $z'=|x|+[-|y|]_{\text{补}}$。

当 $z'_0=0$ 时，和(差)的结果为

$$[z]_{\text{原}}=x_0+z'_{\text{尾}}=x_0.z'_1z'_2\cdots z'_{n-1}z'_n$$

当 $z'_0=1$ 时，和的结果为

$$[z]_{\text{原}}=y_0.\overline{z'_1}\,\overline{z'_2}\cdots\overline{z'_{n-1}}\,\overline{z'_n}+2^{-n}$$

当 $z'_0=1$ 时，差的结果为

$$[z]_{\text{原}}=\overline{y_0}.\overline{z'_1}\,\overline{z'_2}\cdots\overline{z'_{n-1}}\,\overline{z'_n}+2^{-n}$$

(3) 判断溢出：无论是进行加法运算还是进行减法运算，只有当两个数的绝对值相加($|x|+|y|$)时才有可能产生溢出；而当两个数的绝对值相减($|x|+[-|y|]_{\text{补}}$)时，相当于两个异符号数相加，永远不会产生溢出。因此，产生溢出的条件是：

正溢 $=(|x|+|y|)\cdot(z'_0=1)\cdot(x_0=0)$；

负溢 $=(|x|+|y|)\cdot(z'_0=1)\cdot(x_0=1)$。

(4) 符号位：原码加法、减法运算因符号位无需参加运算和参与溢出判断，故只需一位符号位。

从原码加法、减法运算规则可以看出，原码运算方法比补码运算方法要复杂得多，其对应的运算器也要复杂得多。目前的计算机系统中，应用最普遍的是补码表示，即以补码形式存储、传送和加工数据。

[例 2.27]　已知 $x=-0.1101$，$y=-0.1011$，用原码运算规则计算 $x-y$，同时指出

运算结果是否发生溢出。

解： $[x]_原=1.1101$，$[y]_原=1.1011$

因为两个数同号且进行减法运算，所以机器完成 $|x|+[-|y|]_补$ 操作。

$|x|=0.1101$，$|y|=0.1011$

$$\begin{array}{lrr} & |x| & 0.1101 \\ + & [-|y|]_补 & 1.0101 \\ \hline & |x|+[-|y|]_补 & 0.0010 \end{array}$$

因为完成 $|x|+[-|y|]_补$ 操作，所以运算结果不会发生溢出。

因为 $|x|+[-|y|]_补$ 操作结果的符号位为 0，所以差的符号与被减数同号。

所以　　$[x+y]_原=1.0010$

$x+y=-0.0010$

[例 2.28]　已知 $x=0.1001$，$y=0.1101$，用原码运算规则计算 $x+y$，同时指出运算结果是否发生溢出。

解： $[x]_原=0.1001$，$[y]_原=0.1101$

因为两个数同号且进行加法运算，所以机器完成 $|x|+|y|$ 操作。

$|x|=0.1001$，$|y|=0.1101$

$$\begin{array}{lrr} & |x| & 0.1001 \\ + & |y| & 0.1101 \\ \hline & |x|+|y| & 1.0110 \end{array}$$

因为完成 $|x|+|y|$ 操作且操作结果的符号位为 1，被加数为正数，所以运算结果发生正溢。

定点整数原码加法运算与定点小数原码加法运算的区别仅在于小数点的位置不同而已，运算规则完全相同。

[例 2.29]　已知 $x=1011$，$y=-1101$，用原码运算规则计算 $x+y$，同时指出运算结果是否发生溢出。

解： $[x]_原=01011$，$[y]_原=11101$

因为两个数异号且进行加法运算，所以机器完成 $|x|+[-|y|]_补$ 操作。

$|x|=01011$，$|y|=01101$

$$\begin{array}{lrr} & |x| & 01011 \\ + & [-|y|]_补 & 10011 \\ \hline & |x|+[-|y|]_补 & 11110 \end{array}$$

因为完成 $|x|+[-|y|]_补$ 操作，所以运算结果不会发生溢出。

因为 $|x|+[-|y|]_补$ 操作结果的符号位为 1，所以和的符号与加数同号，和的尾数为操作结果的尾数按位取反并在末位加 1。

所以

$[x+y]_原=10010$

$x+y=-0010$

2.3.3 移码加法、减法

两个 n+1 位定点整数(包含 1 位符号位)的移码进行加法或减法运算有以下规则：操作数用移码表示，结果也用移码表示，两个数的符号位一起参与运算。

由于移码是在补码的基础上将符号位取反得到的，因此 n+1 位定点整数 x(包含 1 位符号位)的移码为

$$[x]_{移} = [x]_{补} + 2^n \quad (\bmod 2^{n+1}) \tag{2.28}$$

因此，移码加(减)运算可以依据如下公式：

$$\begin{aligned}[x+y]_{移} &= [x+y]_{补} + 2^n && (\bmod 2^{n+1})\\ &= [x]_{补} + [y]_{补} + 2^n && (\bmod 2^{n+1})\\ &= [x]_{移} + [y]_{补} && (\bmod 2^{n+1})\end{aligned} \tag{2.29}$$

$$\begin{aligned}[x-y]_{移} &= [x-y]_{补} + 2^n && (\bmod 2^{n+1})\\ &= [x]_{补} + [-y]_{补} + 2^n && (\bmod 2^{n+1})\\ &= [x]_{移} + [-y]_{补} && (\bmod 2^{n+1})\end{aligned} \tag{2.30}$$

为便于判断溢出，移码采用两位符号位，即采用变形移码，数据的第 1 位符号位(最高位)恒为 0，第 2 位符号位代表数据的正负。即当 x 为正数时，$[x]_{移}$的两个符号位为 01，而当 x 为负数时，$[x]_{移}$的两个符号位为 00。这样，移码加法、减法的运算公式可写作：

$$[x+y]_{移} = [x]_{移} + [y]_{补} \quad (\bmod 2^{n+2}) \tag{2.31}$$

$$[x-y]_{移} = [x]_{移} + [-y]_{补} \quad (\bmod 2^{n+2}) \tag{2.32}$$

式(2.31)和式(2.32)中使用的变形移码只在运算过程中采用，在正常情况下，只有第 2 位符号位才代表数据的正负，故在传送和存储时仍只保留一位符号位。

采用变形移码进行运算，判断溢出的条件是：

(1) 当两位符号位的第 1 位符号位为 0 时，表示运算结果未发生溢出。此时，若两位符号位为 00，表示结果为负；若两位符号位为 01，表示结果为正。

(2) 当两位符号位的第 1 位符号位为 1 时，表示运算结果发生溢出。此时，若两位符号位为 10，表示正溢；若两位符号位为 11，表示负溢。

[例 2.30] 已知 x=1011，y=−1110，用移码运算方法计算 x+y，同时指出运算结果是否发生溢出。

解： $[x]_{移}$=011011，$[y]_{补}$=110010

$$\begin{array}{rl} [x]_{移} & 011011 \\ +\quad [y]_{补} & 110010 \\ \hline [x+y]_{移} & 001101 \end{array}$$ (运算结果未发生溢出)

所以

$x+y=-0011$

[例 2.31] 已知 x=1001，y=−1100，用移码运算方法计算 x−y，同时指出运算结果是否发生溢出。

解： $[x]_{移}=011001$，$[-y]_{补}=001100$

	$[x]_{移}$	011001
+	$[-y]_{补}$	001100
	$[x-y]_{移}$	100101　（运算结果发生正溢）

2.3.4　十进制加法器

利用基本的二进制加法/减法器可完成二进制的加法或减法运算，如果计算机采用十进制数据表示，数据又如何进行运算呢？

处理十进制数通常有两种方法，一种方法是先将十进制数转换为二进制数，然后按二进制运算，最后再将结果转换为十进制数；另一种方法是采用 BCD 码，直接进行十进制运算，即将每组 4 位先当成二进制数运算，再按十进制运算的进位规律进行修正。第一种方法适用于数据量不多而计算量较大的情况，第二种方法适用于数据量较多但计算较简单的场合。

4 位 8421 码和余 3 码是最常用的 BCD 码，下面以 8421 BCD 码为例介绍其加法器的构成及工作原理。

两个一位十进制数相加，其和大于 9 时，便产生进位。因此，用 8421 码表示的两个一位十进制数相加，当和大于 9 时，必须对和数加上 6 进行修正，才能产生进位。这是因为，采用 8421 码后，在两个一位十进制数相加的和数小于等于 9 时，十进制运算的结果是正确的，而当相加的和数大于 9 时，结果不正确，必须加上 6 修正后才能得出正确的结果。因此，在进行一位 8421 码十进制加法器的设计时，可先将两个 4 位二进制数 $A_{i3}A_{i2}A_{i1}A_{i0}$、$B_{i3}B_{i2}B_{i1}B_{i0}$ 和低位产生的进位 C_i 采用串行进位的二进制加法器来求和，再对求得的和 $S'_{i3}S'_{i2}S'_{i1}S'_{i0}$ 进行修正。设两个一位 8421 码采用串行进位的二进制加法器运算产生的进位为 C'_{i+1}，而 $S_{i3}S_{i2}S_{i1}S_{i0}$ 代表正确的 BCD 和数，C_{i+1} 代表正确的进位。

当和数 $S'_{i3}S'_{i2}S'_{i1}S'_{i0}$ 的取值为 1010、1011、1100、1101、1110、1111 之一或 $C'_{i+1}=1$ 时，对和数 $S'_{i3}S'_{i2}S'_{i1}S'_{i0}$ 加上 6 进行修正才能得到正确的 BCD 和数；当和数 $S'_{i3}S'_{i2}S'_{i1}S'_{i0}$ 的取值小于等于 9 时，不需要对和数 $S'_{i3}S'_{i2}S'_{i1}S'_{i0}$ 进行修正。显然，当 $C'_{i+1}=1$ 或 $S'_{i3}S'_{i2}S'_{i1}S'_{i0}$ 大于 9 时，$C_{i+1}=1$，即 $C_{i+1}=S'_{i3}S'_{i1}+S'_{i3}S'_{i2}+C'_{i+1}$。因此，可利用 C_{i+1} 的状态来产生所要求的校正因子：当 $C_{i+1}=1$ 时，校正因子为 6；当 $C_{i+1}=0$ 时，校正因子为 0。由此，可以设计出一位 8421 码十进制加法器如图 2.11 所示。

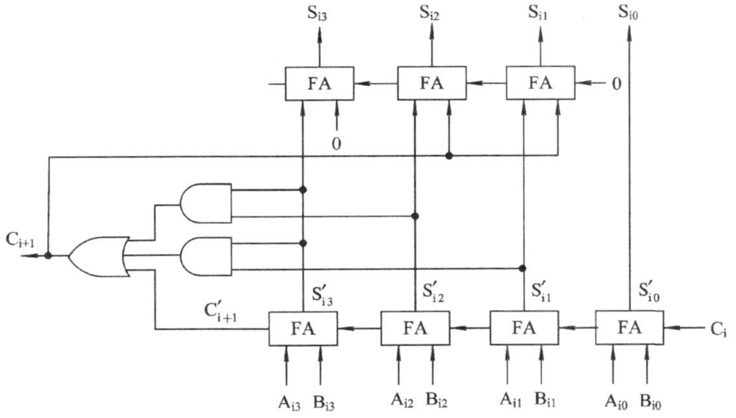

图 2.11　一位 8421 码十进制加法器

n 位 8421 码十进制串行进位加法器的一般结构如图 2.12 所示，它由 n 级组成，每一级是一个一位 8421 码十进制加法器，每级之间通过一根进位线与其相邻级连接。

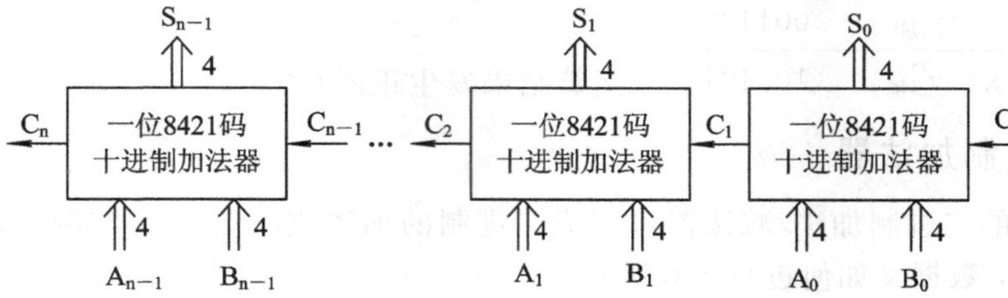

图 2.12 n 位 8421 码十进制串行进位加法器

2.4 定点乘法运算

乘、除法运算是计算机的基本运算之一。实现乘、除法运算的方法较多，归纳起来有两种。第一种是采用软件的方法。在早期的低档计算机中采用软件的方法，即利用计算机中的基本指令编写子程序，当需要做乘、除法运算时，通过调用子程序来实现。第二种是采用硬件的方法。即在功能较强的计算机中，用加法器和移位器来实现乘、除法运算；在速度高、功能强的计算机中，则通过设置专门的阵列乘除部件来实现乘、除法运算。

2.4.1 原码一位乘法

由于原码的数值部分与真值相同，因此原码的乘法与采用真值运算时的手工算法非常相似。首先我们来看二进制乘法的人工运算过程。

设 x=0.1101，y=−0.1001，那么 x×y 的运算如下：

$$
\begin{array}{r}
0.1101 \\
\times \quad 0.1001 \\
\hline
1101 \\
0000 \\
0000 \\
+ \quad 1101 \\
\hline
0.01110101
\end{array}
$$

由于 x 为正数，y 为负数，所以

$$x \times y = -0.01110101$$

二进制乘法运算过程与十进制乘法相似，先用 x 和 y 的数值部分相乘，然后用 x 和 y 小数位的位数来确定乘积中小数位的位数，最后根据 x 和 y 的符号来确定乘积的符号。在数值部分相乘时，都是从 y 的最低位开始，逐位与被乘数相乘。若这一位为 1，则乘得的结果为被乘数；若这一位为 0，则乘得的结果为全 0。然后再对 y 的高一位进行乘法运算，其规则同上，由于这一位乘数的权值与低位乘数的权值不一样，因此这一位乘得的结果与低位乘得的结果相比，要左移一位。依此类推，直到乘数各位乘完为止，最后相加便得到乘积。若为整数相乘，则只需考虑数值部分相乘和结果的符号即可，方法同上。

在计算机进行乘法运算时，由于只有一次能实现两个数相加的加法器，因而无法同时实现 n 位积的并行相加运算。为此，必须修改上述乘法运算规则，使之能在计算机上实现。

设被乘数$[x]_原=x_f.x_1x_2\cdots x_{n-1}x_n$，乘数$[y]_原=y_f.y_1y_2\cdots y_{n-1}y_n$，则乘积为

$$[z]_原 = (x_f \oplus y_f) + (0.x_1x_2\cdots x_{n-1}x_n) \times (0.y_1y_2\cdots y_{n-1}y_n) \tag{2.33}$$

或

$$[z]_原 = (x_f \oplus y_f).((x_1x_2\cdots x_{n-1}x_n) \times (y_1y_2\cdots y_{n-1}y_n)) \tag{2.34}$$

式(2.33)表明，乘积的符号位为被乘数和乘数的符号位相异或，乘积的绝对值为被乘数的绝对值与乘数的绝对值相乘，它是原码一位乘法算法的设计基础；式(2.34)表明，乘积的符号位为被乘数和乘数的符号位相异或，乘积的数值部分为被乘数的数值部分与乘数的数值部分相乘，它是原码阵列乘法算法的设计基础。

下面我们来看原码一位乘法中，被乘数的绝对值与乘数的绝对值相乘的算法推导过程。为简单起见，令 $x'=|x|=0.x_1x_2\cdots x_{n-1}x_n$，$y'=|y|=0.y_1y_2\cdots y_{n-1}y_n$；同时令乘积 $z'=|z|=x'\times y'$，则有

$$\begin{aligned} x'\times y' &= x'\times(0.y_1y_2\cdots y_{n-1}y_n) \\ &= x'\times(y_1 2^{-1}+y_2 2^{-2}+\cdots+y_{n-1}2^{-(n-1)}+y_n 2^{-n}) \\ &= 2^{-1}(y_1x'+2^{-1}(y_2x'+\cdots+2^{-1}(y_{n-1}x'+2^{-1}(y_nx'+0))\cdots)) \end{aligned} \tag{2.35}$$

令 z_i 表示 z'第 i 次的部分积，则式(2.35)可写成如下递推公式：

$$\begin{aligned} z_0 &= 0 \\ z_1 &= 2^{-1}(y_nx'+z_0) \\ z_2 &= 2^{-1}(y_{n-1}x'+z_1) \\ &\vdots \\ z_i &= 2^{-1}(y_{n-i+1}x'+z_{i-1}) \\ &\vdots \\ z_{n-1} &= 2^{-1}(y_2x'+z_{n-2}) \\ z_n &= 2^{-1}(y_1x'+z_{n-1}) \end{aligned} \tag{2.36}$$

显然，欲求 $x'\times y'$，则需设置一个保存部分积的累加器。乘法开始时，令部分积的初值 $z_0=0$，然后先加上 y_nx'，右移 1 位得第 1 个部分积 z_1，又加上 $y_{n-1}x'$，再右移 1 位得第 2 个部分积 z_2。依此类推，直到求得 y_1x'加上 z_{n-1}并右移 1 位得最后部分积 z_n，即得$x'\times y'$。显然，两个 n 位小数相乘需要重复进行 n 次“加”和“右移”操作，才能得到最后乘积。这就是实现原码一位乘法的算法。

[例 2.32]　已知 $x=-0.1101$，$y=0.0101$，用原码一位乘法计算 $x\times y$。

解： $[x]_原=1.1101$，$[y]_原=0.0101$

乘积的符号位为

$$x_f \oplus y_f = 1 \oplus 0 = 1$$

令 $x'=|x|=0.1101$，$y'=|y|=0.0101$，则

$$[x']_补=0.1101，[y']_补=0.0101$$

部分积		乘数	说明
	00.0000	0.0101	部分积 $z_0=0$
$+[x']_{补}$	00.1101		$y_4=1$，$+[x']_{补}$
	00.1101		
→	00.0110	10.010	右移1位，得 z_1
$+[0]_{补}$	00.0000		$y_3=0$，$+[0]_{补}$
	00.0110		
→	00.0011	010.01	右移1位，得 z_2
$+[x']_{补}$	00.1101		$y_2=1$，$+[x']_{补}$
	01.0000		
→	00.1000	0010.0	右移1位，得 z_3
$+[0]_{补}$	00.0000		$y_1=0$，$+[0]_{补}$
	00.1000		
→	00.0100	00010.	右移1位，得 $z_4=\|x\|\times\|y\|$

$[x\times y]_{原}=1.01000001$

所以

$$x\times y=-0.01000001$$

由例 2.32 可以看出，乘数的最高位不参与运算。乘积的原码依次由乘积的符号位、部分积(寄存器)中的低 4 位、乘数(寄存器)中的高 4 位组成。定点整数原码一位乘法与定点小数原码一位乘法的区别仅在于被乘数和乘数中没有小数点，乘积输出时乘积原码的符号位之后没有小数点。

2.4.2 补码一位乘法

原码一位乘法的主要问题在于符号位不能直接参与运算，而是单独用一个异或门产生乘积的符号位。为了能像补码加减运算一样，使数的符号位连同数一起参与运算，可采用补码一位乘法。

为了分析补码一位乘法的机器算法和逻辑实现，首先讨论补码与真值的转换公式。

1. 补码与真值的转换公式

设 $[x]_{补}=x_0.x_1x_2\cdots x_{n-1}x_n$。

当 $x\geqslant 0$ 时，$x_0=0$，根据定义 $[x]_{补}=x$，得

$$0.x_1x_2\cdots x_{n-1}x_n=x$$

即

$$x=-0+0.x_1x_2\cdots x_{n-1}x_n$$

当 $x<0$ 时，$x_0=1$，根据定义 $[x]_{补}=2+x$，得

$$1.x_1x_2\cdots x_{n-1}x_n=2+x$$

即

$$x=-1+0.x_1x_2\cdots x_{n-1}x_n$$

由此可以得出，补码与真值之间的转换公式为

$$x=-x_0+0.x_1x_2\cdots x_{n-1}x_n$$

即

$$x=-x_0+\sum_{i=1}^{n}(x_i\times 2^{-i}) \tag{2.37}$$

同样的道理，对定点整数，若$[x]_补=x_nx_{n-1}x_{n-2}\cdots x_1x_0$，则

$$x=-x_n\times 2^n+x_{n-1}x_{n-2}\cdots x_1x_0$$

即

$$x=-x_n\times 2^n+\sum_{i=0}^{n-1}(x_i\times 2^i) \tag{2.38}$$

由式(2.37)和式(2.38)可以得出这样的结论，若将一个数的补码表示的符号位变为负权，便是该数的真值。例如，若$[x]_补=10101$，则真值

$$x=(1)0101=1\times(-2^4)+0101=-1011$$

其中(1)表示符号位1为负权。

补码与真值之间的转换，除了采用式(2.37)和式(2.38)这两个公式之外，还有另外一种方法，我们已在2.1.2节介绍过，这里不再重复。

[例 2.33]　已知$[x_1]_补=1.1101$，$[x_2]_补=0.0101$，$[y_1]_补=10111$，$[y_2]_补=01011$，求x_1、x_2、y_1、y_2。

解：

$$x_1=-1+0.1101=-0.0011$$

$$x_2=-0+0.0101=0.0101$$

$$y_1=1\times(-2^4)+0111=-10000+0111=-1001$$

$$y_2=0\times(-2^4)+1011=1011$$

2. 补码的移位

对于一个数的补码，无论其是正数还是负数，每左移一位，低位补0，相当于这个数乘以2。若在左移的过程中符号发生改变，则表示运算结果发生溢出。

对于一个数的补码，无论其是正数还是负数，每右移一位，符号位保持不变，相当于这个数除以2(即乘以1/2)。

[例 2.34]　已知$[x]_补=1.1101001$，$[y]_补=00101011$，若字长固定为8位，采用0舍1入法，求$[2x]_补$、$\left[\frac{1}{2}x\right]_补$、$[2y]_补$、$\left[\frac{1}{2}y\right]_补$。

解：

$$[2x]_补=1.1010010$$

$$\left[\frac{1}{2}x\right]_补=1.1110101$$

$$[2y]_补=01010110$$

$$\left[\frac{1}{2}y\right]_补=00010110$$

3. 补码一位乘法的机器算法

设被乘数$[x]_补 = x_0.x_1x_2\cdots x_{n-1}x_n$，乘数$[y]_补 = y_0.y_1y_2\cdots y_{n-1}y_n$，根据式(2.37)，有

$$[x \times y]_补 = [x]_补 \times y = [x]_补 \times \left(-y_0 + \sum_{i=1}^{n}(y_i \times 2^{-i})\right) \quad (\mathrm{mod}\ 2) \qquad (2.39)$$

式(2.39)中有关$[x\times y]_补 = [x]_补 \times y$的证明可分$y \geq 0$和$y < 0$两种情况并结合补码的定义来证明，这里不再展开论述。

将式(2.39)展开，有

$$\begin{aligned}[x \times y]_补 &= [x]_补 \times (-y_0 + y_1 2^{-1} + y_2 2^{-2} + \cdots + y_{n-1}2^{-(n-1)} + y_n 2^{-n}) \\ &= [x]_补 \times [-y_0 + (y_1 - y_1 2^{-1}) + (y_2 2^{-1} - y_2 2^{-2}) + \cdots \\ &\quad + (y_{n-1}2^{-(n-2)} - y_{n-1}2^{-(n-1)}) + (y_n 2^{-(n-1)} - y_n 2^{-n})] \\ &= [x]_补 \times [(y_1 - y_0) + (y_2 - y_1)2^{-1} + (y_3 - y_2)2^{-2} + \cdots \\ &\quad + (y_n - y_{n-1})2^{-(n-1)} + (0 - y_n)2^{-n}] \\ &= \sum_{i=0}^{n}((y_{i+1} - y_i) \times [x]_补 \times 2^{-i}) \quad (其中\ y_{n+1} = 0) \end{aligned} \qquad (2.40)$$

设$[z]_补 = [x\times y]_补$，$[z_i]_补$表示$[z]_补$第i次的部分积，则式(2.40)可写成如下递推公式：

$$\begin{aligned} &[z_0]_补 = 0 \\ &[z_1]_补 = 2^{-1}([z_0]_补 + (y_{n+1} - y_n)[x]_补) \quad (其中\ y_{n+1} = 0) \\ &[z_2]_补 = 2^{-1}([z_1]_补 + (y_n - y_{n-1})[x]_补) \\ &\qquad \vdots \\ &[z_i]_补 = 2^{-1}([z_{i-1}]_补 + (y_{n-i+2} - y_{n-i+1})[x]_补) \\ &\qquad \vdots \\ &[z_n]_补 = 2^{-1}([z_{n-1}]_补 + (y_2 - y_1)[x]_补) \\ &[z_{n+1}]_补 = [z_n]_补 + (y_1 - y_0)[x]_补 \end{aligned} \qquad (2.41)$$

开始时，部分积为0，即$[z_0]_补 = 0$，然后每一步都在前一次部分积的基础上，由$y_{i+1} - y_i$ $(i=0, 1, 2, \cdots, n)$决定对$[x]_补$的操作，再右移1位，得到新的部分积。如此重复n+1步，最后一步不移位，便得到$[x\times y]_补$。由于这种算法最早是由Booth夫妇提出的，因此又称为Booth算法。

实现这种补码一位乘法的机器算法时，在乘数的最末位要增加1位附加位y_{n+1}，y_{n+1}的初值为0。开始时，由$y_n y_{n+1}$的取值判断第一步该完成什么运算，执行完运算后，部分积要右移1位。此时y_n正好移到原来y_{n+1}的位置上，y_{n-1}正好移到原来y_n的位置上。然后再由当前$y_n y_{n+1}$的取值判断第二步该完成什么运算，依此类推。

若$y_n y_{n+1} = 01$，即$y_{n+1} - y_n = 1$，则用部分积加上被乘数$[x]_补$，部分积右移1位；若$y_n y_{n+1} = 10$，即$y_{n+1} - y_n = -1$，则用部分积减去被乘数$[x]_补$，即加上$[-x]_补$，部分积右移1位；若$y_n y_{n+1} = 00$或11，即$y_{n+1} - y_n = 0$，则用部分积加上$[0]_补$，部分积右移1位。

[例 2.35]　已知 $x=-0.1101$，$y=0.0101$，用补码一位乘法计算 $x\times y$。

解：

$$[x]_补=1.0011$$
$$[y]_补=0.0101$$
$$[-x]_补=0.1101$$

	部分积	乘数	说明
	00.0000	0.0101$\underline{0}$ (y_{n+1})	部分积$[z_0]_补=0$，附加位$y_{n+1}=0$
$+[-x]_补$	00.1101		$y_ny_{n+1}=10$，$+[-x]_补$
	00.1101		
→	00.0110	10.0101	右移1位，得$[z_1]_补$
$+[x]_补$	11.0011		$y_ny_{n+1}=01$，$+[x]_补$
	11.1001		
→	11.1100	110.010	右移1位，得$[z_2]_补$
$+[-x]_补$	00.1101		$y_ny_{n+1}=10$，$+[-x]_补$
	00.1001		
→	00.0100	1110.01	右移1位，得$[z_3]_补$
$+[x]_补$	11.0011		$y_ny_{n+1}=01$，$+[x]_补$
	11.0111		
→	11.1011	11110.0	右移1位，得$[z_4]_补$
$+[0]_补$	00.0000		$y_ny_{n+1}=00$，$+[0]_补$
	11.1011	11110.0	最后一步不移位，得$[z_5]_补=[x\times y]_补$

$[x\times y]_补=1.10111111$

所以

$$x\times y=-0.01000001$$

由例 2.35 可以看出，被乘数和乘数的符号位一起参与运算。n 位小数与 n 位小数相乘，共要进行 n+1 次加法，右移 n 次，最后一次加法完成后，部分积不右移。定点整数补码一位乘法与定点小数补码一位乘法的区别仅在于被乘数和乘数中没有小数点，乘积输出时乘积补码的符号位之后没有小数点。

[例 2.36]　已知 $x=-1101$，$y=-1111$，分别用原码一位乘法和补码一位乘法计算 $x\times y$。

解：① 原码一位乘法。

$$[x]_原=11101$$
$$[y]_原=11111$$

乘积的符号位为

$$x_f\oplus y_f=1\oplus 1=0$$

令 $x'=|x|=1101$，$y'=|y|=1111$。

$$[x']_补=01101$$
$$[y']_补=01111$$

部分积		乘数	说明
	000000	01111	部分积$z_0=0$
$+[x']_{补}$	001101		$y_4=1$，$+[x']_{补}$
	001101		
→	000110	10111	右移1位，得z_1
$+[x']_{补}$	001101		$y_3=1$，$+[x']_{补}$
	010011		
→	001001	11011	右移1位，得z_2
$+[x']_{补}$	001101		$y_2=1$，$+[x']_{补}$
	010110		
→	001011	01101	右移1位，得z_3
$+[x']_{补}$	001101		$y_1=1$，$+[x']_{补}$
	011000		
→	001100	00110	右移1位，得$z_4=\|x\|\times\|y\|$

$[x\times y]_{原}=011000011$

所以

$$x\times y=+11000011$$

② 补码一位乘法。

$$[x]_{补}=10011$$
$$[y]_{补}=10001$$
$$[-x]_{补}=01101$$

部分积		乘数	说明
	000000	10001$\underline{0}$（↑ y_{n+1}）	部分积$[z_0]_{补}=0$，附加位$y_{n+1}=0$
$+[-x]_{补}$	001101		$y_ny_{n+1}=10$，$+[-x]_{补}$
	001101		
→	000110	110001	右移1位，得$[z_1]_{补}$
$+[x]_{补}$	110011		$y_ny_{n+1}=01$，$+[x]_{补}$
	111001		
→	111100	111000	右移1位，得$[z_2]_{补}$
$+[0]_{补}$	000000		$y_ny_{n+1}=00$，$+[0]_{补}$
	111100		
→	111110	011100	右移1位，得$[z_3]_{补}$
$+[0]_{补}$	000000		$y_ny_{n+1}=00$，$+[0]_{补}$
	111110		
→	111111	001110	右移1位，得$[z_4]_{补}$
$+[-x]_{补}$	001101		$y_ny_{n+1}=10$，$+[-x]_{补}$
	001100	001110	最后一步不移位，得$[z_5]_{补}=[x\times y]_{补}$

$[x\times y]_{补}=011000011$

所以

$$x\times y=+11000011$$

2.4.3　阵列乘法器

1. 不带符号的阵列乘法器

前面介绍的原码一位乘法和补码一位乘法都是通过串行移位和并行加法相结合的方法实现的，这种方法不需要很多器件，但串行操作的速度太慢。自从大规模集成电路问世以来，高速的阵列乘法器应运而生，它由大量的与门和全加器构成，其中与门构成与阵列，全加器构成乘法器阵列。乘法器阵列中的全加器采用并行流水的方式进行运算，大大提高了乘法运算的速度。

设有两个不带符号的 n 位二进制整数：

$$A=a_{n-1}a_{n-2}\cdots a_1a_0，B=b_{n-1}b_{n-2}\cdots b_1b_0$$

A×B 的人工计算方法如下：

$$\begin{array}{cccccccccccl}
 & & & & & a_{n-1} & a_{n-2} & \cdots & a_1 & a_0 & & \\
 & & & & \times & b_{n-1} & b_{n-2} & \cdots & b_1 & b_0 & & \\
\hline
 & & & & & a_{n-1}b_0 & a_{n-2}b_0 & \cdots & a_1b_0 & a_0b_0 & & \text{第1行被加数} \\
 & & & & a_{n-1}b_1 & a_{n-2}b_1 & \cdots & a_1b_1 & a_0b_1 & & & \text{第2行被加数} \\
 & & & a_{n-1}b_2 & a_{n-2}b_2 & \cdots & a_1b_2 & a_0b_2 & & & & \text{第3行被加数} \\
 & & & & \vdots & & & & & & & \vdots \\
+ & a_{n-1}b_{n-1} & a_{n-2}b_{n-1} & \cdots & a_1b_{n-1} & a_0b_{n-1} & & & & & & \text{第n行被加数} \\
\hline
p_{2n-1} & p_{2n-2} & p_{2n-3} & \cdots & & p_{n-1} & p_{n-2} & \cdots & p_1 & p_0 & &
\end{array}$$

上述过程中的每一个乘积项(位积)a_ib_j 叫做一个被加数，这 n^2 个被加数(a_ib_j，$0\leqslant i, j\leqslant n-1$)可以用 n^2 个与门并行产生，如图 2.13 的上半部所示，所有被加数形成所花的时间实际上就是一个与门所花的时间。为了提高乘法运算的速度，可将上述过程中第 1 行被加数与第 2 行被加数的对应位通过第 1 行 n－1 个一位的全加器并行相加(每个全加器的进位输入端为 0)，每个全加器产生的进位并不直接传递给此次运算的高位全加器，而是将每个全加器的和、低位产生的进位与第 3 行被加数的对应位再通过第 2 行 n－1 个一位的全

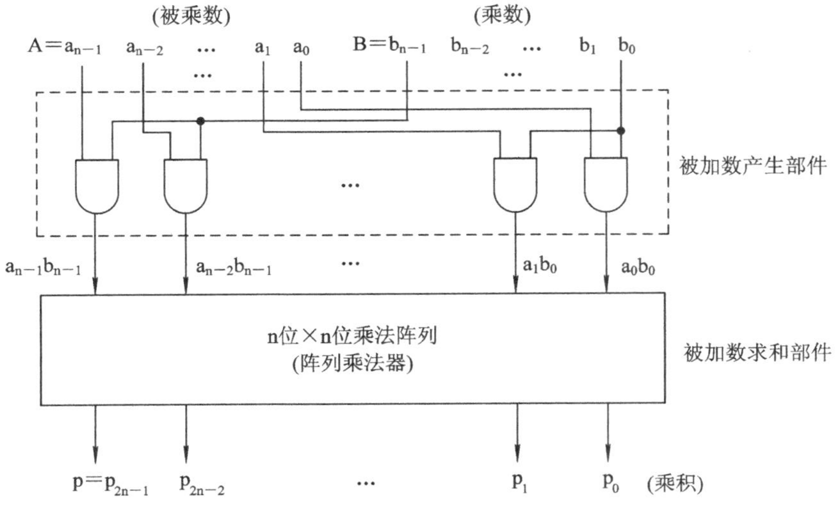

图 2.13　n 位×n 位不带符号的阵列乘法器逻辑框图

加器并行相加。同样，此次运算中每个全加器产生的进位也不直接传递给此次运算的高位全加器，而是将每个全加器的和、低位产生的进位与第 4 行被加数的对应位再通过第 3 行 n－1 个一位的全加器并行相加。依此类推，直到最后一行，即上述运算过程中的第 n 行被加数参与运算后为止。但由于第 n 行被加数运算后并行产生的进位并没有参与运算，因此，必须再加入第 n 行 n－1 个一位的全加器将第 n－1 行全加器产生的和、第 n－1 行全加器低位产生的进位以及本行全加器低位产生的进位串行相加来产生最后的乘积。这一乘法运算过程由如图 2.13 下半部的乘法阵列来实现。n 位二进制整数与 n 位二进制整数相乘，其结果为 2n 位，即 $p_{2n-1}p_{2n-2}p_{2n-3}\cdots p_1p_0$。

图 2.14 给出了按上述思想设计的 5 位×5 位不带符号的阵列乘法器逻辑原理图。图中 FA 的内部结构如图 2.8(c)所示。通过 FA 进行运算时，和与进位同时产生。图 2.14 中 FA 的上边和右边输入的是两个被加数，斜上方输入的是上一行低位运算产生的进位，FA 的下边和斜下方输出的分别是运算产生的和以及此位运算产生的进位。每行为 4 个全加器，共 5 行，上面 4 行中每行的全加器并行相加，将和与进位并行传递给下一行被加数的相应位。图 2.14 中最后一行的全加器采用的是串行进位以形成最后的乘积。当然，为了缩短加法时间，最后一行的串行进位也可以采用先行进位加法器来代替。有关先行进位加法器的概念和原理，我们将在 2.7 节中介绍。

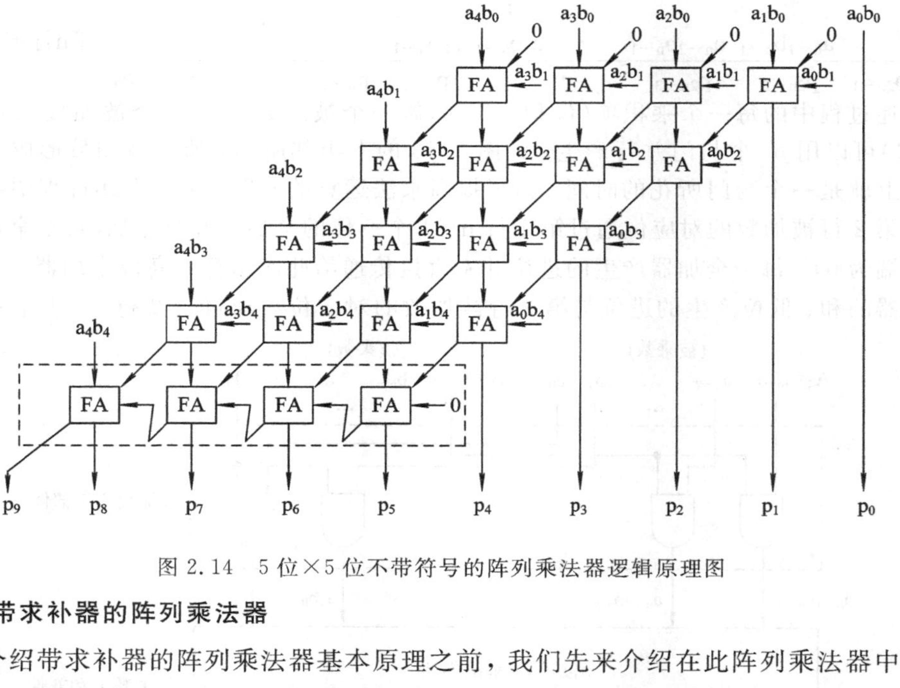

图 2.14　5 位×5 位不带符号的阵列乘法器逻辑原理图

2. 带求补器的阵列乘法器

在介绍带求补器的阵列乘法器基本原理之前，我们先来介绍在此阵列乘法器中用到的对 2 求补电路。4 位对 2 求补电路的电路图如图 2.15 所示，其逻辑表达式如下：

$$C_0=0,\ C_{i+1}=a_i+C_i$$

$$a_i^*=a_i\oplus(E\cdot C_i)\quad (0\leqslant i\leqslant 3)$$

图 2.15 中 E 为使能控制端，当 E=0 时，对 2 求补电路的输出 $a_3^*a_2^*a_1^*a_0^*$ 就等于其输入 $a_3a_2a_1a_0$；当 E=1 时，从输入数据 $a_3a_2a_1a_0$ 的最右端开始，由右向左，直到找到某一位

$a_i=1(0\leqslant i\leqslant 3)$，$a_i$ 和 a_i 右边的输入对应的输出都保持输入值不变，而 a_i 左边的输入对应的输出则按对应位取反。也就是说，当 E=1 时，对输入端的数据按位取反并在末位加 1，即可得到输出数据。

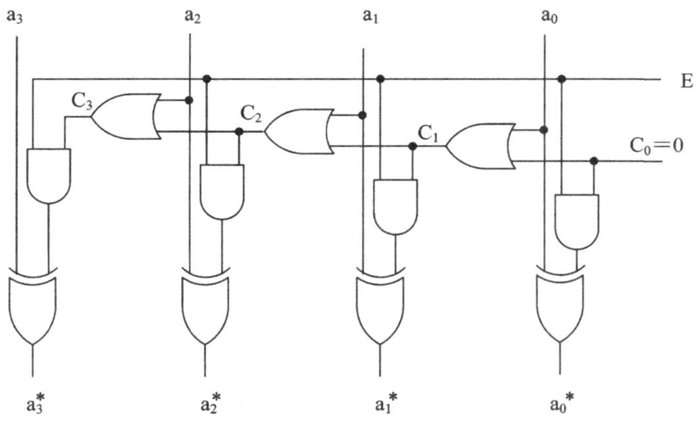

图 2.15　4 位对 2 求补电路图

对于一个定点整数的补码，设$[a]_补=a_4a_3a_2a_1a_0$，其中 a_4 为符号位，若 $E=a_4$，即用一个数的补码的符号位作为对 2 求补电路的使能控制信号，则其输出为该补码表示数的真值的绝对值。例如，在图 2.15 中，若输入 $a_3a_2a_1a_0=0110$，E=0 则输出 0110，E=1 则输出 1010。

若在图 2.15 中 $a_3a_2a_1a_0$ 输入的是一个数的绝对值，E 为该数的符号位，我们可以发现，当 E=0 时，对 2 求补电路的输出 $a_3^*a_2^*a_1^*a_0^*$ 就等于其输入 $a_3a_2a_1a_0$，$Ea_3^*a_2^*a_1^*a_0^*$ 为该数的补码；当 E=1 时，对 2 求补电路的输出 $a_3^*a_2^*a_1^*a_0^*$ 等于其输入 $a_3a_2a_1a_0$ 按位取反并在末位加 1，$Ea_3^*a_2^*a_1^*a_0^*$ 也正好为该数的补码。这类似于我们在 2.1 节中介绍的，已知一个数的真值来求一个数的补码的方法，只是将正、负号换成了这里的符号位。

利用对 2 求补电路和不带符号的阵列乘法器构成了如图 2.16 所示的(n+1)位×(n+1)位带求补器的阵列乘法器。在定点整数补码相乘时，首先通过 n 位算前求补器求出被乘数和乘数的绝对值(即将补码的数值位转换成原码的数值位)，再将两数的绝对值(原码的数值位)送入与阵列和 n 位×n 位不带符号的阵列乘法器，以求出乘积的绝对值(两数原码数值位的乘积)，同时被乘数和乘数的符号位相异或产生乘积的符号位。在乘积符号位的控制下，对乘积的绝对值(两数原码数值位的乘积)通过 2n 位算后求补器进行算后求补，即根据一个数的符号位和绝对值(原码的数值位)来求该数的补码。

定点小数补码相乘与定点整数补码相乘的区别主要有两点：① 小数点位于被乘数、乘数和乘积的符号位之后；② 算前求补后的输出不是定点小数的绝对值，但它与定点整数补码相乘一样，都是被乘数和乘数原码的数值位。

不管是定点小数补码相乘，还是定点整数补码相乘，都应先通过 n 位的算前求补器将补码的数值位转换成原码的数值位，然后再送入与阵列和 n 位×n 位不带符号的阵列乘法器进行运算，最后通过 2n 位的算后求补器根据乘积的符号位和两数原码数值位的乘积来求乘积的补码。由此可以看出，n 位×n 位不带符号的阵列乘法器实际上是对被乘数和乘数原码的数值位进行乘法运算，尽管被乘数和乘数均用补码表示，但参与运算的数的范围必须与原码相同。由于输入、输出数据均用补码表示，因此我们称之为带求补器的补码阵列乘法器。

对图 2.16，若 n 位算前求补器和 2n 位算后求补器的使能控制信号恒置为 0，即不受符号位控制，便可用带求补器的阵列乘法器完成原码并行乘法。此时，输入、输出数据均用原码表示，我们称之为带求补器的原码阵列乘法器。

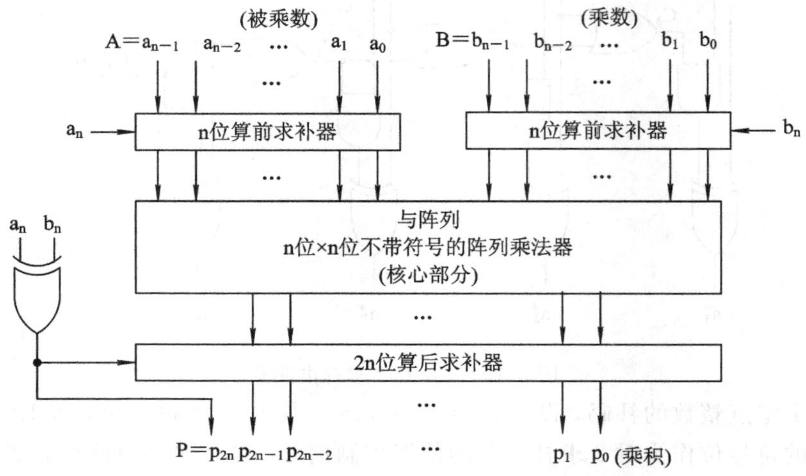

图 2.16 (n+1)位×(n+1)位带求补器的阵列乘法器逻辑框图

[例 2.37] 设 x=−1101，y=1111，分别用带求补器的原码阵列乘法器和带求补器的补码阵列乘法器计算 x×y。

解： ① 带求补器的原码阵列乘法器。

$$[x]_{原}=11101,\quad [y]_{原}=01111$$

乘积的符号位为

$$x_f \oplus y_f = 1 \oplus 0 = 1$$

因符号位单独考虑，算前求补器的使能控制信号为 0，经算前求补后输出：

$$|x|=1101,\ |y|=1111$$

$$\begin{array}{r}
1\ 1\ 0\ 1 \\
\times\ \ 1\ 1\ 1\ 1 \\
\hline
1\ 1\ 0\ 1 \\
1\ 1\ 0\ 1\ \ \ \\
1\ 1\ 0\ 1\ \ \ \ \ \ \\
+\ \ 1\ 1\ 0\ 1\ \ \ \ \ \ \ \ \ \\
\hline
1\ 1\ 0\ 0\ 0\ 0\ 1\ 1
\end{array}$$

因算后求补器的使能控制信号为 0，经算后求补后输出为 11000011，加上乘积符号位 1，得

$$[x\times y]_{原}=111000011$$

所以

$$x\times y=-11000011$$

② 带求补器的补码阵列乘法器。

$$[x]_{补}=10011,\quad [y]_{补}=01111$$

乘积的符号位为

$$x_f \oplus y_f=1\oplus 0=1$$

因算前求补器的使能控制信号分别为被乘数和乘数的符号位，经算前求补后输出：

$$|x|=1101,\ |y|=1111$$

$$\begin{array}{r} 1\ 1\ 0\ 1 \\ \times\ 1\ 1\ 1\ 1 \\ \hline 1\ 1\ 0\ 1 \\ 1\ 1\ 0\ 1\ \ \ \\ 1\ 1\ 0\ 1\ \ \ \ \ \ \\ +\ \ 1\ 1\ 0\ 1\ \ \ \ \ \ \ \ \ \\ \hline 1\ 1\ 0\ 0\ 0\ 0\ 1\ 1 \end{array}$$

因算后求补器的使能控制信号为乘积的符号位，经算后求补后输出为 00111101，加上乘积符号位 1，得

$$[x\times y]_{补}=100111101$$

所以

$$x\times y=-11000011$$

3. 直接补码阵列乘法器

1) 一般化的全加器形式

常规的全加器都是假定它所有的输入和输出都是正权。全加器的一般化形式有四种，如表 2.4 所示。表 2.4 中列出了这四类一般化全加器的名称、逻辑符号和完成的操作。每一类全加器都是用它输入端所包含的负权的个数来命名的。如 0 类全加器表示输入端均为正权，没有负权输入；1 类全加器表示有 1 个负权输入和 2 个正权输入；依此类推。

根据表 2.4，可以推导出这四类全加器 S 和 C 的逻辑表达式。对 0 类、3 类全加器而言有：

$$\begin{aligned} S &= \overline{X}\,\overline{Y}\,Z+\overline{X}\,Y\,\overline{Z}+X\,\overline{Y}\,\overline{Z}+XYZ \\ C &= XY+YZ+XZ \end{aligned} \tag{2.42}$$

对 1 类、2 类全加器则有：

$$\begin{aligned} S&=\overline{X}\,\overline{Y}\,Z+\overline{X}\,Y\,\overline{Z}+X\,\overline{Y}\,\overline{Z}+XYZ \\ C&=XY+X\overline{Z}+Y\overline{Z} \end{aligned} \tag{2.43}$$

0 类和 3 类全加器中 S 和 C 的逻辑表达式相同，它和常规的全加器是一致的。这是因为 3 类全加器可以简单地把 0 类全加器的所有输入和输出值全部反相来得到，反之亦然。1 类和 2 类全加器中 S 和 C 的逻辑表达式也是相同的。表 2.2 和表 2.5 分别给出了 0 类全加器和 1 类全加器的真值表，读者可自行推导 0 类和 1 类全加器中 S 和 C 的逻辑表达式。注意，表 2.5 中 Z 和 S 为负权，即它们取值为 0 时表示－0、取值为 1 时表示－1。

式(2.42)和式(2.43)都可改写成类似于式(2.27)的逻辑表达式，由类似于图 2.8(c)所示的与或非逻辑电路实现。因此各类全加器的和 S 与进位 C 的延迟时间相同，即通过这四类全加器中的任何一类全加器进行运算时，和与进位都是同时产生的。

表 2.4　四类一般化全加器的名称、逻辑符号和完成的操作

类　型	逻辑符号	完成的操作
0 类 全加器	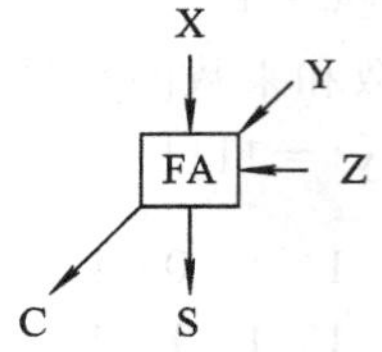	X Y +　Z C　S
1 类 全加器	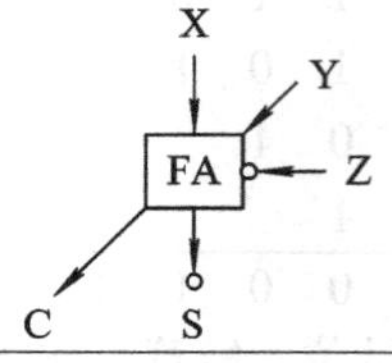	X Y +　(−Z) C　(−S)
2 类 全加器	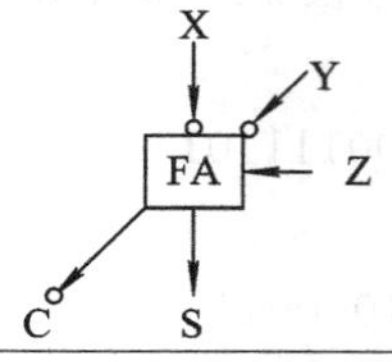	(−X) (−Y) +　Z (−C)　S
3 类 全加器	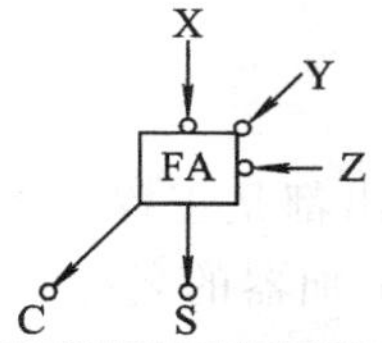	(−X) (−Y) +　(−Z) (−C)　(−S)

表 2.5　1 类全加器的真值表

输　入			输　出	
X	Y	Z	S	C
0	0	0	0	0
0	0	1	1	0
0	1	0	1	1
0	1	1	0	0
1	0	0	1	1
1	0	1	0	0
1	1	0	0	1
1	1	1	1	1

2）直接补码阵列乘法器

利用混合型的全加器就可以构成直接补码阵列乘法器。设被乘数和乘数均为 n 位带符号的二进制整数补码，其中最高位为符号位，如：

$$[A]_{补}=a_{n-1}a_{n-2}\cdots a_1a_0,\ [B]_{补}=b_{n-1}b_{n-2}\cdots b_1b_0$$

根据补码与真值之间的转换公式(2.38)，可得被乘数和乘数的真值分别为

$$A=(a_{n-1})a_{n-2}\cdots a_1a_0,\ B=(b_{n-1})b_{n-2}\cdots b_1b_0$$

这样$[A\times B]_{补}$就可以转换成两个真值 A、B 直接相乘，乘法过程如下：

					(a_{n-1})	a_{n-2}	$\cdots$	a_1	a_0
				$\times$	(b_{n-1})	b_{n-2}	$\cdots$	b_1	b_0
					$(a_{n-1}b_0)$	$a_{n-2}b_0$	$\cdots$	a_1b_0	a_0b_0
				$(a_{n-1}b_1)$	$a_{n-2}b_1$	$\cdots$	a_1b_1	a_0b_1	
			$(a_{n-1}b_2)$	$a_{n-2}b_2$	$\cdots$	a_1b_2	a_0b_2		
				$\vdots$					
$+$	$a_{n-1}b_{n-1}$	$(a_{n-2}b_{n-1})$	$\cdots$	(a_1b_{n-1})	(a_0b_{n-1})				
(p_{2n-1})	p_{2n-2}	p_{2n-3}	$\cdots$		p_{n-1}	p_{n-2}	$\cdots$	p_1	p_0

竖式中 p_{2n-2} 为符号位，p_{2n-1} 为扩充符号位，由于定点乘法运算的结果不会发生溢出，因此 p_{2n-1} 和 p_{2n-2} 的值一定相同。结果取单符号位，由此可得，$[A\times B]_{补}=p_{2n-2}p_{2n-3}\cdots p_1p_0$。

5 位×5 位的直接补码阵列乘法器的逻辑原理图如图 2.17 所示，其中使用了不同的全加器符号来代表 0 类、1 类和 2 类全加器。直接补码阵列乘法器的工作原理与不带符号的阵列乘法器相同，不同之处仅在于直接补码阵列乘法器在运算过程中将符号位当作为负数参与运算。图 2.17 所示的方案称为三段阵列乘法器，其中右上角的三角形只用 0 类全加器，左上角的三角形只用 1 类全加器，阵列的最后两行只用 2 类全加器。图 2.17 下方输出端乘积中 p_8 为符号位，最高位 p_9 为扩充符号位，由于定点乘法运算的结果不会发生溢出，因此 p_9 和 p_8 的值一定相同。结果取单符号位，由此可得，$[A\times B]_{补}=p_8p_7p_6p_5p_4p_3p_2p_1p_0$。

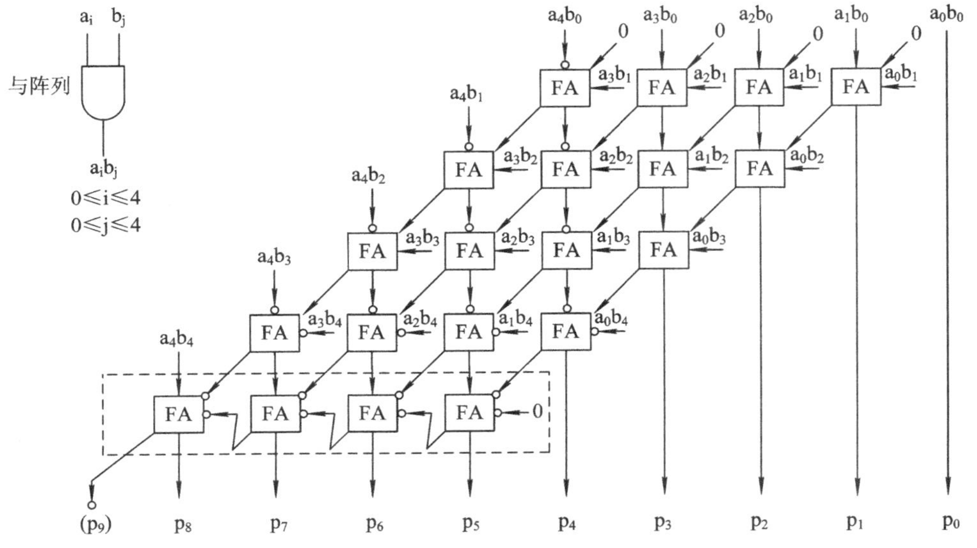

图 2.17　5 位×5 位直接补码阵列乘法器的逻辑原理图

一般地，对于n位×n位的直接补码阵列乘法器，需要(n－1)(n－2)/2个0类全加器，(n－1)(n－2)/2个1类全加器，(2n－2)个2类全加器，总共是n(n－1)个全加器。

[例2.38]　设x＝－1101，y＝1111，用直接补码阵列乘法器计算x×y。

解： $[x]_补=10011$，$[y]_补=01111$

$$
\begin{array}{cccccccccc}
 & & & & & (1) & 0 & 0 & 1 & 1 \\
 & & & & \times & (0) & 1 & 1 & 1 & 1 \\
\hline
 & & & & & (1) & 0 & 0 & 1 & 1 \\
 & & & & (1) & 0 & 0 & 1 & 1 & \\
 & & & (1) & 0 & 0 & 1 & 1 & & \\
 & & (1) & 0 & 0 & 1 & 1 & & & \\
+ & 0 & (0) & (0) & (0) & (0) & & & & \\
\hline
(1) & 1 & 0 & 0 & 1 & 1 & 1 & 1 & 0 & 1
\end{array}
$$

$$[x\times y]_补=100111101$$

所以　　$x\times y=-11000011$

由于只有符号位才能带负权，若除符号位以外的其他乘积位中包含有负权，则需对乘积位进行调整。调整方法为：从右至左，若乘积位为负权，则向高一位借位(相当于进位为负权的1)，借1当2，与本位的值相加，消除负权，直到除扩充符号位以外的其他乘积位全部变为正权为止。

[例2.39]　设x＝0.1101，y＝－0.1011，分别用带求补器的原码阵列乘法器、带求补器的补码阵列乘法器和直接补码阵列乘法器计算x×y。

解： ① 带求补器的原码阵列乘法器。

$$[x]_原=0.1101，[y]_原=1.1011$$

乘积的符号位为

$$x_f\oplus y_f=0\oplus 1=1$$

因符号位单独考虑，算前求补器的使能控制信号为0，经算前求补后输出：

$$x'=1101，y'=1011$$

其中x′和y′分别是x和y原码的数值位。

$$
\begin{array}{cccccccc}
 & & & & 1 & 1 & 0 & 1 \\
 & & & \times & 1 & 0 & 1 & 1 \\
\hline
 & & & & 1 & 1 & 0 & 1 \\
 & & & 1 & 1 & 0 & 1 & \\
 & & 0 & 0 & 0 & 0 & & \\
+ & 1 & 1 & 0 & 1 & & & \\
\hline
1 & 0 & 0 & 0 & 1 & 1 & 1 & 1
\end{array}
$$

因算后求补器的使能控制信号为 0，经算后求补后输出为 10001111，加上乘积符号位 1，得

$$[x \times y]_{原}=1.10001111$$

所以　　$x \times y=-0.10001111$

② 带求补器的补码阵列乘法器。

$$[x]_{补}=0.1101，[y]_{补}=1.0101$$

乘积的符号位为

$$x_f \oplus y_f=0 \oplus 1=1$$

因算前求补器的使能控制信号分别为被乘数和乘数的符号位，经算前求补后输出：

$$x'=1101，y'=1011$$

其中 x' 和 y' 分别是 x 和 y 原码的数值位。

$$\begin{array}{cccccccc c}
 & & & & & 1 & 1 & 0 & 1 \\
 & & & & \times & 1 & 0 & 1 & 1 \\
\hline
 & & & & & 1 & 1 & 0 & 1 \\
 & & & & 1 & 1 & 0 & 1 & \\
 & & & 0 & 0 & 0 & 0 & & \\
+ & & 1 & 1 & 0 & 1 & & & \\
\hline
 & 1 & 0 & 0 & 0 & 1 & 1 & 1 & 1
\end{array}$$

因算后求补器的使能控制信号为乘积的符号位，经算后求补后输出为 01110001，加上乘积符号位 1，得

$$[x \times y]_{补}=1.01110001$$

所以　　$x \times y=-0.10001111$

③ 直接补码阵列乘法器。

$$[x]_{补}=0.1101，[y]_{补}=1.0101$$

$$\begin{array}{ccccccccccc}
 & & & & & & (0) & 1 & 1 & 0 & 1 \\
 & & & & & \times & (1) & 0 & 1 & 0 & 1 \\
\hline
 & & & & & & (0) & 1 & 1 & 0 & 1 \\
 & & & & & (0) & 0 & 0 & 0 & 0 & \\
 & & & & (0) & 1 & 1 & 0 & 1 & & \\
 & & & (0) & 0 & 0 & 0 & 0 & & & \\
+ & & 0 & (1) & (1) & (0) & (1) & & & & \\
\hline
 & (1) & 1 & 0 & 1 & 1 & 1 & 0 & 0 & 0 & 1
\end{array}$$

$$[x \times y]_{补}=1.01110001$$

所以　　$x \times y=-0.10001111$

2.5 定点除法运算

2.5.1 原码一位除法

两个原码表示的数相除时，商的符号位由被除数和除数的符号位相异或求得，而商的数值部分由两个数的绝对值相除求得。

设被除数$[x]_{原}=x_f.x_1x_2\cdots x_n$，除数$[y]_{原}=y_f.y_1y_2\cdots y_n$，则有

$$[x\div y]_{原}=(x_f\oplus y_f)+(0.x_1x_2\cdots x_n/0.y_1y_2\cdots y_n)$$

对于定点小数，为使商不发生溢出，必须保证$|x|<|y|$；对于定点整数，为使商不发生溢出，必须保证双字$|x|$的高位字部分小于$|y|$。

用计算机实现原码除法，有恢复余数法和不恢复余数法两种方法。

1. 恢复余数法

设被除数 x=0.1001，除数 y=0.1011，x÷y 的人工计算过程如下：

```
               0.1101
        ______________
0.1011 ) 0.10010
         -1011
        ______________
             1110
            -1011
        ______________
              1100
             -1011
        ______________
                 1
```

所以 x÷y=0.1101，余数=0.00000001。

人工进行二进制除法的运算规则是：判断被除数与除数的大小，若被除数小于除数，则商 0，并在余数的最低位补 0，再用余数和右移一位后的除数相比，若余数大于除数，则商 1，否则商 0。然后重复上述步骤，直到除尽(即余数为 0)或已得到的商的位数满足精度要求为止。

上述计算方法要求加法器的位数为除数位数的两倍。通过分析可以发现，右移除数可以通过左移余数来替代，左移丢掉的余数的高位都是无用的零，对运算结果不会产生任何影响。由于计算机不会像人一样直接比较被除数(余数)与除数的大小，每次只能通过试商 1 来判断，即每次先用被除数(余数)减去除数。若运算所得的新的余数大于 0，表示试商 1 正确，余数和商左移 1 位，并开始下一次试商；若运算所得的新的余数小于 0，表示试商 1 错误，由于试商时已减去除数，因此必须先恢复余数，即加上除数，余数和商左移 1 位，再开始下一次试商。如此反复，直到除尽(即余数为 0)或已得到的商的位数满足精度要求为止。由于每次商 0 之前都要先恢复余数，因此这种方法称为恢复余数法。

[例 2.40] x=0.1001，y=−0.1011，用原码恢复余数法计算 x÷y。

解：$[x]_{原}=0.1001$，$[y]_{原}=1.1011$

商的符号位为

$$x_f \oplus y_f = 0 \oplus 1 = 1$$

令 $x'=0.1001$，$y'=0.1011$，其中 x' 和 y' 分别为 x 和 y 的绝对值。

$$[x']_{补}=0.1001,\ [y']_{补}=0.1011,\ [-y']_{补}=1.0101$$

	被除数/余数	商	说明
	00.1001		被除数$[x']_{补}$
$+[-y']_{补}$	11.0101		试商，减去除数，即$+[-y']_{补}$
	11.1110		余数<0，商0
$+[y']_{补}$	00.1011		恢复余数，即$+[y']_{补}$
	00.1001		
←	01.0010	0	余数和商左移1位
$+[-y']_{补}$	11.0101		试商，减去除数，即$+[-y']_{补}$
	00.0111		余数>0，商1
←	00.1110	0.1	余数和商左移1位
$+[-y']_{补}$	11.0101		试商，减去除数，即$+[-y']_{补}$
	00.0011		余数>0，商1
←	00.0110	0.11	余数和商左移1位
$+[-y']_{补}$	11.0101		试商，减去除数，即$+[-y']_{补}$
	11.1011		余数<0，商0
$+[y']_{补}$	00.1011		恢复余数，即$+[y']_{补}$
	00.0110		
←	00.1100	0.110	余数和商左移1位
$+[-y']_{补}$	11.0101		试商，减去除数，即$+[-y']_{补}$
	00.0001		余数>0，商1
		0.1101	商左移1位，最后一步余数不左移

所以　　$[x \div y]_{原}=1.1101$

　　　　$[余数]_{原}=0.00000001$　　（其中，余数的符号位与被除数相同）

即　　　$x \div y=-0.1101$，余数$=0.00000001$

用恢复余数法进行原码除法运算时，由于要进行恢复余数的操作，不仅会降低运算的速度，而且控制线路复杂，因此在计算机中很少使用。计算机中普遍采用的是不恢复余数的除法方法，即加减交替法。

2. 不恢复余数法

不恢复余数法又称加减交替法，它是恢复余数法的一种变形。设 r_i 表示第 i 次运算后所得的余数，按照恢复余数法，有

若 $r_i>0$，则商 1，余数和商左移 1 位，再减去除数，即

$$r_{i+1}=2r_i-y$$

若 $r_i<0$，则先恢复余数，再商 0，余数和商左移 1 位，再减去除数，即

$$r_{i+1}=2(r_i+y)-y=2r_i+y$$

由以上两点可以得出原码加减交替法的运算规则：

若 $r_i>0$，则商 1，余数和商左移 1 位，再减去除数，即 $r_{i+1}=2r_i-y$；

若 $r_i<0$，则商 0，余数和商左移 1 位，再加上除数，即 $r_{i+1}=2r_i+y$。

由于此种方法在运算时不需要恢复余数，因此称之为不恢复余数法。原码加减交替法是在恢复余数的基础上推导而来的，当末位商 1 时，所得到的余数与恢复余数法相同，是正确的余数。但当末位商 0 时，为得到正确的余数，需增加一步恢复余数，在恢复余数后，商左移一位，最后一步余数不左移。

[例 2.41] $x=0.1001$，$y=-0.1011$，用原码加减交替法计算 $x\div y$。

解： $[x]_{原}=0.1001$，$[y]_{原}=1.1011$

商的符号位为

$$x_f \oplus y_f = 0 \oplus 1 = 1$$

令 $x'=0.1001$，$y'=0.1011$，其中 x' 和 y' 分别为 x 和 y 的绝对值。

$$[x']_{补}=0.1001,\ [y']_{补}=0.1011,\ [-y']_{补}=1.0101$$

	被除数/余数	商	说明
	00.1001		被除数 $[x']_{补}$
$+[-y']_{补}$	11.0101		试商，减去除数，即 $+[-y']_{补}$
	11.1110		余数＜0，商0
←	11.1100	0	余数和商左移1位
$+[y']_{补}$	00.1011		加上除数，即 $+[y']_{补}$
	00.0111		余数＞0，商1
←	00.1110	0.1	余数和商左移1位
$+[-y']_{补}$	11.0101		减去除数，即 $+[-y']_{补}$
	00.0011		余数＞0，商1
←	00.0110	0.11	余数和商左移1位
$+[-y']_{补}$	11.0101		减去除数，即 $+[-y']_{补}$
	11.1011		余数＜0，商0
←	11.0110	0.110	余数和商左移1位
$+[y']_{补}$	00.1011		加上除数，即 $+[y']_{补}$
	00.0001		余数＞0，商1
		0.1101	商左移1位，最后一步余数不左移

所以 $[x\div y]_{原}=1.1101$

$[余数]_{原}=0.00000001$ （其中，余数的符号位与被除数相同）

即 $x\div y=-0.1101$，余数 $=0.00000001$

由例 2.41 可以看出，运算过程中每一步所上的商正好与当前运算结果的符号位相反，在原码加减交替除法硬件设计时每一步所上的商便是由运算结果的符号位取反得到的。由例 2.41 还可以看出，当被除数(余数)和除数为单符号时，运算过程中每一步所上的商正好与符号位运算向前产生的进位相同，在原码阵列除法器硬件设计时每一步所上的商便是由单符号位运算向前产生的进位得到的。

[例 2.42] $x=-10110000$，$y=1101$，用原码加减交替法计算 $x\div y$。

解： $[x]_{原}=110110000$，$[y]_{原}=01101$

商的符号位为：

$$x_f \oplus y_f = 1 \oplus 0 = 1$$

令 $x'=10110000$，$y'=1101$，其中 x' 和 y' 分别为 x 和 y 的绝对值，即数值部分。

$$[x']_{补}=010110000，[y']_{补}=01101，[-y']_{补}=10011$$

	被除数/余数	商	说明
	0010110000		被除数 $[x']_{补}$
$+[-y']_{补}$	110011		试商，减去除数，即 $+[-y']_{补}$
	1111100000		余数<0，商0
←	111100000	0	余数和商左移1位
$+[y']_{补}$	001101		加上除数，即 $+[y']_{补}$
	001001000		余数>0，商1
←	01001000	01	余数和商左移1位
$+[-y']_{补}$	110011		减去除数，即 $+[-y']_{补}$
	00010100		余数>0，商1
←	0010100	011	余数和商左移1位
$+[-y']_{补}$	110011		减去除数，即 $+[-y']_{补}$
	1111010		余数<0，商0
←	111010	0110	余数和商左移1位
$+[y']_{补}$	001101		加上除数，即 $+[y']_{补}$
	000111		余数>0，商1
		01101	商左移1位，最后一步余数不左移

所以　$[x\div y]_{原}=11101$

$[余数]_{原}=10111$　（其中，余数的符号位与被除数相同）

即

$x\div y=-1101$，余数 $=-0111$

2.5.2 补码一位除法

在补码一位除法中仅讨论加减交替法。补码一位除法与补码加、减、乘法运算一样，符号位和数一起参与运算。在补码加减交替法中，是通过比较被除数(余数)和除数的符号位来上商的，其运算规则如下：

(1) 若被除数与除数同号，则用被除数减去除数；若被除数与除数异号，则用被除数加上除数。被除数经过一次运算后，我们称之为余数。

(2) 若余数与除数同号，则商 1，余数和商左移 1 位，再减去除数；若余数与除数异号，则商 0，余数和商左移 1 位，再加上除数。

(3) 重复(2)，若商的校正采用“末位恒置 1 法”，则包括符号位在内重复(2)的操作共 n 次(设数值位为 n 位)，此时最大误差为 $\pm 2^{-n}$；若商的校正采用“校正法”，则包括符号位在内重复(2)的操作共 n+1 次(设数值位为 n 位)。商的校正一般采用“末位恒置 1 法”，如要提高精度，则按上述规则多求一位商，再对商进行校正。

[例 2.43]　$x=0.1001$，$y=-0.1011$，用补码加减交替法计算 $x\div y$。

解： $[x]_{补}=0.1001$，$[y]_{补}=1.0101$，$[-y]_{补}=0.1011$

	被除数/余数	商	说明
	00.1001		被除数与除数异号
$+[y]_{补}$	11.0101		加上除数，即$+[y]_{补}$
	11.1110		余数与除数同号，商1
←	11.1100	1	余数和商左移1位
$+[-y]_{补}$	00.1011		减去除数，即$+[-y]_{补}$
	00.0111		余数与除数异号，商0
←	00.1110	1.0	余数和商左移1位
$+[y]_{补}$	11.0101		加上除数，即$+[y]_{补}$
	00.0011		余数与除数异号，商0
←	00.0110	1.00	余数和商左移1位
$+[y]_{补}$	11.0101		加上除数，即$+[y]_{补}$
	11.1011		余数与除数同号，商1
←	11.0110	1.001	余数和商左移1位
$+[-y]_{补}$	00.1011		减去除数，即$+[-y]_{补}$
	00.0001		商的末位恒置1
		1.0011	商左移1位，最后一步余数不左移

所以　$[x\div y]_{补}=1.0011$

　　　$[余数]_{补}=0.00000001$

即　　$x\div y=-0.1101$，　余数$=0.00000001$

[例 2.44]　$x=-10110000$，$y=-1101$，用补码加减交替法计算 $x\div y$。

解：$[x]_{补}=101010000$，$[y]_{补}=10011$，$[-y]_{补}=01101$

	被除数/余数	商	说明
	1101010000		被除数与除数同号
$+[-y]_{补}$	001101		减去除数，即$+[-y]_{补}$
	0000100000		余数与除数异号，商0
←	000100000	0	余数和商左移1位
$+[y]_{补}$	110011		加上除数，即$+[y]_{补}$
	110111000		余数与除数同号，商1
←	10111000	01	余数和商左移1位
$+[-y]_{补}$	001101		减去除数，即$+[-y]_{补}$
	11101100		余数与除数同号，商1
←	1101100	011	余数和商左移1位
$+[-y]_{补}$	001101		减去除数，即$+[-y]_{补}$
	0000110		余数与除数异号，商0
←	000110	0110	余数和商左移1位
$+[y]_{补}$	110011		加上除数，即$+[y]_{补}$
	111001		商的末位恒置1
		01101	商左移1位，最后一步余数不左移

所以　$[x\div y]_{补}=01101$

　　　$[余数]_{补}=11001$

即　　$x\div y=1101$，余数$=-0111$

2.5.3 阵列除法器

为了提高除法运算的速度，可采用与阵列乘法器相似的思想来设计阵列除法器。阵列除法器有多种形式，这里仅以不恢复余数的原码阵列除法器为例，来介绍这类除法器的设计原理。在介绍不恢复余数的原码阵列除法器之前，首先介绍可控加法/减法(CAS)单元，它是原码阵列除法器的基本构件。

1. 可控加法/减法(CAS)单元

可控加法/减法(CAS)单元的内部电路如图2.18所示，它由一个异或门和一个全加器(FA)组成，$B_i \oplus P$ 的结果、A_i 和 C_i 被送入全加器进行加法运算，产生的和为 S_i，进位为 C_{i+1}。当控制信号 $P=0$ 时，$B_i \oplus P = B_i$，CAS完成 A_i 加 B_i 加 C_i 运算；当控制信号 $P=1$ 时，$B_i \oplus P = \overline{B_i}$，CAS完成 A_i 加 $\bar{B}_i$ 加 C_i 运算。若$[B]_补$的每一位 B_i 都受同一个控制信号P控制，并且采用串行进位，串行进位的最低进位端为P信号，则当 $P=0$ 时，CAS完成加法运算，当 $P=1$ 时，CAS完成减法运算。

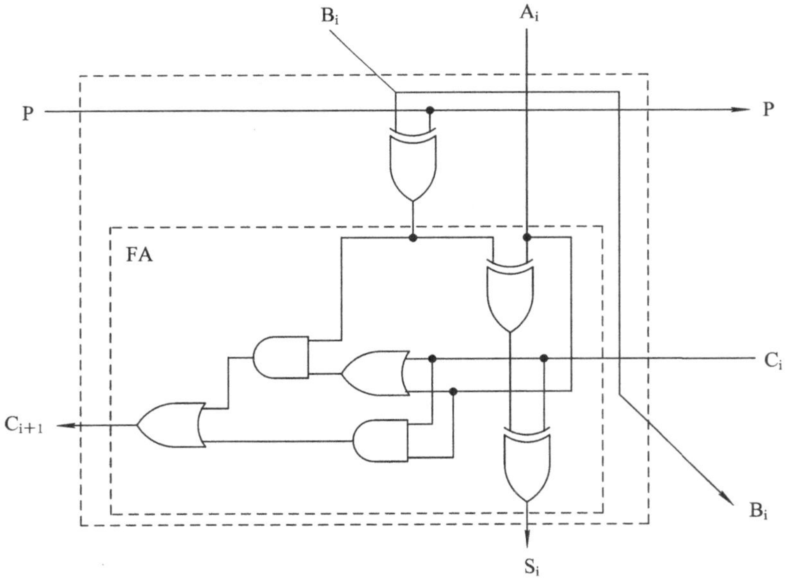

图2.18　可控加法/减法(CAS)单元的内部电路

图2.18中，CAS单元的逻辑表达式为

$$\begin{cases} S_i = A_i \oplus (B_i \oplus P) \oplus C_i \\ C_{i+1} = (A_i + C_i) \cdot (B_i \oplus P) + A_i C_i \end{cases} \tag{2.44}$$

式(2.44)中的 S_i、C_{i+1} 都可改写成类似于式(2.27)的逻辑表达式，由类似于图2.8(c)所示的与或非逻辑电路实现。因此CAS单元产生和 S_i 与进位 C_{i+1} 的延迟时间相同，即和与进位都是同时产生的。

2. 不恢复余数的原码阵列除法器

不恢复余数的原码阵列除法器利用了不恢复余数原码一位除法中的设计思想，它利用两个数原码的数值部分直接相除，其中被除数为双字长数，除数为单字长数，为避免运算结果发生溢出，要求被除数高位字部分的绝对值必须小于除数的绝对值。加减运算时采用单符号位补码完成，在 2.5.1 节中曾介绍过，当被除数(余数)和除数为单符号时，运算过程中每一步所上的商正好与符号位运算向前产生的进位相同，这里的原码阵列除法器正是根据此特点来上商的，如图 2.19 所示。

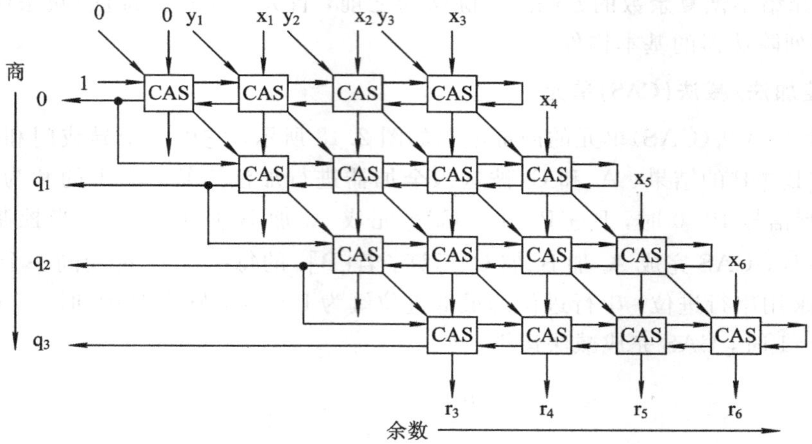

图 2.19 不恢复余数的原码阵列除法器

由于第一步是试商，需用被除数减去除数，因此图 2.19 中第一行的 P 控制端恒为 1。在原码加减交替法中，若商为 1，则余数和商一起左移 1 位再减去除数；若商 0，则余数和商一起左移 1 位再加上除数。在原码阵列除法器中，被除数(余数)的位置不变，与人工算法相同，若商为 1，则向右错开 1 位，减去除数；若商 0，则向右错开 1 位，加上除数。

若被除数$[x]_原$的数值部分为 $x'=x_1x_2x_3x_4x_5x_6$，除数$[y]_原$的数值部分为 $y'=y_1y_2y_3$，则原码阵列除法器实际上完成的是$[x']_补\div[y']_补$，即完成 $0x_1x_2x_3x_4x_5x_6\div 0y_1y_2y_3$，如图 2.19 所示，运算结果为：$[x']_补\div[y']_补$的商 $q=q_0q_1q_2q_3$，其中 q_0 一定为 0，余数 $r=r_3r_4r_5r_6$。

设商的符号 $q_f=x_f\oplus y_f$，其中 x_f 和 y_f 分别为$[x]_原$和$[y]_原$中的符号位。

① 对定点小数，则$[x\div y]_原=q_f.q_1q_2q_3$，$[余数]_原=x_f.00r_3r_4r_5r_6$，余数与被除数同号；

② 对定点整数，则$[x\div y]_原=q_fq_1q_2q_3$，$[余数]_原=x_fr_4r_5r_6$，余数与被除数同号。

当最后一位商 0 时，由于采用的是不恢复余数法，此时的余数会有误差。

[例 2.45] 设 x=101001，y=−111，用原码阵列除法器计算 x÷y。

解： $[x]_原=0101001$，$[y]_原=1111$

商的符号位为

$$x_f\oplus y_f=0\oplus 1=1$$

令 $x'=101001$，$y'=111$，其中 x'和 y'分别为$[x]_原$和$[y]_原$的数值部分。

$$[x']_补=0101001$$

$$[y']_补=0111$$

$$[-y']_补=1001$$

	被除数/余数	商	说明
	0101001		被除数$[x']_{补}$
$+[-y']_{补}$	1001		第一步减去除数，即$+[-y']_{补}$
	1110001	$q_0=0$	最高位向前产生的进位为0，即商0
$+[y']_{补}$ ⟶	0111		向右错开1位，加上除数，即$+[y']_{补}$
	001101	$q_1=1$	最高位向前产生的进位为1，即商1
$+[-y']_{补}$ ⟶	1001		向右错开1位，减去除数，即$+[-y']_{补}$
	11111	$q_2=0$	最高位向前产生的进位为0，即商0
$+[y']_{补}$ ⟶	0111		向右错开1位，加上除数，即$+[y']_{补}$
	0110	$q_3=1$	最高位向前产生的进位为1，即商1

故得　　商 $q=q_0q_1q_2q_3=0101$

　　　　余数 $r=r_3r_4r_5r_6=0110$

所以　　$[x\div y]_{原}=1101$

　　　　$[余数]_{原}=0110$　（其中，余数的符号位与被除数相同）

即　　　$x\div y=-101$，余数$=110$

［例 2.46］ 设 $x=-0.10110$，$y=0.11011$，用原码阵列除法器计算 $x\div y$。

解： $[x]_{原}=1.10110$，$[y]_{原}=0.11011$

商的符号位为

$$x_f\oplus y_f=1\oplus 0=1$$

令 $x'=1011000000$，$y'=11011$，其中 x'和 y'分别为$[x]_{原}$和$[y]_{原}$的数值部分，且 x'为双字长。

$$[x']_{补}=01011000000,\ [y']_{补}=011011,\ [-y']_{补}=100101$$

	被除数/余数	商	说明
	01011000000		被除数$[x']_{补}$
$+[-y']_{补}$	100101		第一步减去除数，即$+[-y']_{补}$
	11101100000	$q_0=0$	最高位向前产生的进位为0，即商0
$+[y']_{补}$ ⟶	011011		向右错开1位，加上除数，即$+[y']_{补}$
	0100010000	$q_1=1$	最高位向前产生的进位为1，即商1
$+[-y']_{补}$ ⟶	100101		向右错开1位，减去除数，即$+[-y']_{补}$
	000111000	$q_2=1$	最高位向前产生的进位为1，即商1
$+[-y']_{补}$ ⟶	100101		向右错开1位，减去除数，即$+[-y']_{补}$
	11001100	$q_3=0$	最高位向前产生的进位为0，即商0
$+[y']_{补}$ ⟶	011011		向右错开1位，加上除数，即$+[y']_{补}$
	0000010	$q_4=1$	最高位向前产生的进位为1，即商1
$+[-y']_{补}$ ⟶	100101		向右错开1位，减去除数，即$+[-y']_{补}$
	100111	$q_5=0$	最高位向前产生的进位为0，即商0

故得　　商 $q=q_0q_1q_2q_3q_4q_5=011010$

　　　　余数 $r=r_5r_6r_7r_8r_9r_{10}=100111$

所以　　$[x\div y]_{原}=1.11010$

　　　　$[余数]_{原}=1.0000100111$　（其中，余数的符号位与被除数相同）

即 $x \div y = -0.11010$，余数$= -0.0000100111$

2.6 逻辑运算和移位运算

计算机中除了进行加、减、乘、除等基本算术运算外，还可以进行逻辑运算和移位运算。

2.6.1 逻辑运算

计算机中常用的逻辑运算主要有逻辑非、逻辑加、逻辑乘、逻辑异或等四种。利用逻辑运算可以对某个寄存器或存储单元内容的某一位或某几位进行取反、测试、复位或置位等操作。

1. 逻辑非

逻辑非也称求反。对某个数进行逻辑非运算，就是对它进行按位求反运算。逻辑非运算常用变量上方加一横线来表示。一位二进制数的逻辑非运算规则如表 2.6 所示。

表 2.6 逻辑非运算规则

x_i	$\overline{x_i}$
0	1
1	0

设一个数 x 表示成：

$$x = x_n x_{n-1} \cdots x_2 x_1 x_0$$

若 $\bar{x} = z = z_n z_{n-1} \cdots z_2 z_1 z_0$，则有

$$z_i = \overline{x_i},\ i = 0,\ 1,\ 2,\ \cdots,\ n$$

[**例 2.47**] $x = 10100011$，$y = 00001111$，求 $\bar{x}$，$\bar{y}$。

解： $\bar{x} = 01011100$

$\bar{y} = 11110000$

2. 逻辑加

对两个数进行逻辑加，就是对这两个数进行按位求“或”运算，所以逻辑加又称逻辑或，常用记号“∨”或“+”表示。一位二进制数的逻辑加运算规则如表 2.7 所示。当两个变量的取值中有一个为 1 时，逻辑加的运算结果为 1；只有当两个变量的取值同时为 0 时，逻辑加的运算结果才为 0。

表 2.7 逻辑加运算规则

x_i	y_i	$x_i \vee y_i$
0	0	0
0	1	1
1	0	1
1	1	1

设有两个数 x 和 y，表示成：

$$x=x_n x_{n-1}\cdots x_2 x_1 x_0,\quad y=y_n y_{n-1}\cdots y_2 y_1 y_0$$

若 $x \vee y=z=z_n z_{n-1}\cdots z_2 z_1 z_0$，则有

$$z_i=x_i \vee y_i,\ i=0, 1, 2, \cdots, n$$

[**例 2.48**]　x=10000101，y=11110000，求 $x \vee y$。

解：

$$\begin{array}{r} 10000101 \\ \vee\quad 11110000 \\ \hline 11110101 \end{array}$$

即　　$x \vee y=11110101$

3. 逻辑乘

对两个数进行逻辑乘，就是对这两个数进行按位求“与”运算，所以逻辑乘又称逻辑与，常用记号“∧”或“·”表示。一位二进制数的逻辑乘运算规则如表 2.8 所示。当两个变量的取值中有一个为 0 时，逻辑乘的运算结果为 0；只有当两个变量的取值同时为 1 时，逻辑乘的运算结果才为 1。

设有两个数 x 和 y，表示成：

$$x=x_n x_{n-1}\cdots x_2 x_1 x_0,\quad y=y_n y_{n-1}\cdots y_2 y_1 y_0$$

若 $x \wedge y=z=z_n z_{n-1}\cdots z_2 z_1 z_0$，则有

$$z_i=x_i \wedge y_i,\ i=0, 1, 2, \cdots, n$$

表 2.8　逻辑乘运算规则

x_i	y_i	$x_i \wedge y_i$
0	0	0
0	1	0
1	0	0
1	1	1

[**例 2.49**]　x=01100101，y=11001100，求 $x \wedge y$。

解：

$$\begin{array}{r} 01100101 \\ \wedge\quad 11001100 \\ \hline 01000100 \end{array}$$

即　　$x \wedge y=01000100$

4. 逻辑异或

对两个数进行逻辑异或，就是对这两个数进行按位求“模 2 和”运算，即按位相加不考虑进位，所以逻辑异或又称按位加，常用记号“⊕”表示。一位二进制数的逻辑异或运算规则如表 2.9 所示。当两个变量的取值相异时，逻辑异或的运算结果为 1；当两个变量的取值相同时，逻辑异或的运算结果为 0。

表 2.9 逻辑异或运算规则

x_i	y_i	$x_i \oplus y_i$
0	0	0
0	1	1
1	0	1
1	1	0

设有两个数 x 和 y，表示成：

$$x = x_n x_{n-1} \cdots x_2 x_1 x_0,\ y = y_n y_{n-1} \cdots y_2 y_1 y_0$$

若 $x \oplus y = z = z_n z_{n-1} \cdots z_2 z_1 z_0$，则有

$$z_i = x_i \oplus y_i,\ i = 0, 1, 2, \cdots, n$$

[**例 2.50**] x=01101111，y=11110000，求 $x \oplus y$。

解：

$$\begin{array}{r} 01101111 \\ \oplus \quad 11110000 \\ \hline 10011111 \end{array}$$

即 $x \oplus y = 10011111$

2.6.2 移位运算

计算机中机器数的字长往往是固定的，当机器数左移 n 位或右移 n 位时，必然会使其低 n 位或高 n 位出现空位。那么，对空出的空位应该添补 0 还是添补 1 呢？这与机器数采用的是有符号数还是无符号数有关。对有符号数的移位称为算术移位，对无符号数的移位称为逻辑移位。

1. 算术移位

对于正数，由于$[x]_{原} = [x]_{补} = [x]_{反} = x$的真值，故移位后出现的空位均添补 0。对于负数，由于原码、补码和反码的表示形式不同，故当机器数移位时，对其空位的添补规则也不同。表 2.10 列出了三种不同机器码表示(整数或小数均可)，分别对应正数或负数，移位后的添补规则。必须注意的是，对于原码和反码表示的数，不论是正数还是负数，移位

操作只针对尾数部分，其符号位均保持不变；对于补码表示的数，不论是正数还是负数，移位操作针对整个机器数，包括符号位。

表 2.10　不同机器码表示的机器数算术移位后的空位添补规则

	机器码	添补代码
正数	原码、补码、反码	0
负数	原码	0
	补码	左移添补 0
		右移添补 1
	反码	1

由表 2.10 可得出如下结论：

(1) 机器数为正时，不论左移还是右移，添补代码均为 0。

(2) 由于负数原码的尾数部分与真值相同，故在移位时符号位不变，其空位均添补 0。

(3) 由于负数反码的尾数部分与其原码的尾数部分正好相反，故在移位时符号位不变，其空位均添补 1。

(4) 负数的补码在左移时，低位出现的空位均补 0；负数的补码在右移时，高位出现的空位均添补 1。

机器中实现算术左移和算术右移的操作示意图如图 2.20 所示。其中，图(a)表示真值为正的原码和反码表示的机器数的移位操作；图(b)表示补码表示的机器数的移位操作；图(c)表示真值为负的原码表示的机器数的移位操作；图(d)表示真值为负的反码表示的机器数的移位操作。

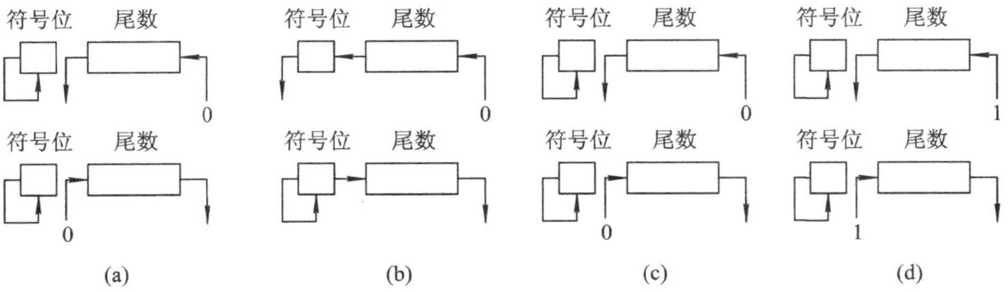

图 2.20　实现算术左移和算术右移的操作示意图

[例 2.51]　设机器字长为 8 位(含一位符号位)，若 x=38，y=−38，分别写出 x、y 的原码、补码和反码表示的机器数在左移一位、左移两位、右移一位和右移两位后的机器数及对应的真值。

解： (1) $x=38=(100110)_2$

x 的三种机器码表示及移位结果如表 2.11 所示。

表 2.11 对 x=38 算术移位后的结果

移位操作	机 器 数		对应的真值
移位前	原码、反码	00100110	+38
左移一位		01001100	+76
左移两位		00011000	+24
右移一位		00010011	+19
右移两位		00001001	+9
移位前	补码	00100110	+38
左移一位		01001100	+76
左移两位		10011000	−104
右移一位		00010011	+19
右移两位		00001001	+9

可见，对于正数，原码和反码表示的机器数移位后符号位均保持不变，而补码表示的机器数移位后若出现溢出(正溢)，符号位会发生改变。算术左移时，若尾数的最高位丢掉的是 1，结果出错；算术右移时，若尾数的最低位丢掉的是 1，影响精度。

(2) $y=-38=(-100110)_2$

y 的三种机器码表示及移位结果如表 2.12 所示。

表 2.12 对 y=−38 算术移位后的结果

移位操作	机 器 数		对应的真值
移位前	原码	10100110	−38
左移一位		11001100	−76
左移两位		10011000	−24
右移一位		10010011	−19
右移两位		10001001	−9
移位前	补码	11011010	−38
左移一位		10110100	−76
左移两位		01101000	+104
右移一位		11101101	−19
右移两位		11110110	−10
移位前	反码	11011001	−38
左移一位		10110011	−76
左移两位		11100111	−24
右移一位		11101100	−19
右移两位		11110110	−9

可见，对于负数，原码和反码表示的机器数移位后符号位均保持不变，而补码表示的机器数移位后若出现溢出(负溢)，符号位会发生改变。负数的原码算术左移时，若尾数的最高位丢掉的是 1，结果出错，算术右移时，若尾数的最低位丢掉的是 1，影响精度；负数的反码算术左移时，若尾数的最高位丢掉的是 0，结果出错，算术右移时，若尾数的最低位丢掉的是 0，影响精度；负数的补码算术左移时，若符号位发生改变，结果出错，算术右移时，若尾数的最低位丢掉的是 1，影响精度。

2. 逻辑移位

由于逻辑移位针对的是无符号数，因此移位规则很简单。逻辑左移时，机器数的最高位移出，最低位添补 0；逻辑右移时，机器数的最低位移出，最高位添补 0。机器中实现逻辑左移和逻辑右移的操作示意图如图 2.21 所示。

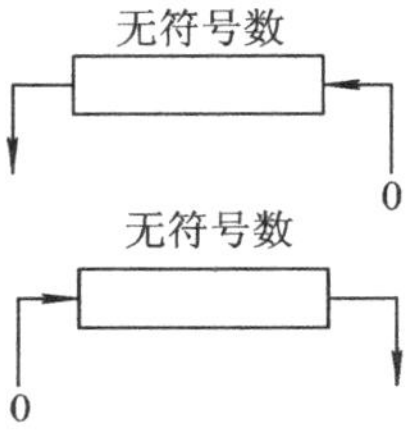

图 2.21　实现逻辑左移和逻辑右移的操作示意图

3. 循环移位

循环移位包括带进位标志的循环移位和不带进位标志的循环移位，每一种又包括左移和右移两种。在带进位标志的循环移位中，进位标志和机器数的所有位形成闭合的移位环路。在不带进位标志的循环移位中，机器数的最高位和最低位形成闭合的移位环路。在进行循环左移操作时，整个环路一起向左移动；在进行循环右移操作时，整个环路一起向右移动。进位标志的值为最后一次从机器数中移出的代码。机器中实现循环移位的操作示意图如图 2.22 所示。

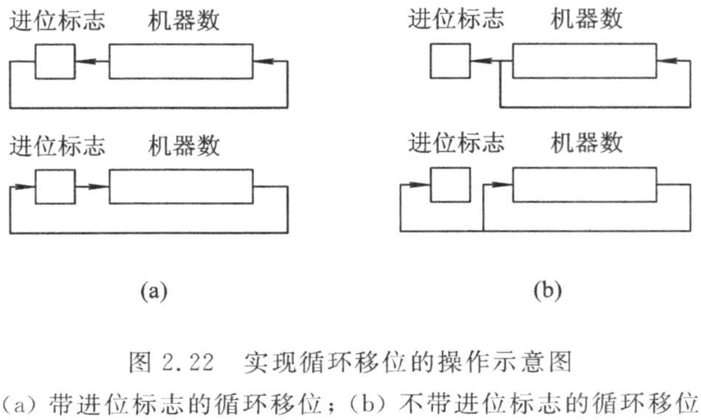

图 2.22　实现循环移位的操作示意图
(a) 带进位标志的循环移位；(b) 不带进位标志的循环移位

2.7　定点运算器的组成与结构

运算器是 CPU 的重要组成部分，主要用来进行数据的加工处理，完成各种算术运算和逻辑运算。尽管各种计算机的运算器在设计上有较大的区别，但它们最基本的结构中必须有算术逻辑运算单元(ALU)、通用寄存器、多路开关/锁存器、三态缓冲器和数据总线等逻辑构件，运算器的核心是算术逻辑运算单元。在计算机中，所有的算术运算和逻辑运算一般都可以通过加法器来实现，因此，加法器是运算器中的一个最基本、最重要的部件。

2.7.1　多功能算术逻辑运算单元

集成电路的发展使人们可利用现成的集成电路芯片像搭积木一样构成 ALU。常见的产品有 SN74181，它能完成 4 位数的算术运算和逻辑运算。当然，也有其他能完成 8 位、16 位数算术运算和逻辑运算的芯片。下面先介绍 SN74181 芯片，然后再介绍 ALU 芯片的扩展。

1. 一位 ALU 单元

图 2.23(a)所示为 SN74181 中的一位 ALU 单元，图中$\overline{A_i}$、$\overline{B_i}$分别表示参加运算的数的某一位(反变量表示)，C_{n+i}表示低位的进位信号，$\overline{F_i}$表示运算的和(反变量表示)，M 用来控制 ALU 进行算术运算还是逻辑运算。由于 SN74181 采用先行进位，因此在此图中未画出全加器向高位产生的进位 C_{n+i+1}。一位 ALU 单元可分作函数发生器和一位全加器，如图 2.23(b)所示。为了将全加器的功能进行扩展以完成多种算术或逻辑运算，这里没有将$\overline{A_i}$、$\overline{B_i}$和低位的进位信号 C_{n+i} 直接进行全加，而是将$\overline{A_i}$和$\overline{B_i}$先经过由控制参数 S_0、S_1、S_2、S_3 控制的函数发生器形成组合函数 X_i 和 Y_i，然后再将 X_i、Y_i 和低位产生的进位 C_{n+i} 通过全加器进行全加，产生和数$\overline{F_i}$和进位 C_{n+i+1}。

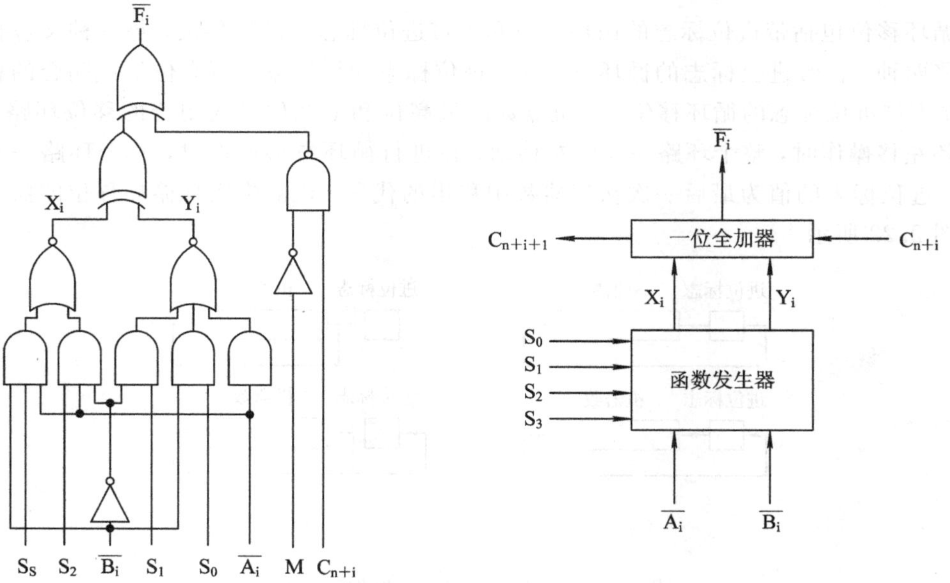

(a)　　　　　　　　　　(b)

图 2.23　一位 ALU 单元

图 2.23 中，一位全加器的逻辑表达式为

$$\begin{cases}\overline{F_i} = X_i \oplus Y_i \oplus \overline{C_{n+i}} \\ C_{n+i+1} = X_iY_i + Y_iC_{n+i} + X_iC_{n+i}\end{cases} \tag{2.45}$$

式(2.45)中由于运算的和$\overline{F_i}$为反变量，因此在$\overline{F_i}$的表达式中，C_{n+i}取了反变量$\overline{C_{n+i}}$，如图 2.23(a)所示。式中的下标 i 表示 ALU 输入/输出数据的第 i 位，下标 n 则表示由一个或多个 ALU 芯片组成的某个完整的 ALU。控制参数 S_0、S_1、S_2、S_3 分别控制输入$\overline{A_i}$和$\overline{B_i}$，产生 X_i 和 Y_i 函数。其中 Y_i 是受 S_0、S_1 控制的 A_i 和 B_i 的组合函数，而 X_i 是受 S_2、S_3 控制的 A_i 和 B_i 的组合函数，其函数关系如表 2.13 所示。

表 2.13　X_i、Y_i 与控制参数和输入量的关系

S_0	S_1	Y_i	S_2	S_3	X_i
0	0	A_i	0	0	1
0	1	$A_i\overline{B_i}$	0	1	A_i+B_i
1	0	A_iB_i	1	0	$A_i+\overline{B_i}$
1	1	0	1	1	A_i

根据表 2.13 所给出的函数关系，即可列出 X_i 和 Y_i 的逻辑表达式：

$$\begin{cases} Y_i = \overline{S_0}\ \overline{S_1}A_i + \overline{S_0}S_1A_i\overline{B_i} + S_0\overline{S_1}A_iB_i \\ X_i = \overline{S_2}\ \overline{S_3} + \overline{S_2}S_3(A_i+B_i) + S_2\overline{S_3}(A_i+\overline{B_i}) + S_2S_3A_i \end{cases} \tag{2.46}$$

对式(2.46)进一步化简后，代入上面的式(2.45)，可得到一位 ALU 的输出与输入之间的逻辑表达式：

$$\begin{cases} Y_i = \overline{\overline{A_i} + S_0\overline{B_i} + S_1B_i} \\ X_i = \overline{S_3\overline{A_i}\ \overline{B_i} + S_2\overline{A_i}B_i} \\ \overline{F_i} = X_i \oplus Y_i \oplus \overline{C_{n+i}} \\ C_{n+i+1} = Y_i + X_iC_{n+i} \end{cases} \tag{2.47}$$

在一位 ALU 单元中，实现 X_i、Y_i 和$\overline{F_i}$表达式功能的逻辑电路如图 2.23(a)所示。

2. SN74181 芯片

SN74181 芯片包含 4 个一位的 ALU 单元，并有 4 位并行的进位链，即根据最低位的进位 C_n 和全加器的输入 X_i、Y_i，可直接产生其他位的进位输入信号 C_{n+1}、C_{n+2}、C_{n+3}，以及最高位的进位输出信号 C_{n+4}。除此之外，还提供了 $\overline{P}$ 和 $\overline{G}$ 以实现组间并行进位。下面，我们来根据式(2.47)中进位 C_{n+i+1}的表达式进行推导。

当 i=0 时，$C_{n+1}=Y_0+X_0C_n$。

当 i=1 时，$C_{n+2}=Y_1+X_1C_{n+1}=Y_1+Y_0X_1+X_0X_1C_n$。

当 i=2 时，$C_{n+3}=Y_2+X_2C_{n+2}=Y_2+Y_1X_2+Y_0X_1X_2+X_0X_1X_2C_n$。

当 i=3 时，$C_{n+4}=Y_3+X_3C_{n+3}=Y_3+Y_2X_3+Y_1X_2X_3+Y_0X_1X_2X_3+X_0X_1X_2X_3C_n$。

设

$$G=Y_3+Y_2X_3+Y_1X_2X_3+Y_0X_1X_2X_3$$
$$P=X_0X_1X_2X_3$$

则

$$\begin{cases} C_{n+4} = G+PC_n = \overline{\overline{G}\ \overline{P}+\overline{G}\ \overline{C_n}} \\ \overline{G} = \overline{Y_3+Y_2X_3+Y_1X_2X_3+Y_0X_1X_2X_3} \\ \overline{P} = \overline{X_0X_1X_2X_3} \end{cases} \tag{2.48}$$

这样，对一片4位的ALU来说，可有三个进位输出。其中G称为进位发生输出，P称为进位传送输出。由G、P的表达式可知，它们仅与函数发生器的输出有关，与进位无关，因此，在电路中可以多加这两个进位来实现高速运算。G、P进位输出常与先行进位发生器SN74182CLA配合使用，来实现组间并行进位。

根据式(2.47)和式(2.48)设计出来的负逻辑表示的SN74181逻辑电路如图2.24所示。图2.24下半部分为函数发生器，上半部分为全加器和并行进位链。由于输入变量在控制参数S_0、S_1、S_2、S_3的控制下形成组合函数X_i和Y_i后再送给全加器进行运算，并且M的控制又区分了算术运算和逻辑运算，因此SN74181 ALU具有较强的算术运算和逻辑运算功能。

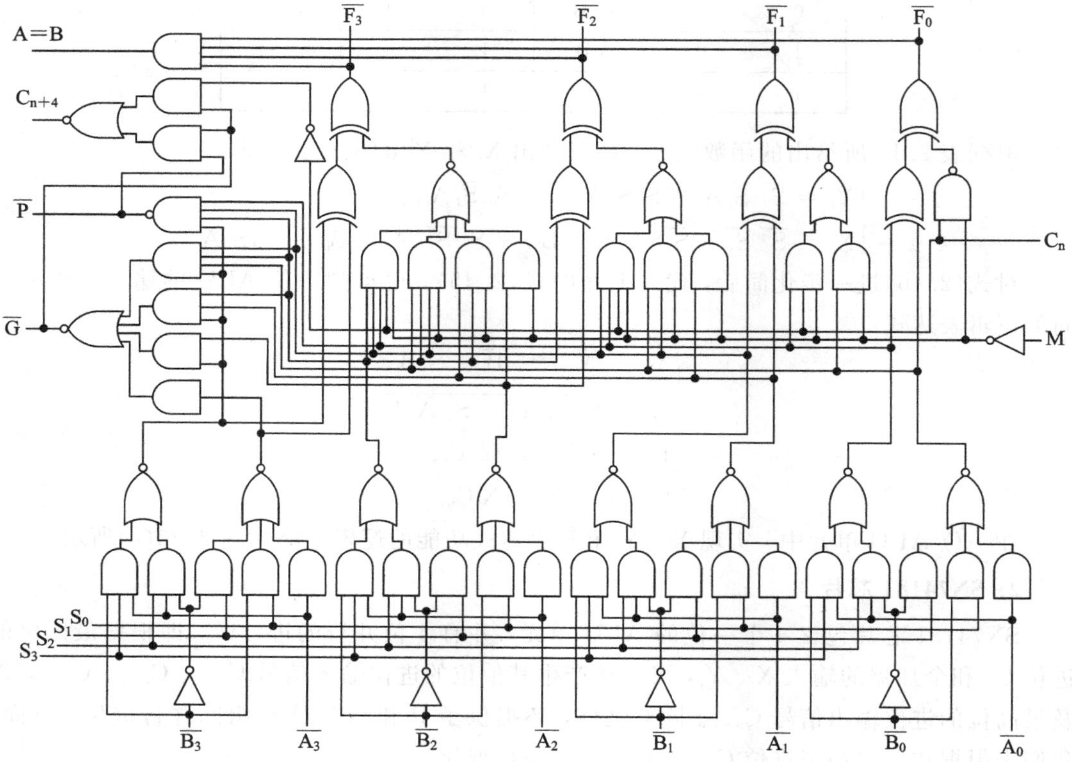

图2.24　负逻辑操作数表示的SN74181 ALU的逻辑电路图

图2.24右边的控制信号M用来控制ALU是进行算术运算还是逻辑运算。当M=0时，M经非门后输出为1，M对进位信号没有任何影响。此时$\overline{F_i}$不仅与本位的X_i和Y_i有关，而且与向本位的进位值C_{n+i}有关，执行算术运算；当M=1时，M经非门后输出为0，封锁了各位的进位输出，即$C_{n+i}=0$。此时$\overline{F_i}$仅与本位的X_i和Y_i有关，执行与进位无关的逻辑运算。

SN74181的ALU有两种工作方式，即负逻辑输入与输出和正逻辑输入与输出，它们的区别如表2.14所示。表2.15分别列出了SN74181的ALU分别在两种工作方式下的运算功能。由于S_0、S_1、S_2、S_3有16种状态组合，因此对于负逻辑输入与输出而言，有16种算术运算功能和16种逻辑运算功能。同样，对于正逻辑输入与输出而言，也有16种算术运算功能和16种逻辑运算功能。

表 2.14　SN74181 ALU 的两种工作方式

工作方式	负逻辑输入与输出	正逻辑输入与输出
操作数	输入反变量、输出反变量	输入原变量、输出原变量
输入	$\overline{A_0}\sim\overline{A_3}$、$\overline{B_0}\sim\overline{B_3}$、$C_n$	$A_0\sim A_3$、$B_0\sim B_3$、$\overline{C_n}$
输出	$\overline{F_0}\sim\overline{F_3}$、$C_{n+4}$ $\overline{G}$、$\overline{P}$、$A=B$	$F_0\sim F_3$、$\overline{C_{n+4}}$ G、P、$A=B$
控制信号	M、S_0、S_1、S_2、S_3	M、S_0、S_1、S_2、S_3

表 2.15　SN74181 ALU 算术/逻辑运算功能表

控制参数				工作方式			
				负逻辑输入与输出		正逻辑输入与输出	
S_3	S_2	S_1	S_0	逻辑运算 $M=1$	算术运算 $M=0$　$C_n=0$	逻辑运算 $M=1$	算术运算 $M=0$　$C_n=1$
0	0	0	0	$F=\overline{A}$	F=A 减 1	$F=\overline{A}$	F=A
0	0	0	1	$F=\overline{AB}$	F=AB 减 1	$F=\overline{A+B}$	$F=A+B$
0	0	1	0	$F=\overline{A}+B$	$F=A\overline{B}$ 减 1	$F=\overline{A}B$	$F=A+\overline{B}$
0	0	1	1	F=逻辑 1	F=减 1	F=逻辑 0	F=减 1
0	1	0	0	$F=\overline{A+B}$	F=A 加($A+\overline{B}$)	$F=\overline{AB}$	F=A 加 $A\overline{B}$
0	1	0	1	$F=\overline{B}$	F=AB 加($A+\overline{B}$)	$F=\overline{B}$	F=(A+B)加 $A\overline{B}$
0	1	1	0	$F=\overline{A\oplus B}$	F=A 减 B 减 1	$F=A\oplus B$	F=A 减 B 减 1
0	1	1	1	$F=A+\overline{B}$	$F=A+\overline{B}$	$F=A\overline{B}$	$F=A\overline{B}$ 减 1
1	0	0	0	$F=\overline{A}B$	F=A 加(A+B)	$F=\overline{A}+B$	F=A 加 AB
1	0	0	1	$F=A\oplus B$	F=A 加 B	$F=\overline{A\oplus B}$	F=A 加 B
1	0	1	0	F=B	$F=A\overline{B}$ 加(A+B)	F=B	F=($A+\overline{B}$)加 AB
1	0	1	1	$F=A+B$	$F=A+B$	F=AB	F=AB 减 1
1	1	0	0	F=逻辑 0	F=A 加 A	F=逻辑 1	F=A 加 A
1	1	0	1	$F=A\overline{B}$	F=AB 加 A	$F=A+\overline{B}$	F=(A+B)加 A
1	1	1	0	F=AB	$F=A\overline{B}$ 加 A	$F=A+B$	F=($A+\overline{B}$)加 A
1	1	1	1	F=A	F=A	F=A	F=A 减 1

在表 2.15 中，算术运算时操作数是用补码表示的。其中“加”是指算术加，运算时要考虑进位，而符号“+”是指逻辑加。在进行算术运算时，对于负逻辑输入与输出的 ALU，$C_n=0$ 表示两个数进行运算时最低位没有进位输入，$C_n=1$ 则表示两个数进行运算时最低位有进位输入，即两个数进行某种算术运算，并在末位加 1；对于正逻辑的 ALU 则刚好相反，$C_n=1$ 表示两个数进行运算时最低位没有进位输入，$C_n=0$ 则表示两个数进行运算时

最低位有进位输入，即两个数进行某种算术运算，并在末位加 1。对于正逻辑输入与输出的 ALU，若要实现 A 减 B 功能，除了 M=0 和 $S_3S_2S_1S_0$=0110 外，C_n 的值必须为 0。

3. SN74182 芯片

前面说过，SN74181 设置了 P 和 G 两个本组先行进位输出，如果将 4 片 SN74181 的输出 P 和 G 送入先行进位部件(CLA)SN74182，可实现组与组之间的先行进位。

假设 4 片(组)SN74181 的先行进位输出依次为 P_0、G_0、P_1、G_1、P_2、G_2、P_3、G_3，每片(组)的进位输出依次为 C_{n+4}、C_{n+8}、C_{n+12}、C_{n+16}，由式(2.48)C_{n+4} 的表达式

$$\begin{aligned}C_{n+4} &= G_0 + P_0C_n \\ &= \overline{\overline{P}_0\,\overline{G}_0 + \overline{G}_0\,\overline{C}_n}\end{aligned}$$

可推导出

$$\begin{aligned}
C_{n+8} &= G_1 + P_1C_{n+4} = G_1 + G_0P_1 + P_0P_1C_n \\
&= \overline{\overline{P}_1\,\overline{G}_1 + \overline{P}_0\,\overline{G}_0\,\overline{G}_1 + \overline{G}_0\,\overline{G}_1\,\overline{C}_n} \\
C_{n+12} &= G_2 + P_2C_{n+8} = G_2 + G_1P_2 + G_0P_1P_2 + P_0P_1P_2C_n \\
&= \overline{\overline{P}_2\,\overline{G}_2 + \overline{P}_1\,\overline{G}_1\,\overline{G}_2 + \overline{P}_0\,\overline{G}_0\,\overline{G}_1\,\overline{G}_2 + \overline{G}_0\,\overline{G}_1\,\overline{G}_2\,\overline{C}_n} \\
C_{n+16} &= G_3 + P_3C_{n+12} = G_3 + G_2P_3 + G_1P_2P_3 + G_0P_1P_2P_3 + P_0P_1P_2P_3C_n
\end{aligned} \tag{2.49}$$

设

$$\begin{aligned}G^* &= G_3 + G_2P_3 + G_1P_2P_3 + G_0P_1P_2P_3 \\ P^* &= P_0P_1P_2P_3\end{aligned}$$

则

$$\begin{aligned}
C_{n+16} &= G^* + P^*C_n \\
\overline{G^*} &= \overline{G_3 + G_2P_3 + G_1P_2P_3 + G_0P_1P_2P_3} \\
&= \overline{\overline{P}_3\,\overline{G}_3 + \overline{P}_2\,\overline{G}_2\,\overline{G}_3 + \overline{P}_1\,\overline{G}_1\,\overline{G}_2\,\overline{G}_3 + \overline{G}_0\,\overline{G}_1\,\overline{G}_2\,\overline{G}_3} \\
\overline{P^*} &= \overline{P_0P_1P_2P_3} = \overline{P}_0 + \overline{P}_1 + \overline{P}_2 + \overline{P}_3
\end{aligned} \tag{2.50}$$

根据式(2.49)和式(2.50)设计出来的 SN74182 逻辑电路如图 2.25 所示。其中 G^* 称为成组进位发生输出，P^* 称为成组进位传送输出。

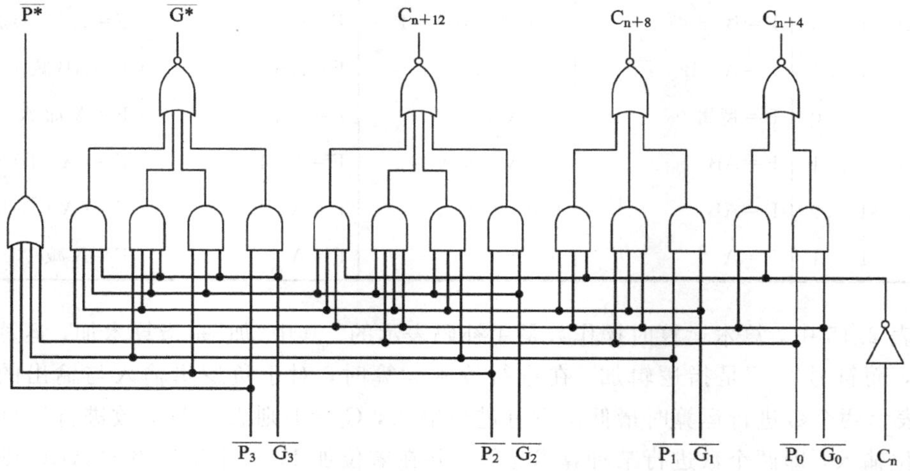

图 2.25 成组先行进位部件 SN74182 的逻辑电路图

4. 利用 SN74181 芯片构成 32 位 ALU

SN74181 的结构很适合将它们连接成不同位数的 ALU，每片 SN74181 芯片作为一个 4 位的小组，由于芯片提供了进位信号 C_{n+4}、先行进位信号 P 和 G，因此用该芯片既可构成组间串行进位的 ALU，也可以构成组间并行进位的 ALU。

1) 组间串行进位的 32 位 ALU 的构成

若组间采用串行进位方式，则只需将 8 片 SN74181 芯片作简单的连接，就可以获得一个 32 位组内并行、组间串行进位的 ALU，其逻辑方框图如图 2.26 所示。

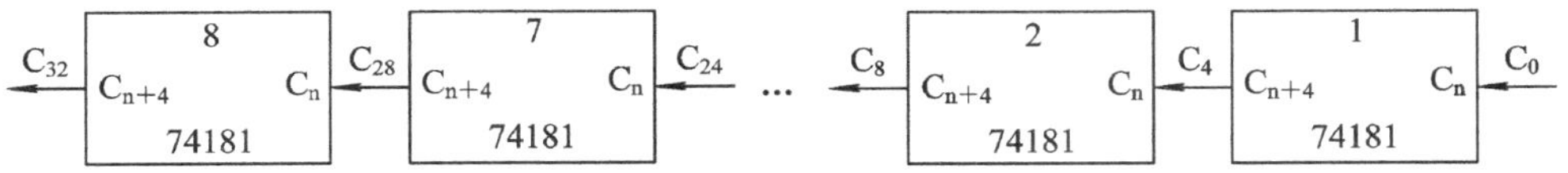

图 2.26　组间串行进位的 32 位 ALU 逻辑方框图

2) 组间并行进位的 32 位 ALU 的构成

若组间采用并行进位方式，除了需要 8 片 SN74181 芯片外，还需增加 2 片 SN74182 芯片。前面已介绍过，SN74182 是一个产生并行进位信号的部件，它是与 SN74181 配套的产品，每片 SN74182 与 4 片 SN74181 芯片连接，图 2.27 示出了组间并行进位的 32 位 ALU 逻辑方框图。很显然，图 2.27 利用 SN74182 和 SN74181 部件构成了两级先行进位逻辑，实现组(芯片)与组(芯片)之间的先行进位，从而使运算时间比起组间串行进位的 32 位 ALU 来说大大缩短。

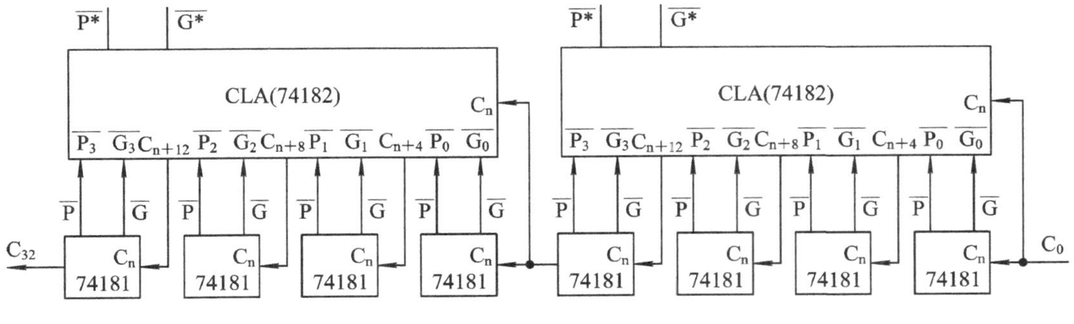

图 2.27　组间并行进位的 32 位 ALU 逻辑方框图

2.7.2　定点运算器

1. 内部总线

数字计算机的硬件是由若干个系统功能部件构成的，这些系统功能部件在 CPU 内控制器的控制下统一协调地工作，保证信息在各功能部件之间正确地传递，从而完成程序实现的功能。总线是指一个或多个信息源传递信息到一个或多个目的地的数据通路，它是多个部件之间传送信息的一组传输线。

在单处理机系统中，按总线相对于 CPU 的不同位置可分为内部总线和外部总线两种。内部总线是指在 CPU 内部，各寄存器之间和算术逻辑部件 ALU 与控制部件之间传输数据所用的总线，它是 CPU 的内部数据通路。外部总线是指 CPU 与内存、输入和输出设备接口之间进行通信的通路。本节仅讨论内部总线。

按总线逻辑结构的不同，总线可分为单向传送总线和双向传送总线。单向传送总线是指总线上的信息只能向一个方向传送，而双向传送总线是指总线上的信息可以向两个方向传送。

图 2.28(a)是由三态门构成的带有缓冲功能的 8 位双向数据总线。当接收端为高电平且发送端为低电平时，数据从右往左发送。当发送端为高电平且接收端为低电平时，数据从左往右发送。由于使用三态门可以控制数据的传送方向，并且具有信号的驱动放大作用，因此这种类型的缓冲器常作为数据缓冲器或总线驱动器使用。

图 2.28(b)是由触发器和三态门构成的带有锁存功能的 8 位双向数据总线。当发送端为低电平、接收端为高电平且时钟控制端为上边沿，即触发器的使能端 E 为高电平且触发器的时钟 CLK 为上边沿时，接收数据总线上的数据且将其保存在由 8 个触发器构成的锁存器中。当接收端为低电平，发送端为高电平时，锁存器中的数据发送至数据总线上。

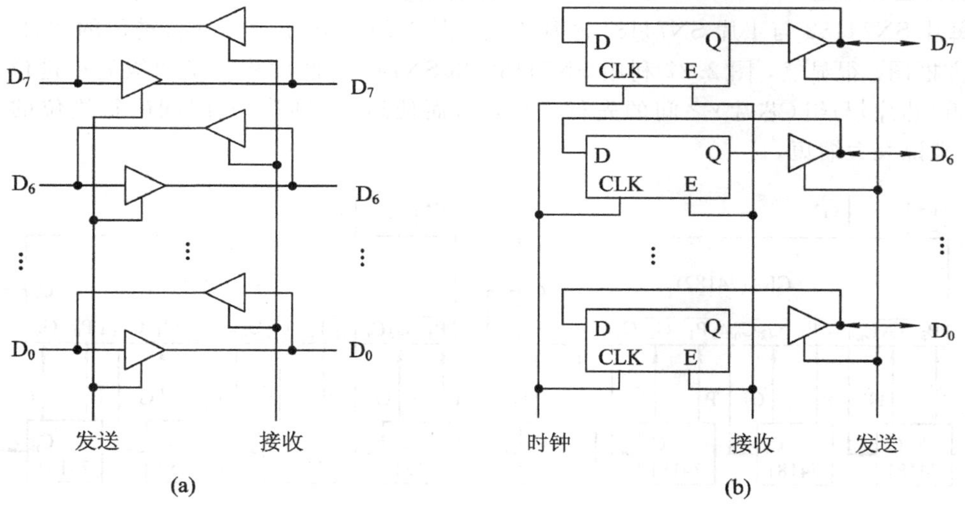

图 2.28 由三态门组成的 8 位双向数据总线

(a) 带有缓冲功能的 8 位双向数据总线；(b) 带有锁存功能的 8 位双向数据总线

2. 定点运算器的基本结构

计算机中定点运算器的基本结构包括算术逻辑运算单元 ALU、通用寄存器、多路开关/锁存器、三态缓冲器和数据总线等逻辑部件。功能比较强大的定点运算器还设计有阵列乘除部件和其他专用部件等。

计算机的运算器根据内部数据总线条数的不同，可分为如下三种结构形式：

(1) 单总线结构的运算器。单总线结构的运算器如图 2.29(a)所示，所有部件均连接到同一条数据总线上，数据可以在任意两个寄存器之间、寄存器与 ALU 之间传送。这种单总线结构的运算器在同一时间内，只能有一个操作数放在总线上。若要将两个操作数输入到 ALU 进行运算，则需分两次将两个操作数分别暂存于缓冲器 A 和缓冲器 B 中，只有当两个操作数同时出现在 ALU 的两个输入端时，ALU 才能执行相应的运算。运算结束后，其结果通过单总线传送至某个目的寄存器，此时，总线上不能传送其他数据。由于只需对单总线上传送的数据进行控制，并且每一时刻只允许一个数据出现在总线上，因此这种结构的优点是控制简单，缺点是操作速度较慢。

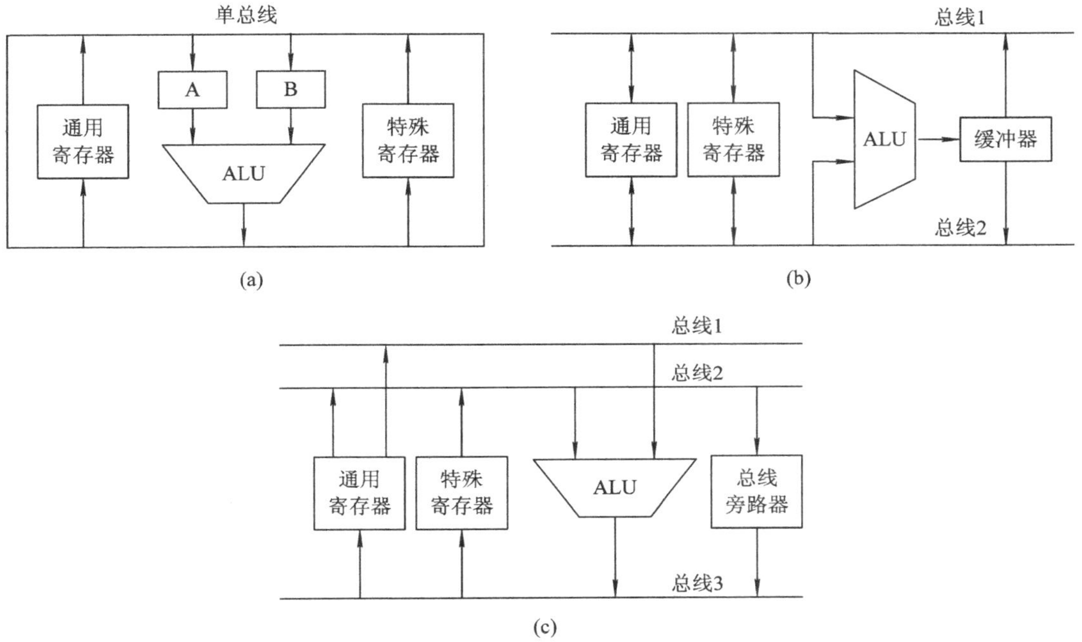

图 2.29　运算器的三种基本结构形式

(a) 单总线结构的运算器；(b) 双总线结构的运算器；(c) 三总线结构的运算器

(2) 双总线结构的运算器。双总线结构的运算器如图 2.29(b)所示，参与 ALU 运算的两个操作数分别由总线 1 和总线 2 提供，故这两个操作数可以同时送到 ALU 进行运算，只需一次操作控制，立即可得到运算结果。但 ALU 并不能马上将运算结果送到总线上，这是因为 ALU 是组合逻辑部件，形成运算结果输出时，两条总线均被输入数据占据。为此，在 ALU 的输出端设置有缓冲寄存器，在运算产生结果时，先将运算结果暂存于缓冲器中。当参与运算的输入数据从总线 1 和总线 2 上消失后，再将缓冲器中暂存的运算结果通过总线 1 或总线 2 传送至某个目的寄存器，此时，总线上不能传送其他数据。由于参与运算的数据通过总线 1 和总线 2 同时提供，因此这种结构的优点是具有数据并行传送的能力，加快了数据的传输速度，提高了机器性能。但这种结构需对两条总线进行控制，并需保证各数据传输之间的同步，因此这种结构的缺点是操作控制复杂。

(3) 三总线结构的运算器。三总线结构的运算器如图 2.29(c)所示，参与 ALU 运算的两个操作数分别由总线 1 和总线 2 提供，而 ALU 的运算结果直接通过总线 3 送至目的寄存器，这样，运算操作可在一步控制之内完成。由于 ALU 本身有时间延迟，因此将运算结果打入目的寄存器的选通脉冲必须考虑这个延迟。如果一个操作数不需经过任何运算直接从总线 2 传送至总线 3，则可直接通过总线旁路器完成，而不必经过 ALU。由于参与运算的数据和运算的结果都分别通过不同的总线进行传送，并且数据传送和运算操作可在一步控制之内完成(要考虑 ALU 本身的时间延迟)，因此这种结构的优点是操作速度快，缺点是操作控制更加复杂。

3. 定点运算器举例

Intel 8086 运算器结构框图如图 2.30 所示。

从图 2.30 可以看出，这是一种典型的采用单总线结构的运算器。Intel 8086 字长为 16 位，运算器内部包含一个 16 位的 ALU，其输入端通过暂存器与内部总线相连。参加运算的数据可来自于运算器内部的通用寄存器，运算结果直接通过内部总线被送往某个通用寄存器，运算结果的状态被保存到程序状态字(PSW)寄存器。通用寄存器组中包含 4 个 16 位的通用寄存器(AX、BX、CX、DX)，它们也可当作 8 个 8 位的通用寄存器(AH、AL、BH、BL、CH、CL、DH、DL)使用，用来存放参与运算的数据或保存运算的结果。运算器还包含 4 个 16 位的专用寄存器，分别为堆栈指针(SP)、基址指针(BP)、源变址(SI)寄存器和目标变址(DI)寄存器，它们均直接与内部总线相连。运算器内部各部件之间通过内部总线相互传送信息。

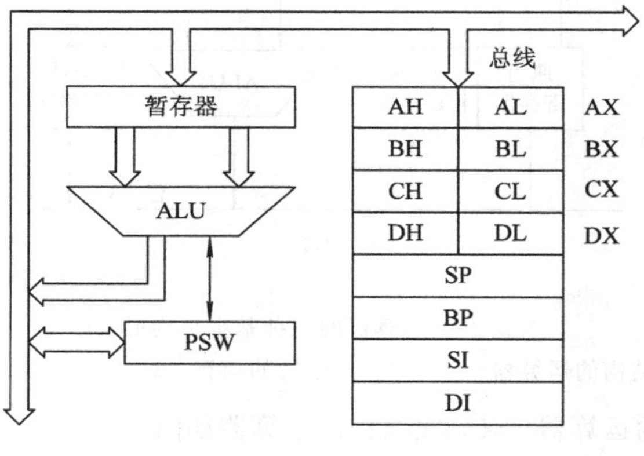

图 2.30 Intel 8086 运算器结构框图

2.8 浮点运算方法和浮点运算器

浮点数比定点数的表示范围大，运算精度高，更适合于科学与工程计算的需要。当要求计算精度较高时，往往采用浮点运算。但浮点数的格式较定点数格式复杂，硬件实现的成本相应高一些，完成一次浮点运算所需的时间也比定点运算要长。在早期一些微机的 CPU 中没有浮点运算功能，但另有配套的浮点协处理器，以提高浮点运算的速度。现代计算机的 CPU 中都设有浮点寄存器和浮点运算功能部件，相应地，指令系统中包含有浮点运算指令。

在 2.1 节中我们介绍了浮点数的表示格式，在浮点数的表示格式中阶码用定点整数表示，尾数用定点小数表示。因此浮点数的运算实质上包含两组定点运算，即阶码运算与尾数运算，但这两部分有各自的作用与相互间的关联。

2.8.1 浮点加法、减法运算

设有两个浮点数 x 和 y，它们分别为

$$x=2^{E_x}\times M_x,\ y=2^{E_y}\times M_y$$

其中，E_x 和 E_y 分别表示 x 和 y 的阶码，M_x 和 M_y 分别表示 x 和 y 的尾数。则两个浮点数进行加减运算的规则是

$$x\pm y = 2^{E_y}(M_x\times 2^{E_x-E_y}\pm M_y) \tag{2.51}$$

其中 $E_x\leqslant E_y$。

由式(2.51)可以看出，两个浮点数进行加减法运算时，先必须让两个数的阶码相同，然后再对尾数进行加减法运算。完成浮点加减法运算的操作过程大体上可分为五步：第一步，0 操作数检查；第二步，比较阶码大小并完成对阶；第三步，尾数进行加法或减法运算；第四步，结果规格化并进行舍入处理；第五步，判断溢出。

假设浮点数的格式如图 2.2 所示，阶码和尾数均用补码表示，在浮点加减运算时，为便于浮点数尾数的规格化处理和浮点数的溢出判断，阶码和尾数均采用双符号位表示。

1. 0 操作数检查

用来判断两个操作数 x 和 y 中是否有一个数为 0，若有，马上就可得出运算结果而没有必要再进行后续的一系列操作，以节省运算时间。

2. 比较阶码大小并完成对阶

两个浮点数进行加减运算时，首先要使两个数的阶码相同，即小数点的位置对齐。若两个数的阶码相同，表示小数点的位置是对齐的，就可以对尾数进行加减运算。反之，若两个数的阶码不相同，表示小数点的位置没有对齐，此时必须使两个数的阶码相同，这个过程称为对阶。

要对阶，首先应求出两个浮点数的阶码之差，即

$$\Delta E=[E_x]_补-[E_y]_补=[E_x]_补+[-E_y]_补$$

若 $\Delta E=0$，表示两个浮点数的阶码相等，即 $[E_x]_补=[E_y]_补$；若 $\Delta E>0$，表示 $[E_x]_补>[E_y]_补$；若 $\Delta E<0$，表示 $[E_x]_补<[E_y]_补$。

当 $\Delta E\neq 0$ 时，要通过浮点数尾数的算术左移或算术右移来改变阶码，使两个浮点数的阶码相等。理论上讲，既可以通过移位 $[M_x]_补$ 以改变 $[E_x]_补$ 来达到 $[E_x]_补=[E_y]_补$，也可以通过移位 $[M_y]_补$ 以改变 $[E_y]_补$ 来达到 $[E_x]_补=[E_y]_补$。但是，由于浮点数的尾数在算术左移的过程中会改变尾数的符号位，同时，尾数在算术左移的过程中还会使尾数的高位数据丢失，造成运算结果错误。因此，在对阶时规定使小阶向大阶看齐，即通过小阶的尾数算术右移以改变阶码来达到 $[E_x]_补=[E_y]_补$，尾数每右移一位，阶码加 1，其数值保持不变，直到两个浮点数的阶码相等，右移的次数等于 ΔE 的绝对值。

3. 尾数进行加法或减法运算

对阶结束后，即可对浮点数的尾数进行加法或减法运算。不论是加法运算还是减法运算，都按加法进行操作，其方法与定点加减运算完全一样。

4. 结果规格化并进行舍入处理

在2.1节曾介绍了规格化浮点数的定义，当尾数用二进制补码表示时，规格化浮点数的尾数形式为00.1××…××或11.0××…××。若浮点数的尾数不是这两种形式，则称之为非规格化浮点数，需进行浮点数的规格化。

若浮点数的尾数形式为00.0××…××或11.1××…××，应利用向左规格化使其变为规格化浮点数。尾数每算术左移1位，阶码减1，直到浮点数的尾数变成规格化形式。

若浮点数的尾数形式为01.××…××或10.××…××，表示尾数求和的结果发生溢出，应利用向右规格化使其变为规格化浮点数。尾数算术右移1位，阶码加1，此时浮点数的尾数就变成了规格化形式。

在对阶或向右规格化时，尾数都要进行算术右移操作，为了保证运算结果的精度，运算过程中需保留右移中移出的若干位数据，称为保护位。在运算结果进行规格化后再按照某种规则进行舍入处理以去除这些数据。舍入处理就是消除保护位数据并按照某种规则调整剩下的部分，它总要影响到数据的精度。舍入规则应当有舍有入，选择舍入方法时要考虑方法的简单性，使得舍入处理的速度比较快。舍入处理的方法一般有以下三种：

第一种是截去法，无条件地将正常尾数最低位之后的全部数据截去，其最大误差接近于正常尾数最低位上的1。其好处是处理简单，缺点是有舍无入，具有误差积累，会影响运算结果的精度。

第二种是"末位恒置1"法，在截去正常尾数最低位之后的全部数据时，将正常尾数的最低位置1。其最大误差在正常尾数最低位上的－1到1之间。尽管误差范围扩大了，但正误差可以和负误差抵消，从统计角度看，平均误差为0，因此最后运算结果的准确性提高了。

第三种是"0舍1入"法，它是常用的舍入方式，若被截去数据的最高位的值为0，则直接截去正常尾数最低位之后的全部数据；若被截去的最高位的值为1，则在正常尾数最低数值位上加1进行修正。其最大误差在正常尾数最低位上的－1/2到1/2之间，正误差可以和负误差抵消，是一种比较理想的方法，但实现起来比较复杂，因为它需要做加法运算，速度比较慢。

5. 判断溢出

浮点数尾数的溢出可通过规格化进行处理，而浮点数运算结果的溢出则根据运算结果中浮点数的阶码来确定。若阶码未发生溢出，则表示运算结果未发生溢出；若阶码溢出，则需进行溢出处理。图2.31给出了浮点数运算结果出现溢出的四种情况。若浮点数为正数，当阶码发生正溢时称为正上溢，当阶码为负溢时，称为正下溢；若浮点数为负数，当阶码发生正溢时称为负上溢，当阶码为负溢时，称为负下溢。溢出处理方法为：当浮点数发生下溢时，置运算结果为0；当浮点数发生上溢时，置溢出标志。

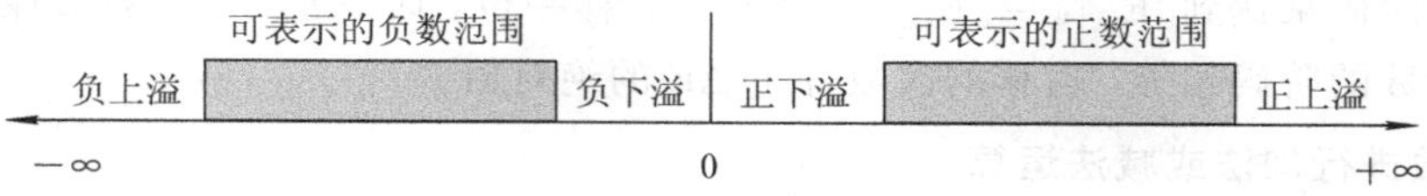

图2.31 浮点数运算结果出现溢出的四种情况

若阶码用双符号位补码表示，判断溢出的方法为：若阶码的双符号位相同，表示结果未发生溢出；若阶码的双符号位不相同，表示结果发生溢出。

[例2.52]　设两浮点数 $x=2^{001}\times(0.1101)$，$y=2^{011}\times(-0.1010)$，在浮点数的表示格式中阶码占3位，尾数占4位(都不包括符号位)。阶码和尾数均采用含双符号位的补码表示，运算结果的尾数取单字长(含符号位共5位)，舍入规则用“0舍1入”法，用浮点运算方法计算 x+y、x−y。

解：

$$[x]_{浮}=00001, 00.1101$$

$$[y]_{浮}=00011, 11.0110$$

① 对阶，小阶向大阶对齐。

$$\Delta E=[E_x]_{补}-[E_y]_{补}=[E_x]_{补}+[-E_y]_{补}=00001+11101=11110$$

x的尾数$[M_x]_{补}$右移2位，阶码$[E_x]_{补}$加2

$$[x]_{浮}=00011, 00.0011(01)$$

其中，(01)表示$[M_x]_{补}$右移2位后移出的最低两位数。

② 尾数进行加法、减法运算。

$$\begin{array}{r} 00.0011(01) \\ +\ \ 11.0110 \\ \hline 11.1001(01) \end{array} \qquad\qquad \begin{array}{r} 00.0011(01) \\ +\ \ 00.1010 \\ \hline 00.1101(01) \end{array}$$

即

$$[x+y]_{浮}=00011, 11.1001(01)$$

$$[x-y]_{浮}=00011, 00.1101(01)$$

③ 结果规格化并进行舍入处理。和的尾数左移1位，阶码减1，采用“0舍1入”法进行舍入处理后，得

$$[x+y]_{浮}=00010, 11.0011$$

差已为规格化浮点数，采用“0舍1入”法进行舍入处理后，得

$$[x-y]_{浮}=00011, 00.1101$$

④ 判断溢出。和、差的阶码的双符号位均相同，故和、差均无溢出。

所以

$$x+y=2^{010}\times(-0.1101)$$

$$x-y=2^{011}\times(0.1101)$$

2.8.2　浮点乘法、除法运算

设有两个浮点数 x 和 y，它们分别为

$$x=2^{E_x}\times M_x,\ y=2^{E_y}\times M_y$$

其中，E_x 和 E_y 分别表示 x 和 y 的阶码，M_x 和 M_y 分别表示 x 和 y 的尾数。则两个浮点数进行乘法运算的规则是

$$x\times y=2^{(E_x+E_y)}(M_x\times M_y) \tag{2.52}$$

由式(2.52)可以看出，两个浮点数进行乘法运算产生的乘积的尾数等于两个数尾数之积，乘积的阶码等于两个数阶码之和。完成浮点乘法运算的操作过程大体上可分为五步：第一步，0操作数检查；第二步，阶码相加；第三步，尾数相乘；第四步，结果规格化并进行舍入处理；第五步，判断溢出。

两个浮点数进行除法运算的规则是

$$x \div y = 2^{(E_x - E_y)}(M_x \div M_y) \tag{2.53}$$

由式(2.53)可以看出，两个浮点数进行除法运算产生的商的尾数等于两个数尾数相除的商，商的阶码等于两个数阶码之差。完成浮点除法运算的操作过程大体上可分为五步：第一步，0操作数检查；第二步，阶码相减；第三步，尾数相除；第四步，结果规格化并进行舍入处理；第五步，判断溢出。

1. 0操作数检查

在浮点数的乘法运算时，若被乘数或乘数中有一个数为0，则乘积为0。在浮点数除法运算时，若被除数为0，则商为0；若除数为0，则产生溢出中断。

2. 阶码相加减

按照定点整数的加减法运算方法对两个浮点数的阶码进行加减运算，若阶码用补码表示，则使用式(2.22)和式(2.24)，即

$$[E_x + E_y]_{补} = [E_x]_{补} + [E_y]_{补} \quad (\text{mod } 2^{n+2})$$

$$[E_x - E_y]_{补} = [E_x]_{补} + [-E_y]_{补} \quad (\text{mod } 2^{n+2})$$

若阶码用移码表示，则使用式(2.31)和式(2.32)，即

$$[E_x + E_y]_{移} = [E_x]_{移} + [E_y]_{补} \quad (\text{mod } 2^{n+2})$$

$$[E_x - E_y]_{移} = [E_x]_{移} + [-E_y]_{补} \quad (\text{mod } 2^{n+2})$$

3. 尾数相乘或相除

按照定点小数的乘除法运算方法对两个浮点数的尾数进行乘除运算。为了保证尾数相除时商的正确性，必须使被除数尾数的绝对值一定小于除数尾数的绝对值。若被除数尾数的绝对值大于除数尾数的绝对值，需对被除数进行调整，即被除数的尾数每右移1位，阶码加1，直到被除数尾数的绝对值小于除数尾数的绝对值。

4. 结果规格化并进行舍入处理

浮点数乘除运算结果的规格化和舍入处理与浮点数加减运算结果的规格化和舍入处理方法相同。并且在浮点数乘除运算的结果中，由于乘积和商的绝对值一定小于1，因此在对浮点数乘除运算结果进行规格化处理时只存在向左规格化，不可能出现向右规格化。

5. 判断溢出

浮点数乘除运算结果的尾数不可能发生溢出，而浮点数运算结果的溢出则根据运算结果中浮点数的阶码来确定，溢出的判定和处理方法与浮点加减运算完全相同。

[例 2.53] 设两浮点数 $x = 2^{-001} \times (-0.100010)$，$y = 2^{-100} \times (0.010110)$，在浮点数的表示格式中阶码占3位，尾数占6位(都不包括符号位)，阶码采用双符号位的补码表示，尾数用单符号位的补码表示。要求用直接补码阵列乘法完成尾数乘法运算，运算结果的尾数取单字长(含符号位共7位)，舍入规则用“0舍1入”法，用浮点运算方法计算 $x \times y$。

解：

$$[x]_{浮}=11111,\ 1.011110,$$
$$[y]_{浮}=11100,\ 0.010110$$

① 阶码相加。

$$[E_x+E_y]_{补}=[E_x]_{补}+[E_y]_{补}=11111+11100=11011$$

② 尾数作直接补码阵列乘法运算。

```
                    (1) 0  1  1  1  1  0
                 ×  (0) 0  1  0  1  1  0
                 ------------------------
                    (0) 0  0  0  0  0  0
                 (1) 0  1  1  1  1  0
              (1) 0  1  1  1  1  0
           (0) 0  0  0  0  0  0
        (1) 0  1  1  1  1  0
     (0) 0  0  0  0  0  0
+       0 (0)(0)(0)(0)(0)(0)
---------------------------------------------
  (1) 1  1  1  0  1  0  0  0  1  0  1  0  0
```

即

$$[M_x]_{补}\times[M_y]_{补}=1.110100010100$$

③ 结果规格化并进行舍入处理。积的尾数左移 2 位，阶码减 2，采用“0 舍 1 入”法进行舍入处理后，得

$$[x\times y]_{浮}=11001,\ 1.010001$$

④ 判断溢出。乘积的阶码的双符号位相同，故乘积无溢出。

所以　$x\times y=2^{-111}\times(-0.101111)$

[例 2.54]　设两浮点数 $x=2^{-010}\times(0.011010)$，$y=2^{011}\times(-0.111100)$，在浮点数的表示格式中阶码占 3 位，尾数占 6 位(都不包括符号位)，阶码采用双符号位的补码表示，尾数用单符号位的原码表示。要求用原码阵列除法完成尾数除法运算，运算结果的尾数取单字长(含符号位共 7 位)，舍入规则用“0 舍 1 入”法，用浮点运算方法计算 $x\div y$。

解：　$[x]_{浮}=11110,\ 0.011010$，$[y]_{浮}=00011,\ 1.111100$

① 阶码相减。

$$[E_x-E_y]_{补}=[E_x]_{补}+[-E_y]_{补}=11110+11101=11011$$

② 尾数作原码阵列除法运算。

$$[M_x]_{原}=0.011010,\ [M_y]_{原}=1.111100$$

商的符号位为：$M_{xf}\oplus M_{yf}=0\oplus 1=1$。

令 $M_x'=011010000000$，$M_y'=111100$，其中 M_x' 和 M_y' 分别为 $[M_x]_{原}$ 和 $[M_y]_{原}$ 的数值部分，且 M_x' 为双字长。

$$[M_x']_{补}=0011010000000,\ [M_y']_{补}=0111100,\ [-M_y']_{补}=1000100$$

	被除数/余数	商
	0011010000000	
$+[-M_y']_补$	1000100	
	1011110000000	0
$+[M_y']_补$ →	0111100	
	111100000000	0
$+[M_y']_补$ →	0111100	
	01011000000	1
$+[-M_y']_补$ →	1000100	
	0011100000	1
$+[-M_y']_补$ →	1000100	
	111110000	0
$+[M_y']_补$ →	0111100	
	01101000	1
$+[-M_y']_补$ →	1000100	
	0101100	1

故得　　商 q=0011011

所以　　$[M_x \div M_y]_原 = 1.011011$

因此

$$[x \div y]_浮 = 11011,\ 1.011011$$

③ 尾数规格化。商的尾数左移 1 位，阶码减 1。

$$[x \div y]_浮 = 11010,\ 1.110110$$

④ 判断溢出。商的阶码的双符号位相同，故商无溢出。

所以　　$x \div y = 2^{-110} \times (-0.110110)$

2.8.3　浮点运算器举例

目前在微机系统中往往配置有专门的浮点运算部件，可直接用浮点运算指令对浮点数进行算术运算，其运算速度比采用软件子程序实现时要快得多。例如，x86 系列机中的 80x87 就是浮点运算器。对于早期的 386SX 及以下 CPU，80x87 是任选芯片，而对于 486DX 及以上 CPU，已将浮点运算器设计到了 CPU 芯片内部，并逐步采用多级流水线技术来完成浮点运算，使得浮点运算速度得到了很大的提高。80x87 之所以被称为协处理器，是因为它只能协助主 CPU 工作，不能单独工作。这里以 80387 浮点运算器为例，主要介绍其指令执行过程、数据类型和内部结构，以使读者简单了解浮点运算器的组成和工作原理。

1. 80387 的指令执行过程

80387 浮点运算器相当于 80386 CPU 的一个 I/O 部件。它有 80 多条指令，按功能可分为浮点加、减、乘、除、对数和指数运算、三角函数以及传送、中断、处理控制等。80387 的指令系统称为 ESC 指令。

80387 的指令是 80386 指令的扩充，在编程时可直接使用这些指令。编制好的程序被放在主存中，当程序执行时，全部指令都由 80386 逐条读取。如果取回的是 80386 指令，则在 80386 内部处理；如果取回的是 ESC 指令，则通过 I/O 口地址传送给 80387。这时 80386 和 80387 可以独立地并行对指令进行加工。但是，80387 在执行指令时，80386 不能再向 80387 传送新的 80387 指令，这就要求 80386 要与 80387 之间进行同步。为此，80386 使用了 BUSY 引脚，80387 在执行 ESC 指令期间向 80386 的 BUSY 引脚发出低电平信号。当 80386 取到 ESC 指令时，首先要对 BUSY 引脚上的信号进行检查。如果该信号为低电平，则 80386 暂停向 80387 传送指令，等待它变为高电平后，才开始发送操作。

80387 访问存储器中的数据，也由 80386 生成地址并进行读/写，再通过 I/O 口对 80387 进行数据的输入或输出操作。为了在 80386 和 80387 之间进行数据的输入或输出操作，80386 将 800000F8H～800000FFH 的 I/O 口地址分配给 80387。

2. 80387 的数据类型

80387 浮点运算器可处理包括二进制整数、二进制浮点数和压缩十进制数串三大类共 7 种不同的数据类型，这些数据类型的表示格式如图 2.32 所示。对整数来说，最高位为符号位，用补码表示，有 16、32 和 64 位三种格式。压缩十进制数串是用特殊形式表示的整数，其最高位为符号位，最低 72 位可表示 18 位十进制数。对浮点数来说，最高位为符号位，符号位为 0 表示正数，符号位为 1 表示负数。浮点数有 32、64 和 80 位三种格式，三种浮点数阶码的基数均为 2，阶码用移码表示，尾数用原码表示。

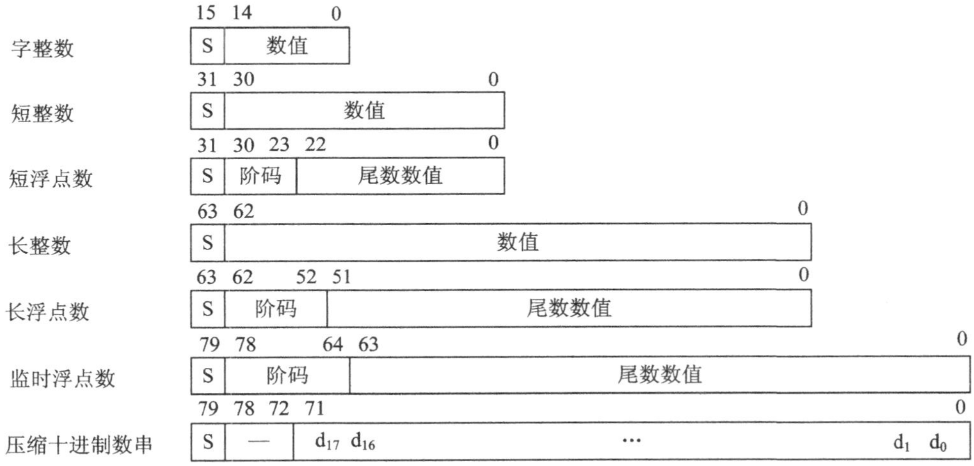

图 2.32　80387 各种数据类型的表示格式

3. 80387 的内部结构

80387 的内部结构如图 2.33 所示，它由总线控制逻辑部件、数据接口与控制部件、浮点运算部件三个主要功能模块组成。在 80387 的浮点运算部件中，分别设置有阶码(指数)运算部件和尾数运算部件，并设有加速移位操作的桶形移位器。它们通过指数总线和尾数总线与 8 个 80 位的堆栈寄存器相连。这些寄存器按后进先出的方式工作，此时栈顶寄存器被用作累加器，也可以按寄存器的编号直接访问任何一个寄存器。

80387 从主存取数和向主存写数时，均用 80 位的临时浮点数和其他 6 种数据类型执行自动转换。全部数据在 80387 中均以 80 位临时浮点数的形式表示。

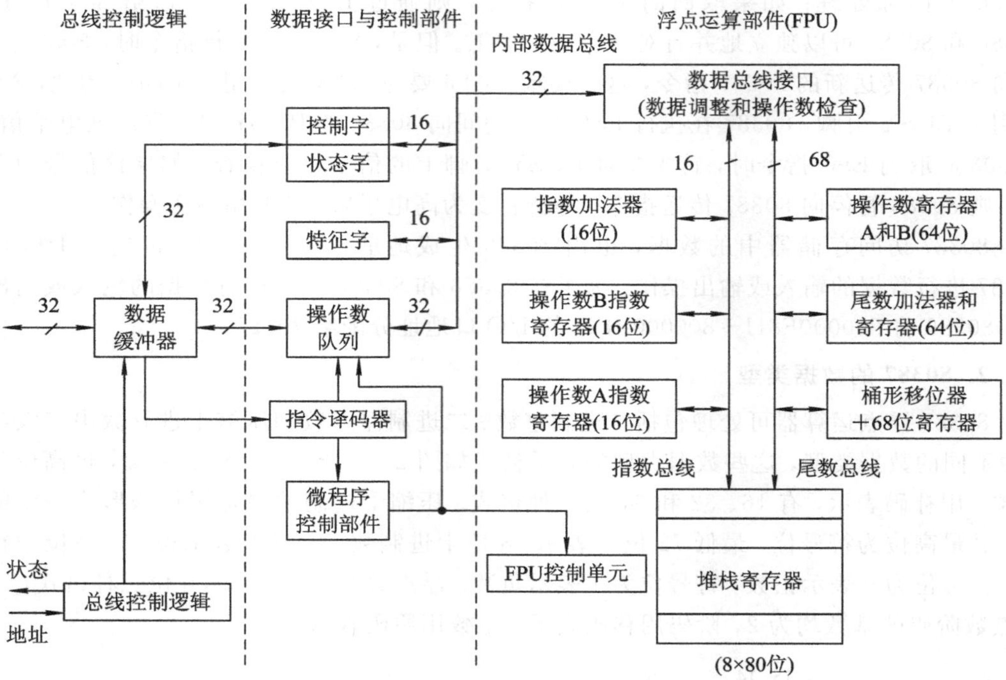

图 2.33　80387 的内部结构框图

2.9　数据校验码

数据校验码是一种常用的带有发现某些错误或自动纠错能力的数据编码方法。它的实现原理是加进一些冗余码，使合法数据编码在出现某些错误时就变为非法编码，这样就可以通过检测编码的合法性来达到发现错误的目的。合理地安排非法编码数量和编码规则，就可以提高发现错误的能力，或达到自动纠正错误的目的。这里用到一个码距的概念，码距是根据任意两个合法码之间至少有几个二进制位不相同而确定的。若任意两个合法码之间仅有一位不同，则称其码距为 1。例如，用 4 个二进制位表示 16 种状态，则 16 种编码都用到了，此时码距为 1，也就是说任何一个状态的 4 位码中的 1 位或几位出错，就变成另一个合法码，此时无查错能力。若用 4 位二进制表示 8 个状态，就可以只用其中的 8 种编码，而把另外 8 种编码作为非法编码，合理地安排合法数据编码，可使得任意两个合法码之间有两个二进制位不相同，此时码距为 2。

当码距 d 为奇数时，如用来检错，可发现 d－1 位错，如用来纠错，可纠正(d－1)/2 位错；当码距 d 为偶数时，如用来检错，可发现 d/2 位错，如用来纠错，可纠正(d/2)－1 位错。一般来说，合理地增大码距，就能提高发现错误的能力，但编码所使用的二进制位数变多，会增加数据存储的容量或数据传送的数量。在确定与使用数据校验码的时候，通常要考虑在不过多增加硬件开销的情况下，尽可能发现或纠正更多的错误。常用的数据校验码有奇偶校验码、海明校验码和循环冗余码。

2.9.1 奇偶校验码

奇偶校验码是一种开销最小，能发现数据代码中一位出错情况的编码，常用于存储器读/写检查，或 ASCII 码字符传送过程中的检查。它的实现原理是，在每组代码中增加一个冗余位，使码距由 1 增加到 2。如果合法编码中有奇数个位发生了错误，这个编码就将成为非法编码。增加的冗余位称为奇偶校验位。实现的具体方法是，使每个编码(包括校验位)中 1 的个数为奇数或偶数，前者称为奇校验，后者称为偶校验。

设有效数据代码为 $D_7D_6D_5D_4D_3D_2D_1D_0$，校验位为 P，则

奇校验定义为

$$P=\overline{D_7\oplus D_6\oplus D_5\oplus D_4\oplus D_3\oplus D_2\oplus D_1\oplus D_0} \tag{2.54}$$

偶校验定义为

$$P=D_7\oplus D_6\oplus D_5\oplus D_4\oplus D_3\oplus D_2\oplus D_1\oplus D_0 \tag{2.55}$$

一个编码(包括校验位)从发送端到达接收端后，对接收到的实际编码按如下方法计算：

奇校验：

$$P'=\overline{D_7\oplus D_6\oplus D_5\oplus D_4\oplus D_3\oplus D_2\oplus D_1\oplus D_0\oplus P} \tag{2.56}$$

偶校验：

$$P'=D_7\oplus D_6\oplus D_5\oplus D_4\oplus D_3\oplus D_2\oplus D_1\oplus D_0\oplus P \tag{2.57}$$

若 $P'=0$，则表示没有错误；若 $P'=1$，则表示有错误。

奇偶校验码只能发现一位错或奇数个位错，但不能确定是哪一位错，因此无纠错能力，也不能发现偶数个位错。考虑到一位出错的概率比多位同时出错的概率要大得多，因此奇偶校验码还是有很高的实用价值的。

[例 2.55]　求下列数据代码的奇校验编码和偶校验编码(设校验位放在最低位)。

(1) 11001110　　(2) 10101010　　(3) 00000000　　(4) 11111111

解：(1) 奇校验编码为：110011100；偶校验编码为：110011101。

(2) 奇校验编码为：101010101；偶校验编码为：101010100。

(3) 奇校验编码为：000000001；偶校验编码为：000000000。

(4) 奇校验编码为：111111111；偶校验编码为：111111110。

2.9.2 海明校验码

奇偶校验码不能发现两位错，它只能发现一位错，并且不知道是哪位出错，也就是说，它无法纠正错误。对一组数据使用多重奇偶校验，便有可能指出是哪一位出错。以下描述的海明校验码实际上就使用了多重奇偶校验的检错纠错方法。海明校验码是由贝尔实验室的 Richard Hamming 于 1950 年提出的，目前还被广泛采用，主存的检错与纠错采用的就是这类校验码。其实现原理是，在数据中加入几个校验位，并把数据的每一个二进制位分配在几个奇偶校验组中。当某一位出错后，就会引起有关的几个校验组的值发生变化，这不但可以发现出错，还能指出是哪一位出错，为自动纠错提供了依据。

假设校验位的个数为 r，则它能表示 2^r 个信息，用其中一个信息指出“没有错误”，其余的 2^r-1 个信息指出错误发生在哪一位。然而错误也可能发生在校验位，因此只有

$k=2^r-1-r$ 个信息能用于纠正被传送数据的位数，也就是说要满足如下关系：

$$2^r \geqslant k+r+1 \tag{2.58}$$

如要能检测与自动纠正一位错，并发现两位错，此时校验位的位数 r 和数据位的位数 k 应满足如下关系：

$$2^{r-1} \geqslant k+r \tag{2.59}$$

按式(2.59)，可计算出数据位 k 与校验位 r 的对应关系，如表 2.16 所示。

表 2.16 数据位 k 与校验位 r 的对应关系

k 值	最小的 r 值
1～4	4
5～11	5
12～26	6
27～57	7
58～120	8

若海明码的最高位号为 m，最低位号为 1，即 $H_m H_{m-1} \cdots H_2 H_1$，则此海明码的编码规律通常是：

(1) 校验位与数据位的位数之和为 m，每个校验位 P_i 在海明码中被分在位号为 2^{i-1} 的位置，其余各位为数据位，并按从低向高逐位依次排列的关系分配各数据位。

(2) 海明码的每一位码 H_i(包括数据位和校验位本身)由多个校验位校验，其关系是被校验的每一位的位号要等于校验它的各校验位的位号之和。这样安排的目的，是希望校验的结果能正确反映出出错位的位号。

下面，我们来按上述规律讨论一个字节的海明码。

每个字节由 8 个二进制位组成，此处的 k 为 8，按式(2.59)求出校验位的位数 r 应为 5，故海明码的总位数为 13，可表示为

$$H_{13} H_{12} H_{11} H_{10} H_9 H_8 H_7 H_6 H_5 H_4 H_3 H_2 H_1$$

5 个校验位 $P_5 \sim P_1$ 对应的海明码位号应分别为 H_{13}、H_8、H_4、H_2 和 H_1。P_5 只能放在 H_{13} 这一位上，因为它已经是海明码的最高位了，其他 4 位满足 P_i 的位号等于 2^{i-1} 的关系。其余为数据位 D_i，则有如下排列关系：

$$P_5 D_8 D_7 D_6 D_5 P_4 D_4 D_3 D_2 P_3 D_1 P_2 P_1$$

按前面讲的，每个海明码的位号要等于参与校验它的几个校验位的位号之和的关系，可以给出如表 2.17 所示的结果。

表 2.17 给出了每一位海明码和参与对其进行校验的有关校验位的对应关系，即 5 个校验位各自与本身有关，数据位 D_1 由校验位 P_1 和 P_2 校验，查表 2.17 可知，D_1 的海明码位号为 3，而 P_1 和 P_2 的海明码位号分别为 1 和 2，满足 3＝1＋2 的关系。又如数据位 $D_2(H_5)$由校验位 $P_1(H_1)$和 $P_3(H_4)$校验，数据位 $D_7(H_{11})$由校验位 $P_1(H_1)$、$P_2(H_2)$和 $P_4(H_8)$三个校验位校验等。

表 2.17　出错的海明码位号和校验位位号的关系

海明码位号	数据位/校验位	参与校验的校验位位号	被校验位的海明码位号 =校验位位号之和
H_1	P_1	1	1=1
H_2	P_2	2	2=2
H_3	D_1	1,2	3=1+2
H_4	P_3	4	4=4
H_5	D_2	1,4	5=1+4
H_6	D_3	2,4	6=2+4
H_7	D_4	1,2,4	7=1+2+4
H_8	P_4	8	8=8
H_9	D_5	1,8	9=1+8
H_{10}	D_6	2,8	10=2+8
H_{11}	D_7	1,2,8	11=1+2+8
H_{12}	D_8	4,8	12=4+8
H_{13}	P_5	13	13=13

从表 2.17 中可以进一步找出 4 个校验位各自与哪些数据位有关。如 P_1 参与数据位 D_1、D_2、D_4、D_5 和 D_7 的校验，P_2 参与 D_1、D_3、D_4、D_6 和 D_7 的校验等。由此关系，就可以进一步求出由各有关数据位形成 P_i 值的偶校验的结果：

$$P_1=D_1\oplus D_2\oplus D_4\oplus D_5\oplus D_7 \tag{2.60}$$

$$P_2=D_1\oplus D_3\oplus D_4\oplus D_6\oplus D_7 \tag{2.61}$$

$$P_3=D_2\oplus D_3\oplus D_4\oplus D_8 \tag{2.62}$$

$$P_4=D_5\oplus D_6\oplus D_7\oplus D_8 \tag{2.63}$$

如果要分清是两位出错还是一位出错，还要补充一个总校验位 P_5，使

$$P_5=D_1\oplus D_2\oplus D_3\oplus D_4\oplus D_5\oplus D_6\oplus D_7\oplus D_8\oplus P_4\oplus P_3\oplus P_2\oplus P_1 \tag{2.64}$$

在这种安排下，每一位数据位都至少出现在 3 个 P_i 值的形成关系中。当任一位数据码发生变化时，必将引起 3 个或 4 个 P_i 值随之变化，该海明码的码距为 4。

按如下关系对所得到的海明码实现偶校验：

$$S_1=P_1\oplus D_1\oplus D_2\oplus D_4\oplus D_5\oplus D_7 \tag{2.65}$$

$$S_2=P_2\oplus D_1\oplus D_3\oplus D_4\oplus D_6\oplus D_7 \tag{2.66}$$

$$S_3=P_3\oplus D_2\oplus D_3\oplus D_4\oplus D_8 \tag{2.67}$$

$$S_4=P_4\oplus D_5\oplus D_6\oplus D_7\oplus D_8 \tag{2.68}$$

$$S_5=P_5\oplus P_4\oplus P_3\oplus P_2\oplus P_1\oplus D_1\oplus D_2\oplus D_3\oplus D_4\oplus D_5\oplus D_6\oplus D_7\oplus D_8 \tag{2.69}$$

则校验得到的结果值 $S_5S_4S_3S_2S_1$ 能反映 13 位海明码的出错情况。

海明码有如下关系成立：

(1) 当所有位均没出错时，S_5 为 0 且 $S_4S_3S_2S_1$ 为全 0。反过来不成立，因为任何偶数

个海明码位出错时，S_5 一定为 0，此时 $S_4S_3S_2S_1$ 为全 0 也有可能。如 $H_3(D_1)$、$H_6(D_3)$、$H_9(D_5)$、$H_{12}(D_8)$这 4 位同时出错时，S_5 为 0 且 $S_4S_3S_2S_1$ 为全 0。但是，若校验结果是 S_5 为 0 且 $S_4S_3S_2S_1$ 为全 0，我们可以认为所有位均是正确的，即数据位 $D_8D_7D_6D_5D_4D_3D_2D_1=H_{12}H_{11}H_{10}H_9H_7H_6H_5H_3$。因为满足 S_5 为 0 且 $S_4S_3S_2S_1$ 为全 0 对应所有位均正确的概率比起其他情况的概率要大得多。若 S_5 为 0 且 $S_4S_3S_2S_1$ 不为全 0，则可以肯定有偶数个海明码位出错，一般认为是有两位出错，因为两位出错比起其他情况的概率要大得多。

(2) 当有一位出错时，S_5 为 1，$S_4S_3S_2S_1$ 不全为 0，$S_4S_3S_2S_1$ 的二进制取值对应的十进制数值就是海明码出错的位号，直接将出错位的数值取反即可纠正错误。这是因为，若 $H_{12}(D_8)$位出错，由式(2.65)～式(2.69)可知，必然使 $S_4S_3S_2S_1=1100$。同理若 $H_{11}(D_7)$位出错，则必然使 $S_4S_3S_2S_1=1011$，依此类推。反过来不成立，这是因为 S_5 为 1 并不意味着只有一位出错，实际上，当有奇数位出错时，S_5 都为 1。但是，若 S_5 为 1，我们可以认为只有一位出错，因为一位出错的概率比起其他情况的概率要大得多。

综上所述，海明码具有检测两位错和纠正一位错的能力。

例如，有效数据为 12 的海明码在传送时，第 11 位发生了错误。

将数据 12 转换成 8 位二进制得 $D_8D_7D_6D_5D_4D_3D_2D_1=00001100$，由式(2.60)～式(2.64)，可以计算出 $P_5P_4P_3P_2P_1=00001$，因此，

$$P_5D_8D_7D_6D_5P_4D_4D_3D_2P_3D_1P_2P_1$$

发送的海明码为：0 0 0 0 0 0 0 1 1 0 0 0 0 1

接收的海明码为：0 0 1 0 0 0 0 1 1 0 0 0 0 1

由式(2.65)～式(2.69)，可以计算出 $S_5S_4S_3S_2S_1=11011$。$S_5=1$，表示一位出错，$S_4S_3S_2S_1=1011$，表示海明码的第 11 位(D_7)发生了错误。只要将出错位的数值取反即可纠正错误。

[例 2.56]　采用海明校验码，一个 8 位的数据字为 00111001，与它一起存储的校验位应该是 0111。假定由存储器读出时计算出的校验位是 1101，那么由存储器读出的数据字是什么?

解：由于由存储器读出时计算出的校验位与存储的校验位不相同，则可以肯定出现了传送或存储错误。根据海明码校验得到的结果值 $S_4S_3S_2S_1$ 的公式，得：

$$\begin{array}{rl} 0111 & \text{存储的校验位 } P_4P_3P_2P_1 \\ \oplus\ 1101 & \text{读出时计算出的校验位 } P_4P_3P_2P_1 \\ \hline 1010 & \text{海明码校验得到的结果值 } S_4S_3S_2S_1 \end{array}$$

由 $S_4S_3S_2S_1=1010$ 可知，海明码的 H_{10}位有错，按海明码的如下排列关系：

$$H_{13}H_{12}H_{11}H_{10}H_9H_8H_7H_6H_5H_4H_3H_2H_1$$
$$P_5\ D_8\ D_7\ D_6\ D_5P_4D_4D_3D_2P_3D_1P_2P_1$$

可知 D_6 位有错，因此，由存储器读出的数据字是 00011001。

2.9.3　循环冗余校验码

在串行数据传送中，经常会因瞬间干扰而导致多位数据同时出错。循环冗余校验(Cycle Redundancy Check，CRC)码可以发现并纠正信息存储或传送过程中连续出现的多位错误，因此在计算机网络、同步通信以及磁表面存储器中得到了广泛应用。

1. 代码格式

CRC 码由两部分组成，如图 2.34 所示。左边为信息码，右边为校验码。若 CRC 码的字长为 n 位，信息码占 k 位，则校验码占 n－k 位。故该校验码又称做(n，k)码。

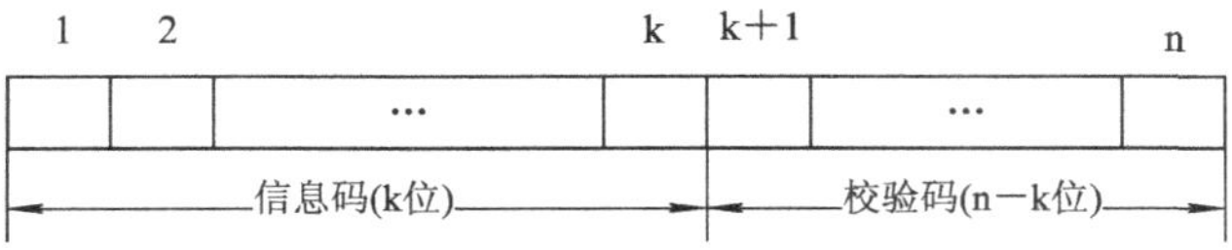

图 2.34　CRC 码的格式

校验码是由信息码产生的，校验码位数越长，该代码的校验能力就越强。

2. 校验码的生成方法

先将 k 位信息码表达成多项式 M(x)：

$$M(x)=C_{k-1}x^{k-1}+C_{k-2}x^{k-2}+\cdots+C_ix^i+\cdots+C_1x^1+C_0$$

式中，C_i 为 0 或 1，$1\leqslant i\leqslant k-1$。

校验码的生成方法可按如下步骤进行：

① 将信息码多项式 M(x)乘以 x^{n-k}，得到 $M(x)\cdot x^{n-k}$。其中，x 为基数，用二进制表示时，x=2。该步就是让信息码左移 n－k 位，以便拼接 n－k 位校验码。

② 给出生成多项式 G(x)。注意，生成多项式的最高次幂就是校验码的位数，最低次幂必须为 0。

③ 用第①步所得的多项式 $M(x)\cdot x^{n-k}$除以生成多项式 G(x)。注意，该除法运算是模 2 运算，即进行除法时，每一步的减运算是按位减，不发生借位。所得的余数表达为 R(x)，商为 Q(x)。余数 R(x)所对应的二进制编码就是校验码。将 n－k 位的校验码拼接在 k 位的信息码之后，就构成了这个有效信息的 CRC 码。

[例 2.57]　有一个(7，4)码，设生成多项式为 x^3+x+1，令信息码为 1100，请求出其校验码和 CRC 码。

解： ① $M(x)\cdot x^{n-k}=(x^3+x^2)\cdot x^{7-4}=x^6+x^5$。

② $G(x)=x^3+x+1$。

③ 用 $M(x)\cdot x^{n-k}$除以 G(x)，运算过程如下：

$$\begin{array}{r}
x^3+x^2+x \\
x^3+x+1 \overline{\big)\, x^6+x^5 \qquad\qquad\qquad} \\
\underline{x^6 \qquad +x^4+x^3} \qquad\quad \\
x^5+x^4+x^3 \qquad\quad \\
\underline{x^5 \qquad +x^3+x^2} \quad \\
x^4 \qquad +x^2 \quad \\
\underline{x^4 \qquad +x^2+x} \\
x
\end{array}$$

余数 x 就是校验码的多项式，对应的校验码为 010，CRC 码为 1100010。

例 2.57 也可以直接用二进制求解，步骤如下：

① 把信息码 1100 左移 7－4=3 位得 1100000。

② 写出生成多项式所对应的二进制数，即 1011。

③ 用 1100000 除以 1011，运算过程如下：

```
           1110
1011 ) 1100000
       1011
       -------
        1110
        1011
        ------
         1010
         1011
         -----
           10
```

故该代码的校验码为 010，CRC 码为 1100010。

以上算法既可用软件方法实现，也可用硬件实现。在使用硬件实现时，信息码多项式 M(x)乘以 x^{n-k}是通过移位寄存器的移位来实现的，而除以生成多项式 G(x)是靠除法电路实现的。目前 CRC 校验码大都采用硬件实现。

3. CRC 码的校验方法

CRC 码传送到接收方后，接收方就用 CRC 码除以生成多项式 G(x)来校验。如果余数为 0，就说明传送正确。这是因为 CRC 码可用多项式表示为

$$M(x)\cdot x^{n-k}+R(x)=[Q(x)\cdot G(x)+R(x)]+R(x)$$
$$=Q(x)\cdot G(x)+[R(x)+R(x)]=Q(x)\cdot G(x)$$

在 CRC 码传送正确时，CRC 码正好是生成多项式 G(x)的整数倍。在例 2.57 中，信息码 1100 的 CRC 码为 1100010，如果该码传送正确，我们可以用 CRC 码 1100010 除以生成多项式所对应的二进制数 1011，余数确实为 0。

值得注意的是，并非所有 n－k 位的多项式都可以作为生成多项式。为了能够校验出究竟是哪一位出错，生成多项式应具备如下条件：

① 当任何一位传送出错时，都能使余数不为 0；

② 不同的位传送出错时，应当使余数互不相同；

③ 对余数继续做模 2 除法，余数是循环的。

只有具备上述三个条件，才能使 CRC 码不仅能检测传送错误，而且还能判定是哪位发生错误。通过例 2.57 求出其出错模式如表 2.18 所示。更换不同的信息码可以证明，余数与出错位的对应关系是不变的，只与码制和生成多项式有关。因此，表 2.18 给出的关系可作为(7，4)码的判别依据。对于其他码制或其他生成多项式，出错模式将发生变化。

表 2.18 (7，4)循环码的出错模式(生成多项式 $G(x)=x^3+x+1$)

	A_1	A_2	A_3	A_4	A_5	A_6	A_7	余 数			出错位
正确	1	1	0	0	0	1	0	0	0	0	无
错误	1	1	0	0	0	1	1	0	0	1	7
	1	1	0	0	0	0	0	0	1	0	6
	1	1	0	0	1	1	0	1	0	0	5
	1	1	0	1	0	1	0	0	1	1	4
	1	1	1	0	0	1	0	1	1	0	3
	1	0	0	0	0	1	0	1	1	1	2
	0	1	0	0	0	1	0	1	0	1	1

4. CRC 码的特点

在例 2.57 中，在生成多项式 G(x)为 x^3+x+1 的情况下，信息码 0000～1111 对应的 CRC 码如表 2.19 所示。

表 2.19　信息码 0000～1111 对应的 CRC 码

信息码	校验码	CRC 码
0000	000	0000000
0001	011	0001011
0010	110	0010110
0011	101	0011101
0100	111	0100111
0101	100	0101100
0110	001	0110001
0111	010	0111010
1000	101	1000101
1001	110	1001110
1010	011	1010011
1011	000	1011000
1100	010	1100010
1101	001	1101001
1110	100	1110100
1111	111	1111111

由表 2.19 可以看出，对任何两个 CRC 码进行按位异或运算，所得结果仍是一个 CRC 码。

本章小结

运算器是 CPU 的重要组成部分，主要用来进行数据的加工处理，完成各种算术运算和逻辑运算。尽管各种计算机的运算器在设计上有较大的区别，但它们最基本的结构中必须有算术逻辑运算单元(ALU)、通用寄存器、多路开关/锁存器、三态缓冲器和数据总线等逻辑构件。运算器的核心是算术逻辑运算单元，其主要功能是进行算术运算和逻辑运算。

计算机中的数据表示格式分为两种，即定点格式和浮点格式。一般来说，定点格式所表示的数的范围有限，但运算复杂度小且相应的处理硬件比较简单；而浮点格式所表示的数的范围很大，但运算复杂度大且相应的处理硬件比较复杂。

用定点格式表示的数称为定点数，定点数由符号位和尾数两部分组成。按小数点位置的不同，定点数有定点纯小数和定点纯整数两种表示方法。用浮点格式表示的数称为浮点数，浮点数一般由阶码和尾数两部分组成，其中阶码又包括阶符和阶码值两部分，尾数又包括数符和尾数值两部分。在 IEEE 754 标准中，一个浮点数由符号位 S、阶码 E 和尾数 M 三个域组成。浮点数的表示格式中，阶码的位数决定了浮点数的表示范围，尾数的位数决定了浮点数的表示精度。为了使浮点数的表示具有惟一性，通常采用浮点数规格化形式。

若整个机器字长的全部二进制位均表示数值位，即没有符号位的数称为无符号数。有符号数在机器中采用机器码表示。常见的机器码有原码、反码、补码和移码四种表示方法，其中移码只能表示定点整数。对于真值零，其补码表示是惟一的；对于整数零，其移码表示也是惟一的。

字符信息属于符号数据，是非数值数据，在国际上普遍采用 ASCII 码来表示字符。字符串是指连续的一串字符，通常方式下，它们占用主存中连续的多个字节，每个字节存放一个字符的 ASCII 码。

汉字处理过程包括汉字的输入、输出和汉字在计算机内部的表示。汉字的输入采用输入码的形式来完成。输入码按编码方法的不同可分为三类，即数字编码、拼音编码和字形编码。汉字在机内的表示由汉字内码来实现，一般采用两个字节表示。汉字的输出则是通过采用点阵表示的汉字字模码来完成。汉字的字模码存储在汉字库中，在机器中建立汉字库有软字库和硬字库两种方法。

对于一个简单的运算器，运算方法中算术运算通常采用补码加减法、原码一位乘除法或补码一位乘除法。为了提高运算器的运算速度，采用了先行进位、阵列乘法器、阵列除法器、流水线等并行处理技术。除此之外，运算器还具有逻辑运算和逻辑移位等功能。为了提高浮点运算的速度，一般在 CPU 内部或外部配有浮点运算部件，主要用来完成浮点数的加减乘除运算。浮点数的运算过程比定点数的运算过程要复杂得多。数的机器码表示和运算方法是本章的重点。

总线是指一个或多个信息源传递信息到一个或多个目的地的数据通路，它是多个部件之间传送信息的一组传输线。在单处理机系统中，按总线相对于 CPU 位置的不同，可分为内部总线和外部总线两种。内部总线指 CPU 内部各寄存器之间和算术逻辑部件 ALU 与控制部件之间传送数据所用的总线，它是 CPU 的内部数据通路。

按总线逻辑结构的不同，总线可分为单向传送总线和双向传送总线。按运算器内部数据总线条数的不同，可分为单总线结构的运算器、双总线结构的运算器和三总线结构的运算器等三种结构形式。

数据校验码是一种常用的带有发现某些错误或自动纠错能力的数据编码方法。常用的数据校验码有奇偶校验码、海明校验码和循环冗余码。奇偶校验码只能发现一位错，无纠错能力。海明校验码能发现两位错，并能纠正一位错。循环冗余码则可以发现多位错并纠正多位错。

习 题 2

1. 写出下列各数的原码、反码、补码、移码(用 8 位二进制表示)，其中 MSB 是最高位(符号位)，LSB 是最低位。如果是小数，则小数点在 MSB 之后；如果是整数，则小数点在 LSB 之后。

(1) $-59/64$　(2) $27/128$　(3) $-127/128$

(4) 用小数表示-1　(5) 用整数表示-1　(6) -127

(7) 35　(8) -128

2. 设$[x]_{补}=x_0.x_1x_2x_3x_4$，其中 x_i 取 0 或 1，若要使 $x>-0.5$，则 x_0、x_1、x_2、x_3、x_4 的取值应满足什么条件？

3. 若 32 位定点小数的最高位为符号位，用补码表示，则所能表示的最大正数为______，最小正数为______，最大负数为______，最小负数为______；若 32 位定点整数的最高位为符号位，用原码表示，则所能表示的最大正数为______，最小正数为______，最大负数为______，最小负数为______。

4. 若机器字长为 32 位，在浮点数据表示时阶符占 1 位，阶码值占 7 位，数符占 1 位，尾数值占 23 位，阶码用移码表示，尾数用原码表示，则该浮点数格式所能表示的最大正数为______，最小正数为______，最大负数为______，最小负数为______。

5. 某机浮点数字长为 18 位，格式如图 2.35 所示，已知阶码(含阶符)用补码表示，尾数(含数符)用原码表示。

(1) 将$(-1027)_{10}$表示成规格化浮点数；

(2) 浮点数$(0EF43)_{16}$是否是规格化浮点数？它所表示的真值是多少？

17	16	15　　11	10　　0
数符	阶符	阶码值	尾数值

图 2.35　浮点数的表示格式

6. 有一个字长为 32 位的浮点数，格式如图 2.36 所示，已知数符占 1 位；阶码占 8 位，用移码表示；尾数值占 23 位，用补码表示。

1位	8位	23位
数符	阶码	尾数值

图 2.36　浮点数的表示格式

请写出：

(1) 所能表示的最大正数；

(2) 所能表示的最小负数；

(3) 规格化数所能表示的数的范围。

7. 若浮点数 x 的 IEEE 754 标准的 32 位存储格式为$(8FEFC000)_{16}$，求其浮点数的十进制数值。

8. 将数$(-7.28125)_{10}$转换成 IEEE 754 标准的 32 位浮点数的二进制存储格式。

9. 已知 $x=-0.x_1x_2\cdots x_n$，求证：$[x]_{补}=1.\bar{x}_1\bar{x}_2\cdots\bar{x}_n+0.00\cdots01$。

10. 已知$[x]_{补}=1.x_1x_2x_3x_4x_5x_6$，求证：$[x]_{原}=1.\bar{x}_1\bar{x}_2\bar{x}_3\bar{x}_4\bar{x}_5\bar{x}_6+0.000001$。

11. 已知 x 和 y，用变形补码计算 $x+y$，同时指出运算结果是否发生溢出。

(1) $x=0.11011$，$y=-0.10101$；

(2) $x=-10110$，$y=-00011$。

12. 已知 x 和 y，用变形补码计算 x－y，同时指出运算结果是否发生溢出。

（1）x＝0.10111，y＝0.11011；

（2）x＝11011，y＝－10011。

13. 已知$[x]_{补}$＝1.1011000，$[y]_{补}$＝1.0100110，用变形补码计算 $2[x]_{补}+1/2[y]_{补}$，同时指出结果是否发生溢出。

14. 已知 x 和 y，用原码运算规则计算 x＋y，同时指出运算结果是否发生溢出。

（1）x＝0.1011，y＝－0.1110；

（2）x＝－1101，y＝－1010。

15. 已知 x 和 y，用原码运算规则计算 x－y，同时指出运算结果是否发生溢出。

（1）x＝0.1101，y＝0.0001；

（2）x＝0011，y＝1110。

16. 已知 x 和 y，用移码运算方法计算 x＋y，同时指出运算结果是否发生溢出。

（1）x＝－1001，y＝1101；

（2）x＝1101，y＝1011。

17. 已知 x 和 y，用移码运算方法计算 x－y，同时指出运算结果是否发生溢出。

（1）x＝1011，y＝－0010；

（2）x＝－1101，y＝－1010。

18. 余 3 码编码的十进制加法规则如下：两个一位十进制数的余 3 码相加，如结果无进位，则从和数中减去 3（加上 1101）；如结果有进位，则给和数加上 3（加上 0011）。试设计余 3 码编码的十进制加法器单元电路。

19. 已知 x 和 y，分别用原码一位乘法和补码一位乘法计算 x×y。

（1）x＝0.10111，y＝－0.10011；

（2）x＝－11011，y＝－11111。

20. 已知 x 和 y，分别用带求补器的原码阵列乘法器、带求补器的补码阵列乘法器和直接补码阵列乘法器计算 x×y。

（1）x＝0.10111，y＝－0.10011；

（2）x＝－11011，y＝－11111。

21. 已知 x 和 y，分别用原码加减交替法和补码加减交替法计算 x÷y。

（1）x＝0.10011，y＝－0.11011；

（2）x＝－1000100101，y＝－11101。

22. 已知 x 和 y，用原码阵列除法器计算 x÷y。

（1）x＝0.10011，y＝－0.11011；

（2）x＝－1000100000，y＝－11101。

23. 设机器字长为 8 位（含一位符号位），若 x＝46，y＝－46，分别写出 x、y 的原码、补码和反码表示的机器数在左移一位、左移两位、右移一位和右移两位后的机器数及对应的真值。

24. 某加法器进位链小组信号为 $C_4C_3C_2C_1$，最低位来的进位信号为 C_0，请分别按下述两种方法写出 $C_4C_3C_2C_1$ 的逻辑表达式：

（1）串行进位方式；

（2）并行进位方式。

25. 用 SN74181 和 SN74182 设计如下三种方案的 64 位 ALU：

（1）组间串行进位方式；

（2）两级组间并行进位方式；

（3）三级组间并行进位方式。

26. 设浮点数的表示格式中阶码占 3 位，尾数占 6 位（都不包括符号位）。阶码和尾数均采用含双符号位的补码表示，运算结果的尾数取单字长（含符号位共 7 位），舍入规则用“0 舍 1 入”法，用浮点运算方法计算 x+y、x−y。

（1）$x=2^{-011}\times(0.100101)$，$y=2^{-010}\times(-0.011110)$；

（2）$x=2^{-101}\times(-0.010110)$，$y=2^{-100}\times(0.010110)$。

27. 设浮点数的表示格式中阶码占 3 位，尾数占 6 位（都不包括符号位），阶码采用双符号位的补码表示，尾数用单符号位的补码表示。要求用直接补码阵列乘法完成尾数乘法运算，运算结果的尾数取单字长（含符号位共 7 位），舍入规则用“0 舍 1 入”法，用浮点运算方法计算 x×y。

（1）$x=2^{011}\times(0.110100)$，$y=2^{-100}\times(-0.100100)$；

（2）$x=2^{-011}\times(-0.100111)$，$y=2^{101}\times(-0.101011)$。

28. 设浮点数的表示格式中阶码占 3 位，尾数占 6 位（都不包括符号位），阶码采用双符号位的补码表示，尾数用单符号位的原码表示。要求用原码阵列除法完成尾数除法运算，运算结果的尾数取单字长（含符号位共 7 位），舍入规则用“0 舍 1 入”法，用浮点运算方法计算 x÷y。

（1）$x=2^{-010}\times(0.011010)$，$y=2^{-111}\times(-0.111001)$；

（2）$x=2^{011}\times(-0.101110)$，$y=2^{101}\times(-0.111011)$。

29. 定点补码加减法运算中，产生溢出的条件是什么？溢出判断的方法有哪几种？如果是浮点加减运算，产生溢出的条件又是什么？

30. 设有 4 个数：00001111、11110000、00000000、11111111，请问答：

（1）其码距为多少？最多能纠正或发现多少位错？如果出现数据 00011111，应纠正成什么数？当已经知道出错位时如何纠正？

（2）如果再加上两个数 00110000、11001111（共 6 个数），其码距是多少？能纠正或发现多少位错？

31. 如果采用偶校验，下述两个数据的校验位的值是什么？

（1）0101010；

（2）0011011。

32. 设有 16 个信息位，如果采用海明校验，至少需要设置多少个校验位？应放在哪些位置上？

33. 写出下列 4 位信息码的 CRC 编码，生成多项式为 $G(x)=x^3+x^2+1$。

（1）1000；

（2）1111；

（3）0001；

（4）0000。

34. 当从磁盘中读取数据时，已知生成多项式 $G(x)=x^3+x^2+1$，数据的 CRC 码为 1110110，试通过计算判断读出的数据是否正确。

35. 有一个 7 位代码的全部码字为：

a：0000000	b：0001011	c：0010110	d：0011101
e：0100111	f：0101100	g：0110001	h：0111010
i：1000101	j：1001110	k：1010011	l：1011000
m：1100010	n：1101001	o：1110100	p：1111111

(1) 求这个代码的码距；

(2) 判断这个代码是不是 CRC 码。

第3章　存储系统

存储器是计算机的核心部件之一，其性能直接关系到整个计算机系统性能的高低。本章主要讲述存储器的分类、存储器的层次结构与主存储器的主要技术指标，半导体随机读写存储器与半导体只读存储器的工作原理，主存储器与CPU的连接，双端口RAM、多模块交叉存储器、相联存储器、Cache存储器和虚拟存储器的工作原理。

3.1　存储器概述

3.1.1　存储器的分类

存储器是计算机系统中的记忆设备，用来存放程序和数据。

构成存储器的存储介质，目前主要采用半导体器件和磁性材料。一个双稳态半导体电路或一个CMOS晶体管或磁性材料的存储元，均可以存储一位二进制代码。这个二进制代码位是存储器中最小的存储单位，称为存储位元或存储元。由若干个存储位元组成一个存储单元，一个存储单元可存放一个机器字或一个字节。存放一个机器字的存储单元称为字存储单元，存放一个字节的存储单元称为字节存储单元，对应的存储单元地址分别称为字地址和字节地址。一个存储器由许多存储单元组成。

存储器的分类方法有以下几种：

(1) 按照存储介质分为半导体存储器、磁表面存储器和光盘存储器。用半导体器件组成的存储器称为半导体存储器，如主存储器。用磁性材料做成的存储器称为磁表面存储器，如磁盘存储器和磁带存储器。通过在耐热性很强的有机玻璃基体上的记录薄层来存储信息，并利用光学方式进行信息存取的存储器称为光盘存储器，如CD光盘和DVD光盘。

(2) 按照存取方式分为随机存储器、顺序存储器和半顺序存储器。如果存储器中任何存储单元的内容都能被随机存取，且存取时间与存储单元的物理位置无关，这类存储器称为随机存储器，如半导体存储器就是随机存储器。如果存储器只能按某种顺序来存取，也就是说存取时间与存储单元的物理位置有关，这类存储器称为顺序存储器，如磁带存储器就是顺序存储器。一次存取操作同时具有随机存取和顺序存取两种操作，这类存储器称为半顺序存储器，如磁盘存储器就是半顺序存储器。

(3) 按照存储器的读写功能分为只读存储器和读写存储器。如果当存储器处于工作状态时，其内容只能读出不能写入，这类存储器称为只读存储器，如ROM、CD-ROM、DVD-ROM等。如果当存储器处于工作状态时，其内容既能读出又能写入，这类存储器称为读写存储器，如Cache、RAM、CD-RW、闪速存储器、磁盘、磁带等。半导体存储器按照存储器的读写功能分为半导体只读存储器(Read Only Memory，ROM)和半导体随机读写存储器(Random Access Memory，RAM)。

(4) 按照信息的可保存性分为易失性存储器和非易失性存储器。断电后信息消失的存储器称为易失性存储器，RAM 存储器为易失性存储器。断电后仍能保存信息的存储器称为非易失性存储器，ROM、闪存(Flash 存储器)和磁表面存储器为非易失性存储器。

(5) 按照存储器在计算机中的作用分为主存储器、缓冲存储器、辅助存储器和控制存储器。主存储器速度高，但容量较小，位价格较高。辅助存储器速度慢，容量大，位价格低。缓冲存储器位于两个不同工作速度的部件之间，在交换信息过程中起缓冲作用。控制存储器位于 CPU 控制器中微程序控制器的内部，用来存放所有的微指令。

3.1.2 存储器的层次结构

为实现用户“容量大、速度快、价格低”的要求，仅用单一的一种存储器很难达到这一目标，较为理想的方法就是采用存储层次。所谓存储层次，是指计算机系统的存储器部分由多种不同的存储器构成，由操作系统和硬件技术来完成程序的定位，使之成为一个完整的整体，又称为存储体系。

存储层次设计的主要依据是程序的局部性原理。程序的局部性主要反映在时间局部性和空间局部性两个方面。时间局部性是指程序中近期被访问的信息项很可能马上将被再次访问。空间局部性是指那些在访问地址上相邻近的信息项很可能会被一起访问。

采用高速缓冲存储器(Cache)、主存储器和辅助存储器构成的三级存储层次如图 3.1 所示。在早期没有 Cache 的计算机系统中，只采用主存储器和辅助存储器两级存储层次。

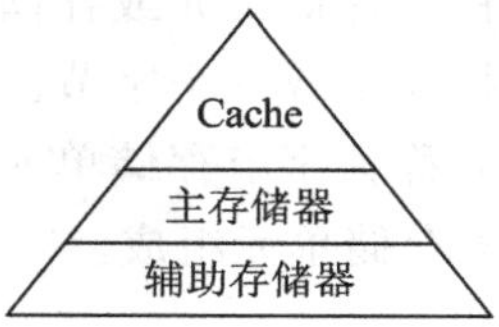

图 3.1 存储器的层次结构

高速缓冲存储器简称 Cache，它是计算机系统中位于主存储器和 CPU 之间的一个高速小容量半导体存储器，用来存放当前正在执行程序的部分程序段或数据，以便向 CPU 快速提供即将要执行的指令或马上要处理的数据。目前 Cache 一般采用双极型半导体存储器，也有采用 CMOS 半导体存储器的。其特点是存取速度快，但存储容量小。Cache 的存取速度可与 CPU 匹配，存取时间在几纳秒到十几纳秒之间，存储容量在几千字节到几兆字节之间。

主存储器简称主存，用来存放计算机运行期间的大量程序和数据，包括操作系统的常驻部分，以及当前正在运行的程序和将要处理的数据，它能和 Cache 交换数据和指令。目前主存主要由 MOS 半导体存储器组成，存取速度比 CPU 慢一个数量级，存取时间一般为几十纳秒到几百纳秒，存储容量在几百兆字节到几吉字节之间。

辅助存储器也称外存储器，简称外存或辅存，它是大容量存储器，目前主要使用磁带存储器、磁盘存储器和光盘存储器。辅存与主存的最大区别在于它不能由 CPU 的指令直接访问，必须通过专门的程序或通道来完成辅存与主存之间的成组信息传送，辅存中的程序和数据只有调入主存后才能被CPU使用。辅存用来存放系统程序、大型数据文件、数据库以及各类电子文档等。其特点是存取速度慢、存储容量大、位成本低。辅存的存取速度比主存至少慢5个数量级，存取时间通常为若干个毫秒，存储容量一般在几十吉字节到几太字节之间。

在一个层次结构的存储系统中，Cache的作用是弥补CPU与主存在速度上的差异。采用Cache后，可以将最频繁访问的指令和数据放在速度快的Cache中，这样就可以提高访存的平均速度。在存储系统中设置辅存的目的是为了扩大CPU访存的空间，通过把辅存空间当作内存空间供程序使用，可建立一个虚拟存储器。这个虚拟存储器既具有辅存的容量，又可以像使用主存一样方便。层次结构的存储系统既解决了主存相对于CPU速度较慢的问题，又解决了主存容量不足的问题，同时也保证了存储系统的总价格在一个合理的水平。

3.1.3 主存储器的主要技术指标

主存储器的主要技术指标包括存储容量、存取时间、存储周期、存储器带宽、可靠性、功耗和集成度、性能价格比等。

存储容量是指一个存储器中可以容纳的存储单元总数。存储容量越大，能存储的信息就越多。存储容量常用字数或字节数(B)来表示，如32 K字、64 KB、128 MB。由于辅助存储器的存储容量一般都很大，通常采用GB、TB、PB、EB等单位。其中，1 KB＝2^{10} B，1 MB＝2^{20} B，1 GB＝2^{30} B，1 TB＝2^{40} B，1 PB＝2^{50} B，1 EB＝2^{60} B。B表示字节，一个字节定义为8个二进制位。计算机中一个字的字长通常是8的整数倍。

存取时间又称存储器访问时间，是指从启动访问存储器的操作到该操作完成所花的时间。它包括读时间和写时间，通常情况下写时间等于读时间，通称为存储器存取时间。

存储周期是指连续启动两次存储器存取操作所需的最小时间间隔，又称为存取周期、访问周期、读写周期。通常，存储周期略大于存取时间，其时间单位为ns。

存储器带宽是指单位时间内存储器所存取的信息量，通常以位/秒(b/s)或字节/秒(B/s)作为度量单位。带宽是衡量数据传输速率的重要技术指标。

可靠性是指存储器无故障运行的可靠程度，即存储器无故障运行的工作时间。

功耗反映了存储器件的耗电量，集成度标识了存储芯片的存储容量。一般希望功耗小、集成度高，但两者又是相互矛盾的，因此在制作存储芯片和设计存储器时应综合考虑这两个技术指标。

性能价格比是一个综合性指标。性能主要包括存储容量、存取时间、存储周期、存储器带宽和可靠性等，价格主要包括存储芯片价格和外围电路及成本。通常要求性能价格比要高。

其中，存取时间、存储周期、存储器带宽这三个概念是反映主存速度的指标。

3.2 半导体随机读写存储器

半导体随机读写存储器(RAM)按存储元件在运行中能否长时间保存信息可分为静态读写存储器(SRAM)和动态读写存储器(DRAM)。SRAM利用双稳态触发器来保存信息，只要不断电，信息是不会丢失的；DRAM 利用电容存储电荷的特性来保存信息，使用时需定期给电容充电才能保持信息。SRAM 的存取速度快，但集成度低、功耗大；DRAM 集成度高、功耗小，但存取速度相对要慢一些，它主要用于大容量存储器。

3.2.1 SRAM

1. 基本存储元

基本存储元是组成存储器的基础和核心，它用来存储一位二进制信息 0 或 1。

图 3.2 是由六个 MOS 管组成的 SRAM 存储元的电路图。它是由 V_1～V_4 组成两个反相器交叉耦合而成的触发器。一个存储元存储一位二进制信息，如果一个存储单元为 n 位，则需要 n 个存储元才能组成一个存储单元。

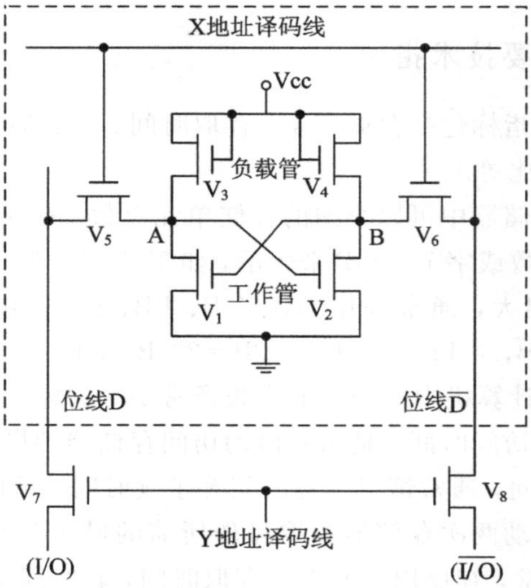

图 3.2 六管 SRAM 存储元

图 3.2 中，V_1、V_2 是工作管，V_3、V_4 是负载管。若 V_1 截止，A 点为高电位，使 V_2 管导通，此时 B 点处于低电位，而 B 点的低电位又使 V_1 更加截止，因此，这是一个稳定状态。反之，如果 V_1 导通，则 A 点处于低电位，使 V_2 管截止，这时 B 点处于高电位，而 B 点处于高电位又使 V_1 管更导通，因此，这也是一个稳定状态。显然，这种电路有两个稳定状态，并且 A、B 两点的电位总是互为相反的。如果假定 A 点高电位代表“1”，A 点低电位代表“0”，那么，这个触发器电路就能表示一位二进制的 1 或 0。

V_5、V_6、V_7、V_8 是读、写操作的控制门。读操作时，X 地址译码线(字选择线)和 Y 地址译码线(位选择线)为高电平，该存储元被选中，存储元中的 V_5、V_6、V_7、V_8 管均导通，存储元中的信息就会经位线 D 和 $\overline{D}$ 流出。在 I/O 与$\overline{I/O}$线连接一个差动式读出放大器，从其电流方向，可以判断所存信息是“1”还是“0”。

写操作时，如果要写入“1”，则在 I/O 线上输入高电位，而在$\overline{I/O}$线上输入低电位，并通过开启 V_5、V_6、V_7、V_8 四个 MOS 管，把高、低电位分别加在 A、B 两点，从而使 V_1 管截止，V_2 管导通。当输入信号及地址选择信号消失以后，V_5、V_6、V_7、V_8 管都会截止，触发器就会保持状态不变，从而将"1"写入存储元。写"0"的方法与写"1"的方法类似，在 I/O 线上输入低电位，而在 $\overline{I/O}$ 线上输入高电位，开启 V_5、V_6、V_7、V_8 四个 MOS 管，把低、高电位分别加在 A、B 两点，从而使 V_1 管导通，V_2 管截止，于是"0"信息被写入了存储元。

2. SRAM 存储器的逻辑结构

一个 SRAM 存储器由存储体、读写电路、地址译码电路和控制电路组成。图 3.3 表示存储容量为 1K×8 位的 SRAM 逻辑结构图。

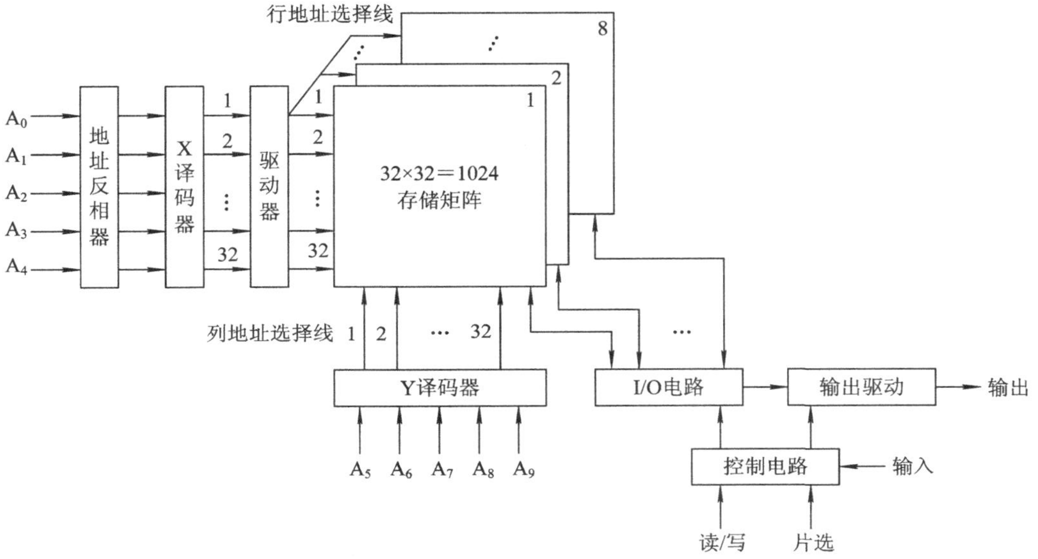

图 3.3　SRAM 存储器的逻辑结构图

存储体是存储单元的集合。在较大容量的存储器中，往往把每个字的同一位组织在一个集成片中。图 3.3 中所示 SRAM 的字长为 8 位。

地址译码有两种方式：一种是单译码方式，适用于小容量存储器；另一种是双译码方式，适用于大容量存储器。目前的 SRAM 芯片都采用双译码方式。这种译码方式将地址译码器分成 X 向(行译码)和 Y 向(列译码)两个译码器。如图 3.3 中 SRAM 有 10 条地址线，X 向和 Y 向各有 5 条地址线，经过译码后各产生 32 个输出状态，那么两个译码器再进行交叉译码后，就可译出 1024(2^{10})个输出状态。采用双译码结构，可以减少选择线的数目。

由于在双译码结构中，一条 X 方向选择线要控制挂在其上的所有存储元电路，故其所带的电容负载很大。为此，需要在译码器输出后加驱动器，由驱动器驱动挂在各条 X 方向选择线上的所有存储元电路。

I/O 电路处于数据总线和被选用的单元之间，用以控制被选中的单元读出或写入，并具有放大信息的作用。

只有当片选信号 $\overline{CS}$ 有效时，才能选中某一片，此片所连的地址线才有效，然后再根据读/写信号 $\overline{WE}$ 来决定对该片上的存储元进行读操作或写操作。

为了扩展存储器的容量，通常需要将若干个芯片的数据线并联使用。另外，存储器的读出数据和写入数据都需放在双向的数据总线上，这些工作都需要输出驱动电路来完成。

3. SRAM 的读/写周期

图 3.4 是 SRAM 读/写周期波形图，该图精确地反映了 SRAM 工作的时间关系。

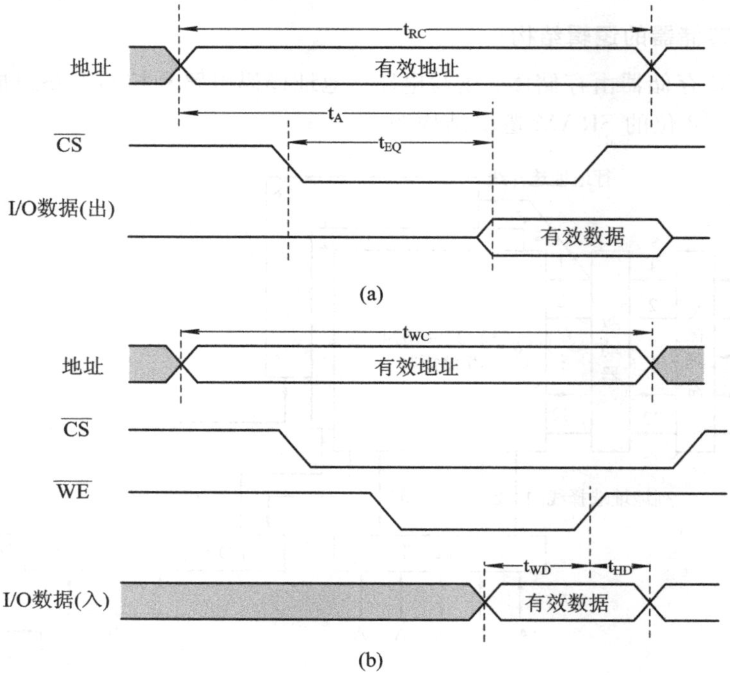

图 3.4　SRAM 读/写周期波形图

(a) 读周期($\overline{WE}$高)；(b) 写周期($\overline{WE}$低)

在读周期中，地址线先有效，以便进行地址译码，选中存储单元。为了读出数据，片选信号$\overline{CS}$必须由高电平变为低电平，即变为有效信号。从地址有效开始经过 t_A 时间(即读出时间)，数据总线 I/O 上便出现了有效的读出数据，然后$\overline{CS}$信号恢复高电平。经过 t_{RC}时间后才允许地址信号发生改变，t_{RC}时间称为读周期时间。

读周期时间与读出时间是两个不同的概念，读周期时间 t_{RC}表示对存储芯片进行连续两次读操作时所必须间隔的时间，它总是大于或等于读出时间。

在写周期中，同样也是地址线先有效，接着片选信号$\overline{CS}$有效，写命令$\overline{WE}$有效(低电平有效)，此时数据总线 I/O 上必须放置写入数据，在 t_{WD}时间将数据写入存储器，之后撤消$\overline{WE}$和$\overline{CS}$信号。为了可靠写入，I/O 线的写入数据要维持 t_{HD}时间，$\overline{CS}$的维持时间也比读周期长。t_{WC}时间称为写周期时间。为了控制方便，一般取 $t_{RC}=t_{WC}$，通常称为存取周期。

［**例 3.1**］　图 3.5(a)是 SRAM 的写入时序图。其中 $R/\overline{W}$ 是读/写命令控制线。当 $R/\overline{W}$ 线为低电平时，存储器按给定地址把数据线上的数据写入存储器。请指出图 3.5(a)写入时序中的错误，并画出正确的写入时序图。

解：写入存储器的时序信号必须同步。通常，当 $R/\overline{W}$ 信号为低电平时，地址线和数据线的电平必须是稳定的。当 $R/\overline{W}$ 信号达到低电平时，数据立即被存储。因此，当 $R/\overline{W}$ 信号处于低电平时，如果数据线改变了数值，那么存储器将存储新的数据⑤。同样，当 $R/\overline{W}$ 处于低电平时地址线发生了变化，那么同样数据将存储到新的地址②或③。正确的写入时序如图 3.5(b)所示。

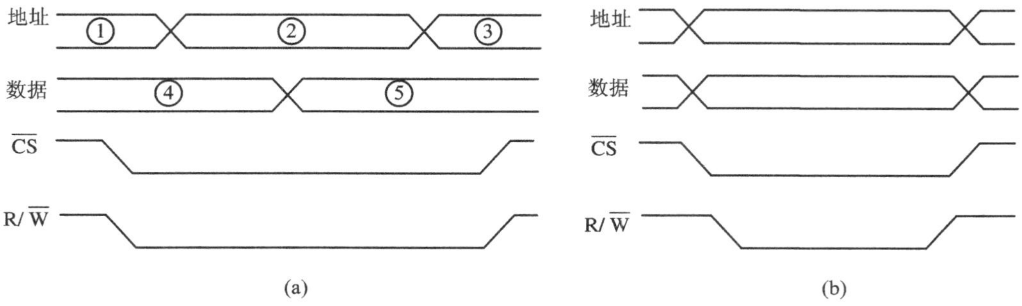

图 3.5 SRAM 的写入时序图
(a) 错误时序；(b) 正确时序

3.2.2 DRAM

1. 单管动态存储元

为了缩小存储器的体积，提高集成度，人们设计出了单管动态存储元。单管动态存储元电路如图 3.6 所示，它由一个 MOS 管 V_1 和一个电容 C 构成。

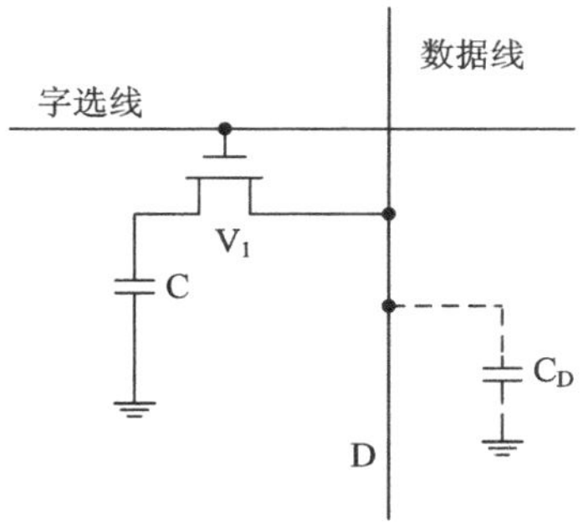

图 3.6 单管 DRAM 存储元

写入"1"时，输入数据"1"送到存储元数据线(位线)，字选择线为高电平，V_1 导通，于是数据线的高电平给电容器充电，表示存储了 1。写入"0"时，输入数据"0"送到存储元数据线(位线)上，字选择线为高电平，V_1 导通，于是电容上的电荷通过 MOS 管和位线放电，表示存储了 0。

读出数据时，当字选择线为高电平时，V_1 导通。若电容 C 上原先充有电荷，则电容 C 放电，此时若在数据线上连接一个读出放大器，电容 C 上所存储的 1 就送到位线上。若电容 C 上没有电荷，则数据线无电位变化，读出放大器无输出，表示电容 C 上存储的是 0。

由于存储元将信息以电荷的形式存储在电容上，电路中不可避免地存在漏电流，这样存储的信息只能保持较短的时间，通常是若干毫秒。为了使信息存储更长的时间，必须由外界按一定的规律不断地给存储元中的电容器进行充电，补足所需的信息电荷，这就是所谓的"再生"或"刷新"。

经过读操作后，电容 C 原来的电荷都会被泄漏，所以 DRAM 的读操作是一种破坏性读出，必须在读出数据之后紧跟一个重写，给电容 C 充电以恢复原来的信息。依照这种思路，当 DRAM 中某个区域长期没有被读写，担心其中信息被丢失的时候，只要对其进行一次以刷新为目的的读操作，电容 C 上的电荷就会得到补充，也就实现了刷新。

单管存储元电路的元件数量少，集成度高，速度快，芯片占用面积小，但其读出信号的电平差别很小，要求有高灵敏度的读出放大器配合工作才可区别“1”和“0”。

2. DRAM 存储器的逻辑结构

图 3.7 是 Intel 2164A DRAM 芯片的内部结构图。Intel 2164A 芯片的存储容量为 64 K×1 位，采用单管动态基本存储电路，每个单元只有一位数据。2164A 芯片的存储体本应构成一个 256×256 的存储矩阵，为提高工作速度(需减少行/列线上的分布电容)，将存储矩阵分为 4 个 128×128 矩阵，每个 128×128 矩阵配有 128 个读出放大器，各有一套 I/O 控制(读/写控制)电路。每个 128×128 的存储矩阵，由 7 位行地址和 7 位列地址进行选择。7 位行地址经过译码产生 128 条选择线，分别选择 128 行中的一行；7 位列地址经过译码产生 128 条选择线，分别选择 128 列中的一列。7 位行地址 RA_0～RA_6(即地址总线的 A_0～A_6)和7 位列地址 CA_0～CA_6(即地址总线的 A_8～A_{14})可同时选中 4 个存储矩阵中各一个存储单元，然后由 RA_7 与 CA_7(即地址总线中的 A_7 和 A_{15})经 1/4 I/O 门电路选中 1 个单元进行读/写。

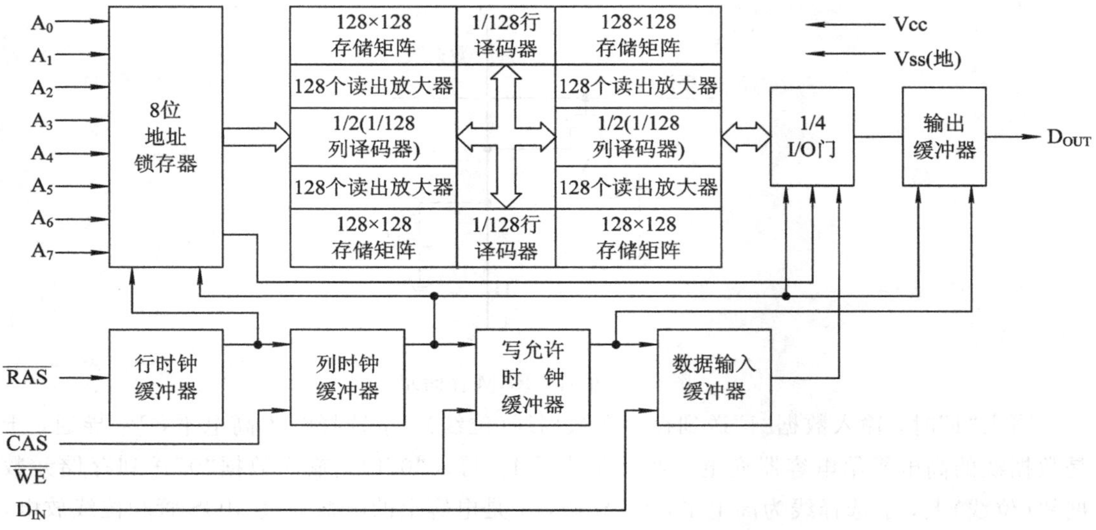

图 3.7 Intel 2164A 内部结构示意图

Intel 2164A 内部有 4×128 个读出放大器，在进行刷新操作时，芯片只接收从地址总线上发来的行地址(其中 RA_7 不起作用)，由 RA_0～RA_6 共 7 根行地址线在 4 个存储矩阵中各选中一行，共 4×128 个单元，分别将其中所保存的信息输出到 4×128 个读出放大器中，经放大后，再写回到原单元，即可实现 512 个单元的刷新操作。这样，经过 128 个刷新周期就可完成整个存储体的刷新。

图 3.7 中的地址锁存器包括一个 8 位行地址锁存器和一个 8 位列地址锁存器。64K×1 位容量本需 16 位地址，但芯片引脚只有 8 根地址线，A_0～A_7 需分时复用。在行地址选通

信号$\overline{RAS}$控制下先将 8 位行地址送入行地址锁存器，锁存器提供 8 位行地址 $RA_7 \sim RA_0$，译码后产生两组行选择线，每组 128 根。然后在列地址选通信号$\overline{CAS}$控制下将 8 位列地址送入列地址锁存器，锁存器提供 8 位列地址 $CA_7 \sim CA_0$，译码后产生两组列选择线，每组 128 根。

3. DRAM 的读/写周期

图 3.8(a)示出了 DRAM 的读周期波形图。当地址线上行地址有效后，用行选通信号$\overline{RAS}$(低电平有效)将其打入行地址锁存器；接着地址线上传送列地址，并用列选通信号$\overline{CAS}$(低电平有效)将其打入列地址锁存器。此时经行、列地址译码，读/写命令 $R/\overline{W}=1$(高电平有效)，数据线上便有输出数据。

图 3.8(b)为 DRAM 的写周期波形。此时读/写命令 $R/\overline{W}=0$(低电平有效)，在此期间，数据线上必须送入欲写入的数据 D_{IN}(1 或 0)。

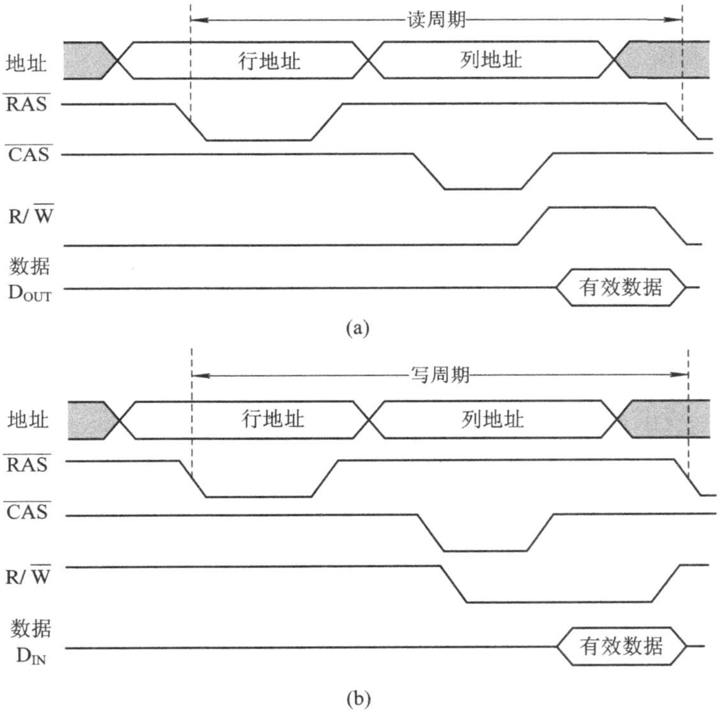

图 3.8　DRAM 的读/写周期

(a) 读周期；(b) 写周期

从图上看到，读周期、写周期的定义是从行选通信号$\overline{RAS}$下边沿开始，到下一个$\overline{RAS}$信号的下边沿为止的时间，也就是连续两个周期的时间间隔。通常为控制方便，读周期和写周期时间相等。

4. DRAM 芯片的刷新过程

由前面内容知道，DRAM 存储元是将信息以电荷的形式存储在电容上的，电容上的电荷量会随着时间的推移而减少，因此必须定期地刷新，以保持它们原来记忆的正确信息。

通常每次刷新会对一行中所有存储元的信息电荷进行补充。从上一次对整个存储器刷新结束到下一次对整个存储器全部刷新一遍为止，这一段时间间隔称为刷新周期。一般标准是每隔 2 ms 到 16ms 必须刷新一次，而某些器件的刷新周期可以大于 100 ms。

刷新操作有集中式刷新和分散式刷新两种方式。

在集中式刷新中，DRAM 的所有行在每一个刷新周期中都被集中刷新。以刷新周期为 8 ms 的 DRAM 芯片为例，所有行的集中式刷新必须每隔 8 ms 进行一次。为此将 8 ms 时间分为两部分：前一段时间进行正常的读/写操作，后一段时间用作集中式刷新操作时间。在集中式刷新操作时间内，不能进行读/写操作，数据线输出被封锁，故这段时间也称为死时间。等所有行刷新结束后，又开始正常的读/写操作。在 DRAM 中，通常取刷新一行所需时间与读/写周期时间相同。集中式刷新方式通常适用于高速存储器。

在分散式刷新中，每一行的刷新操作插入到正常的读/写周期之中。例如图 3.7 所示的 DRAM 有 128 行，如果刷新周期为 8 ms，则每一行必须间隔 8 ms÷128＝62.5 μs 进行一次刷新。

标准的刷新操作通常有两种：

(1) 只用$\overline{RAS}$信号的刷新：在这种刷新操作中，基本上只用$\overline{RAS}$信号来控制刷新，$\overline{CAS}$信号不动作。这种方法消耗的电流小，但是需要外部刷新地址计数器。

(2) $\overline{CAS}$在$\overline{RAS}$之前的刷新：在这种刷新操作中利用$\overline{CAS}$信号比$\overline{RAS}$信号提前动作来实现刷新。这是因为在 DRAM 芯片内部具有刷新地址计数器，每一个刷新周期地址计数器自动加 1，产生一个需要刷新的行地址。

5. 新型 DRAM 存储器

(1) SDRAM(Synchronous DRAM)。SDRAM 称为同步型动态存储器。SDRAM 的操作要求与系统时钟相同步，这种同步的操作，使得 SDRAM 的结构与其他非同步型 DRAM 不同。SDRAM 与系统时钟同步，采用流水线处理方式，当指定一个特定地址后，SDRAM 就可读/写多个数据，即实现猝发式传送。以读为例，具体步骤是：第一步，指定地址；第二步，把数据读出送到输出电路；第三步，输出数据到 CPU。这三步操作是分别独立进行的，且与 CPU 同步。这就是 SDRAM 高速的关键所在。而在非同步 DRAM 中，CPU 必须从头到尾执行完这三步，然后才能开始下一地址的读/写操作，因此速度慢。

(2) DDR(Double Data Rate) SDRAM。DDR SDRAM 是双数据传输速率的 SDRAM，一般称之为 DDR。与 SDRAM 不同的是，DDR SDRAM 时钟的上边沿和下边沿都能读出数据(读出时预取 2 位)，当存储器芯片内部工作频率为 100 MHz(DDR200)时，由它组成的内存条的数据传输率可达 1.6 GB/s。从 DDR200 开始，经过 DDR266、DDR333，发展到今天的双通道 DDR400 技术，已走到了技术的极限。

DDR 能沿用 SDRAM 的工艺生产线。DDR 内存条的尺寸与 SDRAM 相同，但引脚数不同，SDRAM 为 168 针，DDR 为 184 针。DDR 的电源电压为 2.5 V。

(3) DDR2 与 DDR3。DDR2 与 DDR 内存技术最大的区别在于：虽然都采用了在时钟的上边沿/下边沿进行数据传送的基本方式，但 DDR2 却拥有 4 位数据预取能力。DDR2 内存每个时钟能以 4 倍外部总线的速度读/写数据。DDR2 的电压为 1.8 V，降低了能耗，延长了笔记本电脑电池的寿命。当芯片内部频率为 100 MHz 时，等效的传输速率为 400 MHz (DDR2-400)，数据传输率为 3.2 GB/s。由 DDR2 组成的内存条的引脚为 240 针。DDR3

将预取的能力提升到8位，其芯片内部的工作频率只有外部频率的1/8，即DDR3－800的内部工作频率只有100 MHz。工作电压为1.5 V，可以用于游戏机的显卡中。

(4) CDRAM(Cache DRAM)。CDRAM称为带Cache的动态存储器，它通过在DRAM芯片内集成了一个小容量的SRAM来实现高速缓存，从而使DRAM芯片的性能得到显著改进。

采用CDRAM结构除了可以改进存储器的性能外，还有另外两个优点：一是在SRAM读出期间可以同时对DRAM进行刷新；二是芯片内的数据输出路径与数据输入路径是分开的，允许在写操作完成的同时来启动同一行的读操作。

3.3　半导体只读存储器

3.3.1　半导体只读存储器的分类

前面介绍的DRAM和SRAM均属于可任意读/写的随机存储器，当掉电时，所存储的内容立即消失，所以是易失性存储器。下面介绍的半导体只读存储器，即使掉电，所存储的内容也不会丢失。顾名思义，只读的意思是在它工作时只能读出，不能写入。所以其中存储的原始数据，必须在它工作以前写入。

只读存储器由于工作可靠，保密性强，在计算机系统中得到了广泛的应用。根据半导体制造工艺的不同，只读存储器可分为MROM、PROM、EPROM和EEPROM。

1. MROM(Mask ROM，掩膜式ROM)

MROM由芯片制造商在制造时写入内容，以后只能读而不能再写入。其基本存储原理是以元件的“有/无”来表示该存储元的信息(1或0)，可以用二极管或晶体管作为元件，显而易见，其存储内容是不会改变的。

2. PROM(Programmable ROM，可编程ROM)

PROM可由用户根据自己的需要来确定ROM中的内容，常见的熔丝式PROM是以熔丝的接通和断开来表示所存信息为1或0的。刚出厂的产品，其熔丝是全部接通的，使用前，用户根据需要断开某些单元的熔丝(即写入过程，一般使用外加高电压熔断)。断开后的熔丝不能再接通，因此，PROM是一次性写入的存储器，掉电后不会影响其所存储的内容。

3. EPROM(Erasable PROM，紫外线擦除可编程ROM)

紫外线擦除可编程ROM的英文全称为Ultraviolet Erasable Programmable ROM，即UV EPROM，通常为了简便，简写为EPROM。它的存储内容可以根据需要写入，当需要更新内容时，可以使用紫外线照射的方法擦除原来写入的数据，再写入新的内容。

4. EEPROM(Electrically Erasable PROM，电擦除可编程ROM)

EEPROM也可写成E^2PROM，它的编程原理与EPROM相同，但可用电擦除，重复改写的次数有限制(因氧化层被磨损)，一般为10万次。对其的读/写操作可按每个位或每个字节进行，类似于SRAM，但每字节的写入周期要几毫秒，比SRAM长得多。EEPROM

每个存储单元采用两个晶体管。其栅极氧化层比 EPROM 薄，因此具有电擦除功能。

在表 3.1 中列出了几种主要的存储器及其主要的应用。

表 3.1 几种存储器的主要应用

存储器	应 用
SRAM	Cache
DRAM	计算机主存储器
MROM	固定程序、微程序控制存储器
PROM	用户自编程序，用于工业控制机或电器中
EPROM	用户编写并可修改程序或产品试制阶段试编程序
EEPROM	IC 卡上存储信息

3.3.2 EPROM 存储器芯片实例

1. EPROM 存储元

图 3.9(a)是存储一位信息的 P 沟道 EPROM 结构示意图。在 N 型硅衬底上制造了两个 P^+ 区，分别引出源极 S 与漏极 D。在 S 与 D 之间，有一个用多晶硅做成的栅极，它被包围在 SiO_2 绝缘层中，称之为浮空多晶硅栅。在芯片制成后，写入信息之前，浮空多晶硅栅上没有任何电荷，两个 P+区之间没有导电沟道，因此在+5 V 工作电压下 D 与 S 之间不能导通。

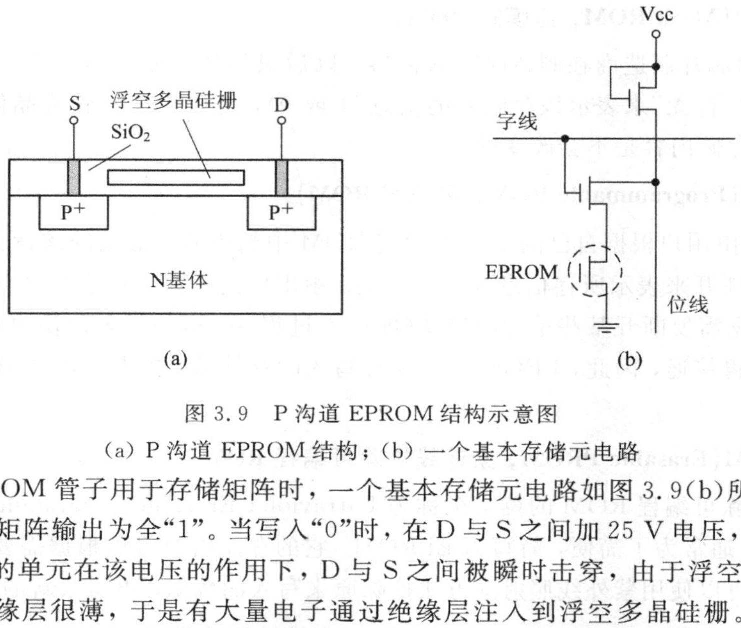

图 3.9 P 沟道 EPROM 结构示意图

(a) P 沟道 EPROM 结构；(b) 一个基本存储元电路

当把 EPROM 管子用于存储矩阵时，一个基本存储元电路如图 3.9(b)所示，这种电路所组成的存储矩阵输出为全“1”。当写入“0”时，在 D 与 S 之间加 25 V 电压，另外加上编程脉冲，所选中的单元在该电压的作用下，D 与 S 之间被瞬时击穿，由于浮空多晶硅栅与硅基片之间的绝缘层很薄，于是有大量电子通过绝缘层注入到浮空多晶硅栅。当 25 V 电压撤除后，绝缘层恢复到绝缘状态，浮空多晶硅栅上电子的能量不足以使电子穿越绝缘层。如果不外加能量，浮空多晶硅栅上的电子可以长期保留。由于浮空多晶硅栅上带负电荷，于是在硅基片的对应一边将形成带正电荷的导电沟道。如果在 D 与 S 之间加 5 V 工作电压，MOS 管将呈导通状态，输出为“0”。

EPROM 芯片封装上方有一个石英玻璃窗口，这是 EPROM 芯片的外特征。当用紫外线照射这个窗口时(典型方式是用 12 mW/cm^2 功率的紫外线灯，照射 10～20 分钟)，浮空多晶硅栅上的电子获得能量，将能穿过绝缘层泄放掉。浮空多晶硅栅失去电荷后，导电沟道消失，芯片被擦除为全“1”。显然，写入过程可选择字、位逐个地写入“0”，而紫外线擦除则是将整个芯片擦除为全“1”。当击穿写“0”、照射擦除的过程反复进行一定次数后，绝缘层将被永久性地击穿，芯片损坏。因此应当尽量减少重写次数。此外，在阳光或荧光灯照射下时间过长(一周以上)，EPROM 中的信息也会被丢失。所以，要注意 EPROM 芯片的使用环境，工作时需用保护膜遮盖窗口，当需要擦除时再打开。

2. EPROM 实例

常见的 EPROM 芯片有 2716(2 K×8)、2732(4 K×8)、2764(8 K×8)、27128(16 K×8)等几种。图 3.10 示出了 2716 的引脚图和内部结构图。2716 是一个 16K 位的 EPROM 芯片，要求单一的＋5V 电源。其中 Vpp 在片子脱机编程时加＋25 V 电源，片子正常工作时使用＋5 V 电源。PD/PGM 输入端是功率下降/编程输入端，$\overline{CS}$是片选端，A_0～A_{10}为地址输入端。D_0～D_7 为数据输出端。该片的工作模式选择示于表 3.2。

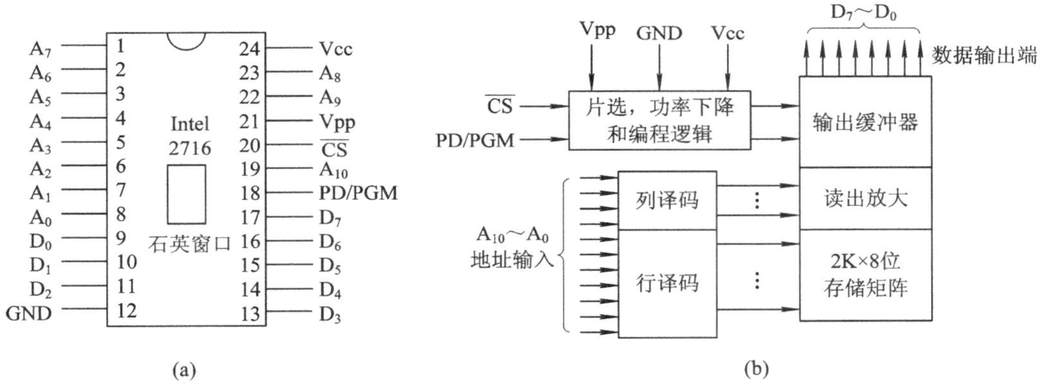

图 3.10　2716 型 EPROM 引脚及内部结构图

(a) 引脚图；(b) 内部结构图

表 3.2　2716 的工作模式选择

操作	PD/PGM	$\overline{CS}$	Vpp	Vcc	数据输出
读	低	低	＋5 V	＋5 V	输出
未选中	无关	高	＋5 V	＋5 V	高阻
功率下降	高	无关	＋5 V	＋5 V	高阻
编程	由低到高脉冲	高	＋25 V	＋5 V	输入

由于 2716 的容量为 2 K×8 位，故用 11 条地址线，7 条用于行译码，4 条用于列译码。8 位输出均有缓冲器。

为了减少功耗，EPROM 还可以工作在功耗下降(备用)方式。此时功耗可由 525 mW 下降至 132 mW，降低 75%，对机器工作十分有利。这可以通过在 PD/PGM 输入端输入一个高电平信号来实现，此时 EPROM 输出端工作在高阻状态。在正常工作情况下，$\overline{CS}$端与 PD/PGM 端是连在一起的。因此，没有选中的芯片就工作在功耗下降方式，以降低功耗。

3.4 半导体存储器的容量扩展

CPU 对主存储器进行读/写操作时，是先通过地址总线给出访存地址，然后再通过控制总线发出读/写操作控制信号，最后对该地址的内容进行读/写操作，并通过数据总线传送信息。因此，主存储器与 CPU 在连接时，要完成地址线、数据线和控制线的连接。

一个存储器芯片的容量是有限的，它在字数或字长方面与实际存储器的要求都有很大差距，所以需要对字向和位向进行扩充才能满足需要。常用的扩充方法有位扩展法、字扩展法和字位扩展法。

3.4.1 位扩展

位扩展法是指用多个存储器芯片对字长进行扩充。该方法是将多个存储器芯片的地址线和控制线公用，数据线分别引出。

实际存储器所需芯片数的计算公式为

$$\text{所需芯片数} = \frac{\text{实际存储器容量}}{\text{已知芯片存储容量}} \tag{3.1}$$

［例 3.2］ 使用 16 K×4 位的 SRAM 芯片，设计一个存储容量为 16 K×8 位的存储器。

解： 所需芯片数为

$$\text{所需芯片数} = \frac{16\ \text{K} \times 8}{16\ \text{K} \times 4} = 2 \quad (\text{片})$$

设计的存储器字长为 8 位，每个芯片字长为 4 位，每个芯片有 14 条地址线，4 条数据线。其中，地址线和控制线公用，数据线分高 4 位和低 4 位，且数据线是双向的。具体连接如图 3.11 所示。

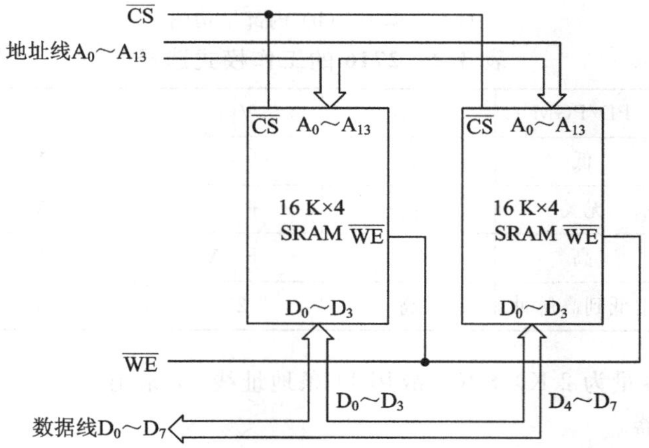

图 3.11 位扩展连接方式

3.4.2 字扩展

字扩展法是指增加存储器中字的数量。存储器进行字扩展时，将各芯片的地址线、数据线和读/写控制线公用，而由片选信号$\overline{CS}$来区分各芯片的地址范围。通常要借助负逻辑的译码器将高位地址或高位地址的一部分经译码后实现芯片选择。

[例 3.3] 使用 16 K×8 位的 SRAM 芯片，设计一个存储容量为 64 K×8 位的存储器。

解： 所需芯片数为

$$所需芯片数 = \frac{64\ K \times 8}{16\ K \times 8} = 4 \quad (片)$$

数据线 $D_0 \sim D_7$ 与各芯片的数据端相连，地址总线低位地址 $A_0 \sim A_{13}$ 与各芯片的 14 位地址端相连，而两位高位地址 A_{14}、A_{15} 经过 2∶4 译码器 74LS139 译码后分别与芯片的 4 个片选端相连。具体连接如图 3.12 所示。

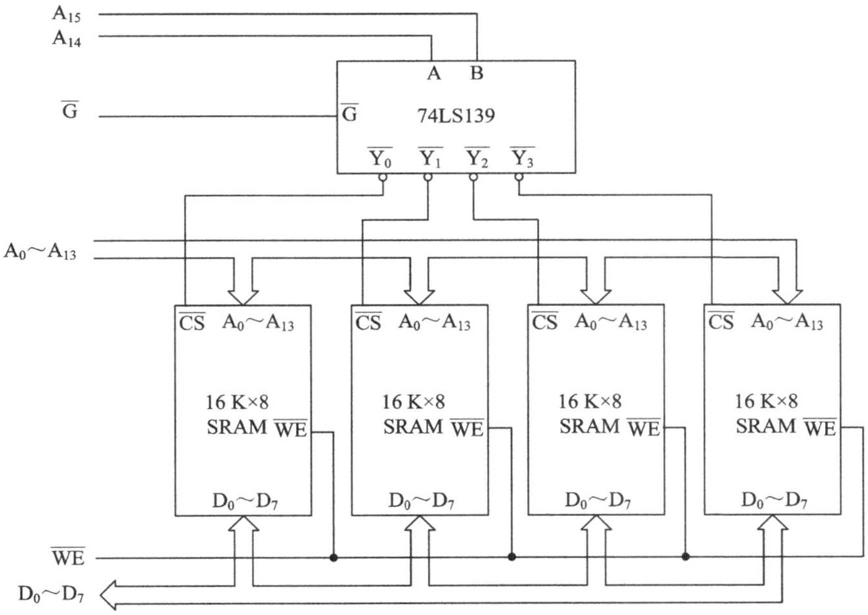

图 3.12　字扩展连接方式

动态存储器一般不设置$\overline{CS}$端，但可用$\overline{RAS}$端来扩展字数，从图 3.7 的 64 K×1 位存储器的结构图可知，行地址锁存是由$\overline{RAS}$的下边沿激发出的行时钟来实现的，列地址锁存是由行地址有效及$\overline{CAS}$下边沿共同激发的列时钟来实现的。当$\overline{RAS}=1$时，存储器既不会产生行时钟，也不会产生列时钟，因此地址码 $A_0 \sim A_{13}$ 是不会进入存储器的，电路不工作。只有当$\overline{RAS}$由“1”变“0”时，才会激发出行时钟，存储器才会工作。

3.4.3 字位扩展

实际存储器往往需要字向和位向同时扩充。一个存储器的容量为 M×N 位，若使用 L

×K 位存储器芯片，那么，这个存储器共需要$\frac{M}{L}\times\frac{N}{K}$个存储器芯片。

［**例 3.4**］ CPU 的地址总线为 16 根($A_{15}\sim A_0$，A_0 为低位)，双向数据总线为 8 根($D_7\sim D_0$)，控制总线中与主存有关的信号有$\overline{MREQ}$(允许访存，低电平有效)、$R/\overline{W}$(高电平为读命令，低电平为写命令)。使用 4 K×4 位的 SRAM 芯片，设计一个存储容量为 16 K×8 位的主存储器，画出主存储器与 CPU 的连接图。

解：所需芯片数为

$$所需芯片数=\frac{16\ K\times 8}{4\ K\times 4}=4\times 2=8\ (片)$$

设计主存储器时先将 8 片 SRAM 芯片分成四组(每组两片)，每组中的两片 SRAM 芯片进行位扩展，然后再将四个芯片组进行字扩展。

4 K×4 位的 SRAM 芯片本身共有 12 个地址端($A_0\sim A_{11}$)、4 位数据端($D_0\sim D_3$)、1 个片选端$\overline{CS}$和一个读/写控制信号端$\overline{WE}$。CPU 提供 16 位地址，其中低 12 位($A_0\sim A_{11}$)并行连接到各芯片的地址端，高位地址的一部分(A_{12}、A_{13})连接到译码器的输入端，经译码后产生四个片选信号，分别控制四组芯片。为保证主存地址的惟一性，需将 CPU 发出的高位地址中未使用部分与$\overline{MREQ}$相“或”后作为译码器的使能控制信号，译码器的输出分别作为四组 4 K×8 位的 SRAM 芯片的片选信号。这样，只有在需要访问主存并且 CPU 发出的地址在主存地址空间范围内时主存储器才能工作。主存储器与 CPU 的连接如图 3.13 所示。

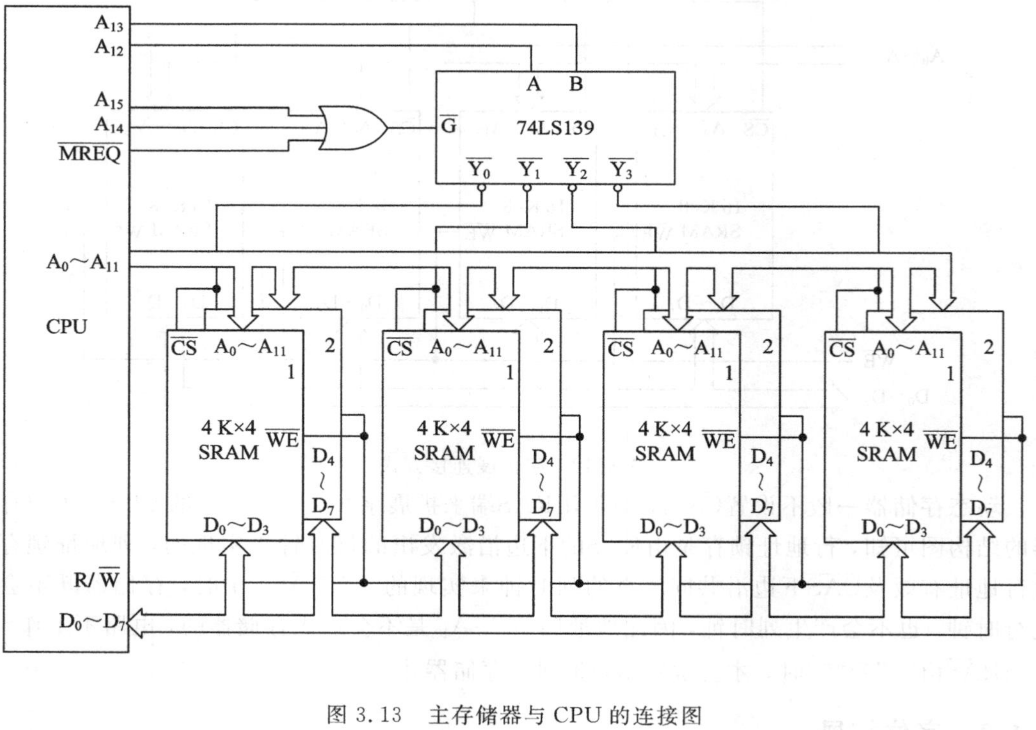

图 3.13　主存储器与 CPU 的连接图

在例 3.4 中，我们并没有考虑各芯片组的具体地址范围，只是保证了主存储器设计的正确性以及主存地址的惟一性。读者可以自己分析一下在图 3.13 中各芯片组的具体地址范围。若各芯片组的地址范围有明确的限制，则各译码器的输入端和各组芯片的片选信号的连接就必须根据具体的地址范围要求来设计。下面我们以例 3.5 来说明这类问题的设计方法。

[例 3.5]　CPU 的地址总线为 16 根(A_{15}～A_0，A_0 为低位)，双向数据总线为 8 根(D_7～D_0)，控制总线中与主存有关的信号有$\overline{MREQ}$(允许访存，低电平有效)、$R/\overline{W}$(高电平为读命令，低电平为写命令)。主存地址空间分配如下：0～8191 为系统程序区，由只读存储芯片组成；8192～32 767 为用户程序区；最后(最大地址)2 K 地址空间为系统程序工作区。上述地址为十进制，按字节编址。现有如下存储器芯片：

EPROM：8 K×8 位(控制端仅有$\overline{CS}$)；

SRAM：16 K×1 位，2 K×8 位，4 K×8 位，8 K×8 位。

(1) 请从上述芯片中选择适当的芯片及个数设计该计算机的主存储器；

(2) 若选片逻辑采用门电路和 3∶8 译码器 74LS138 实现，请写出地址译码方案；

(3) 画出主存储器与 CPU 的连接图。

解：(1) 主存地址空间分布如图 3.14 所示。

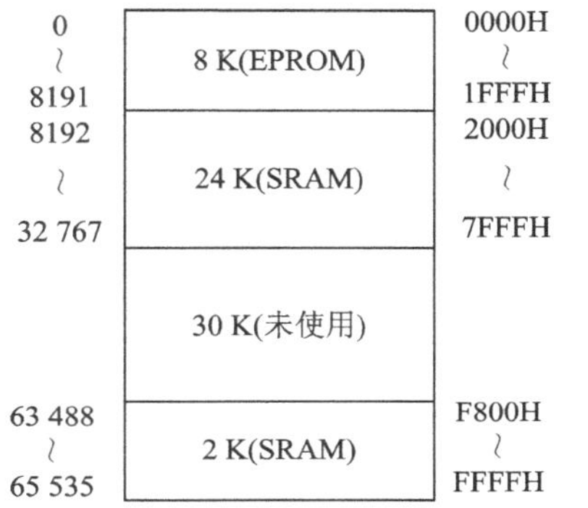

图 3.14　主存地址空间分布图

根据给定条件，选用：

EPROM：8 K×8 位芯片 1 片；

SRAM：8 K×8 位芯片 3 片，2 K×8 位芯片 1 片。

(2) 下面分析每个芯片的地址与主存地址空间分布的特点：

0000H　0000 0000 0000 0000
～　　　　～　　　　　　　　8 K×8 位 EPROM 芯片 1 片
1FFFH　0001 1111 1111 1111

2000H　0010 0000 0000 0000
～　　　　～　　　　　　　　8 K×8 位 SRAM 芯片 3 片
7FFFH　0111 1111 1111 1111

F800H　1111 1000 0000 0000
～　　　　～　　　　　　　　2 K×8 位 SRAM 芯片 1 片
FFFFH　1111 1111 1111 1111

其中有下划线的二进制地址位表示可直接连接在芯片地址引脚上的地址线和它的地址编码范围，未加下划线的二进制地址位是芯片选择的特征信息。由芯片选择的特征信息可分析出地址译码方案如下：

将 CPU 发出地址的高 3 位 A_{15}、A_{14}、A_{13} 经 74LS138 译码后实现片选，具体连接如下：

将$\overline{Y_0}$作为 8 K×8 位 EPROM 的$\overline{CS}$；

将$\overline{Y_1}$、$\overline{Y_2}$、$\overline{Y_3}$分别作为 3 组 8 K×8 位 SRAM 的$\overline{CS}$；

将$\overline{\overline{Y_7}\cdot A_{12}\cdot A_{11}}$作为 2 K×8 位 SRAM 的$\overline{CS}$；

CPU 发出的允许访存信号$\overline{MREQ}$与译码器 74LS138 的其中一个使能端$\overline{G_{2A}}$相连，

74LS138 的其他使能端均置为有效状态。

(3) 画出主存储器与 CPU 的连接图，具体如图 3.15 所示。

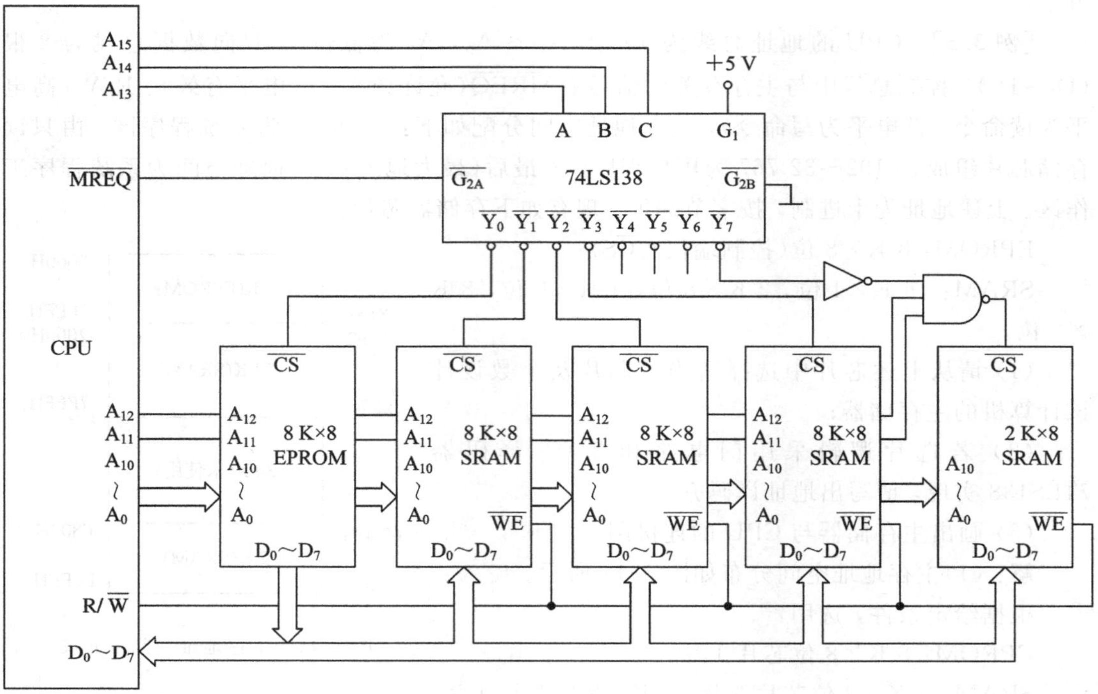

图 3.15 主存储器与 CPU 的连接图

3.5 高速存储器

由于 CPU 和主存储器之间在速度上是不匹配的，这种情况成为限制高速计算机设计的主要问题。本节讲授的双端口 RAM、多模块交叉存储器和相联存储器，均属于高速存储器，都可以提高 CPU 和主存之间的数据传输率。

3.5.1 双端口 RAM

1. 双端口 RAM 的逻辑结构

双端口 RAM 由于同一存储器具有两组相互独立的读/写控制电路而得名。由于进行并行的独立操作，因而双端口 RAM 是一种高速工作的存储器，在科研和工程中很有用。

双端口 RAM IDT7133 的逻辑框图如图 3.16 所示。这是一个 2 K×16 位的 SRAM，它提供了两个相互独立的端口，即左端口和右端口。它们分别具有各自的地址线($A_0 \sim A_{10}$)、数据线($I/O_0 \sim I/O_{15}$)和控制线($R/\overline{W}$、$\overline{CE}$、$\overline{OE}$、$\overline{BUSY}$)，因而可以对存储器中任何位置上的数据进行独立的存取操作。图中，字母符号下标中 L 表示左端口，R 表示右端口，LB 表示低位字节，UB 表示高位字节。

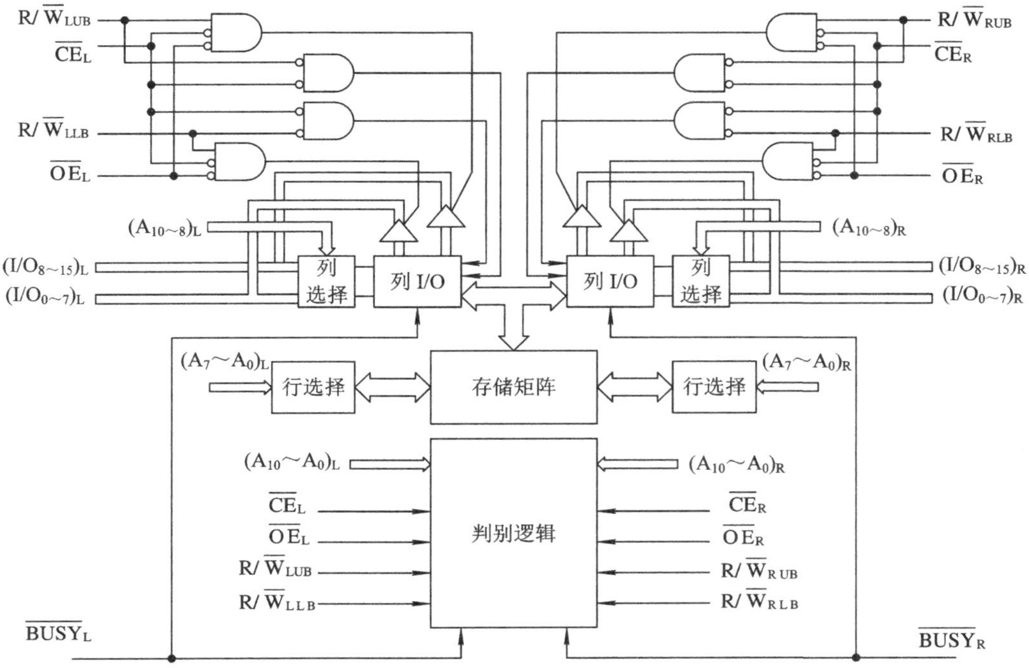

图 3.16　双端口 RAM IDT7133 逻辑框图

2. 无冲突读/写控制

当两个端口的地址不相同时，在两个端口上进行读/写操作，一定不会发生冲突。当任一端口被选中驱动时，就可对整个存储器进行存取，每一个端口都有自己的片选控制($\overline{CE}$)和输出驱动控制($\overline{OE}$)。读操作时，端口的$\overline{OE}$(低电平有效)打开输出驱动器，由存储矩阵读出的数据就出现在 I/O 线上。表 3.3 列出了无冲突的读/写条件，表中符号“1”代表高电平，“0”代表低电平，“×”代表任意。

表 3.3　无冲突读/写控制

左端口或右端口						功　能
R/$\overline{W}_{LB}$	R/$\overline{W}_{UB}$	$\overline{CE}$	$\overline{OE}$	$I/O_{0\sim7}$	$I/O_{8\sim15}$	
×	×	1	1	高阻态	高阻态	端口不用
0	0	0	×	数据入	数据入	低位和高位字节数据写入存储器
0	1	0	0	数据入	数据出	低位字节数据写入存储器，存储器中数据输出至高位字节
1	0	0	0	数据出	数据入	存储器中数据输出至低位字节，高位字节数据写入存储器
0	1	0	1	数据入	高阻态	低位字节数据写入存储器
1	0	0	1	高阻态	数据入	高位字节数据写入存储器
1	1	0	0	数据出	数据出	存储器中数据输出至低位字节和高位字节
1	1	0	1	高阻态	高阻态	高阻抗输出

3. 有冲突读/写控制

当两个端口同时存取存储器同一存储单元时，便发生读/写冲突。为解决此问题，特设置了$\overline{BUSY}$标志。在这种情况下，片上的判断逻辑可以决定对哪个端口优先进行读/写操作，而对另一个被延迟的端口置$\overline{BUSY}$标志($\overline{BUSY}$变为低电平)，即暂时关闭此端口。换句话说，读/写操作对$\overline{BUSY}$变为低电平的端口是不起作用的。一旦优先端口完成读/写操作，才将被延迟端口的$\overline{BUSY}$标志复位($\overline{BUSY}$变为高电平)，开放此端口，允许延迟端口进行存取。

总之，当两个端口均为开放状态($\overline{BUSY}$为高电平)且存取地址相同时，将发生读/写冲突。此时判断方式有以下两种：

(1) 如果地址匹配且在$\overline{CE}$之前有效，片上的控制逻辑在$\overline{CE_L}$和$\overline{CE_R}$之间进行判断来选择端口($\overline{CE}$判断)，片选信号先变为有效的端口先访问存储器。

(2) 如果$\overline{CE}$在地址匹配之前变低，片上的控制逻辑在左、右地址间进行判断来选择端口(地址有效判断)，先发出有效地址的端口先访问存储器。

无论采用哪种判断方式，延迟端口的$\overline{BUSY}$标志都将置位而关闭此端口，而当允许存取的端口完成操作时，延迟端口的$\overline{BUSY}$标志才进行复位而打开此端口。

3.5.2 多模块交叉存储器

1. 存储器的编址方式

一个由若干个模块组成的主存储器是线性编址的，存储器模块的组织方式有两种：一种是顺序方式，一种是交叉方式。

在常规主存储器设计中，访问地址采用顺序方式，如图 3.17(a)所示。设存储器容量为 16 字，分成 $M_0 \sim M_3$ 四个模块，每个模块存储 4 个字。访问地址按顺序分配给一个模块后，接着又按顺序为下一个模块分配访问地址。存储器的 16 个字可由 4 位地址寄存器指示，其中高 2 位选择 4 个模块中的一个，低 2 位选择每个模块中的 4 个字。

在顺序方式中对某个模块进行存取时，其他模块不工作。而某一模块出现故障时，其他模块可以照常工作，而且通过增加模块来扩充存储器容量也比较方便。但顺序方式的缺点是各模块一个接一个串行工作，因此存储器的带宽受到了限制。

图 3.17(b)表示存储器采用交叉方式寻址的示意图。存储器容量也是 16 个字，分成 4 个模块，每个模块 4 个字，但地址的分配方法与顺序方式不同，如图 3.17(b)所示。当存储器寻址时，用地址寄存器的低 2 位选择 4 个模块中的一个，而用高 2 位选择模块中的 4 个字。

从图 3.17(b)可以看出，用地址码的低位字段经过译码选择不同的模块，而高位字段指向相应模块内的存储字。这样，连续地址分布在相邻的不同模块内，而同一个模块内的地址都是不连续的。因此，对于连续字的成块传送，交叉方式的存储器可以实现多模块流水式并行存取，大大提高了存储器的带宽。由于 CPU 的速度比主存快，假如能同时从主存取出 n 条指令，则必然会提高机器的运行速度。多模块交叉存储器就是基于这种思想提出来的。

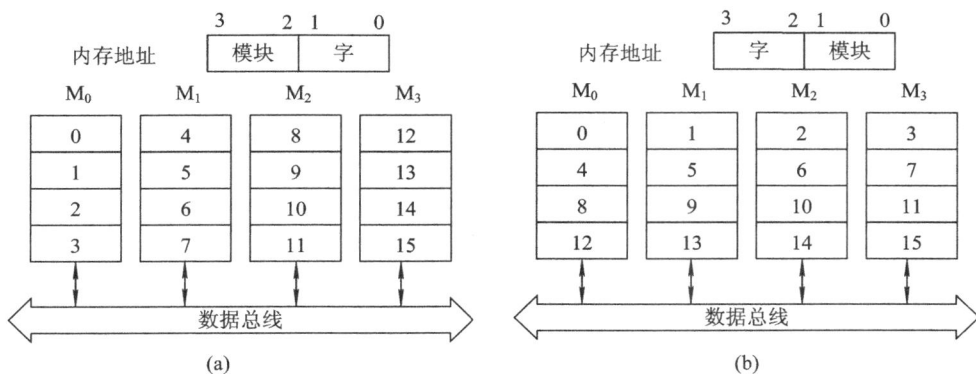

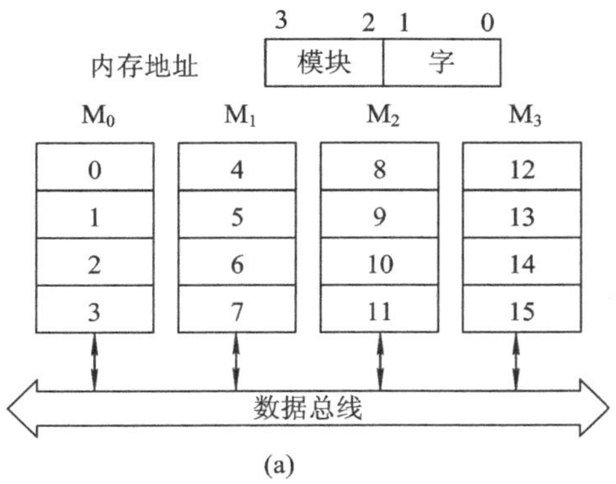

图 3.17　存储器模块的两种组织方式

(a) 顺序方式；(b) 交叉方式

2. 多模块交叉存储器的基本结构

图 3.18 表示四模块交叉存储器结构框图。主存被分成 4 个相对独立、容量相同的模块 $M_0 \sim M_3$，每个模块都有自己的读/写控制电路、地址寄存器和数据寄存器，各自以相同的方式与 CPU 传送信息。在理想情况下，如果程序段或数据段都是按地址顺序连续地在主存中存取，那么将大大提高主存的访存速度。

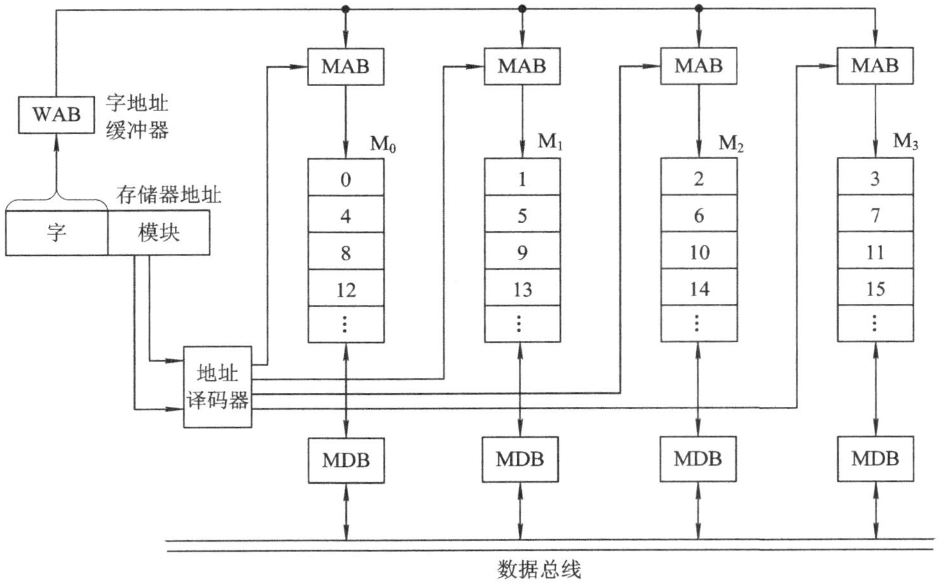

图 3.18　四模块交叉存储器结构框图

CPU 同时访问四个模块，由存储器控制部件控制它们分时使用数据总线进行信息传递。这样，对每一个存储模块来说，从 CPU 给出访存命令直到读出信息仍然使用了一个存取周期时间，而对 CPU 来说，它可以在一个存取周期内连续访问四个模块。各模块的读/写过程将重叠进行，所以多模块交叉存储器是一种并行存储器结构。

假设模块字长等于数据总线等宽(W位)。若模块存取一个字的存储周期是T，总线传送周期为τ，并使用m个模块来交叉存取，且$T=m\tau$，则成块存取可按τ间隔流水进行，即每经τ时间延迟后即启动下一模块。

T/τ称为交叉存取度。交叉存储器要求其模块数m必须大于或等于T/τ，以保证启动某模块后经$m\tau$时间再次启动该模块时，它的上次存取操作已经完成。这样，按地址顺序连续读n个字所需时间为$T+(n-1)\tau$，而顺序方式却要nT时间，显然交叉方式加快了成块存取速度。四模块交叉存储器的流水存取示意图如图3.19所示。

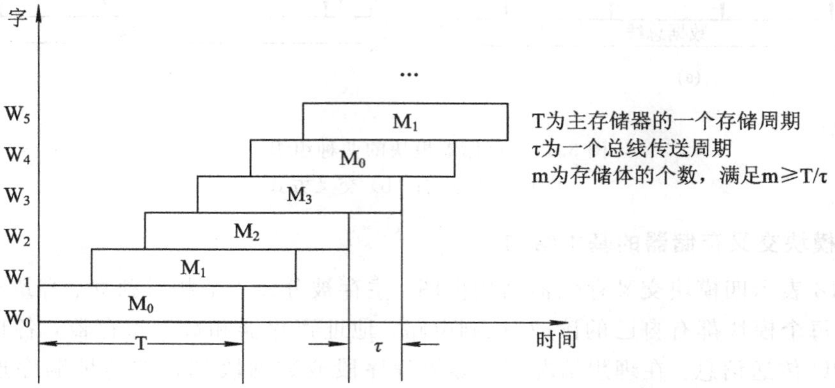

图3.19 四模块交叉存储器的流水存取示意图

[例3.6] 设主存储器容量为256字，字长为32位，模块数m=4，分别用顺序方式和交叉方式进行组织。主存储器的存储周期T=200 ns，数据总线宽度为32位，总线传送周期$\tau=50$ ns。若按地址顺序连续读取4个字，问顺序存储器和交叉存储器的带宽各是多少。

解： 顺序存储器和交叉存储器按地址顺序连续读出4个字的信息总量都是

$$q=32\ \text{b}\times4=128\ \text{b}$$

顺序存储器和交叉存储器按地址顺序连续读出4个字所需的时间分别是

$$t_{顺}=nT=4\times200\ \text{ns}=800\ \text{ns}$$

$$t_{交}=T+(n-1)\tau=200\ \text{ns}+3\times50\ \text{ns}=350\ \text{ns}$$

顺序存储器和交叉存储器的带宽分别是

$$W_{顺}=\frac{q}{t_{顺}}=128\ \text{b}\div800\ \text{ns}=160\ \text{Mb/s}$$

$$W_{交}=\frac{q}{t_{交}}=128\ \text{b}\div350\ \text{ns}\approx366\ \text{Mb/s}$$

3.5.3 相联存储器

1. 相联存储器的基本原理

前面介绍的存储器都是按地址访问的存储器，而相联存储器是按内容访问的存储器，即按所存数据字的全部内容或部分内容进行查找(或检索)。

例如某高校学生入学考试总成绩已存入相联存储器，如图3.20所示。现在要求查出“总分”在560分(含560分)以上的考生名单。首先，将559分作为关键字段内容置于检索寄存器中，屏蔽寄存器只在“总分”字段上设置成11…1(表示需要比较部分)，而在其他字段设置成00…0(表示不必比较部分)。经过检索，符合寄存器中为1的位所对应的考生，其成绩必在560分以上。

0	0	0	0	0	559	检索寄存器
0…0	0…0	0…0	0…0	0…0	11…1	屏蔽寄存器

准考证号	姓名	性别	年龄	志愿	总分	符合寄存器
1	赵××	男	17	××系	582	1
2	钱××	男	18	××系	611	1
3	孙××	女	18	××系	584	1
4	李××	男	18	××系	530	0
5	周××	女	17	××系	604	1
6	吴××	女	18	××系	580	1
7	陈××	男	18	××系	572	1
8	王××	男	18	××系	578	1
⋮	⋮	⋮	⋮	⋮	⋮	⋮
N	丁××	男	19	××系	520	0

图3.20　相联存储器检索过程

由此可知，相联存储器的基本原理是把存储单元所存内容的某一部分作为检索项，去检索该存储器，并将存储器中与该检索项符合的存储单元内容进行读出或写入。

2. 相联存储器的组成

相联存储器主要由存储体、检索寄存器、屏蔽寄存器、符合寄存器、比较线路、代码寄存器、译码选择电路等组成，其组成框图如图3.21所示。

(1) 检索寄存器：用来存放检索字。检索寄存器的位数和相联存储器的字长相等，每次检索时，取检索寄存器中若干位为检索项。

(2) 屏蔽寄存器：用来存放屏蔽码。屏蔽寄存器的位数和检索寄存器的位数相等。每次检索时，检索寄存器中作为检索项的部分相对于屏蔽寄存器中的对应位被设置为1，其余位被设置为0。比较时，屏蔽码使相应位不参与比较，即不论相应位是“1”还是“0”都不会影响比较结果。例如，假设检索寄存器的长度为n位，则屏蔽寄存器的长度也是n位，某次检索时，取检索寄存器中前16位为检索项，那么屏蔽寄存器的前16位被置为1，而屏蔽寄存器的第17～n位均置为0，这样经过比较电路时就会将检索寄存器中第17～n位屏蔽掉，只有前16位参加对存储体中所有存储单元的检索比较。

(3) 符合寄存器：用来存放按检索项内容检索存储体中与之符合的单元地址。符合寄存器的位数等于相联存储器的存储单元数，每一位对应一个存储单元，位的序数即为相联

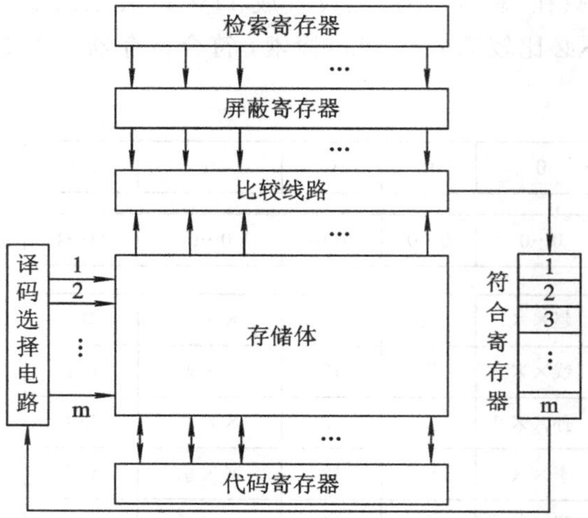

图 3.21 相联存储器的组成框图

存储器的单元地址。例如，设相联存储器有 W 个字，那么符合寄存器的字长即为 W 位，如果比较结果是第 i 个字满足要求，则符合寄存器中第 i 位为 1，其余位均为 0。同时，如果有 m 个字满足要求，则相应地就有 m 位为 1。

(4) 比较线路：用来把检索项和从存储体中读出的所有单元内容的相应位进行比较，如果有某个存储单元和检索项符合，就把符合寄存器的相应位置 1，表示该字已被检索。

(5) 代码寄存器：用来存放存储体中读出的代码，或者存放向存储体中写入的代码。

(6) 存储体：用高速半导体存储器构成，以求快速存取。

相联存储器的最大优点是可对存储器中所有存储单元的一位或部分位同时进行比较。利用这一优点，使用相联存储器可以进行诸如大于、小于、等于、是否处于给定的上下界范围、求最大值、求最小值等各种类型的逻辑检索。由于相联存储器存储位元、存储器结构都比较复杂，并且造价比较高，功耗也比较大，因此存储容量不能做得太大。相联存储器主要用于快速检索的场合，如 Cache－主存存储层次的地址映像表和虚拟存储器中使用的快表等。

3.6 Cache 存储器

3.6.1 Cache 的功能、基本原理与性能参数

1. Cache 的功能

为了弥补 CPU 和主存在速度上的巨大差距，现代计算机都在 CPU 和主存之间设置一个高速度、小容量(一般为几十千字节到几百千字节)的缓冲存储器 Cache。Cache 对于提高整个计算机系统的性能有着重要的意义，几乎是一个不可缺少的部件。

如图 3.22 所示，Cache 是介于 CPU 和主存 M 之间的小容量存储器，但其存取速度比主存快。Cache 能高速地向 CPU 提供指令和数据，从而加快了程序的执行速度。从功能上看，它是主存的缓冲存储器，由高速的 SRAM 组成。为追求高速，包括管理在内的全部功

能都由硬件实现，因而对系统程序员和应用程序员均是透明的。

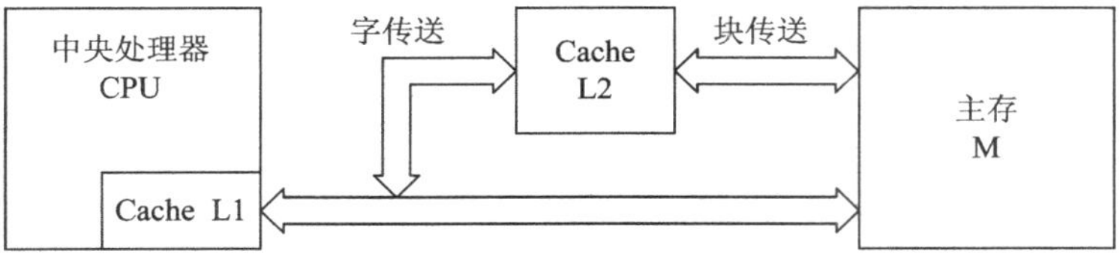

图 3.22　CPU 与存储系统的关系

2. Cache 的基本原理

为了便于进行地址的映像和变换，也便于替换和管理，在高速缓冲存储器中把 Cache 和主存等分成相同大小的若干块(或行)，每一块由若干个字组成，且字是定长的。

CPU 与 Cache 之间的数据交换以字为单位，而 Cache 与主存之间的数据交换以块为单位。Cache 的基本结构如图 3.23 所示。每当给出一个主存地址进行访存时，都必须通过主存一Cache 地址映像变换机构判定该访问字所在的块是否已在 Cache 中。如果在 Cache 中(Cache 命中)，则经地址映像变换机构将主存地址变换成 Cache 地址去访问 Cache，这时 Cache 与处理机之间进行单字宽信息的交换；如果不在 Cache 中(Cache 不命中)，则产生 Cache 块失效，这时就需要从访问主存的通路中把包含该字的一块信息通过多字宽通路调入 Cache，同时将被访问字直接从单字宽通路送往处理机。如果 Cache 中已装不进了，即发生块冲突，就需要按所选择的替换算法将该块替换进 Cache，并修改地址映像表中有关的地址映像关系以及 Cache 各块使用的状态标志等信息。

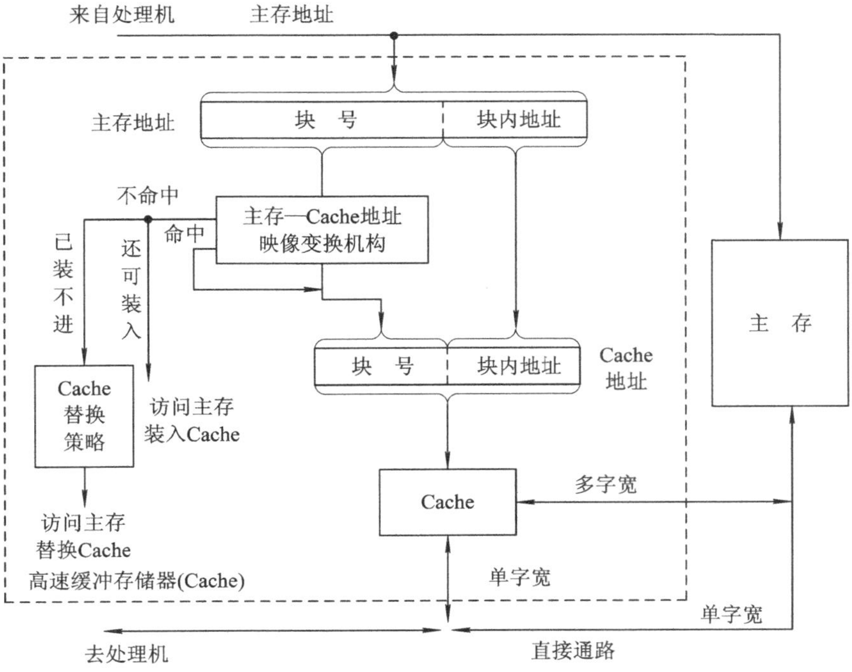

图 3.23　Cache 存储器的基本结构

由于人们对Cache—主存存储系统的速度要求很高，因此在构成、实现以及一致性等问题上，Cache有它自己的特点。

(1) 由于访问Cache实际上包括两部分，即查表进行地址变换和真正访问Cache，因此Cache存储器在设计时让前一地址的访问Cache与后一地址的查表变换在时间上采用重叠流水方式，以提高CPU访问Cache的速度。

(2) Cache存储器在设计时一般采用两级Cache，一级在CPU内部，另一级在CPU外部。

(3) 为了加速调块，一般让每块的容量等于在一个主存周期内主存所能访问到的字数，因此在有Cache存储器的主存系统中都采用多模块交叉存储器。

(4) Cache访存的优先级高于通道和CPU访存的优先级。在采用Cache的存储系统中，访存的优先级依次为Cache、通道、写数、读数、取指。

3. Cache的性能参数

1) Cache的命中率h

从CPU来看，增加一个Cache的目的，就是在性能上使主存的平均读出时间尽可能接近Cache的读出时间。为了达到这个目的，在所有的存储器访问中由Cache满足CPU需要的部分应占很高的比例，即Cache的命中率应接近于1。由于程序访问的局部性原理，实现这个目的是可能的。

命中率为CPU访问存储系统时，在Cache中找到所需指令或数据的概率。在一个程序执行期间，设N_c表示信息在Cache中访问到的次数，N_m表示信息在主存中访问到的次数，h定义为命中率，则

$$h = \frac{N_c}{N_c + N_m} \tag{3.2}$$

2) 等效访问时间t_a

若t_c表示命中时Cache的访问时间，t_m表示未命中时主存的访问时间，则Cache—主存系统的等效访问时间(又称平均访问时间)t_a为

$$t_a = ht_c + (1 - h)t_m \tag{3.3}$$

我们总希望t_a越接近于t_c越好，也就是说存储层次的访问效率$e=t_c/t_a$越接近于1越好。设$r=t_m/t_c$表示主存慢于Cache的倍率，则

$$e = \frac{t_c}{t_a} = \frac{t_c}{ht_c + (1 - h)t_m} = \frac{1}{h + (1 - h)r} \tag{3.4}$$

由式(3.4)看出，为提高访问效率，命中率h越接近1越好，主存和Cache的访问时间也不能相差太大。

［**例3.7**］ CPU执行一段程序时，访问Cache的存取次数为1900次，访问主存的存取次数为100次，已知Cache存取周期为50 ns，主存存取周期为250 ns，求Cache—主存层次的平均访问时间和效率。

解： $h=\frac{N_c}{N_c+N_m}=\frac{1900}{1900+100}=0.95$

$t_a=ht_c+(1-h)t_m=0.95\times 50\ \text{ns}+(1-0.95)\times 250\ \text{ns}=60\ \text{ns}$

$e=\frac{t_c}{t_a}=\frac{50\ \text{ns}}{60\ \text{ns}}\approx 0.833$

3.6.2　多层次 Cache 存储器

当前随着半导体器件集成度的进一步提高，Cache 已放入到 CPU 中，其工作速度接近于 CPU 的速度，从而能组成两级以上的 Cache 系统。

1. 指令 Cache 和数据 Cache

计算机开始实现 Cache 时，是将指令和数据存放在同一个 Cache(一级 Cache)中的。后来随着计算机技术的发展和处理速度的加快，存取数据的操作经常会与取指令的操作发生冲突，从而延迟了指令的读取。于是将指令 Cache 和数据 Cache 分开而成为两个相互独立的 Cache。

在 Cache 总容量不变的情况下，单一 Cache 可以有较高的利用率。因为在执行不同程序时，Cache 中指令和数据所占的比例是不同的，在单一 Cache 中，指令和数据的空间可以自动调剂，而分开的指令 Cache 和数据 Cache 则不具有这一优点。但在新型计算机结构中，为了照顾速度，一般还是采用将指令 Cache 和数据 Cache 分开的结构，称为哈佛结构。

如图 3.24 所示，设指令 Cache 和数据 Cache 的访问时间均为 t_c，主存的访问时间为 t_m，指令 Cache 的命中率为 h_i，数据 Cache 的命中率为 h_d，CPU 访存取指的比例为 f_i，则存储体系的等效访问时间为

$$t_a = f_i(h_i t_c + (1-h_i)t_m) + (1-f_i)(h_d t_c + (1-h_d)t_m) \tag{3.5}$$

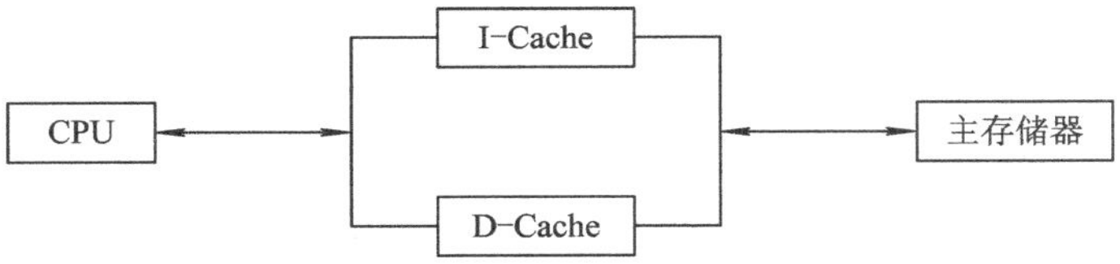

图 3.24　Cache 分为指令体和数据体的两级存储体系

[例 3.8]　某机是由高速缓存与主存组成的两级存储系统，高速缓存存取周期 $t_c=50$ ns，主存存取周期 $t_m=400$ ns。访问 Cache 的命中率为 0.96。

(1) 系统等效的存取周期 t_a 为多少？

(2) 如果将高速缓存分为指令体与数据体，使等效存取周期减小了 10%。在所有的访问操作中有 20%是访问指令体，而访问指令体的命中率仍为 0.96(假设不考虑写操作一致性的问题)，问数据体的访问命中率应是多少。

解：(1) 系统等效的存取周期为

$$\begin{aligned} t_a &= ht_c + (1-h)t_m \\ &= 0.96\times 50 + (1-0.96)\times 400 \\ &= 64 \text{ ns} \end{aligned}$$

(2) 设改进后的 D-Cache 的命中率为 h_d，按公式

$$t_a = f_i(h_i t_c + (1-h_i)t_m) + (1-f_i)(h_d t_c + (1-h_d)t_m)$$

可得

$$\begin{aligned} 64\times(1-10\%) = &\ 0.2(0.96\times 50 + (1-0.96)\times 400) \\ &+ (1-0.2)(h_d\times 50 + (1-h_d)\times 400) \end{aligned}$$

即

$$280h_d = 275.2$$

则

$$h_d \approx 0.983$$

2. 多层次 Cache 结构

当芯片集成度提高后，可以将更多的电路集成在一个微处理器芯片中，于是近年来设计的快速微处理芯片都将 Cache 集成在片内，片内 Cache 的读取速度要比片外 Cache 快得多。

片内 Cache 的容量受芯片集成度的限制，一般在几十千字节以内，因此命中率比大容量 Cache 低。于是推出了两级 Cache 方案，其中第一级 Cache L1 在处理器芯片内部；第二级 Cache L2 在片外，采用 SRAM 存储器，两级 Cache 之间一般都有专用总线相连，如图 3.22 所示。在 Pentium 4 微处理器芯片的内部集成了两级 Cache，第一级 Cache 包括可以保持 12 K 个微操作的跟踪 Cache 和 8 KB 的数据 Cache，第二级 Cache 的容量可达 1 MB。微处理器芯片的外部还有三级 Cache，其容量可达 2 MB。

3.6.3 Cache 的地址映像与变换

一般来说，主存容量远大于 Cache 的容量。因此，当要把一个块从主存调入 Cache 时，就有如何放置的问题，即地址的映像和变换问题。常用的地址映像方式有全相联映像、直接映像和组相联映像。下面我们就具体来学习这几种映像方式。

1. 全相联映像与变换

全相联映像是指主存中的任一块可以被放置到 Cache 中的任意一个块位置的方法。如图 3.25 所示，主存的第 0 块可以放入 Cache 中的任意一个块位置。

图 3.25 所示为全相联映像规则。我们将主存和 Cache 划分成容量大小相等的块，在把一个块从主存调入 Cache 时，只要 Cache 中存在空的块位置，主存中的块就可以被调入到 Cache 中任何空的块位置上去。

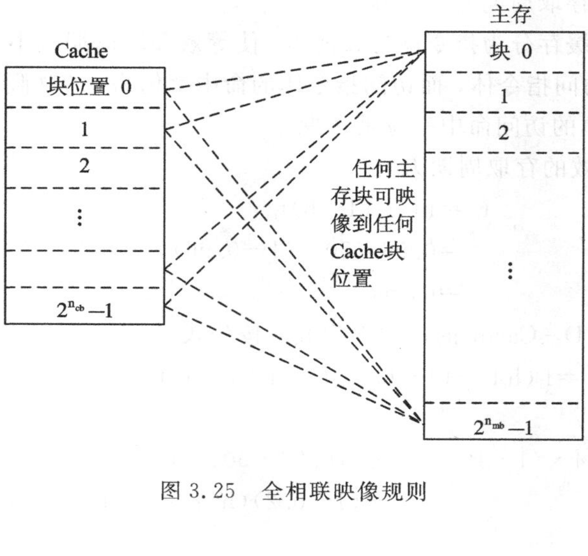

图 3.25　全相联映像规则

图 3.26 为全相联映像的地址变换过程。当给出主存地址 n_m 需要访存时，让主存块号 n_{mb} 与目录表中所有各项的 n_{mb} 字段同时相联比较。如果有相同的，则将对应行的 Cache 块号 n_{cb} 取出，拼接上块内地址 n_{mr} 形成 Cache 地址 n_c，然后访问 Cache；如果没有相同的，表示该主存块还未装入 Cache，则出现 Cache 块失效，由硬件自动完成调块。

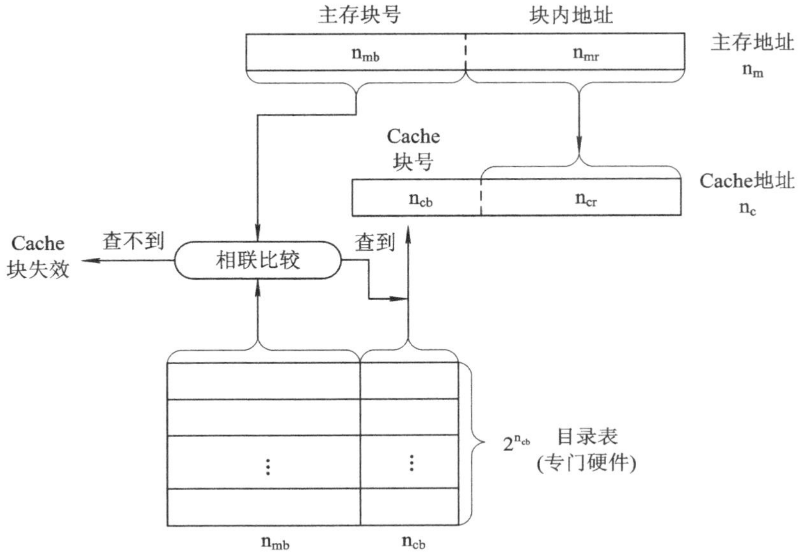

图 3.26　全相联映像的地址变换过程

全相联映像的主要优点是块冲突概率最低，只有当 Cache 中全部装满后，才有可能出现块冲突，所以，Cache 的空间利用率最高。但是，由于要构成容量为 $2^{n_{cb}}$ 项的相联存储器，因此其代价相对较大，而且目前 Cache 容量已经很大，这样查表速度就比较难以提高。那么，能否缩小和简化这种映像表机构，以便加快其相联查找的速度呢？为此提出了直接映像方式。

2. 直接映像与变换

在直接映像方式中，主存中每一块只能映像到 Cache 中惟一一个特定块位置，如图 3.27 所示，相当于把主存空间按 Cache 的空间分成区，每区内的各块均只能按位置一一对应到 Cache 的相应位置上。一般地，对于主存的第 i 块(即块地址为 i)，设它映像到 Cache 的第 j 块，则

$$j = i \bmod (2^{n_{cb}}) \tag{3.6}$$

其中，$2^{n_{cb}}$ 为 Cache 的块数。

图 3.28 为直接映像的地址变换过程。当处理机给出主存地址 n_m 需要访存时，只要截取与 n_c 对应的部分作为 Cache 地址去访问 Cache 即可；与此同时，取 n_{cb} 部分作为地址访问区号标志表存储器，读出原先存放的区号标志与主存地址对应的区号部分进行比较。若相等，表示 Cache 命中，让 Cache 的访问继续进行完，并让访问主存作废；如果不相等，则表示 Cache 块失效，这时要让 Cache 的访问作废，而让主存的访问继续完成，并由硬件自动将主存中的该块调入 Cache。

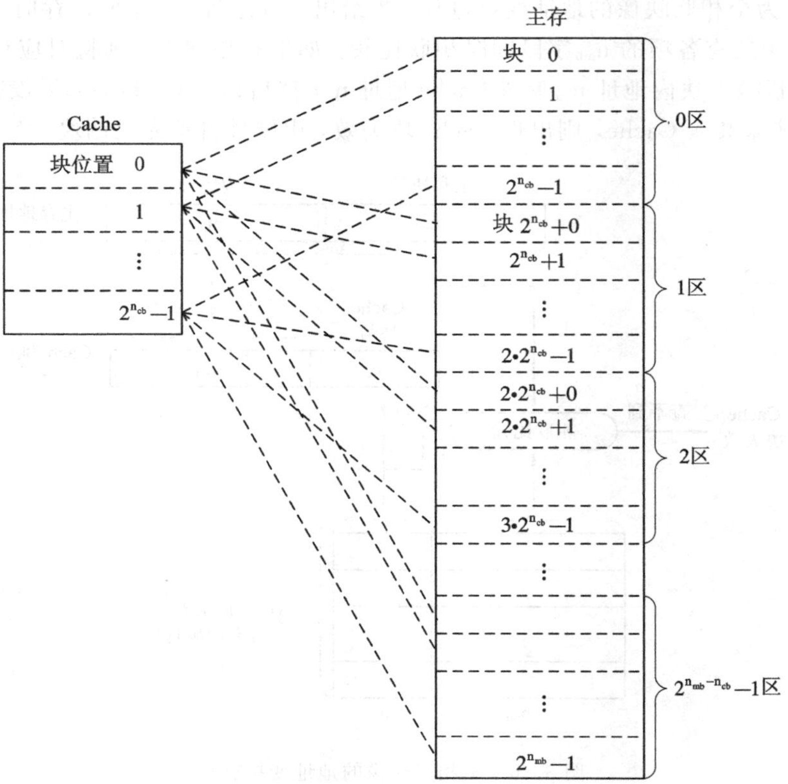

图 3.27　直接映像规则

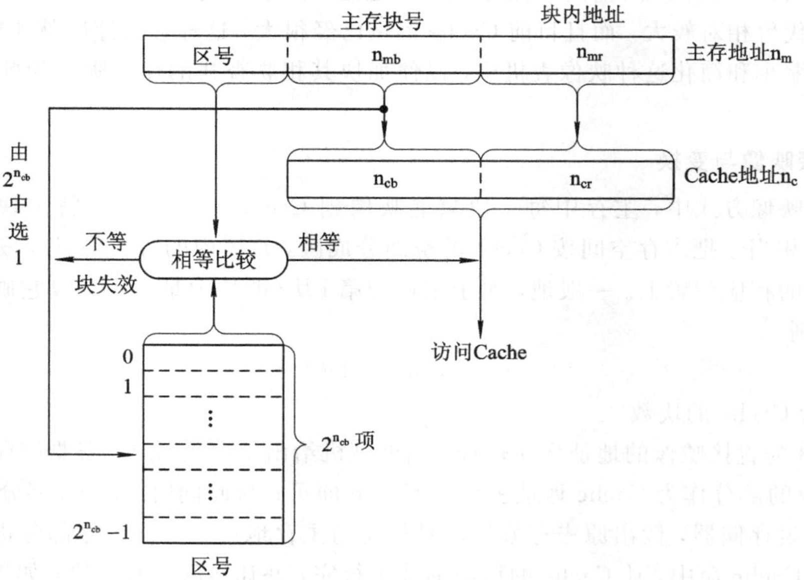

图 3.28　直接映像的地址变换过程

直接映像法的优点是所需硬件简单，只需要容量较小的按地址访问的区号标志表存储器和少量外比较电路，因此成本很低，而且访问 Cache 与访问区号表、比较区号是否相符的操作是同时进行的，当 Cache 命中时，这意味着省去了地址变换所花费的时间(地址变换的速度快)。但是其最致命的缺点是 Cache 的块冲突率很高。只要有两个或两个以上经常使用的块恰好被映像到 Cache 中的同一个块位置，就会使 Cache 的命中率急剧下降。而且，即使此时 Cache 中有大量空闲块存在，仍然会发生块失效和块冲突，无法用上 Cache 中的空闲块位置，所以 Cache 的空间利用率很低。

可以看出，全相联映像和直接映像的优点和缺点恰好是相反的，那么能否将全相联映像和直接映像结合起来，采用一种既能减少块冲突概率，提高 Cache 空间利用率，又能使地址映像机构及地址变换的速度比起全相联的要简单和快速的映像方式呢？为此人们又提出了组相联映像。

3. 组相联映像与变换

组相联映像是直接映像与全相联映像的折中方案，它把主存和 Cache 划分成若干个组，每组包含若干个块。组间采用直接映像，而组内采用全相联映像。

组相联映像规则如图 3.29 所示。图中，n_d、q 都是 1 位的，s 是 2 位的，即主存的第 0 组只能进入 Cache 的 0 组，而主存第 1 组只能进入 Cache 的 1 组。组内的各个块，如主存的 0、1、2、3 及 8、9、10、11 块可进入 Cache 的第 0、1、2、3 中任意一块，但不能进入 Cache 的 4、5、6、7 块。可以看出，组相联映像介于全相联映像与直接映像之间，它的 Cache 块冲突概率要比直接映像的低得多。例如，当主存 0 块已在 Cache 的 0 块中，若要调入主存第 8 块，则对直接映像来说要发生块冲突，而对组相联映像来说，第 8 块仍可进入 Cache 的 1、2、3 中任意一个块位置。只有当 Cache 第 0 组中所有块位置都被占用时，才出现块冲突，即使第 1 组中有空块也无济于事。显然，Cache 的第 0 组中 1、2、3 块此时都被占用的概率很小，因此大大降低了块冲突的概率，同时也就大大提高了 Cache 空间的利用率。S(S 为每组包含的块数，$S=2^s$)值越大，Cache 块冲突的概率就越低，当然与全相联映像相比，仍然要高。

当组相联映像的 S 值大到等于 Cache 的块数(即 $s=n_{cb}$)时就变成全相联映像，而当 S 小到只有 1 块(即无 s 字段)时就变成了直接映像。由此可以看出，全相联映像和直接映像是组相联映像的两个极端。

如图 3.30 是组相联映像的地址变换过程，它采用了直接映像的按地址访问与全相联映像的按内容访问相结合的查表变换方法。先由 q 在 2^q 中选出一组，对该组再用 n_d+s' 进行相联查找。若在 2^s 行中查不到相符的，则表示主存中的该块不在 Cache 中；如果查到有相符的，则将表中相应的 s 拼接上 q 和 n_{mr} 就是 Cache 地址 n_c。

组相联的地址变换的一种实现方式如图 3.31 所示。先由 q 从 2^q 中选出一个单元，由该单元同时读出 2^s 个字，分别通过 S($S=2^s$)套外比较电路与主存地址的 n_d+s' 进行比较。将其中相符的 s 取出拼接上 q 和 n_{mr} 就是 Cache 地址 n_c。如果都不相符，则表示该块不在 Cache 中，出现块失效。显然，这种方法的 S 值不可能很大。

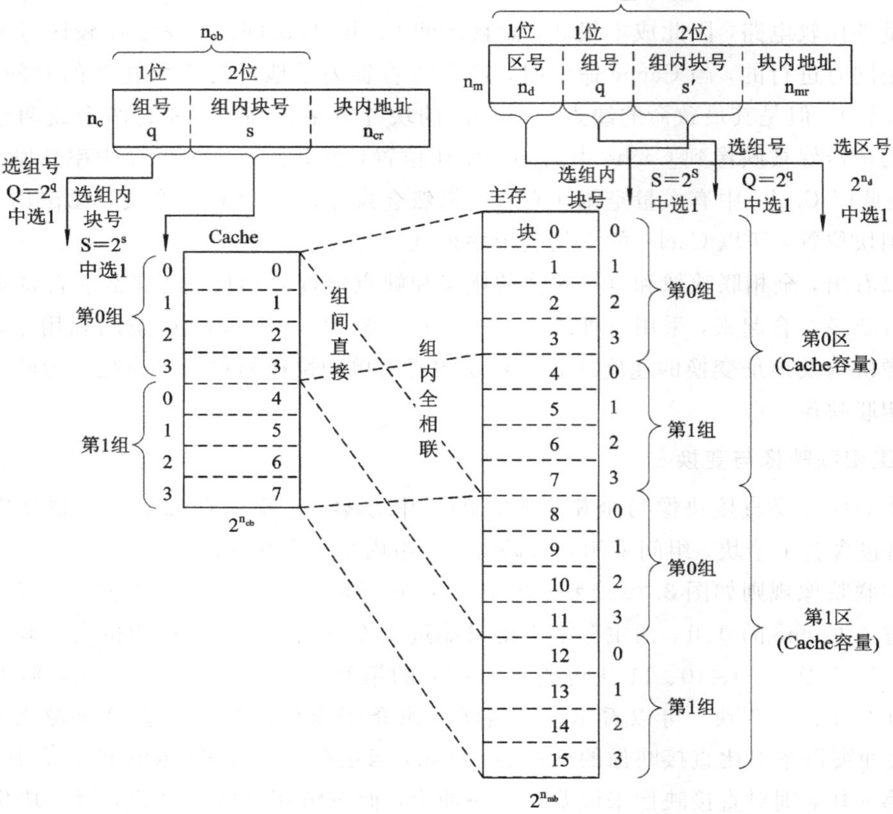

图 3.29 组相联映像规则

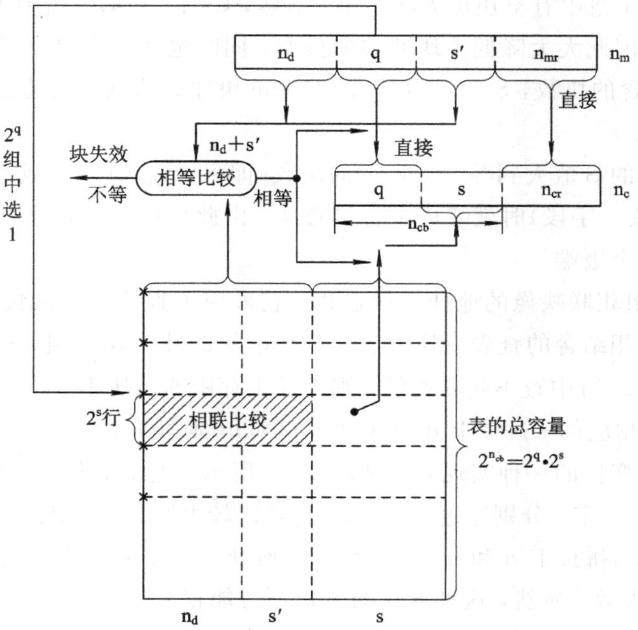

图 3.30 组相联映像的地址变换过程

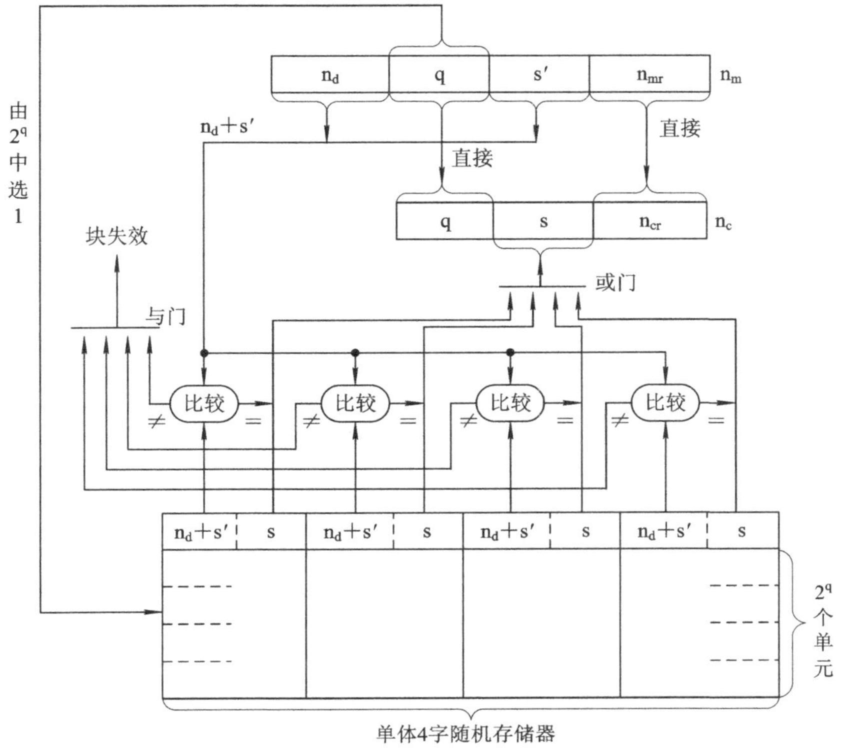

图 3.31 组相联的地址变换的一种实现方式

3.6.4 Cache 的替换算法

当访存发生 Cache 块失效需要把主存块按所采用的映像规则装入 Cache 时，如果又出现 Cache 块冲突，就必须按某种替换算法选择 Cache 中的一块替换出去。一般采用先进先出(First－In－First－Out，FIFO)算法、近期最少使用(Least Recently Used，LRU)算法和随机(Random，RAND)算法，其中 LRU 算法最常用。

FIFO 算法选择最早调入的块作为被替换的块，其优点是容易实现。它虽然利用了同一组中各块进入 Cache 的顺序这一"历史"信息，但还是不能正确地反映程序的局部性。因为最先进入的块，很可能是经常要用到的块。

LRU 算法选择近期最少访问的块作为被替换的块。该算法既充分利用了 Cache 中块调度情况的历史信息，又正确反映了程序的局部性原理。但这种算法实现起来比较复杂。因此，在实际应用中得到推广的是一种简单而有效的 LRU 近似算法。该算法将近期最久未被访问的块作为被替换的块。

RAND 算法是指从 Cache 中特定的行位置随机地选一块换出即可。这种算法在硬件上容易实现，且速度也比较快。缺点是随意换出的数据很可能马上又要使用，从而降低了 Cache 的命中率和工作效率。但这个不足会随着 Cache 容量的增大而减小。

3.6.5 Cache 的取算法

由于 Cache 的命中率对机器速度性能影响很大，因此采用什么样的取算法可以提高命中率成为 Cache 设计中的重要问题。

Cache 所用的取算法基本上仍是按需取进法。为了进一步提高 Cache 块命中率，除采用按需取进法外，还增加了预取算法。

预取算法是指在用到某信息块之前就将其预取进 Cache 的算法。为了便于硬件实现，通常只预取直接顺序的下一块，至于何时取进该块，预取算法有两种不同的方法：恒预取和不命中时预取。

恒预取是指只要访问到主存第 i 块的某个字，不论 Cache 是否命中，恒发预取命令。不命中时预取是指只当访问第 i 块的某个字不命中时，才发预取命令。

采用预取法并非一定能提高命中率，它还与下面的因素有关：

(1) 块的大小。若每块的字节数过少，预取的效果不明显，但每块的字节数过多，一方面可能会预取进不需要的信息，另一方面由于 Cache 的容量有限，又可能把正在使用或近期内将要使用到的信息给替换出去，反而降低了命中率。

(2) 预取开销。预取开销包括访问主存和访问 Cache 的硬件开销和时间开销，它一方面会增加设计的成本，另一方面会增加主存和 Cache 的负担。

由以上两个因素可知，采用预取算法要综合考虑 Cache 块的命中率和采用预取算法的开销。

从模拟的实验结果看，采用恒预取能使 Cache 的不命中率降低 75%～85%，而采用不命中时预取能使 Cache 的不命中率降低 30%～40%。但是，恒预取所增加的 Cache 与主存之间的通信量要比不命中时预取大得多。

实践证明，采用预取技术可以大幅度提高 Cache 的命中率 h。采用恒预取算法后的命中率为

$$h' = \frac{h + n - 1}{n} \tag{3.7}$$

其中，h 为原来的命中率，n 为 Cache 的块大小与数据块重复使用次数的乘积。

3.6.6 Cache 的写策略

由于 Cache 的内容只是主存部分内容的拷贝，它应当与主存内容保持一致，而 CPU 对 Cache 的写入更改了 Cache 的内容。那么如何保持 Cache 与主存内容的一致性呢？一般有两种写策略：写回法和写直达法。

写回法是指在 CPU 执行写操作时，信息只写入 Cache，仅当需要被替换时，才将已被写入过的 Cache 块先送回主存，然后再调入新块。写回法包括简单写回法和采用标志位写回法。简单写回法是不管块是否更新，都进行写回操作。而采用标志位写回法只在块被更新过时，才进行写回操作。Pentium 4 微处理器的片内二级 Cache 就采用了写回法。

写直达法是利用 Cache—主存存储器层次在处理机和主存之间的直接通路，每当处理机写入 Cache 的同时，也通过此通路直接写入主存。这样在块替换时，就不必先写回主存，而可立即调入新块。Pentium 4 微处理器的片内一级数据 Cache 就采用了写直达法。

下面分两种情况来讨论：

(1) 写 Cache 块时若命中。此时可直接对 Cache 块进行写操作，根据 Cache 的写策略，

决定何时对主存相应块的内容进行更新。

(2) 写 Cache 块时若不命中。无论是写回法还是写直达法都有一个在写时是否取的问题。一般有两种方法：

① 不按写分配法，即当 Cache 写不命中时只写入主存，该写地址单元所在块不从主存调入 Cache。

② 按分配写法，即当 Cache 写不命中时除写入主存，还将该写地址单元所在块从主存调入 Cache。

写回法一般采用按分配写回法，写直达法一般采用不按写分配法。

3.7　虚拟存储器

3.7.1　虚拟存储器的基本概念

在 1961 年，英国曼彻斯特大学的 Kilburn 等人提出了虚拟存储器的概念。经过 20 世纪 60 年代初到 70 年代初的发展完善，虚拟存储器已广泛应用于大中型计算机系统。目前几乎所有的计算机都采用了虚拟存储系统。

虚拟存储器是“主存—辅存”层次进一步发展的结果。它由价格较贵、速度较快、容量较小的主存储器和一个价格低廉、速度较慢、容量很大的辅助存储器(通常是硬盘)组成，在系统软件和辅助硬件的管理下，就像一个单一的、可直接访问的大容量主存储器。由于中央处理机只能执行已装入主存的那一部分程序块，同时，为了提高主存空间的利用率，应及时释放出主存中现已不用的那部分空间，以便装入别的程序块，因此，随着程序的运行，程序的各个部分就会在主存和辅存之间调进调出。当辅存中的程序调入主存时，必须进行程序在主存中的定位。为了使应用程序员对其程序不用修改就可以在虚拟存储器上运行，即应用程序员不用考虑如何把程序地址映像并变换成实际主存的物理地址，这种程序的定位应当是由系统提供的定位机构来自动完成的，即它对应用程序员是透明的。应用程序员可以用机器指令的地址码对整个程序统一编址，就如同应用程序员具有对应于这个地址码宽度的存储空间(称为程序空间)一样，而不必考虑实际主存空间的大小。

虚拟存储系统具有主存的速度和辅存的容量，提高了存储器系统的性能价格比。CPU 直接访问主存，主存与辅存之间的信息交换由操作系统和硬件来完成，这种把辅存看成是主存的一部分，以扩大主存容量的技术，称为虚拟技术。用虚拟技术设计的存储器，称为虚拟存储器。

在虚拟存储器中，主存与辅存之间实际存在的操作和辅助软、硬件，对应用程序设计者来讲是透明的。但虚拟存储器对系统程序员来讲基本上是不透明的，只是某些部分(如虚拟地址到主存地址的变换)由于采用硬件实现才是透明的。虚拟地址又称逻辑地址，是指访问虚拟空间的地址。由于指令中给出的地址码是按虚存空间来统一编址的，因此指令的地址码实际上是虚拟地址。物理地址又称实存地址，是指访问主存空间的地址。

根据采用的存储映像算法的不同，可将虚拟存储器的管理方式分成页式、段式和段页式等多种。这些管理方式的基本原理是类似的。

3.7.2 页式虚拟存储器

在页式虚拟存储系统中，虚拟空间被分成大小相等的页，称为逻辑页或虚页。主存空间也被分成同样大小的页，称为物理页或实页。相应地，虚拟地址分为两个字段：高位字段为虚页号，低位字段为页内地址。实存地址也分为两个字段：高位字段为实页号，低位字段为页内地址。同时，页的大小都取 2 的整数幂个字。

通过页表可以把虚拟地址转换成物理地址。每个程序设置一张页表，在页表中，对应每一个虚页号都有一个条目，条目内容至少包含该虚页所在的主存页面地址(实页号)，用它作为实存地址的高位字段；实页号与虚拟地址的页内地址相拼接，就产生完整的实存地址，据此访问主存。页式虚拟存储器的虚实地址变换过程如图 3.32 所示。

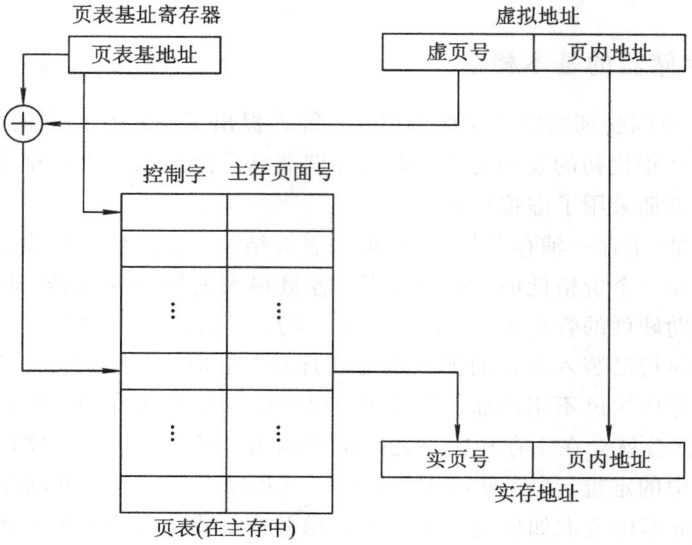

图 3.32 页式虚拟存储器的虚实地址变换过程

在页表的条目中还包括由装入位(有效位)、修改位、替换控制位及其他保护位等组成的控制字。如装入位为 1，表示该虚页已从辅存调入主存；如装入位为 0，则表示对应的虚页尚未调入主存。修改位是指主存页面中的内容是否被修改过，替换时是否要写回辅存。替换控制位指出需替换的页等。

假设页表是保存在(或已调入)主存储器中的，那么，当 CPU 访问存储器时，首先要查页表，求得实存地址后，再访问主存才能完成读/写操作，这就相当于主存速度降低了一半。如果发生页面失效(表示 CPU 要访问的某一个虚页不在主存的现象)，必须查外页表(由操作系统将程序存盘时为每个程序在外存空间建立的一张表)将虚拟地址变换成辅存实地址，再由操作系统或通道将要访问的虚页从辅存调入主存中，必要时可能会进行页面替换，这样访问主存的速度就更慢了。因此，把页表的最活跃部分存放在快速存储器中组成快表，是减少时间开销的一种方法。此外，在一些影响工作速度的关键部分引入了硬件支持。例如，采用按内容查找的相联存储器并行查找，也是可供选择的技术途径。一种经快表与慢表实现虚实地址变换的过程如图 3.33 所示。快表由硬件组成，通常称为转换旁路缓冲器(Translation Lookaside Buffer，TLB)。它比页表小得多，一般在16个条目至128个条目之间。快表只是慢表(指在主存中的页表)的小小的副本。查表时，由虚页号同时去查快表和慢表，当在快表中有此虚页号时，就能很快地找到对应的实页号送入实存地址寄存器，并使慢表的查找作废，从而就能做到虽采用虚拟存储器但访存速度几乎没有下降。如果在快表中查不到时，那就要花费一个访问主存的时间查慢表，从中查到实页号送入实存地址寄存器，并将此虚页号和对应的实页号送入快表，替换快表中某一行内容，这就要用到替换算法。

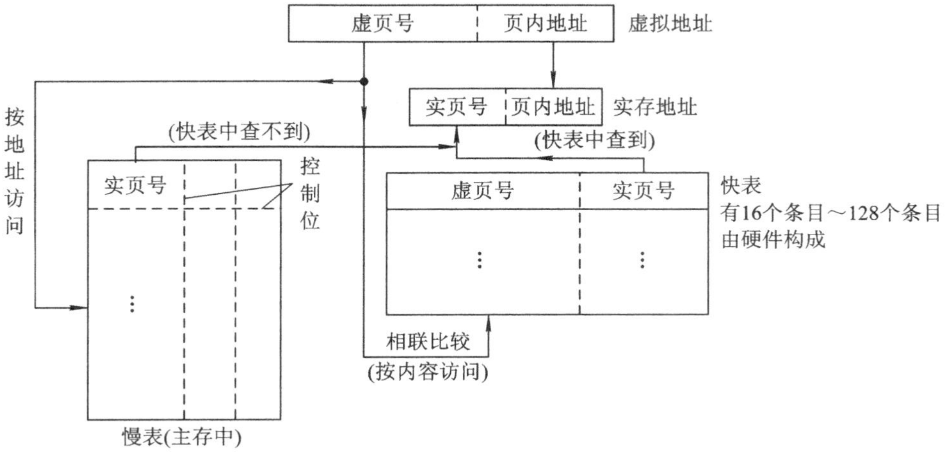

图 3.33　使用快表和慢表实现虚实地址变换过程

3.7.3　段式虚拟存储器

页面是主存物理空间中划分出来的等长的固定区域。分页方式的优点是页长固定，因而便于构造页表、易于管理，且不存在外碎片。但分页方式的缺点是页长与程序的逻辑大小不相关。例如，某个时刻一个子程序可能有一部分在主存中，另一部分则在辅存中。这不利于编程时的独立性，并给换入/换出处理、存储保护和存储共享等操作造成麻烦。

另一种划分可寻址的存储空间的方法称为分段。段是按照程序的自然分界划分的、长度可以动态改变的区域。通常，程序员把子程序、操作数和常数等不同类型的数据划分到不同的段中，并且每个程序可以有多个相同类型的段。

在段式虚拟存储系统中，虚拟地址由段号和段内地址组成，虚拟地址到实存地址的变换通过段表来实现。每个程序设置一个段表，段表的每一个表项对应一个段，每个表项至少包括三个字段：有效位(指明该段是否已经调入主存)、段起址(该段在实存中的首地址)和段长(记录该段的实际长度)。

段表本身也是一个段，可以存在辅存中，但一般是驻留在主存中。

针对每一个虚拟地址，存储管理部件首先以段号S为索引，访问段表的第S个表项。若该表项的有效位为1，则将虚拟地址的段内地址D与该表项的段长字段比较：若段内地址较大则说明地址越界，将产生地址越界中断；否则，将该表项的段起址与段内地址相加，求得主存实地址并访存。如果该表项的有效位为0，则产生缺页中断，从辅存中调入该页，并修改段表。段式虚拟存储器的虚实地址变换过程如图 3.34 所示。

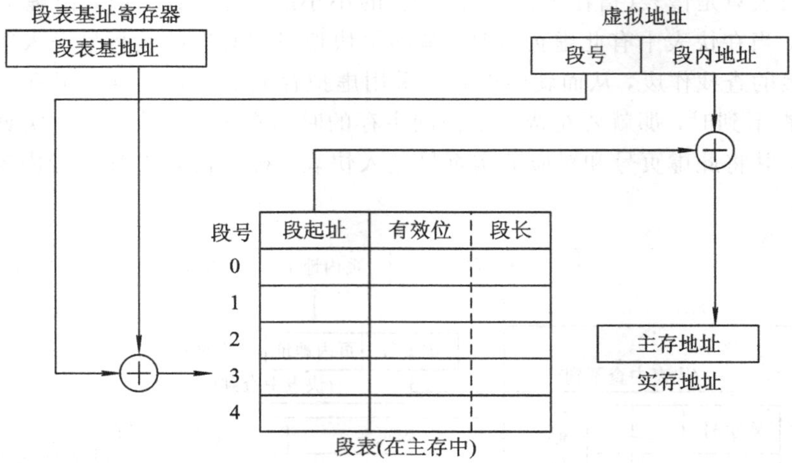

图 3.34　段式虚拟存储器的虚实地址变换过程

分页对程序员而言是不可见的，而分段通常对程序员而言是可见的，因而分段为组织程序和数据提供了方便。与页式虚拟存储器相比，段式虚拟存储器有许多优点：

(1) 段的逻辑独立性使其易于编译、管理、修改和保护，也便于多道程序共享。

(2) 段长可以根据需要动态改变，允许自由调度，以便有效利用主存空间。

因为段的长度不固定，段式虚拟存储器也有一些缺点：

(1) 主存空间分配比较麻烦。

(2) 容易在段间留下许多碎片，造成存储空间利用率的降低。

(3) 由于段长不一定是 2 的整数次幂，因而不能简单地像分页方式那样用虚拟地址和实存地址的最低若干二进制位作为段内地址，并与段号进行直接拼接，而必须用加法操作通过段起址与段内地址的求和运算得到物理地址。因此，段式存储管理比页式存储管理方式需要更多的硬件支持。

3.7.4　段页式虚拟存储器

段页式虚拟存储器是段式虚拟存储器和页式虚拟存储器的结合。

首先，实存被等分成页。在段页式虚拟存储器中，把程序按逻辑结构分段以后，再把每段按照实存的页的大小分页，程序按页进行调入和调出操作，但它又可按段实现共享和保护。因此，它可以兼有页式和段式系统的优点。它的缺点是在地址映像过程中需要多次查表，虚拟地址转换成物理地址是通过一个段表和一组页表来进行定位的。段表中的每个表目对应一个段，每个表目有一个指向该段的页表的起始地址(页号)及该段的控制保护信息。由页表指明该段各页在主存中的位置以及是否已装入、已修改等标志。

如果有多个用户在机器上运行，称为多道程序，多道程序的每一道(每个用户)需要一个基号(用户标志号)，可由它指明该道程序的段表起点(存放在基址寄存器中)。一个虚拟地址应包括基号 B、段号 S、段内逻辑页号 P、页内地址 D。格式如下：

基号 B	段号 S	段内逻辑页号 P	页内地址 D

［**例 3.9**］　假设有三道程序，基号用 A、B 和 C 表示，其基址寄存器的内容分别为 S_A、S_B 和 S_C。程序 A 由 4 个段构成，程序 C 由 3 个段构成。段页式虚拟存储系统的逻辑地址到物理地址的变换过程如图 3.35 所示。

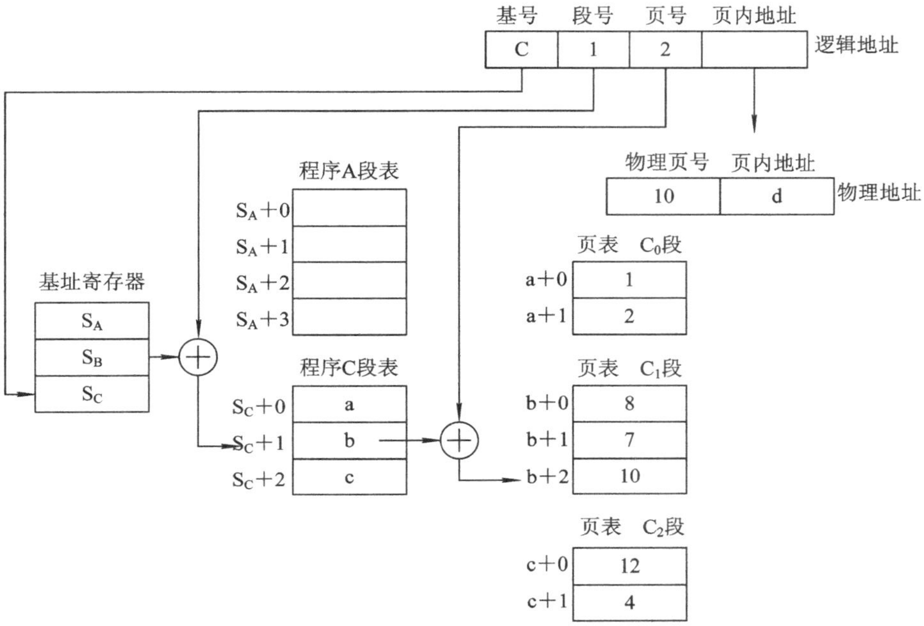

图 3.35　段页式虚拟存储器的虚实地址变换过程

在主存中，每道程序都有一张段表，A 程序有 4 段，C 程序有 3 段，每段应有一张页表，段表的每行就表示相应页表的起始位置，而页表内的每行即为相应的物理页号。请说明虚实地址变换过程。

解：地址变换过程如下：

(1) 由存储管理部件根据基号 C 找到段表基址寄存器表第 C 个表项，获得程序 C 的段表基址 S_C。再根据段号 S(=1)找到程序 C 段表的第 S 个表项，得到段 S 的页表起始地址 b。

(2) 根据段内逻辑页号 P(=2)检索页表，得到物理页号(图中物理页号为 10)。

(3) 物理页号与页内地址偏移量拼接即得物理地址。

假如计算机系统中只有一个基址寄存器，则基号可不要。多道程序切换时，由操作系统修改基址寄存器内容。

实际上，上述每个段表和页表的表项中都应设置一个有效位。只有在有效位为 1 时才按照上述流程操作，否则需中断当前操作先进行建表或调页。

3.7.5　虚拟存储器的替换算法

通常虚存空间比主存空间大得多，必然会出现主存页面位置已被全部占用后，又发生页面失效的情况，这时将辅存的一页调入主存就会发生实页冲突。选择主存中哪一个页作为被替换页，就是替换算法要解决的问题。

虚拟存储器的替换算法与 Cache 的替换算法类似，有 FIFO 算法和 LRU 算法。

LRU 算法尽管比 FIFO 算法更能反映程序的局部性，但这两种算法都是根据过去页面的使用情况确定被替换页的。若能将未来的近期内不用的页替换出去，一定会有最高的命中率，这种算法称为优化替换算法(Optimal Replacement Algorithm，OPT)，它是理想化的算法，不太现实。

替换算法一般通过典型的页地址流模拟其替换过程，再根据所得到的命中率的高低来评价其好坏。下面举例说明替换算法、页地址流、页面大小、主存容量(分配给程序的主存页数)对命中率的影响。

[例 3.10]　设有一程序，执行时的页地址流为：2，3，2，1，5，2，4，5，3，2，5，2。若分配给该程序的主存有 3 页，表 3.4 表示了分别采用 FIFO、LRU 和 OPT 三种替换算法对同一页地址流的替换过程。其中用 * 号标记出按所用算法选出的下次应该被替换的页号。

表 3.4　3 种替换算法对同一页地址流的替换过程

时间	1	2	3	4	5	6	7	8	9	10	11	12
页地址流	2	3	2	1	5	2	4	5	3	2	5	2
FIFO 命中 3 次	2	2	2	2*	5	5	5*	5*	3	3	3	3*
		3	3	3	3*	2	2	2	2*	2*	5	5
				1	1	1*	4	4	4	4	4*	2
	调进	调进	命中	调进	替换	替换	替换	命中	替换	命中	替换	替换
LRU 命中 5 次	2	2	2	2	2*	2	2	2*	3	3	3*	3*
		3	3	3*	5	5	5*	5	5	5*	5	5
				1	1	1*	4	4	4*	2	2	2
	调进	调进	命中	调进	替换	命中	替换	命中	替换	替换	命中	命中
OPT 命中 6 次	2	2	2	2	2	2*	4*	4*	4*	2	2	2
		3	3	3	3*	3	3	3	3	3*	3	3
				1*	5	5	5	5	5	5	5	5
	调进	调进	命中	调进	替换	命中	替换	命中	命中	替换	命中	命中

由表可见，FIFO 算法的页命中率最低，而 LRU 算法的命中率却非常接近于 OPT。这不仅表明命中率与所用的替换算法有关，而且也表明 LRU 算法要优于 FIFO 算法，因此实际中用的更多。

本 章 小 结

对存储器的要求是容量大、速度快、成本低。为了解决这三方面的矛盾，计算机采用多级存储体系结构，即 Cache、主存和辅存。CPU 能直接访问内存储器(Cache、主存)，但不能直接访问辅存。主存储器的主要技术指标包括存储容量、存取时间、存储周期、存储器带宽、可靠性、功耗和集成度、性能价格比等。其中存取时间、存储周期、存储器带宽这三个概念是反映主存速度的指标。

常用的 SRAM 和 DRAM 都是半导体随机读写存储器，SRAM 速度比较快，但集成度不如 DRAM 高。它们的优点是体积小、可靠性高，缺点是断电后不能保存信息。

只读存储器可以弥补 SRAM 和 DRAM 的缺点，即使断电后仍可保存原先写入的数据。

主存储器与 CPU 连接时，要完成地址线、数据线和控制线的连接。半导体存储器容量的扩展方法主要有位扩展、字扩展和字位扩展三种方法。

双端口 RAM、多模块交叉存储器和相联存储器都是高速存储器。双端口 RAM 采用空间并行技术提高访存速度。多模块交叉存储器则采用时间并行技术。相联存储器是按内容访问的存储器。

Cache 是一种高速缓冲存储器，是为了解决 CPU 和主存之间速度不匹配而采用的一项硬件技术。主存与 Cache 的地址映像有全相联、直接、组相联三种方式。其中组相联是前两者的折中方案，适度地兼顾了两者的优点又尽量避免其缺点，因而得到了普遍使用。

虚拟存储器是“主存—辅存”层次进一步发展的结果。根据采用的存储映像算法的不同，可将虚拟存储器的管理方式分成页式、段式和段页式等多种。页式虚拟存储系统中，虚拟地址空间和主存空间都被分成大小相等的页，通过使用页表将虚拟地址转换成物理地址。段式虚拟存储系统中，虚拟地址由段号和段内地址（偏移量）组成，虚拟地址到实存地址的变换通过段表实现。段页式虚拟存储器是段式虚拟存储器和页式虚拟存储器的结合，程序按页进行调入和调出操作，但可按段进行编程、保护和共享。

习 题 3

1. Cache—主存存储系统和主存—辅存存储系统有何不同？

2. SRAM 和 DRAM 的主要差别是什么？

3. 假设某存储器具有 32 位地址线和 32 位数据线，请问：

(1) 该存储器能存储多少个字节的信息？

(2) 如果存储器由 1 M×8 位 SRAM 芯片组成，需要多少片？

4. 某 32 位计算机系统采用半导体存储器，其地址码是 32 位，若使用 4 M×8 位的 DRAM 芯片组成 64 MB 主存，并采用内存条的形式，问：

(1) 若每个内存条为 4 M×32 位，共需要多少内存条？

(2) 每个内存条内共有多少片 DRAM 芯片？

(3) 主存需要多少片 DRAM 芯片？

5. 一个 512 K×16 位的存储器，由 64 K×1 位的 2164 DRAM 芯片构成（芯片内是 4 个 128×128 结构），问：

(1) 共需要多少个 DRAM 芯片？

(2) 若采用分散式刷新方式，单元刷新间隔不超过 2 ms，则刷新信号的周期是多少？

(3) 若采用集中式刷新方式，读写周期为 0.1 μs，则存储器刷新一遍最少用多少时间？

6. 某主存系统中，其地址空间 0000H～1FFFH 为 ROM 区域，ROM 芯片为 8 K×8 位，从地址 6000H 开始，用 8 K×4 位的 SRAM 芯片组成一个 16 K×8 位的 RAM 区域，假设 RAM 芯片有$\overline{WE}$和$\overline{CS}$信号控制端。CPU 地址总线为 $A_{15}\sim A_0$，数据总线为 $D_7\sim D_0$，读/写控制信号为 $R/\overline{W}$，访存允许信号为$\overline{MREQ}$，要求：

（1）写出地址译码方案；

（2）画出主存与 CPU 的连接图。

7. 设主存储器容量为 64 M 字，字长为 64 位，模块数 m=8，分别用顺序方式和交叉方式进行组织。主存储器的存储周期 T=100 ns，数据总线宽度为 64 位，总线传送周期 τ=50 ns。若按地址顺序连续读取 16 个字，则顺序存储器和交叉存储器的带宽各是多少？

8. 设某计算机访问一次主存储器的时间如下：传送地址需 1 个时钟周期，读/写需 4 个时钟周期，数据传送需 1 个时钟周期。采用下述主存结构按地址顺序连续读取 16 个字的数据块，各需多少时钟周期？

（1）单字宽主存，一次只能读/写 1 个字。

（2）4 模块交叉存储器，每个存储器模块为单字宽。

9. CPU 执行一段程序时，Cache 完成存取的次数为 2400 次，主存完成存取的次数为 100 次，已知 Cache 的存储周期为 50 ns，主存的存储周期为 250 ns，求 Cache—主存系统的平均访问时间和效率。

10. 一台计算机的主存容量为 1 M 字，Cache 容量为 8 K 字，每块的大小为 128 字，请设计在下列条件下的主存地址格式和 Cache 地址格式：

（1）主存和 Cache 之间采用直接映像。

（2）主存和 Cache 之间采用组相联映像，假设每组为 4 块。

11. 在以下有关虚拟存储器的描述中，哪些是不正确的？

（1）所有的页表都存放在主存中。

（2）页表大时，可将页表放在辅存中，而将当前用到的页表调到主存中。

（3）页表中的快表（TLB）采用全相联查找。

（4）页表中的快表存放在主存中。

（5）采用快表的依据是程序访问的局部性。

12. 一个虚拟存储器有 8 个页面，页面大小为 1024 字，主存有 4 个页面，内页表内容如表 3.5 所示。

表 3.5 内 页 表

虚页号	实页号
0	3
1	1
2	—
3	—
4	2
5	—
6	0
7	—

那么，虚拟地址 4098 对应的主存地址是什么？

13. 某程序对页面要求访问的序列为 $P_3P_4P_2P_6P_4P_3P_7P_4P_3P_6P_3P_4P_8P_4P_6$。

(1) 当主存容量为 3 个页面时，求 FIFO 和 LRU 替换算法的命中率(假设开始时主存为空)。

(2) 当主存容量为 4 个页面时，上述两种替换算法各自的命中率又是多少？

第4章 指令系统

计算机的指令系统是指一台计算机中所有机器指令的集合。本章将主要讲述指令系统的发展与性能要求、指令格式中操作码和地址码的表示、指令和数据的寻址方式，以及指令格式的分析与设计等内容。作为 CISC 和 RISC 的代表，文中分别介绍了 x86 系列机和 SUN SPARC 系列机指令系统的发展、指令类型、指令格式和寻址方式等内容。除此之外，还介绍了 CISC、RISC、退耦的 CISC/RISC 和后 RISC 的特点、采用的技术及未来的发展趋势。

4.1 指令系统的发展与性能要求

4.1.1 指令系统的发展

计算机系统主要由硬件和软件两部分组成。软件是为计算机编写的各种程序。所谓程序，是指能完成一定功能的指令序列。而指令则是要求计算机执行某种操作的命令，是计算机硬件能够直接识别和执行的二进制机器指令，又称机器指令。从计算机组成的角度来讲，指令可认为是软件与硬件的接口。一台计算机中所有机器指令的集合，构成了该计算机的指令系统。

随着微电子技术的发展，计算机硬件功能不断增强，指令系统也越来越丰富，甚至廉价的微处理器都设置了乘除运算指令和十进制运算指令。有的微处理器还设置了浮点运算、字符串处理指令等，使得指令系统中指令的数目多达数百条，寻址方式也趋于多样化。

随着集成电路的发展和计算机应用领域的不断扩大，计算机软件的价格相对不断提高。为了在新研制的计算机上继承现有的软件，减少软件的开发费用，在 20 世纪 60 年代出现了系列计算机。

系列计算机是指具有相同的基本指令系统和基本体系结构，但具有不同组成和实现的一系列不同型号的机器。典型的系列机有 Intel 公司的 x86 系列机、Motorola 公司的 M68x0 和 M680x0 系列机、DEC 公司的 Alpha 系列机、SGI 公司的 MIPS 系列机、IBM 公司的 PowerPC 系列机和 SUN 公司的 SPARC 系列机等。

为了使计算机系统具有更强的功能、更高的性能和更好的性能价格比，以满足广泛的或专门的应用需要，在机器指令系统的设计、发展和改进上有两种不同的途径和方向。一种途径和方向是如何进一步增强原有指令的功能以及设置更为复杂的新指令来取代原先由软件子程序完成的功能，实现软件功能的硬化。按照这种途径和方向来发展，机器的指令系统越来越庞大和复杂，采用这种途径设计成 CPU 的计算机为复杂指令系统计算机

(Complex Instruction Set Computer, CISC)。另一种途径和方向是如何通过减少指令总数和简化指令的功能来降低硬件设计的复杂度，提高指令的执行速度。按照这种途径和方向发展，机器的指令系统精炼简单，采用这种途径设计成 CPU 的计算机为精简指令系统计算机(Reduced Instruction Set Computer, RISC)。有关 CISC 和 RISC 的详细内容将在本章 4.5 节中介绍。

4.1.2　对指令系统性能的要求

计算机的性能与它所设置的指令系统有很大的关系，它不仅与计算机的硬件结构密切相关，而且还会直接影响到用户程序和编译程序的编制及运行效率等。通常性能较好的计算机所设置的指令系统应满足如下四个方面的要求。

1. 完备性

完备性要求指令系统包含的指令丰富、功能齐全、使用方便，使得在用汇编语言编写程序时，指令系统直接提供的指令足够使用，而不必用软件来实现。例如，比较转移指令可直接用硬件来实现，也可以用基本指令编写的程序来实现。采用硬件指令的目的是为了简化程序设计，提高执行的速度，但增加了 CPU 内部结构设计和编译程序设计的复杂度。

2. 有效性

有效性是指利用该指令系统所编写的程序能够高效率地运行，主要表现为程序占用的存储空间小、执行的速度快。

3. 规整性

规整性包括指令系统的对称性、匀齐性、指令格式和数据格式的一致性。

对称性是指在指令系统中所有的寄存器和存储器单元都可同等对待，所有的指令都可使用各种寻址方式。

匀齐性是指一种操作性质的指令可以支持各种数据类型，如算术运算指令可支持字节、字、双字的运算等。

指令格式和数据格式的一致性是指指令长度和数据长度有一定的关系，以方便处理和存取，如指令长度和数据长度通常是字节长度的整数倍。

4. 兼容性

兼容性主要表现在两个方面，一个是同一公司生产的系列机具有软件兼容性，另一个是不同公司的不同硬件结构的机器具有软件兼容性。

由于系列机内各档机器具有相同的基本指令系统和基本体系结构，因此按基本指令系统编制的机器语言程序以及编译程序都可不加修改地通用于同一系列的各档机器，我们称这种情况下的各档机器是软件兼容的，它们的区别仅在于运行时间不相同。可见，这里的软件兼容是通过采用相同的基本体系结构来实现的。但兼容并不是绝对的、无条件的。原则上讲，编译软件在一个系列内的各档机器上可共用一套，但操作系统就不同，因为操作系统级位于汇编语言机器级之下，更接近于具体机器硬件，所以当机器间对于相同的功能而采用不同的实现方法时，往往还需要修改或重新设计操作系统。如 IBM PC 机的内存储器无 Cache，而 80486 的内存储器有 Cache，即系列机的内存储器在具体的实现方法上是不相同的。

所谓软件兼容，是指在一台机器上用其指令系统编写的软件可直接在其他机器上运行。从机器档次看，软件兼容可分为向上兼容和向下兼容。向上兼容是指在某档机器上编写的软件，不加修改就能运行于比它高档的机器上。向下兼容是指在某档机器上编写的软件，不加修改就能运行于比它低档的机器上。从投入市场的时间看，软件兼容可分为向前兼容和向后兼容。向前兼容是指在某个时期投入市场的该型号机器上编制的软件，不加修改就能运行于在它之前投入市场的机器上。向后兼容是指在某个时期投入市场的该型号机器上编制的软件，不加修改就能运行于在它之后投入市场的机器上。

而兼容机则是指不同厂家生产的具有同一体系结构的计算机，或者具有与原装机(有版权厂家的系列机产品)软件兼容的非版权厂家的产品。对于兼容机，一般要求做到向上向后兼容。兼容机在外形、功能、价格上与原装机可能有很大差别，但体系结构相同，可运行原装机的软件。

4.1.3 计算机语言

为了解决一些实际问题，我们必须编写各种功能的程序，通过翻译程序将其转换成计算机能识别的一串指令或语句后在计算机上运行。我们把编程所用的工具称为计算机语言。计算机语言可分为低级语言和高级语言。

低级语言面向计算机硬件，要求用户掌握较多的硬件知识，编制程序有一定的难度且开发时间较长，一般为专业人员使用，但是用低级语言编制的程序占用存储空间小、执行效率高。

低级语言又可分为机器语言和汇编语言。计算机能够直接识别和执行的惟一语言是二进制机器语言。由于用二进制语言编程和阅读很不方便，因此采用了如汇编语言和高级语言之类的符号语言。

用汇编语言编写的程序，计算机不能直接识别，必须将它汇编成机器代码后才能在计算机上运行。汇编语言依赖于计算机的硬件结构和指令系统，不同的机器有不同的指令系统，所以用汇编语言编写的程序不能在其他类型的机器上运行。

高级语言面向计算机用户，与计算机的硬件结构和指令系统无关，表达方式比较接近自然语言，描述问题的能力强，通用性、可读性和可维护性都很好。用高级语言编写的程序，计算机不能直接识别，必须将它编译成机器代码后才能在计算机上运行。由于高级语言离计算机硬件较远，因此不能用它来编写直接访问机器硬件资源的系统软件或设备控制软件。为了克服这一缺陷，一些高级语言(如C语言)提供了与汇编语言之间的调用接口。

4.2 指令格式

一条指令通常由操作码和地址码两部分组成，其格式为：

操作码	地址码

操作码是该指令所要完成的操作的编码，不同的操作码表示不同的指令功能，它是指令格式中必不可少的部分；地址码是该指令操作所需要的数据地址的编码。地址码是一个广义的概念，它可以表示操作数据的地址或与操作数据相关的地址，即给出数据在主存单

元的地址或在寄存器的地址，它也可以表示操作数本身或作为地址位移量，还可以指出操作结果的存放地址等，因此也称为形式地址。一条指令可以有多个地址码，也可以没有地址码，例如，某些指令的操作数采用隐含寻址时指令格式中就没有地址码部分。

一般来说，若指令格式中操作码采用固定长度 n 位，那么该指令系统最多可以设计 2^n 条不同功能的指令。若指令格式中地址码的位数越长，能直接寻址的存储空间就越大。地址码个数越多，寻址方式越丰富，指令功能就越强大。但指令字的长度越长，指令中信息的冗余量就越大，目标程序的长度也会越长，这样不仅浪费了存储空间，而且也将影响程序的执行速度。

4.2.1 地址码

在指令格式中，根据一条指令中地址码个数的不同，指令可分为：三地址指令、二地址指令、一地址指令和零地址指令。

1. 三地址指令

格式如下：

OP	A_1	A_2	A_3

其中，OP 表示操作码；A_1 表示第一个源操作数在主存单元中的地址或寄存器地址或操作数本身；A_2 表示第二个源操作数在主存单元中的地址或寄存器地址或操作数本身；A_3 表示操作结果的存放地址，可以是主存地址或者寄存器地址，通常称为目的操作数地址。

指令功能：将 A_1 和 A_2 指定的操作数进行 OP 给出的某种操作，并将结果存入 A_3 指定的地址中，或将 A_3 的内容作为操作的目的地址。如 8051 的比较转移指令 CJNE R_0，R_1，NEXT，其中 NEXT 为标号。

需要说明的是，三地址指令中的三个地址码，具体哪个是源操作数地址、哪个是目的操作数地址，其定义与各种机器的结构有关。二地址指令、一地址指令与此类似，但地址码的个数越多，指令功能越强大。

2. 二地址指令

格式如下：

OP	A_1	A_2

其中，OP 表示操作码；A_1 表示第一个源操作数在主存单元中的地址或寄存器地址或操作数本身，也可作为目的操作数地址；A_2 表示第二个源操作数在主存单元中的地址或寄存器地址或操作数本身，也可作为目的操作数地址。

指令功能：将 A_1 和 A_2 指定的操作数进行 OP 给出的某种操作，并将结果存入 A_1 或 A_2 中。如 x86 指令 ADD AX，BX 中的目的操作数地址为 A_1，而 PDP－11 指令 ADD R_1，R_2 中的目的操作数地址为 A_2。由于二地址指令格式中给出了与两个操作数相关的地址或操作数本身，因此二地址指令又称双操作数指令。

3. 一地址指令

格式如下：

OP	A

其中，OP 表示操作码；A 表示源操作数或目的操作数在主存单元的地址或寄存器地址，也可作为目的操作数地址。

一地址指令功能为以下两种情况之一：

(1) 将 A 指定的操作数进行 OP 给定的操作，并将结果存入 A 中。指令中只给出一个地址，它既是源操作数的地址，又是目的操作数的地址，如 x86 指令 INC AX 等。

(2) 将 A 指定的操作数与累加器的内容进行 OP 给定的操作，并将结果存入累加器中。在某些字长较短的微型计算机中(如早期的 8086、Z80 等)，某些指令的指令格式中地址码部分只有一个源操作数的地址，另一个源操作数地址及结果存放地址均为累加器，如 8086 指令 MUL BL，Z80 指令 AND 0FH 等。

由于一地址指令格式中给出了与单个操作数相关的地址，因此一地址指令又称单地址指令、单操作数指令。

4. 零地址指令

格式如下：

OP

在这种指令格式中只有操作码，没有地址码部分，但并不表示零地址指令就一定没有操作数地址。零地址指令功能为以下两种情况之一：

(1) 该指令本身就不需要任何操作数。如 PDP－11 的空操作指令 NOP、停机指令 HLT，x86 的空操作指令 NOP、停机指令 HLT 等。

(2) 操作数地址是系统默认的。指令所需的操作数可能来自于堆栈，如 x86 的返回指令 RET 等，也有可能来自于存储单元或累加器，如 x86 的串操作指令 MOVSB、字节扩展成字指令 CBW 等。

由于零地址指令格式中没有直接给出与操作数相关的地址，因此零地址指令又称无操作数指令。

以上介绍的几种指令格式是常见的，多地址指令格式应用不多，在这里不作介绍。值得注意的是，并非任何一种计算机全都具有这几种指令格式。一般来说，结构简单的计算机字长较短，多采用零地址指令、一地址指令和二地址指令，而功能较强的计算机字长较长，采用的地址码个数也多些。地址码个数少的指令执行速度快，但功能没有地址码个数多的指令强。

指令中的源操作数可以来自于通用寄存器，也可以来自于主存单元。在二地址指令格式中，根据指令中源操作数所处位置的不同，可分为三种类型，即 RR 型(两个源操作数均来自于通用寄存器)、RS 型(一个源操作数来自于通用寄存器，另一个操作数来自于主存单元)、SS 型(两个源操作数均来自于主存单元)。在一地址指令格式中，根据指令中源操作数所处位置的不同，可分为二种类型，即 R 型(指令格式中的源操作数来自于通用寄存器)和 S 型(指令格式中的源操作数来自于主存单元)。

4.2.2 操作码

操作码的位数决定了不同功能指令的多少，位数越多，所能表示的操作功能就越丰富。指令的操作码通常有两种编码格式：一种是等长操作码，另一种是变长操作码。等长操作码对于简化硬件设计、减少指令译码时间非常有利，如 IBM370 指令系统，操作码的长度固定为 8 位。而变长操作码的操作码长度是可变的，且分散在指令字的不同字段中，这种格式能够有效地压缩程序中操作码的平均长度，如 Pentium、SUN SPARC 指令系统。

1. 等长操作码

设指令格式中等长操作码的位数为 n 位，则该机器最多可以设计 2^n 条不同功能的指令。反过来，若指令系统中包含有 N 条不同功能的指令，采用等长操作码设计时，至少需要$\lceil \text{lb } N \rceil$位(加括号“$\lceil\ \rceil$”表示上取整)。等长操作码的指令格式如图 4.1 所示，由于不同指令的地址码的个数不同，指令的长度也是变化的。

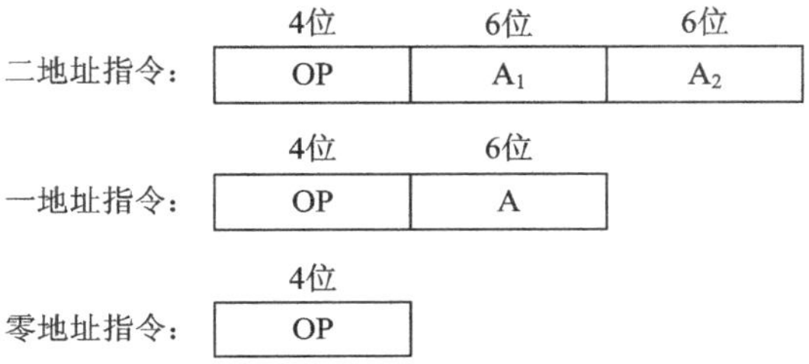

图 4.1　等长操作码的指令格式

2. 变长操作码

变长操作码具体有两种不同的编码，即 Huffman(哈夫曼)编码和扩展操作码。实际上，扩展操作码是 Huffman 编码与等长操作码的折中编码方案。扩展操作码的指令格式如图 4.2 所示。

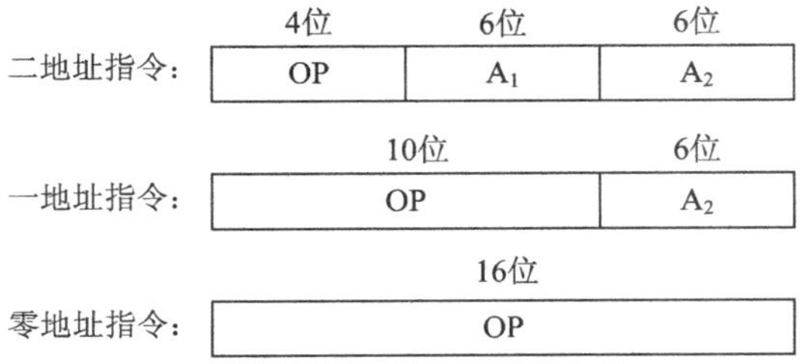

图 4.2　扩展操作码的指令格式

假设某机器的指令系统中所有指令的长度都固定为 16 位，有二地址指令、一地址指令和零地址指令等三种指令格式。设二地址指令的操作码字段为 4 位，每一地址码字段均为 6 位，一地址指令和零地址指令的操作码采用扩展操作码的方法构成，如图 4.2 所示。二地址指令的操作码为 4 位，如果全部用来表示二地址指令，则可以表示 $2^4=16$ 种。如果机器只需要 15 条二地址指令，则可以取其中的 0000～1110 共 15 种组合来表示二地址指令的操作码。将剩下的一种编码 1111 作为一地址指令操作码的扩展标志，扩展到二地址指令的 A_1 字段，就形成了一地址指令。由于 A_1 字段的位数是 6 位，因此用一个扩展标志 1111 就可以扩展出 $2^6=64$ 种一地址指令的操作码。如果机器只需要 62 条一地址指令，即取 1111000000～1111111101 作为一地址指令的操作码，则余下的两种编码 1111111110、

1111111111 都可以作为零地址指令操作码的扩展标志，扩展到一地址指令的 A 字段，就形成了零地址指令。由于 A 字段的位数是 6 位，因此用两个标志位最多可以扩展出 $2\times2^6=128$ 种零地址指令的操作码。上面描述的操作码扩展情况如表 4.1 所示。

表 4.1 扩展操作码

指令格式	4 位	6 位	6 位
二地址指令	0000 ~ 1110	A_1	A_2
一地址指令	1111	000000 ~ 111101	A
零地址指令	1111	111110	000000 ~ 111111
	1111	111111	000000 ~ 111111

在采用变长操作码的指令系统中，到底使用何种扩展方法有一个重要的原则，就是使用频度（一般为静态使用频度）高的指令就分配短的操作码，使用频度低的指令相应地分配较长的操作码。这样不仅可以有效地缩短操作码在程序中的平均长度，节省存储器空间，而且能够缩短经常使用的指令的译码时间，因而可以提高程序的运行速度。

［**例 4.1**］ 设一台模型机共有 7 种不同的指令，使用频度 P_i 如表 4.2 所示。分别用等长操作码和具有两种码长的扩展操作码对其操作码进行编码，并分别计算操作码的平均码长。

解：若用等长操作码表示，则需要 3 位；若用扩展操作码表示，可以将使用频度高的指令操作码用 2 位表示，而使用频度低的指令操作码用 4 位来表示，各种指令的等长操作码和扩展操作码表示如表 4.2 所示。

表 4.2 指令操作码的使用频度、等长操作码及扩展操作码编码

指令	P_i	等长操作码	等长操作码的长度	扩展操作码	扩展操作码的长度
I_1	0.40	000	3	00	2
I_2	0.30	001	3	01	2
I_3	0.15	010	3	10	2
I_4	0.05	011	3	1100	4
I_5	0.04	100	3	1101	4
I_6	0.03	101	3	1110	4
I_7	0.03	110	3	1111	4

指令操作码的平均码长，即平均操作码编码长度可用如下公式计算：

$$\text{指令操作码的平均码长} = \sum_{i=1}^{n}(\text{指令的使用频度 } P_i \times \text{指令操作码长度 } l_i)$$

其中，n 为指令的种类。在表 4.2 中，等长操作码的平均码长为 3 位；扩展操作码的平均码长为

$$\begin{aligned}\sum_{i=1}^{7}(P_i \times l_i) &= 0.40\times 2 + 0.30\times 2 + 0.15\times 2 + 0.05\times 4 \\ &\quad + 0.04\times 4 + 0.03\times 4 + 0.03\times 4 \\ &= 2.3(\text{位})\end{aligned}$$

由此可见，操作码扩展技术是一种重要的指令优化技术，它可以缩短指令的平均长度，减少程序的总位数及增加指令字所能表示的操作信息和地址信息。当然，扩展操作码比等长操作码的译码要复杂，相应控制器的电路设计也较复杂。

4.2.3　指令字长与机器字长的关系

一个指令字中所包含的二进制代码的位数，称为指令字长度，简称指令字长。而机器字长是指计算机一次能直接处理的二进制数据的位数，通常所说的 64 位机就是指机器字长为 64 位。指令字长与机器字长有密切关系。指令字长等于机器字长的指令，称为单字长指令；指令字长等于机器字长一半的指令，称为半字长指令；指令字长等于机器字长两倍的指令，称为双字长指令。在很多计算机系统中，为便于指令的存取，机器字长通常与主存单元的位数相一致。

在计算机系统中，如果各种指令的指令字长度是相等的，则称为定长的指令格式。如果各种指令的指令字长度是变化的，则称为变长的指令格式。如 SUN SPRAC 采用的是定长的指令格式，而 IBM370、PDP-11、Pentium 采用的则是变长的指令格式。

计算机的指令格式与机器的字长、存储器结构及指令的功能都有很大的关系。因此，如何合理、科学地设计指令系统，使指令字既能给出足够的信息，其长度又尽可能地短，又能方便存取、缩短取指时间和节省存储空间，是提高机器综合性能的主要措施之一。

[例 4.2]　某指令系统采用定长的指令格式，设指令字长为 16 位，每个地址码的长度为 6 位，指令分为二地址指令、一地址指令和零地址指令三类。若二地址指令为 K 种，零地址指令为 L 种，问一地址指令最多能设计多少种。

解： 画出三类指令的指令格式如图 4.3 所示。

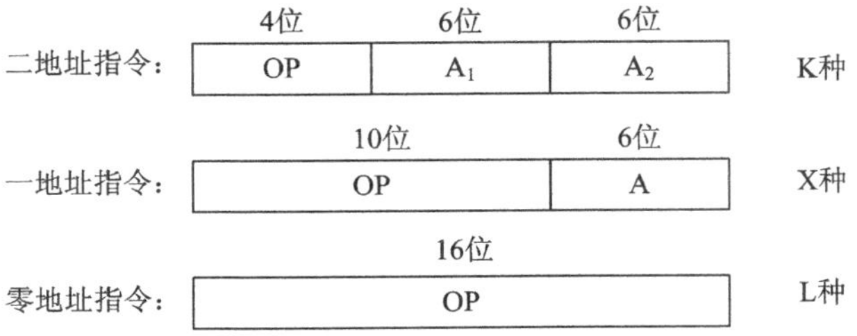

图 4.3　三类指令的指令格式

设一地址指令为 X 种，根据题意，有

$$((2^4-K)\times 2^6-X)\times 2^6\geqslant L$$

$$X\leqslant 2^{10}-K\times 2^6-L\times 2^{-6}$$

所以，一地址指令最多能设计$[2^{10}-K\times 2^6-L\times 2^{-6}]$种(加括号“[ ]”表示取整)。

4.2.4 指令格式举例

不同的机器在指令格式的设置上各有不同的考虑，即使同一种机器也因为指令为不同类型而采用几种格式，下面以 IBM370 和 PDP-11 为例，简要介绍大型机和小型机中有代表性的指令格式的设置情况。

1. IBM370 的指令格式

IBM370 曾是大型机的重要代表，它根据操作数的不同来源将指令分为 RR 型、RS 型、RX 型、SI 型和 SS 型。相应地设置了 5 种主要的指令格式，如图 4.4 所示。

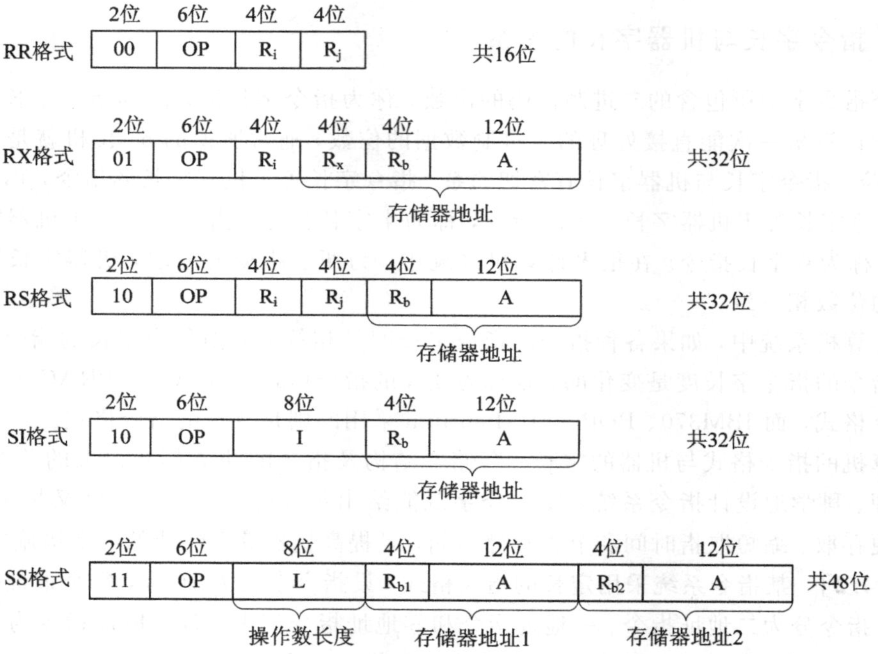

图 4.4 IBM370 的指令格式

IBM370 是 32 位机器，按字节寻址，支持的数据类型有字节、半字、字、双字、压缩 BCD 码和非压缩 BCD 码。机内有 16 个 32 位的通用寄存器、4 个双精度(64 位)浮点寄存器。

IBM370 采用变长的指令格式，指令基本字长为 16 位，根据指令中所包含的存储单元地址数，指令长度可增加到 32 位或 48 位。没有对操作码进行扩展的情况，几乎所有指令的操作码都集中在指令字的高 8 位，其中最左边两位表明指令的格式和长度，其余 6 位用来规定具体的操作。

图 4.4 中，R_i、R_j 为 16 个通用寄存器中的任意两个寄存器号，分别用 4 位字段表示。R_x 为变址寄存器号，R_b 为基址寄存器号，均借用 16 个通用寄存器，因此也分别占 4 位。A

为形式地址，占12位。I为立即数，占8位，一般用来表示较小的常数或字符。L可以是一个8位字段或两个4位字段，用来指定一个或两个操作数的长度。在RR格式中，两操作数均来自通用寄存器，所以指令字长为16位。RX格式中，一个操作数来自通用寄存器，另一操作数通过 R_x 和 R_b 的内容与A相加，获得其存储器有效地址，指令字长增加到32位。RS格式与SI格式类似，只不过前者指令提供了三个地址信息，两个为通用寄存器号，另一个是由基址寄存器和位移量形成的有效地址；后者则在指令中直接给定立即数。SS格式给出两个存储单元地址，均通过基址寻址获得，使指令字长增加为48位。用SS格式来实现将一组数据从存储器某一区间传送到另一区间的操作是非常方便的。

2. PDP-11的指令格式

PDP-11曾是16位小型机中最重要的代表。它的指令基本字长为16位，但根据不同的寻址方式，在16位指令字中还可以跟2～4字节的存储器地址，使指令长度可以增加到32位或48位。与IBM370不同的是，PDP-11采用了操作码的扩展方法，使它具有多种指令格式，以便执行双操作数和单操作数运算操作。PDP—11有一个功能强大和灵活的指令系统，有13种指令格式，图4.5中给出了PDP-11的5种主要的16位指令字格式。

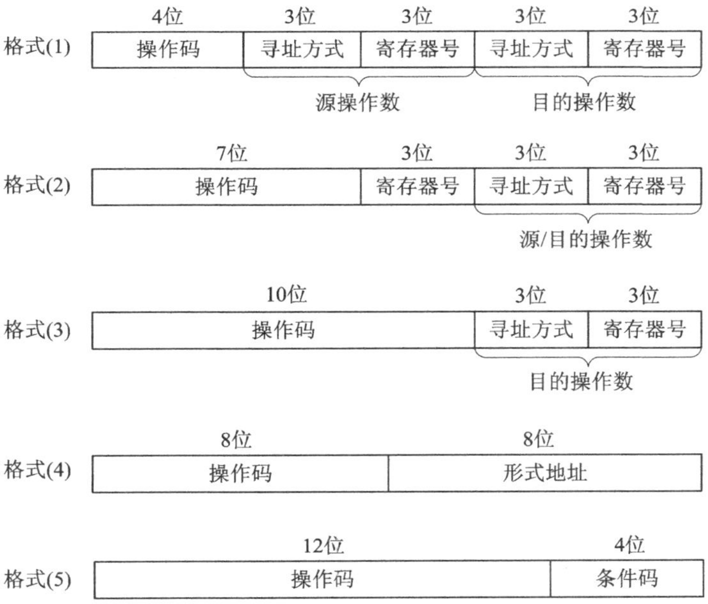

图4.5　PDP-11的主要指令格式

第(1)种为双操作数指令格式，源操作数和目的操作数字段分别占6位(包括3位寻址方式和3位寄存器编号)，剩下4位作为操作码。第(2)种也为双操作数指令格式，但对格式(1)的操作码(0111)进行了扩展，增加为7位操作码。为此，将两个操作数之一在寻址方式上加以限制，只给出寄存器号，即只允许寄存器寻址。第(3)种为单操作数指令格式，将格式(1)的操作码(0000)扩展为10位，只设置一个操作数的地址。第(4)种和第(5)种分别为转移指令格式和条件码指令格式，也都是在格式(1)基础上扩展了操作码的位数。第(4)种中的形式地址部分是转移地址相对于PC的位移量。

4.3 指令和数据的寻址方式

存储器中既可用来存放指令，又可用来存放数据。当某条指令或某个操作数存放在某个主存单元时，其存储单元的编号，就是该指令或操作数在存储器中的物理地址。物理地址又称有效地址，但 x86 系列机除外，x86 系列机的有效地址指的是相对于段首址的地址偏移量，即偏移地址。寻址方式是指寻找指令或操作数有效地址的方式方法。寻址方式分为两类，即指令的寻址方式和数据的寻址方式，前者比较简单，后者比较复杂。不同的计算机有不同的寻址方式，但其基本原理是相同的。有的计算机寻址方式种类较少，因此将寻址方式直接设计到指令的操作码中；而有的计算机采用多种寻址方式，此时在指令格式设计时，专门设计一个或多个寻址模式字段来表示源或目的操作数采用的不同寻址方式。在这一节我们将介绍几种被广泛使用的基本寻址方式。

4.3.1 指令的寻址方式

形成指令有效地址的方式，称为指令的寻址方式。指令的寻址方式有两种，即顺序寻址方式和跳跃寻址方式。

1. 顺序寻址方式

计算机每次访存取指时，指令的地址都是直接由程序计数器 PC 给出的，取指完成后 PC 自动进行调整，形成下一条指令在主存单元的地址，从而保证程序的顺序执行。指令的顺序寻址方式是指当执行一段程序时，要执行的下一条指令便是程序中当前正在执行指令的下一条指令。

2. 跳跃寻址方式

指令的跳跃寻址方式是指程序不是顺序执行的，要执行的下一条指令的地址并不是程序计数器 PC 的当前值，而是根据当前指令的执行结果来确定的。例如条件转移指令，它在条件满足的情况下立即修改程序计数器 PC 的内容，等到下一次取指令时，就已经完成转移了。再如无条件转移指令、调用子程序指令等都是直接跳跃到另外一个地址去执行程序，这些指令都有修改 PC 内容的功能。修改 PC 的方法有两种：一种是在当前 PC 值的基础上加减一个位移量，这称为相对寻址；另一种是直接替换 PC 的值，称为绝对寻址。

采用指令的跳跃寻址方式，可以实现程序的分支、循环和调用子程序等功能，使程序的设计灵活实用。

4.3.2 操作数的寻址方式

所谓操作数的寻址方式，是指形成操作数的有效地址的方式。常见的寻址方式有隐含寻址、立即寻址、寄存器直接寻址、寄存器间接寻址、直接寻址、间接寻址、相对寻址、基址寻址、变址寻址、自动增量/减量寻址及堆栈寻址共 11 种。

需要提醒读者的是，一台计算机的指令系统不一定同时具有这 11 种寻址方式，而有的还可能会采用一些更复杂的寻址方式，如 x86 系列机中采用的段寻址方式，某些大型机中采用的存储器二次间接寻址方式、复合寻址方式等。

在描述操作数的寻址方式时，本书将使用如下符号：

OP：操作码。

X：寻址模式。

I：间接特征。

R：通用寄存器。

R_b：基址寄存器。

R_x：变址寄存器。

A：形式地址，它可以是操作数的有效地址、地址位移量或立即数等。

E：操作数的有效地址。

(E)：地址 E 的内容。

S：操作数。

以下我们以一地址指令为例，介绍操作数的寻址方式。设一地址指令的基本格式如下：

操作码	寻址模式	间接特征	形式地址
OP	X	I	A

其中，X、I、A 组成该指令操作数的有效地址。若操作数的寻址方式中只有直接和间接两种，则只设计间接特征位 I，一般 I=0 表示直接，I=1 表示间接；若操作数的寻址方式中直接和间接特征与其他寻址方式的结合不是很明显，则只设计寻址模式，一般用 X、MOD 或 M 等表示；若操作数的寻址方式中直接和间接特征能与其他寻址方式结合成各种复合寻址方式，则可同时设计寻址模式 X 和间接特征位 I。另外，在此格式中假设系统中的特殊寄存器都只有一个，若有多个特殊寄存器，则需要在指令格式中设计相应的地址字段。

1. 隐含寻址

有些类型的指令不是明显地给出操作数的地址，而是隐含地由累加器给出操作数。

例如，8086 汇编语言中有：

```
CWD; 把 AX 中的内容按照符号位扩展为 DX: AX 双字，源操作数的地址隐含为 AX 寄存器
IDIV BL ; 把 AX 中的带符号数除以 BL 寄存器中的带符号数，其中一个源操作数的地址隐含
        ; 为 AX 寄存器
```

又例如，Z80 汇编语言中有：

```
AND 0FH; 把累加器 A 的内容与立即数 0FH 相“与”，其中一个源操作数的地址隐含为累加器 A
```

2. 立即寻址

指令的形式地址字段给出的不是操作数的地址，而是操作数本身，这种寻址方式称为立即寻址。

例如，8086 汇编语言中有：

```
MOV AX, 1234H; 把立即数 1234H 传送到 AX 寄存器，源操作数采用的就是立即寻址
```

立即寻址用于给寄存器或存储单元赋初值。由于指令自带操作数，因此取操作数时不需要额外的访存时间。

3. 寄存器直接寻址

寄存器寻址可分为寄存器直接寻址和寄存器间接寻址两种，通常所说的寄存器寻址指

的是寄存器直接寻址。这里的寄存器一般为通用寄存器，在某些计算机系统中，基址寄存器和变址寄存器也可以作为通用寄存器使用。

在单地址指令中，若操作数的寻址方式同时具有寄存器直接寻址和寄存器间接寻址两种寻址方式，并且不再采用其他的寻址方式，则该指令的指令格式设计如图 4.6 和 4.7 所示，指令格式中，I 为间接特征位，占 1 位。I=0，表示寄存器直接寻址，I=1，表示寄存器间接寻址。R 为寄存器的编码，即寄存器的地址。如果 CPU 中有 N 个通用寄存器，则指令格式中的寄存器寻址段占$\lceil \mathrm{lb}\ N \rceil$位。

寄存器直接寻址的操作示意图如图 4.6 所示。在寄存器直接寻址中，寄存器的编码 R 为操作数的有效地址，而寄存器 R 中的内容为操作数。即操作数的有效地址 E=R，操作数 S=(E)=(R)。

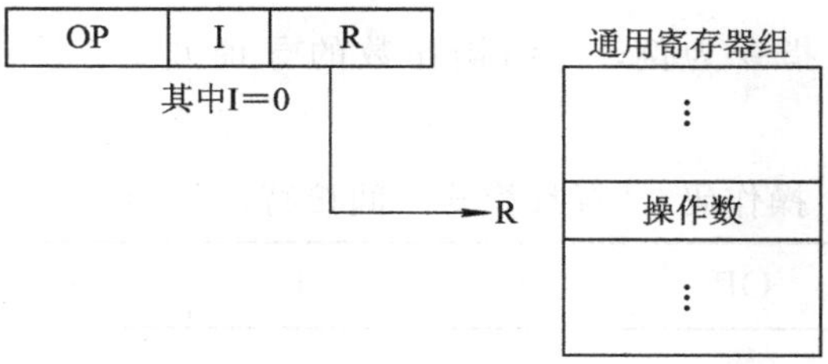

图 4.6 寄存器直接寻址方式

由于采用寄存器寻址时，操作数均来自于 CPU 内的通用寄存器，因此操作速度快。这种寻址方式被广泛应用于使用频度高的算术逻辑运算类指令中，在汇编程序设计中应用得最普遍。

4. 寄存器间接寻址

寄存器间接寻址的操作示意图如图 4.7 所示。在寄存器间接寻址中，寄存器 R 的内容为操作数在主存中的有效地址，由寄存器 R 的内容访存所得到的内容才是真正的操作数，即操作数的有效地址 E=(R)，操作数 S=(E)=((R))。

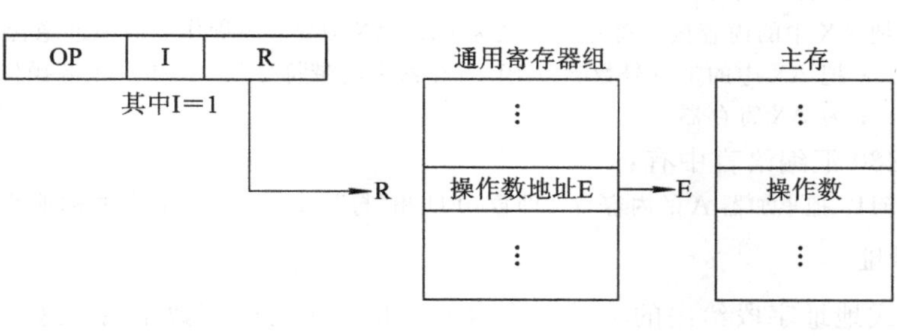

图 4.7 寄存器间接寻址方式

寄存器间接寻址的一个显著优点在于它访问主存时不需要在指令中定义完整的地址，并可在指令执行时根据寄存器的内容访问不同的存储单元。

5. 直接寻址

在单地址指令中，若操作数的寻址方式同时具有直接寻址和间接寻址两种寻址方式，并且不再采用其他的寻址方式，则该指令的指令格式设计如图 4.8 和 4.9 所示，指令格式中，I 为间接特征位，占 1 位。I=0，表示直接寻址，I=1，表示间接寻址。

直接寻址的操作示意图如图 4.8 所示。在直接寻址中，指令中的形式地址就是操作数在主存中的有效地址，即操作数的有效地址 E=A，操作数 S=(E)=(A)。

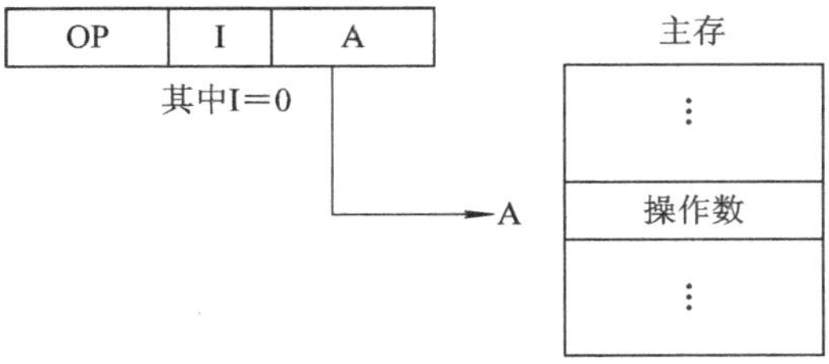

图 4.8　直接寻址方式

在使用直接寻址时，由于同一条指令中的形式地址始终是同一个主存地址并且长度固定，因此在实际使用时有一定的限制。该寻址方式只能用于访问全局变量，因为全局变量的地址在编译阶段是已知的。而现在有大量的程序使用全局变量，所以目前这种寻址方式还是很常用的。

6. 间接寻址

通常所说的间接寻址是指存储器间接寻址。在间接寻址中，指令的形式地址字段并不是操作数在主存的有效地址，而是操作数有效地址的指示器。由指令中的形式地址可以间接找到或推导出操作数在主存的有效地址。

存储器间接寻址有一次间接和多次间接两种情况，大多数计算机只允许一次间接。存储器一次间接寻址的操作示意图如图 4.9 所示。指令中的形式地址 A 是操作数在主存中有效地址的地址，即操作数的有效地址 E=(A)，操作数 S=(E)=((A))。

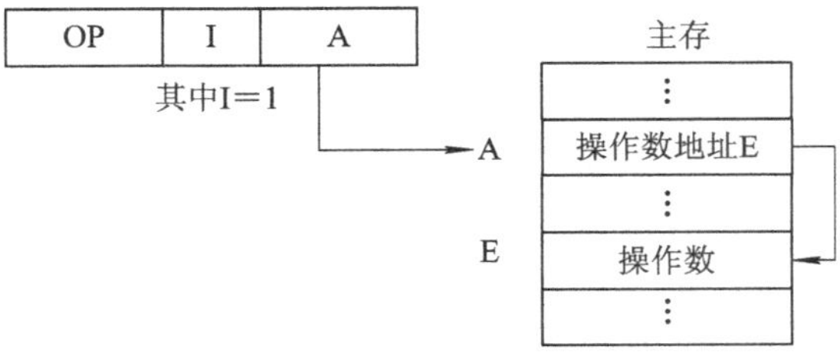

图 4.9　一次间接寻址方式

7. 相对寻址

相对寻址是相对于程序计数器 PC 而言的。指令中的形式地址 A 是一个地址位移量，用补码表示，即位移量的最高位为符号位，其值可正可负。相对寻址方式的操作示意图如图 4.10 所示。在相对寻址方式中，操作数在主存中的有效地址等于程序计数器 PC 的内容加上指令格式中的位移量，即操作数的有效地址 E=(PC)+A，操作数 S=(E)=((PC)+A)。

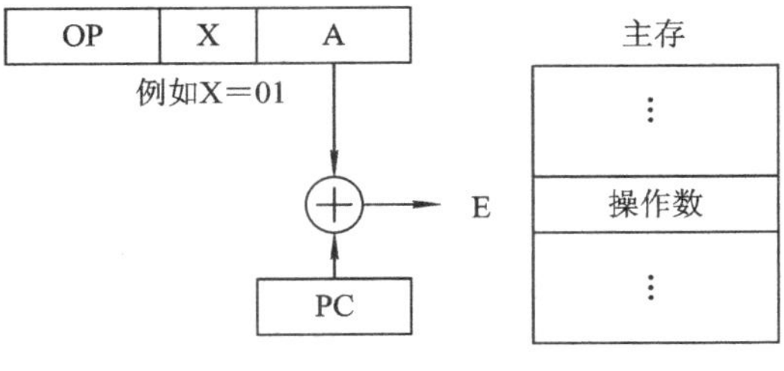

图 4.10　相对寻址方式

8．基址寻址

在基址寻址中，指令中的形式地址 A 是一个地址位移量，用补码表示，其值可正可负。基址寻址的操作示意图如图 4.11 所示。操作数在主存中的有效地址等于基址寄存器的内容加上地址位移量，即操作数的有效地址 E＝(R_b)＋A，操作数 S＝(E)＝$((R_b)$＋A)。

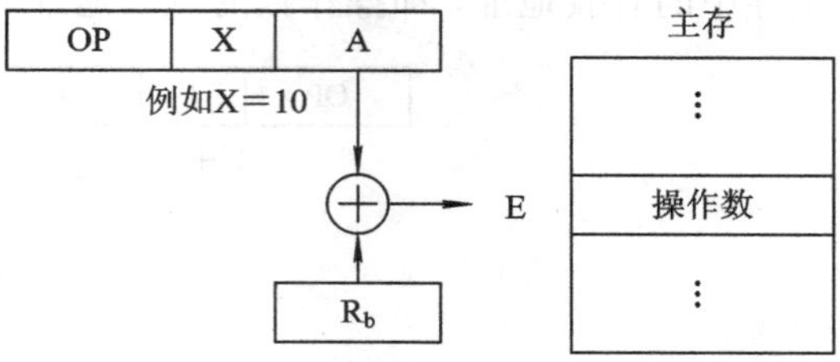

图 4.11　基址寻址方式

基址寻址的优点在于可以扩大寻址的空间，因为基址寄存器的位数远超过形式地址的位数。

9．变址寻址

在变址寻址中，指令中的形式地址 A 是一个地址位移量，用补码表示，其值可正可负。变址寻址的操作示意图如图 4.12 所示。操作数在主存中的有效地址等于变址寄存器的内容加上地址位移量，即操作数的有效地址 E＝(R_x)＋A，操作数 S＝(E)＝$((R_x)$＋A)。

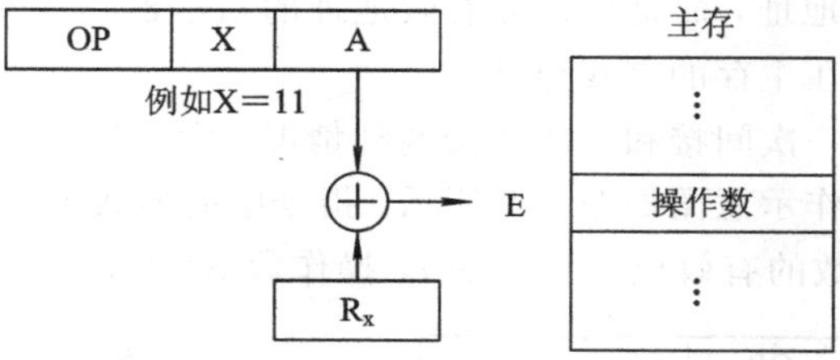

图 4.12　变址寻址方式

变址寻址的优点在于可以对一个连续存储区域中的数据，如数组或表格类的数据进行相同的操作或运算，也可实现程序块有规律的变化，因为形式地址提供了数据在存储区域的起始地址，而变址寄存器的内容相当于相对于起始地址的位移量，在不改变指令本身的前提下，若使变址寄存器的内容有规律的变化(如自增或自减一个常数)，就可实现对数据有规律的访问。

在基址或变址寻址中，若基址或变址寄存器的个数超过 1 个，则需在指令格式中对基址或变址寄存器进行编码。例如，假设系统中有 4 个变址寄存器，则变址寄存器的编码占用 2 位，对应的一地址指令格式可设计如下：

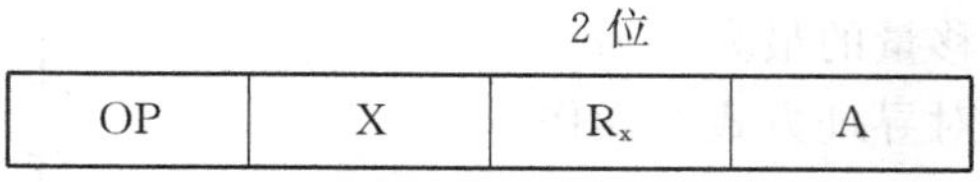

10．自动增量/减量寻址

这是寄存器间接寻址的一种变型，某些机器设计有能够自动增加/减少其内容的寄存器，每执行该指令一次，寄存器的内容就可以自动增量/减量。

在自动增量寻址方式中，操作数在主存中的有效地址等于寄存器的内容或寄存器的内容与位移量之和，同时每执行该指令一次，寄存器的内容就自动增量(根据操作数是字节、字、双字或四倍字分别增加 1、2、4、8）。常用助记符为(R)+，加号在括号之后，形象地表示先操作后修改寄存器的内容。

在自动减量寻址方式中，寄存器内容先减去数据类型长度，然后再用寄存器的内容或寄存器的内容与位移量之和形成操作数在主存中的有效地址。常用助记符为−(R)，减号在括号之前，形象地表示先修改寄存器的内容后操作。其具体操作过程如图 4.13 所示。

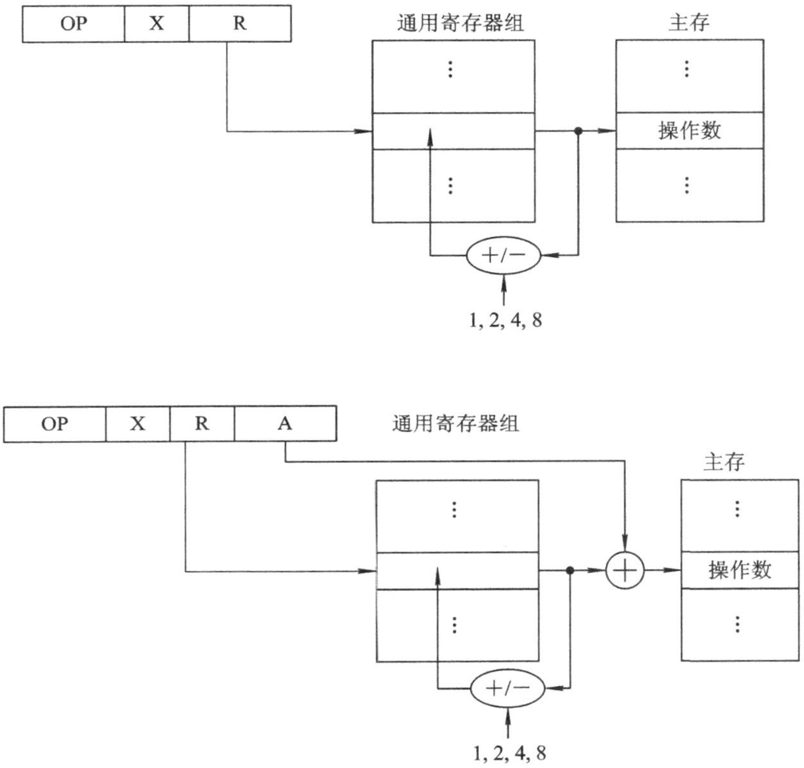

图 4.13　自动增量/减量寻址方式

在自动增量/减量寻址中，操作数在主存中的有效地址都为 E=(R)或 E=(R)+A，操作数 S=(E)=((R))或 S=(E)=((R)+A)，只是修改 R 内容与寻址的先后次序不一样而已。

在相对寻址、基址寻址、变址寻址、自动增量/减量寻址等寻址方式中，为保证加法运算结果的正确性，在进行加法运算前，需将位移量的符号位向前扩展直到与程序计数器 PC、基址寄存器 R_b、变址寄存器 R_x、通用寄存器 R 的位数相同。

11. 堆栈寻址

堆栈有寄存器堆栈和存储器堆栈两种形式，现代计算机大都采用存储器堆栈。存储器堆栈是由程序员在主存空间开辟的一个以后进先出(LIFO)方式来访问的存储区域。使用存储器堆栈的优点是堆栈的容量大，并且访问方便，缺点是进栈和出栈的速度慢。操作数存放在堆栈的寻址方式，称为堆栈寻址。采用堆栈寻址的典型指令包括堆栈操作指令、中断调用与返回指令、子程序调用与返回指令等。

堆栈的栈顶由堆栈指针 SP 指示，通常堆栈的操作都在栈顶进行。堆栈操作指令一般只有两条，即进栈指令和出栈指令。进栈指令用来将 CPU 内寄存器的内容或某一存储单元的内容压入堆栈栈顶，同时修改堆栈指针 SP 的值。出栈指令用来从栈顶取出数据送入 CPU 内的通用寄存器或某一存储单元，同时修改堆栈指针 SP 的值。数据的进栈和出栈操作与堆栈指针的修改是有次序的，对于不同的计算机，其操作次序不一定相同。例如，对于 8086 CPU 而言，进栈和出栈操作均以字(两个字节)为单位，内存按字节编址，进栈时 SP 向地址减小的方向变化，其进栈操作过程为：先将(SP)－2→SP，然后数据进栈，即将数据送入以(SP)和(SP)＋1 为地址的两个字节单元中。出栈操作过程正好相反，先将数据出栈，即将以(SP)和(SP)＋1 为地址的两个字节单元中的数据弹出，然后将(SP)＋2→SP。但对于 MCS－51 系列单片机而言，进栈和出栈操作均以字节为单位，进栈时 SP 向地址增大的方向变化，其进栈操作过程为：先将(SP)＋1→SP，然后数据进栈，即将数据送入以(SP)为地址的存储单元中。出栈操作过程正好相反，先将数据出栈，即将(SP)为地址的存储单元中的数据弹出，然后将(SP)－1→SP。

若主存按字编址，进栈和出栈均以字为单位，假设一个机器字为两个字节，进栈时 SP 向地址减小的方向变化，则进栈、出栈操作过程如图 4.14 所示。

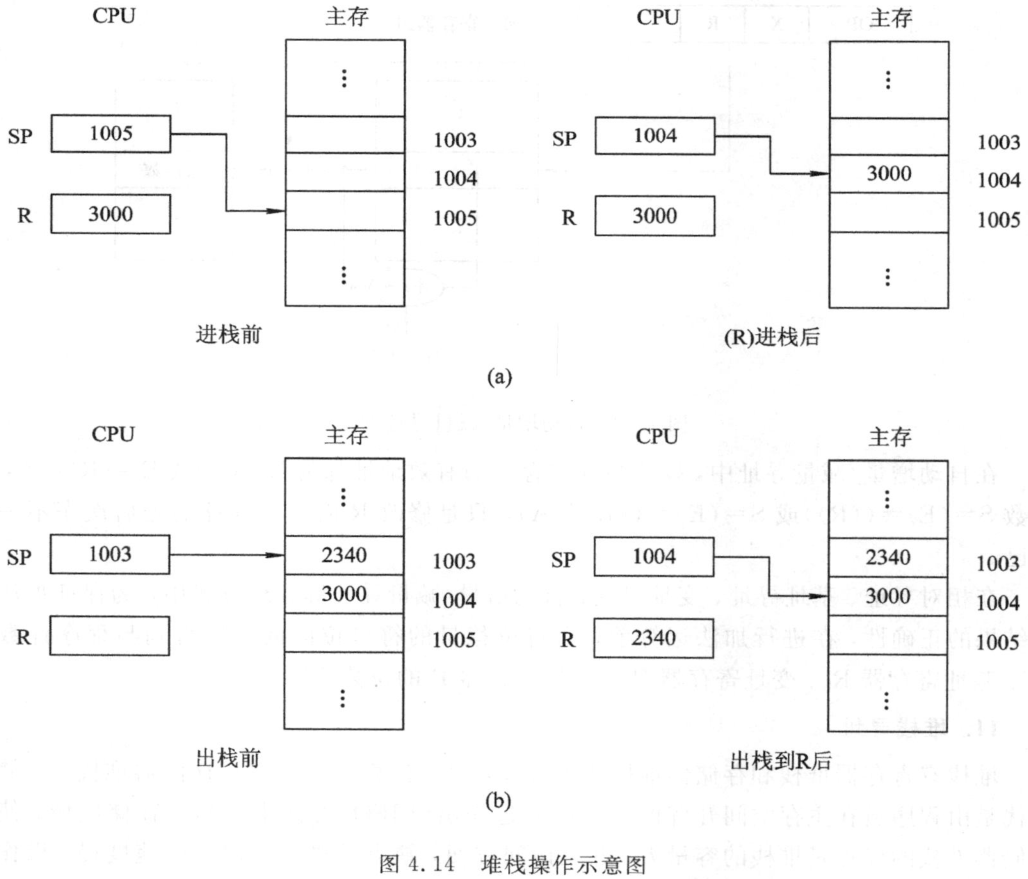

图 4.14 堆栈操作示意图

(a) 进栈操作；(b) 出栈操作

4.3.3 指令格式的分析与设计

[例 4.3] 设某类指令格式如下所示，其中 OP 为操作码字段，试分析指令格式的特点。

15　　10	9　　8	7　　4	3　　0
OP	— —	源寄存器	目的寄存器

解： 指令格式的特点如下：

单字长二地址指令；

操作码字段 OP 为 6 位，最多可以设计 64 条不同功能的指令；

源操作数和目的操作数均来自于通用寄存器(可分别指定 16 个通用寄存器)，所以该类指令为 RR 型；

由于该类指令的操作数均来自于 CPU 内的寄存器，因此操作速度快，这类指令结构常用于使用频度较高的算术逻辑运算类指令。

[例 4.4] 设某类指令格式如下所示，其中 OP 为操作码字段，试分析指令格式的特点。

15　　10	9　　8	7　　4	3　　0
OP	— —	源寄存器	变址寄存器
位移量(16 位)			

解： 指令格式的特点如下：

双字长二地址指令；

操作码字段 OP 为 6 位，最多可以设计 64 条不同功能的指令；

一个源操作数来自于通用寄存器(可分别指定 16 个通用寄存器)，另一个源操作数来自于存储器且采用变址寻址，操作数在存储单元的有效地址等于变址寄存器(可分别指定 16 个变址寄存器)的内容加上位移量，所以该类指令为 RS 型。

这类指令结构常用于对存储器的访问。

由例 4.3 和例 4.4 指令格式的分析可以看出，在分析指令格式时，主要从以下四个方面来分析：

① 几字长几地址指令；

② 操作码字段为多少位，最多可以设计多少条不同功能的指令；

③ 源操作数和目的操作数分别来自于通用寄存器还是存储器，分别说明其寻址方式，可分别指定多少个通用寄存器或特殊寄存器，该类指令为什么类型；

④ 该类指令的适用场合。

［例 4.5］ 一种 RS 型指令的结构如下所示：

6 位	2 位	3 位	2 位	1 位	2 位	16 位
OP	R	MOD	R	R_b	R_x	A

其中，OP 为操作码字段，R 为通用寄存器字段，MOD 为寻址方式字段，R_b 为基址寄存器字段，R_x 为变址寄存器字段，通过 MOD、R、R_b、R_x、A 的组合，可构成如表 4.3 所示的寻址方式。请写出 6 种寻址方式的名称。

表 4.3 可构成的 6 种寻址方式

寻址方式	MOD	有效地址 E
①	000	E＝A
②	001	E＝(PC)＋A
③	010	E＝(R_b)＋A
④	011	E＝(R_x)＋A
⑤	100	E＝(A)
⑥	101	E＝(R)

解：① 直接寻址；

② 相对寻址；

③ 基址寻址；

④ 变址寻址；

⑤ 间接寻址；

⑥ 寄存器间接寻址。

值得注意的是，此题的 RS 型指令格式中设计了 MOD、R、R_b 和 R_x 字段，表示该类指令的存储器操作数最多可采用 8 种不同的寻址方式，可访问的通用寄存器最多为 4 个，基址寄存器最多为 2 个，变址寄存器最多为 4 个。若在使用基址寻址时所访问的基址寄存器是系统默认的某一个特定的寄存器，则指令格式设计时不必设计 R_b 字段。R_x 的设计与 R_b 的设计类似。

［例 4.6］ 设有一台计算机，其指令长度为 16 位，有一类 RS 型指令的格式如下：

15　　10	9　　8	7　　6	5　　0
OP	R	MOD	A

其中，OP 为操作码，占 6 位；R 为寄存器编号，占 2 位，可访问 4 个不同的通用寄存器；MOD 为寻址方式，占 2 位，与形式地址 A 一起决定源操作数，规定如下：

MOD＝00，为立即寻址，A 为立即数；

MOD＝01，为相对寻址，A 为位移量；

MOD＝10，为变址寻址，A 为位移量。

如图 4.15 所示，假定要执行的指令为加法指令，存放在 1000H 单元中，形式地址 A

的编码为 01H，其中 H 表示十六进制数。该指令执行前存储器和寄存器的存储情况如图 4.15 所示，假定此加法指令的两个源操作数中一个来自于形式地址 A 或者主存，另一个来自于目的寄存器 R_0，并且加法的结果一定存放在目的寄存器 R_0 中。

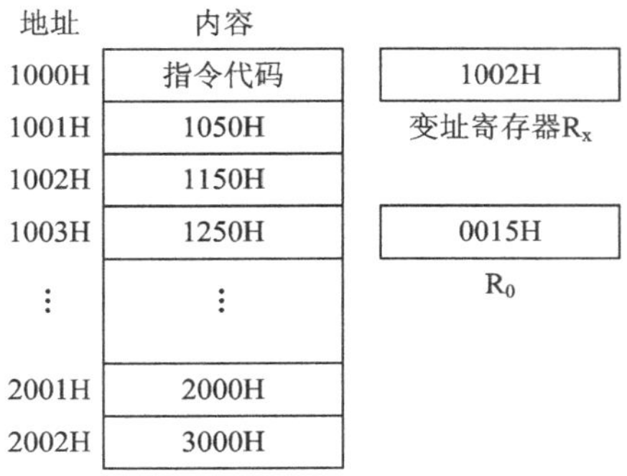

图 4.15 存储器和寄存器中的数据

在以下几种情况下，该指令执行后，R_0 和 PC 的内容为多少？

(1) 若 MOD=00，(R_0)=______；

(2) 若 MOD=01，(R_0)=______；

(3) 若 MOD=10，(R_0)=______；(PC)=______。

解：(1) 若 MOD=00，为立即寻址，则指令格式中的形式地址部分即为立即数，因此一个源操作数为 01H，另一个源操作数为 R_0 的内容 0015H，加法指令执行的结果为 (R_0)=0016H。

(2) 若 MOD=01，为相对寻址，则一个源操作数的有效地址 E=(PC)+A，在执行加法指令时，PC 的值为下一条指令的地址，即(PC)=1001H，由此可以算出这个源操作数的有效地址为 E=1001H+01H=1002H，这个操作数为(E)=1150H，另一个源操作数为 R_0 的内容 0015H，加法指令执行的结果为 (R_0)=1165H。

(3) 若 MOD=10，为变址寻址，则一个源操作数的有效地址 E=(R_x)+A，由此可以算出这个源操作数的有效地址为 E=1002H+01H=1003H，这个操作数为(E)=1250H，另一个源操作数为 R_0 的内容 0015H，加法指令执行的结果为 (R_0)=1265H；在执行加法指令时，PC 的值为下一条指令的地址，即(PC)=1001H。

[**例 4.7**] 已知某计算机系统中有一类 RS 型指令，其指令格式如下：

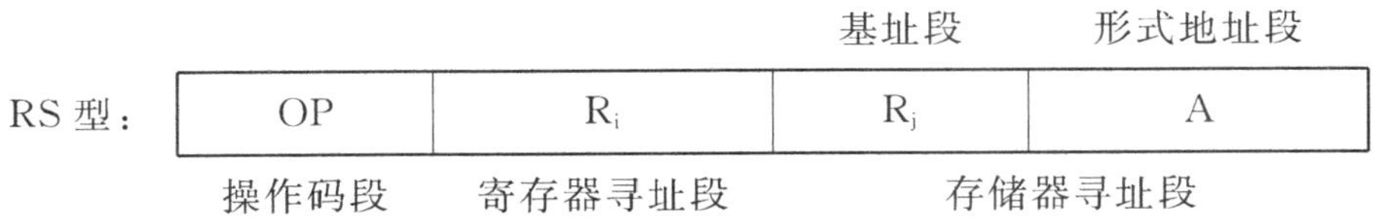

该指令长度为 16 位，已知 CPU 中有 8 个 16 位长的通用寄存器，这些寄存器也可作为基址寄存器使用，若要构造 16 条 RS 型指令，问：

(1) 该类指令各段占用多少位？

(2) 能寻址的最大主存地址为多少？

(3) 若将 RS 型指令中的操作码段扩展到寄存器寻址段而构成 S 型指令，那么此时 RS

型指令最多为多少条？在此基础上 S 型指令最多可以设计多少条？

解：(1) 操作码决定了指令的功能，若要构造 16 条 RS 型指令，则操作码段的位数为

$$\lceil \text{lb } 16 \rceil = 4\ (\text{位})$$

指令格式中的寄存器寻址段实际上是可访问的通用寄存器的编码，因为 CPU 中有 8 个 16 位长的通用寄存器，所以寄存器寻址段的位数为

$$\lceil \text{lb } 8 \rceil = 3\ (\text{位})$$

因为通用寄存器可作为基址寄存器使用，即指令格式中的基址段所使用的基址寄存器实际上就是通用寄存器，所以基址段的位数与寄存器寻址段的位数相同，为 3 位。

形式地址段的位数等于指令的字长减去操作码段、寄存器寻址段和基址段的位数，为 6 位。

综合以上分析，该类指令各段占用的位数如下所示：

	4 位	3 位	3 位	6 位
RS 型：	OP	R_i	R_j	A

(2) 由于该类指令只有基址寻址访问主存，因此寻址的最大主存地址只由基址寻址决定。基址寻址的有效地址 $E=(R_j)+A$，位移量 A 用补码表示，最大值为 2^5-1，基址寄存器的最大值为 $2^{16}-1$，因此该类指令能寻址的最大主存地址为 $2^{16}+2^5-2$。

(3) RS 型指令的操作码段占 4 位，最多有 16 种编码，但至少要留一种编码作为 S 型指令操作码的扩展标志，因此 RS 型指令最多为 15 条；在 S 型指令操作码只使用一种扩展标志的基础上，S 型指令最多可以设计 8 条。

此例中要求计算能寻址的最大主存地址，除此之外，还要区分诸如寻址的范围、寻址的地址空间大小、寻址的最大存储空间大小等概念。寻址的范围是指在所有访存的寻址方式中，从 0 到某一最大访存地址，如此例中的寻址范围为 $0\sim2^{16}+2^5-2$；寻址的地址空间大小是指在所有访存的寻址方式中，能访问的地址的个数，如此例中能寻址的地址空间大小为 $2^{16}+2^5-1$；寻址的最大存储空间大小带有存储单位，如 B、KB、MB 等，它等于能寻址的地址空间的大小乘以一个地址所存储的字节数，如此例中能寻址的存储器空间的大小为 $(2^{16}+2^5-1)\times2$ B。

4.4 典型指令

4.4.1 指令的分类

不同计算机的指令系统包含的指令条数各不相同，有的只有几十条指令，如 RISC－I 只有 31 条指令，SUN SPARC 只有 75 条指令，有的则有几百条，如 VAX 11/780 有 303 条指令，Pentium 有 191 条指令，Pentium 4 有 385 条指令。指令的类型在不同的计算机中也具有很大的差别，但有些常用的指令类型是所有计算机共有的。

按指令功能的不同，一个较完善的指令系统应包括数据传送指令、算术运算指令、逻辑运算指令、移位指令、程序控制指令、输入/输出指令、字符串处理指令、特权指令、处理器控制指令等。

1. 数据传送指令

数据传送指令的功能是实现立即数到寄存器或主存单元以及数据在寄存器与寄存器之间、寄存器与主存单元之间、主存单元与主存单元之间的传送。数据传送指令一般包括取数指令、存数指令、传送指令、成组传送指令、数据交换指令、清累加器指令、堆栈操作指令等。

2. 算术运算指令

算术运算指令的功能是实现定点数或浮点数的加减乘除运算。算术运算指令一般包括二进制定点加减乘除指令、二进制浮点加减乘除指令、十进制定点加减乘除指令、十进制浮点加减乘除指令等。不同的机器，包含的指令条数各不相同，如有的只具有定点数算术运算指令，有的则具有浮点运算与十进制运算指令。

3. 逻辑运算指令

逻辑运算指令的功能是完成逻辑运算。逻辑运算指令一般包括逻辑非指令、逻辑加指令、逻辑乘指令、按位加指令等。这类指令不只在数据运算中有用，在无符号数的位操作、代码转换和条件判断等方面更加有用。

4. 移位指令

移位指令包括算术移位指令、逻辑移位指令、带进位的循环移位指令、不带进位的循环移指令等，移位的方向又分为左移和右移两种。

5. 程序控制指令

程序控制指令一般包括转移指令、转子程序指令、返回主程序指令、中断指令等。而转移指令又可分为条件转移指令和无条件转移指令两类。

6. 输入/输出指令

输入/输出指令用来实现CPU与输入/输出设备之间的信息交换。对于计算机系统来说，输入/输出指令都是相对于CPU而言的。若指令完成的功能是将外设端口的数据或状态送入CPU内的通用寄存器，则称之为输入指令；相反，若指令完成的功能是将CPU内通用寄存器的内容送至外设端口，则称之为输出指令。这里“端口”是指外设接口电路中的控制寄存器、状态寄存器和数据缓冲器的地址。

7. 字符串处理指令

字符串处理是现代计算机的非数值处理功能，一般包括字符串传送指令、字符串比较指令、字符串搜索指令、字符串转换指令、取子串指令、字符串替换指令等。

8. 特权指令

某些指令的使用可能会破坏系统或其他用户信息，因此为了安全起见，这类指令只能用于操作系统或其他系统软件，而不提供给用户使用，故称为特权指令。

一般来说，在单用户、单任务的计算机中不一定需要特权指令，而在多用户、多任务的计算机系统中，特权指令却是必不可少的。它主要用于系统资源的分配和管理，包括改变系统的工作方式、检测用户的访问权限、修改虚拟存储器管理的段表、页表和完成任务的创建和切换等。

在某些多用户的计算机系统中，为了统一管理所有的外部设备，输入/输出指令也作为特权指令，不允许用户直接使用。需输入/输出时，可通过系统调用，由操作系统来完成。

9. 处理器控制指令

处理器控制指令一般包括标志位的置位指令、复位指令、停机指令、等待指令等。

4.4.2 RISC指令系统实例SUN SPARC

SPARC(Scalable Processor Architecture)系统结构是由SUN公司提出的一种规模和性能可伸缩的32位处理机系统结构，既适用于构成规模较小的微处理机，也适用于构成规模很大的巨型机，而且这种系统适用于不同芯片制造的工艺技术，如CMOS、ECL、GaAs等工艺。1987年夏SUN公司发表了开放的SPARC系统结构，允许在具体实现时对诸如寄存器数量等参数进行不同选择。1992年SUN公司推出了MicroSPARC和SuperSPARC，1993年和1995年又分别推出了HyperSPARC和TurboSPARC。自1995年开始，SUN公司相继推出了UltraSPARC Ⅰ、UltraSPARC Ⅱ、UltraSPARC Ⅲ、UltraSPARC Ⅳ、Ultra SPARC Ⅳ＋、UltraSPARC T1和Ultra SPARC T2等CPU芯片。

1. 指令类型

SPARC处理机的所有指令都是32位的，具有LOAD/STORE结构，即只有LOAD/STORE指令才访问存储器，所有的计算类型的指令都是面向寄存器的。

UltraSPARC是一种64位的高性能CPU，它集成了2D、3D影像和图形处理功能，在SPARC的基础上增加了一组加速多媒体、影像处理和网络应用的VIS(Visual Instruction Set，可视指令集)。VIS指令集共包括23条指令，它是嵌入于UltraSPRAC处理机中的单指令多数据(SIMD)代码。SPRAC系列机指令系统的发展遵循了向后兼容的设计思想。

SPARC指令可分为6种类型：存储器访问类指令、算术逻辑移位类指令、转移控制类指令、读/写控制寄存器类指令、浮点处理机操作类指令及特殊指令，如表4.4～表4.10所示。

表4.4 SPARC存储器访问类指令

指令	功能
LDSB/LDSH/LDUB/LDUH	取带符号字节/半字/无符号字节/半字
STB/STH/LD/LDD/ST/STD	存字节/存半字/取字/取双字/存字/存双字
LDF/LDDF/STF/STDF	取单/双精度浮点数，存单/双精度浮点数
LDFSR/STFSR	取/存浮点状态寄存器
STDFQ	存双浮点数队列(特权指令)
LDSTUB	不可打断的无符号字节的取/存
SWAP	寄存器字和存储器字交换

表 4.5　SPARC 算术逻辑移位类指令

指　　令		功　　能	
ADD	(ADDcc)	加	(修改整数条件码)
ADDX	(ADDXcc)	加进位	(修改整数条件码)
TADDcc	(TADDccTV)	带标记的加并修改整数条件码	(上溢时产生陷阱)
SUB	(SUBcc)	减	(修改整数条件码)
SUBX	(SUBXcc)	减进位	(修改整数条件码)
TSUBcc	(TSUBccTV)	带标记的减并修改整数条件码	(上溢时产生陷阱)
MULScc		乘法并修改整数条件码	
UMUL/UDIV/SMUL/SDIV		无符号乘/除/带符号乘/除	
AND	(ANDcc)	与	(修改整数条件码)
ANDN	(ANDNcc)	与非	(修改整数条件码)
OR	(ORcc)	或	(修改整数条件码)
ORN	(ORNcc)	或非	(修改整数条件码)
XOR	(XORcc)	异或	(修改整数条件码)
XORN	(XORNcc)	异或非	(修改整数条件码)
SLL/SRL/SRA		逻辑左移/逻辑右移/算术右移	
SETHI		设置寄存器的高 22 位	

表 4.6　SPARC 转移控制类指令

指　　令	功　　能
SAVE/RESTORE	保存/恢复调用者的窗口
Bicc/FBfcc	整数/浮点条件转移
CALL/JMPL	子程序调用/跳转和链接
Ticc/RETT	整数条件陷阱/从陷阱返回

表 4.7　SPARC 条件转移类指令

指　令	功　　能	指　令	功　　能
BN	不转移	BA	无条件转移
BE	相等则转移	BNE	不等则转移
BLE	小于等于则转移	BG	大于则转移
BL	小于则转移	BGE	大于或等于则转移
BLEU	低于或等于则转移(无符号数)	BGU	高于则转移(无符号数)
BCS	标志位 C 为 1 则转移	BCC	标志位 C 为 0 则转移
BNEG	为负则转移	BPOS	为正则转移
BVS	溢出则转移	BVC	不溢出则转移

表 4.8　SPARC 读/写控制寄存器类指令

指　　令	功　　能
RDY/WRY	读/写 Y 寄存器
RDPSR/WRPSR	读/写处理机状态寄存器(特权指令)
RDWIM/WRWIM	读/写窗口屏蔽寄存器(特权指令)
RDTBR/WRTBR	读/写陷阱基址寄存器(特权指令)

表 4.9　SPARC 浮点处理机操作类指令

指　　令	功　　能
FADDs/FADDd	加单/双精度浮点数
FSUBs/FSUBd	减单/双精度浮点数
FMULs/FMULd	乘单/双精度浮点数
FDIVs/FDIVd	除单/双精度浮点数
FSQRTs/FSQRTd	单/双精度浮点数开方
FABSs	取绝对值
FNEGs	取负数
FCMPs/FCMPd	比较单/双精度浮点数
FCMPEs/FCMPEd	比较单/双精度浮点数，若无序，产生例外
FiTOs/FiTOd	转换整数到单/双精度浮点数
FsTOi/FsTOd	转换单精度浮点数到整数/双精度浮点数
FdTOi/FdTOs	转换双精度浮点数到整数/单精度浮点数

表 4.10　SPARC 特殊指令

指　　令	功　　能
UNIMP	未实现的指令
IFLUSH	指令 Cache 刷新

2. 指令格式

SPARC 的基本指令格式只有三种，如图 4.16 所示。格式 1 为 CALL 型(调用)指令格式，格式 2 为 SETHI 型(置高位立即数)和 BRANCH 型(转移)指令格式，格式 3 为整数型和浮点/协处理机操作型指令格式。

在 CALL 型指令格式中，使用 30 位长的位移量，可以在 1 GB 的主存空间内相对调用子程序。在 BRANCH 型转移指令格式中，使用 22 位长的位移量，故相对于程序计数器(PC)的转移指令的寻址范围可达 16 MB，Cond 为转移条件。SETHI 型指令也属于这一格式，它将 22 位长的立即数装载到寄存器的高 22 位，若用另一条指令将低 10 位装载到同一指定寄存器，便可生成 32 位寄存器内容，供 LOAD/STORE 指令使用。在格式 3 中，有两类是供整数型用的：当第 13 位为 1 时，后面的 13 位作带符号立即数使用；而当第 13 位为 0 时，后面 13 位中的高 8 位作地址空间标志用，低 5 位 R_{s2} 作第二个源寄存器用。格式 3 中还有一类是供浮点指令用的：第 5～13 位作浮点指令操作码使用，后 5 位 R_{s2} 也作第二个源寄存器用。指令格式中的 R_d 表示目的寄存器，R_{s1} 和 R_{s2} 分别代表源寄存器 1 和源寄存器 2，其内容作源操作数或者主存地址。

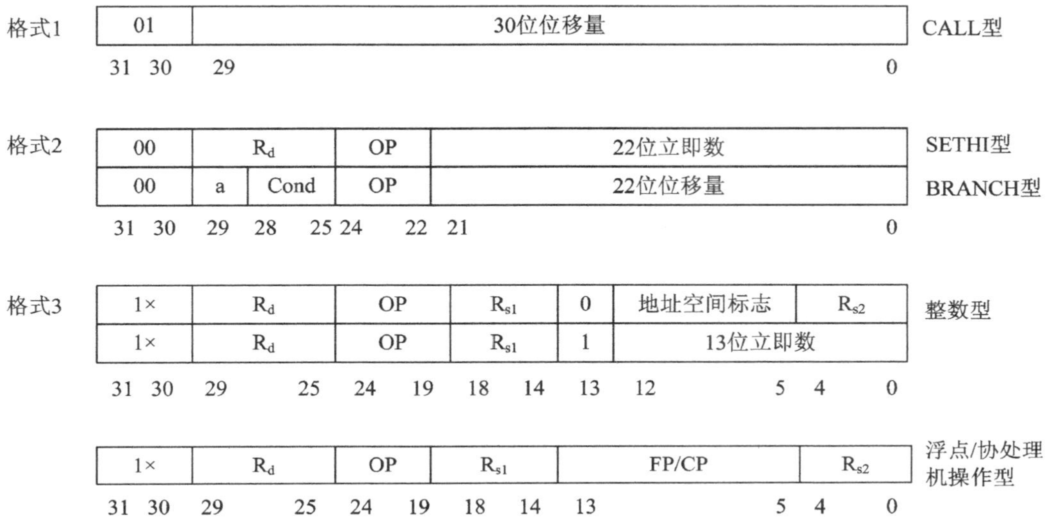

图 4.16　SPARC 指令格式

3. 寻址方式

SPARC 的寻址方式非常简单，主要有 6 种，如表 4.11 所示。

表 4.11　SPARC 的寻址方式

寻址方式	描　述
立即寻址	指令中的形式地址部分即为操作数本身
寄存器寻址	由指令给出寄存器号，寄存器的内容即为操作数
两个寄存器间接寻址	$E=(R_{s1})+(R_{s2})$　；E 为物理地址
寄存器加 13 位位移量变址寻址	$E=(R)+A$　；A 为位移量
13 位位移量间接寻址	$E=(A)$
PC 加 22/30 位位移量相对寻址	$E=(PC)+A$　；A 为位移量

4.4.3　Pentium 指令系统

Pentium 是继 8086/8088、80286、80386、80486 之后的 Intel 公司的第五代微处理器。早期的公司内部代号为 P5，1993 年 3 月正式发布时没使用 80586，而是取名为 Pentium，以期受商标法保护。1994 年 3 月又推出了 Pentium(P54C)。自 1996 年秋开始，在 Pentium(P54C)基础上相继推出了多能奔腾——Pentium MMX(P55C)、高能奔腾——Pentium Pro 以及新一代 Pentium——Pentium Ⅱ、Pentium Ⅲ、Pentium 4、Pentium M(M 代表移动)等 CPU 芯片。

1. 指令类型

为了保持与 80x86 兼容，Pentium 的指令集规模很庞大，如 80486 包括了 80386 的全部指令而且又增加了 6 条指令，而 Pentium 包括了 80486 的全部指令又增加了 5 条指令，同时增加了 57 条特殊的多媒体扩展(MultiMedia eXtension，MMX)指令，使 Pentium 的指令总数达到 191 条。Pentium Pro 在 Pentium 的基础上拥有了大容量的高速缓存，却缺少了 MMX 指令，Pentium Ⅱ在 Pentium Pro 的基础上重新恢复了 MMX 指令。为增强 3D 图形处理能力，50 条多媒体指令，即 SSE(Streaming SIMD Extensions，流 SIMD 扩展)被加入到 Pentium Ⅲ的指令集中。Pentium 4 芯片采用了全新的内部体系结构设计，指令系统则在 Pentium Ⅲ的基础上增加了 SEE2 指令集。SEE2 指令集提供了 144 个新的 128 位多媒体指令，可更好地支持 DVD 播放、音频和 3D 图形数据处理、网络流数据处理等。Pentium 系列机指令系统的发展遵循了向后兼容的设计思想。

Pentium 指令可分为 8 种类型：数据传送类指令、算术运算类指令、逻辑运算类及位处理指令、字符串操作类指令、程序控制类指令、系统寄存器和表控制类指令、系统和 Cache 控制类指令、MMX 指令集，如表 4.12～表 4.19 所示。

表 4.12　数据传送类指令

指令	功能	指令	功能
MOV	传送	XLAT	查表转换(以 BX 为表指针)
XCHG	交换	PUSHF	标志寄存器进栈(16 位)
PUSH	进栈	POPF	标志寄存器出栈(16 位)
POP	出栈	PUSHFD	标志寄存器进栈(32 位)
PUSHA	压入通用寄存器(16 位)	POPFD	标志寄存器出栈(32 位)
POPA	弹出通用寄存器(16 位)	PUSHAD	通用寄存器进栈(32 位)
IN	输入	POPAD	通用寄存器出栈(32 位)
OUT	输出	LAHF	将标志寄存器的低 8 位送入 AH
LDS	装入 DS	SAHF	将 AH 的内容送入标志寄存器的低 8 位
LEA	装入有效地址		
LES	装入 ES	XLATB	查表转换(以 BX 为表指针)
LFS	装入 FS	CLC	清进位标志
LGS	装入 GS	CLD	清方向标志
LSS	装入 SS	CLI	清中断标志
MOVSX	扩展符号传送	CLTS	清除任务切换标志
MOVZX	扩展零传送	CMC	将进位标志取反
CBW	字节转换成字	STC	置进位标志
CWD	字转换成双字	STD	置方向标志
CWDE	字转换成双字至 EAX	STI	置中断标志
CDQ	双字转换成 4 字	BSWAP	字节交换
		FXCHG	浮点数交换

表 4.13 算术运算类指令

指令	功能	指令	功能
ADD	加法	FADD	浮点加法
ADC	带进位加法	FSUB	浮点减法
SUB	减法	FMUL	浮点乘法
SBB	带借位减法	FDIV	浮点除法
MUL	无符号乘法	AAA	非压缩 BCD 码的加法调整
IMUL	有符号乘法	AAS	非压缩 BCD 码的减法调整
DIV	无符号除法	AAM	非压缩 BCD 码的乘法调整
IDIV	有符号除法	AAD	非压缩 BCD 码的除法调整
INC	加 1	DAA	压缩 BCD 码的加法调整
DEC	减 1	DAS	压缩 BCD 码的减法调整
NEG	求补码(即相反数)	XADD	交换后相加
CMP	比较	CMPXCHG	比较后交换
		CMPXCHG8B	8 字节比较后交换

表 4.14 逻辑运算类及位处理指令

指令	功能	指令	功能
AND	逻辑与	BSF	向前扫描位
OR	逻辑或	BSR	向后扫描位
XOR	逻辑异或	BT	位测试
NOT	逻辑非	BTC	位测试且取反
TEST	测试	BTR	位测试且复位
SAL	算术左移	BTS	位测试且置位
SAR	算术右移	RCL	带进位的循环左移
SHL	逻辑左移	RCR	带进位的循环右移
SHR	逻辑右移	SHLD	双精度数左移
ROL	循环左移	SHRD	双精度数右移
ROR	循环右移		

表 4.15 字符串操作类指令

指令	功能	指令	功能
MOVSB	字符串传送	SCASB	字符搜索
MOVSW	字串传送	SCASW	字搜索
CMPSB	字符串比较	SCASD	双字搜索
CMPSW	字串比较	INSB	字符输入
CMPSD	双字串比较	INSW	字输入
LODSB	取字符串	INSD	双字输入
LODSW	取字串	OUTSB	字符输出
LODSD	取双字串	OUTSW	字输出
STOSB	存字符串	OUTSD	双字输出
STOSW	存字串	IBTS	插入位串
STOSD	存双字串	XBTS	抽取位串

表 4.16 程序控制类指令

指　　令	功　　能	指　　令	功　　能
JMP	无条件转移	SETA	高于设置字节
JA/JNBE	高于(无符号数)转移	SETAE	高于等于设置字节
JAE/JNB/JNC	高于等于(无符号数)转移	SETB/SETC	低于(或有进位)设置字节
JB/JC	低于(无符号数)转移	SETBE	低于等于设置字节
JBE/JNA	低于等于(无符号数)转移	SETE/SETZ	等于(或 ZF=1)设置字节
JCXZ	CX 为 0 转移	SETG	大于设置字节
JECXZ	ECX 为 0 转移	SETGE	大于等于设置字节
JG/JNLE	大于(有符号数)转移	SETL	小于设置字节
JGE/JNL	大于等于(有符号数)转移	SETLE	小于等于设置字节
JL/JNGE	小于(有符号数)转移	SETNE/SETNZ	不等于(或 ZF=0)设置字节
JLE/JNG	小于等于(有符号数)转移	SETS	为负设置字节
JNE/JNZ	不等于(或不为 0)转移	SETNS	不为负设置字节
JO	溢出转移	SETO	溢出设置字节
JNO	不溢出转移	SETNO	不溢出设置字节
JS	为负转移	SETPE	低字节为偶数个“1”设置字节
JNS	不为负转移	SETPO	低字节为奇数个“1”设置字节
JP/JPE	低字节“1”的个数为偶数转移	INT	软中断
JNP/JPO	低字节“1”的个数为奇数转移	INTO	溢出中断
LOOP	CX 不等于 0 转移	RET	过程返回
LOOPZ	CX 不等于 0 且 ZF 等于 1 转移	IRET	中断返回
LOOPNZ	CX 不等于 0 且 ZF 等于 0 转移	ENTER	设置栈空间
CALL	调用过程	LEAVE	释放栈空间

表 4.17 系统寄存器和表控制类指令

指　　令	功　　能	指　　令	功　　能
MOV	操作数有 CR_n，装入或存储控制寄存器	LGDT	装入全局描述符表寄存器
MOV	操作数有 DR_n，装入或存储调试寄存器	SGDT	存全局描述符表寄存器
MOV	操作数有 TR_n，装入或存储测试寄存器	LLDT	装入局部描述符表寄存器
RDMSR	读模型专用寄存器	SLDT	存局部描述符表寄存器
WRMSR	写模型专用寄存器	LIDT	装入中断描述符表寄存器
LMSW	装入机器状态字	SIDT	存中断描述符表寄存器
SMSW	存机器状态字	LTR	装入任务寄存器
RDTSC	读时间标记计数器	STR	存任务寄存器
CPUID	读 CPU 标识	LAR	装入存取权字节
BOUND	检查数组的边界	LSL	装入段限
VERR	校验段的读	ARPL	调整选择符的请求特权级
VERW	校验段的写		

表 4.18 系统和 Cache 控制类指令

指令	功能	指令	功能
HLT	暂停(动态停机)	RSM	由系统管理方式返回
NOP	空操作	INVD	使数据 Cache 无效
WAIT	等待，直到一个外部中断	WBINVD	写回方式并使数据 Cache 无效
ESC	换码，为其他处理器提供指令	INVLPG	使转换后援缓冲器 TLB 无效

表 4.19 MMX 指令集

种类	助记符	不同的操作码个数	描述
算术	PADD[B, W, D]	3	环绕加法[字节、字、双字]
	PADDS[B, W]	2	饱和带符号加法[字节、字]
	PADDUS[B, W]	2	饱和无符号加法[字节、字]
	PSUB[B, W, D]	3	环绕减法[字节、字、双字]
	PSUBS[B, W]	2	饱和带符号减法[字节、字]
	PSUBUS[B, W]	2	饱和无符号减法[字节、字]
	PMULHW	1	字高位紧缩乘法
	PMULLW	1	字低位紧缩乘法
	PMADDWD	1	字紧缩乘法并累加结果对
比较	PCMPEQ[B, W, D]	3	相等紧缩比较[字节、字、双字]
	PCMPGT[B, W, D]	3	大于紧缩比较[字节、字、双字]
转换	PACKUSWB	1	字紧缩为字节(饱和无符号)
	PACKSS[WB, DW]	2	紧缩字到字节，双字到字(饱和带符号)
	PUNPCKH[BW, WD, DQ]	3	从 MMX(TM)寄存器解压(交叉)高阶字节、字、双字
	PUNPCKL[BW, WD, DQ]	3	从 MMX 寄存器解压(交叉)低阶字节、字、双字
逻辑	PAND	1	按位"与"
	PANDN	1	按位"与非"
	POR	1	按位"或"
	PXOR	1	按位"异或"
移位	PSLL[W, D, Q]	6	根据 MMX 寄存器中指定的数量或立即值的紧缩左移逻辑操作[字、双字、四字]
	PSRL[W, D, Q]	6	根据 MMX 寄存器中指定的数量或立即值的紧缩右移逻辑操作[字、双字、四字]
	PSRA[W, D]	4	根据 MMX 寄存器中指定的数量或立即值的紧缩右移算术操作[字、双字]
数据转移	MOV[D, Q]	4	移入 MMX 寄存器或移出 MMX 寄存器[双字、四字]
浮点和 MMX 状态管理	EMMS	1	清除 MMX 状态

在表 4.19 中共列出了 57 条 MMX 指令的类型及对它们的简要描述。如果一条指令支持多种数据类型，如字节(B)、字(W)、双字(D)或四字(Q)的操作，则选用某一种数据类型时，相应的 B、W、D 或 Q 应列到助记符最后。对于转换指令要列入两个字母，例如 WB 是把字压缩成字节，而 BW 是把字节扩展成字。

2. 指令格式

图 4.17 给出了 Pentium 的指令格式。它主要由两部分组成，一部分是指令前缀，另一部分是指令本身。指令前缀并不是每次非要出现在指令前面不可。在 Pentium 机器码程序中，大部分指令并无前缀，它们使用默认的条件进行操作。

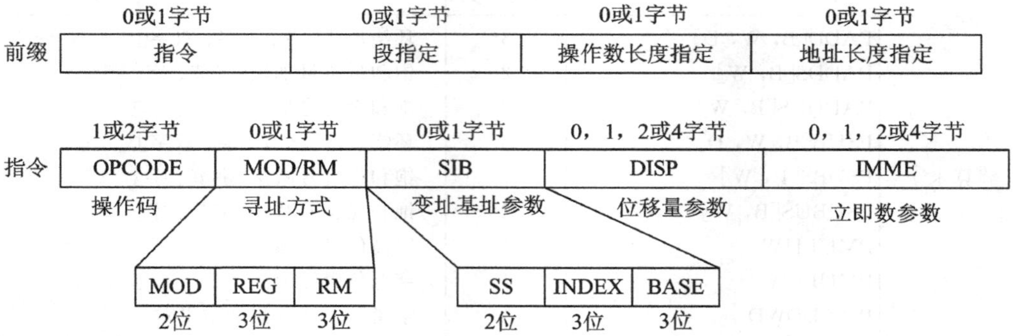

图 4.17 Pentium 指令格式

指令前缀共有 4 种，如图 4.17 所示，前两种为 8086/Pentium 所共有，后两种为 Pentium 所独有。

第一种指令前缀包括以下 4 条指令：LOCK、REP、REPE/REPZ 和 REPNE/REPNZ。LOCK 前缀用在访问多处理机共享存储器指令的前面，它将封锁系统总线，实现存储器的排他性访问。REP、REPE/REPZ 和 REPNE/REPNZ 前缀用于实现串操作指令的重复运行，以提高指令的效率。REP 重复指令的操作直到 ECX 寄存器的内容减至 0 为止。REPE/REPZ 和 REPNE/REPNZ 重复指令的操作直到 ECX 寄存器的内容减至 0 或 ZF＝0，或者直到 ECX 寄存器的内容减至 0 或 ZF＝1 为止。

第二种前缀强迫处理机在访问存储器时，使用由指令前缀指定的段寄存器。不使用这种前缀时，处理机使用默认的段寄存器计算存储器的物理地址。

第三种指令前缀用法如下。Pentium 处理机有 16 位指令工作方式和 32 位指令工作方式。在 16 位指令工作方式下，Pentium 处理机可对 8 位和 16 位寄存器数据进行处理；在 32 位指令工作方式下，可对 16 位和 32 位寄存器数据进行处理。若要在 16 位指令工作方式下使用 32 位寄存器数据，则应使用第三种指令前缀。在 32 位指令工作方式下，默认的寄存器数据宽度是 32 位，这时若使用 32 位寄存器数据，不需要前缀；若要使用 16 位寄存器数据时，则应使用第三种指令前缀。即第三种指令前缀把当前默认的寄存器数据宽度切换为另一种数据宽度。

第四种指令前缀的用法与第三种类似，只是它不是针对寄存器数据，而是针对存储器地址。地址大小确定了指令格式中位移量的大小和在有效地址计算中生成的地址偏移量大小。Pentium 处理机有 16 位和 32 位两种地址长度。第四种指令前缀把当前默认的存储器地址长度切换为另一种地址长度。

指令本身包括以下字段：

(1) OPCODE。OPCODE 是一个或两个字节的指令操作码。OPCODE 定义指令类型，它可能还包括以下的信息：

① 寄存器数据是 8 位还是 16/32 位(是 16 位还是 32 位，依指令工作方式和指令前缀而定)；

② 数据传送方向，即寻址方式字段中指定的寄存器是源寄存器还是目标寄存器；

③ 指令中有立即数时，是否对它进行符号位扩展等。

(2) MOD/RM。该字节及下一个字节 SIB 定义寻址方式。MOD/RM 字节分为 3 个字段，它们是 MOD(2 位)、REG(3 位)和 RM(3 位)。REG 定义一个寄存器操作数，另一个操作数由 MOD 和 RM 组合在一起(5 位)指定。这 5 位可以区分 32 种可能性，它们是 8 个寄存器操作数和 24 种存储器数据寻址方式。其中的一种(MOD/RM＝00/100)要求使用 SIB 字节，其他的情况均不要求使用 SIB 字节。

(3) SIB。SIB 字节专门为比例变址寻址而设置。它由 3 个字段组成：SS(2 位)定义比例因子，4 种组合分别对应×1、×2、×4、×8；INDEX(3 位)定义变址寄存器；BASE(3 位)定义基址寄存器。存储器地址的计算方法是，变址寄存器的内容乘以比例因子，再加上基址寄存器的内容。

(4) DISP。如果 MOD/RM 定义的寻址方式中需要位移量，则由 DISP 字段给出。位移量可以是 8 位、16 位或 32 位。如果 MOD/RM 定义的寻址方式中不需要位移量，则该字段不出现在指令格式中。

(5) IMME。IMME 字段给出立即数指令中的立即数，它可以是 8 位、16 位或 32 位。

由以上描述可知，Pentium 的指令格式相当复杂，并且指令的长度可从 1 字节到 12 字节(这还不算前缀)，这些都是典型的 CISC 结构特征。这首先是因为它要与 8086 兼容，而 8086 的指令格式本身就比较复杂。再者，是因为 Pentium 对地址和数据的 32 位扩展，以及对寻址方式灵活性的增强。

3. 寻址方式

Pentium 的逻辑地址形式为段：偏移地址。在实地址模式下，所指定的段寄存器的内容即为 20 位段基地址的高 16 位，低 4 位为全 0，将段基址加上段内偏移地址，即为实地址模式下的物理地址。在受保护的虚拟地址模式下，段寄存器内容为段选择符，要以它为索引查找段描述表而得到 64 位的段描述符号。读取的描述符被存于 CPU 内的描述符高速缓存器中，其中有 32 位的段基地址、20 位的段限(段的长度)和 12 位的属性。将此段基地址加上段内偏移地址得到 32 位线性地址，如果不分页它就是物理地址，如果分页则由分页部件将其转换成物理地址。

无论是实模式还是保护模式，段基地址的获取方式已是固定的方式。因此，这里介绍的寻址方式主要是指段内偏移地址的获取方式。段内偏移地址又称有效地址(Effective Address)，简写成 EA。Pentium 的寻址方式有 9 种，如表 4.20 所示。

表 4.20 Pentium 的寻址方式

寻址方式	描 述
立即寻址	指令中的形式地址部分就是操作数本身
寄存器寻址	由指令给出寄存器号，寄存器的内容为操作数
直接寻址	EA=Disp ；Disp 为位移量
寄存器间接寻址	EA=(R) ；R 为寄存器
寄存器相对寻址	EA=(R)+Disp
比例变址加位移量寻址	EA=(I)×S+Disp ；I 为变址寄存器，S 为比例值
基址加变址加位移量寻址	EA=(B)+(I)+Disp ；B 为基址寄存器
基址加比例变址加位移量寻址	EA=(B)+(I)×S+Disp
相对寻址	指令地址=(PC)+Disp

4.5 CISC 和 RISC

4.5.1 CISC

随着 VLSI 技术的迅速发展，计算机的硬件成本不断下降，软件成本不断提高，使得人们热衷于在指令系统中增加更多的和复杂的指令来强化指令系统功能，提高操作系统的效率，并尽量缩短指令系统与高级语言之间的语义差距，以便于高级语言的编译和降低软件成本。另外，为了做到程序兼容，同一系列计算机的新机器和高档机的指令系统只能在旧机器和低档机的基础上进行扩充。这样做的结果必然导致机器的结构，特别是机器指令系统变得越来越庞大，这就是所谓的 CISC 结构。CISC 具有庞大的指令系统、较多的寻址方式、复杂的指令格式、可变的指令长度、可访存指令不受限制、各种指令使用频度相差很大、各种指令执行时间相差很大、大多数采用微程序控制等特点。例如，Intel 公司的 Pentium 计算机有 191 条指令，9 种寻址方式，通过指令前缀、指令操作码、寻址方式和各种参数设置组合的复杂指令格式，指令的长度可从 1 个字节到 12 个字节不等(不包括指令前缀)。典型的 CISC 体系结构主要有 Intel 公司的 x86 系列机、Motorola 公司的 M68x0 和 M680x0 系列机、DEC 公司的 VAX(VLSI 实现)系列机等。

CISC 具有指令功能强大、可降低汇编语言程序员的编程负担、目标程序占用存储空间小、可实现软件兼容等优点。但是日趋庞大和复杂的指令系统加大了处理器中控制器硬件设计的复杂度，而且由于指令系统庞大，使得高级语言编译程序选择目标指令的范围很大，从而难以优化编译生成真正高效的机器语言程序，还有可能降低系统的性能，这些都是 CISC 结构存在的主要问题。

4.5.2 RISC

CISC 体系结构经过 30 年的发展后，计算机用户开始评估 ISA 和可用硬件/软件技术之间的性能关系。经过多年的程序跟踪，计算机科学工作者们最后发现，CISC 机中各种指令的使用频度相当悬殊，最常使用的是一些比较简单的指令，它们仅占指令总数的 20%，但在程序中出现的频度却占80%，这就意味着由硬件支持的指令约有80%是很少使用的。RISC的基本思想就是通过精简指令系统来简化控制器设计，增加片内寄存器和高速缓存的容量，以及增加浮点运算部件和采用流水线技术等来提高处理器的性能。

RISC具有精简的指令系统、寻址方式种类少、指令格式种类少、指令长度固定、只有取数指令和存数指令访存、大部分指令在一个机器周期内完成、采用大量的通用寄存器、采用多级流水线结构和加载/存储结构、以硬连线控制为主等特点。例如，SUN公司的SPARC计算机有75条指令、6种寻址方式、3种指令格式、32位等长指令等。典型的RISC体系结构主要有DEC公司的Alpha系列机、SGI公司的MIPS系列机、HP公司的PA-RISC系列机、SUN公司的SPARC系列机、IBM公司的Power PC系列机等。

1. RISC采用的基本技术

RISC技术的主要特点自然是CPU的指令集大大简化。如何用简单的指令来提高机器的性能，特别是提高CPU执行程序的速度呢？一般来说，CPU的执行速度受三个因素的影响，即程序中的指令数I_N、每条指令执行所需的平均CPI和CPU时钟周期T_C，它们之间的关系如下：

程序的执行时间 $T_{CPU}=I_N\times CPI\times T_C$

由上式可以看出，减小I_N、CPI和T_C三个因素都能有效地提高CPU的速度。为此，RISC结构采用了如下几种基本技术：

(1) 精简指令系统。选取使用频度最高的一些基本指令，并根据对操作系统、高级语言、应用环境等的支持增设一些最有用的指令。

(2) 采用简单的指令格式、规整的指令字长和简单的寻址方式。CPU时钟周期T_C主要取决于指令译码时间、指令执行时间和取指令时间。RISC技术在指令设置上采用的精简措施使译码线路得到简化，从而缩短了译码时间，并加快了指令执行操作的速度。指令字长固定(例如均为32位)，而且对齐约定的地址边界，可避免一条指令分多次取出，有利于减少取指令的时间。

(3) 采用多级指令流水线结构。RISC技术的关键是减少CPI，即每条指令执行所需的CPU时钟周期数。采用流水线技术可使每一时刻都有多条指令重叠执行。尽管一条指令的执行仍需要几个周期时间，但从平均每条指令执行的时间来看，每条指令的周期数大大减少，甚至达到每条指令只需一个周期。

(4) 采用加载/存储结构。流水线技术希望所有指令具有相同的周期数，并且每个周期时间相等。但某些指令如加载(LOAD)、存储(STORE)等涉及到访问存储器，使指令的周期数增加或周期时间加长。为此，RISC技术采用加载/存储结构，只允许LOAD指令和STORE指令执行存储器操作，其他指令均对寄存器进行操作。这个措施使大多数指令的功能得到简化，并缩短了执行时间。

(5) 在CPU中设置数量较大的寄存器组，并采用重叠寄存器窗口的技术。为了减少访存的次数，尽可能让指令的操作在寄存器间进行，以提高执行速度，缩短指令周期，简化寻址方式和指令格式；同时为了能更简单有效地支持高级语言中大量出现的过程调用，减少过程调用中为保存主调过程现场，建立被调过程的新现场，以及返回时恢复主调过程现场等所需的辅助操作，也为了能更简单直接地实现过程与过程之间的参数传递，大多数RISC机器的CPU中都设置有数量较大的寄存器组，可让每个过程使用一个有限数量的寄存器窗口，并让调用过程的低位寄存器与被调用过程的高位寄存器重叠使用。

(6) 采用延迟加载指令和延迟转移指令技术。加载指令将操作数从存储器送往寄存器，若下一条指令需要使用寄存器中的数据，由于存储器操作较慢，将使下一条指令不能立即执行，造成流水线停滞，降低执行速度。对于这种情况，RISC 采用延迟加载指令的方法，即在这条加载指令之后安排一条与它不存在依赖关系的、可立即执行的指令，以确保流水线的高效运行。RISC 机器的每条指令都在一个机器周期内完成，为加快速度，一般采用让本条指令的执行与下一条指令的预取在时间上重叠起来的流水方式。然而，一旦正在执行的是一条条件转移指令且转移成功，或者是一条无条件转移指令，则重叠方式预取的下一条指令就应作废，以保证程序的正确运行。这实际上浪费了存储器的访问时间，相当于转移需要两个机器周期，增大了辅助开销。为了避免这种浪费，提出了延迟转移的思想。其方法是，将转移指令与其前面的与之不相关的一条指令对换位置，让成功转移总是在紧跟的指令被执行之后发生，从而使预取的指令不作废，就可节省一个机器周期。

(7) 采用高速缓存结构。为了保证向流水线源源不断地输送指令，并考虑到减少取指令的时间，RISC 机器设置有较大容量的高速缓存，以扩展存储器的带宽，满足 CPU 频繁取指的需要。可以设置两个 Cache，分别存放指令和数据。CPU 交替地访问两个 Cache，使流水线的效率进一步提高。

(8) 在逻辑设计上采用硬连线实现和微程序固件实现相结合的技术。一般来说，经典 CISC 机采用微程序控制器来解释机器指令，而纯 RISC 则采用硬连线控制器来解释机器指令。使用微程序解释机器指令具有较强的灵活性和适应性，只要改写控制存储器中的微程序就可以增加或修改机器指令，也便于实现一些功能较复杂的指令。但它的缺点是解释一条机器指令要多次访问控制存储器取微指令，花费了一定的时间，这不利于 RISC 机器要求的一条指令在一个机器周期内执行完。因此，RISC 机让大多数简单指令用硬连线方式实现，而对较复杂的指令允许用微程序解释实现，并且较多地采用全水平型微指令或毫微程序方式实现，以免去或减少微指令的译码时间，直接控制通路操作来加快解释和便于微指令流水。到目前为止，绝大多数商品化 RISC 机仍然具有微程序解释实现机器指令的方式。

(9) 采用优化编译技术。RISC 指令集的简化使 CPU 执行同样一个程序所需的指令数 I_N 比 CISC CPU 所需的指令数多，可以通过优化编译程序的设计努力优化 RISC 机器中大量寄存器的分配和使用，提高寄存器的使用效率，减少访问存储器的次数。还应优化调整指令的执行顺序，以尽量减少机器的空等时间。上述延迟转移技术也可以看成是一个典型的调整指令执行顺序的例子。另外，由于 RISC 机器精简了指令，为高级语言设置专门的指令数较少，为此需要先编写一个低层次的例行程序，并约定好某些软件规则，以便有效地执行高级语言。

RISC 具有精简指令系统、大量的通用寄存器、片内高速缓存、以寄存器—寄存器方式工作、流水解释指令、减少访存等优点，但由于指令功能简单，因此其目标程序的代码较长，占用了较多的存储空间。

应该指出，判断一个计算机是否属于 RISC，并不要求上述 9 个条件都必须满足。有的计算机虽然在某一、两个或某一条中一、两个子条件不满足，但从总体上来讲仍属于 RISC 计算机的范畴。也应该指出，像流水线及优化编译等技术并不为 RISC 所独有，但由于

RISC中使用了大量寄存器，具有简化指令系统等特点，因此使得流水线能以更高效率运行，并使优化编译变得更为容易。

2. 新一代RISC机的主要特征和发展趋势

近年来RISC技术已在各种商品化的计算机中逐步成为主流芯片。进入20世纪90年代后，随着VLSI技术的发展，特别是CMOS工艺的飞速发展，涌现出了新一代的RISC微处理器芯片，它们的共同特点是：使用的主频越来越高，芯片上晶体管数量越来越多，芯片上的功能部件越来越多，芯片运算性能越来越高，片上指令Cache和数据Cache的容量越来越大，每个机器周期能同时启动的指令数逐步增长，普遍采用超标量、超长指令字及超流水技术，逐步采用动态转移预测技术等。表4.21列出了一些典型RISC微处理器芯片的主要特征，由于Pentium微处理器的核心也采用了RISC技术，故一并列在表中，以供参考。

表4.21 典型RISC微处理器和Pentium微处理器芯片的主要特征

微处理器芯片 / 主要特征	DEC Alpha		SGI MIPS		SUN SPARC		Intel Pentium	
	21064	21164	R4000	R10000	Super	Ultra Ⅲ	Pentium	Pentium 4
主频/MHz	150/200	266/300	50/75	200	50/100	1200	60～120	3200
晶体管数	168万	930万	120万	600万	310万	2900万	310万	5500万
工艺	CMOS 0.75 μm	CMOS 0.35 μm	CMOS 0.8 μm	CMOS 0.3 μm	BiCMOS 0.8 μm	CMOS 0.13 μm	BiCMOS 0.8 μm	CMOS 0.09 μm
字长	64	64	64	64	32	64	32	64
超标量	2IPC	4IPC	—	4IPC	3IPC	4IPC	2IPC	3IPC
超流水(级数)	—	超流水 (12)	—	—	—	超流水 (14)	—	超流水 (20)
寄存器堆	32(整) 32(浮)	32(整) 32(浮)	32(整) 16(浮)	64(整) 64(浮)	132	132	8(整) 8(浮)	128(整) 128(浮)
I-Cache D-Cache 二级Cache	8 KB 8 KB	8 KB 8 KB 96 KB	8 KB 8 KB	32 KB 32 KB	20 KB 16 KB	32 KB 64 KB 8 MB	8 KB 8 KB	跟踪Cache 8 KB 1 MB

4.5.3 退耦的CISC/RISC

退耦体系结构把CISC、RISC、超流水线和超标量设计的优点综合到单芯片设计上，它对x86用户有较好的软件兼容性。随着Pentium Pro的开发，退耦体系结构已变得越来越流行，并在PentiumⅡ、PentiumⅢ、Pentium 4、Pentium M等CPU芯片中得到了广泛应用。这种体系结构既不采用纯RISC也不采用经典CISC，而是采用混合式的CISC/RISC体系结构。

退耦体系结构的基本思想是在CPU芯片中有一个前端部分，它将面向用户的x86代码转换成类似于 RISC 的微操作(μops)，供后端的 RISC 核心去完成超标量和/或超流水线执行。这种结构就被称为退耦或混合的 CISC/RISC 体系结构。下面我们以 Pentium Pro 处理器的核心部分来简要说明退耦 CISC/RISC 体系结构。

Intel Pentium Pro 直接执行 x86 CISC 指令，但其芯片内部实现的就是如图 4.18 所示的退耦 CISC/RISC 体系结构。在前端，按序转换引擎的 3 个译码器(两个简单译码器和一个通用译码器)可并行译码 3 条 x86 指令，这些译码器将 x86 指令转换成 5 个类似于 RISC 的微操作，记为 μops。两个简单译码器各自产生一个 μops，而另一个通用译码器可将一条复杂指令转换成 1～4 个 μops。在后端，超标量执行引擎能在 RISC 核心中的 5 个执行部件上以乱序方式执行 5 个 μops，这些 μops 先送到一个有 40 项的重排序缓冲器(Re-Order Buffer，ROB)中存储起来，直到所需的操作数变为可用时为止。Pentium Pro 的 5 个执行部件包括两个整数 ALU、两个取/存部件和 1 个浮点部件。

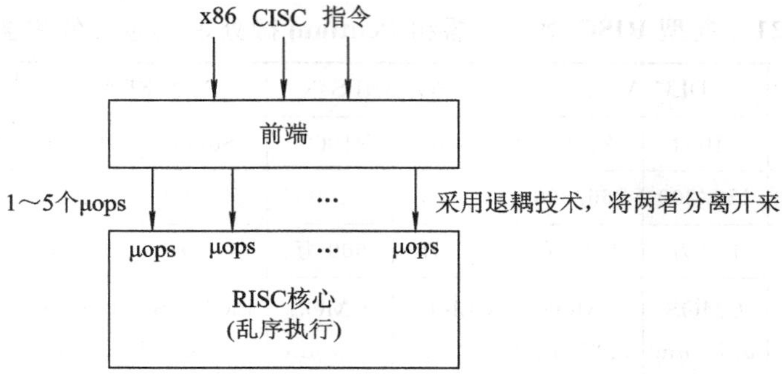

图 4.18 Pentium Pro 处理器的退耦 CISC/RISC 体系结构简图

从 ROB 取出后，μops 被发射到一个有 20 项的预约站(Reserve Station，RS)，它们在站中排队直到有所需的空闲执行部件时为止。设计允许 μops 无序执行，以使并行执行资源处于繁忙状态，同时定长的 μops 在处理猜测、无序执行核心时比起复杂、可变长的 x86 指令来要容易得多。尽管 Pentium Pro 微处理器内部的类 RISC 微操作是乱序执行的，但从微处理器整体上来看，它仍然采用的是按顺序取指，按顺序完成的指令调度策略。

4.5.4 后 RISC

商品化微处理器中存在的一种逆向发展趋势是将越来越多的性能特性加到 RISC 微处理器中。某些加入的特性仍属于 RISC 类型，但许多其他加入的特性则明显地是非 RISC 或甚至是属于 CISC 类型的。美国密西根(Michigan)州立大学的研究小组将所加入的非 RISC 特性称为后 RISC。

随着芯片尺寸的增加以及制造工艺和器件集成度等技术的发展，RISC 处理器的设计者们已开始考虑如何使用这些芯片空间的方法。下面所列的方法是已为大多数微芯片设计者所采用的或是由包括密西根州立大学的研究小组在内的研究人员们提及的：

(1) 加入更多的寄存器并修改 CPU 微体系结构以适合于多媒体应用；

(2) 扩大片内高速缓存并使其工作时钟与处理器的一样快；

(3) 使用附加的功能部件执行超标量或 VLIW；

(4) 增加更多的“非 RISC”(但是快速的)指令；

(5) 使用片内支持技术以加速浮点操作；

(6) 增加流水线深度或分段流水线间的缓冲能力；

(7) 使用自适应转移预测和恢复方案；

(8) 基于数据驱动原理，动态执行非程序顺序；

(9) 在前端增加对硬件代码转换的支持；

(10) 在转移事件之前开始猜测执行。

RISC 微处理器在进入后 RISC 时代后，要获得进一步的效能提升，并非仅仅是系统架构的突破与创新能满足的，还必须付诸更高复杂度的硬件设计和更大幅度的软件工具与编译技术的整合开发，才能满足日益增长的效能与功能要求。举例来说，2001 年 Intel 发布的 Itanium 就是一个代表性的设计，它早已脱离单一架构(RISC 与 CISC)或单一设计的局限，转而是并行处理的实现，即采用了 EPIC(Explicitly Parallel Instruction Computing，显式并行指令计算)技术。EPIC 是基于 VLIW(Very Long Instruction Word，超长指令字)的设计，在编译时通过智能化编译器将不相关的最多 3 条指令打包成一条 VLIW，而同一时间可有 6 条指令同时执行。这样不仅能简化处理器硬件设计，而且还能有效提高处理机内各个执行部件的利用率。又例如，Apple 计算机所采用的 G3 与 G4，虽然属于 RISC 架构，但其指令系统包含的指令数比 Pentium Ⅱ 还多，晶体管的数量更是超越 Pentium Ⅱ，这都是为了追求功能与效能的提高而发生的变化。

近几年来，随着退耦 CISC/RISC 和后 RISC 的出现，关于 RISC 和 CISC 两种体系结构和性能好坏的争论在很大程度上已平息下来，这是因为已出现了两项技术的逐渐交融。随着器件集成度和硬件本身速度的提高，RISC 系统已变得越来越复杂，并使用了大量非 RISC 甚至 CISC 采用的技术，如功能强大的指令和数以千万计的晶体管等。与此同时，在达到极限性能的努力中，CISC 系统的设计中也使用了 RISC 的某些技术，如采用指令级并行技术、流水线技术和内部的 RISC 内核设计技术等。从 CISC 与 RISC 微处理器的发展过程中我们可以看出，两者都从对方阵营参考了许多概念与设计技术，两者在组织结构上的区别也逐渐模糊。

本章小结

指令是要求计算机执行某种操作的命令，而程序则是指能完成一定功能的指令序列。一台计算机中所有机器指令的集合，构成了该计算机的指令系统。指令系统是表征计算机性能的重要因素，指令格式、指令功能和寻址方式不仅直接影响到机器的硬件结构，而且也会影响到用户程序和编译程序的编制及运行效率等。通常性能较好的计算机所设置的指令系统应满足完备性、有效性、规整性和兼容性。不同的计算机有不同的指令系统，具有相同的基本指令系统和基本体系结构的计算机具有软件兼容性。对于兼容机一般要求做到向上向后兼容。

计算机语言可分为低级语言和高级语言，低级语言又可分为机器语言和汇编语言。计算机能够直接识别和执行的惟一语言是二进制机器语言。

一条指令通常由操作码和地址码两部分组成。操作码给出了指令的功能，而地址码则给出了与操作数相关的地址、地址位移量或操作数本身。在指令格式中，根据一条指令中地址码个数的不同，指令可分为三地址指令、二地址指令、一地址指令和零地址指令。指令中的源操作数可以来自于通用寄存器，也可以来自于主存单元。在二地址指令格式中，根据指令中源操作数所处位置的不同，可分为RR型、RS型和SS型。在一地址指令格式中，根据指令中源操作数所处位置的不同，可分为R型和S型。指令的操作码表示通常有等长操作码和变长操作码两种。而变长操作码具体又包括Huffman编码和扩展操作码两种编码格式。

一个指令字中所包含的二进制代码的位数，称为指令字长度，简称指令字长。而机器字长是指计算机一次能直接处理的二进制数据的位数。根据指令字长与机器字长的关系，指令可分为单字长指令、半字长指令和双字长指令等。在计算机系统中，根据各种指令的指令字长是否相等，将指令系统采用的指令分为定长的指令格式和变长的指令格式两种。

寻址方式是指寻找指令或操作数有效地址的方式方法。寻址方式分为指令的寻址方式和数据的寻址方式两类。形成指令有效地址的方式，称为指令的寻址方式，指令的寻址方式有顺序寻址和跳跃寻址两种。操作数的寻址方式是指形成操作数的有效地址的方式，常见的操作数的寻址方式有隐含寻址、立即寻址、寄存器直接寻址、寄存器间接寻址、直接寻址、间接寻址、相对寻址、基址寻址、变址寻址、自动增量/减量寻址、堆栈寻址等多种。操作数的寻址方式、指令格式的分析与设计是本章的重点。

不同机器有不同的指令系统，一个较完善的指令系统应包括数据传送指令、算术运算指令、逻辑运算指令、移位指令、程序控制指令、输入/输出指令、字符串处理指令、特权指令、处理器控制指令等。

在指令系统的发展过程中曾出现过两种截然不同的方向，即CISC和RISC，它们都具有各自的优缺点。近几年来，随着退耦CISC/RISC和后RISC的出现，关于RISC和CISC两种体系结构和性能好坏的争论在很大程度上已平息下来，这是因为两者都从对方阵营参考了许多概念与设计技术，已出现了两种技术的逐渐交融，两者在组织结构上的区别也逐渐模糊。

习 题 4

1. 假设某计算机具有双操作数、单操作数、无操作数三类指令形式，每个操作数地址规定用6位表示。

(1) 若操作码字段固定为8位，现已设计出m条双操作数指令，n条无操作数指令，在此情况下，这台计算机最多可以设计出多少条单操作数指令？

(2) 若指令字长度固定为20位，当双操作数指令条数取最大值时，且在此基础上单操作数指令条数也取最大值时，试计算这三类指令允许拥有的最多指令条数各是多少。

2. 设指令字长为12位，每个地址码的长度为3位，采用扩展操作码的方式，设计2条三地址指令、32条二地址指令、64条一地址指令和16条零地址指令。

(1) 设计各类指令的指令格式，并标出各字段的位数；

(2) 设计各类指令的操作码编码；

(3) 假设每条指令的使用频度相同，试计算操作码的平均码长。

3. 设某类指令格式如下所示，其中OP为操作码字段，试分析指令格式的特点。

15　　　　9	8	7　　　4	3　　　0
OP	—	源寄存器	目的寄存器

4. 设某类指令格式如下所示，其中OP为操作码字段，试分析指令格式的特点。

31　　　26	25　　23	22　　　18	17　　　16	15　　　　0
OP	— — —	源寄存器	变址寄存器	位移量

5. 根据操作数所在位置，指出其寻址方式。

(1) 操作数在寄存器中，为______寻址方式。

(2) 操作数地址在寄存器中，为______寻址方式。

(3) 操作数在指令中，为______寻址方式。

(4) 操作数地址(主存)在指令中，为______ 寻址方式。

(5) 操作数的地址为某一寄存器内容与位移量之和，可以是______、______、______寻址方式。

(6) 操作数的地址为寄存器的内容或寄存器的内容与位移量之和，同时寄存器的内容根据操作数是字节、字、双字或四倍字分别增加或减少1、2、4、8，为______寻址方式。

(7) 操作数存放在堆栈的寻址方式，为______寻址方式。

6. 假设寄存器R中的数值为1000，地址为1000的存储单元中存储的数据为3000，地址为2000的存储单元中存储的数据为1000，地址为3000的存储单元中存储的数据为2000，PC的值为3000，问在以下寻址方式下指令访问到的操作数的值是什么。

(1) 寄存器寻址，R；

(2) 寄存器间接寻址，(R)；

(3) 直接寻址，2000；

(4) 立即寻址，#2000；

(5) 存储器间接寻址，(3000)；

(6) 相对寻址，-1000(PC)。

7. (1) 某计算机指令长度为32位，有3种指令：双操作数指令、单操作数指令、无操作数指令。今采用扩展操作码的方式来设计指令，假设每个操作数地址为12位，已知有双操作数指令K条，单操作数指令L条，问无操作数指令最多有多少条。

(2) 设某计算机有变址寻址、间接寻址和相对寻址等寻址方式，设当前指令的地址码部分为001AH，程序计数器PC的值为1F05H，变址寄存器中的内容为23A0H，其中H表示十六进制数。请填充：

已知存储器的部分地址及相应的内容如表4.22所示，当执行取数指令时，如为变址寻址方式，则取出的数为______；如为间接寻址方式，则取出的数为______；如为相对寻址方式，则取出的数为______。

表4.22 存储器的部分地址及相应的内容

地址	001AH	1F05H	1F1FH	23A0H	23BAH
内容	23A0H	2400H	2500H	2600H	1748H

8. 设机器字长、指令字长和存储单元的位数均为 24 位，若指令系统可完成 108 种操作，均为单操作数指令，且具有直接、间接(一次间接)、变址、基址、相对、立即等 6 种寻址方式，则在保证最大范围内直接寻址的前提下，指令字中的操作码占多少位？寻址特征位占多少位？可直接寻址的范围是多少？一次间接寻址的范围是多少？

9. 某计算机字长为 16 位，主存容量为 128 K 字，按字编址，单字长单地址指令，有 50 种操作码，采用页面寻址、间接、直接等寻址方式，CPU 中有一个 PC、IR、AC、DR、AR、FR，页面寻址时用 PC 的高位部分与形式地址部分拼接成有效地址。问：

(1) 指令格式如何安排？

(2) 主存能划分成多少个页面？每页多少单元？

(3) 在设计的指令格式不变的情况下，能否增加其他寻址方式？

10. 设某机字长为 32 位，CPU 中有 16 个 32 位通用寄存器，如果采用通用寄存器作基址寄存器，存储器寻址段只采用基址寻址，试设计一种能完成 64 种操作的单字长二地址 RS 型指令格式。若机器字长等于存储器单元的位数，则 RS 型指令能访存的最大存储空间是多少？

11. 某计算机字长为 16 位，主存容量为 64 KB，按字节编址，采用单字长单地址指令，共有 32 条指令。CPU 中有 8 个 16 位的通用寄存器 R_0～R_7 和 1 个 16 位基址寄存器 R_b。试采用寄存器直接寻址、寄存器间接寻址、直接寻址、基址寻址等四种寻址方式设计指令格式，标出各字段的位数，并写出各种寻址方式的寻址范围。

12. 指令系统中采用不同寻址方式的目的是______。

① 可直接访问外存

② 提供扩展操作码并降低指令译码难度

③ 实现存储程序和程序控制

④ 缩短指令长度，扩大寻址空间，提高编程灵活性

13. 在以下有关 RISC 的描述中，正确的是______。

① 采用 RISC 技术后，计算机的体系结构又恢复到早期的比较简单的情况

② 为了实现兼容，新设计的 RISC 是从原来 CISC 系统的指令系统中挑选一部分实现的

③ RISC 的主要目标是通过精简指令系统来简化控制器设计，并增加新的部件和采用流水线技术等来提高处理器性能

④ RISC 设有乘、除法指令和浮点运算指令

14. 某机的 16 位单字长访内指令格式如下：

4 位	2 位	1 位	1 位	8 位
OP	MOD	I	X	A

其中，A 为形式地址；I 为间接特征位，I=0 表示直接寻址，I=1 表示间接寻址；MOD 为寻址模式，00 表示绝对寻址，01 表示基址寻址，10 表示相对寻址，11 表示立即寻址；X 为变址特征位，X=0 表示非变址寻址，X=1 表示变址寻址。设 PC、R_x、R_b 分别表示程序计数器、变址寄存器、基址寄存器，E 为有效地址。

(1) 该指令格式最多能定义多少种不同功能的指令？立即寻址时，操作数的范围是多少？

（2）在非间接非变址寻址的情况下，即 I＝0 且 X＝0 的情况下，写出各寻址方式有效地址的表达式。

（3）设基址寄存器为 14 位，在非变址直接基址寻址时，确定该寻址方式可寻址的地址范围。

（4）间接寻址时，寻址的地址范围是多少？

15. 简述 CISC 和 RISC 的主要特点。

16. 简述 RISC 采用的基本技术。

17. 简述 CISC 和 RISC 的主要优缺点。

18. 什么叫退耦的 CISC/RISC 体系结构？什么叫后 RISC？

第5章　中央处理器

中央处理器简称CPU，早期的CPU都由运算器和控制器两大部分组成，而现代的CPU除了运算器和控制器外，还有高速缓冲存储器(Cache)。在第2章中已经详细介绍了运算方法和运算器，第3章中对Cache也作了比较详细的介绍，本章主要介绍CPU的功能和组成，指令周期的概念，时序产生器的组成和控制方式，操作控制器的组成、工作原理和设计方法，以及在现代CPU中广泛使用的流水线技术。此外，本章还进一步介绍了提高单机系统指令级并行性(ILP)的措施，并分别以现代单核微处理器Pentium 4和UltraSPARC Ⅲ作为CISC和RISC的代表，介绍了它们的体系结构和采用的技术。

5.1　CPU的功能和组成

计算机的工作就是运行程序。程序是指能完成一定功能的指令序列，运行程序就是执行指令序列。程序一旦装入内存储器，中央处理器(简称CPU)就能自动地、逐条地取指令、分析指令和执行指令。因此，CPU是计算机的核心部件。

5.1.1　CPU的功能

CPU在运行程序时，根据程序计数器PC的值自动地从主存储器中取出一条指令，若指令Cache命中，则直接从指令Cache中取指令，然后对指令进行分析，即对指令的操作码进行译码或测试，以识别指令的功能，并根据不同的操作码和时序产生器产生的时序信号，生成具有时间标志的操作控制信号，送到相应的执行部件，定时启动所要求的操作，以控制数据在CPU、数据Cache、主存储器和输入/输出设备之间流动，指挥运算器操作，完成对数据的加工处理。与此同时，它还修改程序计数器PC的内容，给出后继指令在主存储器中的位置，自动地、逐条地取指令、分析指令和执行指令，直到指令序列全部执行完毕为止。因此，CPU的基本功能可以归纳为以下几个方面：

(1) 指令控制，即对指令执行顺序的控制。程序由一个指令序列构成，这些指令在逻辑上的相互关系不能改变。CPU必须对指令的执行进行控制，保证指令序列执行结果的正确性。

(2) 操作控制，即对取指令、分析指令和执行指令过程中所需的操作进行控制。一条指令的解释一般需要几个操作步骤来实现，每个操作步骤实现一定的功能，每个功能的实现都需要相应的操作控制信号，CPU必须把各种操作控制信号送往相应的部件，从而控制这些部件完成相应的动作。

（3）时间控制，即对各种操作进行时间上的控制。时间控制包括两方面内容：一方面，在每个操作步骤内的有效操作信号均受时间的严格限制，必须保证按规定的时间顺序启动各种动作；另一方面，对指令解释的操作步骤也要进行时间上的控制。

（4）数据加工，即对数据进行算术运算和逻辑运算处理。完成数据的加工处理，这是CPU的最基本的功能。

此外，CPU还具有异常处理和中断处理、存储管理、总线管理、电源管理等扩展功能。异常处理和中断处理是指在运行程序时，如果出现某种紧急的异常事件，如算术运算时除数为零、内存条故障、外设发出中断请求等，CPU必须对这些事件进行处理；存储管理包括虚拟存储器的管理及存储器的保护等；总线管理是对CPU所连接的系统总线进行总线请求优先权的裁决、总线数据传输的同步控制等；电源管理是为减少CPU的功耗和减少CPU芯片的发热等。

5.1.2 CPU的基本组成

早期的CPU都由运算器和控制器两大部分组成，而现代的CPU除了运算器和控制器外，还有高速缓冲存储器(Cache)，例如80486 CPU中包含有8 KB的片内Cache。在流水CPU中，为了减少CPU访存取指令和取数据的冲突，将CPU内的Cache设计成了两个独立的指令高速缓冲存储器(指令Cache)和数据高速缓冲存储器(数据Cache)，例如Pentium包含有8 KB的指令Cache和8 KB的数据Cache。此外，为了进一步提高CPU访存的速度，在CPU内部还增设了二级高速缓冲存储器(L2 Cache)，例如Pentium Ⅱ和Pentium Ⅲ包含有512 KB的L2 Cache，Pentium 4包含有1 MB的L2 Cache。

从教学的目的出发，本章5.1节至5.6节从CPU解释指令的角度，来介绍一个CPU的基本组成和功能、指令的解释过程、时序产生器的组成及工作原理、操作控制器的组成及工作原理等。为了便于读者建立整机的概念，我们给出的模型CPU力求简单，同时又兼顾性能。图5.1给出了一个模型CPU的组成框图，该模型CPU采用了三数据总线结构的运算器，且CPU内部包含有指令Cache和数据Cache。在无特殊声明的情况下，假定取指令时都能在指令Cache中命中，取数据时都能在数据Cache中命中。

1. 控制器

控制器由程序计数器(PC)、指令寄存器(IR)、指令译码器、时序产生器和操作控制器组成，它是发布命令的“决策机构”，即完成协调和指挥整个计算机系统的操作。控制器的主要功能是产生计算机的全部操作控制信号，对取指令、分析指令和执行指令的操作过程进行控制。具体来说，主要包括：

（1）从指令Cache中取出一条指令，并指出下一条指令在指令Cache中的位置。

（2）对指令进行译码或测试，并产生相应的控制信号，以便启动规定的动作。比如产生数据Cache的读/写操作、算术逻辑运算操作或输入/输出操作等所需的操作控制信号。

（3）指挥并控制CPU、CPU外部Cache、主存储器和输入/输出设备之间数据流动的方向。

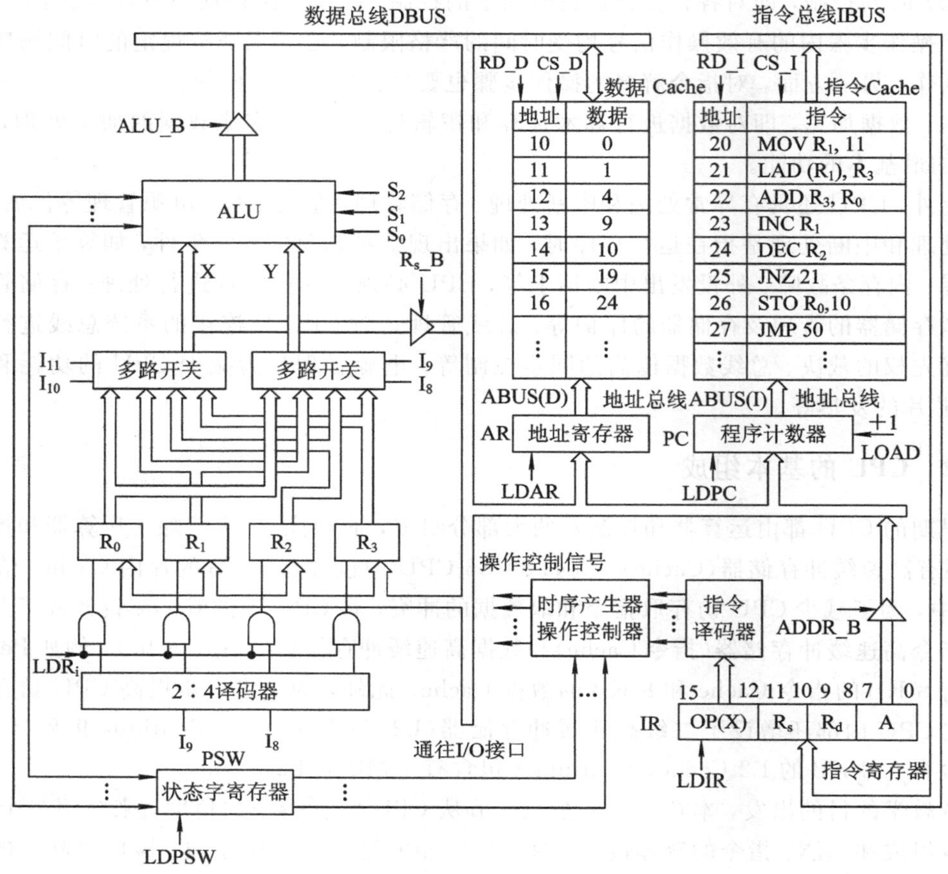

图 5.1　模型 CPU 的组成框图

2. 运算器

运算器由算术逻辑运算单元(ALU)、通用寄存器(GR)和状态字寄存器(PSW)组成，它是数据加工处理部件。运算器接受来自于控制器的操作控制信号，相对于控制器来说，它是一个执行部件，主要功能是执行所有的算术运算和所有的逻辑运算，包括进行逻辑测试。

算术运算和逻辑运算的结果有可能是一个数据，也有可能只是进行某种测试，并将测试的结果反映到状态字寄存器上。

CPU 中除了运算器、控制器和 Cache 三大基本组成部分外，还有存储管理、总线接口、中断系统等其他功能部件。

5.1.3　CPU 中的主要寄存器

尽管各种类型的 CPU 在设计时采用的技术存在着较大的区别，如并行处理、高速缓存、指令预取、转移预测、地址转换等方面采用的技术，使得不同厂家开发的不同型号的 CPU 在组成上有较大的区别，但是 CPU 最基本的组成是相同的，并且在 CPU 中至少包含五类寄存器，分别是程序计数器(PC)、指令寄存器(IR)、数据地址寄存器(AR)、通用寄存器(GR)和状态字寄存器(PSW)，如图5.1所示。

1. 程序计数器(PC)

程序计数器又称指令地址寄存器、指令指针等，其作用是给出将要取出并执行的指令的地址。CPU取指令时，将PC的内容送入指令Cache，经地址译码后选中相应的存储单元，取出一条指令并将取出的指令代码送往指令寄存器(IR)，同时自动修改PC的值形成下一条指令的地址。

有两种途径来形成指令的地址，其一是顺序执行程序的情况，通过PC加1形成下一条指令的地址(如果存储器按字节编址，而指令字长度为4个字节，则通过PC加4形成下一条指令的地址)；其二是遇到需要改变顺序执行程序的情况，一般由转移类指令形成转移地址送往PC，作为下一条指令的地址。

2. 指令寄存器(IR)

指令寄存器的作用是保存当前正在执行的一条指令。当解释一条指令时，首先根据PC的值从指令Cache中取出一条指令，并将其送往指令寄存器。在这条指令执行的过程中，指令寄存器的内容始终保持不变，直到有新的指令被取出并送往指令寄存器为止。指令寄存器的位数一般等于指令Cache中存储单元的位数，若一条指令占用多个存储单元，则指令寄存器中保存的是包含有操作码的那个存储单元的内容。指令由操作码和地址码两部分组成，如图5.1所示，操作码经指令译码器译码或测试后与寻址方式的编码一起送往操作控制器和时序产生器，产生各种具有时间标志的操作控制信号，从而完成对不同功能指令的解释。

指令译码器用来完成对指令寄存器中的操作码字段进行译码，其作用是从包含众多指令的指令系统中识别出各种不同功能的指令，其输出直接送往操作控制器。值得说明的是，只有操作控制器为硬连线控制器时才有指令译码器，在微程序控制器中不需要指令译码器，因为指令功能的识别是通过微程序控制器中的地址转移逻辑电路直接对操作码进行测试来完成的。

3. 数据地址寄存器(AR)

数据地址寄存器的作用是保存当前CPU所访问的数据Cache单元的地址。由于要对访存地址进行译码，因此必须使用数据地址寄存器来保持地址信息，直到一次读/写操作完成为止。

地址寄存器的结构与指令寄存器一样，通常使用单纯的寄存器结构。信息的打入一般采用电位-脉冲制，即输入数据信息维持的时间为一个节拍电位，寄存器的时钟控制端采用节拍脉冲控制，在时钟控制信号的控制下，将输入数据信息瞬间打入寄存器。

4. 通用寄存器(GR)

顾名思义，通用寄存器的意思是寄存器的功能有多种用途，它可作为ALU的累加器、变址寄存器、计数器、移位器、地址指针、数据缓冲器等，用于存放操作数(包括源操作数、目的操作数及中间结果)和操作数在数据Cache中的地址等。通常由指令编址访问通用寄存器，即在指令格式中设计寄存器寻址段，通过指令选定某个寄存器来实现指定功能。如图5.1所示，模型CPU中采用了4个通用寄存器R_0～R_3，这些寄存器中的某一个在作为源寄存器使用时，由指令寄存器中源寄存器的编码 I_{11}、I_{10} 控制并进行选择。这些寄存器中的某一个在作为目的寄存器使用时，由指令寄存器中目的寄存器的编码 I_9、I_8 控制并进行选择。源寄存器和目的寄存器的内容可分别通过不同的数据总线同时送往 ALU 进行运算，运算的结果则通过另外一条数据总线输出，因此在运算器结构设计时，没有采用运算器输入数据暂存器，这与 2.7 节三总线结构运算器的思想是一致的。在图 5.1 中，源寄存器的内容可直接通过三态门送往内部数据总线，以提高数据传输的速度。另外，目的寄存器中某一个寄存器的内容也可直接通过 ALU 进行诸如移位、加 1、减 1、取非等只需一个操作数的运算。

现代 CPU 中通用寄存器的个数多达数百个，如 20 世纪 80 年代，美国加州大学伯克利分校研制的 RISC－Ⅱ设计了 138 个寄存器，日本富士通公司生产的基于 SPARC 系统结构的 MB 86900 芯片设计了 120 个寄存器，美国 CYPRESS 半导体公司生产的基于 SPARC 系统结构的 CY7C601 芯片设计了 136 个寄存器。再如 Intel 公司于 2000 年 11 月 20 日发布的 Pentium 4 处理器，尽管对用户来说只有 8 个可见的寄存器，但 CPU 内部包含有 128 个整数寄存器组成的整数寄存器堆(Register File，RF)和 128 个浮点寄存器组成的浮点寄存器堆。使用大量的通用寄存器，既可以减少访存的次数、解决并行处理时的数据相关，提高 CPU 的处理效率，又可以提供足够的寄存器用作地址指针、过程调用时的参数传递等，提高编程的灵活性。但是通用寄存器个数的增多，会加重程序员管理和使用寄存器的负担，同时也会增加 CPU 设计的复杂性和硬件成本。

5. 状态字寄存器(PSW)

状态字寄存器的作用是保存运算器的运算结果状态、程序运行时的工作状态及机器的状态信息。运算器的运算结果状态主要包括由算术指令和逻辑指令运算或测试结果建立的各种条件标志，如运算结果进位标志(CF)、运算结果溢出标志(OF)、运算结果为零标志(ZF)、运算结果的符号标志(SF)等，这些标志位的使用主要为程序的条件转移提供判断的条件。反映程序运行时的工作状态的标志主要有跟踪标志(TF)、方向标志(DF)等。反映机器状态的标志有中断标志(IF)等。值得说明的是，不同机器的状态字寄存器所包含的内容不完全相同，各标志位信息的符号表示也不尽相同。

早期的计算机中，由于通用寄存器的个数较少并且采用单总线结构的运算器，在 CPU 设计时存在运算器输入数据暂存器，主要用于数据运算时的同步。另外，由于 CPU 和主存速度存在差异，还会设计主存数据缓冲器(MDB)，主要用于缓冲写入主存储器或从主存储器中读出的数据。

5.1.4 操作控制器和时序产生器

一条指令的解释过程实际上是一个信息的流动和处理的过程。这里的信息包括指令、数据和地址等，但不管是哪类信息，都是用二进制数据来表示的，因此信息的流动和处理过程也可以看成是数据的流动和处理过程。如何来保证数据在 CPU 内各类寄存器、ALU、Cache、主存储器和 I/O 设备之间正确地流动，以实现指令要求的功能呢？这就要求有一个部件来根据指令的功能产生相应的控制信号，控制数据的正确流动。

通常把各执行部件之间传送信息的通路称为数据通路。数据在流动过程中从源部件到目标部件之间经过的三态门、多路开关、各类寄存器、ALU、Cache、主存储器、I/O 设备等都要加以控制。产生控制信号并建立正确数据通路的部件被称为操作控制器。操作控制器的功能，就是根据指令的操作码和时序信号，产生各种具有时间标志的操作控制信号，以便建立正确的数据通路，从而完成取指令和执行指令的控制。

根据设计方法的不同，现代计算机中操作控制信号的形成方法有两种，一种是组合逻辑设计方法，另一种是微程序设计方法。对应的操作控制器分别称为硬连线控制器(或组合逻辑控制器)和微程序控制器。经典 CISC 微处理器的操作控制器为微程序控制器，而纯 RISC 微处理器的操作控制器为硬连线控制器。微程序控制器和硬连线控制器的组成和工作原理将在后面几节中详细介绍。由于这两种操作控制器都有各自的优点，因此在近期推出的退耦的 CISC/RISC 和后 RISC 体系结构的微处理器中，操作控制器的设计采用了两者的结合，其思想是简单的指令通过组合逻辑电路来产生操作控制信号，而复杂的指令则通过微操作 ROM 来产生操作控制信号。

由于 CPU 在解释指令时，通过操作控制器产生的各个操作控制信号之间存在严格的先后次序，因此各个控制信号在什么时刻有效，维持有效的时间有多长，也都有严格的规定，不能有任何差错。例如，执行加法指令时，必须先将两个数送到 ALU 的输入端，然后再发加法控制信号控制 ALU 进行加法运算，待加法结果生成后，才能将结果送到目的地。因此，需要引入时序的概念。时序指时间序列，在计算机内专门设置了时序产生器来产生一组时序信号，即一系列的节拍电位信号和节拍脉冲信号。时序产生器的作用就是对各种操作控制信号实施时间上的控制。

5.2 指令周期

5.2.1 指令周期的基本概念

计算机之所以能自动地工作，是因为在 CPU 内控制器的控制下，可以从存放程序的内存中自动地取出一条指令并且执行。若指令的解释采用顺序解释方式，则各条机器指令之间顺序串行地解释，即执行完一条指令后才开始取下一条指令，再执行这条指令，如此周而复始，构成了一个封闭的循环。除非遇到停机指令，否则这个循环将一直继续下去。顺序解释方式的优点是控制简单，缺点是速度慢，各部件的利用率低。若指令的解释采用流水解释方式，则在解释完当前指令之前，就可开始下一条指令的解释。流水解释方式的优缺点与顺序解释方式正好相反。

本章前半部分介绍的是以顺序解释方式工作的 CPU 的组成及工作原理，包括 CPU 的内部结构、指令的解释过程、时序产生器的组成和工作原理、操作控制器的组成和工作原理，以及操作控制器的设计方法等。从 5.7 节开始介绍的是流水线的基本概念，以及以流水解释方式工作的 CPU 的组成及工作原理。

CPU 每次送出访存地址，从内存中取出一条指令并且执行完这条指令都需要完成一系列的操作，这一系列的操作所需的时间通常叫做一个指令周期。更简单地说，指令周期是指从 CPU 送出取指令地址到取出本条指令并执行完毕所花的时间。指令周期包括取指周期和执行周期两部分。我们把取出一条指令所花的时间称为取指周期，而执行一条指令所花的时间称为执行周期。对于相同的 CPU 结构，不同指令的取指过程都是相同的，都需一个访存周期，因此通常用访存周期的时间长短来定义一个 CPU 周期。但对于某些简单的 CPU 结构，一条指令的取指周期可能需要多个 CPU 周期时间。由于实现指令功能的复杂程度不同，如采用不同的寻址方式、不同的指令字长度等，不同指令的执行周期是不尽相同的，但至少占用一个 CPU 周期。由此可见，取出和执行任何一条指令所需的最短时间为两个 CPU 周期。

CPU 周期也称为机器周期，它由若干个时钟周期组成。时钟周期通常又称为节拍脉冲周期或 T 周期，它是处理操作的最基本单位。图 5.2(a)示出了定长 CPU 周期组成的指令周期，一个 CPU 周期固定由四个 T 周期组成，每个 T 周期为一个时钟脉冲周期。由于指令在执行阶段的复杂程度不同，为了提高机器的效率，在许多机器中采用了不定长的 CPU 周期，如图 5.2(b)所示，但这些机器的时序产生器设计较复杂。值得说明的是，若采用定长的 CPU 周期来解释指令，根据 CPU 结构和操作控制器设计方法的不同，一个 CPU 周期可以设计由四个 T 周期组成，也可以设计由两个 T 周期组成。

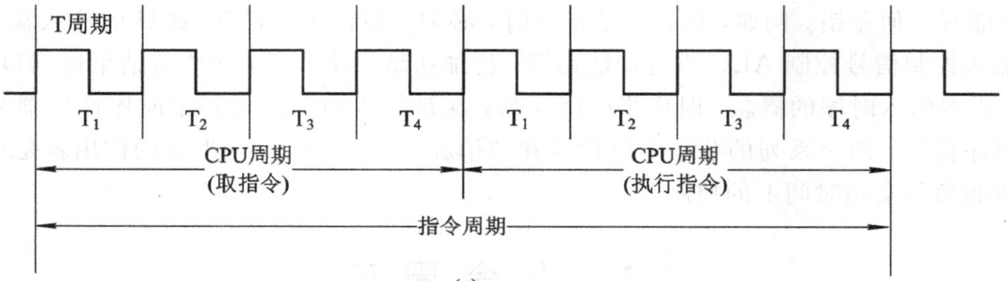

(a)

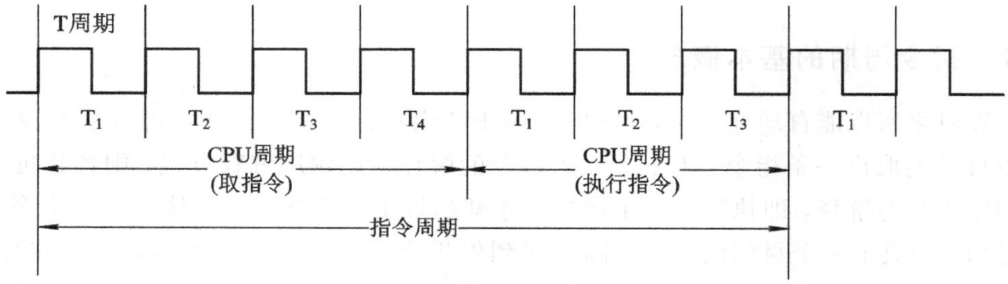

(b)

图 5.2　指令周期

(a) 定长 CPU 周期组成的指令周期；(b) 变长 CPU 周期组成的指令周期

CPU 在解释指令时是根据指令完成的功能对指令格式进行解释的，换句话来说，相同指令格式编写出来的不同指令代码，其解释过程完全相同。表 5.1 列出了模型机中八条典型指令的指令格式及功能。这八条指令是有意安排的，指令类型包含了数据传送指令、访存指令、算术运算指令、条件转移指令和无条件转移指令等，可以实现一些简单的程序功能；指令的寻址方式包括了最基本的立即寻址、寄存器寻址、寄存器间接寻址、直接寻址等四种；指令格式包括了典型的一地址指令和二地址指令。

表 5.1　八条典型指令的指令格式及功能

指令助记符	指令格式				功　能
	15～12	11 10	9 8	7～0	
MOV R_d, im	0010	××	R_d	im	传送指令，将立即数→R_d
LAD (R_s), R_d	0011	R_s	R_d	××××××××	取数指令，将((R_s))→R_d
ADD R_s, R_d	0100	R_s	R_d	××××××××	加法指令，将(R_s)+(R_d)→R_d
INC R_d	0101	××	R_d	××××××××	加 1 指令，将(R_d)+1→R_d
DEC R_d	0110	××	R_d	××××××××	减 1 指令，将(R_d)−1→R_d
JNZ addr	0111	××	××	addr	条件转移指令，若不等，则 addr→PC
STO R_s, addr	1000	R_s	××	addr	存数指令，将(R_s)→addr
JMP addr	1001	××	××	addr	无条件转移指令，将 addr→PC

下面我们通过运行表 5.2 中给出的一个简单程序来详细地介绍各类指令在模型机上取指令和执行指令的解释流程，具体认识各类指令的指令周期。为了解释的方便，我们将汇编语言源程序中 JNZ 和 JMP 指令的转移标号改为了标号所对应的地址。

表 5.2　八条典型指令组成的一个简单程序

	十六进制地址	汇编语言源程序	说　明
指令 Cache			该程序完成的功能是根据数据 Cache 中的内容，求 1～6 之间所有整数的平方数之和。程序执行前已通过 MOV 指令赋累加和 R_0 的初值为 0，循环次数 R_2 的初值为 6
	20	MOV R_1, 11	赋地址指针的初值，将立即数 11H 送入 R_1
	21	LAD (R_1), R_3	将以 R_1 内容为地址的数据 Cache 中的内容送入 R_3
	22	ADD R_3, R_0	将 R_3 的内容与 R_0 的内容相加，结果送入 R_0
	23	INC R_1	将 R_1 的内容加 1 后，结果送入 R_1
	24	DEC R_2	将 R_2 的内容减 1 后，结果送入 R_2
	25	JNZ 21	若 ZF=0，则转到 21H 地址去执行，否则顺序执行
	26	STO R_0, 10	将 R_0 的内容存储到地址为 10H 的数据 Cache 中
	27	JMP 50	无条件地转移到 50H 地址去执行
数据 Cache	十六进制地址	十六进制数据	说　明
	10	0	10H 地址用来存放程序执行的结果，即 1～6 之间所有整数的平方数之和
	11	1	11H～16H 地址分别用来存放整数 1～6 的平方数
	12	4	
	13	9	
	14	10	
	15	19	
	16	24	

在介绍所有指令的指令周期时，我们假定这些指令已按表 5.2 给出的地址存放在指令 Cache 中，取指令过程中不会出现指令 Cache 不命中的情况。

5.2.2 MOV 指令的指令周期

MOV 指令的指令格式中，源操作数采用立即寻址，目的操作数采用寄存器寻址。MOV 指令的指令周期由两个 CPU 周期组成，其中取指周期占用一个 CPU 周期，执行周期占用一个 CPU 周期。

在取指周期中，CPU 主要完成如下功能：①根据当前 PC 的值访存取指，并将取出的指令代码送往指令寄存器 IR；②对程序计数器 PC 加 1，形成取下一条指令的地址；③对指令的操作码进行译码或测试，以确定指令实现的功能。

在执行周期中，CPU 根据指令功能完成所要求的操作。对 MOV 指令来说，执行周期中完成将指令中的形式地址部分(立即数)送往目的寄存器的操作。

1. 取指周期

MOV 指令在取指周期内实现取指的操作过程如图 5.3 所示。此阶段，在 CPU 中操作控制器的控制下按顺序完成如下操作：

① 程序中第一条指令的地址 20 装入程序计数器 PC；

② PC 的内容被送往指令地址总线 ABUS(I)上，地址译码后选中指令 Cache 的 20 存

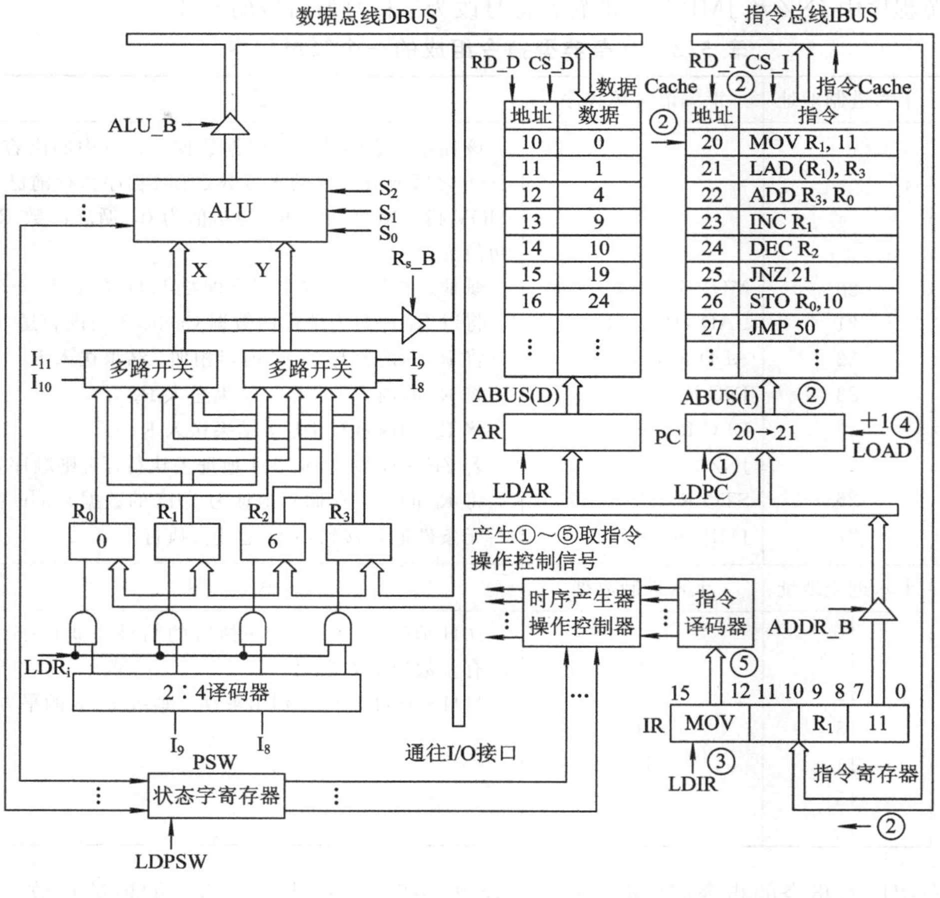

图 5.3　MOV 指令的取指周期

储单元，并启动读操作命令；

③ 从20地址中读出MOV指令的指令代码，通过指令总线IBUS装入指令寄存器IR；

④ 程序计数器PC的内容加1，变为21，形成取下一条指令的地址；

⑤ 对指令寄存器中的操作码进行译码或测试，以确定指令实现的功能。

2. 执行周期

MOV指令在执行周期内实现指令功能的操作过程如图5.4所示。此阶段，在CPU中操作控制器的控制下按顺序完成如下操作：

① 指令格式中的形式地址，即立即数11，送往数据总线DBUS；

② 目的寄存器的编码 I_9、I_8 经过2∶4译码器译码后选中 R_1 寄存器；

③ 将数据总线DBUS上的数据装入 R_1 寄存器，此时 R_1 的内容变为11。

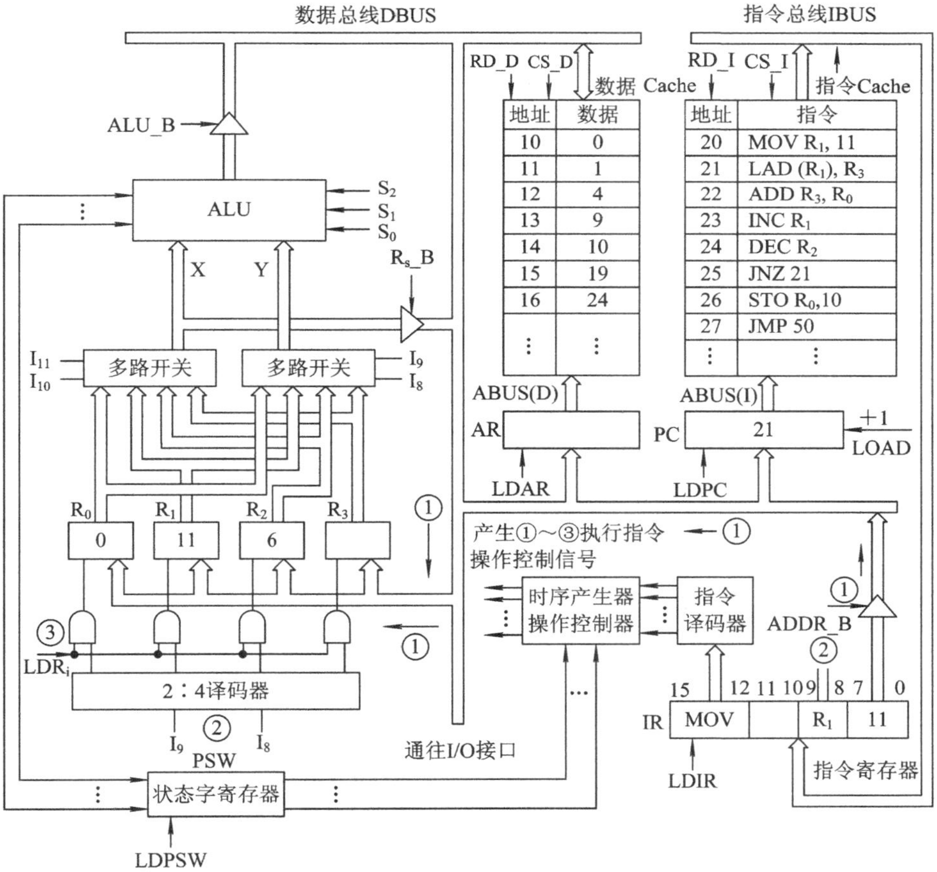

图5.4 MOV指令的执行周期

5.2.3 LAD指令的指令周期

LAD指令的指令格式中，源操作数采用寄存器间接寻址，目的操作数采用寄存器寻址。LAD指令的指令周期由三个CPU周期组成，其中取指周期占用一个CPU周期，执行周期占用两个CPU周期。在执行周期中，送操作数地址、访数据Cache取数并装入目的寄存器各占一个 CPU 周期。

1. 取指周期

LAD 指令在取指周期内实现取指的操作过程与 MOV 指令完全相同，只是 PC 提供的指令地址为 21。从 21 地址中读出 LAD 指令的指令代码，通过指令总线 IBUS 装入指令寄存器 IR 中，然后将 PC 的内容加 1，变为 22，形成取下一条指令的地址。

由于此节在介绍 MOV、LAD、ADD、INC、DEC、JNZ、STO 和 JMP 指令的指令周期时，都基于图 5.1 所示的 CPU 结构，因此在取指周期内实现取指的操作过程都完全相同，只是 PC 的具体内容有所不同。在下面其他指令的指令周期介绍中，将不再重复介绍这些指令的取指周期。

2. 执行周期

LAD 指令在执行周期内实现指令功能的操作过程如图 5.5 所示。此阶段，在 CPU 中操作控制器的控制下按顺序完成如下操作：

① 源寄存器的编码 I_{11}、I_{10} 控制多路开关选中 R_1 寄存器；

② R_1 寄存器的内容 11 经数据总线 DBUS 装入地址寄存器 AR；

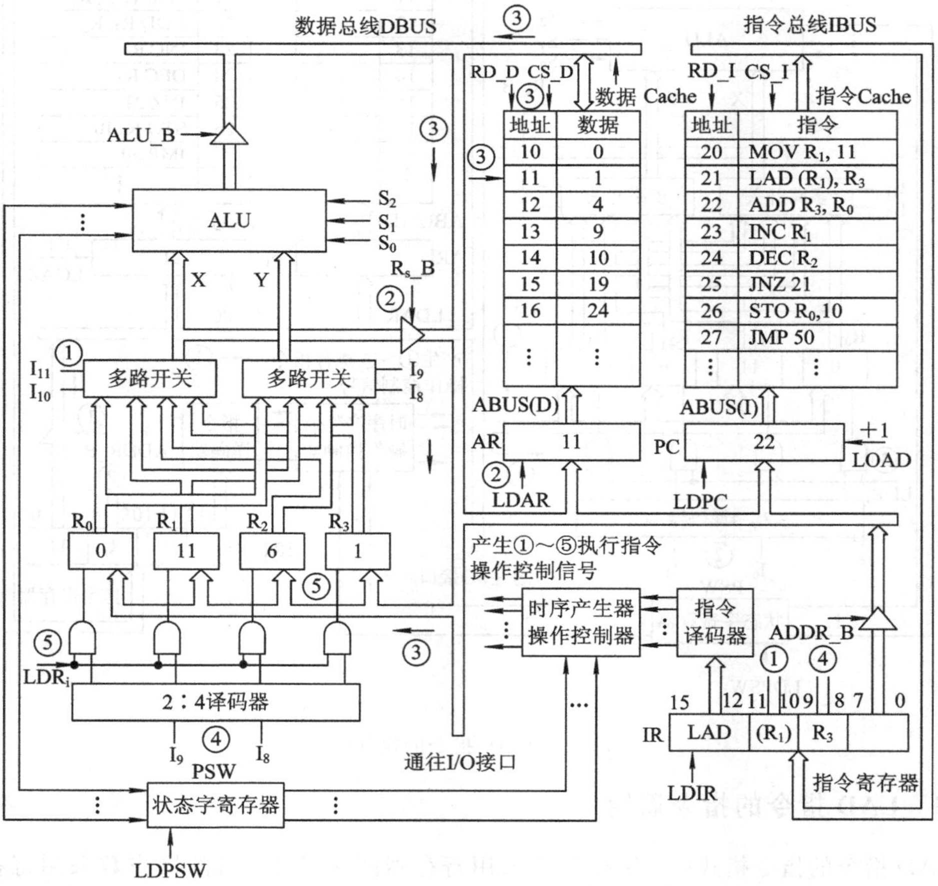

图 5.5　LAD 指令的执行周期

③ AR 的内容被送往数据地址总线 ABUS(D)上，地址译码后选中数据 Cache 的 11 存储单元，并启动读操作命令，从 11 地址中读出数据 1 送往数据总线 DBUS；

④ 目的寄存器的编码 I_9、I_8 经过 2∶4 译码器译码后选中 R_3 寄存器；

⑤ 将数据总线 DBUS 上的数据装入 R_3 寄存器，此时 R_3 的内容变为 1。

5.2.4 ADD 指令的指令周期

ADD 指令的指令格式中，源操作数和目的操作数均采用寄存器寻址。ADD 指令的指令周期由两个 CPU 周期组成，其中取指周期占用一个 CPU 周期，执行周期占用一个 CPU 周期。下面只介绍执行周期。

ADD 指令在执行周期内实现指令功能的操作过程如图 5.6 所示。此阶段，在 CPU 中操作控制器的控制下按顺序完成如下操作：

① 源寄存器的编码 I_{11}、I_{10} 控制多路开关选中 R_3 寄存器，并将 R_3 寄存器的内容 1 送往 ALU 的 X 总线，与此同时，目的寄存器的编码 I_9、I_8 控制多路开关选中 R_0 寄存器，并将 R_0 寄存器的内容 0 送往 ALU 的 Y 总线；

② ALU 进行加法运算；

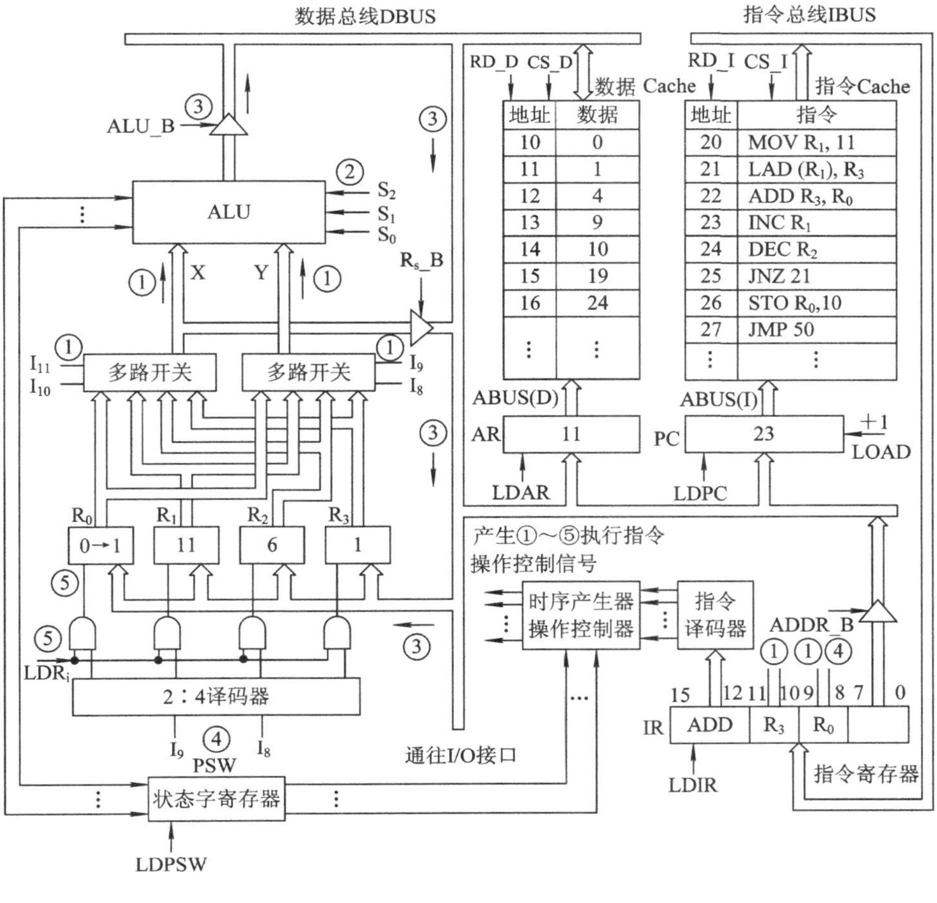

图 5.6　ADD 指令的执行周期

③ 将 ALU 运算的结果 1 送往数据总线 DBUS；

④ 目的寄存器的编码 I_9、I_8 经过 2∶4 译码器译码后选中 R_0 寄存器；

⑤ 将数据总线 DBUS 上的数据装入 R_0 寄存器，此时 R_0 的内容由 0 变为 1。

5.2.5 INC 指令的指令周期

INC 指令的指令格式中只有一个目的操作数，目的操作数采用寄存器寻址。INC 指令的指令周期由两个 CPU 周期组成，其中取指周期占用一个 CPU 周期，执行周期占用一个 CPU 周期。下面只介绍执行周期。

INC 指令在执行周期内实现指令功能的操作过程如图 5.7 所示。此阶段，在 CPU 中操作控制器的控制下按顺序完成如下操作：

① 目的寄存器的编码 I_9、I_8 控制多路开关选中 R_1 寄存器，并将 R_1 寄存器的内容 11 送往 ALU 的 Y 总线；

② ALU 进行加 1 运算；

③ 将 ALU 运算的结果 12 送往数据总线 DBUS；

④ 目的寄存器的编码 I_9、I_8 经过 2∶4 译码器译码后选中 R_1 寄存器；

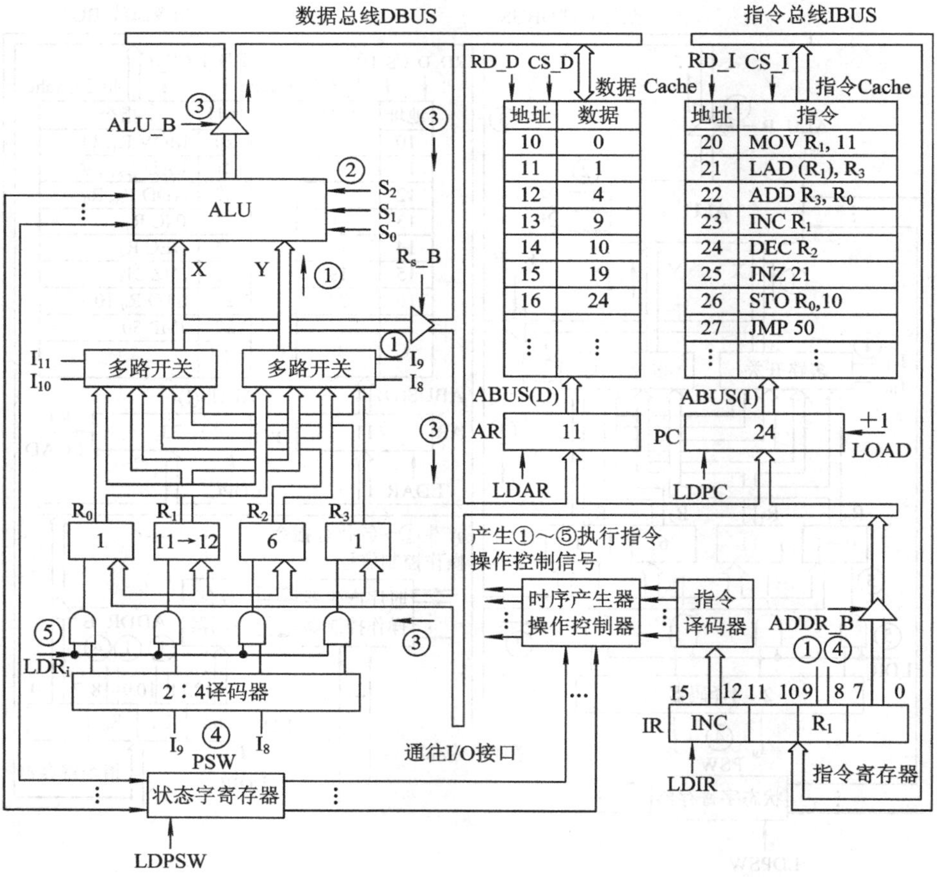

图 5.7 INC 指令的执行周期

⑤ 将数据总线 DBUS 上的数据装入 R_1 寄存器，此时 R_1 的内容由 11 变为 12。

5.2.6　DEC 指令的指令周期

DEC 指令的指令格式中只有一个目的操作数，目的操作数采用寄存器寻址。DEC 指令的指令周期由两个 CPU 周期组成，其中取指周期占用一个 CPU 周期，执行周期占用一个 CPU 周期。下面只介绍执行周期。

DEC 指令在执行周期内实现指令功能的操作过程如图 5.8 所示。此阶段，在 CPU 中操作控制器的控制下按顺序完成如下操作：

① 目的寄存器的编码 I_9、I_8 控制多路开关选中 R_2 寄存器，并将 R_2 寄存器的内容 6 送往 ALU 的 Y 总线；

② ALU 进行减 1 运算；

③ 将 ALU 运算的结果 5 送往数据总线 DBUS；

④ 目的寄存器的编码 I_9、I_8 经过 2∶4 译码器译码后选中 R_2 寄存器；

⑤ 将数据总线 DBUS 上的数据装入 R_2 寄存器，此时 R_2 的内容由 6 变为 5。

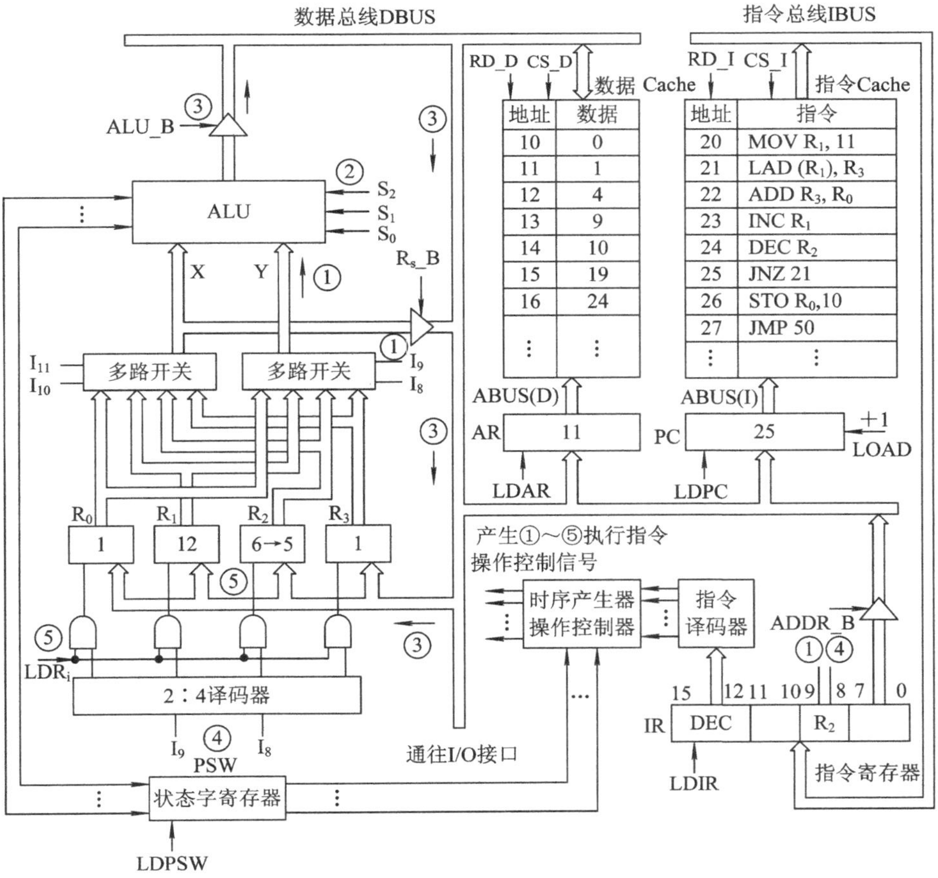

图 5.8　DEC 指令的执行周期

5.2.7 JNZ 指令的指令周期

JNZ 指令的指令格式中只有一个源操作数，源操作数采用直接寻址。JNZ 指令的指令周期由两个或三个 CPU 周期组成，其中取指周期占用一个 CPU 周期，执行周期占用一个或两个 CPU 周期。在执行周期中，若操作控制器采用硬连线控制，则只需要一个 CPU 周期；若操作控制器采用微程序控制，由于要同时考虑到状态条件的取值和分支地址的确定，执行周期将占用一个或两个 CPU 周期。

JNZ 指令在执行周期内实现指令功能的操作过程如图 5.9 所示。此阶段，在 CPU 中操作控制器的控制下按顺序完成如下操作：

① 根据状态字寄存器 PSW 的内容，测试状态条件 ZF；

② 若 ZF=1，则不执行任何操作，若 ZF=0，则将指令格式中的形式地址，即转移地址 21，送往数据总线 DBUS；

③ 将数据总线 DBUS 上的数据装入 PC，实现分支，此时，PC 的内容由 26 变为 21。

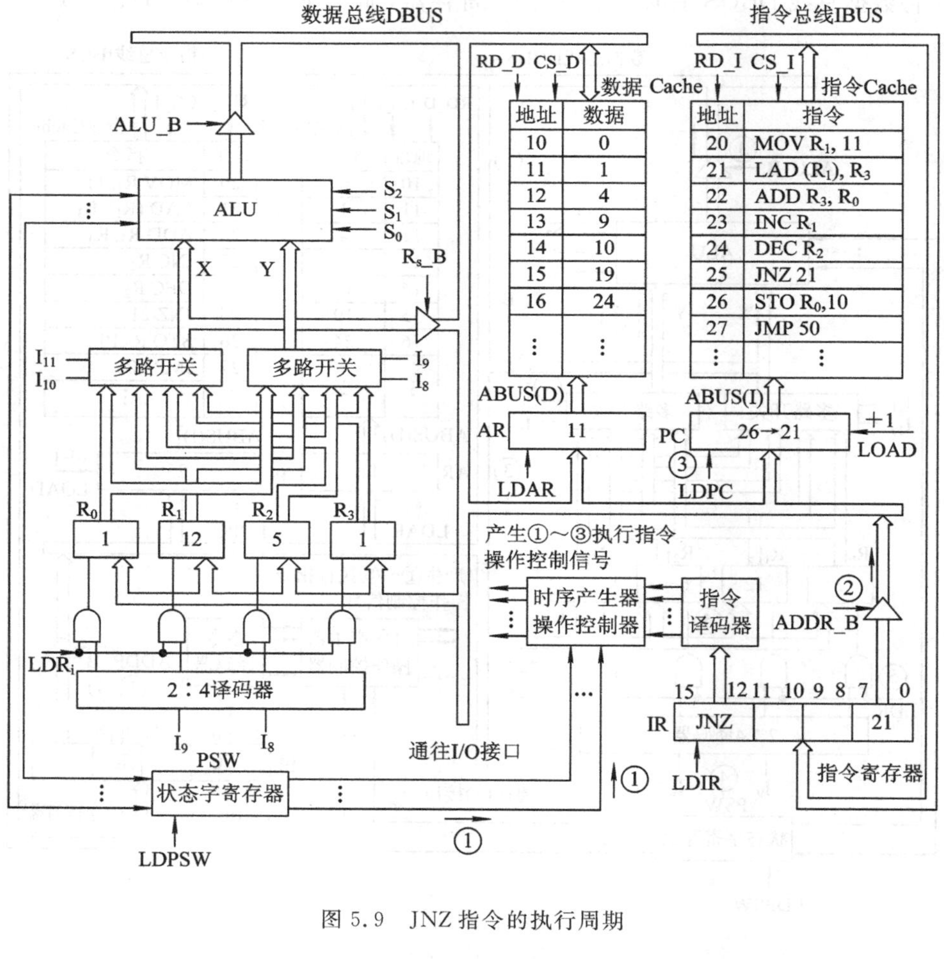

图 5.9 JNZ 指令的执行周期

5.2.8　STO 指令的指令周期

STO 指令的指令格式中，源操作数采用寄存器寻址，目的操作数采用直接寻址。STO 指令的指令周期由三个 CPU 周期组成，其中取指周期占用一个 CPU 周期，执行周期占用两个 CPU 周期。在执行周期中，送操作数地址、将源寄存器的内容存入数据 Cache 各占一个 CPU 周期。

STO 指令在执行周期内实现指令功能的操作过程如图 5.10 所示。此阶段，在 CPU 中操作控制器的控制下按顺序完成如下操作：

① 将指令格式中的形式地址 10 送往数据总线 DBUS；

② 将数据总线 DBUS 上的数据装入地址寄存器 AR，此时 AR 的内容由 16 变为 10；

③ 源寄存器的编码 I_{11}、I_{10} 控制多路开关选中 R_0 寄存器；

④ 将 R_0 寄存器的内容 5B 送往数据总线 DBUS；

⑤ AR 的内容被送往数据地址总线 ABUS(D)上，地址译码后选中数据 Cache 的 10 存储单元，并启动写操作命令，将数据总线 DBUS 上的数据 5B 写入 10 地址中，此时，数据 Cache 的 10 存储单元的内容由 0 变为 5B。

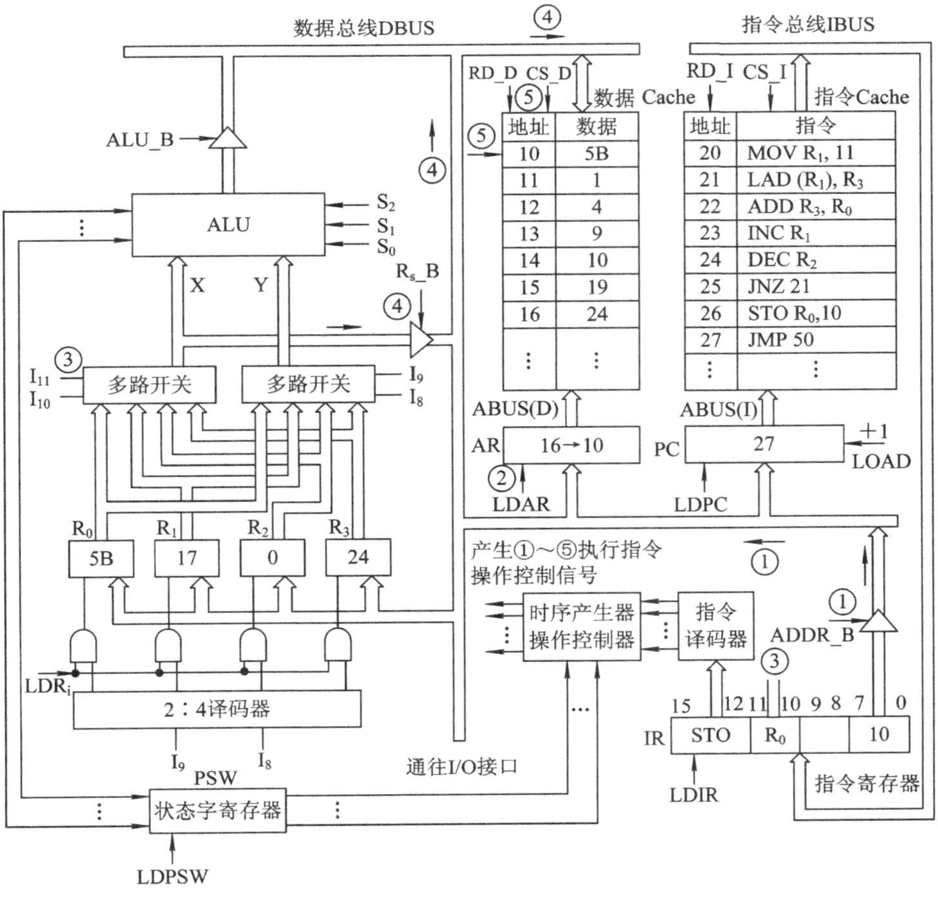

图 5.10　STO 指令的执行周期

5.2.9 JMP 指令的指令周期

JMP 指令的指令格式中只有一个源操作数，源操作数采用直接寻址。JMP 指令的指令周期由两个 CPU 周期组成，其中取指周期占用一个 CPU 周期，执行周期占用一个 CPU 周期。

JMP 指令在执行周期内实现指令功能的操作过程如图 5.11 所示。此阶段，在 CPU 中操作控制器的控制下按顺序完成如下操作：

①将指令格式中的形式地址，即转移地址 50，送往数据总线 DBUS；

②将数据总线 DBUS 上的数据装入 PC，实现分支，此时，PC 的内容由 28 变为 50。

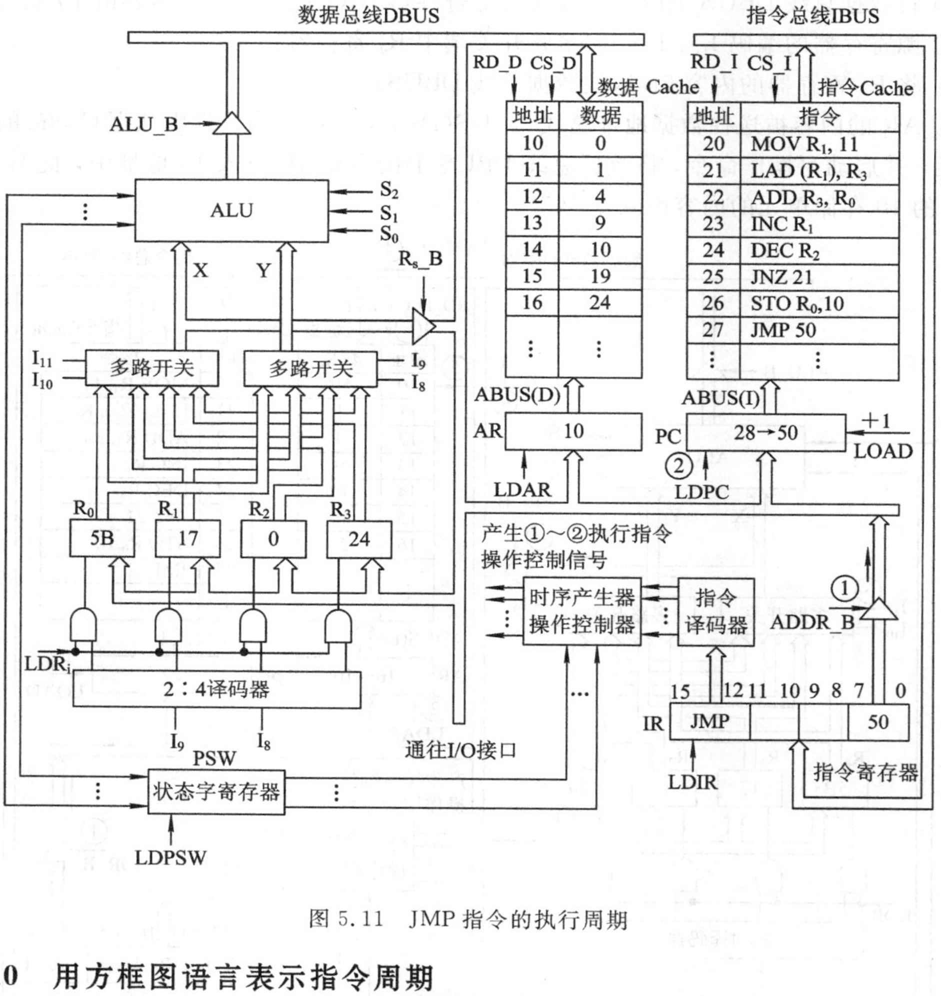

图 5.11 JMP 指令的执行周期

5.2.10 用方框图语言表示指令周期

前面我们介绍了八条典型指令的指令周期，目的是让读者直观地了解各类指令在计算机上的执行流程。但在进行计算机设计时，必须根据计算机的组成和结构，用更简单快捷的方法来描述指令的解释过程，再根据指令的解释过程来设计操作控制器。

在进行计算机设计时，可以采用方框图语言来表示指令的指令周期。一个方框代表一个 CPU 周期，方框中的内容表示一个 CPU 周期内在数据通路上完成的某些传送操作或控制操作。除了方框以外，还需要菱形框来表示某种判别或测试，菱形框本身不单独占用一个 CPU 周期。在进行微程序控制器设计时，菱形框内完成的操作在紧接着它的上一个方框中实现。在进行硬连线控制器设计时，若菱形框内完成的是指令操作码的译码操作，则在取指操作完成后直接通过指令译码器译码，不需要单独设置控制信号，从操作时间上讲，可以认为是从属于取指周期；若菱形框内完成的是其他操作，则这些操作在紧接着它的下一个方框中实现。

前面介绍的八条典型指令用方框图语言表示的指令周期如图 5.12 所示。从图中可以看出，由于是在相同的 CPU 结构上解释指令，因此所有指令的取指周期是完全相同的，均占用一个 CPU 周期。但是由于各条指令完成不同的功能，它们的执行周期也各不相同，如 MOV、ADD、INC、DEC 和 JMP 指令是一个 CPU 周期，而 LAD 和 STO 指令是两个 CPU 周期。JNZ 指令比较特殊，若操作控制器采用硬连线控制，则其执行周期只需要一个 CPU 周期；若操作控制器采用微程序控制，由于要同时考虑状态条件的取值和分支地址的确定，因此其执行周期需要一个或两个 CPU 周期。框图中 DBUS 代表数据总线，ABUS(D) 代表数据 Cache 的地址总线，ABUS(I)代表指令 Cache 的地址总线，RD(D)代表数据 Cache 的读命令，WE(D)代表数据 Cache 的写命令，RD(I)代表指令 Cache 的读命令。

在图 5.12 中，每条指令解释完后都要进入一个公操作部分，用符号“ ⌐ ”表示。在公操作期间，CPU 开始进行一些特殊的操作，如判断并处理各类中断请求、DMA 请求、总线请求等，若无任何请求，那么 CPU 就根据当前 PC 值从指令 Cache 中取下一条指令。

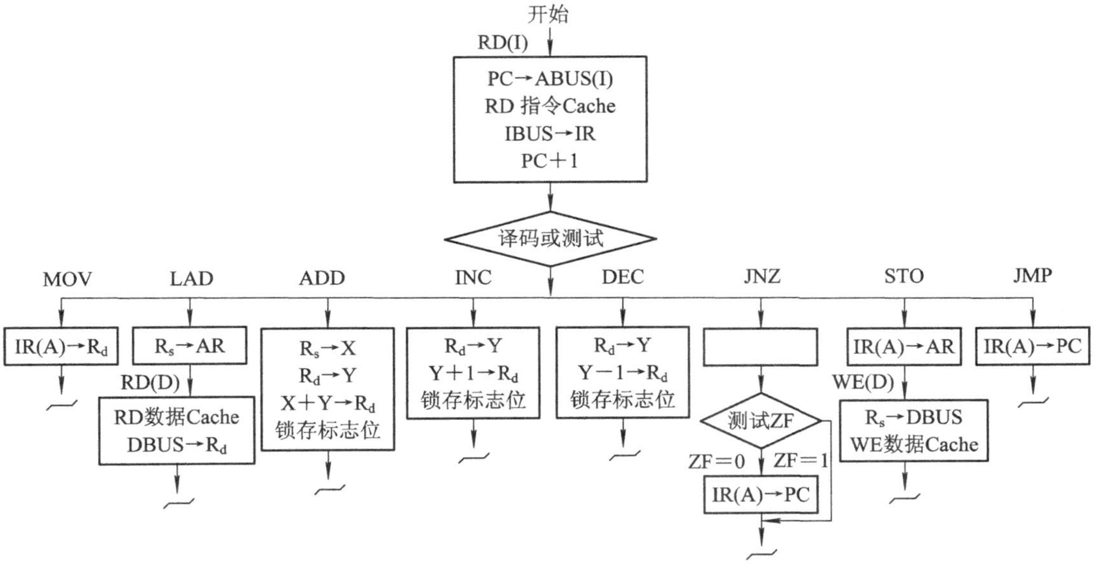

图 5.12　用方框图语言表示各指令的指令周期

[例 5.1]　图 5.13 所示为双总线结构机器的数据通路。其中，IR 为指令寄存器，PC 为程序计数器(具有自增功能)，M 为主存(受 $R/\overline{W}$ 信号控制，既存放指令又存放数据)，AR 为地址寄存器，DR 为数据缓冲寄存器，ALU 由加、减控制信号决定完成何种操作，控制信号 G 控制的是一个门电路，它相当于两条总线之间的桥。另外，线上标注有小圈表示

有控制信号，例如 y_i 表示 y 寄存器的输入控制信号，R_{1o} 为寄存器 R_1 的输出控制信号。未标字符的线为直通线，不受控制。另外，当 R_i 有效时，根据目的寄存器 R_d 的编码决定 R_{0i}、R_{1i}、R_{2i}、R_{3i} 中哪一个控制信号有效；当 R_o 有效时，根据源寄存器 R_s 和目的寄存器 R_d 的编码决定 R_{0o}、R_{1o}、R_{2o}、R_{3o} 中哪一个控制信号有效。

(1) "ADD R_s，R_d"指令完成 $(R_d)+(R_s)\to R_d$ 的功能操作，假设该指令的地址已放入 PC 中，画出其指令周期流程图，并列出相应的微操作控制信号序列。

(2) "SUB R_s，R_d"指令完成 $(R_d)-(R_s)\to R_d$ 的功能操作，假设该指令的地址已放入 PC 中，画出其指令周期流程图，并列出相应的微操作控制信号序列。

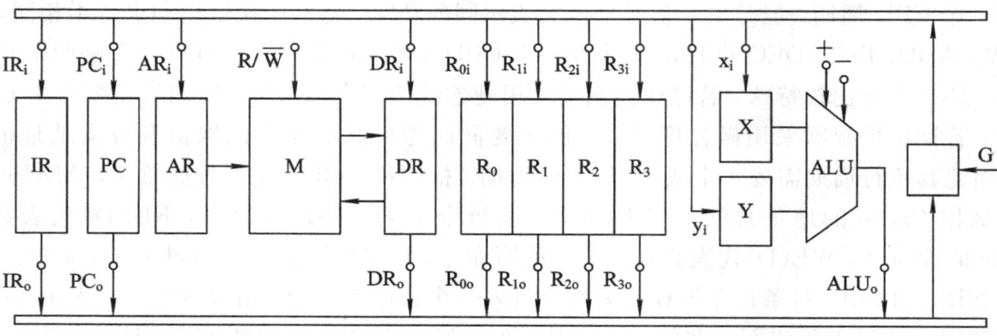

图 5.13　双总线结构机器的数据通路

解：(1) 在图 5.13 中，虽说采用双总线结构，但由于 A 总线和 B 总线都为单向传送总线，将 B 总线上的数据传送到 A 总线时需经过一个门电路，且该门电路受一个节拍电位信号 G 的控制，故每次有数据经过门电路时都需要一个 CPU 周期。指令周期包括取指周期和执行周期两个部分，根据双总线结构的特点，画出"ADD R_s，R_d"指令的指令周期流程图如图 5.14(a)所示，图的右边标注了每一个 CPU 周期中用到的微操作控制信号序列。

(2) 由于是在相同的数据通路上完成不同指令解释的，因此 ADD 和 SUB 指令取指周期完成的操作完全相同；由于完成的功能不同，因此它们在执行周期完成的操作和所需的微操作控制信号也不相同。根据双总线结构的特点，画出"SUB R_s，R_d"指令的指令周期流程图如图 5.14(b)所示，图的右边标注了每一个 CPU 周期中用到的微操作控制信号序列。

[例 5.2]　单总线结构机器的数据通路如图 5.15 所示。其中，IR 为指令寄存器，PC 为程序计数器，MAR 为主存地址寄存器，MDR 为主存数据缓冲寄存器，$R_0\sim R_{n-1}$ 为 n 个通用寄存器，Y 为 ALU 的输入数据暂存寄存器，Z 为 ALU 的结果暂存寄存器，SR 为状态寄存器。

(1) "ADD R_d，R_{s1}，R_{s2}"指令的功能是将 R_{s1} 和 R_{s2} 中的数据相加，结果送入 R_d 中，画出其指令周期流程图。

(2) "LOAD R_d，mem"指令的功能是执行读存储器数据到 R_d，其中 mem 为内存地址值，画出其指令周期流程图。

解：(1)根据单总线结构的特点，画出"ADD R_d，R_{s1}，R_{s2}"指令的指令周期流程图如图 5.16(a)所示。

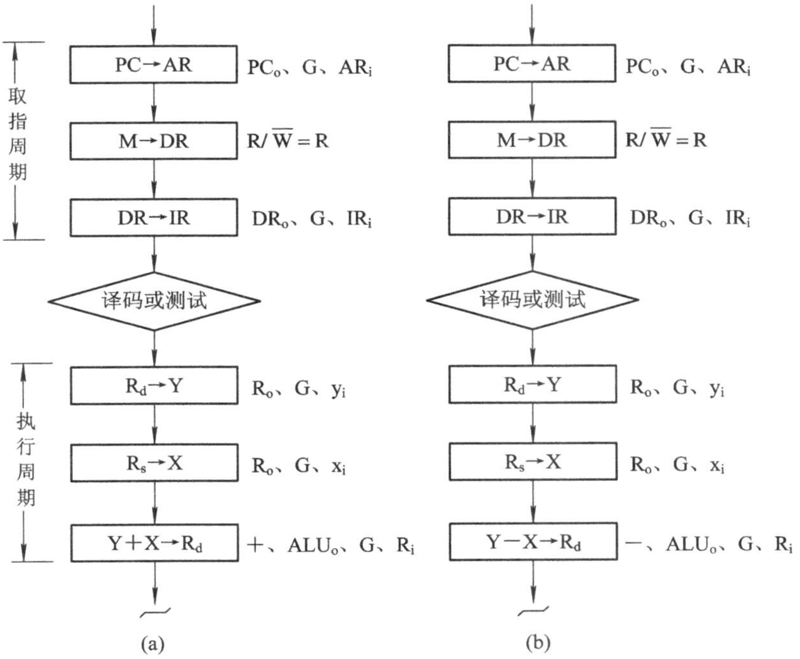

图 5.14　ADD 和 SUB 指令周期流程图

(a) 加法；(b) 减法

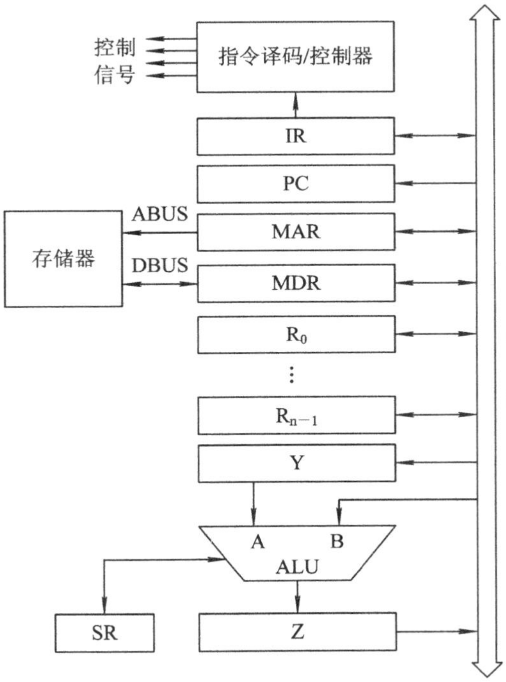

图 5.15　单总线结构机器的数据通路

(2) 根据单总线结构的特点，画出“LOAD R_d，mem”指令的指令周期流程图如图 5.16 (b)所示。

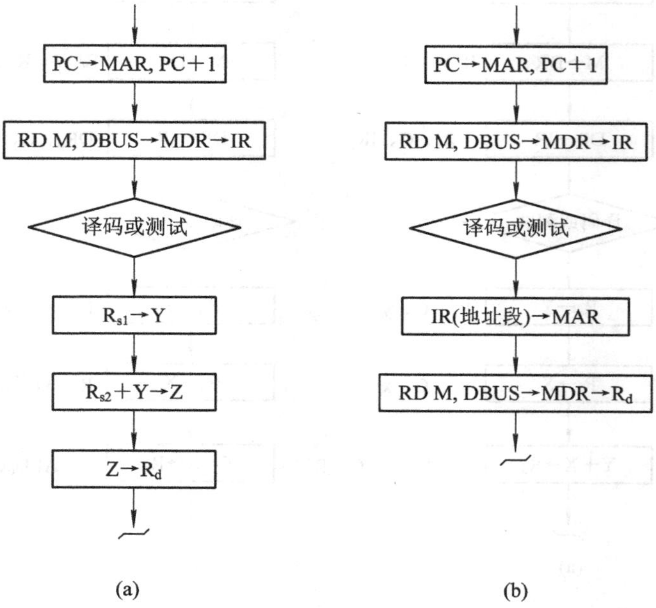

图 5.16　ADD 和 LOAD 指令周期流程图
(a) 加法；(b) 读存储器

5.3　时序产生器和控制方式

5.3.1　时序信号的作用和体制

由上一节对指令周期和指令解释过程的学习可知，一个指令周期中，每个 CPU 周期都有一定的持续时间，各个 CPU 周期之间有严格的次序。每个 CPU 周期内的各个操作控制信号安排在哪个时钟脉冲周期，也都有严格的时间顺序。我们把各时钟脉冲周期信号、各 CPU 周期信号之间产生的时间次序称为时序。计算机之所以能够准确、迅速、有条不紊地工作，正是因为在 CPU 中有一个时序产生器专门用来产生各种时序信号。时序信号的作用是为各种操作控制信号提供时间标志，即实施时间上的控制。

在计算机的内存里存放的既有指令又有数据，并且指令和数据在存储器中都是以二进制编码的形式来表示的，那么 CPU 访存取出一串代码，是如何来区分这串代码是指令还是数据呢？由上一节对指令周期的学习我们可以知道，从时间上来看，取指令事件总是发生在指令周期的第一个 CPU 周期内，即发生在取指周期，而取数据事件则发生在取指周期之后的几个 CPU 周期内，即发生在执行周期。从空间上来看，如果取出的代码是指令，则一定送往指令寄存器，如果取出的代码是数据，则一定送往通用寄存器或地址寄存器。由此可见，时间控制对指令的解释过程是相当重要的。

组成计算机的器件特性决定了时序信号最基本的体制是电位－脉冲制。例如，在寄存器之间传送数据时，数据先要加到寄存器的电位输入端，再将打入数据的控制信号加在寄存器的时钟输入端。前者称为电位，后者称为脉冲。用电位的高低表示信息的“1”或“0”，用脉冲的有无表示控制信号是否出现。电位信号必须在脉冲到来之前先建立并且达到稳定状态，才能保证数据正确打入寄存器。当然，计算机中有些部件，如ALU、三态门、多路开关等只用电位信号控制就可以了。

在硬连线控制器中，时序信号往往采用主状态周期—节拍电位—节拍脉冲三级体制。一个主状态周期由若干个节拍电位组成，一个节拍电位表示一个CPU周期的时间，它包含若干个节拍脉冲。

在微程序控制器中，时序信号比较简单，一般采用节拍电位—节拍脉冲两级体制。同样，一个节拍电位表示一个CPU周期的时间，它包含若干个节拍脉冲。

5.3.2 多级时序系统

1. 节拍电位

节拍电位可以看做是所有指令执行过程中的一个基准时间，它取决于指令的功能及器件的速度。确定节拍电位时，通常要分析机器指令的执行步骤及每一步所需的时间。例如，访存类指令能反映存储器的速度及其与CPU的配合情况，运算类指令能反映ALU的速度等。通过对机器指令执行步骤的分析发现，机器内的各种操作大致可以归属为对CPU内部的操作和对主存的操作两大类。由于CPU内部的操作速度较快，CPU访存的操作时间较长，因此通常将访问一次存储器的时间定为基准时间较为合理，这个基准时间就是节拍电位，一个节拍电位等于一个CPU周期。又由于不论执行什么指令，都需要访存取指令，因此在存储器字长等于指令字长的前提下，取指周期通常设计为一个节拍电位。由于取指操作过程与CPU内部的数据通路有关，在一些CPU结构简单的机器中，取指周期也有可能占用多个节拍电位。

2. 节拍脉冲

节拍脉冲指的是节拍电位内的控制脉冲，对应了最基本的定时信号。在一个节拍电位的时间内可完成若干个操作，每个操作都需要一定的时间并且存在着先后次序，采用节拍脉冲可实现对同一节拍电位内不同操作的时序控制。这样，一个节拍电位内就包含了若干个节拍脉冲，每个节拍脉冲的宽度正好对应于一个时钟周期。在每个节拍脉冲内机器可完成一个或几个需同时执行的操作。

3. 多级时序系统的组成

从指令的执行过程来看，实现时序控制所需的时序信号，主要包含节拍电位和节拍脉冲，它们组成了中央处理器的时序系统。

图5.17给出了由节拍电位$M_1 \sim M_3$、节拍脉冲$T_1 \sim T_4$组成的多级时序系统示意图。该时序系统体现了电位—脉冲体制，是一个同步时序系统。该时序系统反映了指令周期、节拍电位、节拍脉冲和时钟周期的关系。由图可见，一个指令周期包含若干个节拍电位，一个节拍电位又包含若干个节拍脉冲，一个节拍脉冲对应于一个时钟周期。在时序系统设计时，每个指令周期内的节拍电位数可以不相等，每个节拍电位内的节拍脉冲数也可以不相等。

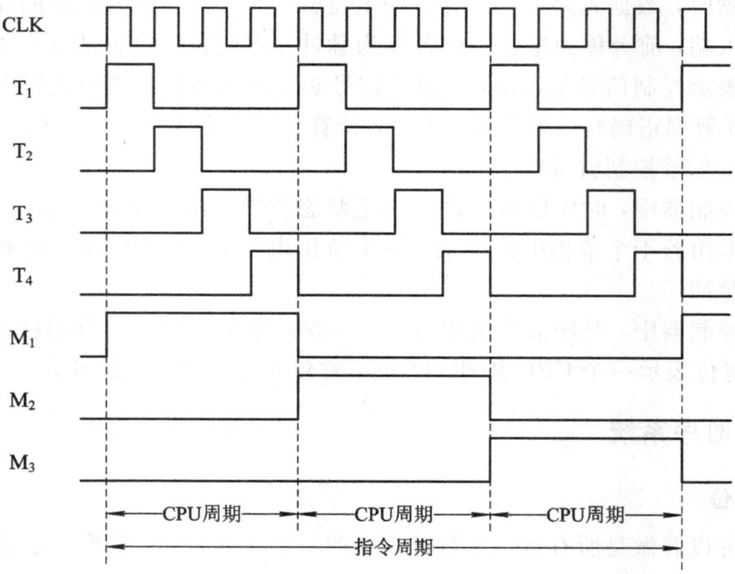

图 5.17 多级时序系统示意图

5.3.3 时序信号产生器

时序信号产生器用于产生多级时序系统中需要的时序信号。各种计算机的时序信号产生器电路不尽相同。一般来说，大型计算机的时序电路比较复杂，而微型机的时序电路比较简单，这是因为前者涉及的操作动作较多，而后者涉及的操作动作较少。从设计操作控制器的方法来讲，硬连线控制器的时序电路比较复杂，而微程序控制器的时序电路比较简单。然而不管是哪一类，时序信号产生器最基本的构成和设计原理都是一样的。

图 5.18 所示为微程序控制器中使用的时序信号产生器的结构图(两种方案)，它由时钟源、节拍脉冲信号发生器和启停控制逻辑组成。

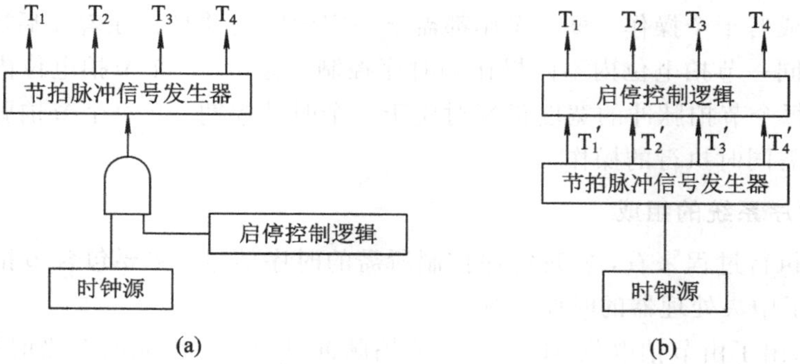

图 5.18 时序信号产生器的结构图(两种方案)

1. 时钟源

时钟源用来为节拍脉冲信号发生器提供频率稳定且电平匹配的方波时钟脉冲信号。该时钟脉冲信号作为整个机器的基准时序脉冲(也称为机器的主脉冲)。时钟源通常由石英晶体振荡器和由与非门组成的正反馈振荡电路组成，其输出送至节拍脉冲信号发生器。

2. 节拍脉冲信号发生器

节拍脉冲信号发生器的主要功能是按时间先后次序，周而复始地发出各个 CPU 周期内的节拍脉冲信号，用来控制计算机完成某一个 CPU 周期内的每一步操作。

节拍脉冲信号发生器有两种组成方式：一种是采用循环移位寄存器，如图 5.19(a)所示；一种是采用计数器和译码器，如图 5.19(b)所示。

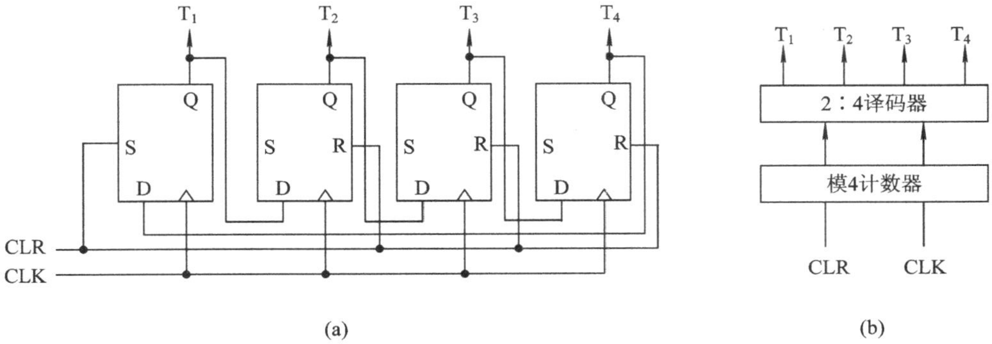

图 5.19 节拍脉冲信号发生器的两种组成方式

(a) 循环移位寄存器；(b) 计数器和译码器

在图 5.19(a)所示的循环移位寄存器中，开始时由 CLR 将移位寄存器置为 0001，然后在时钟信号 CLK 的作用下按 0001→0010→0100→1000→0001→0010→…的规律依次变化，输出节拍脉冲信号 T_1、T_2、T_3、T_4。

在图 5.19(b)所示的线路中，开始时由 CLR 将两位计数器清为 00，然后在时钟信号 CLK 的作用下按 00→01→10→11→00→01→…的规律进行模 4 计数，经 2：4 译码器译码后，输出 T_1、T_2、T_3、T_4。

在进行硬连线控制器的时序信号产生器设计时，除了产生节拍脉冲信号外，还应产生节拍电位信号。节拍脉冲信号发生器和节拍电位信号发生器的设计原理是相似的，不同之处在于，一般一个节拍电位内包含的节拍脉冲周期数是相同的，而一个指令周期内包含的节拍电位数不一定相同。为提高指令解释的速度，在硬连线控制器设计时，由一个逻辑电路根据不同指令在不同的时刻产生一个结束指令周期的 END 信号，时序信号产生器得到这个信号后重新开始一个脉冲信号序列。

3. 启停控制逻辑

计算机加电后，立即产生一定频率的主脉冲，但这并不意味着计算机已经开始工作。必须根据计算机的需要，在启停控制逻辑的控制下可靠地开放或封锁脉冲，以保证节拍电位信号和节拍脉冲信号的完整性，实现对计算机安全可靠的启动和停机。即当计算机启动时，一定要从第一个节拍脉冲的上边沿开始工作，而在停机时一定要在第四个节拍脉冲的下边沿关闭时序产生器。

启停控制逻辑由触发器和“与非”门组成，它对节拍脉冲信号发生器的控制有两种方案，如图 5.18 所示。

采用图 5.18(a)方案时，机器上电后由时钟源只产生主时钟，节拍脉冲信号发生器不工作，待启停控制逻辑有效将机器启动后，节拍脉冲信号发生器才开始工作。

采用图5.18(b)方案时，机器上电后由时钟源立即产生主时钟和节拍脉冲信号，但是它们并不能控制机器开始工作，待启停控制逻辑有效后，才能产生控制机器操作的节拍脉冲信号。

5.3.4 控制方式

控制器控制一条指令运行的过程是依次执行一个确定的操作序列的过程，无论在微程序控制还是硬连线控制计算机中都是这样。由于不同指令的功能不同，指令周期中所包含的CPU周期个数也不相同。不同的CPU周期完成不同的操作功能，需要的操作控制信号及总的个数也不相同。即使是在同一个CPU周期内，操作控制信号出现的时间也不尽相同。形成控制不同操作序列时序信号的方法，称为控制器的控制方式，常用的有同步控制方式、异步控制方式、联合控制方式和人工控制方式四种。

1. 同步控制方式

同步控制方式又称为固定时序控制方式。其基本思想是，选取部件中最长的操作时间作为统一的CPU周期时间，使所有的部件都能在一个CPU周期内启动并完成操作，同时，以最复杂指令所需的CPU周期数为标准作为所有指令的解释时间。即指令系统中所有指令的解释具有相同的CPU周期数和时钟周期数。

例如，对于指令的执行周期来说，如果各种指令在执行周期的操作序列事先能准确地知道，则可将其中执行时间最长的指令作为标准，确定执行周期所需的CPU周期数，所有其他指令都按这个统一的时间间隔安排它们的操作。又例如，选取存储器的工作周期作为标准时间间隔，即一个CPU周期，这样，不同指令的执行周期中每个CPU周期的时间长短也是完全相同的。

同步控制方式的优点是时序关系比较简单，控制器设计方便；缺点是对于那些功能比较简单的指令，将造成时间浪费。

前面讲到一条机器指令由确定的CPU周期(例如LAD和STO指令为3个CPU周期，ADD、INC、DEC和JMP指令为2个CPU周期)组成，每个CPU周期又分成4个节拍脉冲，在频率固定的外部时钟脉冲作用下形成上述CPU周期和节拍脉冲周期。若采用同步控制方式，则所有指令的指令周期均固定为3个CPU周期，每个CPU周期为4个节拍脉冲周期。

2. 异步控制方式

异步控制方式又称为可变时序控制方式，其基本思想是，系统不设立统一的CPU周期数和时钟周期数，各部件按本身的速度需要占用时间。其特点是：当控制器发出进行某一操作的控制信号后，等待执行部件完成该操作后发回的“回答”信号或“结束”信号，再开始新的操作。用这种方式所形成的操作序列没有固定的周期节拍和严格的时钟同步。

异步控制方式的优点是每个部件都按各自实际需要的时间工作，没有快者等待慢者的过程，从而提高了系统的速度；缺点是异步控制方式的时序控制比较复杂。

3. 联合控制方式

联合控制方式是同步控制方式和异步控制方式相结合的方式。在指令执行的时序控制中，对大多数需要 CPU 周期数相近的指令，用相同的 CPU 周期数来完成，即采用同步控制；而对少数需要 CPU 周期数多的指令或一个 CPU 周期内节拍脉冲周期数不固定的指令，给予必要的延长，即采用异步控制。由于异步控制只针对少数指令，是局部性的，故联合控制方式又称为局部性异步控制方式。实现局部性异步控制的方法有：

① 各条指令的 CPU 周期数固定，但是一个 CPU 周期内的节拍脉冲周期数不固定。对于需要延长 CPU 周期的操作，可以插入一个或多个节拍脉冲周期，并回送“回答”信号作为本次操作的结束。

② 一个 CPU 周期内的节拍脉冲周期数固定，但是各条指令的 CPU 周期数不固定。例如下一节所讲的微程序控制就属于这一类控制方式。大多数的计算机都采用同步控制与异步控制相结合的联合控制方式。

4. 人工控制方式

为了调试计算机硬件和软件开发的需要，通常在机器面板或内部设置一些开关或按键，来达到人工控制的目的，此方式称为人工控制方式。最常见的有 reset 键(复位键)、连续执行或单条指令执行转换开关、符合停机开关等。

(1) reset 键。按下 reset 键，使计算机处于初始状态。当机器出现死锁状态或无法继续运行时，可按此键。若在机器正常运行时按此键，将会破坏机器内某些状态而引起错误，因此要慎用。有些微机没有设置此键，当机器死锁时，往往采用先停电再加电的方法重新启动计算机。

(2) 连续执行或单条指令执行转换开关。由于调试计算机硬件或程序的需要，有时需要观察每执行完一条指令后机器的状态，有时又需要观察连续运行程序的结果。设置连续或单条指令执行转换开关，能为用户提供两种不同的选择。

(3) 符合停机开关。有些计算机还配有符合停机开关，这组开关指示存储器的位置，当程序运行到与开关指示的地址相符时，机器便停止运行，称为符合停机。

5.4 微程序控制器

微程序控制的概念，是在 1951 年由英国剑桥大学的 M. V. Wilkes 教授首先提出来的。其基本思想是，把操作控制信号编成所谓的“微指令”，存放到一个只读存储器里。当机器运行时，一条又一条地读出这些微指令，从而产生全机所需要的各种操作控制信号，控制相应的执行部件完成规定的操作。

微程序控制器同硬连线控制器相比较，具有规整性、灵活性、可维护性等一系列优点，因而在计算机设计中得到了广泛的应用。

5.4.1 微指令和微程序

1. 微命令和微操作

一台数字计算机基本上可以划分为两大部分，即控制部件和执行部件。操作控制器属于控制部件，而运算器、各类寄存器、存储器、外围设备相对操作控制器来说，属于执行部件。控制部件与执行部件的联系有两种，一种是通过控制线，另外一种是通过状态线。

我们把控制部件通过控制线发往执行部件的各种控制命令，称为微命令。而执行部件在微命令的控制下所进行的操作，称为微操作。

执行部件通过状态线向控制部件反馈执行部件的操作结果状态和工作状态，以便控制部件能根据执行部件的状态产生新的微命令，这个过程称为状态测试。

由微命令和微操作的定义可以看出，微命令属于一个控制信号，而微操作则是对应的一个动作。下面在介绍微操作时，为方便描述，直接用控制信号来表示相应的微操作。

微操作在执行部件中是最基本的操作，由于数据通路的结构关系，微操作可分为相容性和相斥性两种。所谓相容性的微操作，是指同时或在同一个 CPU 周期内可以并行执行的微操作。所谓相斥性的微操作，是指不能同时或不能在同一个 CPU 周期内并行执行的微操作。

图 5.20 示出了一个模型机的运算器数据通路。图中，ALU 为算术逻辑运算单元，S_2、S_1、S_0 为 ALU 的操作控制信号，控制 ALU 最多可实现八种不同的运算或操作。运算器采用三数据总线结构，其中 X 总线和 Y 总线为输入总线，ALU 的输出在控制信号 ALU_B 的控制下经三态门送往数据总线 DBUS，X 总线上的内容还可以通过总线旁路器(三态门)在控制信号 R_s_B 的控制下经三态门直接送往数据总线 DBUS。R_0、R_1、R_2、R_3 为四个通

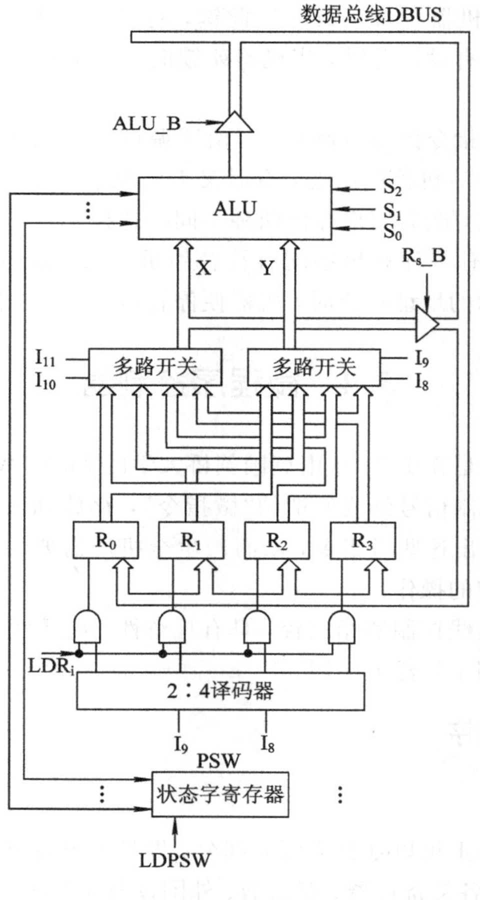

图 5.20 模型机的运算器数据通路图

用寄存器，既可作源寄存器使用，也可同时作为目的寄存器使用。源寄存器在指令格式中源寄存器 R_s 编码 I_{11}、I_{10} 的控制下经四选一多路开关输出到 ALU 的 X 总线，目的寄存器在指令格式中目的寄存器 R_d 编码 I_9、I_8 的控制下经四选一多路开关输出到 ALU 的 Y 总线。控制信号 LDR_i 用来控制将数据总线 DBUS 上的数据打入通用寄存器，具体打入到哪一个通用寄存器，由指令格式中目的寄存器 R_d 编码 I_9、I_8 决定。在进行算术或逻辑运算时，若需要锁存运算的结果状态，则在控制信号 LDPSW 的控制下，将 ALU 的结果状态锁存到状态字寄存器中。

由于控制信号 S_2、S_1、S_0 的组合决定了 ALU 完成的具体操作，虽然在一个 CPU 周期内只能进行一种功能的操作，即 S_2、S_1、S_0 只能有一种组合，但 S_2、S_1、S_0 的取值不受限制，如没有限定 S_2、S_1、S_0 中只能有一个为 0 或只能有一个为 1，因此 S_2、S_1、S_0 是相容性的微操作。ALU 的结果在控制信号 ALU_B 的控制下输出到 DBUS 后，再在控制信号 LDR_i 的控制下打入到通用寄存器，虽说这两个微操作不能同时完成，但从运算器数据通路图来看，在一个 CPU 周期内，可在不同的节拍脉冲周期内完成，因此 ALU_B、LDR_i 是相容性微操作。类似地，还有如 LDR_i、LDPSW 也是相容性微操作等。

由于在同一个 CPU 周期内，不能同时将不同的数据送往数据总线 DBUS，因此 ALU_B 和 R_s_B 是互斥性微操作。

2. 微指令和微程序

在机器的一个 CPU 周期内，一组实现一定操作功能的微命令的组合，构成一条微指令。也就是说，在一个 CPU 周期内完成的操作功能由一条微指令来实现。

图 5.21 给出了一个具体的微指令格式。微指令字长为 24 位，它由操作控制字段和顺序控制字段两大部分组成。顺序控制字段又由 P 字段和直接微地址两部分组成。

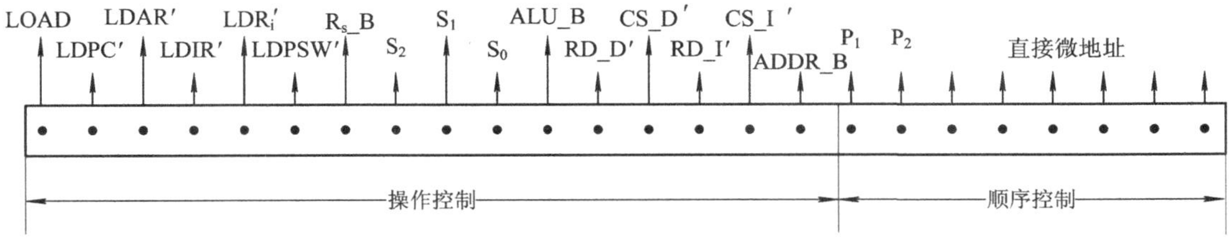

图 5.21 微指令基本格式

操作控制字段用来发出管理和指挥全机工作的控制信号，为了形象直观，在图 5.21 所示的微指令基本格式中，该字段为 16 位，每一位表示一个微命令，每个微命令的符号同图 5.1 所示的 CPU 结构中的控制信号相对应，具体功能示于微指令格式的上部。微指令格式中给出的微命令都是节拍电位信号，它们的持续时间都是一个 CPU 周期。微命令符号中加有“′”的微命令表示该控制信号的输出需与节拍脉冲经过“与门”或“与非门”后，才能作为真正的节拍脉冲控制信号来控制时序逻辑部件。例如通用寄存器的时钟控制信号 LDR_i 必须等到数据总线 DBUS 上的数据稳定后，才能出现上边沿，将指令格式中的立即数、数据 Cache 的输出数据、通用寄存器的输出或 ALU 的输出打入到某一通用寄存器，其时间关系如图 5.22 所示。微命令符号中没有加“′”的微命令表示该控制信号的输出直接作为真正的控制信号，来控制组合逻辑部件。

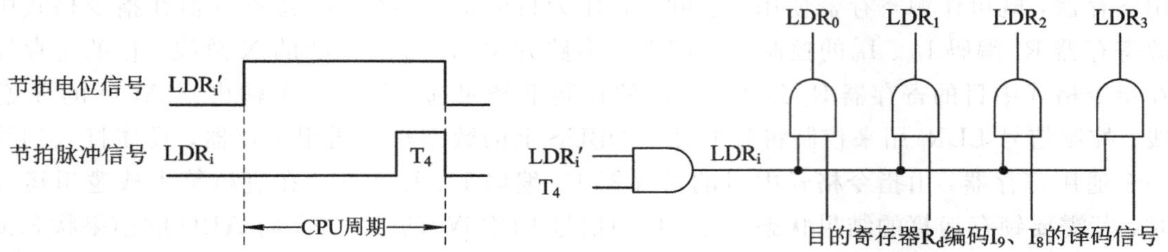

图 5.22 通用寄存器时钟控制信号的产生时序

操作控制字段中用来控制时序逻辑电路的微命令中，LDPC′、LDAR′、LDIR′、LDR_i'、LDPSW′为高电平有效。用来控制存储器读/写的微命令中，片选信号 CS_I′、CS_D′为低电平有效。微命令中读/写信号 RD_D′、RD_I′为高电平时表示读，低电平时表示写。其他微命令均为节拍电位信号，这些微命令到底是高电平有效，还是低电平有效，或者是某种组合，则根据具体部件内部的设计来确定。为了教学的目的，我们假定程序计数器 PC 的功能如表 5.3 所示，ALU 的功能如表 5.4 所示，节拍电位信号 ALU_B、R_s_B、ADDR_B 均为低电平有效。

表 5.3 程序计数器 PC 的功能表

LOAD	LDPC′	LDPC	功　能
0	1	↑	将数据总线上的内容装入 PC
1	1	↑	PC+1
1	0	0	不装入，也不计数

表 5.4 ALU 的功能表

S_2	S_1	S_0	功　能
0	0	0	X+Y
0	0	1	X−Y
0	1	0	Y+1
0	1	1	Y−1
1	0	0	X∧Y
1	0	1	X∨Y
1	1	0	Y
1	1	1	未定义

在 5.2 节中，利用图 5.1 解释一条 STO 指令需要 3 个 CPU 周期，这就意味着用微指令来解释这条机器指令时，共需要 3 条微指令。这 3 条微指令按照一定的次序执行，就可以解释按照 STO 指令格式编写的具体指令的功能。对于如“STO R_1，10”、“STO R_0，20”、“STO R_2，30”等指令，其解释过程和所需的控制信号完全相同。

由此我们可以看到一条机器指令的功能是由若干条微指令组成的序列来实现的，这个微指令序列通常叫微程序。实现一条机器指令功能的微指令序列中，各微指令的执行有严格的先后次序。当执行当前一条微指令时，必须给出后继微指令的微地址，以便当前微指令执行完毕后，取出下一条微指令。

确定后继微指令微地址的方法主要有计数器方式和多路转移方式两种，具体将在5.5节中作详细介绍。图5.21所举的微指令格式为全水平型微指令，后继微地址的形成方法采用多路转移方式，后继微地址由微指令格式中的顺序控制字段，即P字段和直接微地址来决定。其中6位直接微地址用来直接给出下一条微指令的微地址。P字段中的P_1和P_2为判别测试标志：当P_1、P_2均为“0”时，表示不进行测试操作，直接微地址字段给出的地址就是下一条微指令的微地址；当P_1或P_2为“1”时，表示要进行P_1或P_2的判别测试，根据测试结果，需要对直接微地址的某一位或几位进行修改，然后再按修改后的微地址取下一条微指令。

5.4.2　微程序控制器的组成和工作原理

1. 微程序控制器的组成

微程序控制器的组成框图如图5.23所示，它主要由控制存储器、微指令寄存器和地址转移逻辑三大部分组成，其中微指令寄存器分为微地址寄存器和微命令寄存器两部分。

控制存储器简称控存，用来存放实现全部指令系统的所有微程序，它是一种只读型存储器。一旦微程序固化，机器运行时则只能读不能写。控制存储器的字长就是微指令字的长度，其存储容量视机器指令系统而定，即取决于微程序的数量。对控制存储器的要求是速度快，读出周期要短。

微指令寄存器用来存放由控制存储器读出的一条微指令信息，其中，微地址寄存器决定将要访问的下一条微指令的微地址，而微命令寄存器则保存一条微指令的操作控制字段和判别测试字段的信息。

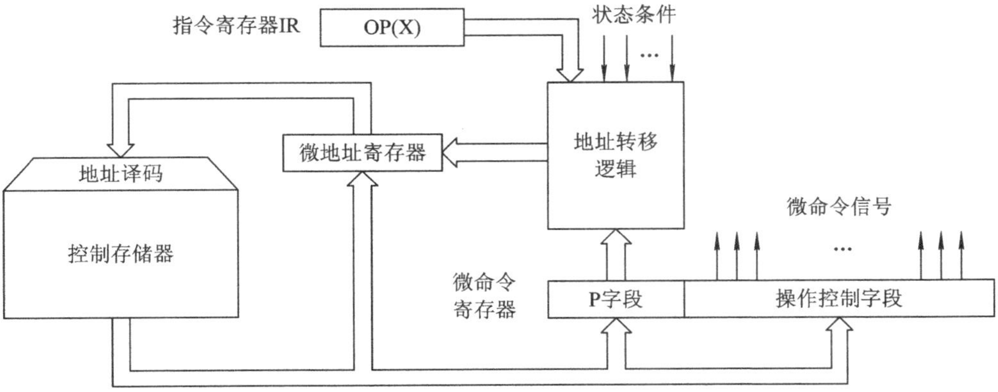

图5.23　微程序控制器的组成框图

当P字段的取值不全为0，即需要进行判别或测试时，地址转移逻辑电路根据指令的操作码OP、寻址方式X、执行部件的“状态条件”反馈信息，去强制修改微地址寄存器的内容，并按修改好的微地址去读取下一条微指令，从而实现微程序的分支。

2. CPU 周期与微指令周期的关系

在串行方式的微程序控制器中，读出一条微指令并执行完该条微指令所花的时间称为一个微指令周期。通常，在串行方式的微程序控制器中，微指令周期就是控制存储器的工作周期。为了保证整个机器控制信号的同步，可以将一个微指令周期时间设计得恰好和一个 CPU 周期时间相等，如图 5.24 所示。

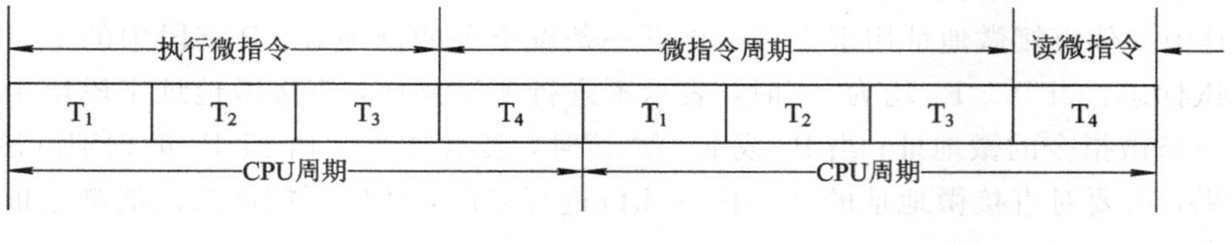

图 5.24 CPU 周期与微指令周期的关系

在图 5.24 中，一个 CPU 周期包含 T_1、T_2、T_3、T_4 共四个节拍脉冲周期，在 T_4 内形成微指令的微地址并读取微指令，并在 T_1 的上边沿将微指令打入微指令寄存器，在 T_1、T_2、T_3 内执行该条微指令，并可利用 T_4 的上边沿将结果打入通用寄存器或状态字寄存器中。

3. 微程序控制器的工作原理

串行方式的微程序控制器的工作原理如图 5.25 所示。计算机开机时，通过硬件，一方面设置程序计数器 PC 的初值，另一方面设置微地址寄存器的初值。PC 的初值为系统初始化程序中第一条指令在 ROM BIOS 中的地址，微地址寄存器的初值为取指微指令在控制

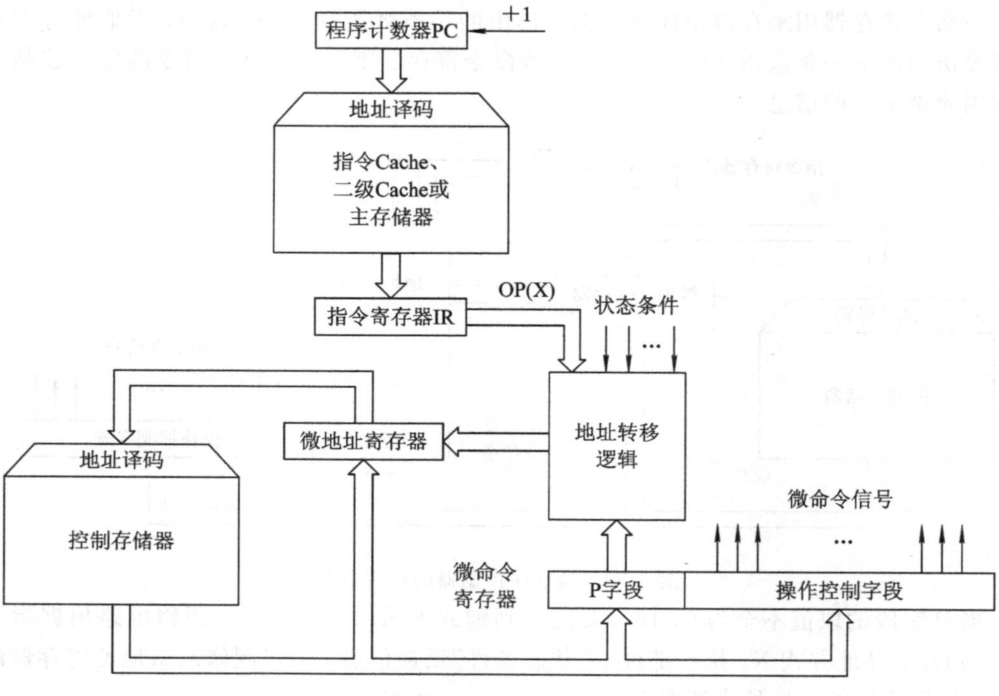

图 5.25 微程序控制器的工作原理

存储器中的微地址。微地址寄存器的内容经地址译码后选中控制存储器的某一存储单元，从控制存储器中读出一条微指令，这条微指令便是取指微指令。取指微指令的操作控制字段和P字段被送往微命令寄存器，在接下来的一个CPU周期内根据操作控制字段输出的微命令信号，控制执行部件完成取指操作。取指过程为PC的内容经地址译码后选中指令Cache、二级Cache或主存储器中的某一存储单元，并将从内存中取出的指令代码送往指令寄存器IR，同时PC加1，形成下一条指令在内存中的地址。取指微指令的直接微地址字段被送往微地址寄存器，由于微指令完成的是取指操作，不同的指令要实现不同的功能，需用不同的微程序来解释，因此在进行取指微指令设计时，P字段中包含有对指令操作码测试的编码。在执行该条微指令的最后一个T周期到来时，根据P字段和指令的操作码经地址转移逻辑电路强制修改微地址寄存器的内容，从而实现微程序的分支。不同的指令操作码将形成不同的分支微地址。接着又按修改后的微地址从控制存储器中读取下一条微指令，又执行这一条微指令。当读出的微指令中P字段的取值不全为0时，地址转移逻辑电路根据指令的寻址方式、执行部件的"状态条件"反馈信息，强制修改微地址寄存器的内容，并按修改好的微地址从控制存储器中读下一条微指令。当读出的微指令中P字段的取值为全0，即不需要进行任何判别或测试时，直接根据微地址寄存器的内容，即当前微指令的直接微地址去读下一条微指令。当实现一条机器指令功能的微程序执行完毕后，又返回取指微指令，如此反复。

由微程序控制器的工作原理，我们可以发现机器指令与微指令之间存在如下关系：

(1) 一条机器指令的功能由若干条微指令组成的序列来实现。

(2) 机器指令存放在内存储器中，微指令固化在控制存储器中。

(3) 每一个CPU周期对应一条微指令。

5.4.3　微程序设计举例

一条机器指令是由若干条微指令组成的序列来实现的，即由一段微程序来解释一条机器指令。要解释指令系统中所有的机器指令，就必须根据CPU结构图设计微指令格式，再根据机器指令解释的微程序流程图和微指令格式设计每一条微指令。下面我们仍然以图5.1所示的CPU结构图和图5.21所示的微指令格式来举例说明条件转移指令"JNZ addr"的微程序设计过程。

"JNZ addr"指令完成的功能是：若条件标志ZF＝0，则实现程序分支，即将转移地址addr送往程序计数器PC。该指令在图5.1中的解释过程已在5.2.7节中作了详细的介绍。微程序的设计过程如下：

(1) 根据CPU结构图，设计微指令格式。根据图5.1所示的CPU结构图，设计的微指令格式如图5.21所示。各控制信号的含义及有效电平的定义描述如5.4.1节所述，设P_1为指令操作码测试，P_2为零标志ZF测试。

(2) 根据CPU结构图、JNZ指令的指令格式和功能，画出机器指令解释的微程序流程图，并确定每条微指令在控制存储器中的微地址以及直接微地址。

微程序流程图与用方框图语言表示的该指令的指令周期是一致的，都是一个方框表示一个CPU周期。"JNZ addr"指令的微程序流程图如图5.26所示，这与图5.12中"JNZ addr"指令的指令周期流程图基本上是一致的，只是指令操作码的测试写成了P_1测试，零标志 ZF 的测试写成了 P_2 测试。

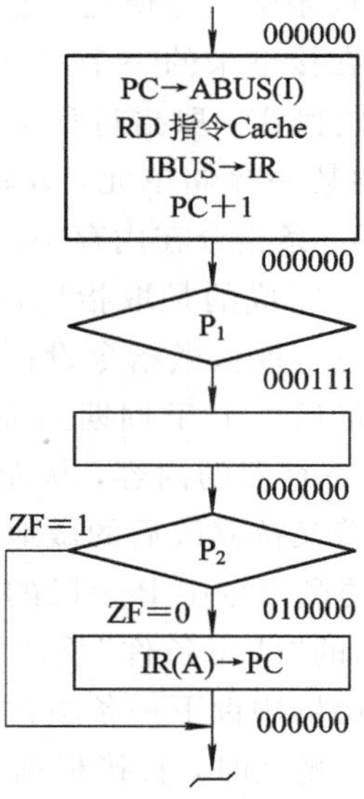

图 5.26 JNZ 指令的微程序流程图

在设计微地址时，我们事先假设 JNZ 指令的操作码编码为 0111。由于在计算机开机时由硬件设置微地址寄存器的初值，即取指微指令的微地址，因此在设计取指微指令的微地址时，考虑到为方便硬件实现，该微地址一般设置为全 0，这里设计为 000000。取指微指令中直接微地址的确定与操作码的位数有关，若操作码为 4 位二进制，则取指微指令中直接微地址至少有 4 位必须为 0，以便于在 P_1 测试，即指令操作码测试时，根据指令的操作码修改微地址寄存器的内容，形成分支微地址。这里我们假定根据指令的操作码修改的是微地址寄存器中的低 4 位，并且取指微指令的直接微地址为 000000，那么在 P_1 测试后，JNZ 指令在执行周期中第一条微指令微地址的设置为 000111。同样的道理，我们可以设计出其他微指令在控制存储器中的微地址和微指令的直接微地址。

设计微地址时要注意，第一条微指令的微地址和微程序中最后一条微指令的直接微地址相同，一般设计为全 0。菱形框前面一条微指令的直接微地址和菱形框后面一条微指令的微地址不能随便确定，它与测试的操作码位数、测试的状态条件位数、测试的寻址方式位数以及它们将修改哪一位或哪几位微地址有关。其他微指令微地址的设置只要不和上述微地址重复即可。

(3) 根据微指令格式和微程序流程图中每个方框完成的功能，设计各条微指令。

在机器指令解释的微程序流程图描述中，一个方框表示一个 CPU 周期，一个 CPU 周期对应一条微指令。只要清楚了每个方框完成的功能，以及微指令格式中各个控制信号的含义和高低电平的定义，就可以顺利地编写出每个框对应的微指令。由图 5.26 可知，JNZ 指令的解释需要三个 CPU 周期，因此对 JNZ 指令的解释需要三条微指令，由这三条微指令组成了对 JNZ 指令解释的一段微程序。

第一条微指令为取指微指令，按微程序流程图确定的微地址，该微指令存放在控制存储器的 000000 微地址，该条微指令的二进制编码如下：

000000：	1101001 000 111101	10	000000

该条微指令完成的功能是根据程序计数器PC的值，访问指令Cache，从相应存储单元取出一条指令并送往指令寄存器IR，同时PC加1。要实现上述功能，在微指令的操作控制字段中，对应的有效微命令依次为：CS_I′为“0”、RD_I′为“1”，完成读指令Cache功能；LDIR′为“1”，完成将指令总线IBUS上的指令代码打入指令寄存器IR的功能；LOAD为“1”、LDPC′为“1”，完成PC加1功能；其他微命令信号均无效，即高电平有效的微命令编码为“0”，低电平有效的微命令编码为“1”。由于ALU的输出控制信号ALU_B无效，S_2、S_1、S_0的编码任意，这里编码为000，下面两条微指令中S_2、S_1、S_0的编码与之相同。

在微程序设计时，微程序流程图的判别测试框(菱形框)完成的功能与它所在的前一个方框放在同一个CPU周期内执行，即判别测试操作与它所在的前一个方框完成的操作设计在同一条微指令内。根据微程序流程图，由于要进行P_1测试，因此该条微指令的P字段中P_1的编码为“1”，P_2的编码为“0”。微指令的直接微地址字段指明了下一条微指令的微地址是000000。但是，由于要进行P_1测试，因此000000并不是下一条微指令真正的微地址。P_1测试的是指令寄存器IR中的操作码字段，即根据操作码字段来形成下一条微指令的微地址。我们假定在地址转移逻辑电路设计时，P_1测试的结果是用指令的操作码来强制修改微地址寄存器的低4位，于是在形成下一条微指令的微地址时，微地址寄存器的内容被修改为000111。

按微程序流程图确定的微地址，第二条微指令存放在控制存储器的000111微地址，该条微指令的二进制编码如下：

000111：	1000001 000 111111	01	000000

该微指令不实现任何功能，因此该微指令中所有的微命令信号均无效，即高电平有效的微命令编码为“0”，低电平有效的微命令编码为“1”。

根据微程序流程图，由于要进行P_2测试，因此该条微指令的P字段中P_1的编码为“0”，P_2的编码为“1”，微指令的直接微地址字段指明了下一条微指令的微地址是000000。但是，由于要进行P_2测试，因此000000并不是下一条微指令真正的微地址。P_2测试的是状态字寄存器PSW中的ZF标志位，即根据ZF标志位来形成下一条微指令的微地址。我们假定在地址转移逻辑电路设计时，P_2测试的结果是用ZF来强制修改微地址寄存器的第4位μA_4(6位微地址为$\mu A_5 \sim \mu A_0$)，于是在形成下一条微指令的微地址时，有两个不同分支微地址。若ZF的值为“1”，则机器语言程序不实现转移，微地址寄存器的内容保持不变；若ZF的值为“0”，则机器语言程序实现转移，微地址寄存器的内容被修改为010000。

按微程序流程图确定的微地址，第三条微指令存放在控制存储器的010000微地址，该条微指令的二进制编码如下：

010000：	0100001 000 111110	00	000000

该条微指令完成的功能是将指令寄存器IR中的形式地址部分，即转移地址打入程序计数器PC，从而实现程序分支。要实现上述功能，在微指令的操作控制字段中，对应的有效微命令依次为：ADDR_B为“0”，完成将指令寄存器IR中的形式地址部分送往数据总线DBUS；LOAD为“0”，LDPC′为“1”，完成将数据总线DBUS上的内容打入程序计数器PC

的功能；其他微命令信号均无效，即高电平有效的微命令编码为“0”，低电平有效的微命令编码为“1”。

根据微程序流程图，由于不需要进行 P_1 或 P_2 测试，因此该条微指令的 P 字段中 P_1 和 P_2 的编码均为“0”，微指令的直接微地址字段指明了下一条微指令的微地址是 000000。由于该条微指令不需要进行任何判别或测试，因此 000000 就是下一条微指令真正的微地址。

以上是由三条微指令序列组成的简单微程序。由微指令序列的实现过程可以看到，一条机器指令的功能是如何在图 5.1 这个简单的 CPU 模型中用微程序控制器来解释和实现的。

5.5 微程序设计技术

在 5.4 节中，讲述了微程序控制器的组成和工作原理，目的是为了说明微程序控制器是如何用微指令序列来解释机器指令的，而微指令又是如何设计的。在微指令设计前，必须先确定微指令的结构，微指令结构的确定将直接影响到微程序设计的灵活性、可维护性以及微程序的有效性。微指令结构设计追求的目标是：① 有利于缩短微指令字的长度；② 有利于减小控制存储器的容量；③ 有利于提高微程序的执行速度；④ 有利于对微指令的修改；⑤ 有利于微程序设计的灵活性。

5.5.1 微命令的编码方法

微命令的编码，就是对微指令中的操作控制字段采用的表示方法。通常有以下三种方法。

1. 直接表示法

采用直接表示法的微指令结构如图 5.27 所示，其特点是，微指令操作控制字段中的每一位代表一个微命令。5.4 节中所讲的微指令结构和微程序举例都是用的这种微指令结构。在设计微指令时，是否发出某个微命令，即这个微命令是有效还是无效，直接在微指令格式中操作控制字段的相应位设计为“1”或者“0”。微命令具体是为“1”有效，还是为“0”有效，要看执行部件对控制信号的定义。这种表示法的优点是简单直观，其输出直接用于控制，执行速度快；缺点是微指令字较长，需要占用较大的控制存储器空间。

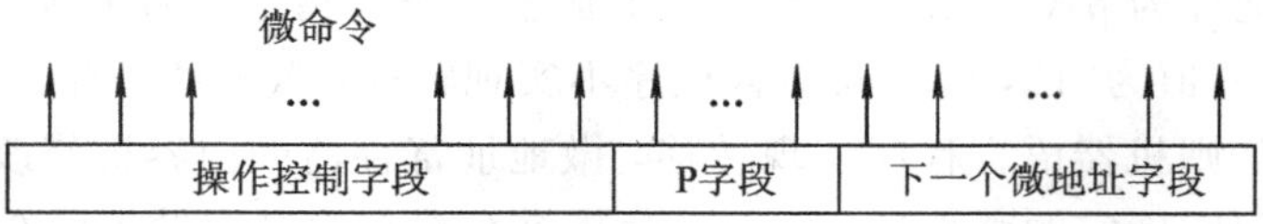

图 5.27 直接表示法

在某些复杂的计算机中，若微命令的编码采用直接表示法，操作控制字段中的微命令将多达三四百个，这使得微指令的字长到了难以实用的地步。而且对每条微指令来说，常常只有少数几个微命令有效。为了提高控制存储器的空间利用率，人们提出了编码表示法。

2. 编码表示法

编码表示法是将操作控制字段分成很多个小的字段，每个字段的内容为一组互斥性微命令取值的编码。基本思想是：将多个互斥性微命令编成一个小组，将相容性微命令编在不同的小组中，在同一个小组中，用不同组合的二进制编码值经译码后来表示小组内每个微命令的取值。由于微命令的产生要经过译码器，因此编码表示法又称为字段译码法。当一条微指令从控制存储器取出后，各个字段经过各自的字段译码器产生一组微命令，作为送往执行部件的操作控制信号。实现字段译码的方法主要有两种，即字段直接译码法和字段间接译码法，这里重点介绍字段直接译码法。

在字段直接译码法中，将整个操作控制字段分成若干个字段，每个字段的码值定义相应的一组微命令，每个字段经过译码后确定该组内的哪个微命令有效，其微指令结构如图 5.28 所示。一个 n 位的字段，最多可以表示 2^n-1 个微命令。字段译码器有 n 位输入，会产生 2^n 个输出，但为什么一个 n 位的字段，不可以表示 2^n 个微命令呢？这是因为在一条微指令中，这个字段对应的所有微命令都可能会无效，所以必须保留一种编码值(通常用全 0)来表示这种情况。采用字段直接译码法，可以有效地缩短微指令的长度，比如用 3 个二进制位构成的字段最多可以表示 7 个微命令，用 4 个二进制位构成的字段最多可以表示 15 个微命令。

与直接表示法相比，字段译码法表示可使微指令字长大大缩短，但由于增加了译码电路，使得微程序的执行速度稍稍减慢了一些。目前在比较复杂的微程序控制器设计中，字段直接译码法使用较普遍。

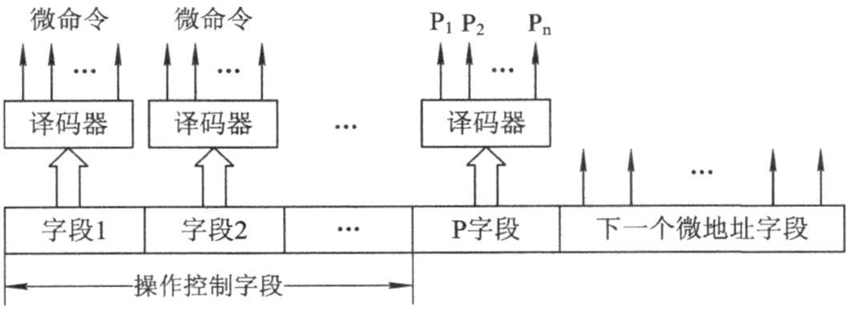

图 5.28　字段直接译码法

3. 混合表示法

混合表示法将直接表示法与字段编码法混合使用，以便在微指令字长、并行性、灵活性和执行速度等方面进行折中，发挥它们各自的优点。混合表示法的微指令格式如图 5.29 所示。

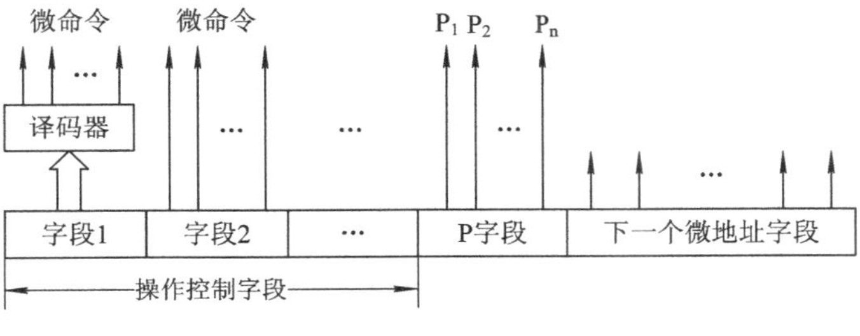

图 5.29　混合表示法

另外，在微指令中还可附设一个常数字段。该常数可作为操作数送入 ALU 运算，也可作为计数器初值来控制微程序循环次数。

[例 5.3] 某处理机的微指令格式中操作控制字段由 10 个分离的控制字段 C_0～C_9 组成，每个字段 C_i 最多可激活 N_i 条控制线组中的某一条，其中 N_i 的定义如下：

字段 C_i	C_0	C_1	C_2	C_3	C_4	C_5	C_6	C_7	C_8	C_9
N_i	4	4	3	11	9	16	7	1	8	22

问：(1) 为表示这 10 个控制字段，微指令格式中的操作控制字段至少需要设计多少位？

(2) 如果微命令的编码采用直接表示法，则微指令格式中的操作控制字段需要设计多少位？

解： (1) 因为每个字段中微命令是互斥的，所以微命令的编码采用字段直接译码法，需要的控制位为

$$3+3+2+4+4+5+3+1+4+5=34(\text{位})$$

每个字段 C_i 要留出一种状态，表示本字段不发出任何有效微命令。

(2) 如果微命令的编码采用直接表示法，那么在微指令格式的操作控制字段中，每一位表示一个微命令，则总的微命令个数即为操作控制字段的位数，即

$$4+4+3+11+9+16+7+1+8+22=85(\text{位})$$

[例 5.4] 设某机有 8 条微指令 I_1～I_8，每条微指令所包含的有效微命令如表 5.5 所示。

表 5.5 每条微指令所包含的有效微命令列表

微指令	a	b	c	d	e	f	g	h	i	j
I_1	√	√	√	√	√					
I_2	√			√		√	√			
I_3		√						√		
I_4			√							
I_5			√		√		√		√	
I_6	√							√		√
I_7			√	√						
I_8	√	√						√		

a～j 分别对应 10 种不同性质的微命令信号。假设一条微指令的操作控制字段仅限为 8 位，请安排微指令的操作控制字段格式。

解： 为了压缩操作控制字段的长度，必须设法把互斥性微命令进行分组，并采用字段译码器译码后产生这些互斥性微命令。

从表 5.5 中可以看出，不存在 5 个或 5 个以上的互斥性微命令，即对任何一条微指令而言，这些微命令中最多只有一个有效。经分析发现，在 10 个微命令中存在多组 3 个互斥

的微命令，列举如下：

(b、f、i)，(b、f、j)，(b、g、j)，(b、i、j)，(c、f、j)，(d、i、j)

(e、f、h)，(e、f、j)，(f、h、i)，(f、i、j)

为了将10个微命令信号压缩成8位来表示，需将6个不同的微命令信号分成两个小组，采用字段直接译码法来产生这些互斥性微命令，剩下的4个微命令则采用直接表示法来产生相应的微命令。因此微指令的操作控制字段可以有四种不同的格式，如图5.30所示。

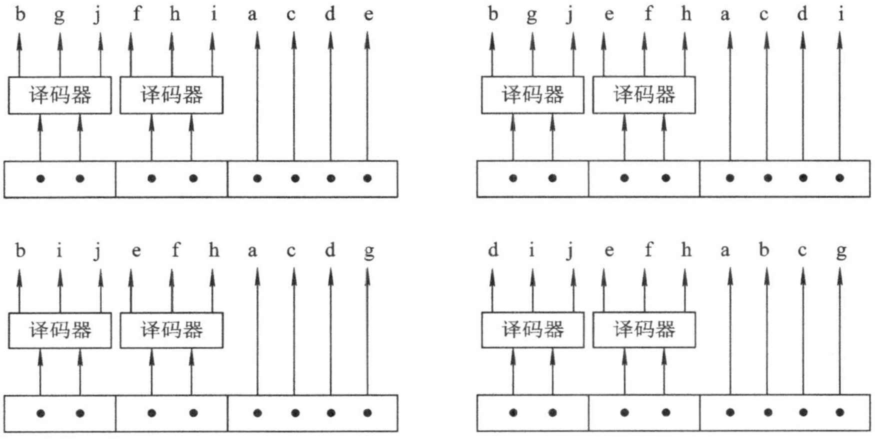

图5.30　微指令格式中操作控制字段的4种设计方法

5.5.2　微地址的形成方法

微指令执行的顺序控制问题，实际上是如何确定下一条微指令的微地址问题。通常，产生后继微地址的方法有计数器方式和多路转移方式两种。

1. 计数器方式

这种方式同用程序计数器来产生机器指令地址的方法相似。在顺序执行微指令时，后继微地址由现行微地址加上一个增量(通常为1)来产生；而在非顺序执行微指令时，必须通过转移的方式，使现行微指令执行后，转去执行指定后继微地址的下一条微指令。在这种方式中，微地址寄存器通常改为微程序计数器μPC。为此，顺序执行的微指令序列就必须安排在控制存储器的连续单元中。

计数器方式的优点是微指令的顺序控制字段较短，微地址产生机构简单；缺点是多路并行转移功能较弱，速度较慢，灵活性较差。

2. 多路转移方式

一条微指令具有多个转移分支的能力称为多路转移。例如，“取指”微指令根据指令的操作码产生多路微程序分支而形成多个微地址。在多路转移方式中，当微程序不产生分支时，后继微地址直接由微指令的直接微地址字段给出。当微程序出现分支时，有若干“候选”微地址可供选择，即按顺序控制字段中的判别测试字段(P字段)和指令操作码、寻址方式、状态条件信息来选择其中一个微地址。若操作码为n位，经过测试后可通过操作码修改微地址寄存器的其中 n 位，最多可实现微程序 2^n 路不同的分支。同理，若解释条件转移指令的某条微指令需测试的状态条件为 1 位，经过测试后可通过状态条件修改微地址寄存器的其中 1 位，可实现微程序 2 路不同的分支。指令中操作数采用不同的寻址方式，可实现不同的功能，若某指令中操作数的寻址方式字段为 2 位，经过测试后可通过寻址方式的编码修改微地址寄存器的其中 2 位，最多可实现微程序 4 路不同的分支。依此类推，若状态条件为 x 位，经过测试后可通过状态条件修改微地址寄存器的其中 x 位，最多可实现微程序 2^x 路不同的分支。因此，执行转移微指令时，根据被测试的对象可实现多路转移。

多路转移方式的优点是顺序控制字段较短，可实现多路并行转移，灵活性好，速度较快；缺点是地址转移逻辑需要用组合逻辑方法设计。

[例 5.5] 微地址寄存器有 6 位（$\mu A_5 \sim \mu A_0$），当需要修改其内容时，可通过某一位触发器的强置端 S 将其置“1”。现有三种情况：① 执行“取指”微指令后，微程序按 IR 的 OP 字段（$IR_3 \sim IR_0$）进行 16 路分支；② 执行条件转移指令微程序时，按进位标志 CF 的状态进行 2 路分支；③ 执行控制台指令微程序时，按 IR_4、IR_5 的状态进行 4 路分支。请按多路转移方式设计地址转移逻辑。

解： 按所给设计条件，微程序有三种判别或测试，按三种情况给出的先后次序，设它们分别为 P_1、P_2、P_3，由于修改 $\mu A_5 \sim \mu A_0$ 的值具有很大的灵活性，因此设计的方法也是多种多样的，现设计其中一种，其微地址的分配如下：

(1) 当进行 P_1 测试时，用 $IR_3 \sim IR_0$ 修改 $\mu A_3 \sim \mu A_0$，从而实现 16 路分支；

(2) 当进行 P_2 测试时，用 CF 修改 μA_0，从而实现 2 路分支；

(3) 当进行 P_3 测试时，用 IR_5、IR_4 修改 μA_5、μA_4，从而实现 4 路分支。

假定一个 CPU 周期由 $T_1 \sim T_4$ 共 4 个 T 周期组成，由于是在一个 CPU 周期的最后一个 T 周期内，即在 T_4（读微指令周期）内形成微指令微地址的，因此地址转移逻辑电路的逻辑表达式如下：

$$\mu A_5 = P_3 \cdot IR_5 \cdot T_4$$
$$\mu A_4 = P_3 \cdot IR_4 \cdot T_4$$
$$\mu A_3 = P_1 \cdot IR_3 \cdot T_4$$
$$\mu A_2 = P_1 \cdot IR_2 \cdot T_4$$
$$\mu A_1 = P_1 \cdot IR_1 \cdot T_4$$
$$\mu A_0 = P_1 \cdot IR_0 \cdot T_4 + P_2 \cdot CF \cdot T_4$$

由于是从触发器的异步置“1”端修改，该端一般为低电平有效，故前 5 个表达式可用“与非”门实现，最后一个表达式用“与或非”门实现。

5.5.3 微指令格式

微指令的格式大体上可分成两类，即水平型微指令和垂直型微指令。微指令的编译方法是决定微指令格式的主要因素，考虑到速度和成本等因素，在设计计算机时可采用不同的编译方法。

1. 水平型微指令

在一个 CPU 周期内，一次能定义并执行多个并行操作微命令的微指令，称为水平型微指令。水平型微指令的一般格式如下：

操作控制字段	判别测试字段	下一个微地址字段

根据操作控制字段编码方法的不同，水平型微指令又可分为全水平型微指令、字段译码法水平型微指令、直接和译码相混合的水平型微指令三种。

2. 垂直型微指令

在一个CPU周期内，采用微操作码方式，一次只能控制信息从某个源部件到某个目标部件执行过程的微指令，称为垂直型微指令。微操作码规定了微指令的功能，每条垂直型微指令一般只能完成一个操作，每条微指令只包含一个或两个微操作命令，每条微指令的功能简单。因此，实现一条机器指令，用垂直型微指令编写的微程序比用水平型微指令编写的微程序要长得多。它是采用较长的微程序去换取较短的微指令结构。垂直型微指令的一般格式如下：

微操作码字段	源部件编址	目标部件编址	微指令功能或其他

下面以四类典型垂直型微指令为例来介绍垂直微指令格式。设微指令长度为16位，微操作码为3位。

(1) 寄存器—寄存器传送型微指令。其格式如下：

15　　13	12　　8	7　　3	2　　0
000	源寄存器编址	目标寄存器编址	其他

其功能是把源寄存器数据送往目标寄存器。13～15位为微操作码，源寄存器和目标寄存器编址各5位，可指定31个寄存器("00000"表示不指定寄存器)。

(2) 运算控制型微指令。其格式如下；

15　　13	12　　8	7　　3	2　　0
001	左输入源编址	右输入源编址	ALU

其功能是选择ALU的左、右输入源信息，按ALU字段所指定的运算功能(8种操作)进行处理，并将结果送入暂存器中。左、右输入源编址可指定31种信息源之一。

(3) 访问主存微指令。其格式如下：

15　　13	12　　8	7　　3	2　　1	0
010	寄存器编址	存储器编址	读/写	其他

其功能是将主存中一个单元的信息送入寄存器或者将寄存器的数据送往主存。存储器编址是指按规定的寻址方式进行编址。第1、2位指定读操作或写操作(取其中之一)。

(4) 条件转移微指令。其格式如下：

15　　13	12　　4	3　　0
011	D	测试条件

其功能是根据测试对象的状态决定是转移到D所指定的微地址单元，还是顺序执行下一条微指令。9位D字段不足以表示一个完整的微地址，但可以用来替代现行 μPC 的低位地址。测试条件字段有4位，可规定16种测试条件。

3. 水平型微指令与垂直型微指令的比较

(1) 水平型微指令并行操作能力强，效率高，灵活性强，垂直型微指令这三方面的能力较差。

在一条水平型微指令中，设置有控制机器中信息传送通路(门)以及进行所有操作的微命令。因此，在进行微程序设计时，可以同时定义比较多的并行操作的微命令，来控制尽可能多的并行信息传送，从而使水平型微指令具有效率高及灵活性强的优点。

在一条垂直型微指令中，一般只能完成一个操作，控制一两个信息传送通路，因此微指令的并行操作能力低，效率低。

(2) 水平型微指令执行一条指令的时间短，垂直型微指令执行时间长。

因为水平型微指令的并行操作能力强，因此与垂直型微指令相比，可以用较少的微指令数来实现一条指令的功能，从而缩短了指令的执行时间。而且当执行一条微指令时，水平型微指令的微命令一般直接控制对象，而垂直型微指令要经过译码，会影响速度。

(3) 由水平型微指令解释指令的微程序，具有微指令字较长而微程序短的特点，垂直型微指令则相反，微指令字比较短而微程序长。

(4) 水平型微指令用户难以掌握，而垂直型微指令与指令比较相似，相对来说，比较容易掌握。

水平型微指令与机器指令差别很大，需要对机器的结构、数据通路、时序系统以及微命令很精通才能进行设计。对机器已有的指令系统进行微程序设计是设计人员而不是用户的事情，因此这一特点对用户来讲并不重要。然而某些计算机允许用户扩充指令系统，此时就要考虑如何更加容易地编写微程序。

4. 动态微程序设计

微程序设计技术还有静态微程序设计和动态微程序设计之分。

对应于一台计算机的机器指令只有一组微程序，而且这一组微程序设计好之后，一般无需改变而且也不好改变，这种微程序设计技术称为静态微程序设计。

在一台微程序控制的计算机中，假如能根据用户的要求改变微程序，那么机器就具有动态微程序设计功能。

动态微程序设计的出发点是为了使计算机能更灵活、更有效地适应于各种不同的应用目标。例如，在不改变硬件结构的前提下，如果计算机配备了两套可切换的微程序，其中一套用来实现科学计算的指令系统，另一套用来实现数据处理的指令系统，那么该计算机就能高效率地实现科学计算或者数据处理。另外也可以用两套微程序分别实现两个不同系列计算机的指令系统，使得这两种计算机的软件得以兼容。也允许用户在原来指令系统的基础上增加一些指令来提高程序的执行效率。总之动态微程序设计需要控制存储器的支持，否则难以改变微程序的内容，该控制存储器称为可写控制存储器(WCS)或用户控制存储器(UCS)。

由于动态微程序设计要求设计者对计算机的结构与组成非常熟悉，因此真正由用户自行编写微程序是很困难的，所以尽管设想很好，事实上难以推广。

5.5.4 微程序控制器的设计方法

微程序控制器主要由控制存储器、微指令寄存器和地址转移逻辑三大部分组成，其中微指令寄存器分为微地址寄存器和微命令寄存器两部分。微程序控制器的设计便是控制存储器、微地址寄存器、微命令寄存器和地址转移逻辑这四个部件的设计与连接。这里只介绍基于水平型微指令的微程序控制器的设计方法。

1. 控制存储器的设计

控制存储器实际上是一个只读存储器，只读存储器的字长等于微指令的长度。存储器单元的个数必须大于或等于微指令的条数，地址的位数等于微地址寄存器的位数，而微地址寄存器的位数必须确保可以访问到整个控制存储器空间。只要将设计好的微指令代码按照其各自对应的微地址固化到只读存储器中即可，关键是微指令的设计。微指令的设计过程为：

(1) 根据CPU结构图，设计微指令格式。不管微指令格式中的操作控制字段采用何种编码方式来产生微命令，都必须保证该微指令格式能产生全机所需要的全部操作控制信号。

(2) 根据CPU结构图、控制方式和控制时序、机器指令的指令格式和功能，画出所有机器指令解释的微程序流程图，并确定每条微指令在控制存储器中的微地址以及直接微地址。

(3) 根据微指令格式和微程序流程图中每个方框完成的功能(菱形框从属于它前面的那一个方框)，设计微指令代码表。

2. 微地址寄存器和微命令寄存器的设计

微地址寄存器是一个具有按位异步置“1”或清“0”功能的寄存器，每一位对应于微地址寄存器内的一个触发器。微命令寄存器是一个具有固定位数的普通寄存器，其位数等于P字段的位数与操作控制字段的位数之和。

3. 地址转移逻辑电路的设计

根据P字段中每一位的含义及判别或测试的对象(操作码、寻址方式、状态条件)、每种判别或测试要修改微地址寄存器中的哪一位或哪几位微地址等信息，设计产生控制微地址寄存器中每位触发器的异步置“1”控制信号或异步清“0”控制信号的逻辑表达式，再根据逻辑表达式设计相应的逻辑电路。

4. 微程序控制器顶层电路的设计

通过导线将微程序控制器的各个组成部分按信号间的关系连接成一个完整的电路。若是通过EDA软件设计微程序控制器，考虑到单根线与总线之间的相互转换，还可能要增加少许的转换电路。各部件之间连接好后，可生成一个单一的操作控制器图元(或称符号、元件)，以供模型机设计时使用。

5.6 硬连线控制器

5.6.1 硬连线控制器的组成和基本原理

硬连线控制器可以有两种设计方法。一种方法是采用时序逻辑电路的设计方法。该方法是指直接由时序逻辑电路产生各种具有时间标志的操作控制信号，这种逻辑电路是一种由门电路和触发器(寄存器)构成的复杂树形网络。另一种方法是采用组合逻辑电路与时序产生器相结合的方式产生各种具有时间标志的操作控制信号，它是早期计算机设计中采用的方法。组合逻辑电路是由“与”门、“或”门以及“非”门等电路构成的不具有记忆能力的数字电路，这种用组合逻辑电路，构成的控制器又称为组合逻辑控制器。在组合逻辑的硬连线控制器中，采用组合逻辑电路，根据不同指令的操作码激活一系列彼此很不相同的操作控制信号来实现对指令的解释。操作控制信号的定时采用专门的时序信号作为输入，以控制指令解释的各个操作步骤，使得操作控制器在指令解释的不同阶段中向不同的部件发出各种操作控制信号，协调各部件之间的操作。

各个操作的定时控制构成了操作控制信号的时间特征，而各种不同部件的操作所需要的不同控制信号则构成了计算机操作控制信号的空间特征。控制信号的时间特征由控制信号的定时来体现，控制信号的空间特征则由控制信号的逻辑组合来体现。操作控制器发出的各种控制信号是时间因素和空间因素的函数。硬连线控制器采用对时间信号和操作信号的组合来产生具有时序特点的控制信号，并以使用最少的元件和取得最高操作速度为设计目标。

图 5.31 示出了硬连线控制器的结构框图。树形逻辑网络的输入信号来源有三个：①来自指令操作码(包括寻址方式)译码器的输出 $I_1 \sim I_m$；②来自执行部件的状态反馈信息 $B_1 \sim B_j$；③来自时序产生器的时序信号，包括节拍电位信号 $M_1 \sim M_i$ 和节拍脉冲信号 $T_1 \sim T_k$。其中节拍电位信号就是 5.3 节中介绍的 CPU 周期(机器周期)信号，节拍脉冲信号就是时钟周期信号。每条指令执行所需的节拍电位数，以及每个节拍电位中所包含的节拍脉冲数与采用的控制方式有关。

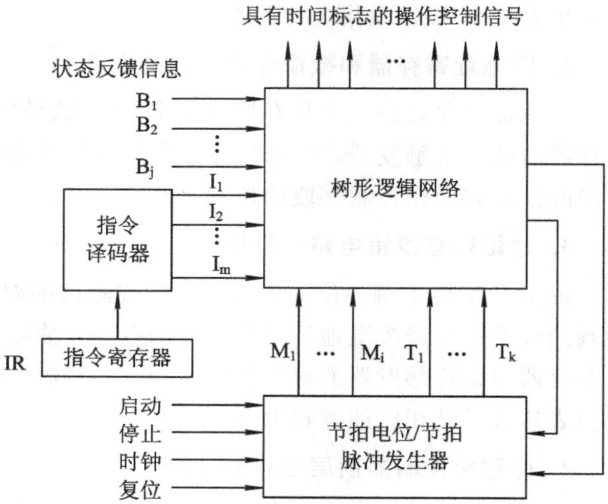

图 5.31 硬连线控制器的结构框图

树形逻辑网络的输出信号就是具有时间标志的操作控制信号，它用来对执行部件进行控制。另有一些信号则根据指令的执行状态来改变时序产生器的计数顺序，以便跳过某些节拍电位或节拍脉冲，实现异步控制方式，从而缩短指令周期。显然，硬连线控制器的基本原理可以简单地归纳为：某一微操作控制信号 C 是指令操作码(包括寻址方式)译码器的输出 $I_1 \sim I_m$、节拍电位 $M_1 \sim M_i$、节拍脉冲 $T_1 \sim T_k$ 和状态反馈信息 $B_1 \sim B_j$ 的函数，即

$$C = f(I_1 \sim I_m, M_1 \sim M_i, T_1 \sim T_k, B_1 \sim B_j) \tag{5.1}$$

这个控制信号是用组合逻辑电路来实现的。在式(5.1)中，某一微操作控制信号 C 是 $I_1 \sim I_m$、$M_1 \sim M_i$、$T_1 \sim T_k$、$B_1 \sim B_j$ 的函数，但并不表示微操作控制信号的逻辑表达式中包含所有指令的译码信号、所有的节拍电位信号、所有的节拍脉冲信号和所有的状态反馈信号，它可能只包含每一类信息中的一部分，也有可能没有某一类或多类信息。例如，在取指令周期内存在的某些微操作控制信号就不包含 $I_1 \sim I_m$ 和 $B_1 \sim B_j$，而某些节拍电位控制信号则不包含 $T_1 \sim T_k$，某些与条件转移指令无关的控制信号则不包含 $B_1 \sim B_j$ 等。但无论是哪一个微操作控制信号，其逻辑表达式中一定包含有 $M_1 \sim M_i$。

在硬连线控制器中，由于所有操作控制信号都是由组合逻辑电路来实现的，一旦控制部件构成后，除非重新设计或对它重新布线，否则要想增加新的功能是不可能的。结构上的这种缺陷使得硬连线控制器的设计和调试非常复杂而且代价很大。正因为如此，硬连线控制器被微程序控制器所取代。但是随着新一代机器及 VLSI 技术的发展，硬连线控制器又重新得到了重视，如纯 RISC 体系结构的计算机中就广泛使用了这种控制器。

5.6.2　典型指令的指令周期流程图

在用硬连线实现的操作控制器中，通常，时序产生器除了产生节拍脉冲信号外，还应当产生节拍电位信号。这是因为，在一个指令周期中要顺序产生一系列的操作控制信号，要设置若干个节拍电位，同时每个节拍电位内要设置若干个节拍脉冲来定时。由于硬连线控制器与微程序控制器相比，不需要访问控制存储器，因此，每个节拍电位内设置的节拍脉冲个数会比较少。每个节拍电位内可能会设置 4 个节拍脉冲，也可能会只有 2 个节拍脉冲，这与 CPU 的结构有关。

根据图 5.1 给出的 CPU 结构图，画出了表 5.1 列出的八条典型指令的指令周期流程图，如图 5.32 所示。

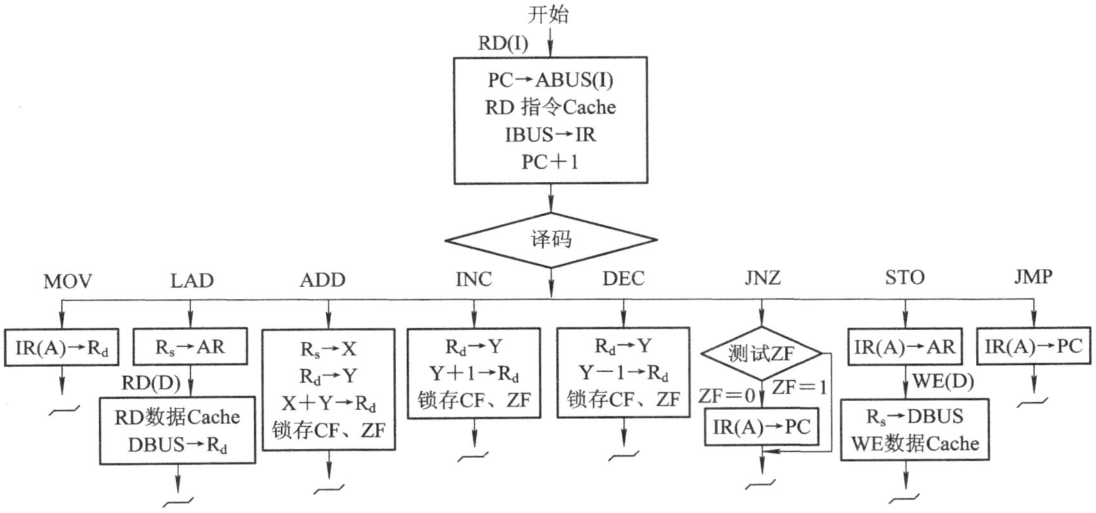

图 5.32　八条典型指令的指令周期流程图

由图 5.32 可知，所有指令的取指周期占用第一个节拍电位 M_1。在此节拍中，操作控制器发出具有时间标志的操作控制信号，完成从内存中取出一条机器指令并送往指令寄存器的功能，同时 PC 加 1，形成下一条指令在内存中的地址。指令的操作码经指令译码器自动完成指令译码功能。

不同指令的执行周期最多占用两个节拍电位。其中 MOV、ADD、INC、DEC、JNZ 和 JMP 指令的执行周期只需一个节拍电位(M_2)，而 LAD 和 STO 指令的执行周期需要两个节拍电位(M_2、M_3)。从图 5.32 中每个方框完成的操作可以看出，通过安排各操作控制信号的时序，每个方框内完成的操作可以在两个节拍脉冲内实现，即一个节拍电位由两个节拍脉冲(T_1、T_2)组成。例如，MOV 指令解释中的操作控制信号 LDR_i 可设计为如图 5.33 所示的控制时序。

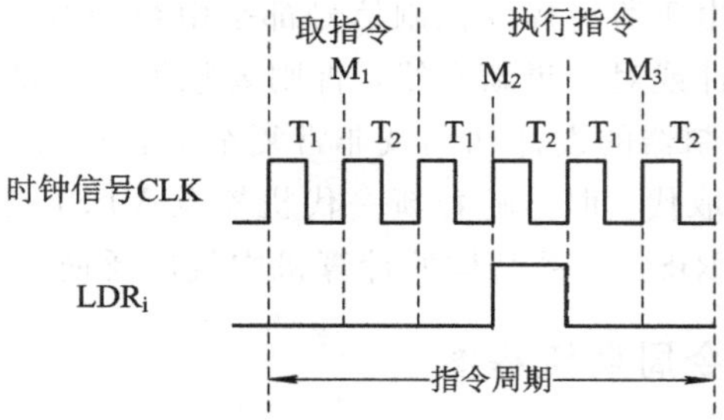

图 5.33 MOV 指令解码中操作控制信号 LDR_i 的控制时序

为了简化节拍电位的控制，指令的执行过程可以采用同步控制方式，即解释每条指令所用的节拍电位数相同，每个节拍电位内包含的节拍脉冲周期数也相同。例如，这里举例列出的八条指令的指令周期均占用三个节拍电位，每个节拍电位内均包含两个节拍脉冲周期。这样，对于 MOV、ADD、INC、DEC、JNZ 和 JMP 指令来说，在第三个节拍电位 M_3 内不完成任何操作。

由于采用同步控制方式，所有指令的指令周期都是相同的，这对于指令周期只需要两个节拍电位的指令来说，指令的解释实际上是浪费了一个节拍电位的时间，因而也降低了 CPU 执行指令的速度，影响了机器的性能。为了提高机器性能，指令的执行过程可以采用联合控制的方式，即不同指令的指令周期没有固定的节拍电位周期数，而每个节拍电位内均包含两个节拍脉冲周期。例如 MOV、ADD、INC、DEC、JNZ 和 JMP 指令执行完 M_2 节拍后跳过 M_3 节拍直接返回到 M_1 节拍。但在这种控制方式下，时序产生器的电路就要相应地复杂一些。

[例 5.6] 根据图 5.32，分别写出操作控制信号 LDR_i、LDPC、R_s_B 的逻辑表达式。每个操作控制信号的含义及有效电平的定义如下：

LDR_i：将数据总线 DBUS 上的数据打入通用寄存器，上边沿有效。

LDPC：与 LOAD 控制信号组合，将数据总线 DBUS 上的数据打入程序计数器 PC 或 PC 加 1，具体功能见表 5.3，上边沿有效。

R_s_B：将源寄存器 R_s 的内容输出到数据总线 DBUS，低电平有效。

解： $LDR_i = M_2 \cdot T_2(MOV+ADD+INC+DEC)+M_3 \cdot T_2 \cdot LAD$

$= (M_2(MOV+ADD+INC+DEC)+M_3 \cdot LAD) \cdot T_2$

$$LDPC=M_1 \cdot T_2+M_2 \cdot T_2 \cdot JNZ \cdot \overline{ZF}+M_2 \cdot T_2 \cdot JMP$$
$$=(M_1+M_2(JNZ \cdot \overline{ZF}+JMP)) \cdot T_2$$
$$R_s\_B=\overline{M_2(LAD+ADD)+M_3 \cdot STO}$$

在这个例子中，LDR_i 和 LDPC 为节拍脉冲信号，它们都是在输出到总线上的数据稳定后要打入相应的寄存器时才变为有效的，所以与某个节拍电位的 T_2 有关，而 R_s_B 为节拍电位信号，所以与节拍脉冲信号无关。无论是哪一个操作控制信号，由它们的表达式可以看出，它们都是指令译码信号、节拍电位信号、节拍脉冲信号和状态条件信号的函数。

要注意的是，对于一些单总线结构的 CPU 模型，无论是取指令还是执行指令，每个节拍电位内完成的操作一般都需要多个节拍脉冲周期，而不是像例 5.6 中只需要两个节拍脉冲周期，因此必须考虑设计多个节拍脉冲信号。比如，一个节拍电位周期内包含 T_1、T_2、T_3、T_4 共 4 个节拍脉冲周期，此时在操作控制信号的逻辑表达式中也会相应地使用这些节拍脉冲信号。

5.6.3 硬连线控制器的设计方法

机器指令的操作码决定了指令的功能，而指令功能的实现是靠一系列有时间顺序的控制信号来完成的。硬连线控制器将指令操作码(包括寻址方式)的译码信息、系统的状态反馈信息、时序产生器产生的节拍脉冲信号和节拍电位信号作为输入，直接产生具有时间标志的控制信号。硬连线控制器的设计过程共分为 5 步：

(1) 根据 CPU 结构图、控制方式和控制时序、机器指令的指令格式和功能，设计所有指令的指令周期流程图。

(2) 确定每个方框(菱形框在它下面的那一个方框中考虑，指令译码菱形框除外)内对应的哪些控制信号有效，是高电平有效，还是低电平有效，是上边沿触发，还是下边沿触发，同时还要确定有效的操作信号位于哪一个节拍脉冲和哪一个节拍电位。

(3) 写出所有控制信号的逻辑表达式，并进行逻辑化简。

(4) 进行硬连线控制器的顶层电路设计。根据每个控制信号的逻辑表达式，设计相应的逻辑电路。若是通过 EDA 软件设计硬连线控制器，则可以直接通过硬件描述语言来描述各个逻辑表达式，不必画逻辑电路就可生成一个单一的操作控制器图元(或称符号、元件)，以供模型机设计时使用。

(5) 完成硬件实现。

由于在硬连线控制器中，每个控制信号的确定要涉及到所有指令中的每一步操作，与指令操作码(包括寻址方式)的译码信息、系统的状态反馈信息、时序产生器产生的节拍脉冲信号和节拍电位信号等都有关系，因此当指令系统中的指令条数增加时，控制器的设计将非常复杂，远远高于微程序控制器。微程序控制器尽管由多个模块组成，但只要 CPU 的结构不变，改变指令系统只需修改控制存储器的内容即可。

5.6.4 硬连线控制与微程序控制的比较

硬连线控制器与微程序控制器除了操作控制信号的形成方法和原理有差别外，其余的组成部分没有本质上的差别。但是各个控制器之间具体实现的方法与手段差别很大，原因有二：一是由于采用硬连线控制或微程序控制引起的，二是因为实现一条指令功能的办法不是惟一的，并且还不能证明哪种办法最佳，因此就有多种逻辑设计方案出现。

硬连线控制与微程序控制之间的最显著差异可归结为以下两点。

1. 实现

微程序控制器的控制功能是在控制存储器和微指令寄存器直接控制下实现的，而硬连线控制器则由逻辑门组合实现。前者电路比较规整，各条指令控制信号的差别反映在控制存储器的内容上，因此无论是增加或修改(包括纠正设计中的错误)指令，只要增加或修改控制存储器中的内容即可。若控制存储器是ROM，则要更换芯片，在设计阶段可以先用RAM、EPROM或EEPROM等实现，验证正确后或成批生产时再用ROM替代。硬连线控制器的控制信号先用逻辑表达式列出，经化简后用电路实现，显得零乱且复杂，当需要修改指令或增加指令时是很麻烦的，有时甚至没有可能。因此微程序控制得到了广泛应用，尤其是在CISC(复杂指令系统计算机)中，一般都采用微程序来实现控制功能。

2. 性能

在同样的半导体工艺条件下，微程序控制的速度比硬连线控制的速度低，这是因为执行每条微指令都要从控制存储器中读取一次，影响了速度。而硬连线逻辑主要取决于电路的时间延迟，因此硬连线控制在高速机器中得到了广泛应用，尤其是在RISC(精简指令系统计算机)中，一般都采用硬连线来实现控制功能。近年来，在一些新型的高速微处理器中，如Pentium系列微处理器中，对大多数简单指令的解释采用了硬连线控制，同时对少数功能复杂的指令采用了微程序控制。

5.7 流水线技术

5.7.1 并行性的基本概念

1. 并行性的定义

所谓并行性，是指在数值计算、数据处理、信息处理或是人工智能求解过程中可能存在某些可同时进行运算或操作的特性。开发并行性的目的是为了能进行并行处理，以提高计算机系统求解问题的效率。例如单体多字存储器，每次访存时能同时读出多个字，以加快CPU的访存操作。再如超标量流水线，它通过在CPU中重复设置多条流水线，由多个相同的流水线子部件来同时完成对多条指令的解释。这些都是靠器件简单的重复来实现的。

并行性有更广义的定义，如单处理机中指令的流水解释方式，操作系统中的多道程序分时并行，都是广义上的并行。

由此可以看出，并行性有二重含义，即同时性和并发性。同时性是指多个事件在同一时刻发生，如超标量流水处理机中多条指令的并行解释。并发性是指多个事件在同一时间段内发生，如操作系统中的多道程序分时并行、指令的流水解释过程和运算操作的流水处理过程等。

2. 并行处理的概念

所谓并行处理，是指一种相对于串行处理的信息处理方式，它着重开发计算过程中存在的并发事件。并行处理技术是当前设计高性能计算机的重要技术途径。在进行并行处理时，其每次处理的规模大小可能是不同的，这可用并行性颗粒度来表示。

颗粒度用来衡量软件进程所含计算量的大小，最简单的方法是用程序段中指令的条数来表示。颗粒度的大小决定了并行处理的基本程序段是指令、循环还是子任务、任务或作业。颗粒度的大小一般分为细粒度、中粒度和粗粒度三种，若程序段中指令条数小于500条，则称为细粒度，500～2000条指令之间则称为中粒度，大于2000条则称为粗粒度。

3. 并行性的等级

并行性有不同的等级，而且从不同角度来观察时，会有不同的划分方法。在程序执行过程中，根据并行进程中颗粒度的大小不同，通常可划分成以下五个等级：作业级、任务级、例行程序或子程序级、循环和迭代级以及语句和指令级。

通常，并行处理是指在这些层次上的任何一级或多级上的并行性开发。层次越高的并行处理粒度就越粗，而低层上的并行处理粒度就较细。粗粒度并行性开发的主要是功能并行性，而细粒度并行性开发的主要是数据并行性。

5.7.2 并行处理技术

计算机的并行处理技术可贯穿于信息加工的各个步骤和阶段，概括起来，主要有三种形式：时间并行、空间并行、时间并行＋空间并行。

1. 时间并行

时间并行又称时间重叠，是指在并行性概念中引入时间因素，让多个处理过程在时间上相互错开，轮流重叠地使用同一套硬件设备的各个部分，以加快硬件周转而赢得速度。

例如指令的流水解释过程，它通过把指令的解释过程划分成若干个相互联系的子过程，每一个子过程由专门的子部件来完成，利用时间重叠的方式解释不同的指令。采用时间重叠的方式基本上不需要增加硬件设备就可提高系统的速度和性能价格比。目前的高性能微处理器无一例外地使用了流水线技术。

2. 空间并行

空间并行又称资源重复，是指在并行性概念中引入空间因素，通过重复设置硬件资源来提高可靠性或性能。随着硬件价格的降低，这种方式在单处理机中被广泛使用，如多模块交叉存取存储器、超标量流水线等，而单片多核处理器、多处理机系统和多计算机系统本身就是资源重复的结果。

再例如热备用系统、容错系统等，它们根据不同性能和成本的要求，利用资源重复的方式组织冗余部件，来提高系统的可靠性。

3. 时间并行＋空间并行

指时间重叠和资源重复的综合应用，既采用时间并行性又采用空间并行性。例如，Pentium 4采用了超标量流水技术，流水线的级数可达到20级以上，在一个处理器时钟周期内可同时发射3条指令，因而既具有时间并行性，又具有空间并行性。并行处理技术是当前设计高性能计算机的重要技术途径，而且都同时采用了时间并行与空间并行。

5.7.3 流水线的工作原理、特点及分类

1. 流水线的工作原理

假设计算机解释一条机器指令的过程可分解成取指令(IF)、指令译码(ID)、计算有效地址或执行(EX)、访存(MEM)、结果写回寄存器堆(WB)等五个子过程，如图 5.34 所示。每个子过程由独立的子部件来实现，每个子部件也称为一个功能段。如若没有特殊说明，我们都假设各功能段经过的时间均为一个时钟周期。IF 指的是按程序计数器 PC 的内容访存，取出一条指令送到指令寄存器，并修改 PC 的值以提前形成下一条指令的地址；ID 指的是对指令的操作码进行译码，并从寄存器堆中取操作数；EX 指的是按寻址方式和地址字段形成操作数的有效地址，若为非访存指令，则执行指令功能；MEM 指的是根据 EX 子过程形成的有效地址访存取数或存数；WB 指的是将运算的结果写回到寄存器堆。

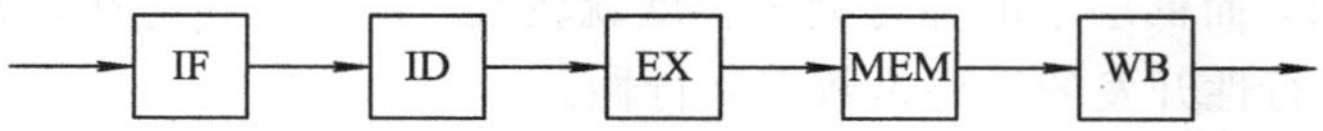

图 5.34 一条机器指令的解释过程

指令的解释方式可以有顺序解释方式和流水解释方式两种。

指令的顺序解释方式是指各条机器指令之间顺序串行地执行，执行完一条指令后才取出下一条指令来执行，而且每条机器指令内部的各条微指令也是顺序串行地执行。指令顺序解释的时空图如图 5.35 所示，图中的横坐标表示指令解释经过的时间，纵坐标表示指令解释经过的各功能段。时空图描述的是某条指令在某个时钟周期内使用某一个功能段。由图 5.35 可以看出，由于各条指令之间顺序串行地执行，因此，每隔 5 个时钟周期才解释完一条指令。顺序执行的优点是控制简单。由于下一条指令的地址是在指令解释过程的末尾确定的，因此无论是由程序计数器加 1，还是由转移指令把转移地址送到程序计数器而形成下一条指令的地址，由本条指令转入下一条指令的时间关系都是一样的。但由于是顺序执行的，上一步操作未完成，下一步操作就不能开始。因此，带来的主要缺点是速度慢，机器各部件的利用率很低。例如，在取指令和取操作数期间，主存是忙碌的，但是运算器处于空闲状态；在对操作数执行运算期间，运算器是忙碌的，而主存却是空闲的。

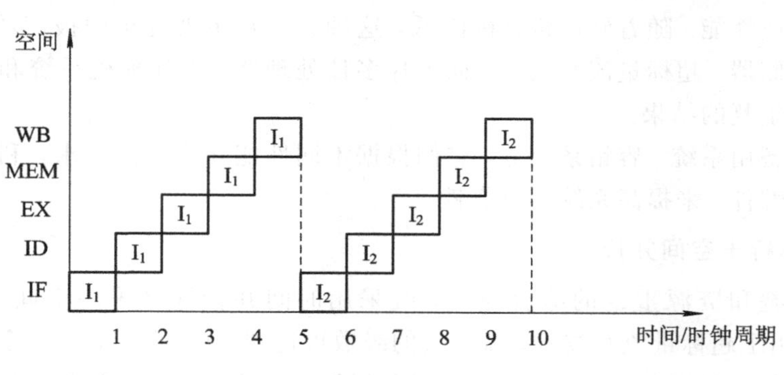

图 5.35 指令顺序解释的时空图

指令的流水解释方式是指在解释第 k 条指令的操作完成之前，就可开始解释第 k+1 条指令。指令流水解释的时空图如图 5.36 所示，上一条指令与下一条指令的 5 个子过程在

时间上可以重叠执行，因此，在流水线满载时，每一个时钟周期就可以解释完一条指令。而流水线从开始启动工作到解释完一条指令，需要经过一段流水线的建立时间，在这段时间里流水线并没流出任何结果。显然，流水解释方式并不能加快一条指令的解释，但能加快相邻两条以至一段程序的解释。流水执行的优点是加快指令的解释速度，提高机器的性能；缺点是控制复杂，在软件编译和硬件执行的过程中要解决好指令之间出现的各种相关以及中断等问题。计算机发展到现在，流水线技术已经成为各类机器普遍采用的、用来改善性能的基本手段。

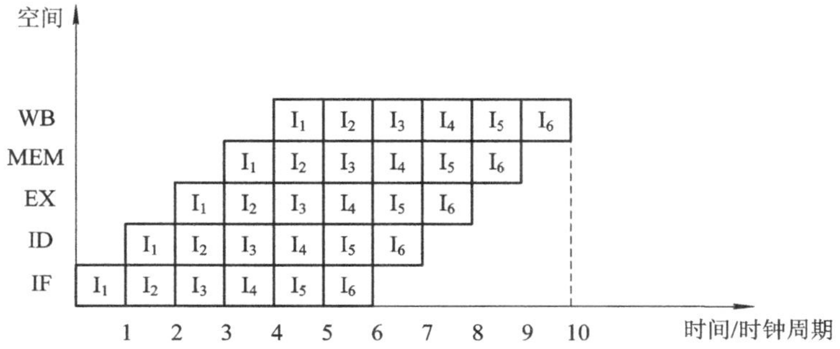

图 5.36　指令流水解释的时空图

在计算机实际的流水线中，各子部件经过的时间会有差异。为解决这些子部件处理速度的差异，一般在子部件之间需设置高速接口锁存器。所有锁存器都受同一时钟信号控制，以实现各子部件信息流的同步推进。时钟信号周期不得低于速度最慢子部件的经过时间与锁存器的存取时间之和，还要考虑时钟信号到各锁存器可能存在的时延差。所以，子过程的细分，会因锁存器数增多而增大指令或指令流过流水线的时间，这在一定程度上会抵消子过程细分而使流水线吞吐率得到提高的好处。

2. 流水线的特点

流水线技术一般有如下特点：

(1) 一条流水线通常由多个流水段组成。各个流水段分别承担不同的工作，也可以把这些流水段看做功能部件。如在图 5.34 中，流水线由五个功能段组成，依次是取指令(IF)、指令译码(ID)、计算有效地址或执行(EX)、访存(MEM)、结果写回寄存器堆(WB)。在实际机器中，一条流水线的功能部件完成的任务及采用的设计思想不同，其数目也各不相同。

(2) 每个流水段有专门的功能部件对指令进行某种加工。例如，Pentium 的 U、V 流水线分为 5 段，分别为“指令预取(PF)”、“指令译码(D1)”、“指令译码(D2)”、“取存储器数据或执行(EX)”和“结果写回(WB)”。在 PF 段完成从指令 Cache 取指令工作。在 D1 段完成所有的操作码和寻址方式的译码工作，同时还要完成指令配对检查和转移指令预测功能。在 D2 段计算并产生存储器操作数的地址。在 EX 段完成算术或逻辑运算功能，需要的话还可能访问数据 Cache。在 WB 段以计算的结果修改目标寄存器或标志寄存器。

(3) 各流水段所需的时间是一样的。若流水线的各流水段经过的时间相同，则可以简化流水线的控制线路设计，提高流水线的性能。

(4) 流水线工作阶段可分为建立、满载和排空三个阶段。从第一条指令进入流水线到流水线中所有的功能部件都处于工作状态的这个时期，称为流水线的建立阶段。当所有的功能部件都处于工作状态时，称为流水线的满载阶段。从最后一条指令流入流水线到结果流出，称为流水线的排空阶段。

(5) 在理想情况下，即不发生任何资源相关、数据相关和控制相关的情况下，当流水线满载后，每隔一个时钟周期解释完一条指令或有一个结果流出流水线。

3. 流水线的分类

流水线可以按流水处理的并行等级、功能的多少、工作方式和连接方式等来进行分类。

(1) 按流水处理的并行等级分类。按流水处理的并行等级不同，流水线可分为指令流水线、算术流水线和处理机流水线三类。指令流水线是指令解释过程的并行，如取指、译码、取操作数、执行、写回等几个指令解释过程的流水处理。算术流水线是指运算操作过程的并行，如输入、减阶、对阶移位、尾数相加减、规格化、输出等几个浮点加减运算步骤的流水处理。处理机流水线又称宏流水线，指程序处理过程的并行，如由一串级联的处理机构成流水线的各个处理段，每台处理机负责某一特定的任务。处理机流水线应用在多机系统中。

(2) 按流水线功能的多少分类。按流水线能实现功能的多少不同，可以分为单功能流水线和多功能流水线。单功能流水线是指只能完成一种固定功能的流水线。多功能流水线是指同一流水线的各个段之间可以有多种不同的连接方式以实现多种不同的运算或功能。

(3) 按流水线的工作方式分类。按多功能流水线的各功能段能否允许同时用于多种不同功能的连接流水，可把流水线分为静态流水线和动态流水线。静态流水线是指在同一时间内，多功能流水线中的各个功能段只能按一种功能的连接方式工作。而动态流水线是指在同一时间内，多功能流水线中的各个功能段可按不同运算或功能的连接方式工作。

(4) 按流水线的连接方式分类。根据流水线中各功能段之间是否有反馈回路，可把流水线分为线性流水线和非线性流水线。若流水线各段串行连接，没有反馈回路，各个段最多只经过一次，则称之为线性流水线。而如果流水线中除有串行连接的通路外，还有某种反馈回路，使一个任务流经流水线时，需多次经过某个段或越过某些段，则称之为非线性流水线。

5.7.4 相关问题及解决方法

要使流水线具有良好的性能，必须保证流水线畅通流动，不发生断流。因此，在控制上必须解决好邻近指令之间有可能出现的某种关联。由于一段机器语言程序的邻近指令之间出现了某种关联，为了避免出错而使得它们不能同时被解释的现象称为相关(或相关冲突)。在流水解释过程中可能会出现三种相关，这三种相关是资源相关、数据相关和控制相关。

1. 资源相关

资源相关是指多条指令进入流水线后在同一个时钟周期内争用同一功能部件所发生的相关。在图 5.36 所示的流水解释时空图中，在第 4 个时钟周期时，第 I_1 条指令的 MEM 段与第 I_4 条指令的 IF 段都要访问存储器。当数据和指令混存在同一个存储器且只有一个访问端口时，便会发生两条指令争用同一个存储器资源的相关冲突。

解决资源相关的方法主要有以下五种：

(1) 从时间上推后下一条指令的访存操作。虽然这种方法会降低流水处理的性能，但在其他方法无法解决时仍然适用。

(2) 让操作数和指令分别存放于两个独立编址且可同时访问的主存储器中。这有利于实现指令的保护，但增加了主存总线控制的复杂性及软件设计的难度。在哈佛结构（又称非冯·诺依曼结构）的计算机设计时采用的就是这种方法。

(3) 仍然维持指令和操作数混存，但采用多模块交叉主存结构。只要发生资源相关的指令和操作数位于不同的存储模块内，仍可在一个主存周期（或稍许多一些时间）内取得这两者，从而实现访存取数与访存取指的重叠。当然，若这两者正好共存于一个存储模块时就无法重叠。

(4) 在CPU内增设指令Cache。设置指令Cache就可以乘主存有空时，根据程序的空间局部性原理预先把下一条或下几条指令取出来存放在指令Cache中，最多可预取多少条指令取决于指令Cache的容量。这样，访存取数就能与访存取指重叠，因为前者是访主存取操作数，而后者是访问指令Cache取指令。

(5) 在CPU内增设指令Cache和数据Cache。工作原理与第(4)种方法相同，这种方法已在现代高性能微处理器中广泛使用。

2. 数据相关

数据相关是指由于相邻的两条或多条指令使用了相同的数据地址而发生的关联。这里所说的数据地址包括存储单元地址和寄存器地址。

在流水解释过程中，指令的处理是重叠进行的，前一条指令还没有解释完时，就开始了下一条指令的解释。对于一个k级流水线而言，可同时处理k条不同的指令，如果其中一条指令的源操作数地址 R_i 正好是流水线中前面某一条指令的目的操作数地址时，便会发生数据相关。例如，有如下三条指令依次流入如图5.34所示的流水线：

ADD R_1，R_2，R_3　　;$(R_2)+(R_3)\to R_1$

SUB R_1，R_4，R_5　　;$(R_4)-(R_5)\to R_1$

AND R_4，R_1，R_7　　;$(R_1)\wedge(R_7)\to R_4$

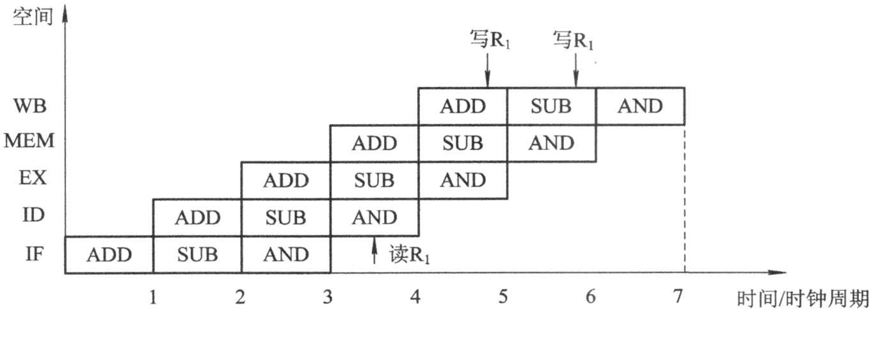

图5.37　三条指令流水解释的时空图

这三条指令流水解释的时空图如图5.37所示。ADD指令在第5个时钟周期将结果写入寄存器 R_1，SUB指令在第6个时钟周期将结果写入同一个寄存器 R_1，由于这两条指令将结果写入同一个寄存器 R_1 的顺序与原来指令的顺序一致，因此不会产生错误。AND 指令在 4 个时钟周期时要读取寄存器 R_1 的值，按照程序解释的顺序，应该是 SUB 指令将结果写入寄存器 R_1 后 AND 指令才能读取 R_1 的值，但如果按照图 5.37 所示的流水解释过程，必将导致程序执行结果错误，这是因为第三条指令与前面两条指令之间存在着关于寄存器 R_1 的先写后读(RAW)数据相关。

解决数据相关的方法主要有以下两种：

(1) 推后相关单元的读。这里所指相关单元既包括寄存器也包括存储单元。对于图 5.37，若采用推后相关单元的读的方法来解决 RAW 数据相关，可将 AND 指令的 ID 段推后到 SUB 指令的 WB 段完成之后，如图 5.38 所示。

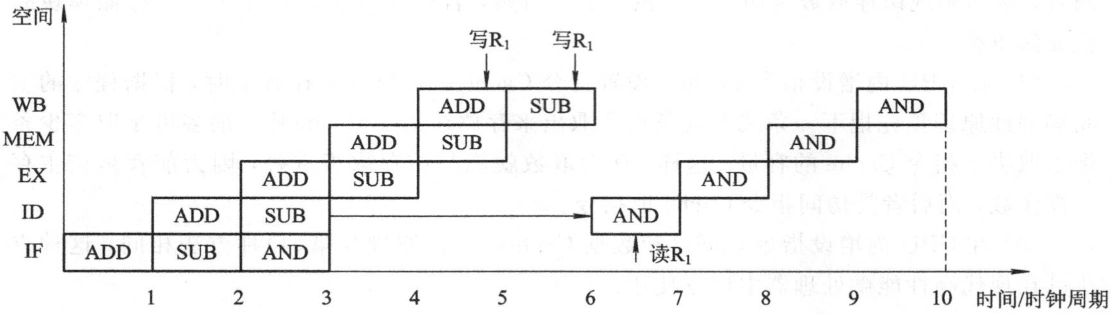

图 5.38 三条指令流水解释的时空图(用方法 1 解决数据相关)

(2) 设置相关专用通路，又称采用定向传送技术。在运算器的输出到暂存器 B、C 输入之间增设一条“相关专用通路”，如图 5.39 所示。当发生 RAW 数据相关时，不必推后相关单元的读操作，此时虽然读到暂存器 B 或 C 中的是一个错误的值，但当发生 RAW 数据相关的前一条指令在运算结果生成后，直接通过相关专用通路将运算结果定向传往 B 或 C，就可以保证在用到 B 和 C 中的数据进行运算之前，更新 B 或 C 中的数据。对于图 5.37，若采用设置相关专用通路的方法来解决 RAW 数据相关，AND 指令的 ID 段不必推后，当 SUB 指令在 EX 段生成运算结果后，通过相关专用通路将结果写入 B 或 C。当下一个时钟周期到来时，AND 便可进入 EX 段，即利用 B 和 C 中的数据进行运算，如图 5.40 所示。

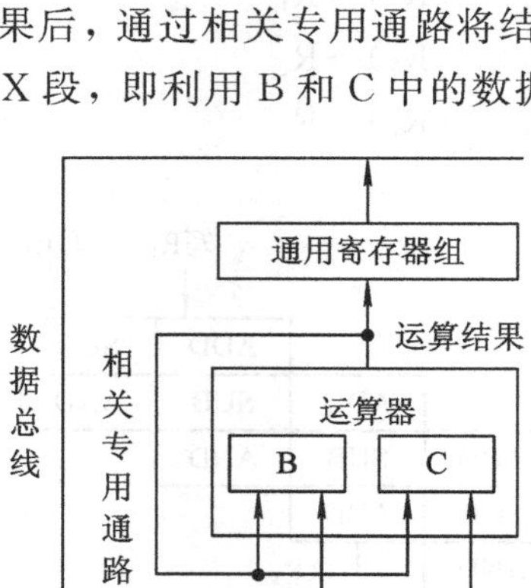

图 5.39 相关专用通路

推后相关单元的读和设置相关专用通路是解决流水解释方式中数据相关的两种基本方法。由图 5.38 和图 5.40 进行比较可以看出，推后相关单元的读是以降低速度为代价，使设备基本上不增加；而设置相关专用通路是以增加硬件为代价，使流水解释的性能尽可能不降低。

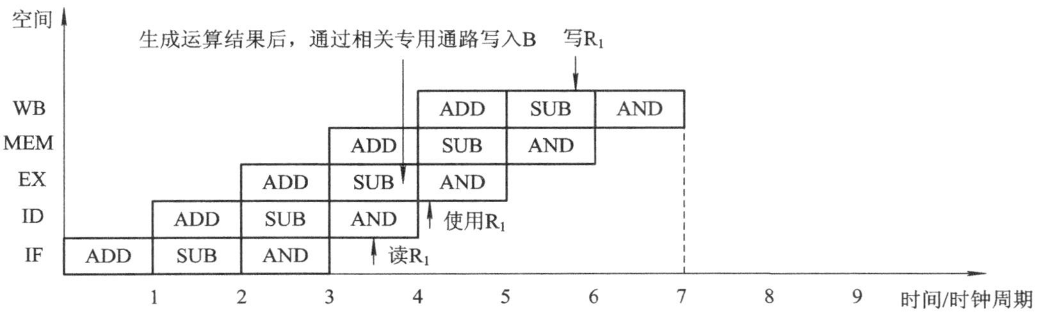

图5.40 三条指令流水解释的时空图(用方法2解决数据相关)

对流水的流动顺序的安排和控制可以有两种方式：顺序流动方式和异步流动方式。

顺序流动方式是指流水线输出端的任务(指令)流出顺序和输入端的流入顺序一样。顺序流动方式的优点是控制比较简单。其缺点是一旦发生数据相关，空间上会有功能段空闲出来，使部件利用率(效率)降低，时间上推后流出，会使流水线吞吐率降低。

异步流动方式是指流水线输出端的任务(指令)流出顺序和输入端的流入顺序可以不一样。异步流动方式的优点是流水线的吞吐率和功能部件的利用率都不会下降。但采用异步流动方式也带来了新的问题，采用异步流动的控制复杂，而且会发生在顺序流动中不会出现的其他相关。由于异步流动要改变指令的执行顺序，同时流水线的异步流动还会使相关情况复杂化，会出现除先写后读(RAW)相关以外的先读后写(WAR)相关和写写(WAW)相关。

[例5.7] 流水线中有三类数据相关冲突：先写后读(RAW)相关，先读后写(WAR)相关，写写(WAW)相关。判断以下三组指令中各存在哪种类型的数据相关。

(1) I_1 ADD R_1, R_2, R_3 ; $(R_2)+(R_3)\to R_1$

I_2 SUB R_4, R_1, R_5 ; $(R_1)-(R_5)\to R_4$

(2) I_3 STA M(x), R_3 ; $(R_3)\to$ M(x)，M(x)是存储器单元

I_4 ADD R_3, R_4, R_5 ; $(R_4)+(R_5)\to R_3$

(3) I_5 MUL R_3, R_1, R_2 ; $(R_1)\times(R_2)\to R_3$

I_6 ADD R_3, R_4, R_5 ; $(R_4)+(R_5)\to R_3$

解：第(1)组指令中，I_1 指令运算结果应先写入 R_1，然后在 I_2 指令中读出 R_1 的内容。由于 I_2 指令进入流水线，变成 I_2 指令在 I_1 指令写入 R_1 前就读出 R_1 的内容，发生RAW相关。

第(2)组指令中，I_3 指令应先读出 R_3 的内容并存入存储单元M(x)，然后在 I_4 指令中将运算结果写入 R_3。但当流水线采用异步流动方式时，即 I_4 指令在 I_3 指令之前先流出流水线，若 I_4 指令在 I_3 指令读出 R_3 的内容之前先写 R_3，发生WAR相关。

第(3)组指令中，如果 I_6 指令的加法运算完成时间早于 I_5 指令的乘法运算完成时间，变成 I_6 指令在 I_5 指令写入 R_3 前就写入 R_3，导致 R_3 的内容错误，发生WAW相关。

3. 控制相关

控制相关是指由转移指令引起的相关。当执行转移指令时，依据转移条件的产生结果，可能为顺序取下一条指令，也可能转移到新的目标地址取指令，从而使流水线发生断流。

解决控制相关的方法主要有以下两种：

(1) 延迟转移技术，由编译程序重排指令序列来实现。它将转移指令与其前面的与转移指令无关的一条或几条指令对换位置，让成功转移总是在紧跟的指令被执行之后发生，从而使预取的指令不作废。

(2) 转移预测技术，直接由硬件来实现。转移预测技术可分为静态转移预测和动态转移预测两种。

静态转移预测技术有两种实现方法。一种是通过分析程序结构本身的特点来进行预测。不少条件转移指令转向两个目标地址的概率是能够预估的，如若 x86 汇编语言中连续的两条语句为“ADD AX，BX”、“JNZ L1”，则转向标号 L1 的概率要高，只要编译程序把出现概率高的分支安排为猜选分支，就能显著减少由于处理条件转移所带来的流水线吞吐率和效率的损失。另一种是按照分支的方向来预测分支是否转移成功。一般来说，向后分支被假定为循环的一部分而且被假定为发生转移，这种静态预测的准确性是相当高的。向前分支被假定为条件语句的一部分而且被假定为不发生转移，这种静态预测的准确性比向后分支的准确性要低得多。

要提高预测的准确度，可以采用动态转移预测的方法，在硬件上建立分支预测缓冲站及分支目标缓冲站，根据执行过程中转移的历史记录来动态地预测转移目标，其预测准确度可以提高到 90%以上。这种方法已在现代微处理器的转移预测中得到了广泛应用。例如，Pentium 4 微处理器中的 L1 BTB(Branch Target Buffer，转移目标缓冲器)采用的就是动态转移预测技术，当转移指令不在 BTB 中时，则采用静态转移预测技术。

现代的高性能处理机广泛采用了超标量技术和超流水线技术，指令执行一旦遇到分支转移，在执行判定操作之前，多个功能部件由于无法确定程序的执行方向而处于空闲等待状态，使系统性能明显下降。在安腾体系结构设计时，采用了一种新的转移预测技术。该技术将传统的分支结构变为无分支的并行代码，当处理机在运行中遇到分支时，它并不是进行传统的分支预测并选择可能性最大的一个分支执行，而是利用多个功能部件按分支的所有可能的后续路径开始并行执行多段代码，并暂存各段代码的执行结果，直到处理机能够确认分支转移与否的条件是真是假时，处理机再把应该选择的路径上的指令执行结果保留下来。采用了这种技术后，可消除大部分转移指令对流水解释的影响，使得整个系统的运行速度得到提高。

5.7.5 流水线的性能分析

这一部分我们将以指令流水线为例，对流水线的实际吞吐率、加速比和效率等主要性能指标进行分析。

1. 实际吞吐率

流水线的实际吞吐率是指从启动流水线处理机开始到流水线操作结束，单位时间内能流出的指令数，标准单位为MIPS(Million Instructions Per Second，每秒百万条指令)。在指令流水解释的过程中，常常会由于种种原因，如资源相关、数据相关和控制相关等使流水线无法连续流动，不得不流一段时间，停一段时间，使得流水线的性能分析变得非常复杂。这里主要是为了让读者了解流水线性能分析指标的含义并作简单的定量分析，因此未考虑可能导致流水线断流的各种因素，即指令流水线可以连续流动。对于一些复杂的情况，将在计算机系统结构课程中作详细分析。

加速比是指流水线工作相对于等效的非流水线顺序串行方式工作，速度提高的比值。即用顺序解释指令所花的时间除以流水解释指令所花的时间所得到的比值。设指令流水线由m段组成，且各段经过的时间均为Δt，如图5.41所示，共完成n条指令的解释，画出指令流水线时空图如图5.42所示。

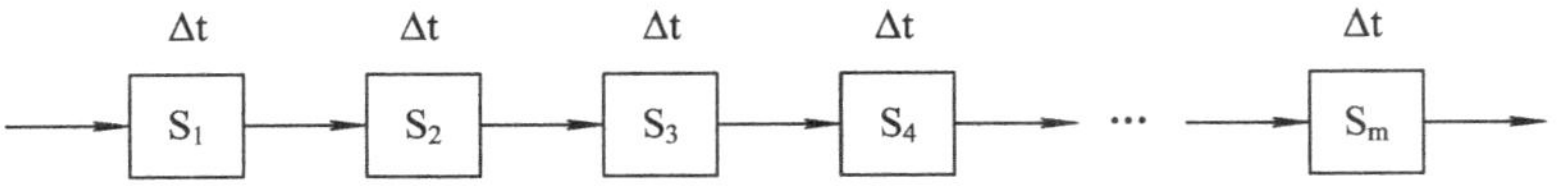

图5.41 由m段组成的指令流水线

从图5.42中可以看出，第一条指令I_1从流入流水线到流出所花的时间为mΔt，之后每隔Δt完成一条指令的解释，则完成n条指令的解释所需要的时间为mΔt+(n−1)Δt。

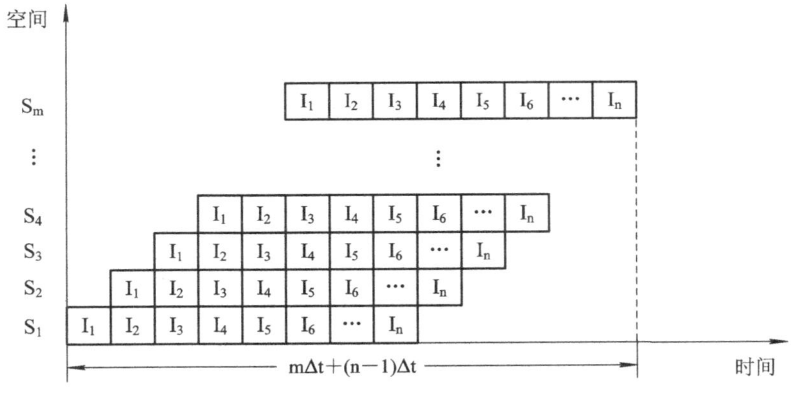

图5.42 指令流水线时空图

该流水线的实际吞吐率为

$$TP = \frac{n}{m\Delta t + (n-1)\Delta t} \tag{5.2}$$

该流水线的加速比为

$$S_p = \frac{n \cdot m\Delta t}{m\Delta t + (n-1)\Delta t} = \frac{n \cdot m}{m+n-1} = \frac{m}{1+(m-1)/n} \tag{5.3}$$

由式(5.3)可以看出，当$n \gg m$时，流水线的加速比S_p接近于流水线的段数m，也就是说，当流水线不发生断流且流水线各段时间都一样时，其最大加速比等于流水线的段数m。因此，在$n \gg m$的前提下，增大流水线的段数m，可以提高流水线的加速比S_p。

2. 效率

效率是指流水线的设备利用率，即在整个运行时间里，流水线的设备有百分之多少的时间是真正用于工作的。由于流水线存在建立时间和排空时间，在连续解释 n 条指令的时间里，各段并不是满负荷工作的，因此流水线的效率一定小于 1。

设指令流水线由 m 段组成，且各段经过的时间均为 Δt，如图 5.41 所示，共完成 n 条指令的解释，画出指令流水线时空图如图 5.42 所示。

该流水线的效率为

$$\eta = \frac{\eta_1 + \eta_2 + \cdots + \eta_m}{m} = \frac{m \cdot \eta_1}{m} = \eta_1 = \frac{m \cdot n\Delta t}{m \cdot (m\Delta t + (n-1)\Delta t)} = \frac{S_p}{m} \tag{5.4}$$

其中，η_1、η_2、…、η_m 分别表示流水线功能段 S_1、S_2、…、S_m 的效率。对于式(5.4)，从图 5.42 所示的时空图来看，所谓效率实际上就是 n 条指令解释占用的时空区和 m 个段总的时空区面积之比。也可以认为是顺序解释指令所花的时间与流水线的段数乘以流水解释所花的时间之比，或简单地认为是加速比除以流水线的段数。

[例 5.8] 指令流水线有取指(IF)、译码(ID)、执行(EX)、访存(MEM)、写回寄存器(WB)五个过程段，共有 15 条指令连续输入此流水线。

(1) 画出流水处理的时空图，假设时钟周期为 20 ns；

(2) 求流水线的实际吞吐率(单位时间里执行完毕的指令数)；

(3) 求流水线的加速比；

(4) 求流水线的效率。

解：(1) 指令流水处理的时空图如图 5.43 所示。

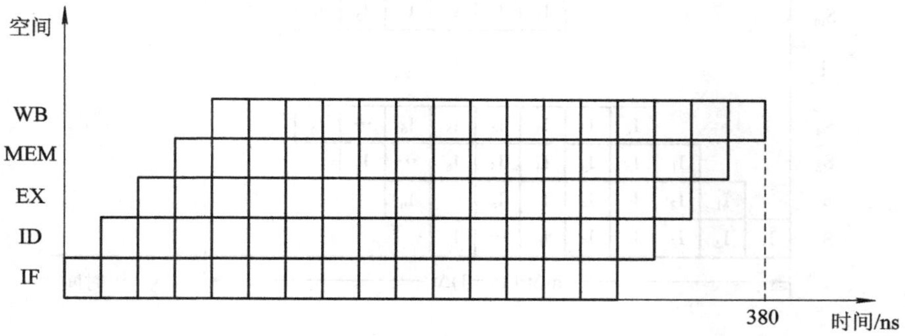

图 5.43 指令流水处理的时空图

(2) 流水线的实际吞吐率为

$$TP = \frac{15}{19 \times 20 \times 10^{-9} \times 10^6} \approx 39.47\ \text{MIPS}$$

(3) 流水线的加速比为

$$S_p = \frac{15 \times 5 \times 20}{19 \times 20} \approx 3.95$$

(4) 流水线的效率为

$$\eta = \frac{15 \times 5 \times 20}{5 \times 19 \times 20} \approx 78.9\%$$

5.8　提高单机系统指令级并行性(ILP)的措施

5.8.1　超标量处理机和 VLIW 体系结构

1. 超标量处理机

超标量(superscalar)机器最早在 1987 年提出，它是为改善标量指令执行性能而设计的机器。超标量方法是高性能通用处理器发展的一个方向，其本质是提高在不同的流水线中执行不相关指令的能力。在当前的大多数处理器的设计中，都引入了超标量设计技术。超标量处理机中，使用了多条指令流水线，这意味着在每个时钟周期内要发射多条指令并产生多个结果。设计超标量处理机时，要考虑使它能对用户程序开发更多的指令级并行性(Instruction Level Parallelism，ILP)。但是，只有不相关的指令才能并行执行而不相互等待。指令级并行性的变化是很大的，这与执行代码的类型有很大的关系。对于一般的流水机器，在一个时钟周期内只能发射一条指令，每个时钟周期只能流出一个结果。若机器指令的流水处理过程如图 5.44 所示，则单发射基准流水线的流水操作时空图如图 5.45 所示。

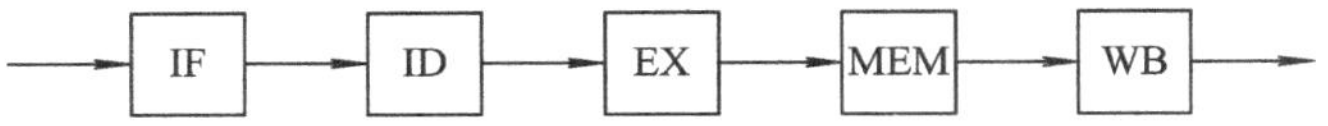

图 5.44　机器指令的流水处理过程

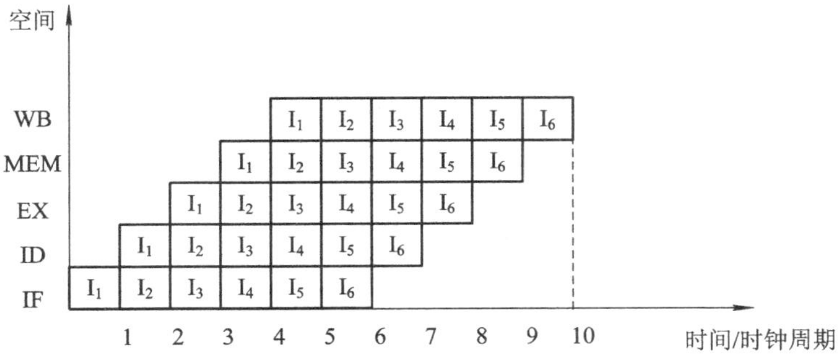

图 5.45　单发射基准流水线的流水操作时空图

经统计发现，对于没有循环展开(loop nurolling)的指令代码，指令级并行性的平均值大约是 2。因此，这些代码没有从每个时钟周期发射超过 3 条指令的机器中得到更多的好处。在超标量处理机中，指令发射度(instruction-issue degree)实际上被限制在 2～5。

超标量流水线是指在每个时钟周期内同时发射多条指令并产生多个结果的流水线。超标量方法的实现依赖系统并行执行多条指令的能力，即指令并行执行的程度。这主要看硬件技术与编译器结合所能够达到的最大程度的指令级并行性。超标量处理器主要借助硬件资源的重复来实现空间的并行操作。图 5.46 给出了并行度为 2 的超标量流水线的流水操作时空图。与一般的流水机器相比，超标量处理器的特点主要表现在以下几方面：

(1) 配置有多个性能不同的处理部件，采用多条流水线并行处理。

(2) 能同时对若干条指令进行译码，将可并行执行的指令送往不同的执行部件，从而达到在每个时钟周期启动多条指令的目的。

(3) 在程序运行期间由硬件(通常是状态记录部件和调度部件)完成指令调度。

典型的超标量处理机有 IBM 公司的 RS6000、PowerPC 601、PowerPC 620 等，Intel 公司的 i860、i960、Pentium 系列处理机，SUN 公司的 UltraSPARC 系列处理机，Motorola 公司的 MC88110 等。例如，时钟频率为 200MHz 的 R10000 处理器和时钟频率为 1.2 GHz 的 UltraSPARC Ⅲ处理器的超标量发射度为 4，大家熟悉的 Pentium 处理器的超标量发射度为 2，Pentium 4 处理器的超标量发射度为 3。

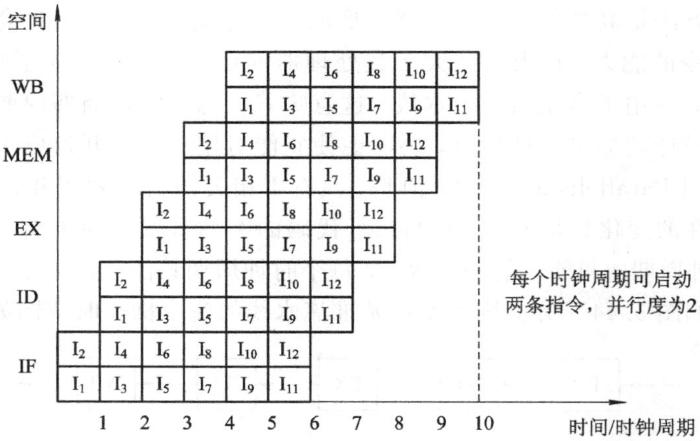

图 5.46 并行度为 2 的超标量流水线的流水操作时空图

2. VLIW 体系结构

20 世纪 80 年代早期在 Multiflow 计算机中所设计的超长指令字可以是 256 位或 1024 位。Multiflow VLIW 处理器是用微程序控制实现的。256 位的 Multiflow 模型允许最多有 7 条指令同时执行。在那时，时钟速率不能做得很高，因为要对微程序控制的控制存储器进行频繁的访问。

如图 5.47 所说明的那样，VLIW(Very Long Instruction Word，超长指令字)处理器同时使用多个功能部件，所有功能部件共享一个普通的大型寄存器堆，功能部件同时执行的操作由硬件进行同步。VLIW 概念是对水平微代码编码的扩展，一条长指令中的不同字段含有不同的操作码，它们被分派到不同的功能部件。

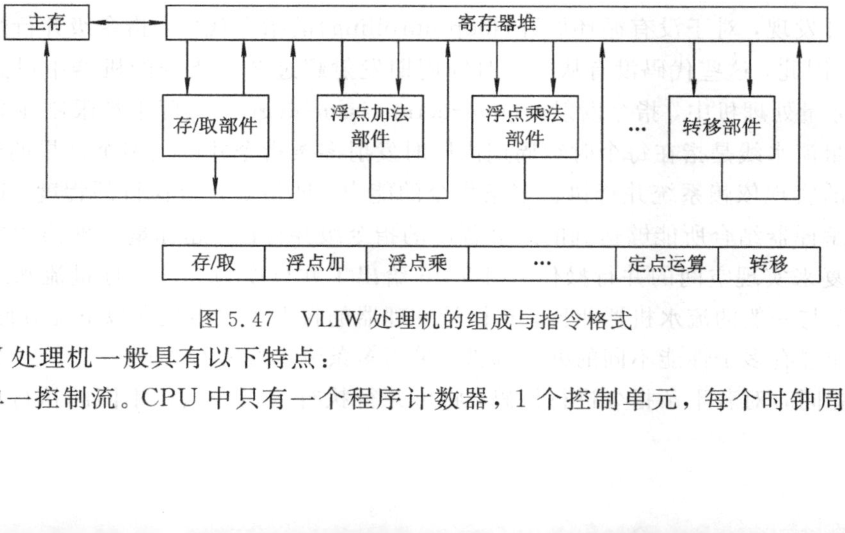

图 5.47 VLIW 处理机的组成与指令格式

VLIW 处理机一般具有以下特点：

(1) 单一控制流。CPU 中只有一个程序计数器，1 个控制单元，每个时钟周期启动一条 VLIW 指令，因此 VLIW 指令译码比超标量指令更容易。

(2) 指令被划分成许多字段，每个字段控制一个特定的功能部件。

(3) CPU 中设置大量的数据通路和功能部件，功能部件的操作可采用流水技术来进一步提高计算机的性能，每个操作的执行时间是已知的，编译器在调度操作时已考虑了可能出现的数据相关和资源相关，硬件不需要进行相关性检测和无序执行的调度。

理想 VLIW 处理机执行指令的流水操作时空图如图 5.48 所示，每条指令指定多个操作。在这个特定的例子中，有效的 CPI 为 0.5。在每个长字中有 n 路并行的情形下，有效的 CPI 可减至 1/n。

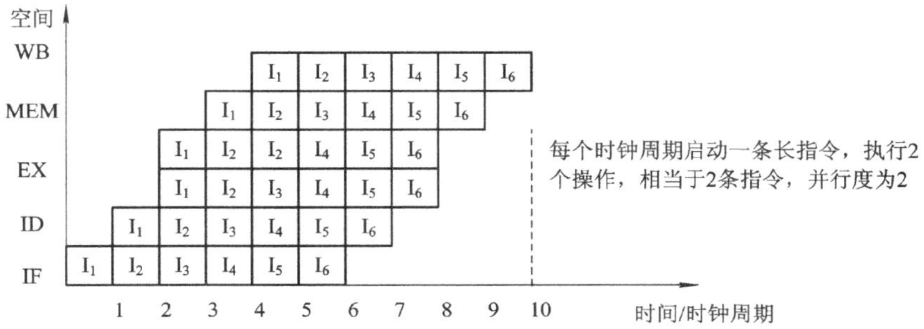

图 5.48　VLIW 的流水操作时空图

VLIW 机对超标量机在以下几个方面作了改进：

① VLIW 指令中并行操作的同步全在编译时完成，这可使它比超标量处理器有更高的处理器效率。

② 当短格式用户代码中有高的可用 ILP 时，VLIW 程序的代码长度要短得多。这就意味着经编译的 VLIW 程序有短得多的执行时间。

③ 大大简化了运行时的资源调度，因为 VLIW 体系结构中的指令并行性和数据移动完全是在编译时间说明的。

为了充分利用 VLIW 体系结构的优越性，需要针对不同的 VLIW 体系结构开发不同的智能化编译器；同时，VLIW 体系结构具有程序代码密度低、软件可移值性和软件兼容性差等缺点。这些缺点使得 VLIW 在过去无法获得商业上的成功。

Intel 和 HP 联合开发的基于 IA-64 结构的处理器已重新唤起人们使用 VLIW 方法开发更多并行性的兴趣。VLIW 的特征是以硬件最容易执行的方式排列指令，这与现在的超标量技术单以硬件作并行处理方式不同。当然目前超标量技术不会在短时间内被取代，但若想在速度上持续突破，VLIW 是一种重要方式。

美国全美达(Transmeta)公司推出的代号为 Crusoe 的处理器采用的就是 VLIW 架构，例如，TM6000 处理器采用了 128 位的 VLIW 核心，时钟频率超过 1 GHz，可同时打包 4 条指令；TM8000 处理器采用了 256 位的 VLIW 核心，时钟频率也超过 1 GHz，可同时打包 8 条指令。

5.8.2　超流水处理机

处理机实现更高性能的另一方法是超流水线(superpipeline)，这一术语最早在 1988 年提出。它采用的基本技术是细化流水线、增加级数、提高主频。超流水线是指在每个时钟周期内并发发射多条指令且每一时刻只发射一条指令，并产生多个结果的流水线。与超标量流水线不同的是，每一节拍仍只流出一个结果，但流水线的节拍只是机器时钟周期的几分之一，所以在一个时钟周期内，流水线仍可流出几个结果。图 5.49 给出了并行度为 2 的单发射超流水线的流水操作时空图。

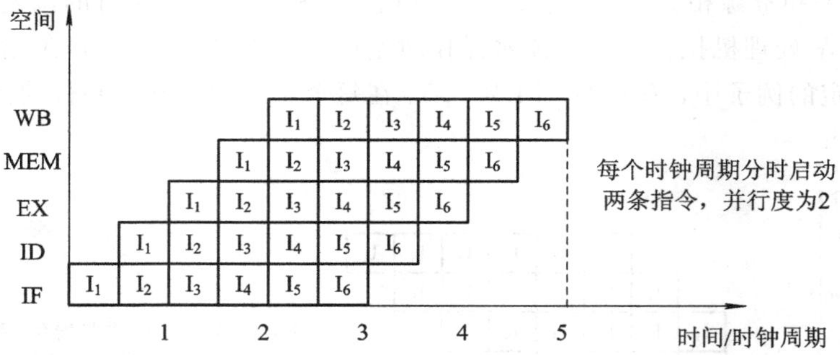

图 5.49 单发射超流水线的流水操作时空图

与超标量处理机相比，超流水处理机着重开发时间并行性，在流水部件上采用比时钟周期要短的机器周期，通过深度流水来提高速度。例如，Pentium Ⅱ 和 Pentium Ⅲ 的流水线设计为 14 个流水段，Pentium 4 的流水线达到了 20 段，Alpha 21164 的流水线设计为 12 个流水段，UltraSPARC Ⅲ 的流水线设计为 14 个流水段。

5.8.3 超标量超流水处理机

超标量超流水线是超标量流水线与超流水线的结合，它充分利用了超标量流水线和超流水线机器的优点，使流水线达到更高的速度。采用了超标量超流水线的处理机称为超标量超流水处理机。2 发射 2 倍频超标量超流水线的流水操作时空图如图 5.50 所示，即在一个时钟周期内分时发射 2 次，每次同时发射 2 条指令。设每个功能段延迟时间均为一个时钟周期，在不发生任何数据相关、资源相关和控制相关的前提下，完成 12 条指令的解释只需要 5 个时钟周期，完成 24 条指令的解释只需要 8 个时钟周期。

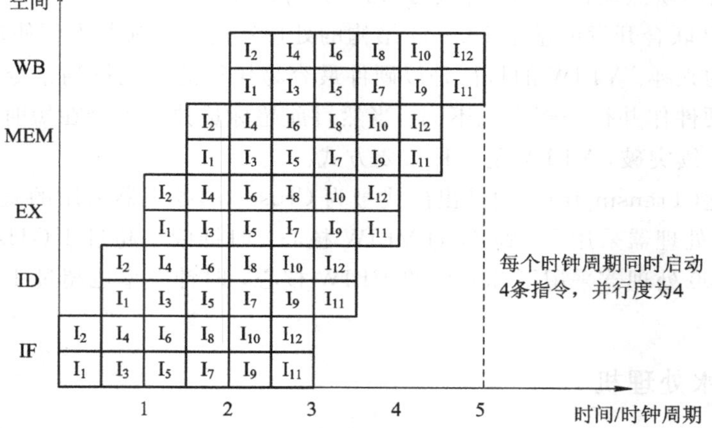

图 5.50 2 发射 2 倍频超标量超流水线的流水操作时空图

现代微处理器设计均同时采用了超标量技术和超流水技术，例如DEC公司的Alpha 21164处理器为4发射12级流水线，SUN公司的UltraSPARC Ⅲ处理器为4发射14级流水线，Intel公司的Pentium 4处理器为3发射20级流水线。

5.8.4 EPIC技术

在显式并行指令计算(Explicitly Parallel Instruction Computing，EPIC)技术中，采用了类似于VLIW的指令束(instruction bundle)来打包多条指令，其中包含的指令字段不是像VLIW那样直接对应1个流水部件，也不是像超标量那样可以对应所有流水的功能部件。EPIC指令束中的字段数量也不等于流水部件的数量。指令束中的一个字段可以对应若干个流水部件，相应的启动部件与一部分对应的流水部件进行连接，如图5.51所示。与超标量的全互联相比，这种方式简化了系统的连接结构。与VLIW中的直接对应连接相比，这种方式具有灵活性和较高的编码效率。在EPIC中，启动部件的数量与指令格式无关。硬件可以同时启动几条指令束中的操作。指令束中有一个模板字段，指出了每个字段与流水部件的对应关系，以及指令之间的相关性。根据这些信息，硬件可以简单地判断出哪些指令可以同时启动，启动时送到哪一个流水部件。这种设计较好地权衡了多重启动中的硬件复杂性和软件复杂性，解决了VLIW中的固定指令字段带来的空白字段所造成的代码密度低，以及兼容性和可移植性差等问题。大多数人都认为，EPIC实际上就是VLIW的一个升级版本。

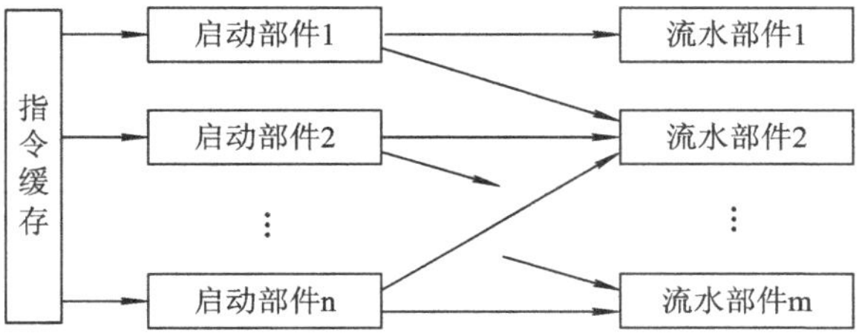

图5.51 EPIC处理机的启动结构

EPIC技术专为高效的并行处理而设计，能够同时处理多条指令。并行处理可以增加每个处理器时钟周期内完成的有效工作数量，从而极大地提高应用性能。

EPIC包括一个增强的指令集，允许编译器在软件代码载入处理器之前明确地识别出代码并行处理的可行性。编译器非常适合执行这个任务，因为它可以浏览并分析完整的代码，从而确定最高效的并行处理方式。

编译器决定能够获得最佳效率的程序，处理器只需尽快地并行处理指令，这种分工不仅可以使硬件和软件都能够发挥最佳作用，还可以为未来的性能扩充提供大量机遇。

EPIC技术的主要特性包括显式并行处理、预测能力、推测能力等方面。

(1) 显式并行处理。实现高度的并行处理能力是决定显式并行指令计算(EPIC)技术计算效率的关键所在。当然，同时处理指令的最高数量并不是衡量应用性能的惟一标准。处理器必须能够保持高水平的并行处理能力，以便优化整体吞吐率。丰富的特性，包括广泛的计算资源以及增强的预测和推测能力，使EPIC模式成为了优化整体吞吐率的理想选择。

(2) 预测能力。大多数软件代码均包含许多条件分支。一个条件分支就是一个诸如

“if - then - else”的操作，该操作的结果将决定处理器下一步执行两个不同操作分支的哪一个分支。在其他架构中，条件分支可能会阻止处理器继续向前运行直到该条件语句得到结果为止。对于分支密集型的代码，这通常会变成影响处理能力的一个主要因素。

在EPIC模式下，预测能力使得编译器可以明确识别能够并行处理的指令流。它还允许处理器在等待条件分支语句执行完毕之前，预先载入指令和数据，然后开始同时处理下一步可能要执行的两个分支。一旦条件语句得到处理，那个不正确路径所产生的信息就会被放弃。这就使得处理器能够无需等待一个条件分支的结果而继续处理下面的工作，从而显著提高了并行处理效率。

(3) 推测能力。如果高速的计算寄存器总处于空闲状态，而处理器不得不等待从较低速度的内存中提取需要的数据，则处理器的快速处理能力也将大打折扣。推测能力允许编译器识别下一步需要的数据，使得重要的数据能够被预先载入到处理器的寄存器当中。该技术可以大幅减少甚至消除处理器的等待时间。

EPIC技术为高端应用的性能扩充提供了一个独特、灵活的基础。从2001年5月Intel公司和HP公司共同开发的第一代安腾(Itanium)处理机到2007年10月底发布的第六代9100系列双核安腾处理机，都采用了基于EPIC的并行处理技术。

5.9 现代微处理器举例

本节将分别介绍现代微处理器Pentium 4和UltraSPARC Ⅲ。Pentium 4处理器从外部特性来看，是一种传统的CISC机器，用于低端高性能桌面计算机或笔记本计算机。UltraSPARC Ⅲ处理器是真正的RISC机器，它面向的是高级应用，如具有数十个CPU、物理内存达8TB的多处理器Web服务器。当然，小一些的版本也可用在笔记本计算机中。

5.9.1 Pentium 4处理器

Intel公司于2000年11月20日发布了Pentium 4处理器。从外特性上来看，Pentium 4呈现出来的是一种传统的CISC机器，它具有数量众多但使用不便的指令集，能支持8、16、32位整数操作和32、64位浮点数操作。Pentium 4只有8个可见的寄存器，而且它们还各不相同。指令长度也长短不一，从1字节到17字节都有。简而言之，Pentium 4是一个逐步积累起来的体系结构，似乎它的每处设计都是有问题的。

但是从内部实现来看，Pentium 4具有现代、精简高效、深度流水的RISC内核，这个内核以极快的时钟频率运行。有一点相当令人惊奇，那就是Intel的工程师是如何设法构建出具有当前工艺水平的处理器来实现一种古老的体系结构的。本节将介绍Pentium 4的微体系结构及其工作原理。

1. NetBurst微体系结构概况

Pentium 4微体系结构被命名为NetBurst微体系结构，它完全不同于以前用在Pentium Pro、Pentium Ⅱ和Pentium Ⅲ中的P6微体系结构。Pentium 4提供给终端用户各种功能强大的服务，这些服务包括：Internet音频/视频流、图形图像处理、3D、CAD、游戏、多媒体以及多任务用户环境。图5.52给出了Pentium 4微体系结构总体上的结构概况。

Pentium 4 包括四个主要的部分：内存子系统、前端、乱序控制和执行单元。下面我们就依次分析它们。

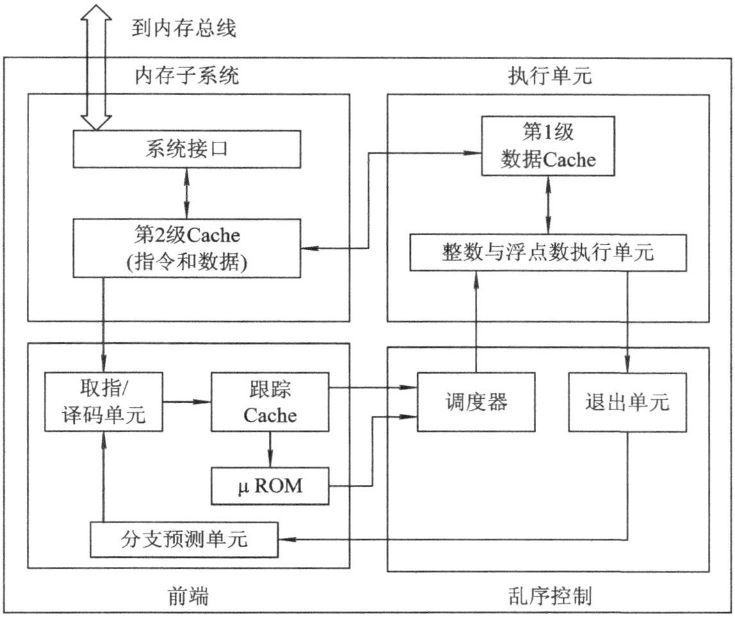

图 5.52　Pentium 4 结构框图

内存子系统包括一个统一的 L2(第 2 级)Cache，也就是通过内存总线访问外部 RAM 的逻辑。在第一代 Pentium 4 中，L2 Cache 是 256 KB；在第二代 Pentium 4 中，L2 Cache 是 512 KB；在第三代 Pentium 4 中，L2 Cache 是 1MB。L2 Cache 的每个 Cache 块是 128 字节，采用 8 路组相联结构。当对 L2 Cache 的请求发生缺失的时候，它就启动两个 64 B 的传送过程，从主存获取需要的块。L2 Cache 是写回 Cache，这意味着当一个 Cache 块被修改时，新的内容直到这个 Cache 块被整体替换之前才写回到主存。

和 Cache 相连的是预取单元(图 5.52 中没有给出)，它的作用是尝试着在需要数据之前从主存中将数据预取到 L2 Cache 中。从 L2 Cache 开始，数据就能够被高速地移动到其他 Cache 中了。新的 L2 Cache 能够每隔一个时钟周期进行一次读取操作。举个例子，如果时钟频率是 3 GHz，理论上 L2 Cache 每秒最多能够提供 15 亿个 64 字节的块，即带宽为 96GB/s。

图 5.52 中内存子系统下方是前端，它的功能是从 L2 Cache 读取指令并按照指令在程序中的顺序进行译码。Pentium 指令系统中的每一条指令都被分解为 1～4 个类似 RISC 的微操作，每个微操作固定为 118 位。对于简单的指令，取指/译码单元确定内部需要的微操作。对于复杂的指令，要在微操作 ROM 中查找需要的微操作序列。不管哪种方式，每条 Pentium 4 指令都要转换为能够被芯片的 RISC 内核执行的微操作序列。这种机制就成了架设在古老的 CISC 指令集和现代的 RISC 数据通路鸿沟之间的桥梁。

译码之后的微操作被装入跟踪 Cache(Trace Cache)，也就是第 1 级指令 Cache。跟踪 Cache 中存放的是译码过的微操作而不是未经处理的指令。当指令在跟踪 Cache 之外被执行时就不需要再次进行译码了。这种方法是 NetBurst 微体系结构和 P6 微体系结构(只在第 1 级指令 Cache 中保持 Pentium 4 的指令)之间的一个关键区别。此外，分支预测也在这里完成。

从跟踪 Cache 中取出的指令按照程序中指定的顺序装入调度器，但是这些指令不一定非要按照程序中的顺序发射。当遇到不能被执行的微操作时，调度器就将它保存起来，然后继续处理指令流，发射那些所有资源(寄存器、功能单元等)都可用的后续指令。寄存器重命名也在这里完成，这样就使得带有 WAR 和 WAW 相关的指令能够没有延迟而继续执行下去。

尽管指令可以乱序发射，但 Pentium 体系结构对精确中断的需求仍然要求指令系统中的指令必须顺序退出(也就是指令执行结果可见)。专门有退出单元来处理这些复杂的事情。

图 5.52 中右上部分是执行单元，它能够执行整数、浮点数和一些特殊指令。这里有多个执行单元而且可以并行运行。它们从寄存器堆和第 1 级数据 Cache 中获取数据。

2. NetBurst 流水线

图 5.53 是给出了流水线的 NetBurst 微体系结构更详细的版本。图的最上面是前端，它的作用是从内存读取指令并为执行这些指令作准备。前端从 L2 Cache 获取新的 Pentium 指令，每次 64 位。前端对指令译码后，指令成为微操作指令存储在跟踪 Cache 中，跟踪 Cache 中可以保存 12K 个微操作。此容量的跟踪 Cache 与传统的 8～16 KB 的 L1 Cache 性能上差不多。跟踪 Cache 保存的是多组由 6 个微操作构成的跟踪块。跟踪块中的微操作预期可以顺序执行，即使这些微操作取自于 Pentium 指令系统中各种指令的成千上万分离的字节。对于更长的微操作序列，多个跟踪块可以链接在一起。

如果 Pentium 指令系统中的指令需要多于 4 个微操作，那么该指令将不被译码到跟踪 Cache 中，而是在微操作 ROM 中查找该指令对应的微操作。采用这样的方法，被装入乱序逻辑中的微操作，有可能来自于跟踪 Cache 中前面已经译码的指令，也有可能来自于微操作 ROM 中解释的复杂指令系统指令(例如字符串移动指令)。

如果译码单元碰到条件分支，那么它将在 L1 BTB(Branch Target Buffer，分支目标缓冲区)中查找预测的目标，然后从预测的地址处继续译码。L1 BTB 保存 4K 个最近的分支操作。如果分支指令不在表中，那么就使用静态预测。向后分支被假定为循环的一部分而且被假定为发生分支，这些静态预测的准确性是相当高的。向前分支被假定为条件语句的一部分而且被假定为不发生分支，这些静态预测的准确性比向后分支预测的准确性低得多。跟踪 BTB 用来预测分支微操作会转移到什么地方。

流水线的第二部分是乱序控制逻辑，由跟踪 Cache 供给数据，可以保存 12K 个微操作。在微操作以每周期三个的速度从前端进入的同时，分配/重命名单元(allocation/renaming unit)把它们记录在有 128 个表项的 ROB(ReOrder Buffer)表中。表项用来跟踪微操作的状态，直到微操作退出。分配/重命名单元接着检查微操作需要的资源是否都可用。如果可用，微操作就被放到一个执行队列中进行排队，然后执行。内存微操作和非内存微操作的队列是分开维护的。如果一个微操作不能被执行，那么它就要被延迟，但是后续的微操作仍然可以被处理，这样就导致了微操作的乱序执行。设计这样的策略是为了使所有的功能单元都尽可能地处于工作状态。在任意时刻，最多可以有 126 条指令同时在处理，其中最多可以有 48 条从内存中加载，最多可以有 24 条往内存中存储。

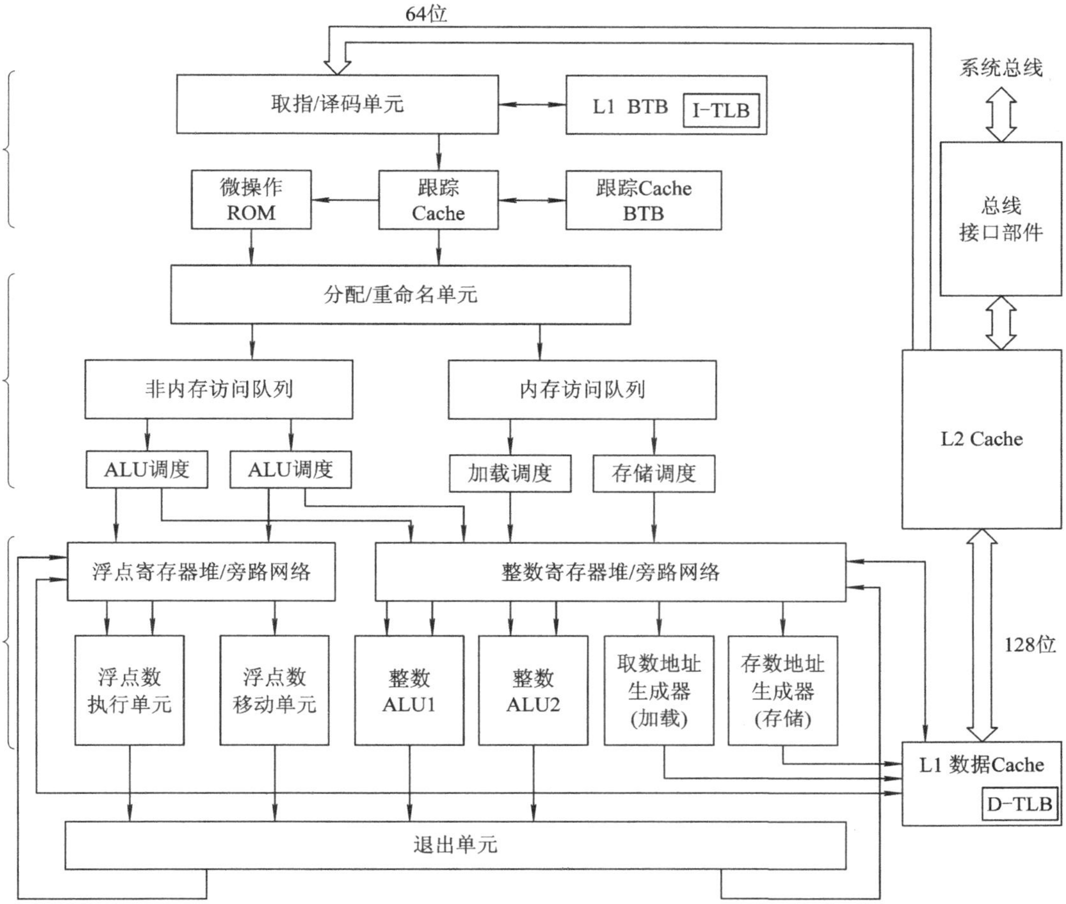

图 5.53　Pentium 4 处理器的内部结构

有时候某个微操作需要暂停，因为它需要写入一个被前面的微操作读或者写的寄存器。正如我们在前面看到的那样，这些冲突分别被称为 WAR 或者 WAW 相关。通过重命名新的微操作的目标寄存器，就能够允许它把自己的结果写入 120 个临时寄存器之一，而不是写入原来指定的、还处于忙状态的目的寄存器。这样就有可能调度相应的微操作立即执行。如果没有可用的临时寄存器，或者微操作具有 RAW 相关，分配器就要在 ROB 表项中记录问题的性质。当该微操作需要的所有资源都可用时，微操作就会被放入某个执行队列中。

当微操作准备好了可以执行的时候，分配/重命名单元把它们放入两个队列。在队列的另一端，有四个调度器将微操作取出。每个调度器调度的一些资源如下所列：

（1）调度器 1：ALU1 和浮点数移动单元。

（2）调度器 2：ALU2 和浮点数执行单元。

（3）调度器 3：加载指令。

（4）调度器 4：存储指令。

由于调度器和 ALU 是以名义上两倍的时钟频率在运行，因此前面两个调度器能够在每个时钟周期发送两个微操作。具有两个整数 ALU 并且每一个都以倍速运行的 3 GHz 的 Pentium 4，能够在一秒钟内完成 120 亿次整数操作。这样高的速度也正是乱序控制要那么麻烦地为 ALU 找活干的原因所在。加载和存储指令共享倍频的执行单元，执行单元能够每个周期发射一条加载指令和一条存储指令。这样在最理想的情况下，每个时钟周期可以发射 6 个整数微操作，另外还有一些浮点数微操作。

两个整数 ALU 的功能不是完全相同的。ALU1 能够完成所有的算术和逻辑操作以及分支操作。ALU2 只能够完成加法、减法、移位和循环移位指令。类似地，两个浮点数单元的功能也不完全一样。第一个能完成移动和 SSE 指令，第二个能完成浮点数算术运算、MMX 指令和 SSE 指令。

ALU 和浮点数单元从两个各有 128 个表项的寄存器堆中获取数据，整数使用一个，浮点数使用一个。这些寄存器堆提供指令执行时需要的所有操作数并保存中间结果。因为寄存器重命名的原因，其中有 8 个寄存器包含指令系统层可见的寄存器(EAX、EBX、ECX、EDX 等)，但是这 8 个寄存器中保持的"实际"值因为执行期间映射的变化而随时改变着。

L1 数据 Cache 是一个部分高速(2x)电路。它是一个 8 KB 的 Cache，可以存放整数、浮点数和其他类型的数据。和跟踪 Cache 不同，数据 Cache 从来不进行译码，它只保存一个内存字节的副本。L1 数据 Cache 采用 4 路组相联结构，每个 Cache 块有 64 字节。数据 Cache 是写直达 Cache，这就意味着当一个 Cache 块被修改时，这个 Cache 块也要立即被复制回 L2 Cache。数据 Cache 每个时钟周期能够处理一次读操作和一次写操作。当需要的字不在 L1 Cache 中的时候，请求就被发送到 L2 Cache，L2 Cache 或者立即给予响应，或者从主存中读取相应的 Cache 块然后再响应。任意时刻最多可以有四个从 L1 Cache 到 L2 Cache 的请求能被处理。

因为微操作能够乱序执行，所以存储到 L1 Cache 的操作必须在引发该存储操作的指令前面的所有指令都退出之后才能够进行。退出单元(retirement unit)的任务就是按照进入的顺序退出指令。如果发生了中断，指令还没退出就会被中断，所以 Pentium 4 保留着中断的特性，即到某一特定点之前所有的指令都全部完成，后面没有指令会受到影响。

如果一条存储指令已经退出，但是更早的指令还在处理中，L1 Cache 就不能更新，所以结果就被放到一个专用的待定存储缓冲区。这个缓冲区有 24 项，对应着 24 个可能同时在执行的存储操作。如果后续的加载试图读取存储的数据，那么这些数据就可以直接从待定存储缓冲区读取，即使它不在 L1 数据 Cache 中也是可以的。这个过程被称做存储一加载(store-to-load)转发。

现在，我们应该清楚地知道 Pentium 4 的微体系结构是高度复杂的，因为它的设计就是源于在一个现代的、高度并行的 RISC 内核上执行古老的 Pentium 指令集的需要。实现这个设计目标的方法就是将 Pentium 的指令分解为微操作，缓存这些微操作，然后再将它们每次三个地装入流水线，在一组 ALU 中来执行。在理想的情况下，一组 ALU 每个周期最多可以执行 6 个微操作。微操作可以乱序执行，但是必须顺序退出，结果也必须顺序存储到 L1 和 L2 Cache 中。

3. 超线程技术

主频 3.06 GHz 以上的 Pentium 4 还引入了超线程技术(HT)。超线程技术是指一个物理处理器能够同时执行两个独立的代码流(称为线程)。超线程技术是同时多线程技术

(SMT)的一种。以往的处理器只能运行单个线程，但 Pentium 4 通过超线程技术，可以同时处理两个线程。HT Pentium 4 拥有三个处理计算及指令的运行部件。但是，并不是所有的运行部件都一直处于运算状态，而是断断续续运行的。之所以如此，是因为根据线程的内容，有时必须同时运行三个部件，有时则只需运行一个部件。因此，在 HT Pentium 4 中，通过让未运行的部件运行其他线程，看起来仿佛是在同时处理两个线程。

对支持多处理器功能的应用而言，超线程处理器被视为两个分离的逻辑处理器。应用程序不需修正就可使用两个逻辑处理器。同时，每个逻辑处理器都可独立响应中断。第一个逻辑处理器可追踪一个软件线程，而第二个逻辑处理器则可同时追踪另一个软件线程。由于两个线程共同使用同样的执行资源，因此不会产生一个线程执行的同时，另一个线程闲置的状况。这种方式将会大大提升每个实体处理器中的执行资源使用率。超线程技术允许两个线程共享处理器的执行资源，方法是使每个逻辑处理器拥有自己的体系结构状态，如通用寄存器和控制寄存器等。这样，逻辑处理器便可共享包括高速缓存、执行部件和总线在内的其他物理资源了。含超线程技术的 Pentium 4 处理器可管理来自不同软件应用的数据，并每隔几纳秒交替处理各组指令，而不会丢失各组指令的数据处理状态。

为了加深对 Pentium 系列机主要性能的了解，现将 Pentium 系列机的主要参数列于表 5.6。

表 5.6 Pentium 系列机的主要性能比较

主要参数	Pentium	Pentium Pro	Pentium Ⅱ	Pentium Ⅲ	Pentium 4
推出时间	1993 年	1995 年	1997 年	1999 年	2000 年
工作电压/V	5/3.3	3.3/2.9	2.8/2.0	2.0/1.8	1.7/1.2
主频范围/MHz	60～133	150～233	233～400	450～1300	1400～4000
总线频率/MHz	66	66	66/100	100/133	400/800
集成晶体管数目/万只	310	550	750	950	4200～17 800
L1 Cache	8 KB 的指令 Cache 和 8 KB 的数据 Cache	8 KB 的指令 Cache 和 8 KB 的数据 Cache	16 KB 的指令 Cache 和 16 KB 的数据 Cache	16 KB 的指令 Cache 和 16 KB 的数据 Cache	可存放 12 K 个微操作的跟踪 Cache 和 8 KB 的数据 Cache
L2 Cache	—	256 KB，主频一半速度	512 KB，主频一半速度	512 KB，一半主频（256 KB，主频）	1 MB/512 KB /256 KB 全速
L3 Cache	—	—	—	—	全速，2 MB
通用寄存器/位	32	32	32	32	32
外部数据总线/条	64	64	64	64	64
外部地址总线/条	32	36	36	36	36

续表

主要参数	Pentium	Pentium Pro	Pentium Ⅱ	Pentium Ⅲ	Pentium 4
主存储器空间/GB	4	64	64	64	64
I/O 组织(端口)/个	64 k	64 k	64 k	64 k	64 k
制造工艺	0.8～0.6 μm	0.6～0.35 μm	0.35～0.25 μm	0.25 μm	0.18/0.13 μm 90 nm
工作方式	实模式 保护模式 V86 模式 SMM 模式	实模式 保护模式 V86 模式 SMM 模式	实模式 保护模式 V86 模式 SMM 模式	实模式 保护模式 V86 模式 SMM 模式	实模式 保护模式 V86 模式 SMM 模式 超线程
超标量(发射度)	2	3	3	3	3
流水线级数/级	5	14	14	14	20
系统内存条形式	72 线 SIMM 168 线 DIMM	72 线 SIMM 168 线 DIMM	168 线 DIMM	168 线 DIMM	168/184 线 DIMM 184 线 RIMM
存储器组织/个	8	8	8	8	8

说明：表中系统内存条形式指处理器对应微机系统板上存储器插口形式，其中 SIMM 为单边接触式存储器模块(72 线)，DIMM 为双边接触式存储器模块(168 线或 184 线)，RIMM 为 RDRAM 设计的 184 线的双边存储器模块。

当 Pentium 4 的主频达到 3.6 GHz 时，其功耗已达到 115 W，散发的热量和 1 个 100 W 的白炽灯泡相当。主频越高，问题将变得越严重。2004 年 11 月，由于散热问题，Intel 终止了 4 GHz 的 Pentium 4 的开发。当然，用更大的风扇也许能改善一下散热，但产生的噪声会让用户无法容忍，而在大型机上用到的水冷技术显然不适合在桌面计算机上使用，更不用说笔记本计算机了。因此，Intel 公司的工程师在找到有效解决散热问题的办法之前，采用了一种替代方案，即将两个 CPU 放到一片芯片中，同时还包含大容量的共享高速缓存，它实际上是属于共享存储器的双处理器系统，而不再是简单的单机系统了。

5.9.2 UltraSPARC Ⅲ Cu 处理器

UltraSPARC 系列是 SUN 公司生产的符合 SPARC 体系结构版本 9 的 CPU。UltraSPARC Ⅲ惟一没有遵守第 9 版 SPARC 体系结构的地方就是增加了 VIS2.0 多媒体指令集，这是针对三维图形应用、实时 MPEG 解码、数据压缩、信号处理、运行 Java 程序以及网络连接等设计的。从用户或者程序员的观点(也就是从指令系统层)来看，该系列中的各个型号都基本相同，区别只在于性能和价格。然而，不同型号在微体系结构层的区别还是很大的。本节将讨论 UltraSPARC Ⅲ Cu 处理器。名称中的 Cu 表示芯片中使用的是铜布线，而不是以前的铝布线。铜与铝相比阻抗较低，这样能够使得布线更细，操作更快。

UltraSPARC Ⅲ Cu 是全 64 位的 CPU，使用 64 位的寄存器和 64 位的数据通路。当然，考虑到和版本 8 的 SPARC(32 位)向后兼容，它也能够处理 32 位的操作数，实际上，它可以不加修改地直接运行 32 位的 SPARC 软件。虽然其内部体系结构是 64 位的，但是内存总线却是 128 位宽。

和 Pentium 4 不同，UltraSPARC 是真正的 RISC 体系结构，这也就意味着它不需要复杂的机制把古老的 CISC 指令划分成微操作来执行。其核心指令实际上已经就是微操作了。然而在最近几年，图形和多媒体指令又加了进来，这就需要特殊的硬件部件来执行这些指令。

1. UltraSPARC Ⅲ Cu 微体系结构概况

图 5.54 给出的是 UltraSPARC Ⅲ Cu 的框图。从总体上来讲，它比 Pentium 4 的 NetBurst 微体系结构简单得多，因为 UltraSPARC 要实现的指令系统体系结构更简单。然而，UltraSPARC 的一些关键部件还是和 Pentium 4 中所采用的很类似。这种类似主要是因为技术和经济所驱动的。例如，设计这些芯片的时候，第 1 级数据 Cache 8 KB 到 16 KB 的容量是比较合理的，所以这两种 CPU 都采用了类似容量的第 1 级数据 Cache。如果在将来某个时候，技术与经济的发展使得采用 64 MB 的第 1 级 Cache 更合理，那么所有的 CPU 都会这么做。相反，Pentium 4 和 UltraSPARC Ⅲ 的主要区别在于，前者需要弥合古老的 CISC 指令集和现代 RISC 内核之间的鸿沟，而后者则不需要。

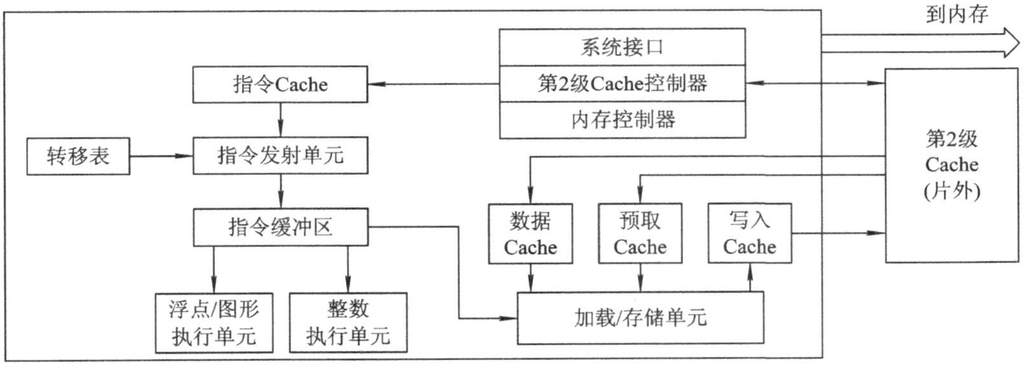

图 5.54　UltraSPARC Ⅲ Cu 的框图

在图 5.54 的左上方是 32 KB 的 4 路组相联指令 Cache，采用 32 字节的 Cache 块。由于大多数 UltraSPARC 指令都是 4 字节，因此指令 Cache 的空间可以容纳 8K 条指令，它比 NetBurst 的跟踪 Cache 要小一些。

指令发射单元(instruction issue unit)在每个时钟周期准备最多四条指令来执行。如果在第 1 级 Cache 中发生了缺失(即不命中)，那么能够发射的指令就较少。当遇到条件分支的时候，就要利用具有 16 K 个表项的转移表(branch table)来预测是顺序地对下一条指令取指还是对目标地址处的指令取指。另外，和指令 Cache 中每个字关联的一个附加位也对提高分支预测有所帮助。准备好的指令被放到一个能容纳 16 条指令的缓冲区中，然后再顺利地将指令流送到流水线中。

指令缓冲区的输出流入到整数、浮点数和加载/存储单元，如图 5.54 所示。整数执行单元包括两个 ALU 和一条用于分支指令的短流水线。此外，这里还有一些指令系统层使用的寄存器和临时寄存器。

浮点单元包括 32 个寄存器和 3 个单独的 ALU，这 3 个 ALU 分别用于加/减法、乘法和除法。图形指令也在浮点单元执行。

加载/存储单元处理各种加载和存储指令，它具有通向 3 种不同 Cache 的数据通路。数据 Cache 是传统的 64 KB 的 4 路组相联结构的第 1 级数据 Cache，每个 Cache 块 32 字节。之所以提供 2 KB 的预取 Cache 是因为 UltraSPARC 的指令系统包含预取指令，从而允许编译器在数据字被使用之前就取出。当编译器认为它可能需要某个特定字的时候，它就发出一条预取指令，提前将寻址的 Cache 块加载到预取 Cache 中。这样，如果几条指令后预取 Cache 中的字需要使用的话，就能加快访问速度。在某些特殊情况下，为了提高不能进行预取的遗留程序的性能，也采用硬件预取。写入 Cache 是一个 2 KB 的小 Cache，用来合并写结果，这样能够更好地利用连接到第 2 级 Cache 的 256 位的总线宽度。它惟一的功能就是提高性能。

该芯片还包括一些控制内存访问的逻辑，主要分为 3 个部分：系统接口、第 2 级 Cache 控制器和内存控制器。

系统接口通过 128 位宽的总线与主存相连接，所有对外部(除了第 2 级 Cache)的请求都要通过这个接口。理论上，具有 43 位物理地址的主存容量最多可达 8 TB，但是安装处理器的印制电路板的尺寸限制了主存容量最多只能有 16 GB。现在的接口已经允许多个 UltraSPARC CPU 连接到相同的主存上形成多处理器。

第 2 级 Cache 控制器连接统一的位于 CPU 芯片外部的第 2 级 Cache。因为第 2 级 Cache 在 CPU 芯片之处，它的容量可以是 1 MB、4 MB 和 8 MB。Cache 块的大小依赖于 Cache 的大小，从 1 MB 的 Cache 每块 64 字节到 8 MB 的 Cache 每块 512 字节不等。相反，Pentium 4 的第 2 级 Cache 是在片内的，因为缺少芯片面积的原因，最多只能到 1 MB。这里的权衡是 UltraSPARC 比 Pentium 具有更高的第 2 级 Cache 命中率(因为它更大一些)，但是第 2 级 Cache 的访问要慢一些(因为它在 CPU 芯片之外)。

内存控制器将 64 位的虚拟地址映射为 43 位的物理地址。UltraSPARC 支持虚拟内存，页面大小可以是 8 KB、64 KB、512 KB 和 4 MB。为了加速映射，经常采用称为 TLB (Translation Lookaside Buffer，转换旁视缓冲器)的特殊表来对当前引用的虚拟地址和最近引用的虚拟地址进行比较。为了不同大小数据页的灵活管理，使用了 3 个这样的表。另外，指令映射还使用了 2 个这样的表。

2. UltraSPARC Ⅲ Cu 的流水线

UltraSPARC Ⅲ Cu 有一条 14 段的流水线，图 5.55 是简单的图示。14 段流水段在图左边使用字母 A～D 进行表示。我们现在来简要地分析一下各段。

A(Address generation，地址生成)段是流水线的起始部分，在这段要确定进行取指的下一条指令的地址。通常情况下，这个地址就是紧跟当前指令之后的地址。然而，这种顺序关系往往因为各种原因而被破坏，例如，当前一条指令是分支指令并被预测分支会发生时就是这样，或者发生了陷阱、中断等也是这样。因为分支预测不能在一个时钟周期内完成，所以跟在条件分支指令之后的指令总是被执行，无论分支发生与否。

P(Preliminary fetch，预取指)段使用 A 段提供的地址，从第 1 级指令 Cache 开始每个周期最多取出四条指令。这个阶段还要查询转移表，从而判断哪些指令是条件分支指令。

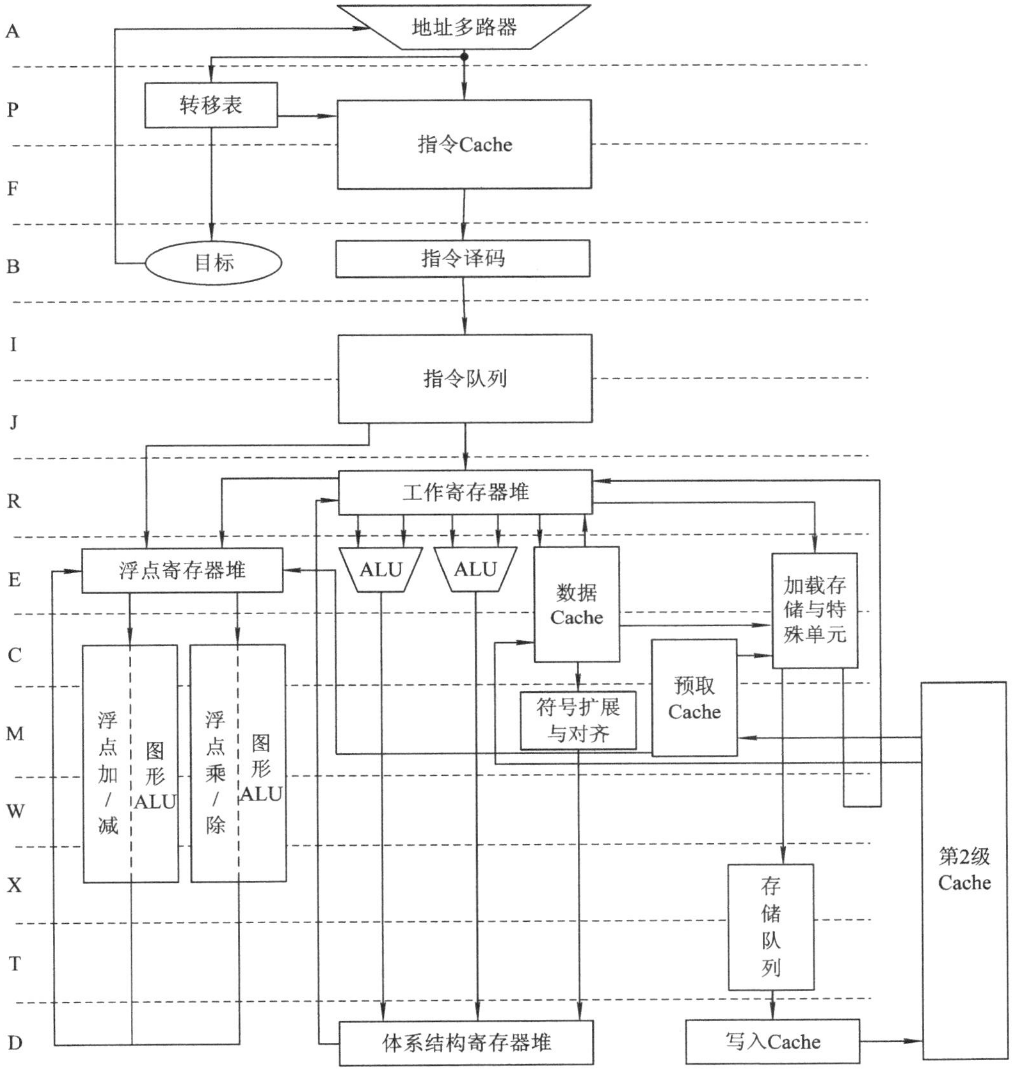

图 5.55 UltraSPARC Ⅲ Cu 流水线的简单图示

如果是分支指令，还要预测是否分支会发生。

F(Fetch，取指)段完成从指令 Cache 取指的操作。

B(Branch target，分支目标)段对刚刚取来的指令进行译码。如果某条指令被预测要有分支发生，那么这段中的信息就是可用的，进而反馈给 A 段指导后面的取指工作。

I(Instruction group formation，指令分组编队)段依据指令使用的六个功能单元对进入的指令进行分组。这六个功能单元是：

(1) 整数 ALU1。

(2) 整数 ALU2。

(3) 浮点/图形 ALU1。

(4) 浮点/图形 ALU2。

(5) 分支流水线(图中没有画出)。

(6) 加载、存储和特殊操作。

两个整数 ALU 不是完全相同的，两个浮点 ALU 也有所区别。在这两种情况下，ALU 能够执行的指令集不同。在 I 段，指令按照它们所需要的功能单元进行排序。

J(Instruction stage grouping，指令段分组)段从指令队列中移出指令，并准备在下一个周期将这些指令发送到执行单元。每个周期最多有四条指令可以移动到 R 段。指令的选择要受到功能单元可用性的限制。例如，两条整数指令、一条浮点数指令和一条加载或者存储指令可以同时发射，但是在一个周期里不能同时发射三条整数指令。

R(Register，寄存器)段查找整数指令需要的寄存器，并将对浮点寄存器的需求传递到浮点寄存器堆。R 段还要进行相关性检查。如果因为前面某条指令正在使用而发生冲突，从而导致本条指令需要的一个寄存器不可用，那么需要这个寄存器的指令就暂停，而且它后面的指令也被阻塞。和 Pentium 4 不同，UltraSPARC Ⅲ Cu 从来不乱序发射指令。

E(Execution，执行)段是整数指令真正被执行的阶段。大多数算术、布尔和移位指令使用整数 ALU 并在一个周期内完成。执行完成后每条指令立即更新工作寄存器堆，某些复杂整数指令被放进特殊单元。加载和存储指令在 E 段开始，但是不在 E 段完成。条件分支指令在 E 段进行处理，E 段没有确定分支的方向(分支还是不分支)。如果预测错误，那么就要往 A 段发送一个信号，然后排空流水线。

C(Cache，缓存)段完成对第 1 级 Cache 的访问。访内存的指令(也就是加载指令)在 C 段分发它们的结果。

M(Miss，缺失)段开始进行不在第 1 级 Cache 中但却需要的数据字的处理。接下来尝试第 2 级 Cache，如果也失败那么就要进行主存访问，这当然要占用很多个时钟周期。任何在第 1 级 Cache 命中的字节、双字节或者半字如果需要对齐或者符号扩展，也都在这个阶段进行处理。命中预取 Cache 的浮点数加载也在这里得到结果。因为某种复杂时序的原因，预取 Cache 不用于整数数据。

W(Write，写回)段将来自特殊单元的结果写回工作寄存器堆。

X(eXtend：扩展)段能完成大多数浮点指令和图形指令。在指令正式从 D 段退出之前，通过存储一加载转发技术，使结果对后续指令是可用的。

T(Trap，陷阱)段能够探测到整数和浮点数陷阱。T 段的责任是保证陷阱和中断的精确。换句话说，在发生陷阱和中断之后，保存的必须是这样一种 CPU 状态：陷阱和中断发生前所有的指令都完全完成，而且后续的指令尚未开始。

D 段提交整数和浮点数寄存器到它们对应的体系结构寄存器堆。如果发生了陷阱或者中断，那么提交的就是可见的那些值，而不是工作寄存器的值。在体系结构寄存器堆中，存储寄存器的值的作用和 Pentium 中的退出是相当的。另外，在 D 段，任何存储指令现在都完全把结果写回写入 Cache，而不是写回第 1 级数据 Cache。最后，写入 Cache 中的各块在绕过第 1 级 Cache(它的内容被第 2 级 Cache 打乱)后被写回第 2 级 Cache。这种安排是为了简化 UltraSPARC 多处理器设计。

关于 UltraSPARC Ⅲ Cu 的描述还远远不止这些，这里只是给出了它如何工作的合理思想以及它同 Pentium 4 微体系结构的区别。

UltraSPARC Ⅲ的后续型号为 UltraSPARC Ⅳ，而 UltraSPARC Ⅳ实际上是把相同的

两个UltraSPARC Ⅲ CPU封装在了一个芯片中，并共享同样的主存空间。它实际上是属于共享存储器的双处理器系统，而不再是简单的单机系统。

由以上两个微处理器的介绍我们可以看出，现代微处理器都采用诸如超标量、超流水线等技术，并且为进一步提高处理器性能，微处理器的发展趋势都正在向单芯片多处理器方向发展。如SUN公司于2005年8月推出的UltraSPARC Ⅳ＋高档SPARC处理器芯片由双核组成，内有295M个晶体管，采用90 nm CMOS生产工艺，9层金属连线(1层铝，8层铜)，主频为1.5～1.8 GHz，每时钟周期最多可发射8条指令。再如Intel公司2006年7月25日在日本发布的第二代双核心安腾Itanium 2处理器，其双核产品代号为“Montvale”，商品名称为9100系列，双核型号有9150M、9150N、9140M、9140N、9130N和9120N六款。9100系列Itanium 2处理器基于IA-64架构，采用90 nm CMOS生产工艺，主频为1.66 GHz，每时钟周期最多可发射6条指令。

本章小结

中央处理器简称CPU，是计算机的中央处理部件，具有指令控制、操作控制、时间控制和数据加工等基本功能。此外，CPU还具有异常处理和中断处理、存储管理、总线管理、电源管理等扩展功能。

早期的CPU由运算器和控制器两大部分组成，而现代的CPU则由运算器、控制器和Cache三大部分组成。除此之外，CPU中还有存储管理、总线接口、中断系统等其他功能部件。

控制器由程序计数器、指令寄存器、指令译码器、时序产生器和操作控制器组成，主要功能是产生计算机的全部操作控制信号，对取指令、分析指令和执行指令的操作过程进行控制。运算器由算术逻辑运算单元、通用寄存器和状态字寄存器组成，主要功能是执行所有的算术运算和所有的逻辑运算，包括进行逻辑测试。CPU中至少包含程序计数器、指令寄存器、数据地址寄存器、通用寄存器、状态字寄存器等五类寄存器。

指令周期是指从CPU送出取指令地址到取出本条指令并执行完毕所花的时间。指令周期包括取指周期和执行周期两部分。我们把取出一条指令所花的时间称为取指周期，而把执行一条指令所花的时间称为执行周期。一个指令周期至少由两个CPU周期组成，CPU周期也称为机器周期，它由若干个时钟周期组成，时钟周期通常又称为节拍脉冲周期或T周期，它是处理操作的最基本单位。

各时钟脉冲周期信号、各CPU周期信号之间产生的时间次序称为时序，时序产生器就是一个专门用来产生各种时序信号的部件。时序信号的作用是为各种操作控制信号提供时间标志，即实施时间上的控制。组成计算机的器件特性决定了时序信号最基本的体制是电位—脉冲制。形成控制不同操作序列时序信号的方法，称为控制器的控制方式，常用的有同步控制方式、异步控制方式、联合控制方式和人工控制方式四种。

微程序设计技术是利用软件方法设计操作控制器的一门技术，具有规整性、灵活性、可维护性等一系列优点，因而在计算机设计中得到了广泛应用。微程序控制器主要由控制存储器、微指令寄存器和地址转移逻辑三大部分组成。其中，微指令寄存器分为微地址寄存器和微命令寄存器两部分。微指令的格式大体上可分成两类，即水平型微指令和垂直型微指令。水平型微指令格式由操作控制字段和顺序控制字段两大部分组成，操作控制字段用来产生所有的微命令信号，顺序控制字段用来形成下一条微指令的微地址。在微程序设计技术中，微命令的编码方法主要有直接表示法、编码表示法和混合表示法。微地址的形成方法主要有计数器方式和多路转移方式两种。

随着半导体工艺水平的提高和 VLSI 技术的发展，硬连线逻辑设计思想又重新得到了重视。硬连线控制器采用对时间信号和操作信号的组合来产生具有时序特点的控制信号，并以使用最少的元件和取得最高操作速度为设计目标。由于硬连线逻辑主要取决于电路的时间延迟，因此硬连线控制在高速机器中得到了广泛应用。尤其在 RISC 中，一般都采用硬连线来实现控制功能。但近些年来，在一些新型的高速微处理器中，同时采用了硬连线控制技术和微程序控制技术。

并行性是指在数值计算、数据处理、信息处理或人工智能求解过程中可能存在某些可同时进行运算或操作的特性。开发并行性的目的是为了能进行并行处理，以提高计算机系统求解问题的效率。并行性有二重含义，即同时性和并发性。并行处理技术是当前设计高性能计算机的重要技术途径，主要有三种形式：时间并行、空间并行、时间并行＋空间并行。

流水线技术已广泛应用于现代高性能微处理器。在流水解释过程中可能会出现三种相关，这三种相关是资源相关、数据相关和控制相关，为此需采用相应的解决方法，以保证流水线能够高效、正常地流动。本章还以指令流水线为例，对流水线的实际吞吐率、加速比和效率等主要性能指标进行了分析。

提高单机系统指令级并行性的措施主要有超标量技术、超流水线技术、超标量超流水线技术、VLIW 技术和 EPIC 技术等。本章最后通过介绍现代微处理器 Pentium 4 和 UltraSPARC Ⅲ的体系结构，较详细地介绍现代微处理器的组成，以及高速缓存、转移预测、超标量超流水线等技术的实际应用。

习 题 5

1. 中央处理器有哪些基本功能？由哪些基本部件组成？

2. 什么是指令周期、CPU 周期和时钟脉冲周期？三者有何关系？

3. 参见图 5.1 所示的数据通路，画出存数指令“STOI R_s，(R_d)”的指令周期流程图，其含义是将源寄存器 R_s 的内容传送至以(R_d)为地址的主存单元中。

4. 参见图 5.13 所示的数据通路，画出取数指令“LDA (R_s)，R_d”的指令周期流程图，其含义是将以(R_s)为地址的主存单元的内容传送至目的寄存器 R_d。标出相应的微操作控制信号序列。

5. 参见图 5.15 所示的数据通路，画出加法指令“ADD R_d，(mem)”的指令周期流程图，其含义是将 R_d 中的数据与以 mem 为地址的主存单元的内容相加，结果传送至目的寄存器 R_d。

6. 假设 CPU 结构如图 5.56 所示，其中有一个累加寄存器 AC、一个状态条件寄存器和其他 4 个寄存器，各部分之间的连线表示数据通路，箭头表示信息传送方向。要求：

(1) 标明图中 a、b、c、d 这 4 个寄存器的名称；

（2）简述指令从主存取出到产生控制信号的数据通路；

（3）简述数据在运算器和主存之间进行存/取访问的数据通路。

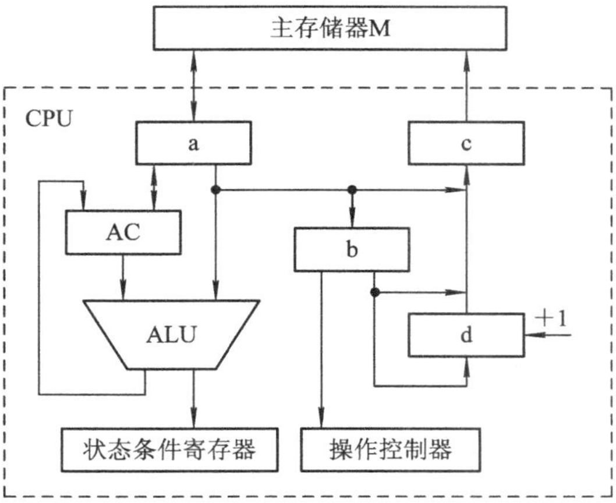

图 5.56　CPU 结构图

7. 简述程序与微程序、指令与微指令的区别。

8. 微命令有哪几种编码方法，它们是如何实现的？

9. 简述机器指令与微指令的关系。

10. 某机的微指令格式中有 10 个独立的控制字段 $C_0 \sim C_9$，每个控制字段有 N_i 个互斥控制信号，N_i 的值如下：

字段	C_0	C_1	C_2	C_3	C_4	C_5	C_6	C_7	C_8	C_9
N_i	4	6	3	11	9	5	7	1	8	15

请回答：

（1）如果这 10 个控制字段采用编码表示法，需要多少控制位？

（2）如果采用完全水平型编码方式，需要多少控制位？

11. 假设微地址转移逻辑表达式如下：

$$\mu A_4 = P_2 \cdot ZF \cdot T_4$$
$$\mu A_3 = P_1 \cdot IR_{15} \cdot T_4$$
$$\mu A_2 = P_1 \cdot IR_{14} \cdot T_4$$
$$\mu A_1 = P_1 \cdot IR_{13} \cdot T_4$$
$$\mu A_0 = P_1 \cdot IR_{12} \cdot T_4$$

其中，$\mu A_4 \sim \mu A_0$ 为微地址寄存器的相应位，P_1 和 P_2 为判别标志，ZF 为零标志，$IR_{15} \sim IR_{12}$ 为指令寄存器 IR 的相应位，T_4 为时钟脉冲信号。试说明上述逻辑表达式的含义，并画出微地址转移逻辑图。

12. 已知某机采用微程序控制方式，其控制存储器容量为 512×48 位。微指令字长为 48 位，微程序可在整个控制存储器中实现转移，可控制微程序转移的条件共有 4 个（直接控制），微指令采用水平型格式，如图 5.57 所示。

（1）微指令格式中的三个字段分别应为多少位？

微命令字段	判别测试字段	直接微地址字段
←操作控制→	←顺序控制→	

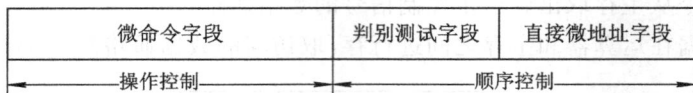

图 5.57 微指令格式

(2) 画出围绕这种微指令格式的微程序控制器的逻辑框图。

13. 从供选择的答案中，选出正确答案填入题中的横线上。

微指令分成水平型微指令和___A___两类。___B___可同时执行若干个微操作，所以执行指令的速度比___C___快。

在串行方式的微程序控制器中，取下一条微指令和执行本条微指令在时间上是___D___进行的，而微指令之间是___E___执行的。

实现机器指令功能的微程序一般是存放在___F___中的，而用户可写的存储器则由___G___组成。

供选择的答案如下：

A～C：① 微指令；② 微操作；③ 水平型微指令；④ 垂直型微指令。

D，E：① 顺序；② 重叠。

F，G：① 随机存取存储器(RAM)；② 只读存储器(ROM)。

14. 水平型微指令和垂直型微指令的含义是什么？它们各有什么特点？

15. 简述微程序控制器与硬连线控制器的相同点与差别，并分别说明两种操作控制器的一般组成。

16. 什么叫并行性？粗粒度并行与细粒度并行有何区别？

17. 并行性有哪两重含义？实现并行处理技术主要有哪几种形式？

18. 造成流水线断流的因素主要有哪些？分别给出它们的解决方法。

19. 从供选择的答案中，选出正确答案填入题中的横线上。

某机采用两级流水线组织，第一级为取指和译码，需要 200 ns 完成操作；第二级为执行和写回，大部分指令能在 180 ns 内完成，但有两条指令需要 360 ns 才能完成，在程序运行时，这类指令所占比例为 5%～10%。

根据上述情况，机器周期(即一级流水线时间)应选为___A___。两条执行周期长的指令采用___B___的方法解决。

供选择的答案如下：

A：① 180 ns；②190 ns；③200 ns；④360 ns。

B：① 机器周期选为 360 ns；② 用两个机器周期完成。

20. 今有 4 级流水线，分别完成取指、指令译码并取数、运算、送结果四步操作，今假设完成各步操作的时间依次为 100 ns、100 ns、80 ns、50 ns。请问：

(1) 流水线的操作周期应设计为多少？

(2) 若相邻两条指令发生数据相关，而且在硬件上不采取措施，那么第 2 条指令要推迟多长时间进行？

(3) 如果在硬件设计上加以改进，至少需推迟多长时间？

21. 判断以下三组指令中各存在哪种类型的数据相关。

(1) I_1 LDA R_1, A ; $M(A) \to R_1$, M(A)是存储单元

I_2 ADD R_2, R_1 ; $(R_2)+(R_1) \to R_2$

(2) I_3 STA R_3, B ; $R_3 \to M(B)$, M(B)是存储单元

I_4 SUB R_3, R_4 ; $(R_3)-(R_4) \to R_3$

(3) I_5 MUL R_5, R_6 ; $(R_5)\times(R_6) \to R_5$

I_6 ADD R_5, R_7 ; $(R_5)+(R_7) \to R_5$

22. 指令流水线有取指(IF)、译码(ID)、执行(EX)、访存(MEM)、写回寄存器(WB)五个过程段，共有 12 条指令连续输入此流水线。

(1) 画出流水处理的时空图，假设时钟周期为 100ns；

(2) 求流水线的实际吞吐率(单位时间里执行完毕的指令数)；

(3) 求流水线的加速比；

(4) 求流水线的效率。

23. 设有主频为 16 MHz 的微处理器，平均每条指令的执行时间为 2 个机器周期，每个机器周期由 2 个时钟脉冲周期组成。问：

(1) 存储器为“0”等待，求出机器速度；

(2) 假如每两个机器周期中有一个是访存周期，需插入一个机器周期的等待时间，求出机器速度。

(“0 等待”表示存储器可在一个机器周期完成读/写操作，因此不需要插入等待时间。)

24. 从供选择的答案中，选出正确答案填入题中的横线上。

微机 A 和 B 是采用不同主频的 CPU 芯片，片内逻辑电路完全相同。若 A 机的 CPU 主频为 8 MHz，B 机为 12 MHz，则 A 机的 CPU 主振周期为__A__ μs。若 A 机的平均指令执行速度为 0.4 MIPS，那么 A 机的平均指令周期为__B__ μs，B 机的平均指令执行速度为__C__ MIPS。

供选择的答案如下：

A～C：① 0.125；② 0.25；③ 0.5；④ 0.6；⑤ 1.25；⑥ 1.6；⑦ 2.5。

25. (1) 设某机主频为 8 MHz，每个机器周期平均含 2 个时钟周期，执行每条指令平均花 2.5 个机器周期，则该机的平均指令执行速度为多少 MIPS？

(2) 若机器主频不变，但每个机器周期平均含 4 个时钟周期，执行每条指令平均花 5 个机器周期，则该机的平均指令执行速度又是多少 MIPS？由此可得出什么结论？

26. 提高单机系统指令级并行性的措施主要有哪些？

第6章 总线结构

总线技术是计算机系统的一个重要技术，通过它实现计算机各功能部件之间的连接，完成各部件之间信息的交换。本章首先介绍总线的一些基本概念，包括总线的特性、总线的分类、总线的标准化及总线的性能，接着讨论总线的结构特点及总线仲裁和总线通信的工作原理，最后简单介绍部分常见的总线标准。

6.1 总线的基本概念

总线是构成计算机系统的互连机构，是多个系统功能部件之间进行数据传送的公共通路。总线不仅仅是一组传输线，它还包括一套管理信息传输的规则(协议)。在计算机系统中，总线可以看成一个具有独立功能的组成部件。

6.1.1 总线的特性

为了充分发挥总线的作用，每个总线标准都必须有具体和明确的规范说明。规范说明通常包括如下几个方面的技术规范或特性：

(1) 物理特性。总线的物理特性包括总线的物理连接方式、连线的类型、连线的数量、接插件的形状和尺寸、引脚线的排列方式等。根据连线的类型，计算机系统的总线可分为电缆式、主板式和背板式。电缆式总线通常采用扁平电缆连接电路板；主板式总线通常在主机板上采用插槽方式供电路板插入；背板式总线则在机箱中设置一个插槽板，其他功能模块或设备电路板都以插板的方式插入背板。

(2) 功能特性。总线的功能特性包括总线的功能层次、资源类型、信息传递类型、信息传递方式和控制方式、总线中每一根线的功能等。例如地址总线的宽度指明了总线能够直接访问存储器的地址空间范围；数据总线的宽度指明了访问一次存储器或外设时能够交换数据的位数；控制总线包括 CPU 发出的各种控制命令(如存储器读/写、I/O 读/写等)，请求信号与仲裁信号、中断信号等。

(3) 电气特性。总线的电气特性定义每一根线上信号的传递方向及有效电平范围。信号的电平指 TTL 电平、CMOS 电平等。总线中有采用 5 V 标准的，有采用 3.3 V 标准的，还有采用 1.5 V 标准的，甚至 0.8 V 标准的。从允许的数据传输方向来看，总线可以有单向传输(单工)总线和双向传输(双工)总线两种。双向传输的总线又可分为半双工的和全双工的。单向总线只能将信息从总线的一端传输到另一端，不能反向传输。半双工总线可以在两个方向上轮流传输信息，全双工总线可在两个方向上同时传输信息。总线中的单向信号线有输入信号线、输出信号线之分。在单处理机总线中，一般规定送入 CPU 的信号为输入信号，从 CPU 发出的信号为输出信号。这种总线中的地址线一般为输出信号线，数据线为双向信号线，控制信号线有输入信号线，也有输出信号线。

(4) 时间特性。时间特性定义了每根线在什么时间有效。只有规定了总线上各信号有效的时序关系，CPU 才能正确无误地使用。

6.1.2　总线的标准化

相同的指令系统，相同的功能，不同厂家生产的各功能部件在实现方法上几乎没有相同的，但各厂家生产的相同功能部件却可以互换使用，其原因在于它们都遵守了相同的系统总线的要求，这就是系统总线的标准化问题。

总线标准是指芯片之间、插板之间及系统之间，通过总线进行连接和传输信息时，应遵守的一些协议与规范，包括硬件和软件两个方面，如总线工作时钟频率、总线信号线定义、总线系统结构、总线仲裁机构与配置机构、电气规范、机械规范和实施总线协议的驱动与管理程序。平时我们所说的总线，实际上指的是总线标准。不同的标准，就形成了不同类型和同一类型不同版本的总线。比较常用的总线标准有 ISA 总线、EISA 总线、VESA 总线、PCI 总线。

总线标准的产生通常有两种途径：一是某计算机制造厂家(或公司)或集团在研制本公司的微机系统时所采用的一种总线，由于其性能优越，得到用户普遍接受，逐渐形成一种被业界广泛支持和承认的事实上的总线标准，典型的例子如 ISA 总线；二是在国际标准组织或机构主持下开发和制定的总线标准，公布后由厂家和用户使用，例如 PCI Express 总线。

随着微处理器技术的发展，总线技术和总线标准也在不断发展和完善，原先的一些总线标准已经或正在被淘汰，新的性能优越的总线标准及技术也在不断产生。

6.1.3　总线的分类

总线在计算机系统中可以说无处不在，种类繁多，从不同角度看，计算机总线的分类方法也不同。

按总线相对于 CPU 的位置可将总线分为内部总线(internal bus)和外部总线(external bus)两种。在 CPU 内部，各寄存器之间和算术逻辑部件 ALU 与控制部件之间传输数据所用的总线称为内部总线；而外部总线是指 CPU 与内存和输入/输出设备接口之间进行通信的通路。由于 CPU 通过总线实现取指令和与内存/外设的数据交换，在 CPU 与外设一定的情况下，总线速度是制约计算机整体性能的主要因素。

计算机的外部总线按其功用来划分主要有局部总线、系统总线、通信总线三种类型。其中局部总线是在传统的 ISA 总线和 CPU 总线之间增加的一级总线或管理层，它的出现是由于电脑软硬件功能的不断发展，系统原有的 ISA/EISA 等已远远不能适应系统高传输能力的要求，而成为整个系统的主要瓶颈。局部总线主要可分为三种：专用局部总线、VL 总线(VESA Local Bus)和 PCI 总线(Peripheral Component Interconnect)。而系统总线是电脑系统内部各部件(插板)之间进行连接和传输信息的一组信号线，例如 ISA、EISA、MCA、AGP 等。而通信总线是系统之间或微机系统与设备之间进行通信的一组信号线。

按总线功能来划分可分为地址总线、数据总线、控制总线三类。我们通常所说的总线都包括上述三个组成部分，地址总线(ABUS)用来传送地址信息，数据总线(DBUS)用来传送数据信息，控制总线(CBUS)用来传送各种控制信号。例如ISA总线共有98条线(即ISA插槽有98个引脚)，其中数据线有16条(构成数据总线)，地址线有24条(构成地址总线)，其余为控制信号线(构成控制总线)、接地线和电源线。地址线和数据线可以复用，例如在PCI总线中，地址线和数据线就是分时复用的。

按总线在微机系统中的位置可分为机内总线和机外总线(peripheral bus)两种。我们上边所说的总线都是机内总线，而机外总线顾名思义是指与外部设备接口相连的，实际上是一种外设的接口标准。如目前电脑上使用的接口标准IDE、SCSI、SATA、USB和IEEE 1394等，前三种主要是与硬盘、光驱等设备接口相连，后面两种新型外部总线可以用来连接多种外部设备。

按数据在总线中传送的位数划分，可将总线分为串行总线和并行总线。数据的各位能同时传送的总线称为并行总线；数据需要逐位依次传送的总线称为串行总线。到目前为止，内部总线几乎都是并行的，例如ISA、EISA、MCA、VESA、PCI、AGP等；而外部总线有并行和串行之分，例如USB、IEEE1394等就是采用串行传输的。也有并行与串行相结合的总线，即数据分成几部分，每一部分的各位并行传送，而各个部分依次传送。

按信息传送的方向，总线可分为单向总线和双向总线。例如，传送地址信息的总线多为单向总线，而传送数据的总线多为双向总线。

6.1.4 总线的性能

总线的性能指标有多个方面，它们从不同侧面体现总线的优劣。

(1) 总线宽度：总线中数据总线的数量，用bit(位)表示，总线宽度有8位、16位、32位、64位等。显然，总线的数据传输量与总线宽度成正比。总线宽度越大，其数据传输量也越高。但是带来的问题是总线设计复杂度增加，硬件成本增加以及使用难度上升，而且在实际工程实现上也会带来一些麻烦。

(2) 总线时钟：总线中各种信号的定时基准。一般来说，总线时钟频率越高，其单位时间内的数据传输量越大，但二者不完全是比例关系。随着技术的不断进步，总线时钟也在快速地发生变化。例如ISA总线时钟为8 MHz，到了PCI局部总线，其时钟为33/66 MHz。

(3) 最大数据传输速率：在总线中每秒钟传输的最大字节量，用MB/s表示，即每秒多少兆字节。在现代微机中，一般可做到一个总线时钟周期完成一次数据传输，因此总线的最大数据传输速率为总线宽度除以8(每次传输的字节数)再乘以总线时钟频率。例如，PCI总线的宽度为32位，总线时钟频率取33 MHz，则最大数据传输速率为132 MB/s。而像PCI Express总线采用16通道时，其最大数据传输速率(编码方式)可以达到10 GB/s。但有些总线采用了一些新技术(如在时钟脉冲的上边沿和下边沿都选通数据等)，使最大数据传输速率比上面的计算结果还要高。

总线是用来传输数据信息的，所采取的各项提高性能的措施最终都要反映在传输速率上，所以在诸多的指标中最大数据传输速率是最重要的。最大数据传输速率有时被说成带宽(bandwidth)。提高时钟频率能够提高总线带宽，提高数据总线的宽度也可以提高总线带宽。可以通过下列公式计算总线带宽：

$$总线带宽 = (总线宽度 /8 位) \times 总线频率 \tag{6.1}$$

［例 6.1］ 如果一个总线时钟周期中并行传送 64 位数据，总线时钟频率为 66 MHz，则其总线带宽是多少？

解：设总线带宽为 D_r，64 位＝8B(B 表示字节)，则 D_r 为

$$D_r = 8B \times 66 \times 1000000/s = 528\ MB/s$$

即总线带宽为 528 MB/s。

(4) 信号线数：总线中信号线的总数，包括数据总线、地址总线和控制总线。信号线数与性能不成正比，但反映了总线的复杂程度。

(5) 负载能力：总线中信号线带负载的能力。该能力强表明可接的总线板卡可多一些。当然，不同的板卡对总线的负载是不一样的，所接板卡负载的总和不应超过总线的最大负载能力。

(6) 同步方式：有同步和异步之分。在同步方式下，总线上主模块与从模块进行一次传输所需的时间(即传输周期或总线周期)是固定的，并严格按系统时钟来统一定时主、从模块之间的传输操作，只要总线上的设备都是高速的，总线的带宽便可允许很宽。在异步方式下，采用应答式传输技术，允许从模块自行调整响应时间，即传输周期是可以改变的，故总线带宽减少。

(7) 总线复用：数据线和地址线是否共用。若地址线和数据线共用一条物理线，即某一时刻该线上传输的是地址信号，而另一时刻传输的是数据或总线命令，这种一条线作多种用途的技术，叫做多路复用。若地址线和数据线是物理上分开的，就属非多路复用。采用多路复用，可以减少总线的数目。

(8) 总线控制方式：包括传输方式(猝发方式)、并发工作、设备自动配置、中断分配及仲裁方式等。

(9) 其他指标：电源电压等级是 5 V 还是 3.3 V，能否扩展 64 位宽度等。

6.1.5 单机系统的总线结构

由于计算机系统的外围设备种类繁多，速度差异很大，因此与 CPU 的连接是通过适配器(即接口)来完成的，即通过接口电路来实现 CPU 与外设之间工作速度上的匹配和同步，完成系统间的信息传输。大多数总线都是以相同方式构成的，其不同之处仅在于总线中数据线和地址线的宽度，以及控制线的多少和功能。然而，总线的排列布置以及与其他各类部件的连接方式对计算机系统的性能来说，起着十分重要的作用。根据连接方式的不同，单机系统中采用的总线结构有两种基本类型：单总线结构和多总线结构。

1. 单总线结构

在许多单处理器的计算机中，使用一条单一的系统总线来连接 CPU、主存和 I/O 设备，叫做单总线结构，如图 6.1 所示。

在单总线结构中，要求连接到总线上的逻辑部件必须高速运行，以便在某些设备需要使用总线时能迅速获得总线控制权；而当不再使用总线时，能迅速放弃总线控制权。否则，当一条总线由多种功能部件共用时，可能导致很大的时间延迟。典型的操作有：

(1) 取指令。当 CPU 取一条指令时，首先把程序计数器 PC 中的地址同控制信息一起送至总线上。在“取指令”情况下的地址是主存地址，此时该地址所指定的主存单元的内容

一定是一条指令，而且将被传送给 CPU。

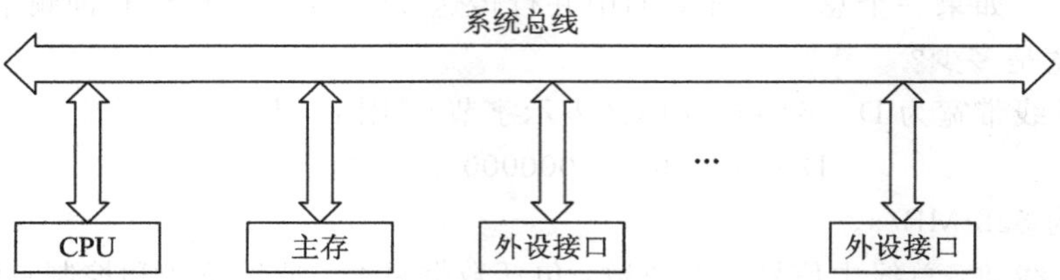

图 6.1　单总线结构

(2) 传送数据。取出指令之后，CPU 将检查操作码。操作码规定了对数据要执行什么操作，以及数据是流进 CPU 还是流出 CPU。

(3) I/O 操作。如果该指令地址字段对应的是外围设备地址，则外围设备译码器予以响应，从而在 CPU 和与该地址相对应的外围设备之间进行数据传送，而数据传送的方向由指令操作码决定。

(4) DMA 操作。某些外围设备也可以指定地址。如果一个由外围设备指定的地址对应于一个主存单元，则主存予以响应，于是在主存和外设间将进行直接存储器传送。

从计算机组成的角度上看，单总线结构容易扩展成多 CPU 系统，这只要在系统总线上挂接多个 CPU 即可。但从计算机系统结构的角度上看，还需要更新操作系统和编译器等。

2. 多总线结构

单总线系统中，由于所有的高速设备和低速设备都挂在同一个总线上，且总线只能分时工作，即某一时间只能允许一对设备之间传输数据，因此信息传输的效率和吞吐量受到极大限制。图 6.2 给出了双总线结构的例子，这种结构保持了单总线系统简单、易于扩充的优点，但又在 CPU 和主存之间专门设置了一组高速的存储总线，使 CPU 可通过专用总线与存储器交换信息，并减轻了系统总线的负担，同时主存仍可通过系统总线与外设之间实现 DMA 操作，而不必经过 CPU。当然这种双总线系统是以增加硬件为代价的。

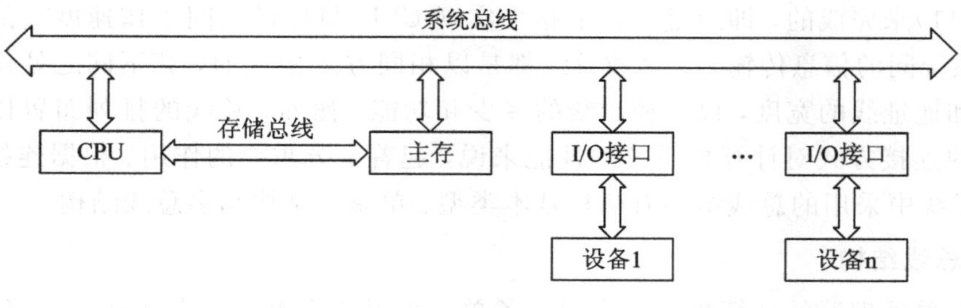

图 6.2　双总线结构

图 6.3 给出了三总线结构的例子。图中，存储总线用于主存与 CPU 之间的信息传输，在 DMA 方式中，外设与存储器间直接交换数据而不经过 CPU，从而减轻了 CPU 对数据输入/输出的控制，而“通道”方式进一步提高了 CPU 的效率。通道实际上是一台具有特殊功能的处理器，又称为 IOP(I/O 处理器)，它分担了一部分 CPU 的功能，以实现对外设的统一管理及外设与主存之间的数据传送。显然，由于增加了 IOP，整个系统的效率大大提

高，然这是以增加更多的硬件为代价换来的。

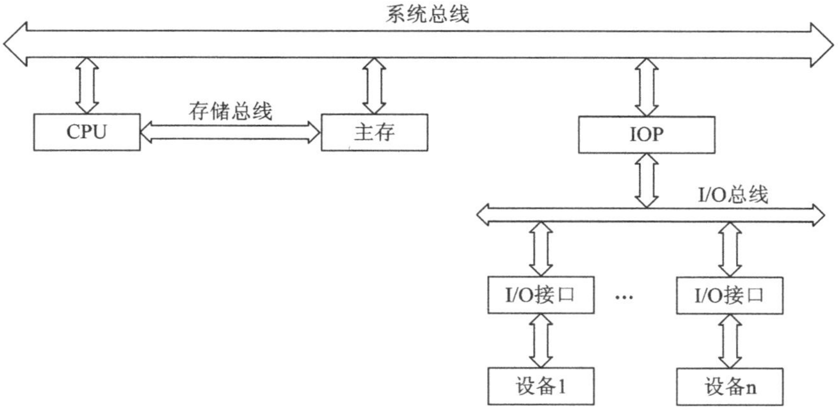

图 6.3　三总线结构

图 6.4 给出了多总线结构的实例。处理器(包括 Cache)与主存可以通过 HOST 总线实现高速传输，与其他 PCI 设备，例如 LAN、图形适配器等可以通过 HOST 桥连接 PCI 总线，从而完成信息传输。低速设备，例如串口可以通过 LAGACY 总线桥与 CPU 通信。

采用多总线结构可使高速、中速、低速设备连接到不同总线上同时进行工作，以提高总线的效率和吞吐量，而且处理器结构的变化不影响 PCI 总线。

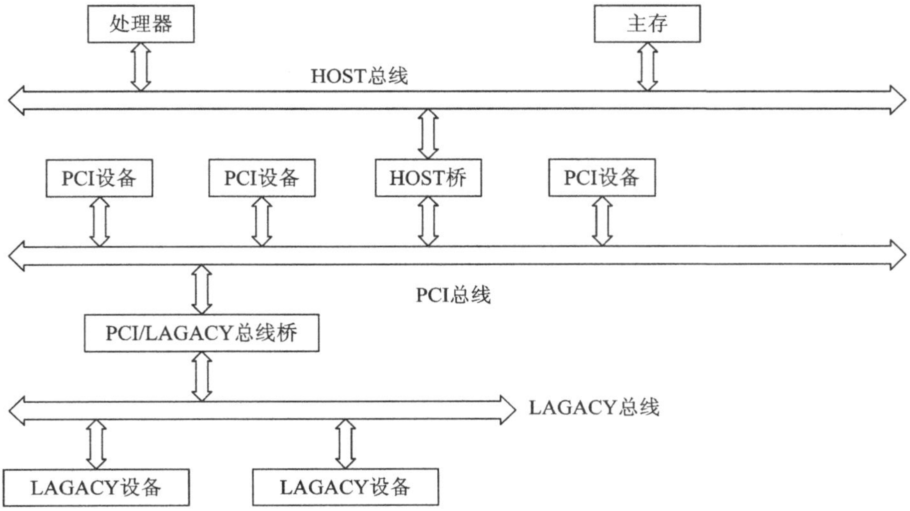

图 6.4　多总线结构实例

6.2　总线仲裁和总线通信

6.2.1　总线仲裁

连接到总线上的功能模块有主动和被动两种形态。如 CPU 模块，在不同的时间它可以用作主方，也可以用作从方；而存储模块只能用作从方。主方可以启动一个总线周期，而从方只能响应主方的请求。每次的总线操作，只能有一个主方占用总线控制权，但同一时间里可以有一个或多个从方。

除 CPU 模块外，I/O 功能模块也可以提出总线请求。为了解决多个主设备同时竞争总线控制权的问题，应该配置总线仲裁部件，它以某种方式选择其中一个主设备作为总线的下一次主方。对多个主设备提出的占用总线请求，一般采用优先级或公平策略进行仲裁。例如，在多处理器系统中对各 CPU 模块的总线请求采用公平策略来处理，而对 I/O 模块的总线请求则采用优先级策略。

按照总线仲裁电路位置的不同，仲裁方式分为集中式仲裁和分布式仲裁两类。

1. 集中式仲裁

集中式仲裁中每个功能模块有两条线连到总线仲裁器：一条是送往仲裁器的总线请求信号线 BR，一条是仲裁器送出的总线授权信号线 BG。集中式仲裁有下列三种仲裁方式。

1）链式查询方式

链式查询方式原理如图 6.5 所示，BS、BR 和 BG 分别表示与总线仲裁器连接的总线忙信号线、总线请求信号线和总线授权信号线。BS 为“1”表示总线正被某外设使用，BR 为“1”表示至少有一个外设正在提出总线请求，BG 为“1”表示总线仲裁器对提出的总线请求给予总线响应。当高优先级的外设获得总线控制权后，撤消该设备的总线请求，同时置“1”BS 线，表示当前总线处于忙状态。只有当该设备放弃总线控制权后，才将该设备发往 BS 线的信号清为“0”。

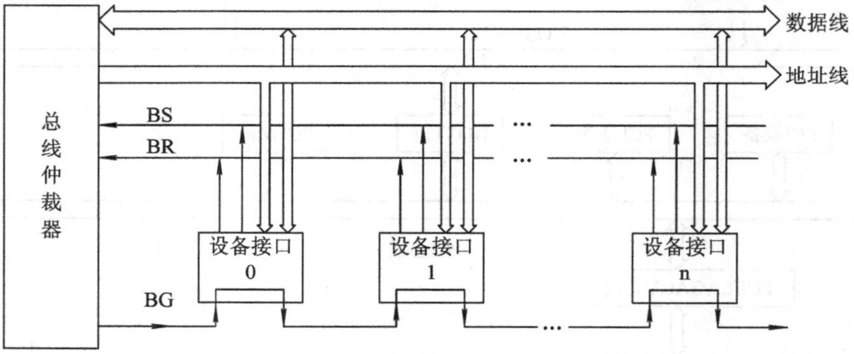

图 6.5 链式查询方式

链式查询方式的主要特点是，总线授权信号 BG 串行地从一个 I/O 接口传送到下一个 I/O 接口，若 BG 到达的接口无总线请求，则继续往下查询；若 BG 到达的接口有总线请求，BG 信号便不再往下查询，此时该 I/O 接口获得总线控制权。

从图 6.5 中可以看出，在查询链中，离总线仲裁器最近的设备具有最高优先级，离总线仲裁器越远，优先级越低。因此，链式查询是通过接口的优先级排队电路来实现的。链式查询方式的优点是，只用很少几根线就能按一定优先次序实现总线仲裁，很容易扩充设备。链式查询方式的缺点是，对询问链的电路故障很敏感，如果第 i 个设备的接口中有关链的电路有故障，那么第 i 个以后的设备都不能进行工作。另外，查询链的优先级是固定的，如果优先级高的设备出现频繁的请求，优先级较低的设备可能长期不能使用总线。

2）计数器定时查询方式

计数器定时查询方式原理如图6.6所示。总线上的任一设备要求使用总线时，通过BR线发出总线请求。总线仲裁器接到请求信号以后，在BS线为“0”的情况下让计数器开始计数，计数值通过一组地址线发向各设备。每个设备接口都有一个设备地址判别电路，当地址线上的计数值与请求总线的设备地址相一致时，该设备置“1”BS线，从而获得总线使用权，此时中止计数查询。

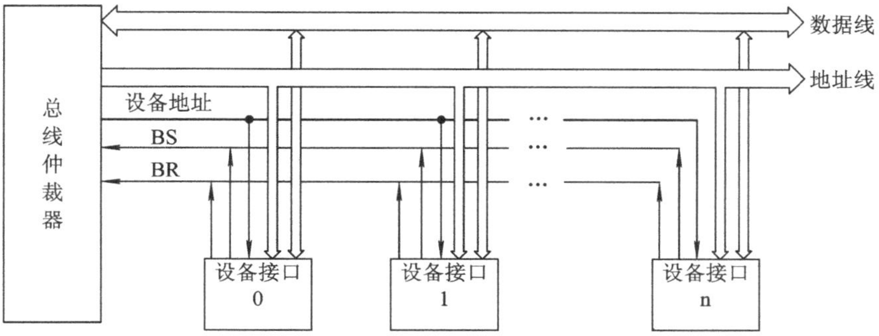

图6.6　计数器定时查询方式

每次计数可以从“0”开始，也可以从中止点开始。如果从“0”开始，各设备的优先次序与链式查询法相同，优先级的顺序是固定的。如果从中止点开始，则每个设备使用总线的优先级相等。计数器的初值也可用程序来设置，这可以方便地改变优先次序，但这种灵活性是以增加线数为代价的。

3）独立请求方式

每一个共享总线的设备均有一对总线请求线 BR_i 和总线授权线 BG_i。当设备要求使用总线时，便发出该设备的请求信号，如图6.7所示。总线仲裁器中的排队电路决定首先响应哪个设备的请求，给设备以授权信号 BG_i。

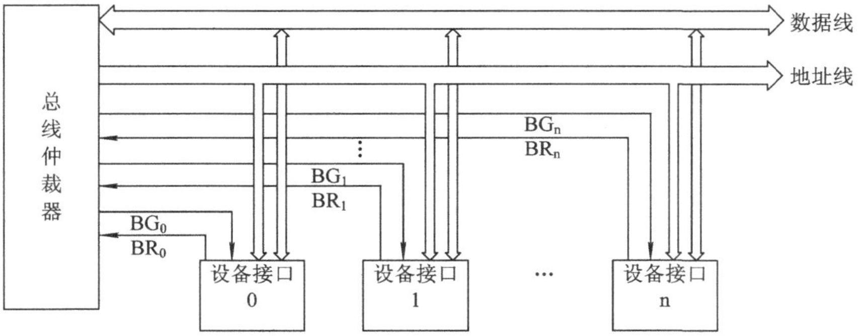

图6.7　独立请求方式

独立请求方式的优点是响应时间短，确定优先响应的设备所花费的时间少，用不着一个设备接一个设备地查询；其次，对优先次序的控制相当灵活，可以预先固定也可以通过程序来改变优先次序，还可以用屏蔽(禁止)某个请求的办法来拒绝来自无效设备的请求。

该方式的缺点是由于每个设备都有独立的请求和应答信号线，当设备比较多时，信号线的数量将大大增加，这不但提高了硬件设计的成本，而且增加了系统设备扩展的难度。

2. 分布式仲裁

分布式仲裁不需要集中的总线仲裁器，每个潜在的主方功能模块都有自己的仲裁号和仲裁器。当它们有总线请求时，把它们惟一的仲裁号发送到共享的仲裁总线上，每个仲裁器将从仲裁总线上得到的号与自己的号进行比较。如果仲裁总线上的号大，则它的总线请求不予响应，并撤消它的仲裁号。最后，获胜者的仲裁号保留在仲裁总线上。显然，分布式仲裁是以优先级仲裁策略为基础的。其原理如图 6.8 所示。

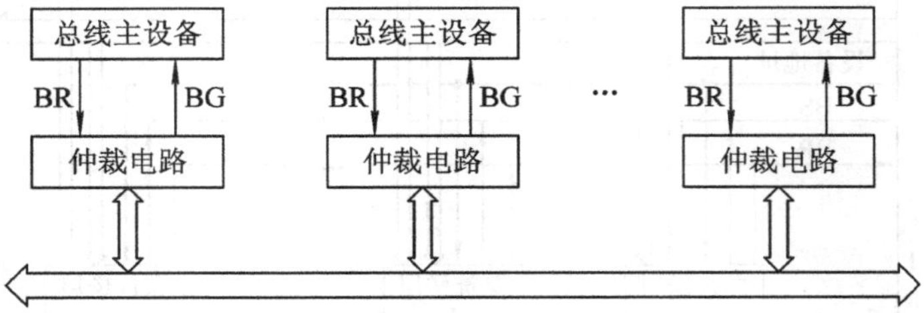

图 6.8 分布式仲裁

与集中式仲裁相比，分布式仲裁的优点是线路可靠性高，不会因为某个总线主设备的仲裁电路故障而导致系统不能够工作。但是，系统往往需要进行超时判断，以确定总线主设备是否还在正常工作。另外，使用分布式仲裁时，设备扩展灵活性较大。但是，由于每个总线主设备需要在其接口电路中包含仲裁电路，这将导致设备设计的复杂性加大。

[例 6.2] 试画出链式查询方式的优先级裁决逻辑电路。

解： 链式查询方式的优先级裁决逻辑电路如图 6.9 所示。

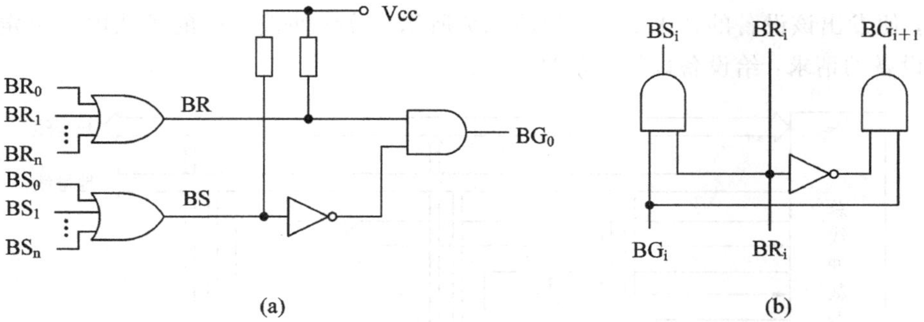

图 6.9 链式查询电路

(a) 总线仲裁部件逻辑结构图；(b) 第 i 个设备接口内部的链式查询电路逻辑结构图

信号定义说明：

BS：送往总线仲裁部件的总线忙信号，高电平有效；

BR：送往总线仲裁部件的总线请求信号，高电平有效；

BG_0：总线仲裁部件发往设备接口 0 的总线授权信号，高电平有效；

BS_i 和 BR_i 分别表示第 i 个设备接口发出的总线忙信号和总线请求信号，高电平有效；

BG_i 和 BG_{i+1} 分别表示传入第 i 个设备接口的总线授权信号和第 i 个设备接口传往第 i+1 个设备接口的总线授权信号，高电平有效。若 BG_i 无效，则必须置 BG_{i+1} 无效。

工作过程：

① 总线空闲时，BS、BR 和 BG_0 都无效；

② 任何部件可通过置 $BR_i=1$ 发出总线请求；

③ 当 BR＝1 且 BS＝0 时，总线仲裁部件使 $BG_0=1$，开始从第 0 个设备接口向第 n 个设备接口方向逐个查询，看是哪一个设备接口提出的总线请求；

④ 若第 i 个设备接口未提出总线请求而收到 $BG_i=1$，则置 $BG_{i+1}=1$，继续查询第 i+1 个设备接口；

⑤ 若某个设备接口发出申请，则在 $BR_i=1$、BS＝0 和 $BG_i=1$ 三者同时满足的情况下，该设备接管总线控制权，同时使 $BG_{i+1}=0$，以禁止低优先级的申请者接管总线控制权；

⑥ 提出总线请求的设备占用总线后，通过置 $BS_i=1$ 使 BS＝1，以禁止总线仲裁部件发出 $BG_0=1$；

⑦ 使用完总线后，通过置 $BS_i=0$ 使 BS＝0，归还总线控制权。

6.2.2 总线通信

总线最基本的任务就是传输数据，这里的数据包括程序指令、运算处理的数据、控制命令、状态字等。通信双方分为主设备和从设备。主设备方拥有控制总线的能力，例如 CPU、DMAC 等；而从设备方则没有控制总线的能力，但它可对总线传来的地址信号进行地址译码，并且接受和执行主设备方的命令。主从双方通过选定的通信方式和握手方式来完成数据传输。

1. 总线传输数据的方式

在计算机系统中，总线传输数据的方式主要有串行方式、并行方式和复合方式。但是出于速度和效率上的考虑，系统总线上传送的信息多采用并行方式或复合方式。

1）串行方式

串行方式是指数据的传输在一条线路上按位进行。在计算机中普遍使用串行的通信线路连接慢速的外围设备，如终端、鼠标器和调制解调器等，典型的串行通信标准如 RS-232C、RS-485 等。近年出现的中高速串行总线可连接各种类型的外围设备，可传输多媒体信息，例如连接外设的标准 USB、IEEE1394 等。

串行传输只需一条数据传输线，线路的成本低，适合于长距离的数据传输。在串行传输时，被传输的数据需要在发送设备中进行并行到串行的变换，而在接收设备中又需要进行串行到并行的变换。

串行总线是一种信息传输信道。在信息传输信道中，携带数据信息的信号单元叫码元，每秒钟通过信道传输的码元数称为码元传输速率，简称波特率。波特率是传输通道频宽的指标。波特率的倒数称为码元时间，又称为位时间，即传输一位码元所需要的时间。比特率表示有效数据的传输速率。

波特率和比特率是不同的，波特率是传输线路上信号的传输速率，而比特率是信息传输的速率。波特率和比特率之间有一定的对应关系，这种对应关系来源于两个因素：一是通过编码消除数据冗余，以提高通信效率的措施；另一个因素是按一定规则增加一定的同步信息代码和冗余代码，以降低传输的误码率的措施。

串行总线由于线数少，接口结构简单，高速传输时线间干扰低，目前，计算机系统中，与外设的连接大多采用串行总线。这种情况在微机系统中更加广泛，如硬盘采用SATA接口，其他外设标准接口采用USB、IEEE1394等。

2）并行方式

用并行方式传输二进制信息时，每个数据位都需要单独一条传输线。在并行传输方式中，所有的数据位同时进行传输。在采用并行传输方式的总线中，除了有传输数据的线路外，还可以具有传输地址和控制信号的线路。地址线用于选择存储单元和设备，控制线用于传递操作信号。

为了传输各种不同的控制信号，在并行传输方式中可为每个控制信号专门设置一条信号线。所以并行数据传输比串行数据传输快得多，但需要很多信号线。

3）复合方式

复合方式又称为总线复用的传输方式，它使不同的信号在同一条信号线上传输，其设计目标是用较少的线数实现较高的传输速率。复合方式通常采用的方法是信号分时传输的方法，即不同的信号在不同的时间片中轮流地向总线的同一条信号线上发送。它与并/串行传输的区别在于分时地传输同一数据源的不同信息。

例如，某些CPU向存储器传输地址和数据时，不是将数据线和地址线分开，而是在同一组线路上用分时的方法传输数据和地址信息。由于传输线上既要传输地址信息，又要传输数据信息，因此，必须划分时间，以便在不同的时间片中完成地址和数据的传输。复合传输可提高总线的利用率，减少总线的线路数量，从而降低总线的成本。但这种传输方式对总线操作的速度会有影响。例如，PCI总线的地址和数据就是采用同一组线路，通过分时复用的方式来传输地址和数据信息的。

2. 总线传输过程

总线的一次信息传输过程，大致可分为如下几个阶段：总线申请阶段、寻址（目的地址）阶段、传输阶段、状态返回（即结束）阶段。

申请阶段：当系统总线上有多个主设备时，需要使用总线的主设备要提出申请，由总线仲裁机构确定把下一个传输周期的总线使用权授权给哪个设备。

寻址阶段：取得总线使用权的主设备通过总线发出本次打算访问的从设备的存储器地址或I/O端口地址及有关命令，使参与本次传输的从设备开始启动。

传输阶段：主设备和从设备之间进行数据传输，数据由源模块发出，经数据总线流入目的模块。

结束阶段：主从设备的相关信息从系统总线撤除，让出总线。

3. 总线数据传输的握手方式

在主设备和从设备之间的传输过程中，为了同步主方、从方的操作，必须制订定时协议，也称为握手方式。所谓定时，是指事件出现在总线上的时序关系。在数据传输过程中，常用的定时方式主要有同步方式、异步方式、半同步方式和分离方式。

1）同步方式

在同步定时协议中，事件出现在总线上的时刻由总线时钟信号来确定。由于采用了公共时钟，每个功能模块什么时候发送或接收信息都由统一时钟规定，因此，同步定时具有较高的传输频率。例如早期微机系统使用的ISA总线、现代微机使用的PCI局部总线都属于同步总线。同步握手方式简单，全部系统设备由单一时钟信号控制，便于电路设计。另外，由于主从双方之间不允许有等待，故完成一次传输的时间较短，适合高速运行的需要。同步定时适用于总线长度较短、各功能模块存取时间比较接近的情况。

图6.10给出了读数据的同步时序的例子。图中，所有事件都出现在时钟信号的前沿，大多数事件只占据单一时钟周期。在读周期，CPU首先发出启动信号，将存储器地址送到地址线上；第二个时钟周期发出读命令；经一个时钟周期延迟后，存储器将数据和应答信号送到总线上，被CPU读取。

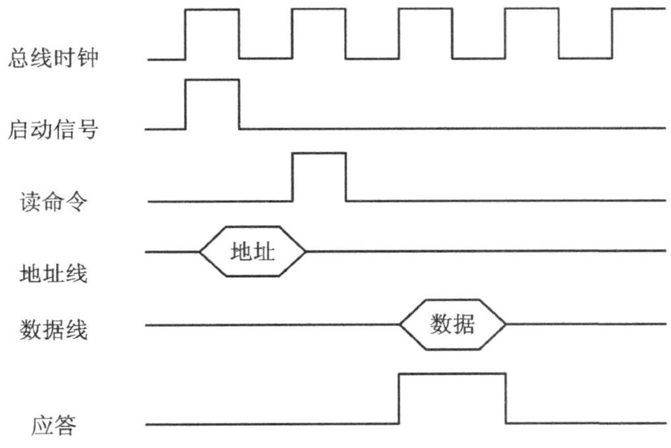

图6.10　同步总线操作时序

由于总线上的各种设备都按同一时钟工作，因此只能按最慢的设备来确定总线的频宽或总线周期的长短。所以同步总线的主要缺点是不能适应高速设备和低速设备在同一系统中使用的情况，否则高速设备必须迁就低速设备的速度来运行，使系统性能降低。

2）异步方式

在异步定时协议中，采用“应答式”传输（也称为握手方式），用请求（REQ，Request）和应答（ACK，Acknowledge）信号来协调传输过程而不依赖系统时钟信号，后一事件出现在总线上的时刻取决于前一事件的出现，即建立在应答式或互锁机制基础上。在这种系统中，不需要统一的公共时钟信号，可以根据设备的速度自动调整响应时间，因此，高速设备可以高速传输，低速设备可以低速传输，连接任何类型的设备都不需要考虑该设备的速度，从而避免了同步方式传输的缺点。在异步定时方式中，总线周期的长度是可变的。

根据应答信号（即请求和回答信号）的建立和撤消是否相互依赖的关系，异步方式又分为非互锁方式、半互锁方式和全互锁方式三种，如图6.11所示。

（1）非互锁方式：主设备发出请求信号，不等待从设备的应答信号，而是经过一段时间，确认从设备已收到请求信号后，便撤消其请求信号；从设备接到请求信号后，在条件允许时发出应答信号，并且经过一段时间，确认主设备已收到应答信号后，自动撤消应答信号。即通信双方并无互锁关系。

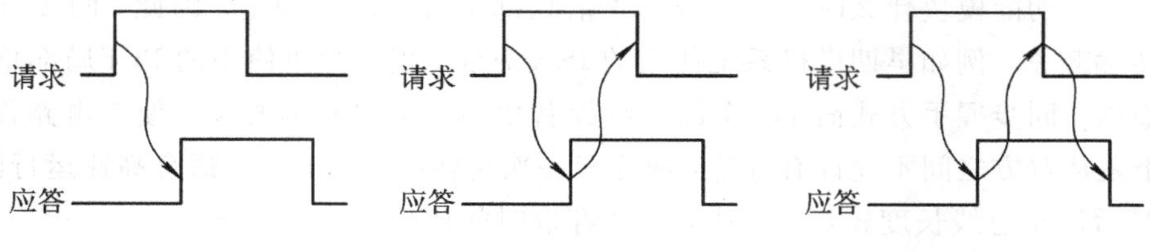

图 6.11 异步方式中请求与应答的互锁

(2) 半互锁方式：主设备发出请求信号，待接到从设备的应答信号后，再撤消其请求信号；而从设备发出应答信号后，不等待主设备应答，在经过一段时间，自动撤消应答信号。即通信双方也无互锁关系。

(3) 全互锁方式：主设备发出请求信号，待接到从设备的应答信号后，再撤消其请求信号；而从设备发出应答信号后，等待主设备获取应答信号后，再撤消其应答信号。由此可见，在全互锁异步方式中，通信双方的动作是一环扣一环，只有前一个动作完全结束并有回答确认后才开始下一个动作，即应答信号的建立和撤消完全互相依赖。可见，该方式具有较高的可靠性，适用于那些工作速度差异较大的设备(部件)间的通信，对总线长度也没有严格的要求。这种方式在实际中得到了广泛的应用。

异步方式的缺点是不管从设备的速度，每完成一次传输，主从设备之间的互锁控制信号都要经过 4 个步骤：请求、响应、撤消请求、撤消响应，其传输延迟是同步方式的两倍。因此，异步方式比同步方式要慢，总线传输周期要长。

3) 半同步方式

此方式是前述两种方式的折中。从总体上看，它是一个同步系统，它仍用系统时钟来定时，利用某一脉冲的前沿或后沿判断某一信号的状态，或控制某一信号的产生或消失，使传输操作与时钟同步。但是，它又不像同步方式那样传输周期固定，对于慢速的从设备，其传输周期可延长至时钟脉冲周期的整数倍。其方法是增加一信号(WAIT 或 READY)。WAIT 信号有效时，表示从设备未准备好。系统用一适当的状态时钟沿检测 WAIT 信号，若有效，系统自动将传输周期延长一个时钟周期，强制主设备等待。对此状态时钟的下一个时钟继续进行检测，直到检测到 WAIT 信号无效，才不再延长传输周期，这又像异步方式那样，传输周期视从设备的速度而异。允许不同速度的设备彼此协调地一起工作，但这个 WAIT 信号不是互锁的，只是单方向的状态传递，这是半同步方式与异步方式的不同之处。

半同步方式对能按规定时刻，一步步完成地址、命令和数据传输的从设备，完全按同步方式对待，而对不能按规定时刻传输地址、命令和数据的慢速设备，则使用 WAIT 信号，强制主设备延迟等待若干个时钟周期。它适用于系统工作速度不高，且包含了多种速度差异较大的设备的系统。

4）分离方式

在前述3种方式中，从主设备发出地址和读/写命令开始，直到数据传输结束，整个传输周期中，系统总线完全由主设备和从设备占用。实际上在主设备通过总线向从设备发送了地址和命令之后，到从设备通过数据总线向主设备提供数据之间的时间间隔，是从设备执行读/写命令的时间，在这段时间内，系统总线上并没有实质性的信息传输，是空闲的。为了充分利用这段总线空闲时间，将一个周期分解成两个分离的子周期。在第一个子周期，主设备发送地址和命令及有关信息，经总线传输，由有关从设备接收下来后，立即和总线断开，以供其他设备使用。待选中的从设备准备好数据后，启动第二个子周期，由该设备申请总线，获准后，将数据发向原要求数据的设备，由该设备接收。两个子周期均按同步方式传输，在占用总线时刻，高速进行信息传输。这样，可以把两个独立子周期之间的空闲时间给系统中其他主设备使用，从而大大提高了总线的利用率，使系统的整体性能增强，尤其对多处理器系统更加有利。

这种方式的特点表现在四方面：一是各设备欲占用总线使用权都必须提出申请；二是在得到总线使用权后，主设备在限定的时间内向对方传输信息，采用同步方式传输，不再等待对方的回答信号；三是各设备在准备数据传输的过程中，都不占用总线，使总线可接受其他设备的请求；四是总线被占用时都在做有效工作，或者通过它发命令，或者通过它传输数据，不存在空闲等待时间，最充分地发挥了总线的使用效率。

[例6.3]　某CPU采用集中式仲裁方式，使用独立请求与菊花链查询相结合的二维总线控制结构。每一对请求线BR_i和授权线BG_i组成一对菊花链查询电路。每一根请求线可以被若干个传输速率接近的设备共享。当这些设备要求传送时通过BR_i线向仲裁器发出请求，对应的BG_i线则串行查询每个设备，从而确定哪个设备享有总线控制权。请分析说明图6.12所示的总线仲裁时序图。

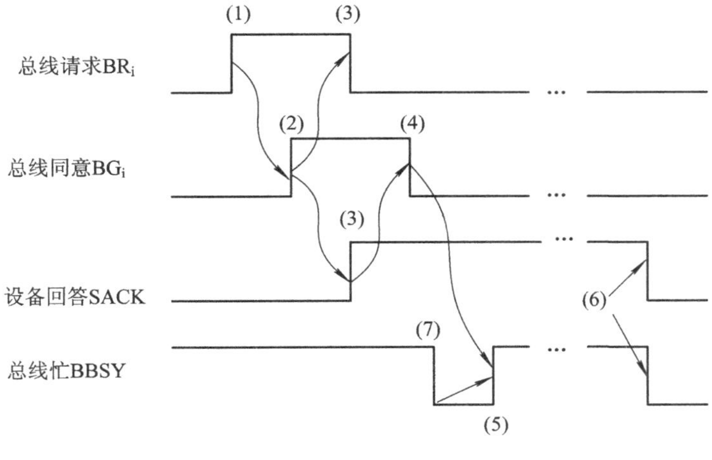

图6.12　总线仲裁时序图

解：从时序图看出，该总线采用异步定时协议。当某个设备请求使用总线时，在该设备所属的请求线上发出申请信号BR_i（见图中(1)）。CPU按优先原则同意后给出授权信号BG_i作为回答（见图中(2)）。BG_i链式查询各设备，并上升从设备回答信号SACK证实已收

到 BG_i 信号(见图中(3)),同时撤消该设备的总线请求。CPU 接到 SACK 信号后下降 BG_i 作为回答(见图中(4))。在总线“忙”标志 BBSY 为“0”情况下该设备上升 BBSY,表示该设备获得了总线控制权,成为控制总线的主设备(见图中(5))。在设备用完总线后,下降 BBSY 和 SACK(见图中(6)),释放总线。在上述选择主设备过程中,可能现行的主从设备正在进行传送,此时需等待现行传送结束,即现行主设备下降 BBSY 信号后(见图中(7)),新的主设备才能上升 BBSY,获得总线控制权。

6.3 总线举例

6.3.1 ISA 总线

20 世纪 80 年代初期,IBM 在推出自己的微机系统 IBM PC/XT 时,就定义了一种总线结构,称为 XT 总线。这是 8 位数据宽度的总线。随着 IBM 采用 80286 CPU,推出 IBM PC/AT 微机系统,IBM 又定义了与 XT 总线兼容的 16 位的 AT 总线。ISA 总线(Industrial Standard Architecture,工业标准体系结构)就是 AT 总线,它是在 8 位的 XT 总线基础上扩展而成的 16 位的总线体系结构。

ISA 总线是 8/16 bit 的系统总线,工作频率为 8 MHz,最大传输速率仅为 16 MB/s ,但允许多个 CPU 共享系统资源。由于兼容性好,它在 20 世纪 80 年代是最广泛采用的系统总线,不过它的弱点也是显而易见的,比如传输速率过低、CPU 占用率高、占用硬件中断资源等。后来从 PC'98 规范起,就放弃了 ISA 总线,而 Intel 从i810 芯片组开始,也不再提供对 ISA 总线接口的支持。

由于 ISA 总线是 8 位和 8/16 位兼容的总线,因此,插槽有两种类型,即 8 位和 16 位,如图 6.13 所示。8 位扩展 I/O 插槽由 62 个引脚组成,用于 8 位的插接板;8/16 位的扩展槽除了具有一个 8 位 62 线的连接器外,还有一个附加的 36 线连接器,这种扩展 I/O 插槽既可以支持 8 位的插接板,也可以支持 16 位的插接板。

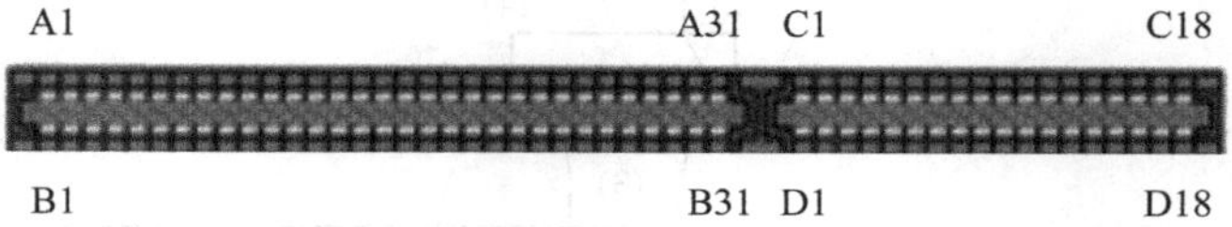

图 6.13 ISA 总线插槽

ISA 总线的每个插槽由一个长槽和一个短槽组成。长槽每列有 31 个引脚,编号为 A1～A31 和B1～B31;短槽每列有 18 个引脚,编号为 C1～C18 和 D1～D18。这 98 根线分成 5 类,即地址线(共 24 根,可寻址 16 MB)、数据线、控制线、时钟线和电源线。ISA 槽上的引脚信号具体定义如表 6.1 所示。

表 6.1 中的 I、O 表示引脚信号的输入、输出方向,输入是指插卡送往主板,输出是指主板送往插卡。其中 SD15～SD8 和 D7～D0 称为系统数据线,即 ISA 的 16 位数据线。A19～A0 称为系统地址线,LA23～LA17 成为闩锁地址线,它们一起提供 16 MB 的存储寻址能力。

表 6.1　ISA 总线插槽上的引脚信号

引脚	信号定义	类型	引脚	信号定义	类型
A1	$\overline{\mathrm{I/OCHK}}$	I	B28	BALE	O
A2～A9	D7～D0	I/O	B29	+5 V	电源
A10	I/O CH RDY	I	B30	OSC	O
A11	AEN	O	B31	GND	电源
A12～A31	A19～A0	I/O	C1	SBHE	I/O
B1	GND	电源	C2～C8	LA23～LA17	I/O
B2	RESET DRV	O	C9	$\overline{\mathrm{MEMR}}$	O
B3	+5 V	电源	C10	$\overline{\mathrm{MEMW}}$	O
B4	IRQ2/IRQ9	I	C11～C18	SD8～SD15	I/O
B5	−5 V	电源	D1	$\overline{\mathrm{MEMCS16}}$	I
B6	DRQ2	I	D2	$\overline{\mathrm{I/OSS16}}$	I
B7	−12 V	电源	D3	IRQ10	I
B8	$\overline{\mathrm{OWS}}$	I	D4	IRQ11	I
B9	+12 V	电源	D5	IRQ12	I
B10	GND	电源	D6	IRQ15	I
B11	$\overline{\mathrm{SMEMW}}$	O	D7	IRQ14	I
B12	$\overline{\mathrm{SMEMR}}$	O	D8	$\overline{\mathrm{DACK0}}$	O
B13	$\overline{\mathrm{IOW}}$	O	D9	DRQ0	I
B14	$\overline{\mathrm{IOR}}$	O	D10	$\overline{\mathrm{DACK5}}$	O
B15	$\overline{\mathrm{DACK3}}$	O	D11	DRQ5	I
B16	DRQ3	I	D12	$\overline{\mathrm{DACK6}}$	O
B17	$\overline{\mathrm{DACK1}}$	O	D13	DRQ6	I
B18	DRQ1	I	D14	$\overline{\mathrm{DACK7}}$	O
B19	$\overline{\mathrm{REFRESH}}$	I/O	D15	DRQ7	I
B20	SYS CLK	O	D16	+5V	电源
B21～B25	IRQ7～IRQ3	I	D17	$\overline{\mathrm{MASTER}}$	I
B26	$\overline{\mathrm{DACK2}}$	O	D18	GND	电源
B27	T/C	O			

62 根线(长槽)部分信号：

(1) D7～D0：8 位数据线，双向，三态。对于 16 位 ISA 总线，它们是数据线的低8 位。

(2) A19～A0：20 位地址线。

(3) $\overline{\text{SMEMR}}$、$\overline{\text{SMEMW}}$：存储器读、写命令，输出，低电平有效。

(4) $\overline{\text{IOR}}$、$\overline{\text{IOW}}$：I/O 读、写命令，输出，低电平有效。

(5) AEN：地址允许信号，输出，高电平有效。该信号由 DMAC 发出，为高表示 DMAC 正在控制系统总线进行 DMA 传输，所以它可用于指示 DMA 总线周期。

(6) BALE：总线地址锁存允许，输出。该信号在 CPU 总线周期的 Tl 期间有效，可作为 CPU 总线周期的指示。

(7) I/O CH RDY：I/O 通道准备好，输入，高电平有效。该引脚信号与 8086 的 READY 功能相同，用于插入等待时钟周期。

(8) $\overline{\text{I/OCHK}}$：I/O 通道校验，输入，低电平有效。它有效表示板卡上出现奇偶校验错。

(9) IRQ7～IRQ3：中断请求信号，输入，分别接到中断控制逻辑的主 8259A 的中断请求输入端 IR7～IR3。这些信号由低到高的跳变表示中断请求，但应一直保持高电平，直到 CPU 响应中断为止。它们的优先级别与所连接的 IR 线相对应，即 IRQ3 在这几个请求信号中级别最高，IRQ7 的级别最低。

(10) DRQ3～DRQ1：3 个 DMA 请求信号，输入，高电平有效。它们分别接到 DMA 控制器 8237A 的 DMA 请求输入端 DREQ3～DREQ1。因此，它们的优先级别与 DREQ 线相对应，即 DRQ1 的级别最高，DRQ3 的级别最低。

(11) $\overline{\text{DACK3}}$～$\overline{\text{DACK1}}$：3 个 DMA 响应信号，输出，低电平有效。

(12) T/C：计数结束信号，输出，高电平有效。它由 DMAC 发出，用于表示进行 DMA 传输的通道编程时规定传输字节数已经传输完。但它没有说明是哪个通道，这要结合 DMA 响应信号$\overline{\text{DACK}}$来判断。

(13) OSC：振荡器的输出脉冲。

(14) SYS CLK：系统时钟信号，输出。系统时钟的频率通常在 4.77～8 MHz 内选择，最高频率为 8.3 MHz。SYS CLK 是由 OSC 的输出 3 分频产生的，也就是说 OSC 的频率应是 CLK 的 3 倍。

(15) RESET DRV：系统复位信号，输出，高电平有效。该信号有效时表示系统正处于复位状态，可利用该信号复位总线板卡上的有关电路。

(16) $\overline{\text{OWS}}$：零等待状态，输入，低电平有效。用于缩短按照缺省设置应等待的时钟数，当它有效时，不再插入等待时钟。

(17) $\overline{\text{REFRESH}}$：刷新信号，双向，低电平有效，由总线主控器的刷新逻辑产生。该信号有效表示存储器正处于刷新周期。

36 根线(短槽)部分信号：

(1) SD8～SD15：数据总线的高 8 位，双向，三态。

(2) SBHE(C1)：总线高字节传输允许，双向，三态信号。该信号用来表示 SD15～SD8

上正进行数据传输。

(3) LA23～LA17：非锁存的地址线，在 BALE 为高电平时有效。将它们锁存起来，并和已锁存的低位地址线(A19～A0)组合在一起，可形成 24 位地址线，因而使系统的寻址能力扩大到 16 MB。

(4) $\overline{MEMR}$、$\overline{MEMW}$：存储器读、写信号，输出，低电平有效。这两个信号在所有的存储器读或写周期有效。相比之下，前面所介绍的$\overline{SMEMR}$和$\overline{SMEMW}$仅当访问存储器的低 1 MB 时才有效。

(5) $\overline{MEMCS16}$：存储器片选 16，输入，低电平有效。该信号用来表示当前的数据传输是具有一个等待时钟的 16 位存储器总线周期。

(6) $\overline{I/OSS16}$：I/O 片选 16，输入，低电平有效。该信号为集电极开路信号，为低表示当前的数据传输是具有一个等待时钟的 16 位 I/O 总线周期。

(7) $\overline{MASTER}$：总线主控信号，输入，在 ISA 总线的主控器初始化总线周期时产生，低电平有效。该信号与 I/O 通道上的 I/O 处理器的 DRQ 线一起用于获取对系统总线的控制权。

(8) IRQ15～IRQ10：中断请求信号，输入，接到中断控制逻辑的从 8259A。

(9) DRQ7～DRQ5、$\overline{DACK7}$～$\overline{DACK5}$、$\overline{DACK0}$：通道 7～5 的 DMA 请求和相应的 DMA 响应信号(另有一个通道 0 的响应信号)。这 3 个通道可进行 16 位 DMA 传输。

(10) DRQ0：DMA 请求信号，输入，高电平有效。

6.3.2 PCI 总线

1. PCI 总线标准的发展历史

PCI(Peripheral Component Interconnect)总线目前在微机系统及服务器领域中得到了广泛使用，它是由 Intel 公司于 1991 年提出的；在这之后，Intel、IBM、Compaq、Apple 和 DEC 等多家公司成立了 PCI - SIG(Special Interest Group)组织，接替了 Intel 对 PCI 规范进行发展。

该组织于 1992 年 6 月推出了 PCI 1.0 版；在 1993 年 4 月 30 日，发布了 PCI 2.0；1995 年 6 月，又推出了支持 64 位数据通路、66MHz 工作频率的 PCI 2.1 版；PCI 2.2 版本于 1998 年 12 月发布。其后，为了满足服务器的需要，又发布了 PCI - X 版本。

PCI 总线是一个与处理器无关的高速外围总线，又是至关重要的层间总线。它采用同步时序协议和集中式仲裁策略，并具有自动配置能力。除此之外，PCI 总线还有其他一些特点：PCI 总线的数据总线宽度为 32 位，可扩充到 64 位。它以 33 MHz、66 MHz 的时钟频率工作；支持猝发传输(burst transmission)；支持多主控器，在同一条 PCI 总线上可以有多个总线主控器(主设备)，各个主控器通过总线仲裁竞争总线控制权；PCI 总线能够大幅度减少外围设备取得总线控制权所需的时间，以保证数据传输的畅通；支持即插即用(plug and play)，新的接口卡插入 PCI 总线插槽时，系统能自动识别并装入相应的设备驱动程序，因而立即可以使用。即插即用功能使用户在安装接口卡时不必再拨开关或设跳线，也不会因设置有错而使接口卡或系统无法工作。

PCI作为一种高性能的总线，被广泛应用在多种系统中。PCI总线还有一个特点：在一个系统中能和其他总线(如ISA、EISA等总线)共存，从而使一个系统中既可以有高速外围设备，也可以有低速外围设备。采用PCI总线的微机的系统结构如图6.14所示。从图中可以看出，处理器/Cache/存储器子系统经过一个桥与PCI总线相连。此桥电路提供了一个低延迟的访问通路，从而使处理器能够直接访问通过它映射于存储器空间或I/O空间的PCI设备，也提供了能使PCI主设备直接访问主存的高速通路。该桥电路也能提供数据缓冲功能，以使处理器与PCI总线上的设备并行工作而不必相互等待。另外，桥电路可使PCI总线的操作与处理器总线(又称处理器局部总线)分开，以免相互影响，实现了PCI总线的独立驱动控制。

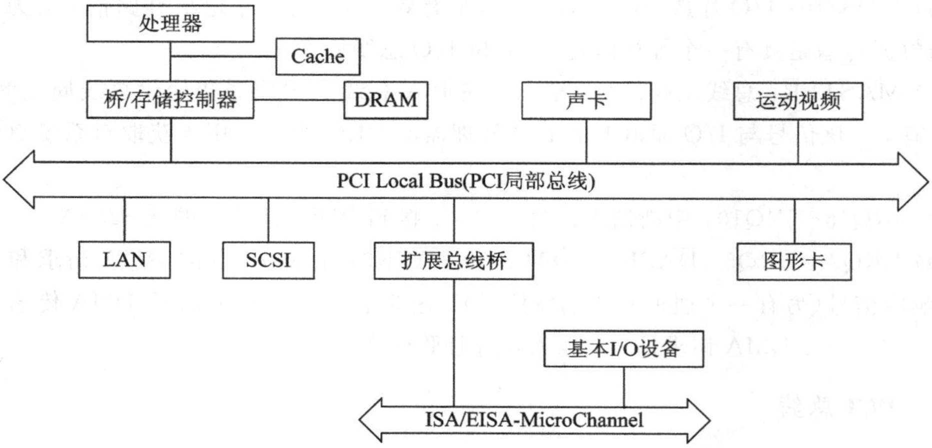

图6.14 PCI总线应用结构举例

扩展总线桥电路的设置是为了能在PCI总线上引出一条传统的标准I/O扩展总线，如ISA、EISA或MCA总线，从而可继续使用现有的I/O设备，以增加PCI总线的兼容性和选择范围。通常，典型的PCI局部总线最多支持3个插槽。如果一个系统中要连接多个PCI设备，可通过增加桥电路形成多条PCI局部总线，允许多条PCI局部总线并行工作。这样在一个系统中最多可有256条PCI局部总线。

2. PCI总线信号

在一个PCI系统中，接口信号通常分为必备和可选的两大类。如果只作为从设备，则至少需要47根信号线；若作为主设备，则需要49根信号线。利用这些信号线可以处理数据、地址，实现接口控制、仲裁及系统功能。下面根据主设备与从设备的不同，按功能分组将这些信号表示在图6.15中。从图中可以看出，有些信号名称中有“#”号，这是PCI总线规范中的信号表示法。信号名称后面有“#”号表示低电平有效，否则表示高电平有效。对于有两种意义的信号(如C/BE[0]#)，低电平时表示有“#”号的信号(例中的BE[0])起作用，高电平时表示没有“#”号的信号(例中的C)起作用。按照PCI总线协议，总线上所有引发PCI传输事务的实体都是主设备，凡是响应传输事务的实体都是从设备，从设备又称为目标设备。主设备应具备处理能力，能对总线进行控制，即当一个设备作为主设备时，它就是一个总线主控器。

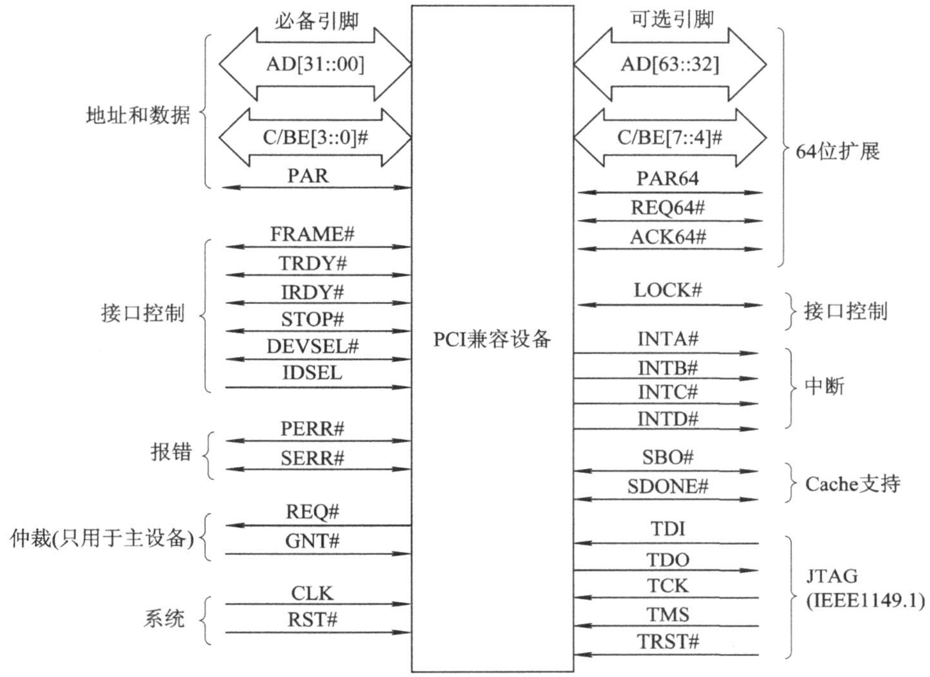

图6.15　PCI总线信号

PCI信号按传输方向划分，其信号类型可分为五种，如表6.2所示。信号的方向说明是针对总线主设备/目标设备而言的。

表6.2　PCI信号类型符号含义

信号类型符号	信号类型符号含义
in	单向标准输入信号
out	单向标准输出信号
t/s	双向三态输入/输出信号，无效时是高阻态
s/t/s	一次只能由一个单元拥有并驱动的持续三态信号。驱动该信号必须在它浮空之前维持一个时钟的高电平。新的驱动信号必须在三态之后一个时钟才开始驱动
o/d	漏极开路，允许多设备以线或形式共享一个信号

PCI信号具体定义如下。

1）系统信号

(1) CLK in：PCI系统总线时钟，对于所有的PCI设备，该信号均为输入，为所有PCI传输提供时序，其频率最高可达33 MHz/66 MHz，也可以是50 MHz～133 MHz(PCI 2.3版)，最低频率一般为0 Hz(直流)。除RST#、INTA#、INTB#、INTC#及INTD#之外，所有其他PCI信号都在CLK的上边沿有效(或采样)。

(2) RST# in：复位信号，用于复位总线上的接口逻辑，并使PCI专用的寄存器、序列器和有关信号复位到指定的状态。该信号低电平有效，在它的作用下PCI总线的所有输出信号处于高阻状态，SERR＃被浮空。

2）地址和数据信号

一个 PCI 总线传输由一个地址段及相随的一个或多个数据段组成。

（1）AD[31∶∶00] t/s：地址数据多路复用信号，这是一组信号，双向三态，为地址和数据公用。在 FRAME＃有效(低电平)时，表示地址相位开始，该组信号线上传输的是 32 位物理地址。对于 I/O 端口，这是一个字节地址；对于配置空间或存储器空间，这是一个双字地址。在数据传输相位，该组信号线上传输数据信号，AD[7∶∶0]为最低字节数据，而 AD[31∶∶24]为最高字节数据。当 IRDY＃有效时，表示写数据稳定有效，而当 TRDY＃有效时，表示读数据稳定有效。在 IRDY＃和 TRDY＃都有效期间传输数据。

（2）C/BE[3∶∶0]＃ t/s：总线命令和字节允许复用信号，双向三态信号。在地址相位中，这四条线上传输的是总线命令；在数据相位内，它们传输的是字节允许信号，表明整个数据相位中 AD[31∶∶00]上哪些字节为有效数据，C/BE0＃～C/BE3＃分别对应字节 0～3。

（3）PAR t/s：奇偶校验信号，双向三态。该信号用于对 AD[31∶∶00]和 C/BE[3∶∶0]＃上的信号进行奇偶校验，以保证数据的准确性。对于地址信号，在地址相位之后的一个时钟周期 PAR 稳定有效；对于数据信号，在 IRDY＃(写操作)或 TRDY＃(读操作)有效之后的一个时钟周期 PAR 稳定并有效。一旦 PAR 有效，它将保持到当前数据相位结束后一个时钟。在地址相位和写操作的数据相位，PAR 由主设备驱动；而在读操作的数据相位，则由从设备驱动。

3）接口控制信号

（1）FRAME＃(Frame) s/t/s：帧周期信号，双向三态，低电平有效。该信号由当前主设备驱动，用来表示一个总线周期的开始和结束。该信号有效，表示总线传输操作开始，此时 AD[31∶∶00]和 C/BE[3∶∶0]＃上传输的是有效地址和命令。只要该信号有效，总线传输就一直进行着。当 FRAME＃变为无效时，表示总线传输事务进入最后一个数据相位或该事务已经结束。

（2）IRDY＃(Initiator Ready) s/t/s：主设备准备就绪信号，双向三态，低电平有效，由主设备驱动。该信号有效表明引起本次传输的设备为当前数据相位作好了准备，但要与 TRDY＃配合，它们同时有效才能完成数据传输。在写周期，IRDY＃表示 AD[31∶∶00]上数据有效；在读周期，该信号表示主控设备已准备好接收数据。如果 IRDY＃和 TRDY＃没有同时有效，则插入等待周期。

（3）TRDY＃(Target Ready) s/t/s：从设备准备就绪信号，双向三态，低电平有效，由从设备驱动。该信号有效表示从设备已作好当前数据传输的准备工作，可以进行相应的数据传输。同样，该信号要与 IRDY＃配合使用，二者同时有效才能传输数据。在写周期内，该信号有效表示从设备已作好接收数据的准备；在读周期内，该信号有效表示有效数据已提交到 AD[31∶∶00]上。如果 TRDY＃和 IRDY＃没有同时有效，则插入等待周期。

（4）STOP＃(Stop) s/t/s：从设备请求主设备停止当前数据传输事务，双向三态，低电平有效，由从设备驱动。该信号用于请求总线主设备停止当前数据传输。

（5）LOCK＃(Lock) s/t/s：锁定信号，双向三态信号，低电平有效，由主设备驱动。PCI 利用该信号提供一种互斥访问机制。

（6）IDSEL(Initialization Device Select) in：初始化设备选择信号，输入信号，高电平

有效，在参数配置读/写传输期间用作芯片选择(片选)。

(7) DEVSEL＃ s/t/s：设备选择信号，双向三态，低电平有效，由从设备驱动。当该信号由某个设备驱动时(输出)，表示所译码的地址属于该设备的地址范围；当该信号作为输入信号时，可以判断总线上是否有设备被选中。

4) 仲裁信号(主设备使用)

(1) REQ＃(Request) t/s：总线占用请求信号，双向三态，低电平有效，由希望成为总线主控设备的设备驱动。它是一个点对点信号，并且每一个主控设备都有自己的REQ＃。

(2) GNT＃(Grant) t/s：总线占用允许信号，双向三态，低电平有效。当该信号有效时表示总线占用请求被响应。它也是点对点信号，每个总线主控设备都有自己的GNT＃。

5) 错误报告信号

(1) PERR＃(Parity Error) s/t/s：数据奇偶校验错信号，双向三态，低电平有效。当该信号有效时，表示总线数据奇偶校验错，但该信号不报告特殊周期中的数据奇偶校验错。一个设备只有在响应设备选择信号(DEVSEL＃)和完成数据相位之后，才能报告一个PERR＃。对于每个数据接收设备，如果发现数据有错误，就应在数据收到后的两个时钟周期内将PERR＃激活。该信号的持续时间与数据相位的多少有关。如果是一个数据相位，则最小持续时间为一个时钟周期；若是一连串的数据相位且每个数据相位都有错，那么，PERR＃的持续时间将多于一个时钟周期。该信号是s/t/s信号，和所有s/t/s信号一样，在被释放到三态之前，该信号必须为高电平并维持一个时钟周期。另外，对于数据奇偶校验错的报告既不能丢失也不能推迟。

(2) SERR＃(System Error)o/d：系统错误报告信号，漏极开路信号，低电平有效。该信号用于报告地址奇偶校验错、数据奇偶校验错以及可能引起灾难性后果的系统错误。SERR＃信号一般接至微处理器的NMI引脚上，如果系统不希望产生非屏蔽中断，就应该采用其他方法来实现SERR＃的报告。由于该信号是一个漏极开路信号，因此，发现错误的设备需用它驱动一个PCI时钟周期。SERR＃信号的发出要与时钟同步，并满足所有总线信号的建立和保持的时间需求。

6) 中断信号

中断在PCI总线中是可选项，可以没有。中断信号是电平触发，低电平有效，用漏极开路方式驱动。此类信号的建立和撤消与时钟不同步。PCI为每一个单一功能设备定义一根中断线。

INTA＃　o/d：中断A，用于单功能设备请求一次中断。

INTB＃　o/d：中断B，用于多功能设备请求一次中断。

INTC＃　o/d：中断C，用于多功能设备请求一次中断。

INTD＃　o/d：中断D，用于多功能设备请求一次中断。

多功能设备的任何一种功能都能连到任何一条中断线上。中断引脚寄存器决定该功能用哪一条中断线去请求中断。如果一个设备只用了一条中断线，则这条中断线就被称为INTA＃，如果该设备用了两条中断线，那么它们就被称为INTA＃和INTB＃，依此类推。对于多功能设备，可以是所有功能用一条中断线，也可以是每种功能有自己的一条中断线(最多4种功能)，还可以是上述两种情况的综合。一个单功能设备不能用一条以上的中断线去请求中断。

7) 高速缓存(Cache)支持信号(可选用)

为了使具有缓存功能的 PCI 存储器能够和写直达式(Write-through)或写回式(Write—back)的 Cache 操作相配合，PCI 总线设置了两个高速缓冲支持信号。

(1) SBO#(Snoop Back OFF) in/out：监听返回信号，双向，低电平有效。当该信号有效时，表示命中了一个修改行。

(2) SDONE#(Snoop Done) in/out：查询完成信号，双向，低电平有效。当它有效时，表示查询已经完成；反之，查询仍在进行中。

说明：这两个信号对应的引脚在 PCI 总线规范 V2.2 中被作为保留使用。

8) 64 位扩展信号

(1) REQ64# s/t/s：64 位传输请求信号，双向三态，低电平有效。该信号用于 64 位数据传输，由主设备驱动，时序与 FRAME#相同。

(2) ACK64# s/t/s：64 位传输响应信号，双向三态，低电平有效，由从设备驱动。该信号有效表明从设备将启用 64 位通道传输数据，其时序与 DEVSEL#相同。

(3) AD[63::32] t/s：扩展的 32 位地址和数据复用线。

(4) C/BE[7::4]# t/s：高 32 位总线命令和字节允许信号。

(5) PAR64 t/s：高 32 位奇偶校验信号，是 AD[63::32]和 C/BE[7::4]#的校验位。

9) JTAG/边界扫描引脚(可选)

IEEE1149.1 标准即测试访问端口和边界扫描体系结构，是可选的 PCI 设备接口。该标准规定了设计 1149.1 兼容集成电路的规则和性能参数。设备测试访问口(Test Access Port，TAP)使用五个信号，其中一个为可选信号。

(1) TCK(Test Clock) in：测试时钟，在 TAP 操作期间，该信号用来测试时钟状态信息和设备的输入/输出信息。

(2) TDI(Test Data Input) in：测试数据输入，在 TAP 操作期间，该信号用来把测试数据和测试命令串行输入到设备。

(3) TDO(Test Data Output) out：测试数据输出，在 TAP 操作期间，该信号用来串行输出设备中的测试数据和测试命令。

(4) TMS (Test Mode Select) in：测试模式选择，该信号用来控制在设备中的 TAP 控制器的状态。

(5) TRST#(Test Reset) in：测试复位，该信号可用来对 TAP 控制器进行异步复位，为可选信号。

PCI 总线使用 124 线总线插槽，用于连接总线板卡。板卡的总线连接头上每边各有 62 个引线。扩充到 64 位时，总线插槽需增加 64 线，变成 188 线。相应地，板卡的总线连接头上每边变成 94 线。

3. PCI 总线命令

总线命令是由通过仲裁获得总线控制权的主设备发给从设备的，说明当前传输事务的类型。总线命令出现于地址相位的 C/BE[3::0]#线上并被译码。这里所说的从设备，是指在 C/BE[3::0]#上出现命令的同时被 AD[31::00]线上的地址选中的设备。

表 6.3 给出了总线命令编码及类型说明。命令编码中的 1 表示高电平，0 表示低电平。

表 6.3　PCI 总线命令类型

C/BE[3::0]#	命令类型	C/BE[3::0]#	命令类型
0000	中断响应命令	1000	保留
0001	特殊周期命令	1001	保留
0010	I/O 读命令	1010	配置读命令
0011	I/O 写命令	1011	配置写命令
0100	保留	1100	存储器多重读命令
0101	保留	1101	双地址周期命令
0110	存储器读命令	1110	存储器行读命令
0111	存储器写命令	1111	存储器写并无效命令

(1) 中断应答命令实际是让 PCI 总线运行一个中断响应周期，获取提出中断请求设备的中断向量。注意到 8259A 的中断响应为双周期，因此，桥电路应把处理器的双周期格式变换成 PCI 上的单周期格式(将处理器送出的第一个中断应答信号丢掉即可)。

(2) 特殊周期命令为 PCI 提供了一个简单的信息广播机制，可用来报告处理器的状态。当需要进行 PCI 设备间的通信时，它还可替代物理信号。特殊周期不包含目标地址，以便发给所有的设备。每个接收设备自行确定广播信息是否适合本设备。在特殊周期命令期间，不允许 PCI 设备发出 DEVSEL#信号。

(3) I/O 读命令用来从一个映射到 I/O 地址空间的设备读取数据。AD[31::00]上只提供字节地址，但全部 32 位必须完全译码；而字节允许信号说明传输数据的宽度，并且必须和字节地址相对应。

(4) 保留命令是为了将来的用途而保留的。

(5) I/O 写命令用来向一个映射到 I/O 地址空间的设备写入数据。和 I/O 读命令一样，所有的 32 位地址必须参加译码，字节允许信号说明此次传输数据的宽度，并且必须和字节地址保持一致。

(6) 存储器读命令用来从一个映射到存储器地址空间的设备读取数据。如果从设备能保证无副作用产生，则它可以为该命令进行预先读取。但从设备必须保证本次 PCI 传输之后保存于临时缓冲区中的数据的一致性(包括数据次序)。在任何同步操作(如修改 I/O 状态寄存器或存储器标志)通过此存取路径之前，这个缓冲区必须保持无效。

(7) 存储器写命令用来向一个映射到存储器地址空间的设备写入数据。

(8) 配置读命令用来读取设备的配置空间中的数据。如果一个设备的 IDSEL 有效且 AD[1::0]=00，则该设备被选定为配置读命令的目标。在配置读命令的地址相位中，AD[7::2]用来寻址设备配置空间的 64 个双字寄存器中的一个，AD[10::8]表明多功能设备中哪个设备被选中，AD[31::11]无意义。

(9) 配置写命令用来向设备的配置空间写入数据。写配置的寻址与读配置相同。

(10) 存储器多重读命令和存储器读命令基本相同，不同点在于它还有一个附加功能，即主设备试图在连接断开之前读取多行 Cache 数据。只要 FRAME#有效，存储器控制器就不断地以流水线方式发出存储器请求。该命令用来传输大块的连续数据。如果有一个对软件透明的缓冲器来暂存数据，则顺序地预读一个或多个 Cache 行，可使存储器的某些性能得以提高。

(11) 双地址周期命令用来给 64 位寻址的设备发送 64 位地址，该地址不在低 4 GB 空间内。只支持 32 位地址的设备不得以任何方式对该命令作出反应，只能把它当作保留命令。

(12) 存储器读行命令和存储器读命令基本一致，不同之处在于，它还表示主设备试图读取一个完整的 Cache 行。该命令也用于大块顺序数据的传输。

(13) 存储器写并无效命令与存储器写命令基本相同，不同点是，它要保证最小的传输量是一个 Cache 行，即主设备在一次 PCI 传输中将寻址的 Cache 行的每个字节都要写入。该命令还要求主设备的配置寄存器指出 Cache 行的大小。该命令也是保证 Cache 一致性的措施。

所有 PCI 设备对配置读/写命令而言，都是目标设备，都必须作出应答，对别的命令则有选择余地。I/O 读/写命令是可选的，命令执行规则保证 I/O 读写命令的执行。有重定位功能或寄存器的目标设备要求能通过配置寄存器而映射到存储器空间，并响应基本的存储器读/写命令，这就为没有 I/O 空间的设备提供了一种选择。当这种映射实现时，无论设备映射到 I/O 空间还是存储器空间，命令执行规则都由系统设计者来保证。

总线主设备可以根据需要使用任选命令。目标设备也可根据需要而选用指令，但如果它选用了基本存储器命令，它就必须支持所有存储器命令，包括存储器写并无效命令、存储器行读命令和存储器多重读命令。如果不能全部使用，这些性能已优化的命令必须转化为基本存储器命令。例如，一个目标设备可以不用存储器读行命令，但它必须接收这种申请并把它当成存储器读命令。同样，一个目标设备可以不用存储器写并无效命令，但它必须接收这种申请并把它当成存储器写命令。

4. PCI 总线数据传输过程

PCI 总线采用地址/数据复用技术，每一个 PCI 总线传输由一个地址相位(期)和一个或多个数据相位(期)组成。地址相位由 FRAME＃变为有效的时钟周期开始。在地址相位，总线主设备通过 C/BE[3∷0]＃发送总线命令。如果是总线读命令，在地址相位后需要一个交换周期，该周期过后，AD[31∷00]改由从设备驱动，以接纳从设备的数据。对于写操作，则没有过渡期，直接从地址相位进入数据相位。数据相位的个数取决于要传输的数据个数，一个数据相位至少需要一个 PCI 时钟周期，在任何一个数据相位都可以插入等待周期。FRAME＃从有效变成无效表示当前正处于最后一个数据相位。

总线操作结束有多种方式。在大多数情况下，结束的方式是由从设备和主设备共同撤消准备就绪信号 TRDY＃和 IRDY＃。如果从设备不能继续传输，可以设置 STOP＃信号，表示从设备撤消与总线的连接。所寻址的从设备不存在或者 DEVSEL＃信号一直为无效状态都可能导致主设备结束当前总线操作，使 FRAME＃和 IRDY＃变为无效，回到总线空闲状态。

1) 读操作

图 6.16 是 PCI 总线读操作时序的一个例子，从中可以看出，一旦 FRAME＃信号有效，地址相位便开始，并在时钟 2 的上边沿处稳定有效。在地址相位内，AD[31∷00]上包含有效地址，C/BE[3∷0]＃上包含一个有效的总线命令。数据相位是从时钟 3 的上边沿处开始的。在此期间，AD[31∷00]上传输的是数据，C/BE＃线上的信息用于指定数据线上哪些字节有效(即哪几个字节是当前要传输的)。需要强调的是，无论是读操作还是后面要讲的写操作，从数据相位的开始一直到传输完成，C/BE＃的输出缓冲器(或锁存器)必须始终保持有效状态。

图 6.16 中的 DEVSEL♯信号和 TRDY♯信号由被地址相位内所发地址选中的从设备提供，但要保证 TRDY♯在 DEVSEL♯之后出现。IRDY♯信号是发起读操作的主设备根据总线的占用情况发出的。数据的真正传输是在 IRDY♯和 TRDY♯同时有效的时钟前沿进行的。当这两个信号之一无效时，就表示需要插入等待周期，此时，不进行数据传输。这说明一个数据相位可以包含一次数据传输和若干个等待周期。图 6.16 中所示的时钟 4、6、8 处各进行了一次数据传输，而在时钟 3、5、7 处插入了等待周期。

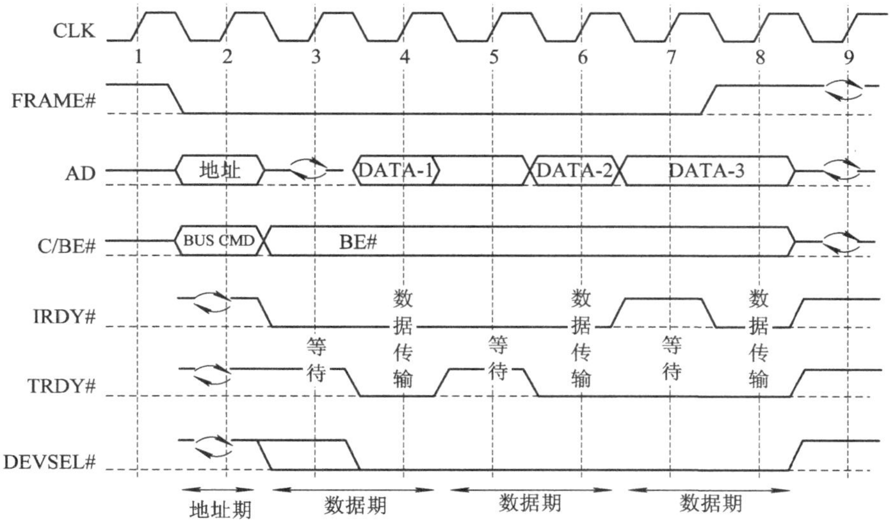

图 6.16　读操作时序

在读操作中的地址相位和数据相位之间，AD 线上要有一个总线交换周期，这通过从设备强制 TRDY♯实现，即让 TRDY♯的发出比地址晚一拍。在交换周期过后且 DEVSEL♯信号变为有效时，从设备必须驱动 AD 线。

尽管主设备在时钟 7 处已知道下一个数据相位是本次传输的最后一个，但由于某种原因它暂时不能完成该次传输(此时 IRDY♯无效)，所以主设备还不能撤消 FRAME♯，只有在时钟 8 处，IRDY♯变为有效后，FRAME♯信号才能撤消，从而通知从设备这是最后一个数据相位。

2）写操作

图 6.17 所示是 PCI 总线写操作时序的一个例子。从中可以看出，总线上的写操作与读操作类似，也是 FRAME♯有效时表示写操作周期中地址相位的开始，但地址相位后不需要交换周期，因为数据和地址都是由同一主设备提供的。

在图 6.17 中，第一个和第二个数据相位中没有等待周期，而在第三个数据相位中连续插入了 3 个等待周期。需要注意的是，第一个等待周期是由传输双方共同引起的，告诉从设备最后一个数据相位的方法与读操作时相同，即当 FRAME♯撤消后，还需要 IRDY♯处于有效状态。这里，主设备在时钟 6 处使 IRDY♯恢复有效，通知从设备这是最后一个数据相位，但由于从设备未准备好，最后一次数据传输到时钟 8 才完成。

从图 6.17 中 AD 和 C/BE♯的波形可看出，主设备发送数据可以延迟，但字节允许信号不受等待周期的影响，不得延迟发送。

上述的读/写操作均是以多个数据相位为例来说明的。如果是一个数据相位，FRAME＃信号在没有等待周期的情况下，应在地址相位(读操作应在交换周期)过后随即撤消。对于一个数据相位，中间亦可插入等待周期。

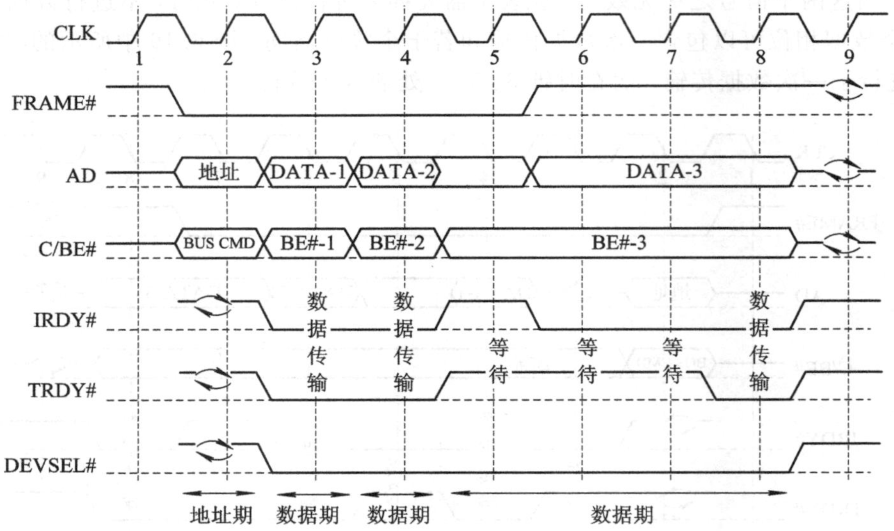

图 6.17 写操作时序

5. PCI 总线仲裁

为了使访问等待时间最小，PCI 总线仲裁基于访问而不基于时间。总线管理必须为总线上的每一次访问进行仲裁。PCI 总线采用中央仲裁方案，即每个主设备都设有自己的总线占用请求线 REQ＃和总线占用允许线 GNT＃，系统中设立一个中央仲裁电路，想得到总线控制权的主设备都要发出各自的请求，由中央仲裁电路进行裁决。PCI 总线的仲裁是“隐含的”，即一次仲裁可以在上一次访问期间完成，这样，就使得仲裁的具体实现不必占用 PCI 总线周期。但是，如果总线处于空闲状态，仲裁就不一定采用隐含方式。

PCI 总线仲裁的基本规则如下：

① 若 GNT＃信号无效而 FRAME＃有效，则当前的数据传输合法且能继续进行。

② 如果总线不处在空闲状态，则一个 GNT＃信号无效与下一个 GNT＃信号有效之间必须有一个延迟时钟，否则在 AD 线和 PAR 线上会出现时序竞争。

③ 当 FRAME＃无效时，为了响应更高优先级主设备的占用请求，可以在任意时刻置 GNT＃和 REQ＃无效。若总线占有者在 GNT＃和 REQ＃设置后，在处于空闲状态 16 个 PCI 时钟后还没有开始数据传输，则仲裁机构可以在此后的任意时刻移去 GNT＃信号，以便服务于一个更高优先级的设备。

6.3.3 PCI Express 总线

1. PCI Express 总线的提出和特点

PCI 总线技术自 20 世纪 90 年代初期开始至今已应用了十多年，它的发展步伐相对来说是缓慢的。总的来说，PC 总线是每 3 年性能提高一倍，从最初的 8 位 PC/XT、16 位的

ISA 总线、32 位的 EISA 和 MCA、VL 总线到 PCI、64 位 PCI/66 MHz、PCI-X；而处理器却通常是每个摩尔周期性能就要提高一倍(一个摩尔周期为 18 个月)。正是这种技术发展上的不同步，使得 PCI 总线慢慢成为了整个系统的瓶颈。基于此，Intel 提出了替代 PCI 总线的新总线技术——PCI Express。到了 2001 年，在 Intel 春季的 IDF 上，Intel 正式公布了旨在取代 PCI 总线的第三代 I/O 总线技术(3GIO)，也就是后来的 PCI Express 总线规范。在 2002 年 7 月 23 日，PCI-SIG 正式公布了 PCI Express 规范 1.0 版以及相应的 PCI Express 电气规范。而到了 2003 年 Intel 春季 IDF 上，Intel 正式公布了 PCI Express 的产品开发计划，在其芯片组 915 中正式支持 PCI Express，从而使 PCI Express 最终走向应用。2006 年 2.0 标准正式推出。着眼于未来的 PCI Express 3.0 标准也提上了日程，目前已知 PCI Express 3.0 标准传输带宽将比 2.0 版本提高一倍，并取消了传统的 8 b/10 b 编码；它将引入包括信号强化(enhanced signaling)、数据完整性(data integrity)、传输接收均衡、PLL 改善等多项技术，最终规格预计将于 2009 年公布，2010 年左右进入实用化阶段。

PCI Express 之所以能迅速得到业界的承认，并且作为 PCI 总线的接替者，缘于它具有鲜明的技术优势，可以全面解决 PCI 总线技术所面临的种种问题。PCI Express 的优势在于：

(1) 在两个设备之间点对点串行互联(两个芯片之间使用接口连线，设备之间使用数据电缆，而 PCI Express 接口的扩展卡之间使用连接插槽进行连接)。PCI Express 总线是一种点对点串行连接的设备连接方式，点对点意味着每一个 PCI Express 设备都拥有自己独立的数据连接，各个设备之间并发的数据传输互不影响。

(2) 双通道，高带宽，传输速度快。在数据传输模式上，PCI Express 总线采用独特的双通道传输模式，类似于全双工模式，大大提高了数据传输速率。在传输速率上，PCI Express 将从每个信道单方向 2.5 Gb/s 的传输速率起步，而它在物理层上提供的 1～32 可选信道带宽特性更使其可以轻松实现近乎“无限”的扩展传输能力，具体数值见表 6.4。PCI Express 串行连接使用了内嵌时钟技术(8 b/10 b 编码模式)，时钟信息直接写入数据流中，这对比大多数并行总线要额外传输保持同步的时钟信号来说更能节省传输的通道和提高传输效率。

表 6.4　PCI Express 通道传输速率

PCI-E 通道	未编码数据速率(有效的数据速率)/(Gb/s)		编码数据速率/(Gb/s)	
	单向	双向	单向	双向
×1	2	4	2.5	5
×4	8	16	10	20
×8	16	32	20	40
×16	32	64	40	80
×32	64	128	80	160

(3) 灵活扩展性。与 PCI 不同，PCI Express 总线能够延伸到系统之外，采用专用线缆

可将各种外设直接与系统内的 PCI Express 总线连接在一起。这样可以允许开发商生产出能够与主系统脱离的高性能的存储控制器，不必再担心由于改用 FireWire 或 USB 等其他接口技术而使存储系统的性能受到影响。

(4) 使用小型连接，节约空间，减少串扰，降低电源消耗，并有电源管理功能。这主要得益于 PCI Express 总线采用比 PCI 总线少得多的物理结构，如单×1 带宽模式只需 4 线即可实现数据传输，实际上是每个通道只需 4 根线，即发送和接收数据的信号线各一根，另外各一根独立的地线。PCI Express 技术不需要像 PCI 总线那样在主板上布大量的数据线(PCI 使用 32 或 64 条平行线传输数据)，与 PCI 相比，PCI Express 总线的导线数量减少了将近 75%，速度会加快而且数据不需要同步。

(5) 支持设备热插拔和热交换。PCI Express 总线接口插槽中含有"热插拔检测信号"，所以可以像 USB、IEEE 1394 总线那样进行热插拔和热交换。

(6) 具有数据包和层协议架构，可保持端对端和链接级数据完整性。PCI Express 采用类似于网络通信中的 OSI 分层模式，各层使用专门的协议架构，所以可以很方便地在其他领域得到广泛应用。PCI Express 包含 3 个协议层：事物层(transaction)、数据链路层(data link)和物理层(physical)，当数据在设备间传输时，每个设备都会被看成一个协议栈(protocol stack)。

(7)在软件层保持与 PCI 的兼容。跨平台兼容是 PCI Express 总线非常重要的一个特点。目前被广泛采用的 PCI 2.2 设备可以在这一新标准提供的低带宽模式下运行，不会出现类似 PCI 插卡无法在 ISA 或者 VL 插槽上使用的问题，从而为广大用户提供了一个平滑的升级平台。同时由 IBM 创导的 PCI - X 接口标准在 PCI Express 标准中也得到了兼容。

2. PCI Express 的体系结构

PCI Express 体系结构采用分层设计，就像网络通信中的七层 OSI 结构一样，这样利于跨平台的应用，如图 6.18 所示。这些层可以再分为两部分：发送部分(TX)和接收部分(RX)。下面对各协议层和软件层分别进行具体介绍。

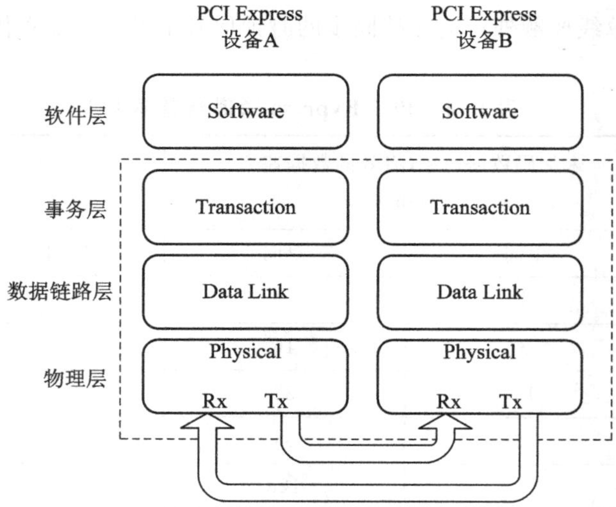

图 6.18 PCI Express 的体系结构

1）物理层

物理层是最底层，它负责接口或者设备之间的连接，是物理接口之间的连接。物理层决定了 PCI Express 总线接口的物理特性，如点对点串行连接、微/差分信号驱动、热插拔、可配置带宽等。初始的单一串行 PCI Express 连接包含两个低电压微分驱动信号对(4 线的接收和发送对)的双向连接，即"发送"和"接收"信号。数据时钟使用 8 b/10 b 解码方式来实现高数据传输速率，时钟信息直接被编码成数据流，比起分离信号时钟更好。微分信号受两个不同方向的电压驱动，PCI Express 的连接信号发送速率为单线每个方向 2.5 Gb/s，双向可达到 5 Gb/s。双向连接允许数据在两个方向上同时传输，类似于全双工连接，如电话系统，但是在双向传输中，每个连接各自都有自己的地线，而不像双工传输那样采用公共地线，这样可得到高速、更好质量的传输信号。PCI Express 连接方式如图 6.19 所示。一个单独的基本的 PCI Express 串行连接就是两个独立的通过不同的低电压对驱动信号实现的连接，包括一个接收对和一个发送对(共四组线路)。在图 6.19 中的两个箭头代表两个不同方向(发送和接收)的数据包。单线数据传输每个方向只需 2 根芯线，即一根为数据传输线，一根为地线。

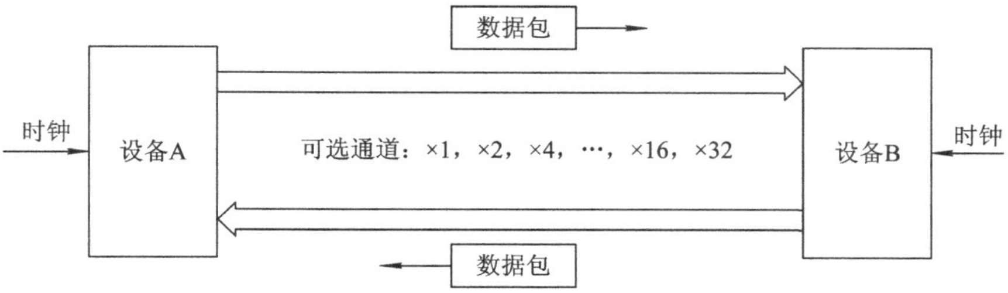

图 6.19　PCI Express 连接方式

PCI Express 连接可以配置为×1、×2、×4、×8、×12、×16 和×32 信道带宽，×1 带宽的链路包含 4 条线，×16 带宽信道每个方向就有 16 个不同的信号对，或者 64 根信号线用于双向数据传输；×32 带宽信道每个方向可以提供 10 GB/s 的数据传输速率，但是在采用 8 位/10 位编码方式的情况下，实际速率只可达 8 GB/s，留有 20%的富余量。

如图 6.20 所示的是 PCI Express 总线数据流传输示意图。图的左边显示的是单信道情况下数据流的传输方式。因为 PCI Express 属于点对点串行连接，所以在单信道情况下，数据流是一个字节一个字节来传输的。在图的右边显示的是多信道情况下 PCI Express 总线数据流的传输情况。因为有多个信道，所以数据可以依次传输到各个信道，加快了整个数据传输的速度，提高了数据传输效率，这有点类似于网络中的磁盘阵列。

2）数据链路层

数据链路层的主要功能就是确保在各链路上的数据包可靠、正确地传输。它的任务是确保数据包的完整性，并在数据包中添加序列号和发送冗余校验码到事务层。大多数数据包是由事务层发起的，一种基于信任(credits)的数据流控制协议确保数据包只在终端缓存空闲时传输，这样就避免了重新传输所带来的信道带宽浪费。一旦发现链路层数据包不完整或丢失，数据链路层会自动重新传输数据包。

3）事务层

事务层的作用主要是接收从软件层送来的读、写请求，并且建立一个请求包传输到链路层。所有请求都是分离执行，有些请求包将需要一个响应包。事务层同时接收从链路层传来的响应包，并与原始的软件请求关联。事务层还整合或者拆分处理上级数据包并发送请求，如数据读、写请求，并且操纵连接配置和信号控制，以确保端到端连接通信正确，没有无效数据通过整个组织(包括源设备和目标设备，甚至包括可能通过的多个桥接器和交换器)。

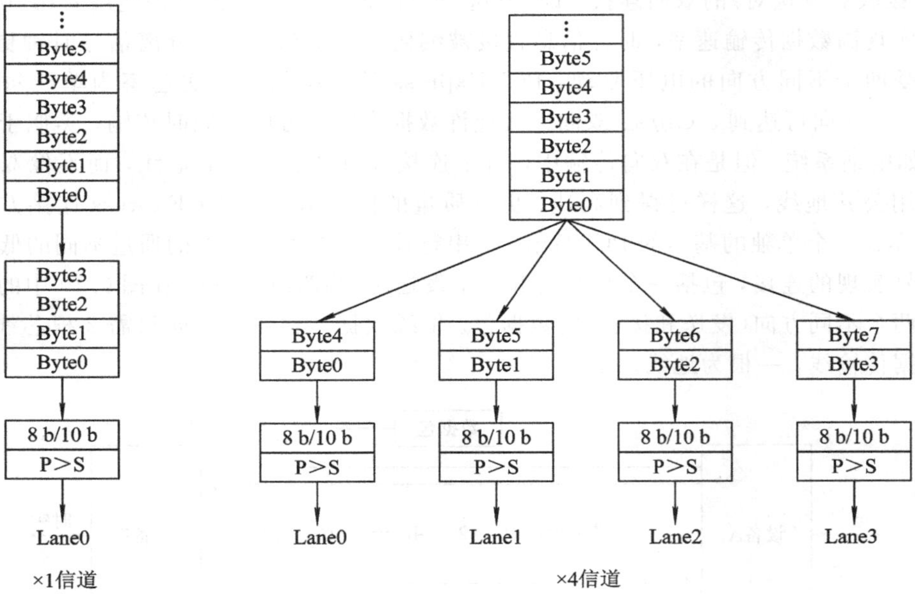

图 6.20 PCI Express 总线数据流传输示意图

4) 软件层

软件层被称为最重要的部分，因为它是保持与 PCI 总线兼容的关键。其目的在于，使系统在使用 PCI Express 启动时，像在 PCI 下的初始化和运行那样，无论是在系统中发现的硬件设备，还是在系统中的资源，如内存、I/O 空间和中断等，都可以创建非常优化的系统环境，而不需要进行任何改动。在 PCI Express 体系结构中保持这些配置空间和 I/O 设备连接的规范稳定是非常关键的。事实上，在 PCI Express 平台中所有操作系统在引导时都不需要进行任何编辑，也就是说在软件方面完全可以实现从 PCI 总线平稳过渡。在软件响应时间模式方面，PCI Express 体系结构支持 PCI 的本地存储、共享内存模式，这样所有 PCI 软件在 PCI Express 体系中运行都不需任何改变。当然新的软件可能包括新的特性。

3. PCI Express 各层数据包

当数据在设备间传输时，每个设备都会被看成一个协议包。与物理层相关的是物理层数据包(Physical Layer Packet，PLP)，与数据链路层相关的是数据链路层数据包(Data Link Layer Packet，DLLP)，与事务层相关的是事务层数据包(Transaction Layer Packet，TLP)。在 PCI Express 总线技术中，数据包类型主要有两种，即事务层数据包和数据链路层数据包。

PCI Express 设备之间的数据传输是以事务组织的，根复合体(root complex)能够发出指向端点的事务，端点能够发起指向根复合体的事务，也可以发起指向另一个端点的事务。PCI Express 事务可分为四种：存储器事务、I/O 事务、配置事务和消息事务。事务的执行或者完成是由发送和接收事务层数据包(TLP)来具体实现的。事务分为非转发事务和转发事务。属于非转发事务的有存储器读事务、I/O事务、配置事务，属于转发事务的有存储器写事务和消息事务。

PCI Express事务使用的TLP源自发送设备的事务层，终止于接收设备的事务层。如图6.21所示，设备A为发送方，设备B为接收方。随着TLP通过发送设备各层，数据链路层和物理层也参与对TLP的构建。另一端的接收设备接收TLP，物理层、数据链路层和事务层都对TLP进行相应的拆解。

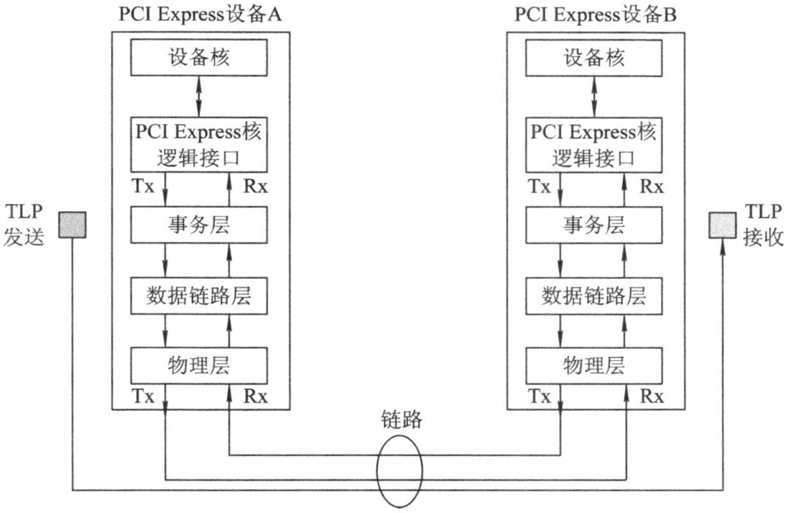

图6.21 TLP的发送和接收

1) TLP的组装

在链路上发送的TLP如图6.22所示。其核心部分是包的头部和数据区(也称为数据载荷，有些TLP无数据区)，由事务层根据软件层/设备核送来的信息构建。还要计算出基于头部和数据区的端—端CRC字段(32位)，称为ECRC，并添加到包上。该字段是可选的，其作用是最终目标设备在事务层检查TLP头部和数据区的CRC错误。

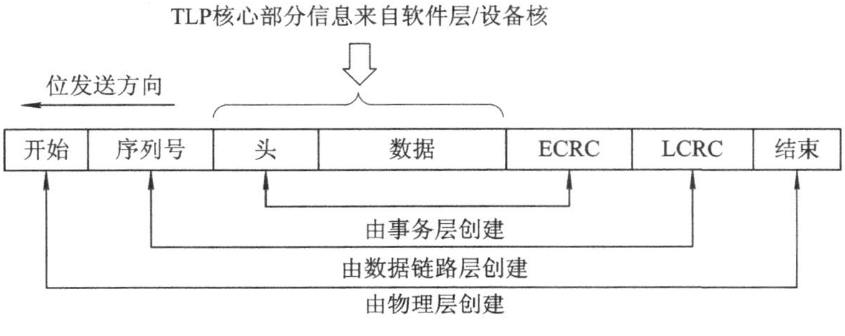

图6.22 TLP的组装

TLP在事务层处理完后，发送到数据链路层，在该层添加序列号和LCRC字段。LCRC字段用于接收设备的数据链路层检查带有序列号的TLP中相关的CRC错误。数据链路层处理完后，将带有序列号和LCRC字段的TLP送到物理层，由物理层给该TLP再附加一个字节的开始和结束帧字符。然后，对数据包进行编码，并使用链路上可用的通道发送该数据包。

2) TLP 的拆解

接收设备通过链路接收到 TLP，在物理层将 TLP 中的开始和结束帧字符剥去，所得到的 TLP 送到数据链路层。在数据链路层对 TLP 进行校验，若无错误，则剥去序列号和 LCRC 字段，并送到事务层。若接收设备是交换器，则根据 TLP 头内的地址信息，将该数据包从交换器的一个端口路由到另一个端口，不允许修改 ECRC。若接收设备是 TLP 的最终目标设备，则在事务层对 TLP 进行校验，若无 ECRC 错误，则剥去 ECRC 字段，留下包的头和数据区，送到软件层/设备核。TLP 的拆解过程如图 6.23 所示。

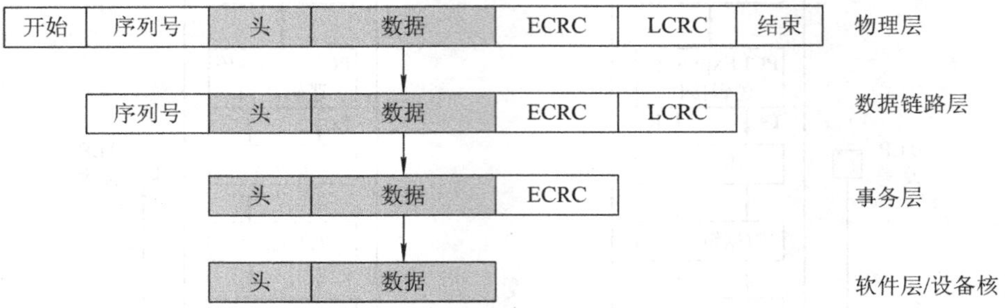

图 6.23 TLP 的拆解

数据链路层包(DLLP)源自发送设备的数据链路层，终至接收设备的数据链路层。如图 6.24 所示，DLLP 全长 8 个字节，主要用于链路管理。由于只在两个相连设备的数据链路层之间，不像 TLP 要穿过交换器，因此 DLLP 不含路由信息。

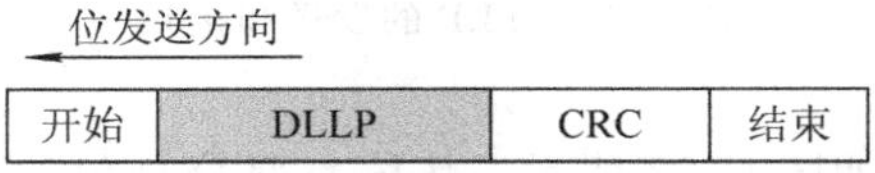

图 6.24 DLLP 的组件

组装时，DLLP 和 16 位的 CRC 字段(用于校验)在数据链路层生成；送到物理层时，添加开始和结束帧字符，然后通过链路送出。接收设备物理层通过链路接收到 DLLP 包时，在物理层剥离开始和结束帧字符后，送到数据链路层。

6.3.4 通用串行总线 USB

通用串行总线(Universal Serial Bus，USB)是一种新型的外设标准接口设备。由 Intel 牵头，Compaq、Microsoft、HP、NEC 以及 Philips 等公司共同开发，于 1994 年 11 月制定了第一个 USB 规范草案，1996 年 2 月公布 USB 1.0 版本，1998 年 9 月发布其 1.1 版本，2000 年 4 月发布其 2.0 版本。USB 2.0 的最高传输速率达到 480 Mb/s。USB 的出现，取代了原来的串口和并口，成为标准的外设接口。最新的 USB 3.0 标准即将发布，其性能将比当前标准提高 10 倍，其传输速率将达到 2.5 Gb/s。

这几年，随着大量支持 USB 的个人电脑的普及，USB 已逐步成为 PC 机的标准接口。在主机(host)端，最新推出的 PC 机几乎 100%支持 USB；而在外设端，使用 USB 接口的设备也与日俱增，例如数码相机、扫描仪、游戏杆、磁带驱动器、软驱、图像设备、打印机、键盘、鼠标等等。

1. USB的特点

USB技术的应用是计算机外设总线的重大变革。USB的规范能针对不同的性能价格比要求提供不同的选择，以满足不同的系统、部件以及相应的功能需求，其主要特点可归结为以下几点：

(1) USB为所有的USB外设提供了单一的、易于操作的标准连接方式。用户在连接时不必再判断哪个插头对应哪个插座，简化了USB设备的设计。其接口采用统一的标准。

(2) USB支持PnP(Plug and Play)。当插入USB设备时，USB集线器能检测到该设备，接着主机系统加载相应的设备驱动程序并对该设备进行配置，用户马上就可使用该设备。USB支持热插拔，即在不切断主机电源的情况下可以安全地插入和拔出USB设备。

(3) USB提供低速(Low Speed)1.5 Mb/s、全速(Full Speed)12 Mb/s和高速(High Speed)480 Mb/s(USB 2.0)三种速率来适应不同类型的设备。USB最多支持127台物理设备的连接。

(4) 占用主机资源(I/O端口地址、中断等)少。USB总线及其所连接的设备只占用相当于一台传统设备所需的资源。USB是一种基于信息的协议总线，它必须遵循对于总线上传输信息的格式、组织、应答方式等所作的一系列的规定，即协议。USB总线采用集中控制，所有的传输都是由位于主机中的USB主控制器引发的，因此，总线上的信息传输不会引起冲突。

(5) USB系统采用四芯电缆，用于传输信号和提供电源，电缆的总长度不得超过5 m。USB接口可为设备提供电源(最高可达500 mA)。

2. USB系统组成

一个USB系统主要被定义为四个部分：

(1) USB的互连。USB的互连是指USB设备与主机之间进行连接和通信的操作，主要包括以下几方面内容：①总线的拓扑结构：USB设备与主机之间的各种连接方式；②内部层次关系：根据性能叠置，USB的任务被分配到系统的每一个层次；③数据流模式：描述了数据在系统中通过USB从产生方到使用方的流动方式。

(2) USB的调度。USB提供了一个共享的连接，对可以使用的连接进行了调度以支持同步数据传输，并且避免了优先级判别的开销。

(3) USB的设备。USB设备分为集线器、分配器或文本设备等类。集线器类指的是一种提供USB连接点的设备。USB设备需要提供自检和属性设置的信息，必须在任何时刻与所定义的USB设备状态相一致。

(4) USB的主机。在任何USB系统中，只有一个主机。USB和主机系统的接口称做主机控制器。主机控制器可由硬件、固件和软件综合实现。根集线器是由主机系统整合的，用以提供更多的连接点。

3. USB的传输类型

为了满足不同设备的需要，即既要满足数据传输量大的设备，又要满足数据传输量小且要求响应快的设备，USB规范规定了四种传输类型，即控制传输、等时(isochronous)(同步)传输、中断传输和数据块(bulk)传输。

(1) 控制(control)传输。控制传输是双向传输，数据量通常较小。USB 系统软件主要用来进行查询、配置和给 USB 设备发送通用的命令。控制传输方式可以包括 8、16、32 和 64 字节的数据，这依赖于设备和传输速度。控制传输典型地用在主计算机和 USB 外设之间的端点(endpoint)0 之间的传输，但是指定供应商的控制传输可能用到其他的端点。

(2) 中断(interrupt)传输。中断传输方式主要用于定时查询设备是否有中断数据要传输。USB 的中断是 Polling(查询)类型，其端点周期为 1～255 ms。这种传输方式主要用于少量的、不固定数据的传输。例如键盘、操纵杆和鼠标就属于这一类型。中断传输是单向的，并且对于主机来说，只有输入的方式。

(3) 数据块(bulk)传输。数据块传输主要应用在数据要大量传输和接收，同时又没有带宽和间隔时间要求的情况下，要求保证传输。打印机和扫描仪属于这种类型。这种类型的设备适合于传输非常慢和大量被延迟的数据，可以等到所有其他类型的数据传输完成之后再传输和接收数据。

(4) 等时(isochronous)传输(同步传输)。同步传输提供了确定的带宽和间隔时间。它主要用于时间严格并具有较强容错性的流数据传输，或者用于要求恒定的数据传输率的即时应用中。例如对于即时通话的网络电话应用，使用同步传输模式是很好的选择。同步数据要求确定带宽值和最大传输次数。对于同步传输来说，即时的数据传递比完美的精度和数据的完整性更重要一些。视频设备、数字声音设备和数字相机都采用这种方式。

4. USB 协议和 USB 系统拓扑结构

USB 协议定义了在 USB 系统中宿主(Host)和 USB 设备之间的连接和通信规范，其物理拓扑结构如图 6.25 所示，其连接是级联星形拓扑结构，允许最多连接 127 个设备，最上层是 USB 控制器。

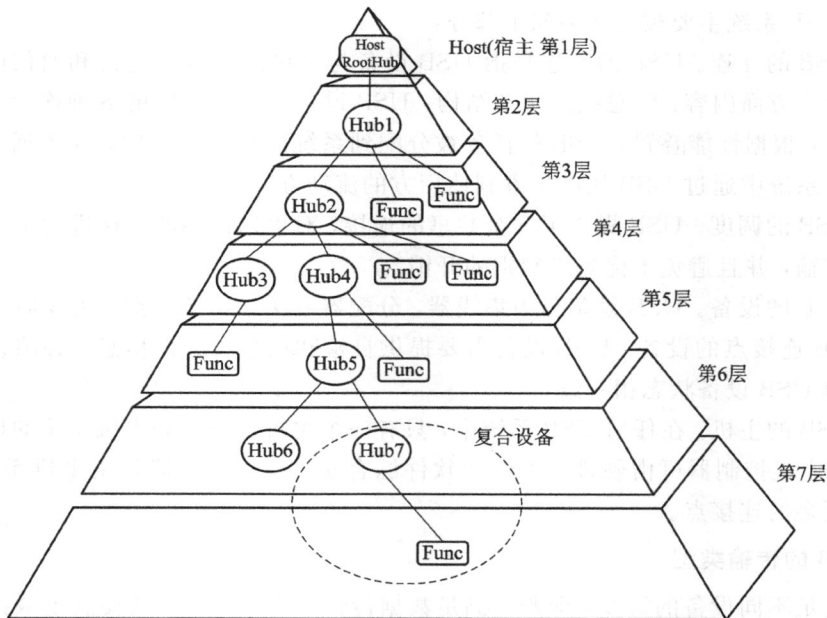

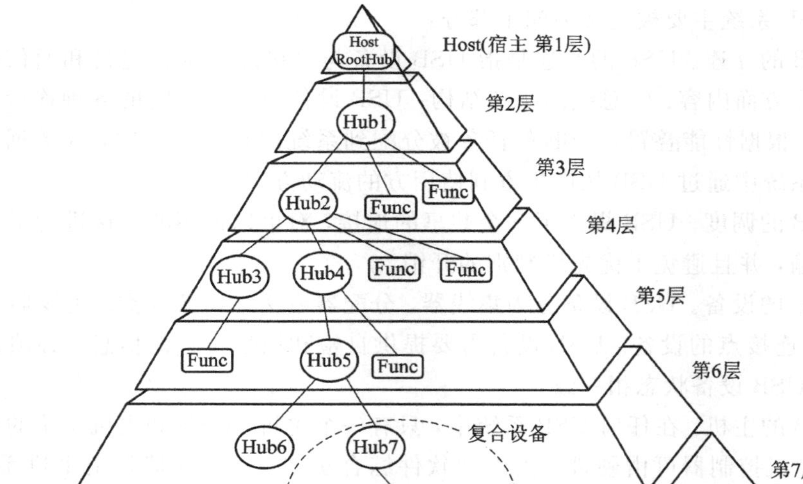

图 6.25 USB 的拓扑结构

在USB系统中，只能有一台主机。USB和主机的接口称为主控制器。集线器(Hub)用来提供附加连接点，和主控制器相连的集线器称为根集线器(Root Hub)。

USB是一种协议总线，即主机与设备之间的通信需要遵循一系列约定。在USB总线上数据的传输是以帧(frame)为单位进行的，即发送方需要按照一定的格式对要传输的数据进行组织，加上一些附加信息组织成帧；接收方按照同样的格式来接收和解释帧。帧的传输时间与选定的数据传输速率有关：对于全速和低速，一帧为1 ms；而对于高速，一帧为125 μs(称为微帧)。

USB将其有效的带宽分成各个不同的帧，每帧通常是1ms时间长。每个设备每帧只能传输一个同步的传输包。在完成了系统的配置信息和连接之后，USB的Host就会对不同的传输点和传输方式作一个统筹安排，用来适应整个的USB的带宽。通常情况下，同步方式和中断方式的传输会占据整个带宽的90%，剩下的就安排给控制方式传输数据。一帧中能实现的最大数据传输量，即所能传输的最大字节数称为带宽。USB采用共享带宽分配方案，如图6.26所示。

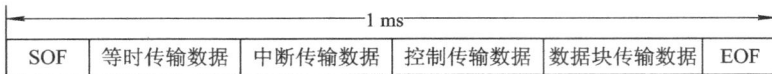

1 ms					
SOF	等时传输数据	中断传输数据	控制传输数据	数据块传输数据	EOF

图6.26　USB带宽的共享

USB允许等时(同步)和中断传输占用高达90%的带宽，剩下的10%的带宽用于控制传输，块传输仅在带宽满足要求的情况下才会出现。由此可见，USB的数据传输是基于时间片的。显然，某一类型的传输在一帧中所能传输的数据是有限的。为此，在USB系统中引入了传输、事务(transaction)和事务处理的概念。所谓传输，就是要传输的通常具有某种实际意义的一批数据，例如，要打印的一页数据。所谓事务，是指在一帧中所能传输的部分，例如，对于块传输，一个事务最多只能容纳64个字节。因此，一个超出事务传输能力的传输需要分解成若干个事务。在一帧中，一个事务是通过一次事务处理来实现的。通常，一次事务处理由三个阶段组成：令牌包阶段、数据包阶段和握手包阶段。这里又提出了包(packet)的概念，包是帧的基本成分。这里的三种包被用于事务处理，或者说包是事务处理的构成单位。还有其他类型的包，比如表示帧开始的SOF包。每一种包都有自己特定的格式。例如，在事务处理中真正完成数据传输的数据包由包标识PID、要传输的数据和CRC校验码三部分组成。

本章小结

总线是构成计算机系统的互连机构，是多个系统功能部件之间进行数据传输的公共通道。总线特性包含物理特性、功能特性、电气特性和时间特性等。总线发展必须走标准化的道路。衡量总线性能的最重要指标是总线带宽。总线按不同方式，可以有多种不同的分类方法。

总线仲裁是总线系统的核心问题之一。按照总线仲裁器的位置，总线仲裁分为集中式仲裁和分布式仲裁。总线通信方式有串行方式、并行方式和复用方式。总线握手方式有同步方式、异步方式、半同步方式和分离方式。

微机总线从 ISA 总线发展到 VESA 总线，再发展到 PCI 总线。目前，最新的总线技术采用 PCI Express 总线。由于 PCI Express 具备优异的性能，故目前它正全面取代还在使用的 PCI 总线。USB 是目前外设的标准接口。

习 题 6

1. 总线的特性包括哪些内容？

2. 总线为什么要标准化？

3. 总线按功能划分，可以分为__________三种类型；若按信息传输方向划分，又可以分为__________两种类型；若按功用划分，则总线可以分为__________三种类型。

4. 简述总线的性能指标。

5. 如果一个总线时钟周期中并行传输 32 位数据，总线时钟频率为 266 MHz，则其总线带宽是多少？若将传输数据位数提高到 64 位，时钟频率提高到 800 MHz，这时候该总线带宽能达到多少？

6. 比较单总线和多总线的性能特点。

7. 试画出链式查询方式的优先级裁决逻辑电路。

8. 试画出独立请求方式优先级裁决逻辑电路。

9. 比较集中式仲裁三种方式的优缺点，并指出响应速度最快的方式及对电路故障最敏感的方式。

10. 总线传输数据的方式有__________、__________和__________。

11. 简述总线传输的四个过程。

12. 总线传输数据的握手方式有__________、__________、__________和__________。

13. 简述同步定时协议的特点。

14. 根据应答信号(即请求和回答信号)的建立和撤消是否相互依赖的关系，异步方式又分为__________、__________和__________三种。

15. 试比较 ISA 总线、PCI 总线、PCI Express 总线的特点，及对计算机系统发展的作用。

16. PCI Express 总线的协议层分为__________、__________和__________。

17. 简述 USB 的特点。

18. USB 的传输类型有__________、__________、__________和__________。

第 7 章　输入/输出设备

中央处理器(CPU)和内存储器构成计算机的主体，称为主机。主机以外的其他硬件设备都称为外部设备，简称外设。它包括输入设备、输出设备和辅助存储器等。

7.1　输 入 设 备

在计算机中，输入设备主要完成输入程序、数据和操作命令等功能，也是进行人机对话的主要部件。

7.1.1　键盘

键盘是目前应用最普遍的一种输入设备，与显示器组成终端设备。

键盘是由一组排列成阵列形式的按键开关组成的，每按下一个键，产生一个相应的字符代码(每个按键的位置码)，然后将它转换成 ASCII 码或其他码，传送给主机。目前常用的标准键盘有 101 个键，它除了提供通常的 ASCII 字符以外，还有多个功能键(由软件系统定义功能)、光标控制键(上、下、左、右移动等)与编辑键(插入或消去字符)等。

IBM PC 的键盘内装有 Intel 8048 单片机来执行键盘扫描(确定按键的位置码)、键盘检测、消去重键、自动重发、扫描码缓冲以及与主机间的通信等功能。

用于信息交换的美国标准代码(American Standard Code for Information Interchange, ASCII)如表 7.1 所示。

从表中可以看到：

(1) 每个字符是用 7 位二进制代码表示的，其排列次序为 $b_6b_5b_4b_3b_2b_1b_0$，在表中的 $b_6b_5b_4$ 为高位部分，$b_3b_2b_1b_0$ 为低位部分。而一个字符在计算机内实际是用 8 位二进制代码表示的。正常情况下，最高一位 b_7 为 0。在需要奇偶校验时，这一位可用于存放奇偶校验的值，此时称这一位为校验位。

(2) ASCII 是 128 个字符组成的字符集。其中编码值 0～31 不对应任何可印刷(或称有字形)字符，通常称它们为控制字符，用于通信控制或对计算机设备的功能控制。编码值为 20H 的是空格(或间隔)字符 SP，编码值为 7FH 的是删除控制 DEL 码，其余的 94 个字符称为可印刷字符。如果把空格也计入可印刷字符，则有 95 个可印刷字符。请注意，这种字符编码中有如下两个规律：

① 字符“0”～“9”这 10 个数字符的高 3 位编码为 011，低 4 位为 0000～1001。当去掉高 3 位的值时，低 4 位正好是二进制形式的 0～9。这既满足正常的排序关系，又有利于完成 ASCII 码与二进制码之间的转换。

表 7.1 ASCII 字符编码表

b_3	b_2	b_1	b_0	$b_6b_5b_4$							
				000	001	010	011	100	101	110	111
0	0	0	0	NUL	DLE	SP	0	@	P	`	p
0	0	0	1	SOH	DC1	!	1	A	Q	a	q
0	0	1	0	STX	DC2	"	2	B	R	b	r
0	0	1	1	ETX	DC3	#	3	C	S	c	s
0	1	0	0	EOT	DC4	$	4	D	T	d	t
0	1	0	1	ENQ	NAK	%	5	E	U	e	u
0	1	1	0	ACK	SYN	&	6	F	V	f	v
0	1	1	1	BEL	ETB	'	7	G	W	g	w
1	0	0	0	BS	CAN	(	8	H	X	h	x
1	0	0	1	HT	EM	)	9	I	Y	i	y
1	0	1	0	LF	SUB	*	:	J	Z	j	z
1	0	1	1	VT	ESC	+	;	K	[	k	{
1	1	0	0	FF	FS	,	<	L	\	l	|
1	1	0	1	CR	GS	-	=	M	]	m	}
1	1	1	0	SO	RS	.	>	N	^	n	~
1	1	1	1	SI	US	/	?	O	_	o	DEL

② 英文字母的编码值满足正常的字母排序关系，且大、小写英文字母编码的对应关系相当简便，差别仅表现在 b_5 位的值为 0 或 1，有利于大、小字母之间的编码变换。

另有一种字符编码，是主要用在 IBM 计算机中的扩充的二—十进制信息码(Extended Binary Coded Decimal Interchange Code，EBCDIC)。它采用 8 位码，有 256 个编码状态，但只选用其中一部分。“0”～“9”这 10 个数字符的高 4 位编码为 1111，低 4 仍为 0000～1001。大、小写英文字母的编码均同样满足正常的排序要求，而且有简单的对应关系，即同一个字母其大小写的编码值仅最高的第二位值不同，易于变换与识别。

7.1.2 鼠标

鼠标(mouse)是一种手持式的坐标定位部件，由于它拖着一根长线与接口相连，样子像老鼠，由此得名。鼠标以其快捷、准确、直观的屏幕定位和选择能力而倍受欢迎，目前已成为计算机必备的输入设备。

目前市面上流行的鼠标有两种：机械式和光电式。它们与主机的通信和控制原理完全相同，只是在移动检测方面有些差异，两者相互之间可以直接替换。

机械式鼠标的底部中心有一个外表涂有橡胶的钢球。当鼠标在桌面上滑动时，带动钢球滚动。钢球靠着两个靠轮，它们在弹簧的作用下与钢球之间保持一定压力，当钢球滚动时，靠轮随着转动。靠轮的轴端有一个栅轮，像车轮的辐条一样，将轮面分成许多栅格。栅轮两边有光电检测器，发光二极管发出的光线透过栅轮，照到另一边的光敏三极管上，使其导通，在控制线路得到一个低电平。当栅条挡住光线时，光敏三极管截止，得到高电平。随着栅轮的转动，就可产生一系列高低电平脉冲。CPU 对这些脉冲计数，根据脉冲多少即可确定鼠标移动的距离。两个靠轮轴相互垂直，分别代表 X、Y 方向的位移。

光电鼠标没有机械滚动部分，代之以两对互成直角的光电探测器，分别代表 X、Y 方向。光电鼠标必须在专用的板上滑动。滑板用相互垂直的线条划分成许多小方格。当发光二极管发出的光线照到板上的空白处时，光反射到光敏三极管上，使其导通，获得低电平。若光照到线条上，则被线条吸收，无反射光线到光敏三极管上，光敏三极管截止，得到高电平。CPU 对 X、Y 方向的高低脉冲计数，就可确定鼠标的位移情况。

7.2 输出设备

7.2.1 显示器

1. 显示设备的技术指标

(1) 分辨率和灰度级。分辨率和灰度级是显示器的两个重要技术指标。

分辨率(resolution)是指显示设备所能表示的像素个数。像素越密，分辨率越高，图像越清晰。

灰度级(gray level)是指所显示像素点的亮暗差别，在彩色显示器中则表现为颜色的不同。灰度级越多，图像层次越清楚逼真。如果用 4 位表示一个像素，则只有 16 级灰度或颜色，如果用 8 位表示一个像素，则有 256 级灰度或颜色。只有两级灰度的显示器称为单色显示器或黑白显示器。具有多种颜色的显示器称为彩色显示器。具有多种灰度级的黑白显示器称为多灰度级黑白显示器。

(2) 刷新和帧存储器。CRT 器件的发光是由电子束射在荧光粉上引起的。电子束扫过之后，其发光亮度只能维持短暂一瞬(大约几十毫秒)便消失。为了使人眼能看到稳定的图像，就必须在图像消失之前使电子束不断地重复扫描整个屏幕，这个过程叫做刷新(refresh)。每秒刷新的次数称为刷新频率或扫描频率。结合人的视觉生理，刷新频率应大于 30 次/秒，人眼才不会感到闪烁。显示设备中通常选用电视中的标准，每秒刷新 50 帧(frame)图像。为了不断提供刷新图像的信号，必须把整屏图像存储起来，存储整屏图像的存储器称为“帧存储器”或“视频存储器”(VRAM)(电视不用帧存储器也可以看到图像，是因为电视接收机不断接收从天线来的信号)。帧存储器的容量由图像分辨率和灰度级决定。分辨率越高，灰度级越多，帧存储器容量越大。如分辨率为 1024×1024，灰度级为 256 的图像，存储容量为 1024×1024×8 b=1 MB。帧存储器的存取周期必须满足刷新频率的要求。容量和存取周期是帧存储器的两个重要技术指标。

(3) 亮度。亮度的单位是坎德拉每平方米(cd/m^2)。显示器所需的亮度与环境的亮度有关。

(4) 对比度。对比度是指显示器画面上最大亮度和最小亮度的比值。同一显示器在暗室中其对比度要大得多。要提高对比度，就必须提高显示屏幕的亮度，同时还要降低显示“黑色”时的亮度。

(5) 随机扫描和光栅扫描。CRT 的电子束在荧光屏上按某种轨迹运动称为扫描(scan)，控制电子束扫描轨迹的电路叫扫描偏转电路。扫描方式有两种：随机扫描和光栅扫描。

随机扫描是控制电子束在 CRT 屏幕上随机地运动，从而产生图形和字符。电子束只在需要作图的地方扫描，而不必扫描全屏幕，所以这种扫描方式画图速度快，图形清晰。

光栅扫描是电视中采用的扫描方法。在电视中，要求图像充满整个画面，因此要求电子束扫过整个屏幕。光栅扫描是从上至下顺序扫描，采用逐行扫描和隔行扫描两种方式。逐行扫描就是从屏幕顶部开始一行接一行地扫描，一直到底，反复进行。电视系统采用隔行扫描，它把一帧图像分为奇数场和偶数场，1、3、5、7 等奇数行构成奇数场，0、2、4、6 等偶数行构成偶数场。我国电视标准是 625 行，奇数场和偶数场各 312.5 行。扫描顺序是先偶数场，再奇数场，交替传送，每秒显示 50 场。计算机中的 CRT 显示器广泛采用光栅扫描方式。

2. 显示设备种类

显示设备种类繁多。按显示设备所用的显示器件分类，有阴极射线管(Cathode Ray Tube，CRT)显示器、液晶显示器(Liquid Crystal Display，LCD)和等离子体显示器(Plasma Display Panel，PDP)等。

按显示设备的功能分类，有普通显示器和显示终端两大类。显示器和显示终端是两个不同的概念。显示器的功能简单，它只能用于接收视频信号，其控制逻辑和存储逻辑都在主机接口板中。目前使用的个人计算机系统就是这种结构。这种显示器也称做监视器(monitor)。显示终端是由显示器和键盘组成的一套独立完整的输入/输出设备，它可以通过标准通信接口接到远离主机的地方使用。终端的结构比显示器的结构复杂得多，它能够完成显示控制与存储、键盘管理以及通信控制等功能，还可以完成简单的编辑操作。

(1) 阴极射线管(CRT)。CRT 是广泛应用的显示器件之一，用于电视接收机和计算机系统中。

CRT 是一个电真空器件，由电子枪、偏转装置和荧光屏构成。电子枪是阴极射线管的主要组成部分，包括灯丝、阴极、栅极、加速阳极和聚焦极。CRT 在加电以后，灯丝发热，热量辐射到阴极，阴极受热便发射电子，电子束射到荧光屏上，荧光屏的内壁涂有荧光粉，它将电子束的动能转换成光能，从而形成光点，由光点组成图像。

荧光粉的材料是多种金属的化合物。不同的材料维持亮度的时间不同，即余辉时间不同，有长余辉、中余辉和短余辉之分。另外，要求荧光粉的颗粒精细，以便保证图像像素清晰。彩色 CRT 的像素间距为 0.31 mm，高质量彩色 CRT 的像素间距是 0.28 mm。

彩色 CRT 有三个电子枪，分别对应红、绿、蓝三基色的信号强弱。在荧光屏内壁涂有彩色荧光粉，按三基色叠加原理形成彩色图像。

(2) 平板显示器。平板显示器(FPD)一般是指显示器的深度小于显示屏幕对角线 1/4 长度的显示器件，有液晶显示器(LCD)和等离子体显示器(PDP)等。

液晶是液态晶体的简称，它是一种有机化合物，在一定范围内，既具有液体的流动性，又具有分子排列有序的晶体特性。液晶分子是棒状结构的，具有明显的光学各向异性，它本身不发光，但能够调制外照光实现信息显示，因此使用时需要背光源。

液晶显示具有低工作电压、微功耗、体轻薄、适于 LSI 驱动、易于实现大画面显示、显示色彩优良等特点。目前广泛应用的是薄膜晶体管液晶显示器(TFT-LCD)。

液晶显示器件本身具有纯平面、显示精细等特性，它需要一个亮度高且均匀的背光源。目前可供使用的背光源很多，相对来说工艺成熟、亮度高、成本低、性能好的冷阴极荧光灯成为目前彩色薄膜晶体管液晶显示器(TFT-LCD)上使用最为广泛的背光源。

冷阴极荧光灯是一种线光源，在背光模组的作用下，把线光源发出的光通过漫射和反射而使之成为亮度均匀并垂直射出的面光源。背光模组的设计涵盖了光学、精密模具以及蚀刻、印刷等精密科技。

紧贴在背光模组上的液晶面板负责对光线进行调制。TFT-LCD 屏幕中的每个像素点都由集成在其背后的一个薄膜晶体管驱动，该晶体管还具有电容效应，能够保持电位状态，并可随下一次驱动电压的改变而改变。利用液晶透光率随电压改变的特性，使光线得以被显示信号调制成不同强度的输出信号。液晶上的 RGB(红、绿、蓝)滤色片把可见光滤成三原色，进而组成各种颜色来还原画面。

等离子体显示器(PDP)是利用惰性气体在一定电压作用下产生气体放电现象而实现的一种发光型平板显示技术。其结构好比把数百万个等离子管按一定方式排列在两块平板玻璃之间，构成显示屏幕。制作时，把两块玻璃板之间的空间通过障壁分成许多小室，即等离子管，每个等离子管对应的小室都设有一组电极，室内充有惰性气体(Ne、He、Xe 等)。在等离子管电极之间加上高压后，封在两层玻璃之间的等离子管小室中的气体放电产生紫外线，并激发平板显示屏上的红、绿、蓝三基色荧光粉发光，然后将这种光线转换成人眼可见的光，实现彩色显示。

PDP 将每个等离子管作为一个像素，由这些像素的明暗和颜色变化组合产生各种灰度和色彩的图像。这种结构也决定了其像素比较大，不能制备小尺寸高清晰度的显示设备，故主要应用在 40 英寸以上的大屏幕领域。

PDP 显示器具有体积小、重量轻、亮度高、视角大、无 X 射线辐射等特点。

7.2.2 打印机

打印输出是计算机系统最基本的输出形式，打印输出可产生永久性记录，因此这类设备也称为硬拷贝设备。

打印设备种类非常繁多。按印字原理分，可分为击打式打印机和非击打式打印机两大类。击打式打印机是利用机械作用使印字机构与色带和纸相撞击而打印字符，如点阵针式打印机。非击打式打印机是采用电、磁、光、喷墨等物理、化学方法印刷字符，如激光打印机和喷墨打印机。击打式打印机成本低，但噪音大，速度慢。非击打式打印机速度快，噪音低，印字质量高，但价格较贵。目前的发展趋势是机械化的击打式设备逐步转向电子化的非击打式设备。

按工作方式分，打印机可分为串行打印机和行式打印机；按打印机的宽度不同，可分为宽行打印机和窄行打印机；另外还有能够输出图形/图像的打印机和具有彩色效果的彩色打印机。

1. 激光打印机

激光打印机一般分成6大系统：供电系统、直流控制系统、接口系统、成像系统、激光扫描系统、进出纸系统。

(1) 供电系统。供电系统是其他5个系统的能源基础，根据需要，输入的交流电被调控为高压、低压、直流电。高压电一般作用于成像系统，许多型号的打印机都有单独的高压板。但随着集成化的增高，很多打印机的高压板、电源板以及DC(Direct Current，直流)控制板被集成在一起。低压电主要用来驱动各个引擎，其电压根据需要而定。直流电主要用来驱动DC板上的各种型号的传感器、控制芯片以及CPU等。

(2) 直流控制系统。直流控制系统主要用来协调和控制打印机各系统之间的工作。该系统从接口系统接收数据，驱动控制激光扫描单元、测试传感器、控制交直流电的分布、过压与欠流保护、节能模式、控制高压电的分布等。其电路构成远比其他5个系统都复杂，涉及到电路的一些专业知识，像运算放大电路、反馈电路、整流电路等。

(3) 接口系统。接口系统是打印机和计算机连接的桥梁，它负责把计算机传递过来的一定格式的数据翻译成DC板能处理的格式，并传递给DC板。

接口系统的构成一般有三个部分：接口电路、CPU 、BIOS电路。在接口电路里主要有一些负责产生稳压电流的芯片(为保护和驱动其他芯片)。CPU主要任务是翻译接口电路传递过来的数据，控制信号灯以及传递给DC板翻译过的数据。有些型号的打印机，其接口电路已放进CPU中。BIOS电路主要包括打印机自身的一些配置，以及生产厂家的一些相关信息。

(4) 成像系统。成像系统的工作过程大致分为两个过程：前期的准备工作以及后期的定影成形工作。其整个工作过程大致分为以下7个步骤：

充电：通过充电辊给OPC(有机光导鼓，又称感光鼓)表面充上高压电。

曝光：利用OPC表面的光导特性，使感光鼓表面曝光，形成一定形状不等位的电荷区。

显影：碳粉颗粒在电场作用下吸附在感光鼓表面被曝光的区域。

转印：当打印纸通过转印辊时，被带上与碳粉相反的电荷，使碳粉颗粒按一定的形状转印到纸上。

分离：纸张从OPC和转印辊上分离出来。

定影：已经印上字的打印纸上的碳粉颗粒，需要熔化才能渗透到纸里。

OPC清洁：OPC表面的碳粉并未完全被转印到纸上，通过刮刀清理后，才可进入下一轮转印成像过程。

在上述的定影成形过程中，加热组件是个很重要的部件，它通过一定范围的高温，将碳粉熔化。目前加热部件主要有两种形式：陶瓷加热和灯管加热。陶瓷加热的优点是加热速度快、预热时间短，缺点是易爆、易折；而灯管加热则相对稳定些，缺点是预热时间较长。现在有很多打印机都采用双灯管加热。但不论哪能种形式的加热，其温控都是通过热敏元件感应温度变化而自动闭合完成的。

(5) 激光扫描系统。激光扫描系统的主要作用是产生激光束，在感光鼓表面曝光，形成映像。激光扫描系统主要有三个部分：多边形旋转引擎、发光控制电路、透镜组。

旋转引擎主要通过高速旋转的多棱角镜面，把激光束通过透镜折射到感光鼓表面。发光控制电路主要用来产生调控过的激光束，主要由激光控制电路和发光二极管组成。透镜组主要通过发散和聚合功能把光线折射到感光鼓表面。

(6) 进出纸系统。进出纸系统主要由进纸系统和出纸系统构成。现有的大部分机型都可扩充多个进纸单元，而出纸系统也适应打印介质的需要，设置成两个出纸口。打印纸在整个输纸路中的走动都设有严格的时间范围，超出了这个时间范围，打印机就会报卡纸。而对具体位置的监控则是通过一系列的传感器监测完成的。目前激光打印机中的传感器大部分是由光敏二极管元件构成的。

激光打印机的基本工作原理如下：

由激光器发射出的激光束，经反射镜射入声光偏转调制器，与此同时，由计算机送来的二进制图文点阵信息，从接口送至字形发生器，形成所需字形的二进制脉冲信息。由同步器产生的信号控制9个高频振荡器，再经频率合成器及功率放大器加至声光调制器上，对由反射镜射入的激光束进行调制。调制后的光束射入多面转镜，再经广角聚焦镜把光束聚焦后射至光导鼓(硒鼓)表面上，使角速度扫描变成线速度扫描，完成整个扫描过程。

硒鼓表面先由充电极充电，使其获得一定电位，之后经载有图文映像信息的激光束的曝光，便在硒鼓的表面形成静电潜像，经过磁刷显影器显影，潜像即转变成可见的墨粉像，在经过转印区时，在转印电极的电场作用下，墨粉便转印到普通纸上，最后经预热板及高温热滚定影，即在纸上熔凝出文字及图像。在打印图文信息前，清洁辊把未转印走的墨粉清除，消电灯把鼓上残余电荷清除，再经清洁纸系统作彻底的清洁，即可进入新的一轮工作周期。

2. 喷墨打印机

所谓喷墨打印机，就是通过将墨滴喷射到打印介质上来形成文字或图像。早期的喷墨打印机以及当前大幅面的喷墨打印机都采用连续式喷墨技术，而当前市面流行的喷墨打印机都普遍采用随机喷墨技术。这两种喷墨技术在原理上是有很大差别的。

(1) 连续式喷墨打印机。连续式喷墨技术以电荷调制型为代表。这种喷墨打印原理是利用压电驱动装置对喷头中墨水加以固定压力，使其连续喷射。为进行记录，利用振荡器的振动信号激励射流生成墨水滴，并对其墨水滴大小和间距进行控制。由字符发生器、模拟调制器产生的打印信息对控制电极上电荷进行控制，形成带电荷和不带电荷的墨水滴，再由偏转电极来改变墨水滴的飞行方向，使需要打印的墨水滴飞行到纸面上，生成字符/图形记录。不参与记录的墨水滴由导管回收。对偏转电极而言，有的系统采用两对互相垂直的偏转电极，即为二维偏转型；有的系统对偏转电极采用多维控制，即为多维偏转型。

这种连续循环的喷墨系统能生成高速墨水滴，所以打印速度高，可以使用普通纸。不同的打印介质皆可获得高质量的打印结果，还易于实现彩色打印。但是，这种喷墨打印机的结构与随机式相比，比较复杂，对墨水需要加压装置，终端要有回收装置回收不参与记录的墨水滴，并且工作方式的效率不够高，而且不精确。现在采用这种技术的喷墨打印机已经极少见到。

(2) 随机式喷墨打印机。随机式喷墨系统中墨水只在打印需要时才喷射，所以又称为按需式。它与连续式相比，结构简单，成本低，可靠性也高，但是，因受射流惯性的影响，墨滴喷射速度低。为了弥补这个缺点，不少随机式喷墨打印机采用了多喷嘴的方法来提高打印速度。

目前，随机式喷墨技术主要有微压电技术和热气泡喷墨技术两大类。

① 热气泡喷墨技术。喷墨打印机一般多采用热气泡喷墨技术，通过墨水在短时间内的加热、膨胀、压缩，将墨水喷射到打印纸上形成墨点，增加墨滴色彩的稳定性，实现高速度、高质量打印。由于除了墨滴的大小以外，墨滴的形状、浓度的一致性都会对图像质量产生重大影响，而墨水在高温下产生的墨点方向和形状均不容易控制，因此高精度的墨滴控制十分重要。热气泡式喷墨打印的原理是将墨水装入到一个非常微小的毛细管中，通过一个微型的加热垫迅速将墨水加热到沸点。这样就生成了一个非常微小的蒸汽泡，蒸汽泡扩张就将一滴墨水喷射到毛细管的顶端。停止加热，墨水冷却，导致蒸汽凝结收缩，从而停止墨水流动，直到下一次再产生蒸汽并生成一个墨滴。

② 微压电技术。微压电技术把喷墨过程中的墨滴控制分为 3 个阶段：在喷墨操作前，压电元件首先在信号的控制下微微收缩；然后，元件产生一次较大的延伸，把墨滴推出喷嘴；在墨滴马上就要飞离喷嘴的瞬间，元件又会进行收缩，干净利索地把墨水液面从喷嘴收缩。这样，墨滴液面得到了精确控制，每次喷出的墨滴都有完美的形状和正确的飞行方向。微压电式喷墨系统在装有墨水的喷头上设置换能器，换能器受打印信号的控制，从而控制墨水的喷射。根据微压电式喷墨系统换能器的工作原理及排列结构，可将其分为压电管型、压电薄膜型、压电薄片型等几种类型。

采用微压电技术来控制墨点的喷射，不仅避免了热气泡喷墨技术的缺点，而且能够精确控制墨点的喷射方向和形状。压电式喷墨打印头在微型墨水贮存器的后部采用了一块压电晶体。对晶体施加电流，就会使它向内弹压。当电流中断时，晶体反弹回原来的位置，同时将一滴微量的墨水通过喷嘴射出去。当电流恢复时，又进入喷射下一滴墨水的准备状态。

这两种方法相比，热气泡式打印头由于墨水在高温下易发生化学变化，性质不稳定，所以打出的色彩真实性就会受到一定程度的影响；另一方面由于墨水是通过气泡喷出的，墨水微粒的方向性与体积大小不好掌握，打印线条边缘容易参差不齐，在一定程度上影响了打印质量；另外，热气泡式喷墨打印机需要在每个墨盒中安装喷墨嘴，这样会增加墨盒的成本。这都是它的不足之处。微压电打印头技术是利用晶体加压时放电的特性，在常温状态下稳定地将墨水喷出。这种技术对墨滴控制能力较强，还将色点缩小许多，产生的墨点也没有慧尾，从而使打印的图像更清晰，容易实现高达 1440dpi(dot per inch，每英寸点数)的高精度打印质量。而且微压电喷墨无需加热，墨水就不会因受热而发生化学变化，故大大降低了对墨水的要求。另外，压电式打印头被固定在打印机中，因此只需要更换墨盒就可以了。压电式喷墨打印机的缺点是，如果压电打印头被损坏或者阻塞了，整台打印机都需要维修。

7.3 辅助存储器

辅助存储器是主存储器的后备和补充，它通常用来存放当前不需立即使用的信息。辅助存储器是主机外部设备，因此又称为外存储器。

辅助存储器的特点是容量大、成本低，在断电后仍能保存信息，是非易失性存储器。

7.3.1 辅助存储器的种类与技术指标

目前流行的辅助存储器主要有磁表面存储器和光存储器两大类。

磁表面存储器是将磁性材料沉积在盘片(或带)的基体上形成记录介质，并以绕有线圈的磁头与记录介质的相对运行来写入或读出信息。磁表面存储器又分为数字式磁记录和模拟式磁记录两种。数字式磁记录主要有软盘、硬盘和磁带。模拟式磁记录是指录音和摄像设备，过去多用于家用电器设备，现已向数字式转化。

计算机系统中的光存储器主要是光盘(optical disk)。光盘的记录原理不同于磁盘，它是利用激光束在具有感光特性的表面上存储信息的。

辅助存储器的主要技术指标有存储密度、存储容量、平均存取时间、数据传输率和位价格等。

1. 存储密度

存储密度是指单位长度或单位面积磁层表面所存储的二进制信息量，它可分为道密度、位密度和面密度。道密度是沿磁盘半径方向单位长度上的磁道数，单位为道/英寸(Tracks Per Inch，TPI)。位密度是磁道单位长度上能记录的二进制代码位数，单位为位/英寸(bits per inch，bpi)。面密度是道密度和位密度的乘积，单位为位/平方英寸。

对于磁带，其磁道是沿着磁带长度方向的直线，因此其存储密度主要用位密度来衡量。

2. 存储容量

存储容量是指磁盘存储器所能存储的二进制信息的总量。一般以字节为单位。

磁盘存储器有格式化容量和非格式化容量之分。格式化容量是指按照某种特定的记录格式所能存储信息的总量，也就是用户可以真正使用的容量。非格式化容量是磁记录表面可以利用的磁化单元总数。将磁盘存储器用于计算机系统中，必须首先进行格式化操作，然后才能供用户记录信息。格式化容量一般约为非格式化容量的60%～70%。

3. 平均存取时间

存取时间是指从发出读写命令后，磁头从某一起始位置移动至新的记录位置，到开始从盘片表面读出或写入信息加上传送数据所需的时间。这段时间由下面三个因素决定。第一个因素是将磁头定位至所要求的磁道上所需的时间，称为找道时间。第二个因素是找道完成后至磁道上需要访问的信息到达磁头下的时间，称为等待时间。这两个时间都是随机变化的，因此往往使用平均值来表示。平均找道时间是最大找道时间与最小找道时间的平均值。目前平均找道时间一般在3 ms到13 ms之间。平均等待时间和磁盘转速有关，它用磁盘旋转一周所需时间的一半来表示。目前固定头盘转速达10 000转/分，故平均等待时间为3 ms。第三个因素是数据传送时间。

因此磁盘总的平均存取时间 T_a 可表示为

$$T_a = T_s + \frac{1}{2r} + \frac{B}{rN} \tag{7.1}$$

式中，T_s 表示平均找道时间，$1/(2r)$ 表示平均等待时间，第3项表示数据传送时间。其中 r 表示磁盘旋转速率(单位是转/秒)，B 表示传送的字节数，N 表示每磁道字节数。

4. 数据传输率

磁盘存储器在单位时间内向主机传送数据的字节数叫做数据传输率。数据传输率与存储设备和主机接口逻辑有关。从主机接口逻辑考虑，应有足够快的传送速度向设备发送信息或从设备接收信息。从存储设备考虑，假设磁盘旋转速度为n转/秒，每条磁道容量为N个字节，则数据传输率为

$$D_r = nN\text{（字节 / 秒）} \quad \text{或} \quad D_r = D \cdot v\text{（字节 / 秒）} \tag{7.2}$$

其中，D为位密度，v为磁盘旋转的线速度。

5. 位价格

通常用位价格来比较各种存储器。位价格是指设备价格除以容量。在所有存储设备中，磁表面存储器和光盘存储器的位价格是比较低的。

7.3.2 磁盘

磁盘存储器是计算机系统中最主要的外存设备。磁盘存取速度较慢，存储容量大，存储在磁盘中的信息易于脱机保存。

1. 磁记录原理

所谓磁表面存储，是指用某些磁性材料薄薄地涂在金属铝或塑料表面作载磁体来存储信息。磁盘存储器、磁带存储器都属于磁表面存储器。

磁表面存储器存储容量大，位价格低，记录介质可以重复使用，记录信息可以长期保存而不丢失，读出时不需要再生信息。但是其存储速度较慢，机械结构复杂，对工作环境要求较高。

磁表面存储器由于存储容量大，位价格低，在计算机系统中作为辅助大容量存储器使用，用来存放系统软件、大型文件、数据库等程序与数据信息。

在磁表面存储器中，利用磁头来形成和判别磁层中的不同磁化状态。磁头是由软磁材料做铁芯，绕有读写线圈的电磁铁。写入时，利用磁头使载磁体(盘片)具有不同的磁化状态，而在读出时又利用磁头来判别这些不同的磁化状态。

磁表面存储器通过磁头和记录介质的相对运动(一般是记录介质运动而磁头不动)完成写入和读出，如图7.1所示。

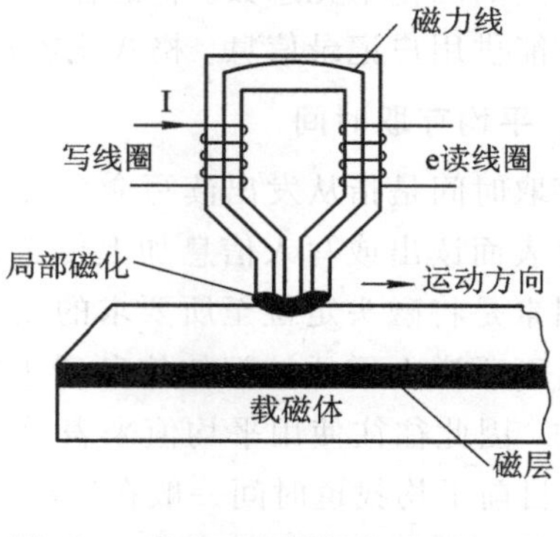

图7.1 磁表面存储器的读/写原理

写入时，当写线圈中通入一定方向的脉冲电流时，磁头导磁体被磁化，建立一定方向和强度的磁场。在这个磁场作用下，载磁体就被磁化成相应极性的磁化位或磁化元。若在写线圈里通入相反方向的脉冲电流，就可得到相反极性的磁化元。如果规定按图中所示电流方向为写“1”，那么写线圈里通以相反方向的电流时即为写“0”。一个磁化元就是一个存储元，一个磁化元中存储一位二进制信息。当载磁体相对于磁头运动时，就可以连续写入一连串的二进制信息。

读出时，当磁头经过载磁体的磁化元时，磁化元的磁力线很容易通过磁头而形成闭合磁通回路。不论磁化元是哪一种剩磁状态，磁头和介质的相对运动将切割磁力线，因而在读线圈的两端产生感应电压 e。不同的磁化状态，所产生的感应电压的方向不同，这样，不同方向的感应电压经读出放大器放大鉴别，就可判知读出的信息是“1”还是“0”。

总之，通过电—磁变换，利用磁头写线圈中的脉冲电流，可把一位二进制代码转换成载磁体存储元的不同剩磁状态；反之，通过磁—电变换，利用磁头读出线圈，可将由存储元的不同剩磁状态表示的二进制代码转换成电信号输出。这就是磁表面存储器存储信息的基本原理。

磁层上的存储元被磁化后，它可以供多次读出而不被破坏。当不需要这批信息时，可通过磁头把磁层上所记录的信息全部抹去，称之为写“0”。通常，写入和读出合用一个磁头，故称之为读/写磁头。

2. 硬磁盘存储器的组成和分类

硬磁盘存储器(简称硬盘)是指记录介质为硬质圆形盘片的磁表面存储器。它以铝合金等金属作为盘基，盘面敷有磁性记录层，磁层可以采用甩涂工艺制成，此时磁粉呈不连续的颗粒存在。也可以用电镀、化学镀和溅射等方法制作连续膜磁盘。

硬盘主要由磁记录介质、磁盘控制器、磁盘驱动器三大部分组成。磁盘控制器包括控制逻辑与时序、数据并—串变换电路和串—并变换电路。磁盘驱动器包括写入电路与读出电路、读/写转换开关、读出磁头与磁头定位伺服系统等。

硬盘按盘片结构，分成可换盘片式与固定盘片式两种。根据磁头的工作方式，还可分成移动磁头和固定磁头两种。

移动磁头固定盘片硬盘存储器的特点是一片或一组盘片固定在主轴上，盘片不可更换。盘片每面只有一个磁头，存取数据时磁头沿盘面径向移动。

固定磁头硬盘存储器的特点是磁头位置固定，磁盘的每一个磁道对应一个磁头，盘片不可更换。其优点是存取速度快，省去磁头找道时间，缺点是结构复杂。

移动磁头可换盘片硬盘存储器的盘片可以更换，磁头沿盘面径向移动。其优点是盘片可以脱机保存，同种型号的盘片具有互换性。

温彻斯特磁盘简称温盘，是一种采用先进技术研制的可移动磁头固定盘片的硬盘存储器。它是一种密封组合式的硬磁盘，即由磁头、盘片、电机等驱动部件以及读/写电路组装成的一个不可随意拆卸的整体。工作时，磁盘高速旋转，在盘面上形成气垫，将磁头平稳浮起。其优点是防尘性能好，可靠性高，对使用环境要求不高，是最有代表性的硬盘存储器。而普通的硬磁盘要求具有超净环境，只有大中型计算机才有可能创建这样的环境。

3. 硬磁盘驱动器(HDD)和硬磁盘控制器(HDC)

(1) 硬磁盘驱动器。硬磁盘驱动器是一种精密的电子和机械装置，因此各部件的加工安装有严格的技术要求。对于温盘驱动器，还要求在超净环境下组装。各类硬磁盘驱动器的具体结构虽然有差别，但基本结构相同，主要由定位驱动系统、主轴系统和数据转换系统组成。图 7.2 是硬磁盘驱动器的结构示意图。

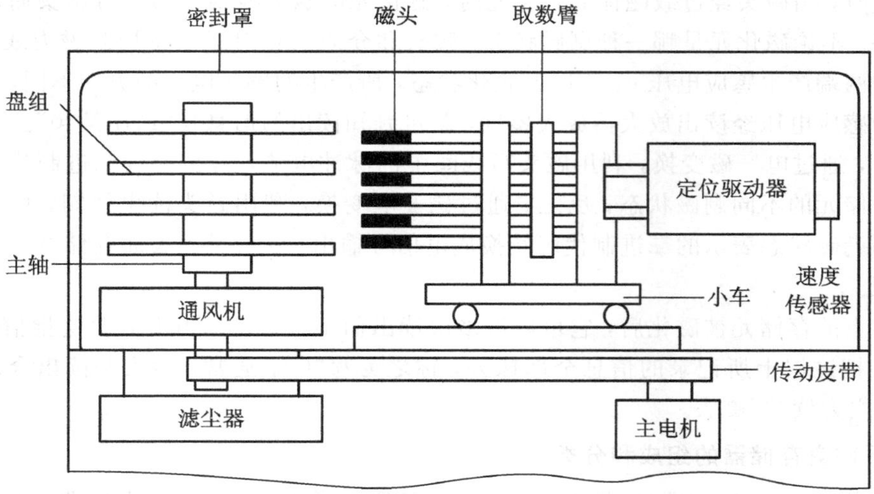

图 7.2 硬磁盘驱动器结构示意图

在可移动磁头的磁盘驱动器中，驱动磁头沿盘面径向运动以寻找目标磁道位置的机构叫磁头定位驱动系统，它由驱动部件、传动部件、运载部件(磁头小车)组成。当磁盘存取数据时，磁头小车的平移运动驱动磁头进入指定磁道的中心位置，并精确地跟踪该磁道。目前磁头小车的驱动方式主要采用步进电机和音圈电机两种。步进电机靠脉冲信号驱动，控制简单，整个驱动定位系统是开环控制，因此定位精度较低，一般用于道密度不高的硬磁盘驱动器。音圈电机是线性电机，可以直接驱动磁头作直线运动，整个驱动定位系统是一个带有速度和位置反馈的闭环控制系统，驱动速度快，定位精度高，因此用于较先进的磁盘驱动器中。

主轴系统的作用是安装盘片，并驱动它们以额定转速稳定旋转。它的主要部件是主轴电机和有关控制电路。

数据转换系统的作用是控制数据的写入和读出。它包括磁头、磁头选择电路、读/写电路和索引、区标电路等。

(2) 硬磁盘控制器。硬磁盘控制器是主机与磁盘驱动器之间的接口，用来接收并解释来自主机的命令，按照主机的命令向磁盘驱动器发各种控制信号，检测硬磁盘驱动器的状态，按照规定的硬盘数据格式，把数据写入磁盘驱动器或从磁盘驱动器上读出数据。

由于磁盘存储器是高速外存设备，故与主机之间采用成批交换数据方式。作为主机与驱动器之间接口的控制器，它需要有两个接口：一个是与主机系统的接口，控制外存与主机总线之间接口交换数据；另一个是与设备的接口，根据主机命令控制设备的操作。前者称为系统级接口，后者称为设备级接口。

主机与硬磁盘驱动器交换数据的控制逻辑如图 7.3 所示。磁盘上的信息经读磁头读出以后送入读出放大器，然后进行数据与时钟的分离，再进行串—并变换、格式变换，最后送入数据缓冲器，经 DMA 控制将数据传送到主机总线。

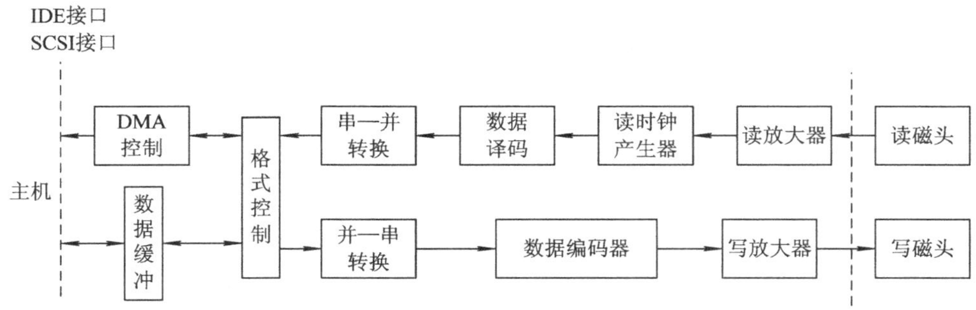

图 7.3　硬磁盘控制器的逻辑框图

4. 磁盘组

一个硬磁盘通常都由一个或几个盘片组成，称为磁盘组。每个盘片的上下两面都能记录信息，通常把磁盘片表面称为记录面。记录面上一系列同心圆称为磁道。每个盘片表面通常有几百到几千个磁道，每个磁道又分为若干个扇区，如图 7.4 所示。

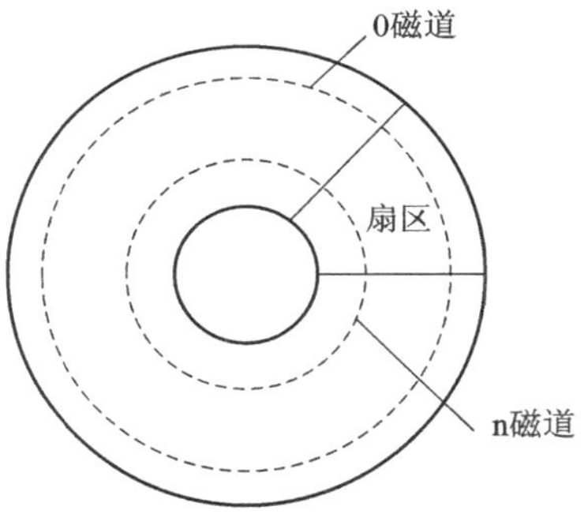

图 7.4　扇区示意图

磁道的编址是从外向内依次编号，最外一个同心圆叫 0 磁道，最里面的一个同心圆假设称为 n 磁道。n 磁道里面的圆面积不记录信息。每个磁道上扇区数目一般是相同的，而且每个扇区存放的信息量也是相同的。也就是说每个磁道上记录的信息是相同的，所以靠里面磁道的信息存储密度要比外磁道大。

通常来说，磁盘地址是由记录面号(也称磁头号)、磁道号和扇区号三部分组成的。

[例 7.1]　磁盘组有 6 片磁盘，每片有两个记录面，最上、最下两个记录面不用。存储区域内径为 22 cm，外径为 33 cm，道密度为 40 道/cm，内层位密度为 400 位/cm，转速为 6000 转/分。问：

(1) 共有多少柱面？

(2) 盘组的总存储容量是多少？

(3) 数据传输率是多少？

(4) 采用定长数据块记录格式，直接寻址的最小单位是什么？寻址命令中如何表示磁盘地址？

(5) 如果某文件长度超过一个磁道的容量，应将它记录在同一个存储面上，还是记录在同一个柱面上？

解：(1) 有效存储区域＝(33－22)/2＝5.5(cm)

因为道密度＝40 道/cm，所以 40×5.5＝220 道，即 220 个柱面

(2) 内层磁道周长为 $2\pi R=2\times3.14\times11=69.08$(cm)

每道信息量＝400 位/cm×69.08 cm＝27 632 位＝3454 B

每面信息量＝3454 B×220＝759 880 B

盘组总容量＝759 880 B×10＝7 598 800 B

(3) 磁盘数据传输率 $D_r=rN$

N 为每条磁道容量，N＝3454 B

r 为磁盘转速，r＝6000 转/60 秒＝100 转/秒

所以 $D_r=rN=100\times3454$ B＝345 400 B/s

(4) 采用定长数据块格式，直接寻址的最小单位是一个记录块(一个扇区)，每个记录块记录固定字节数目的信息。在定长记录的数据块中，活动头磁盘组的编址方式可用如下格式：

17　　16	15　　8	7　　4	3　　0
台　号	柱面(磁道)号	盘面(磁头)号	扇区号

此地址格式表示有 4 台磁盘，每台有 16 个记录面，每面有 256 个磁道，每道有 16 个扇区。

(5) 如果某文件长度超过一个磁道的容量，应将它记录在同一个柱面上，因为不需要重新找道，数据读/写速度快。

7.3.3 Flash 存储器

Flash 存储器也翻译成闪速存储器，它是在 EPROM 与 EEPROM 的基础上发展起来的，它与 EPROM 一样，用单管来存储一位二进制信息(参见第 3 章图 3.9)。它与 EEPROM 的相同之处是用电来擦除。Flash 存储器兼有 ROM 和 RAM 两者的性能，又有 ROM、DRAM 一样的高密度，目前价格已低于 DRAM，芯片容量又接近于 DRAM，是惟一具有大存储量、非易失性、低价格、可在线改写和高速度等特性的存储器。

Flash 存储器有三个基本操作，分别是编程操作、读取操作和擦除操作。

编程操作实际上是写操作。所有存储元的原始状态均处于“1”状态，这是因为擦除操作时控制栅不加正电压。编程操作的目的是为存储元的浮空栅补充电子，从而使存储元改写成“0”状态。如果某存储元仍保持“1”状态，则控制栅就不加正电压。实际上编程时只写 0，不写 1，因为存储元擦除后原始状态全为 1。要写 0，就要在控制栅上加正电压。一旦存储元被编程，存储的数据可保持很长时间而无需外电源。

进行读取操作时控制栅加上正电压，浮空栅上的负电荷量将决定是否可以开启 MOS 晶体管。如果存储元原存 1，可认为浮空栅不带负电，控制栅上的正电压足以开启晶体管导通。如果存储元原存 0，可认为浮空栅带负电，控制栅上的正电压不足以克服浮空栅上的负电量，晶体管不能开启导通。

当 MOS 晶体管开启导通时，电源提供从漏极 D 到源极 S 的电流。若读出电路检测到有电流，表示存储元中存 1；若读出电路检测到无电流，表示存储元中存 0。

EPROM 中使用外部紫外光照射方式擦除，而 Flash 存储器采用了电擦除。进行擦除操作时，所有的存储元中浮空栅上的负电荷要全部泄放出去，为此晶体管源极 S 要加上正电压，这与编程操作正好相反。源极 S 上的正电压吸收浮空栅中的电子，从而使全部存储元变成 1 状态。

最后让我们把 Flash 存储器与其他存储器作个比较。从表 7.2 可以看到，Flash 存储器具有十分明显的优点。

表 7.2　常用存储器的比较

存储器	非易失性	高密度	单晶体管存储元	在系统中的可写性	应　　用
Flash	√	√	√	√	固态盘，IC 卡
SRAM	×	×	×	√	Cache
DRAM	×	√	√	√	计算机主存储器
MROM	√	√	√	×	固定程序，微程序控制存储器
PROM	√	√	√	×	用户自编程序，工业控制机或电器中
EPROM	√	√	√	×	用户编写并可修改程序
EEPROM	√	√	√	√	IC 卡上存储信息

7.3.4　RAID 盘

独立冗余磁盘阵列(Redundant Arrays of Independent Disks，RAID)是用多台磁盘存储器组成的大容量外存系统。其构造基础是利用数据分块技术和并行处理技术，在多个磁盘上交错存放数据，使之可以并行存取。在 RAID 控制器的组织管理下，可实现数据的并行存储、交叉存储、单独存储。由于阵列中的一部分磁盘存有冗余信息，一旦系统中某一磁盘失效，可以利用冗余信息重建用户数据。

促进磁盘阵列技术快速发展的因素主要有以下三点：

(1) CPU 速度的增长大大超过了磁盘驱动器数据传输率的增长。

(2) 小盘径阵列磁盘驱动器与大型驱动器相比具有成本低、功耗小和性能高等优点。

(3) 能保证极高的可靠性和数据的可用性。

下面对 RAID 0 级～RAID 7 级及 RAID 10 级进行简介。其中描述的“位交叉存取”是将一个数据字中的各位分别存储在不同的磁盘上，以同步方式进行读/写，其最小访问数据单位是每个磁盘的最小读/写单位(例如扇区)乘以磁盘数，适合于传送大批量数据；“块交叉”是以数据块为单位，将连续的数据块分别存储在不同的磁盘上，其最小访问数据单位是一个磁盘的最小访问单位(例如扇区)，所以也适合于传送少量数据。

(1) RAID 0 级(无冗余和无校验的数据分块)。此级将连续的数据块分别存放在不同的磁盘上。与其他级相比，此级具有最高的 I/O 性能和磁盘空间利用率，但无容错能力，增加了系统出故障的几率，其安全性甚至低于常规的硬盘系统。

(2) RAID 1 级(镜像磁盘阵列)。此级由磁盘对组成，每一个工作盘都有对应的镜像盘，上面保存着与工作盘完全相同的数据，安全性高，但磁盘空间的利用率只有50%。

(3) RAID 2 级(采用纠错海明码和位交叉存取的磁盘阵列)。用户需增加足够的校验盘来提供单纠错和双验错功能。当阵列内有 G 个数据盘时，则所需的校验盘数 C 要满足公式 $2^C \geqslant G+C+1$。例如，如果有 10 个数据盘，则需要 4 个校验盘。对数据的访问涉及到磁盘阵列中的每一个盘，对大数据量传送有较高性能，但不利于小数据量的传送。RAID 2 级很少使用。

(4) RAID 3 级(采用奇偶校验码和位交叉存取的磁盘阵列)。此级将奇偶校验码放在一个磁盘上。目前多数磁盘控制器已能用 CRC 检测出本身磁盘是否出错，因此只需一个奇偶校验码就能纠正出错的数据。如果一个盘失效，可通过对剩下的盘上的信息进行“异或”运算得到正确数据。但由于采用位交叉，每次读/写要涉及整个盘组，因此此级对小数据量不利，计算也比较费时。

(5) RAID 4 级(采用奇偶校验码和块交叉存取的磁盘阵列)。此级与 RAID 3 级一样采用一个奇偶校验盘，但采用块交叉存取技术，读/写少量数据只与两个盘有关(一个数据盘、一个校验盘)，因此只需读/写两个盘，简化了产生校验码的方法。对于数据块的重写(读—修改—写)，其公式为

新奇偶校验码=(新数据 XOR 旧数据) XOR 旧奇偶校验码

(6) RAID 5 级(采用奇偶校验码和块交叉存取的磁盘阵列)。此级与 RAID 4 级类似，但无专用的校验盘，它将校验信息分布到组内所有盘上，对大、小数据量的读/写都有很好的性能，因而是一种较好的方案。

(7) RAID 6 级(采用块交叉技术和两种奇偶校验码的磁盘阵列)。此级采用两种不同数据块组合方法，形成两种奇偶校验码。与无校验码相比，此级要增加两个盘，但不设专用校验盘，而将校验信息分布到磁盘阵列的所有盘上。其设计和校验都比较复杂，但可靠性高。

(8) RAID 7 级(独立接口的磁盘阵列)。此级每一个磁盘驱动器与每一主机接口都有独立的控制和数据通道的磁盘阵列，因此主机可完全独立地对每个磁盘驱动器进行访问。

(9) RAID 10 级(RAID 0 级 + RAID 1 级)。此级由分块和镜像组成，是所有 RAID 中性能最好的磁盘阵列，但每次写入时要写两个互为镜像的盘，价格高。

7.3.5 光盘存储器

光盘(optical disk)是指利用光学方式进行读/写信息的圆盘。应用激光技术在某种介质上写入信息，然后再利用激光读出信息的技术称为光存储技术。如果光存储使用的介质是磁性材料，即利用激光在磁记录介质上存储信息，就称为磁光存储。目前，光盘已成为很有竞争力的辅助存储器。

1. 光盘存储器的种类

目前的光盘有 CD-ROM、WORM、CD-R、CD-RW、DVD-ROM、Blu-ray 等类型。

(1) CD-ROM 光盘。CD-ROM 是只读型光盘，由生产厂家预先写入数据或程序，出厂后用户只能读取，而不能写入修改。一张 CD-ROM 盘可存储 650 MB 数据。

(2) WORM 光盘。WORM(Write Once，Read Many)表示一次写多次读，可由用户写

入信息，写入后可以多次读出，但只能写一次，信息写入后不能修改。它主要用于计算机系统中的文件存档或写入的信息不需修改的场合。

(3) CD-R 光盘。CD-R 光盘实质上是 WORM 光盘的一种，区别在于 CD-R 允许多次分段写数据。CD-R 光盘的数据一旦写上也不能擦除。

(4) CD-RW 光盘。CD-RW 表示可重复写光盘，用于反复读写数据。一张 CD-RW 盘片可擦写上千次。

(5) DVD-ROM 光盘。DVD(Digital Video Disc)是数字视频光盘，它同样也可存储其他类型数据，因此又可改为 Digital Versatile Disc，缩写仍是 DVD。

CD-ROM 和 DVD-ROM 的主要区别在于 CD 光盘是单面使用，而 DVD 光盘两面都可以写数据。单面单层 DVD 盘片能存储 4.7 GB 的数据，单面双层为 8.5 GB，最高可达 17 GB(双面双层)。

(6) Blu-ray 光盘。前面介绍的光盘采用的都是红光激光，而 Blu-ray 技术使用了波长较短的蓝光激光，可聚焦于更小的点，相对于使用红光激光的 DVD，可以提高数据的存储密度。

单面单层的 Blu-ray 光盘可以存储 25 GB 的数据，单面双层存储可达 50 GB 的高容量。一片单层 25 GB 的 Blu-ray 光盘相当于 23 小时一般分辨率的影片或是 6 小时高分辨率的影片，而一片双层 50GB 的 Blu-ray 光盘可以存储的数据量相当于 70 片 CD 或 10 片 DVD 的容量。

2. 光盘的读写原理

光盘存储器是利用激光束在记录介质表面上存储信息的。根据激光束及反射光的强弱不同，可以完成信息的读/写。它的读/写装置与光盘片的距离比磁存储器磁头与盘片的距离大，是非接触型读/写存储器。其记录原理有形变、相变和 MO(磁光)存储等。

(1) 形变。当只读型和只写一次型光盘写入时，将激光束聚焦成直径小于 1 μm 的微小光点，以其热作用，融化盘表面上的光存储介质薄膜，在薄膜上形成凹坑。有凹坑的位置表示记录了 1，没有凹坑的位置表示 0。

读出时，在读出光束的照射下，在有凹坑处和无凹坑处反射的光强是不同的，利用这种差别，可以读出二进制信息。由于读出光束的功率只有写入光束功率的 1/10，因此不会形成新的凹坑。

(2) 相变。有些光存储介质在激光照射下，晶体结构会发生变化。利用介质处于晶态和非晶态区域的反射特性不同而记录和读取信息的技术，称为相变(phase change)可重写技术。

(3) MO 存储。利用激光在磁性薄膜上产生热磁效应来记录信息，称为磁光存储。它可应用于可擦写光盘上，其记录原理如下。

根据磁记录原理可以知道，在一定温度下如果在磁记录介质的表面上加一个强度低于该介质矫顽力的磁场，则不会发生磁通翻转，也就不能记录信息。但介质的矫顽力可随温度而变，假如能设法控制温度，降低介质的矫顽力，使其低于外加弱磁场强度，则将发生磁通翻转。磁光存储就是根据这一原理存储信息的。它利用激光照射磁性薄膜，被照射处温度上升，矫顽力下降，在外加磁场的作用下发生磁通翻转，使该处的磁化方向与外加磁场一致。通常把磁记录材料受热而发生磁性变化的现象称为热磁效应。

3. 光盘存储器的组成

光盘存储器与磁盘存储器类似，也是由盘片、驱动器和控制器组成的。驱动器同样有读/写头、寻道定位机构、主轴驱动机构等。除了机械电子机构以外，光盘存储器还有光学系统。

在光学系统中，激光器产生的光束分离器让90%的光束用作写入光束，另外10%的光束作为读出光束。记录光束经调制器以后，由聚焦系统射向光盘记录信息。读出光束首先经几个反射镜射到光盘盘片，读出光信号再经光敏二极管输出。

光盘盘片的形状与磁盘盘片类似，但记录材料不一样。

光盘存储器由于具有容量大、密度高、介质寿命长、能够进行非接触读/写和高速随机存取等一系列优点而得到迅速发展。

4. 光盘驱动器的技术指标

评价光驱最重要的技术指标是传输速率，通常以倍速为单位。CD-ROM光盘的倍速是150 KB/s，而DVD-ROM光盘的倍速是1350 KB/s。所以，以4倍速刻录一张650 MB的CD和4.7 GB的DVD光盘，分别需要18分钟和15分钟左右。

本章小结

常用的外部设备主要有输入设备、输出设备和辅助存储器(外存设备)等。

常用的计算机输入设备有键盘、鼠标等。常用的输出设备有显示器和打印机。显示器又包括CRT显示器和平板显示器(液晶显示器、等离子体显示器)。打印机按印字原理可分为击打式打印机和非击打式打印机。常用的非击打式打印机包括激光打印机和喷墨打印机。

辅助存储器主要有磁表面存储器和光存储器。辅助存储器的主要技术指标有：存储密度、存储容量、平均存取时间、数据传输率和位价格。

磁盘属于磁表面存储器，其特点是存储容量大、位价格低、记录信息永久保存，但存取速度较慢，因此在计算机系统中作为辅助大容量存储器使用。

硬磁盘按盘片结构分成可换盘片式与固定盘片式两种。根据磁头的工作方式，还可分成移动磁头和固定磁头两种。温盘是一种采用先进技术研制的可移动磁头、固定盘片的磁盘机，组装成一个不可拆卸的机电一体化整体，防尘性能好，可靠性高，因而得到了广泛的应用，成为最有代表性的硬磁盘存储器。

Flash存储器是在EPROM与E^2PROM的基础上发展起来的，是惟一具有大存储量、非易失性、低价格、可在线改写和高速度等特性的存储器。

磁盘阵列RAID是多台磁盘存储器组成的大容量外存系统，它可实现数据的并行存储、交叉存储、单独存储，改善了I/O性能，增加了存储容量，是一种先进的硬磁盘体系结构。

光盘是利用激光技术进行读/写信息的存储设备，其主要类型有CD-ROM、WORM、CD-R、CD-RW、DVD-ROM和Blu-ray等。由于其具有存储容量大、耐用、易保存等优点，而成为大型软件和电子出版物的传播载体。

习　题　7

1. 目前常用的鼠标有______和______两种。

2. 解释下述与显示器有关的概念：分辨率，灰度级，刷新，刷新频率，帧存储器，视频存储器，亮度，对比度，光栅扫描，随机扫描。

3. 激光打印机主要由供电系统、______、______、______、______和进出纸系统六大系统组成。

4. 请简述激光打印机的工作原理。

5. 请简述激光打印机成像系统的七个工作步骤及基本功能。

6. 随机式喷墨技术主要有微压电技术和热气泡喷墨技术两大类，请说明这两种技术有何不同。

7. 请解释以下基本技术指标的含义：存储密度、存储容量、存取时间、数据传输率和位价格。

8. 假设某磁盘存储器的平均找道时间为 T_s，转速为 r 转/分钟，每磁道容量为 N 个字，每信息块为 n 个字。试推导读/写一个信息块所需总时间 T_B 的计算公式。

9. 某磁盘组有 9 个盘片，每片有两个记录面，最上、最下两个记录面不用；存储区域内直径 2.36 英寸，外直径 5.00 英寸；道密度 1250 TPI，内层位密度 52 400 bpi，转速 2400 转/分钟。问：

(1) 共有多少个可用存储面？

(2) 共有多少个柱面？

(3) 每道存储多少字节？盘组总存储容量是多少？

(4) 数据传输率是多少？

(5) 如果每扇区存储 2 KB 数据，在寻址命令中如何表示磁盘地址？

10. 促进磁盘阵列技术快速发展的主要因素有哪些？

11. 常用的光盘存储器与 Blu-ray 光盘有何不同？

12. 现有以下 5 种常用的存储器：寄存器组、主存、Cache、硬磁盘和 CD-ROM，要求：

(1) 按存储容量从小到大排出顺序；

(2) 按存储周期从短到长排出顺序。

第 8 章 输入/输出系统

输入/输出系统是计算机硬件系统中必不可少的组成部分。随着计算机系统的不断发展和应用范围的不断扩大，输入/输出设备的数量和种类也愈来愈多，它们与主机的联络方式及信息交换方式差异更大。本章介绍了输入/输出系统的基本特征，着重讨论了 I/O 设备与主机交换信息的常用控制方式及其工作原理，以及相应的接口电路和功能。

8.1 输入/输出系统概述

输入/输出(I/O)系统包括输入/输出设备、设备控制器及与输入输出操作有关的软、硬件。低性能单用户计算机的输入/输出操作多数仍由程序员直接安排，其 I/O 系统的设计主要是考虑解决好 CPU、主存和 I/O 设备在速度上的巨大差距。但在大多数计算机系统中，配备有较多的 I/O 设备，用户程序的输入/输出不能再由用户自己安排，必须改由用户向系统发出输入/输出请求，经操作系统来调度分配设备并进行具体的 I/O 处理。因此，大多数计算机输入/输出系统的设计应是面向操作系统，考虑怎样在操作系统和输入/输出系统之间进行合理的软、硬件功能分配。

输入/输出系统结构设计的好坏会直接影响计算机系统的性能，不仅影响输入/输出速度，各用户从程序送入到运算结果输出的时间，CPU、主存的利用率，还会影响到整个 I/O 系统的兼容性、可扩展性、综合处理能力和性能价格比等。

输入/输出系统的数据传送控制主要有四种，即程序查询方式、程序中断方式、直接存储器访问(DMA)方式及通道方式。它们可以分别作用于不同的计算机系统，也可用于同一系统。

8.1.1 I/O 接口的概念及功能

1. 接口的概念

接口是处理器 CPU 与“外部世界”的连接电路，是 CPU 与外界进行信息交换的中转站。例如，指令或数据需要通过接口由输入设备送入 CPU，处理结果需要通过接口由输出设备送出来。所谓的外部世界，是指除 CPU 本身以外的所有设备或电路，包括存储器、I/O 设备、控制设备、测量设备、通信设备、多媒体设备等。

为什么要在 CPU 与外设之间设置接口电路呢？有几个方面的原因：一是 CPU 与外设两者的信号线不兼容，在信号线功能定义、逻辑定义和时序关系上都不一致；二是两者的工作速度不一致，一般来说，CPU 速度高，而不同外设的速度有高有低，差异很大；三是若不通过接口，而由 CPU 直接对外设的操作实施控制，就会使 CPU 忙于与外设打交道之中，大大降低 CPU 的效率；四是若外部设备直接由 CPU 控制，也使外设的硬件结构依赖于 CPU，对外设发展不利。

一个能够实际运行的接口，应由硬件和软件两部分组成。从使用角度来看，接口的硬件部分应包括以下部分：

(1) 基本逻辑电路：包括命令寄存器、状态寄存器和数据缓冲寄存器，承担着接收命令、返回状态和传送数据的基本任务，是接口电路的核心。目前，可编程大规模集成接口芯片中都包含了这些基本电路。

(2) 端口地址译码电路：由译码器或能实现译码功能的逻辑芯片组成，其作用是进行设备选择，是接口电路必不可少的部分。

(3) 供选电路：是根据接口的不同任务和功能要求而添加的功能模块电路，设计者可按照需要加以选择。

2. I/O 接口的功能

一般而言，I/O 接口具有以下主要功能：

(1) 对传送数据提供缓冲、隔离和寄存。由于 I/O 设备与 CPU 的定时标准不同，数据处理速度也不同，因此需要对传送数据提供缓冲、隔离和寄存(或锁存)。在输出接口中，一般都要安排寄存环节(寄存器或锁存器)。对 CPU 来说，要输出的数据送到寄存器就可以了。此后由输出设备利用寄存器中的数据去具体实现输出，输出得快一些或慢一些都可以。寄存环节的中转作用对于一个数据(字节、字或双字)的传送是非常明显的，对于多个数据的传送也是以此为基础，要进一步考虑的是 CPU 何时输出下一个数据。在输入接口中，一般要安排缓冲隔离环节(如三态门)，当 CPU 读取数据时，只有被选定的输入设备将数据送到总线，其他的输入设备此时与数据总线隔离。在输入接口中有时也安排寄存环节，用来存放输入设备的数据，等待 CPU 读取。

(2) 对信号的形式和数据的格式进行转换。计算机与 I/O 设备所用的信号的形式和数据的格式可能不同，I/O 接口应能进行相互之间的转换，例如，将电流信号变为电压信号，将模拟信号变为数字信号，将串行数据变为并行数据，以及反方向转换等。

(3) 对 I/O 端口进行寻址。I/O 接口实际上都会包含若干个 I/O 端口。I/O 端口是面向用户的，也就是说，从编程的角度，即从 CPU 的角度看，和 I/O 设备打交道实际上是和 I/O 端口打交道。每一个 I/O 端口有一个编号，称为端口地址，简称口地址。与访问存储单元相类似，CPU 与 I/O 端口交换信息时总是先给出端口地址，选中的端口才可以和 CPU 进行信息交换。

(4) 与 CPU 和 I/O 设备进行联络。I/O 接口处于 CPU 和 I/O 设备的中间，在传送数据时，经常要在两个方向上进行联络，即接口电路既要面向 CPU 进行联络，又要面向 I/O 设备进行联络。联络的信息有：状态信号(如设备准备好)、请求信号(如中断请求)和控制信号(如中断响应)等。

8.1.2　输入/输出设备的编址

1. I/O 端口

输入/输出设备与 CPU 交换信息是通过接口电路来完成的，而端口是接口电路中能被

CPU 直接访问的寄存器的地址。CPU 通过这些地址即端口向接口电路中的寄存器发送命令，读取状态和传输数据。因此，I/O 接口中包含有三种端口：数据端口、状态端口和控制端口，分别简称数据口、状态口和控制口。对于数据端口，当它出现在输入接口中时，用来保存外部设备发往 CPU 的数据，一般称为输入数据缓冲器；当它出现在输出接口中时，用来保存 CPU 发往外部设备的数据，一般称为输出数据缓冲器；有的接口电路中的数据端口既支持输入，又支持输出，实际上其内部具有输入和输出两个缓冲器，但共用一个端口地址，根据读/写控制的不同，可分别访问到其中的输入或输出缓冲器。I/O 接口中的状态端口用来保存外设或接口的状态，通过数据总线 CPU 可以读取这些状态。控制端口用来寄存 CPU 通过数据总线发来的命令，这些命令可以是对 I/O 接口进行初始化的，也可以是初始化以后再对 I/O 接口的操作进行控制。

2. 端口地址编址方式

端口有两种编址方式：一种是端口地址和存储器地址统一编址，即存储器映射方式；另一种是 I/O 端口地址和存储器地址分开独立编址，即 I/O 映射方式。

(1) 统一编址：端口地址和存储器地址统一编址。在这种编址方式中，I/O 端口和内存单元统一编址，即把 I/O 端口当作内存单元对待，从整个内存空间中划出一个子空间给 I/O 端口，每一个 I/O 端口分配一个地址码，用访问存储器的指令对 I/O 端口进行操作。

这种编址方式的优点是：I/O 端口的数目几乎不受限制；访问内存的指令均适用于 I/O 端口，对 I/O 端口的数据处理能力强；CPU 无需产生区别访问内存操作和 I/O 操作的控制信号，从而可减少引脚。其缺点是：程序中 I/O 操作不清晰，难以区分程序中的 I/O 操作和存储器操作；I/O 端口占用了一部分内存空间；I/O 端口地址译码电路较复杂(因为内存的地址位数较多)。

(2) 独立编址：I/O 端口编址和存储器的编址相互独立，即 I/O 端口地址空间和存储器地址空间分开设置，互不影响。采用这种编址方式，对 I/O 端口的操作使用输入/输出指令(I/O 指令)。

I/O 独立编址的优点是：不占用内存空间；使用 I/O 指令，程序清晰，很容易看出是 I/O 操作还是存储器操作；译码电路比较简单(因为 I/O 端口的地址空间一般较小，所用地址线也就较少)。其缺点是：只能用专门的 I/O 指令，访问端口的方法不如访问存储器的方法多。

上面两种编址方式各有优点和缺点，究竟采用哪一种取决于系统的总体设计。在一个系统中也可以同时使用两种方式，前提是首先要支持 I/O 独立编址。Intel 的 x86 微处理器都支持 I/O 独立编址，因为它们的指令系统中都有 I/O 指令，并设置了可以区分 I/O 访问和存储器访问的控制信号引脚。而一些微处理器或单片机，为了减少引脚，从而减少芯片占用面积，不支持 I/O 独立编址，只能采用存储器统一编址。

8.1.3 I/O 设备的数据传送控制方式

1. 程序查询方式

程序查询方式是早期计算机中使用的一种方式。其过程是由 CPU 不断查询 I/O 设备是否已作好准备，从而控制 I/O 设备与主机交换信息。采用这种方式实现主机和 I/O 设备交换信息，要求 I/O 设备接口内设置一个能反映设备是否准备就绪的状态标记，CPU 通过对此标记的检测，可得知设备的准备情况。CPU 从某外设读数据块的执行流程如图 8.1 所示，由图可以看出，CPU 启动 I/O 设备后便开始对 I/O 设备的状态进行查询。若数据未准备就绪，就继续查询；若数据准备就绪，就将数据从 I/O 设备接口读出，送到 CPU，再由 CPU 送到主存。这样一个字一个字地传送，直到该数据块的所有数据全部传输结束，CPU 又重新回到原来程序。

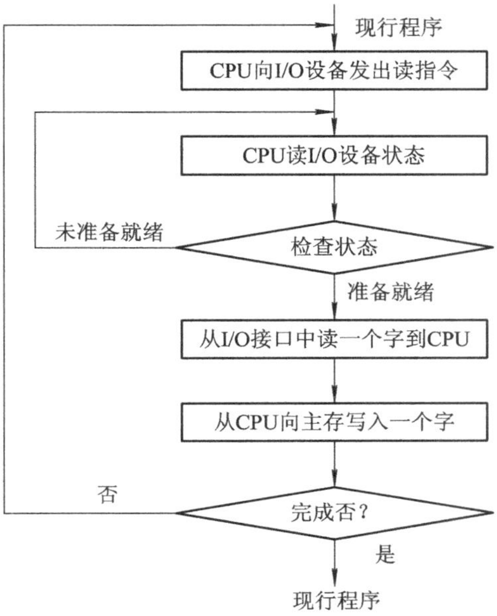

图 8.1　程序查询方式

采用程序查询方式，数据在 CPU 和外围设备之间的传送完全靠计算机程序控制，其优点是 CPU 的操作和外围设备的操作能够同步，而且硬件结构比较简单，易于实现。其缺点是 CPU 效率低，因为外围设备动作很慢，程序进入查询循环时将占用较多的 CPU 时间，CPU 此时只能等待，不能处理其他业务。即使 CPU 采用定时地由主程序转向查询设备状态的子程序进行扫描轮询的办法，CPU 宝贵资源的浪费也是可观的。因此，这种方式适合于在 CPU 不太忙且传输速度不高的情况下采用，当前除单片机外，很少使用程序查询方式。

2. 程序中断方式

中断是外围设备用来“主动”通知 CPU，准备送出输入数据或接收输出数据的一种方法。通常，当一个中断发生时，CPU 暂停它的现行程序，而转向中断处理程序，从而可以输入或输出一个数据。当中断处理完毕后，CPU 又返回到它原来的任务，并从它停止的地方开始执行程序。这种方式下，若无外设提出请求，CPU 一直在处理原来的任务。可以看出，它节省了 CPU 宝贵的时间，是管理 I/O 操作的一个比较有效的方法。程序中断方式一般适用于随机出现的服务，并且一旦提出要求，应立即响应。同程序查询方式相比，中断方式下的硬件结构相对复杂一些，服务开销时间较大。

3. 直接存储器访问(DMA)方式

前面已经介绍了两种数据传送方式，其中中断传送方式在很大程度上提高了 CPU 的利用率，对慢速外设尤为明显。但是中断传送方式不适用于快速数据传送。用中断传送方式每传送一个数据都要进入一次中断，在中断服务程序中真正用于数据传送的时间并不多，而是要花费较多的时间去做保护断点、保护现场、恢复现场、中断返回等辅助性工作。对于快速设备来说，这会造成数据的丢失或误操作。

程序中断方式和程序查询方式有一个共同点，即数据传送都是通过 CPU 执行指令来完成的，而 CPU 指令系统只支持 CPU(寄存器)和存储器/外设间的数据传送。所以，如果外设要和存储器进行数据交换，也必须经过 CPU 寄存器中转，显然，中转浪费了时间。

由此设想，如果在外设和存储器之间能开辟一个直接数据通道，数据传送由另外的硬件来控制，那么既加快了传送速度又减轻了 CPU 的负担。DMA 传送方式正是受了这个启发而提出的。DMA 方式的工作特点是，当需要进行 DMA 传送时，DMAC(DMA 控制器)向 CPU 提出总线使用请求，获得 CPU 响应后，DMAC 控制总线，外设和存储器之间的数据传送在 DMAC 的控制下完成，此时，CPU 不参与两者之间的数据传送过程，但 DMA 的初始化和传送结束后的中断处理仍需要 CPU 执行程序来完成。当然，DMA 传送方式的提出还有一个更直接的原因，即中断传送方式和程序查询方式从速度上满足不了磁盘、磁带等高速外设与存储器之间进行数据交换的需要。这些设备的数据传送有两大特点：一是传送速率高；二是成批传送，即把设备的一批数据传到一个内存区，或将一个内存区的全部数据传送给设备，所以在数据传送的同时还伴随着内存指针的修改、传送数据个数的统计以及传送结束的判断等。用 CPU 执行指令方法无法满足这种传送要求。这里以早期的微机(IBM PC/XT)和当时的硬盘为例。那时硬盘的数据传送速率为每秒 5 兆位，也就是每秒 62.5 万字节。在 IBM PC/XT 中，CPU(8088)在内存与外部设备传送数据时，用执行指令方式，不包括寻址方式所用的时间，只是存储器读/写总线周期的 4 个时钟加上 I/O 读/写总线周期的 5 个时钟(PC/XT 的 I/O 读/写总线周期自动插入一个时钟)，当时钟为 4.77 MHz 时，每秒钟能传送 53 万字节，若再加上寻址方式和修改地址指针等操作所需的时间，CPU 根本无法完成硬盘的数据传送。而用 DMAC 8237 来完成的话，传送一个字节只需要 4 个时钟周期，足以满足任务需求。

4. 通道方式

DMA 方式的出现已经减轻了 CPU 对 I/O 操作的控制，使得 CPU 的效率有显著的提高，而通道的出现则进一步提高了 CPU 的效率。这是因为，CPU 将部分权力下放给通道。通道是一个具有特殊功能的处理器，在某些应用中称为输入/输出处理器(IOP)，它可以实现对外围设备的统一管理和外围设备与内存之间的数据传送。这种方式大大提高了 CPU 的工作效率。然而这种提高 CPU 效率的办法是以花费更多硬件为代价的。

在上述 I/O 设备的四种数据传送控制方式中，程序查询方式和程序中断方式主要由 CPU 执行程序来完成 I/O 操作，因此这两者均称为程序控制 I/O 方式，其特点是 CPU 效率低、数据传输速度慢，适用于数据传输率比较低的外围设备。DMA 方式和通道方式主要由专用硬件来完成 I/O 操作，其特点是 CPU 的效率高、数据传输速度快，适用于数据传输率比较高的外围设备。

8.2　程序中断方式

中断系统不只是 I/O 系统，也是整个计算机系统必不可少的重要组成部分。它对 I/O 处理、多道程序和分时处理、实时处理、人机联系、事故处理、程序的监视和跟踪、多处理机系统中各机的联系等各方面都起着重要的作用。

8.2.1　中断的基本概念

1. 中断概念

所谓中断，是一个过程，即 CPU 在正常执行程序的过程中，遇到外部/内部的紧急事件需要处理，暂时中断当前程序的执行，而转去为该事件服务，待服务完毕，再返回到暂停处(断点)继续执行原来的程序。为事件服务的程序称为中断服务程序或中断处理程序。

严格地说，上面的描述是针对硬件事件引起的中断而言的。用软件方法也可以引起中断，即事先在程序中安排特殊的指令，CPU 执行到该类指令时，转去执行相应的一段预先安排好的程序，然后再返回去执行原来的程序，这可称为软中断。把软中断考虑进去，可给中断再下一个定义：中断是一个过程，是 CPU 在执行当前程序的过程中因硬件或软件的原因插入了另一段程序运行的过程。因硬件原因引起的中断过程的出现是不可预测的，即随机的，而软中断是事先安排的。

图 8.2 给出了中断处理的基本过程。主程序只是在设备 A、B、C 数据准备就绪并发出相应的中断请求时，才去进行中断处理，完成数据传送操作。在速度较慢的外围设备准备自己的数据时，CPU 照常执行自己的主程序。从这个意义上说，CPU 和外围设备的一些操作是并行地进行的，因而同串行进行的程序查询方式相比，计算机系统的效率是大大提高了。

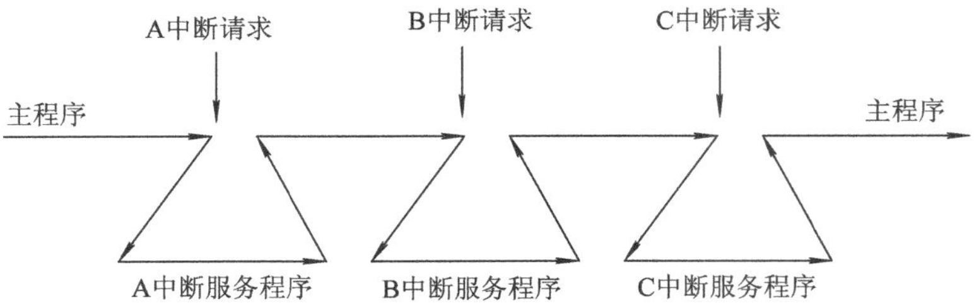

图 8.2　中断处理示意图

2. 中断源

凡是能引起中断的设备或事件均称为中断源。中断源向中断系统发出请求中断的申请，称为中断请求。同时可能有多个中断请求，这时中断系统需要按事先确定的中断响应优先次序对优先级高的中断请求予以响应。所谓中断响应，就是允许其中断 CPU 现行程序的运行，转去对该请求进行预处理，包括保存好断点现场，调出有关处理该中断的中断处理程序，准备运行。这部分工作在大多数机器上都是采用交换新旧程序状态字 PSW 的办法来实现的。当然为了某种需要，中断系统也可以对中断请求进行屏蔽，使之暂时得不到响应。

目前，微机中的中断源一般有以下几种：

(1) 外设的服务请求：系统外设要求与CPU交换信息而产生的中断。如键盘在用户敲了一个键后向CPU提出中断请求，请求CPU接收该按键的编码。又如打印机在打印完一个字符后向CPU提出中断请求，请求CPU输出下一个要打印的字符(有的打印机设有数据缓冲区，在缓冲区的数据都打印完后，才提出中断请求)。

(2) CPU内部事件：程序员的疏忽或算法上的差错，使程序在运行过程中出现多种错误而产生的中断，如除法错、运算溢出等。

(3) 硬件故障中断：机器在运行过程中，硬件出现偶然性或固定性的错误而引起的中断，例如电源掉电、内存出错等。

(4) 软中断：又称为软件中断，是用软件方法产生中断，即在程序中安排特定的指令：INT ＜中断类型号＞，当程序执行到该类指令时，进入到中断类型号所对应的中断服务程序。显然，软中断是人为安排的，而上面介绍的3种硬件中断源引起的中断是随机的。在PC系列机中，软中断是调用操作系统功能的一种方法。

3. 中断识别

当CPU响应中断、保护断点之后，就要进行中断源的识别，即寻找中断源，找到相应的中断服务程序入口。识别中断源有三种方法：查询法、向量法和强置程序计数器法。

(1) 查询法。这是通过程序来查询是哪一个中断源提出的中断请求的方法。该方法需要必要的硬件支持，如图8.3所示。

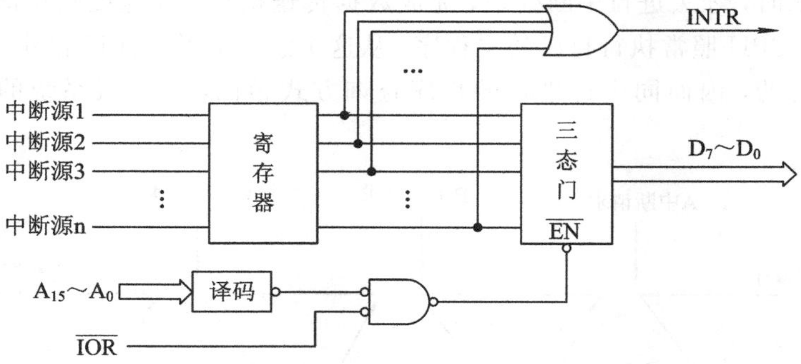

图8.3 中断查询接口电路

设置一个输入端口(寄存器)，以便CPU可通过该端口读取各个中断请求触发器的状态。在中断响应周期之后，所有的中断都先进入到一个查询流程。先看中断源1是否提出请求，若是，则转去执行中断源1的中断服务程序，否则再看中断源2是否提出请求，若是，则转去执行中断源2的中断服务程序，否则继续查看后面的中断源。查询的顺序决定了中断的优先级，这是因为，当发现一个中断源提出中断请求后，就转去执行相应的服务程序，而不再继续向下查找，不管它们是否也提出了请求。在图8.3中，中断源1的级别最高，中断源2的级别次之，中断源n的级别最低。

查询法的优点是硬件简单、程序层次分明，只要改变程序中的查询次序即可改变中断源的中断优先级，而不必变更硬件连接。其缺点是速度慢(从CPU响应中断到进入中断服务的时间较长)，实时性差，特别是当中断源较多时，这种情况尤为突出。此外，查询要占用 CPU 的时间，降低了 CPU 的使用效率。

(2) 向量法(矢量法)。这是一种硬件方法。在 CPU 发出中断响应信号$\overline{INTA}$时，由硬件产生当前所有请求中级别最高的中断源的中断标识码(早期微机系统中称之为中断向量，向量法因此得名，而在 8086/8088 系统以及 PC 系列机中称之为中断类型码)。中断标识码是中断源的识别标志，可用来形成相应的中断服务程序的入口地址或存放中断服务程序的首地址。当有中断源提出请求时，中断排队与编码器进行判优并产生其中级别最高的中断源的中断标识码。在$\overline{INTA}$到来时，CPU 通过三态门获得中断标识码。

从图 8.4 中可以看出，用向量法识别中断源不占用 CPU 额外的时间，在中断响应周期即可完成，因此该方法得到了广泛的应用。即便在功能相对简单的单片机中，一般也采用此方法。

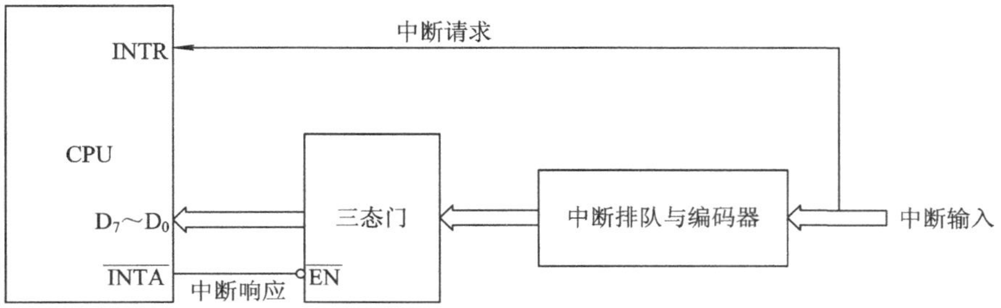

图 8.4　向量法中断接口

(3) 强置程序计数器法。这是用于 8080、Z80 等 8 位 CPU 的一种方法，早已被淘汰。它的基本做法是在 CPU 响应中断时，用硬件方法产生一条特殊指令(重新启动指令)，该指令将程序计数器 PC 强行置成中断服务程序入口地址，从而进入中断服务程序。

8.2.2 中断处理

不同计算机的中断系统有所不同，但实现中断时，都有一个相同的中断过程，这个过程包括 4 个阶段：中断请求、中断响应、中断处理和中断返回。整个中断处理过程如图 8.5 所示。

1. 中断请求

当外部设备要求 CPU 为它服务时，外设先发送“中断请求”信号给 CPU 进行中断申请。CPU 在执行完每条指令后去检查“中断请求”输入线，看是否有外部发来的“中断请求”。CPU 有权决定是否响应中断：若允许申请，则用指令打开中断触发器；若不允许申请，则用指令关闭中断触发器。没有获得允许的中断请求称为中断被屏蔽。例如在实时控制时，需采集一段连续数据，为防止数据丢失，不允许其他中断请求；再如执行管理程序中某些重要程序时，用指令进行屏蔽。

2. 中断响应

当外部设备发出中断请求后，如果中断已经开放并且没有其他外设申请 DMA 传输，则 CPU 在当前指令执行结束时响应中断，进入中断的响应周期。

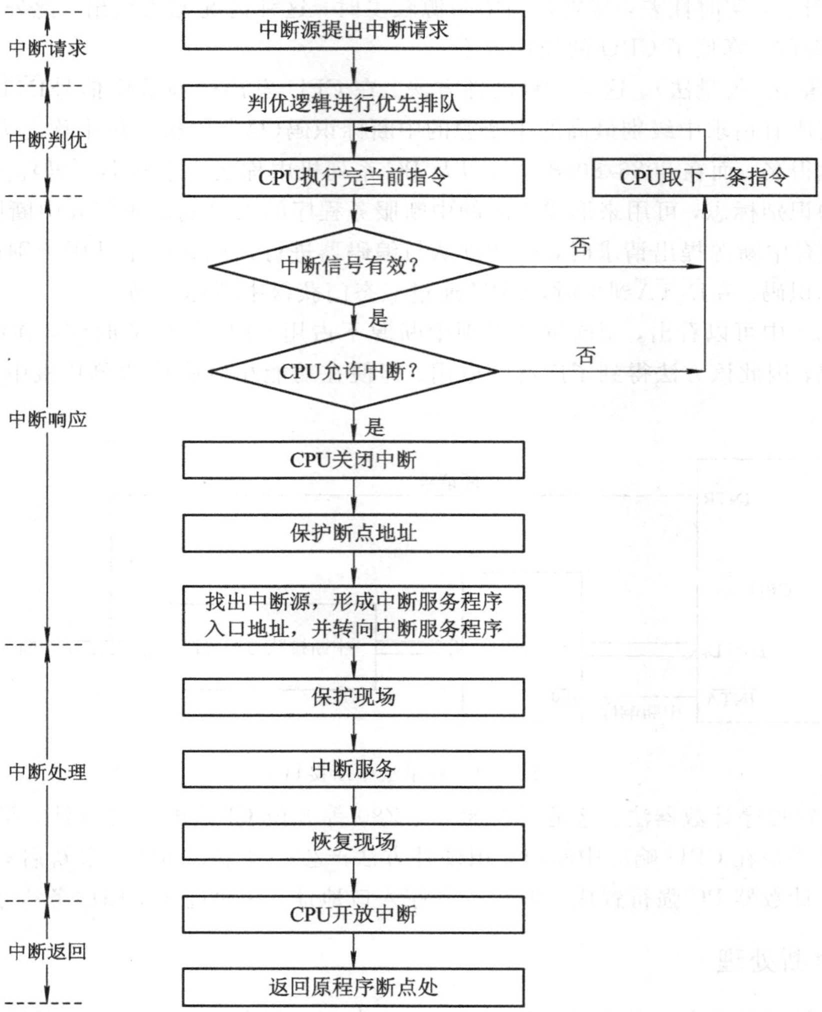

图 8.5 中断处理过程

CPU 响应中断之前，必须先关闭中断，表示 CPU 不再受理另一个设备的中断请求，然后通过内部硬件，进行断点及标志保存，称为保护程序断点。然后读取中断类型号，找到中断源的中断服务程序入口地址，从而转入中断服务程序并开始运行。

3. 中断处理

CPU 经过中断响应周期之后，就进入到中断服务程序并执行。为了不破坏主程序被中断时的现场以及允许中断服务期间响应更高级的中断，中断服务程序一般采用以下结构：

(1) 保护现场：将中断服务程序中要用到的寄存器的内容压入堆栈；

(2) 中断服务：针对中断源的具体服务；

(3) 恢复现场：将保护现场时压入堆栈的内容弹出。

4. 中断返回

中断服务程序结束后，执行中断返回。首先 CPU 开放中断，表示 CPU 从现在开始可以受理另一个设备提出的中断请求，然后自动将保存在堆栈中的标志 FR、断点依次弹出并装入，这个过程也称为恢复程序断点，使程序回到中断前的地址开始继续执行。

8.2.3　多重中断

由于中断源相互独立且随机地发出中断请求，因此常常会同时发生多个中断请求。同一类中的各中断请求的响应和处理的优先次序，一般不是由中断系统的硬件而是由其软件或通道来管理的。而不同类的中断就要根据中断的性质、紧迫性、重要性以及软件处理的方便性把它们分成不同的级别。中断系统按中断源的级别高低来响应。通常把优先级最高的中断定为一级，其次是二级，再次是三级，依此类推。不同机器对优先级高低的划分存在差异。

在同时发生多个不同中断类的中断请求时，中断响应硬件中的排队器决定响应的次序。然而，中断的处理要由中断服务程序来完成，而中断服务程序在执行前或执行中是可以被中断的。这样，中断处理次序就可以不同于中断响应次序。

一般在处理某级中的某个中断请求时，与它同级的或比它低级的中断请求是不能中断它的处理的，只有比它高级的中断请求才能中断其处理过程。等响应和处理完后，再继续处理原先的那个中断请求。

中断响应的次序用排队器硬件实现，次序是由高到低排好序的。为了能根据需要，由操作系统灵活改变实际的中断处理次序，很多机器都设置了中断级屏蔽位寄存器，以决定某级中断请求能否进入中断响应排队器。只要能进入的，总是让高级别的优先响应。程序状态字(PSW)中包含有中断级屏蔽位字段。只要操作系统将每一类中断服务程序的现行程序状态字中的中断级屏蔽位设置成不同状态，就可以实现所希望的中断处理次序。

假设系统有 4 个中断级，相应的每一级中断程序的现行 PSW 中都有 4 位中断级屏蔽位。其原理图如图 8.6 所示。

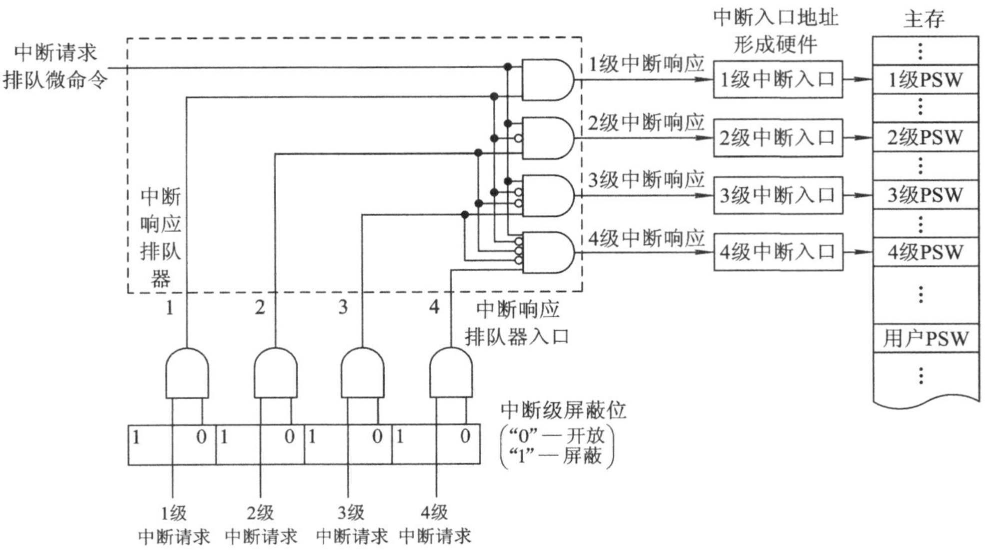

图 8.6　中断响应硬件部分原理简图

中断屏蔽位为“0”时，表示对该级中断开放，允许其进入中断响应排队器；为“1”时，表示屏蔽该级中断。那么，要让各级中断处理次序和各级中断响应次序一样，都是 1→2→3→4，就只需按表 8.1 设置好各级中断服务程序现行 PSW 中的中断级屏蔽位即可。

表 8.1　中断级屏蔽位

中断服务程序级别	中断级屏蔽位			
	1 级	2 级	3 级	4 级
第 1 级	1	1	1	1
第 2 级	0	1	1	1
第 3 级	0	0	1	1
第 4 级	0	0	0	1

图 8.7 中所示的①、②、③、④表示对应第 i 级中断源发出的中断请求，例如③表示第 3 级中断源发出的中断请求。现假设运行用户程序的过程中，出现了图 8.7 中所示的中断请求。用户程序不能屏蔽任何中断请求，所以执行用户程序时，其现行 PSW 中的中断级屏蔽位均为 1。当②、③级中断请求同时到来时，它们均进入排队器，CPU 优先响应②级中断请求。此时 CPU 中断用户程序的执行，通过交换 PSW 实现程序切换，即将用户程序所用到的关键寄存器、中断码、断点等现状作为旧 PSW 保存到内存指定单元，再从内存另一指定单元取出对应②级中断处理程序的 PSW 建立起新现场。由于②级中断处理程序的中断级屏蔽位 0111 被放置到中断级屏蔽位寄存器，因此，对③级中断请求不予响应，开始执行②级中断处理程序。即使在②级中断处理程序执行过程中出现④级中断请求，也一样不予响应，直到②级中断处理程序执行完，交换 PSW，又返回到原被中断前的用户程序。此时，用户程序状态字中的中断级屏蔽位全为“1”，使③、④级中断请求又同时进入排队器。在优先响应③级中断请求并处理完后，又回到用户程序，再对④级中断请求进行响应和处理，完成后又返回到用户程序继续执行。

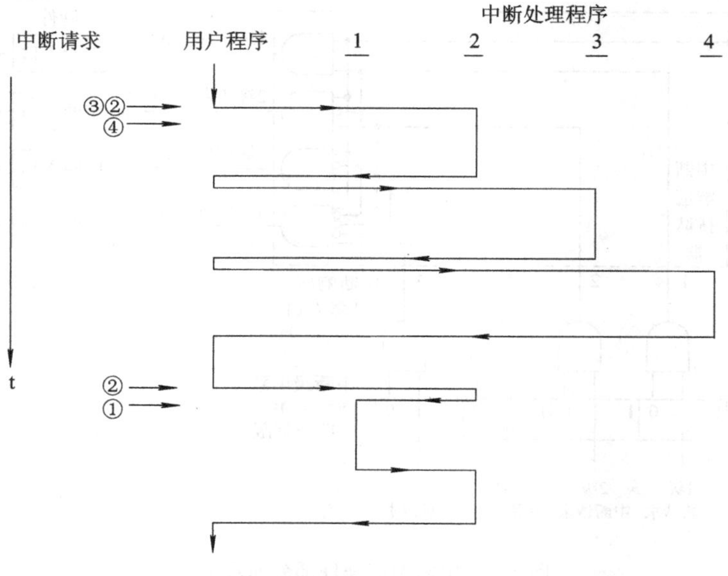

图 8.7　中断处理次序为 1→2→3→4 示例

用户程序执行过程中，又发生了②级中断请求，在对其响应和处理过程中，又发生了①级中断请求。由于②级中断处理程序的中断级屏蔽位为 0111，对①级中断请求开放，因此①级中断请求进入排队器，从而转去响应①级中断请求并进行处理。由于①级中断处理程序的中断级屏蔽位为 1111，所以只有执行完①级中断处理程序后才能返回到上一次被中断的②级中断处理程序继续执行，完成后再返回到前一次的断点，即用户程序继续执行。

如果想改变中断处理次序，只需要将各中断级处理程序的中断级屏蔽位按需要的次序进行修改就可以了。例如，若想把中断处理次序改为 1→4→3→2，则对应的各中断级处理程序的中断级屏蔽位按表 8.2 修改即可。

表 8.2　中断级屏蔽位设置举例

中断服务程序级别	中断级屏蔽位			
	1 级	2 级	3 级	4 级
第 1 级	1	1	1	1
第 2 级	0	1	0	0
第 3 级	0	1	1	0
第 4 级	0	1	1	1

现假设在运行用户程序过程中，同时发生①、②、③、④级中断请求，其处理过程如图 8.8 所示。可以看出，此时各级中断处理完的先后顺序变成了 1→4→3→2。所以，只要操作系统根据需要用软件的方法改变各级中断处理程序的中断级屏蔽位状态，就可以改变实际中断处理的先后顺序。这就是中断系统采用软硬结合的好处。中断响应用排队器硬件实现可以加快响应和断点现场保存，中断处理采用软件技术实现可以提供很大的灵活性。

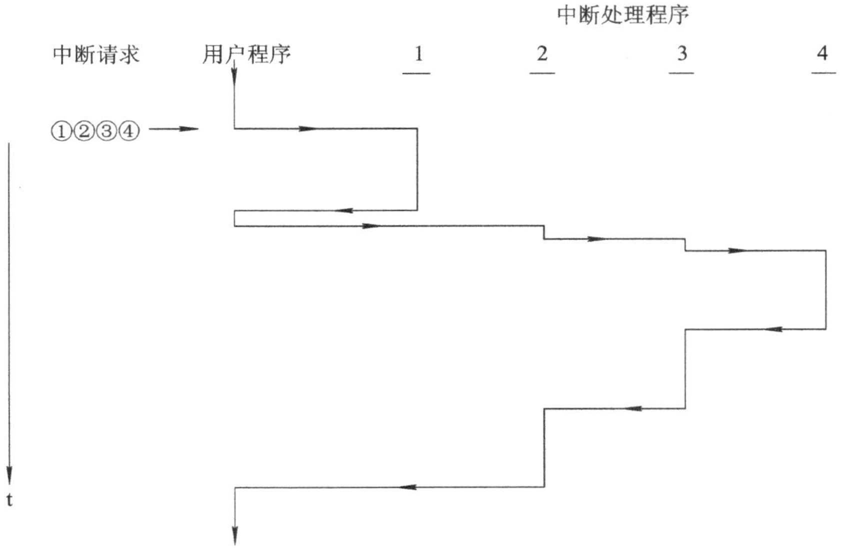

图 8.8　中断处理次序为 1→4→3→2 示例

8.3 DMA 方式

8.3.1 DMA 的基本概念

直接存储器访问(DMA)是一种完全由硬件执行 I/O 交换的工作方式。在这种方式中，DMA 控制器从 CPU 那里完全接管对总线的控制，数据交换不经过 CPU，而直接在内存和 I/O 设备之间进行。DMA 方式一般用于高速成组数据传送。DMA 控制器将向内存发出地址和控制信号，修改地址，对传送的字的个数计数，并且以中断方式向 CPU 报告传送操作的结束。

DMA 方式的主要优点是速度快。由于 CPU 根本不参加传送操作，因此就省去了 CPU 取指令、取数、送数等操作。在数据传送过程中，没有保存现场、恢复现场之类的工作。内存地址修改、传送字个数的计数等等，也不是由软件实现，而是用硬件线路直接实现的。所以 DMA 方式能满足高速 I/O 设备的要求，也有利于 CPU 效率的发挥。各种 DMA 至少能执行以下一些基本操作：

(1) 从外围设备发出 DMA 请求；

(2) CPU 响应 DMA 请求，把 CPU 的工作方式改成 DMA 操作方式，DMA 控制器从 CPU 那里接管总线的控制权；

(3) 由 DMA 控制器对内存寻址，即决定数据传送的内存单元地址，并对数据传送个数进行计数，执行数据传送的操作；

(4) 向 CPU 报告 DMA 操作的结束。

需要注意的是，在 DMA 方式中，一批数据传送前的准备工作以及传送结束后的处理工作，均由管理程序承担，而 DMA 控制器仅负责数据传送的工作。

8.3.2 DMA 的三种工作方式

DMA 技术的出现，使得外围设备可以通过 DMA 控制器直接访问内存，与此同时，CPU 可以继续执行程序。DMA 控制器与 CPU 分时使用内存通常采用以下三种方法。

1. 停止 CPU 访问内存

当外围设备要求传送一批数据时，由 DMA 控制器发一个停止信号给 CPU，要求 CPU 放弃对地址总线、数据总线和有关控制总线的使用权。DMA 控制器获得总线控制权以后，开始进行数据传送。在一批数据传送完毕后，DMA 控制器通知 CPU 可以使用内存，并把总线控制权交还给 CPU。在这种 DMA 传送过程中，CPU 基本处于不工作状态或者说保持状态。这种传送方式的时间图如图 8.9 所示。

这种方式的优点是控制简单，它适用于数据传输率很高的设备进行成组传送。其缺点是在 DMA 控制器访内阶段，内存的效能没有充分发挥，相当一部分内存工作周期是空闲的。这是因为，外围设备传送两个数据之间的间隔一般总是大于内存存储周期，即使高速 I/O 设备也是如此。

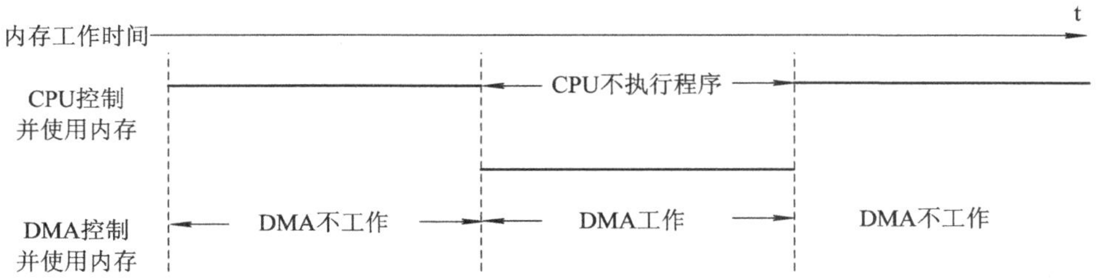

图 8.9　停止 CPU 访问内存方式

2. 周期挪用

当 I/O 设备没有 DMA 请求时，CPU 按程序要求访问内存；一旦 I/O 设备有 DMA 请求，则由 I/O 设备挪用一个或几个内存周期。I/O 设备要求 DMA 传送时可能遇到两种情况：

(1) 此时 CPU 不需要访内，例如 CPU 正在执行乘法指令。由于乘法指令执行时间较长，此时 I/O 访内与 CPU 访内没有冲突，即 I/O 设备挪用一两个内存周期对 CPU 执行程序没有任何影响。

(2) I/O 设备要求访内时 CPU 也要求访内，这就产生了访内冲突，在这种情况下 I/O 设备访内优先，因为 I/O 访内有时间要求，前一个 I/O 数据必须在下一个访内请求到来之前存取完毕。显然，在这种情况下 I/O 设备挪用一二个内存周期，意味着 CPU 延缓了对指令的执行，或者更明确地说，在 CPU 执行访内指令的过程中插入了 DMA 请求，挪用了一二个内存周期。这种传送方式的时间图如图 8.10 所示。

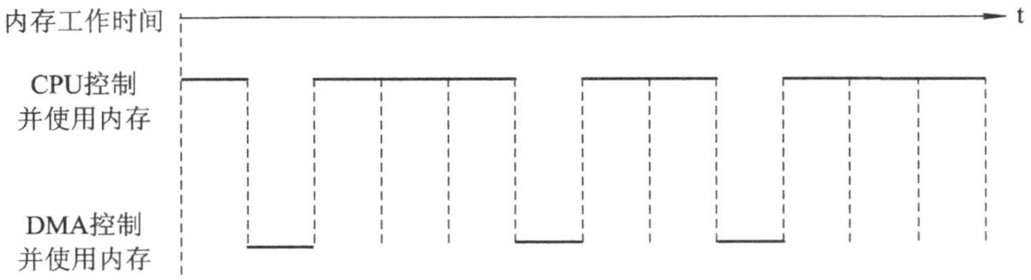

图 8.10　周期挪用方式

与停止 CPU 访内的 DMA 方法比较，周期挪用的方法既实现了 I/O 传送，又较好地发挥了内存和 CPU 的效率，是一种广泛采用的方法。但是 I/O 设备每一次周期挪用都有申请总线控制权、建立总线控制权和归还总线控制权的过程，所以传送一个字对内存来说要占用一个周期，但对 DMA 控制器来说一般要 2～5 个内存周期(视逻辑线路的延迟而定)。因此，周期挪用的方法适用于 I/O 设备读/写周期大于内存存储周期的情况。

3. DMA 与 CPU 交替访内

如果 CPU 的工作周期比内存存取周期长很多，此时采用交替访内的方法可以使 DMA 传送和 CPU 同时发挥最高的效率。假设 CPU 工作周期为 1.2 μs，内存存取周期小于 0.6 μs，那么一个 CPU 周期可分为 C_1 和 C_2 两个分周期，其中 C_2 供 DMA 控制器访存，C_1 专供 CPU 访存。这种传送方式的时间图如图 8.11 所示。

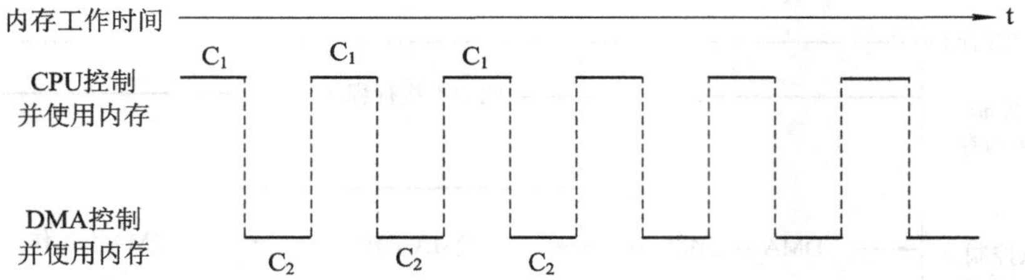

图 8.11 DMA 与 CPU 交替访内方式

这种方式不需要总线使用权的申请、建立和归还过程，总线使用权的行使是通过 C_1 和 C_2 分时进行的。CPU 和 DMA 控制器各自有自己的访内地址寄存器、数据寄存器和读/写信号等控制寄存器。在 C_2 周期中，如果 DMA 控制器有访内请求，可将地址、数据等信号送到总线上。在 C_1 周期中，如果 CPU 有访内请求，同样传送地址、数据等信号。事实上，对于总线，这是用 C_1、C_2 控制的一个多路转换器，这种总线控制权的转移几乎不需要什么时间，所以对 DMA 传送来讲效率是很高的。

这种传送方式又称为"透明的 DMA"方式，其来由是这种 DMA 传送对 CPU 来说，如同透明的玻璃一般，没有任何感觉或影响。在透明的 DMA 方式下工作，CPU 既不停止主程序的运行，也不进入等待状态，是一种高效率的工作方式。当然，相应的硬件逻辑也就更加复杂。

8.3.3 DMA 控制器的组成和工作原理

1. DMA 控制器的基本组成

一个 DMA 控制器，实际上是采用 DMA 方式的外围设备与系统总线之间的接口电路，这个接口电路是在中断接口的基础上再加 DMA 机构组成的。一个最简单的 DMA 控制器逻辑结构如图 8.12 所示，它由以下逻辑部件组成：

(1) 内存地址计数器。该计数器用于存放内存中要交换的数据的地址。在 DMA 传送前，须通过程序将数据在内存中的起始位置(首地址)送到内存地址计数器。而当 DMA 传送时，每交换一次数据，都将地址计数器加"1"，从而以增量方式给出内存中要交换的一批数据的地址。

(2) 字计数器。该计数器用于记录传送数据块的长度(多少字数)。其内容也是在数据传送之前由程序预置的，通常以补码形式表示。在 DMA 传送时，每传送一个字，字计数器就加"1"，当计数器溢出即最高位产生进位时，表示这批数据传送完毕，于是引起 DMA 控制器向 CPU 发中断信号。

(3) 数据缓冲寄存器。该寄存器用于暂存每次传送的数据(一个字)。当输入时，由设备(如磁盘)送往数据缓冲寄存器，再由缓冲寄存器通过数据总线送到内存；当输出时，由内存通过数据总线送到数据缓冲寄存器，然后再送到设备。

(4) DMA 请求标志。每当设备准备好一个数据字后就给出一个控制信号，使 DMA 请求标志置"1"。该标志置位后向控制/状态逻辑发出 DMA 请求，后者又向 CPU 发出总线使用权的请求(HOLD)，CPU 响应此请求后发回响应信号 HLDA，控制/状态逻辑接收此信号后发出 DMA 响应信号，使 DMA 请求标志复位，为交换下一个字作好准备。

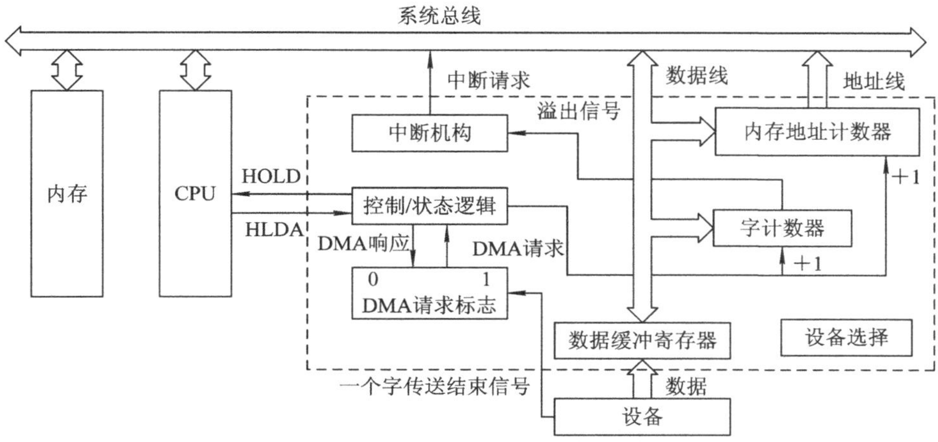

图 8.12　DMA 控制器逻辑结构

(5) 控制/状态逻辑。该逻辑电路由控制和时序电路以及状态标志等组成，用于修改内存地址计数器和字计数器，指定传送类型(输入或输出)，并对 DMA 请求信号和 CPU 响应信号进行协调和同步。

(6) 中断机构。当字计数器溢出时(全 0)，意味着一组数据交换完毕，由溢出信号触发中断机构，向 CPU 提出中断报告。这里的中断与上一节介绍的 I/O 中断所采用的技术相同，但中断的目的不同，前面是为了数据的输入或输出，而这里是为了报告一组数据传送结束。因此它们是 I/O 系统中不同的中断事件。

2. DMA 数据传送过程

DMA 的数据传送过程可分为三个阶段：传送前预处理、正式传送、传送后处理。

传送前预处理也可以看做是 DMAC 的初始化，即由 CPU 执行几条输入/输出指令，测试设备状态，向 DMA 控制器的设备地址寄存器中送入设备号并启动设备，向内存地址计数器中送入起始地址，向字计数器中送入交换的数据字个数。在这些工作完成后，CPU 继续执行原来的主程序。

正式传送是指当外设准备好发送数据(输入)或接收数据(输出)时，它发出 DMA 请求，由 DMA 控制器向 CPU 发出总线使用权的请求(HOLD)，当 DMA 控制器获得总线控制权后即可进行数据的传送操作。图 8.13 给出了停止 CPU 访内方式的 DMA 传送数据的流程图。

DMA 的数据传送是以数据块为基本单位进行的，因此，每次 DMA 控制器占用总线后，无论是数据输入操作，还是输出操作，都是通过循环来实现的。当进行输入操作时，外围设备的数据(一次一个字或一个字节)传向内存；当进行输出操作时，内存的数据传向外围设备。

传送后处理是指当 DMA 的中断请求得到响应后，CPU 停止主程序的执行，转去执行中断服务程序，做一些 DMA 传送的结束处理工作。这些工作包括：校验送入内存的数据是否正确；决定继续用 DMA 方式传送下去，还是结束传送；测试在传送过程中是否发生了错误等。

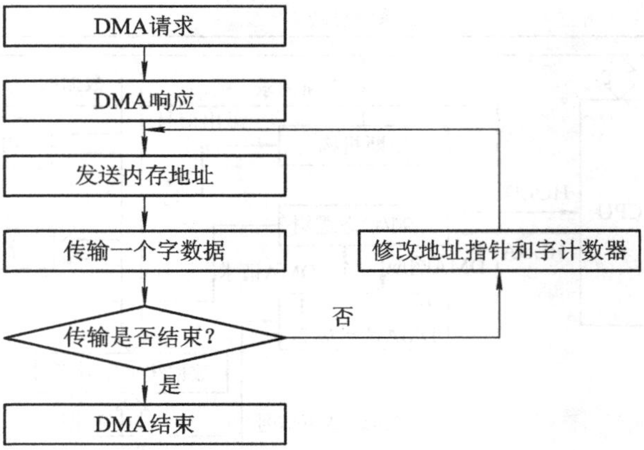

图 8.13 DMA 传送数据的流程图

8.4 通道方式

8.4.1 通道的基本概念

1. 通道的功能

通道的出现进一步提高了 CPU 的效率。因为通道是一个特殊功能的处理器，它有自己的指令和程序，专门负责数据输入/输出的传输控制，而 CPU 将“传输控制”的功能下放给通道后只负责“数据处理”功能。这样，通道与 CPU 分时使用内存，实现了 CPU 内部的数据处理与 I/O 设备的并行工作。

计算机系统的典型通道结构如图 8.14 所示，它具有两种类型的总线：一种是存储总线，承担通道与内存、CPU 与内存之间的数据传输任务；另一种是通道总线，即 I/O 总线，承担外围设备与通道之间的数据传送任务。这两类总线可以分别按照各自的时序同时进行工作。

由图 8.14 可以看出，通道总线可以接若干个设备控制器，一个设备控制器可以接一个或多个设备。因此，从逻辑结构上讲，I/O 系统一般具有四级连接：CPU 与内存↔通道↔设备控制器↔外围设备。为了便于通道对各设备的统一管理，对同一系列的机器，通道与设备控制器之间都有统一的标准接口，设备控制器与设备之间则根据设备要求不同而采用专用接口。

另一方面，具有通道的机器一般是大、中型计算机，数据流通量很大。如果所有的 I/O 设备都接在一个通道上，那么通道将成为限制系统效能的瓶颈。因此大、中型计算机的 I/O 系统一般接有多个通道。当然，设立多个通道的另一好处是，对不同类型的 I/O 设备可以进行分类管理。

存储管理部件是内存的控制部件，它的主要任务是根据事先确定的优先次序，决定下一周期由哪个部件使用存储总线访问内存。由于大多数 I/O 设备是旋转性的设备，读/写信号具有实时性，不及时处理会丢失数据，因此通道与 CPU 同时要求访内时，通道优先权

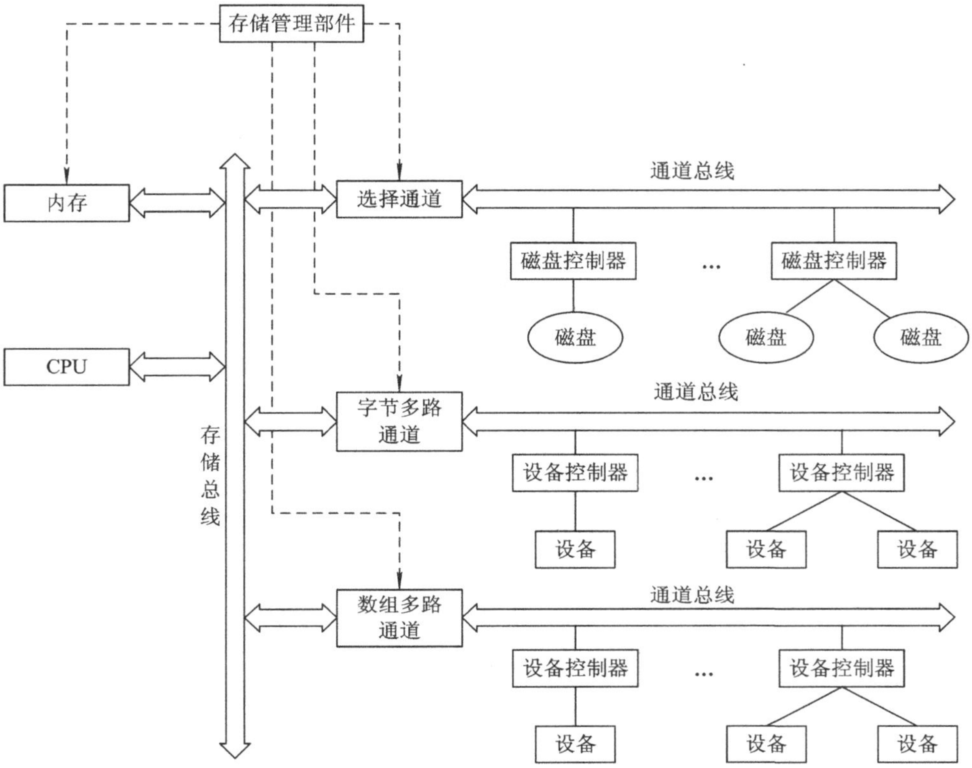

图 8.14　典型通道结构

高于 CPU。在多个通道有访内请求时，选择通道和数组多路通道的优先权高于字节多路通道，因为前者一般连接高速设备。

通道的基本功能是执行通道指令、组织外围设备和内存进行数据传输、按 I/O 指令要求启动外围设备、向 CPU 报告中断等，具体有以下五项功能：

(1) 接受 CPU 的 I/O 指令，按指令要求向指定通道和外设发出操作命令。

(2) 执行通道程序，控制外设与内存之间的数据传送，不但要提供数据缓冲，而且还要完成传送信息的分拆和装配。

(3) 指出外设读/写信息所在的位置，即提供外围设备内部地址，同时指出与外围设备交换信息的内存首地址和传送的数据量。

(4) 接收外围设备和子通道的状态信息，形成并保存通道本身的状态信息，根据要求将这些状态信息送到内存的指定单元，供 CPU 使用。

(5) 将外围设备的中断请求和通道本身的中断请求按次序及时报告 CPU。

因此，通道具有与 DMA 控制器相似的硬件结构，它不仅承担了 DMA 控制器的功能和 CPU 对 DMA 控制器的初始化工作，而且也实现了对低速外设采用程序中断方式进行数据传送的管理。通道分担了计算机系统中全部或大部分输入/输出功能，提高了 CPU 效率。

2. CPU 对通道的管理

CPU 是通过执行 I/O 指令、编写通道程序和处理来自通道的中断，来实现对通道的管理的。

I/O 指令是 CPU 指令系统的一部分，是专门控制输入/输出操作的指令。CPU 通过查询通道、外设状态和启停通道的 I/O 指令管理通道。通过运行操作系统的设备管理程序为通道编写通道程序。通道程序一般存储在主存指定位置，若通道专设存储器，则存入该存储器。通道程序由通道指令组成，由通道执行。当通道被启动后，CPU 就可退出管态，返回目态程序继续运行，而通道则按通道程序组织 I/O 操作，进入通道数据传送期，开始通道与设备间的数据传送，直到通道程序完全执行完为止。

通常把 CPU 运行操作系统的管理程序的状态称为管态，而把 CPU 执行目的程序时的状态称为目态。大中型计算机的 I/O 指令都是管态指令，只有当 CPU 处于管态时，才能运行 I/O 指令，目态时不能运行 I/O 指令。这是因为大中型计算机的软、硬件资源为多个用户所共享，而不是分给某个用户专用。

来自通道的中断有两种，一种是数据传送结束中断，另一种是故障中断。CPU 响应中断请求后，第二次转入管态，调出管理程序对输入/输出中断请求进行处理。由于每完成一次输入/输出只需两次进入管态，大大减少了对 CPU 执行目态程序的干扰，又由于计算机系统中的多个通道都可以同时运行自己的通道程序，因此显著提高了 CPU 的效率。

3. 通道对设备控制器的管理

通道通过使用通道指令控制设备控制器进行数据传送操作，并以通道状态字接收设备控制器反映的外围设备的状态。因此，设备控制器是通道对 I/O 设备实现传输控制的执行机构。

设备控制器的具体任务如下：

(1) 从通道接收通道指令，控制外围设备完成所要求的操作。

(2) 向通道反映外围设备的状态。

(3) 将各种外围设备的不同信号转换成通道能够识别的标准信号。

8.4.2 通道的种类

根据通道工作方式的不同，通道可以分为选择通道、数组多路通道和字节多路通道三种类型。

1. 选择通道

选择通道又称高速通道，在物理上它可以连接多个设备，但是这些设备不能同时工作，在某一段时间内通道只能选择一个设备进行工作。选择通道很像一个单道程序的处理器，在一段时间内只允许执行一个设备的通道程序，只有当这个设备的通道程序全部执行完毕后，才能执行其他设备的通道程序。

选择通道主要用于连接高速外围设备，如磁盘、磁带、高速数据采集系统等，信息以成组方式高速传输。由于数据传输率很高，可以达到 1.5 MB/s，即 0.67 μs 传送一个字节，通道在传送两个字节之间已很少空闲，因此在数据传送期间只为一台设备服务是合理的。但是这类设备的寻址辅助操作时间较长，在寻址时间内，通道并没有用来传送数据，而是处于等待状态，因此整个通道的利用率不是很高。

2. 数组多路通道

数组多路通道是对选择通道的一种改进，它的基本思想是：当某设备进行数据传送时，通道只为该设备服务；当设备在执行寻址等控制性动作时，通道暂时断开与这个设备的连接，挂起该设备的通道程序，去为其他设备服务，即执行其他设备的通道程序。所以数组多路通道很像一个多道程序的处理器。

由于大规模集成电路技术的发展，硬件价格大幅度降低，而高速外设作为机电寻址辅助操作的时间日益缩短，有的已在 5 ms 以下，加之数组多路通道控制复杂，目前很少有计算机采用数组多路通道。

3. 字节多路通道

字节多路通道主要用于连接大量的低速设备，如键盘、打印机等。假如数据传输率是 1000 B/s，即传送 1 个字节的间隔是 1 ms，而通道从设备接收或发送一个字节只需要几百纳秒，因此通道在传送两个字节之间有很多空闲时间，字节多路通道正是利用这个空闲时间交叉地为多台低速设备服务的。

字节多路通道和数组多路通道的共同之处在于两者都是多路通道，在一段时间内能交替执行多个设备的通道程序，使这些设备同时工作。

字节多路通道和数组多路通道的不同之处主要表现在以下两个方面：

(1) 数组多路通道允许多个设备同时工作，但只允许一个设备进行传输型操作，其他设备进行控制型操作。而字节多路通道不仅允许多个设备同时操作，而且也允许它们同时进行传输型操作。

(2) 数组多路通道与设备之间数据传送的基本单位是数据块，通道必须为一个设备传送完一个数据块以后，才能为别的设备传送数据块。而字节多路通道与设备之间数据传送的基本单位是字节，通道为一个设备传送一个字节后，又可以为另一个设备传送一个字节，因此各设备与通道之间的数据传送是以字节为单位交替进行的。

在 IBM 系统中常常用到子通道的概念。子通道是指实现每个通道程序所对应的硬设备。选择通道在物理上可以连接多个设备，但在一段时间内只能执行一个设备的通道程序，也就是说，在逻辑上只能连接一个设备，所以它只包含一个子通道。数组多路通道和字节多路通道不仅在物理上可以连接多个设备，而且在一段时间内能交替执行多个设备的通道程序，换句话说，就是在逻辑上可以连接多个设备，所以它们包含有若干个子通道。

注意，一个子通道可以连接多个设备，但子通道数并不等于物理上可连接的设备数，而是该通道中能同时工作的设备数。

本章小结

各种外设的数据传输速率相差很大。如何保证主机与外设在时间上的同步，涉及外围设备的定时问题。

在计算机系统中，CPU 与外设交换数据的方式有多种：程序查询方式、程序中断方式、DMA 方式和通道方式。

程序查询方式是最简单的，但其 CPU 占用率是最高的。

程序中断方式是广泛使用的一种数据交换方式。由外设向CPU发出中断请求信号，当CPU响应中断请求后，暂停当前程序运行，转入相应的中断服务程序为该设备服务。中断可以嵌套，各种外设提出的中断请求可以按需求排列优先级。

DMA技术的使用可以提高大批量成块数据的高速传输。通过DMAC的调度，可以在外设和内存之间进行数据的传输，提高数据传输效率。在DMA传输期间，DMAC占有总线的控制权。

通道是一个特殊功能的处理器。它有自己的指令和程序，专门负责数据输入/输出的传输控制，通过与CPU分时使用内存，可使CPU内部的数据处理与I/O设备并行工作。

习　题　8

1. 简述在CPU与外部设备之间设置接口电路的原因。
2. 接口的功能有哪些？
3. I/O接口中，一般包含有三种端口，它们是______、______和______。
4. 端口地址的编址方式有两种，分别是______和______。
5. I/O设备数据传送控制方式有哪些？各自有什么特点？
6. 什么是中断？什么是中断源？微机系统的中断源有哪些？
7. 中断识别的方法有______、______和______。
8. 设机器共有5级中断，中断响应的优先次序为1→2→3→4→5，各级中断的屏蔽位如表8.3所示。其中“1”对应于屏蔽，“0”对应于开放。

表8.3　各级中断的屏蔽位

中断处理程序级别	中断级屏蔽位				
	1	2	3	4	5
1	1	1	1	1	1
2	0	1	1	0	0
3	0	0	1	0	0
4	0	1	1	1	1
5	0	1	1	0	1

(1) 求实际中断处理次序；

(2) 若在运行用户程序时，同时出现2、4级中断请求，而在处理第2级中断未完成时，又同时出现1、3、5级中断请求，试画出此程序运行过程示意图。

9. 简述中断处理过程。
10. 简述DMA的三种工作方式。
11. 简述DMA的数据传输过程。
12. 简述通道的功能。
13. 根据通道工作方式的不同，通道可以分为______、______和______。

附录 A 各章部分习题参考答案

习题 1 参考答案

1～12. 略

13. (1) 2.24 CPI；(2) 17.86 MIPS；0.0112 s

14. (1) 1.5 CPI；(2) 15.8 MIPS

15～20. 略

习题 2 参考答案

1. 数的各种机器码表示见附表 2.1。

附表 2.1 数的各种机器码表示

序号	真值	原码	反码	补码	移码
(1)	−0.1110110	1.1110110	1.0001001	1.0001010	—
(2)	0.0011011	0.0011011	0.0011011	0.0011011	—
(3)	−0.1111111	1.1111111	1.0000000	1.0000001	—
(4)	−1.0000000	—	—	1.0000000	—
(5)	−0000001	10000001	11111110	11111111	01111111
(6)	−1111111	11111111	10000000	10000001	00000001
(7)	0100011	00100011	00100011	00100011	10100011
(8)	−10000000	—	—	10000000	00000000

2. 应满足的条件是：① $x_0=0$；② 当 $x_0=1$ 时，$x_1=1$ 且 x_2、x_3、x_4 不全为 0。

3. $1-2^{-31}$；2^{-31}；-2^{-31}；-1；$2^{31}-1$；1；-1；$-(2^{31}-1)$

4. $(1-2^{-23})\times 2^{127}$；$2^{-151}$；$-2^{-151}$；$-(1-2^{-23})\times 2^{127}$

5. (1) $(25C03)_{16}$

(2) 是规格化浮点数；它所表示的真值是 1859×2^{18}

6. (1) $(1-2^{-23})\times 2^{127}$

(2) -2^{127}

(3) 规格化数所能表示的正数的范围：$2^{-129}\sim(1-2^{-23})\times 2^{127}$；所能表示的负数的范围：$-2^{127}\sim-(2^{-1}+2^{-23})\times 2^{-128}$

7. $(-959\times 2^{-105})_{10}$

8. $(C0E90000)_{16}$

9. 证明：因为 $x<0$，按照定义有

$$
\begin{aligned}
[x]_{补} &= 2+x \\
&= 2-0.x_1x_2\cdots x_n \\
&= 1+(1-0.x_1x_2\cdots x_n)
\end{aligned}
$$

$=1+(0.11\cdots11-0.x_1x_2\cdots x_n+0.00\cdots01)$

$=1+0.\bar{x}_1\bar{x}_2\cdots\bar{x}_n+0.00\cdots01$

$=1.\bar{x}_1\bar{x}_2\cdots\bar{x}_n+0.00\cdots01$

10. 证明：因为$[x]_补=1.x_1x_2x_3x_4x_5x_6$，即 $x<0$，按照定义，有

$$[x]_补=2+x=1.x_1x_2x_3x_4x_5x_6$$

$$x=1.x_1x_2x_3x_4x_5x_6-2$$

$$=-1+0.x_1x_2x_3x_4x_5x_6$$

$$=-(1-0.x_1x_2x_3x_4x_5x_6)$$

$$=-(0.\bar{x}_1\bar{x}_2\bar{x}_3\bar{x}_4\bar{x}_5\bar{x}_6+0.000001)$$

因为 $x<0$，按照定义，有

$$[x]_原=1-x$$

$$=1+(0.\bar{x}_1\bar{x}_2\bar{x}_3\bar{x}_4\bar{x}_5\bar{x}_6+0.000001)$$

$$=1.\bar{x}_1\bar{x}_2\bar{x}_3\bar{x}_4\bar{x}_5\bar{x}_6+0.000001$$

11. (1) $[x+y]_补=00.00110$，$x+y=0.00110$，运算结果未发生溢出

(2) $[x+y]_补=1100111$，$x+y=-11001$，运算结果未发生溢出

12. (1)$[x-y]_补=11.11100$，$x-y=-0.00100$，运算结果未发生溢出

(2)$[x-y]_补=0101110$，运算结果发生正溢

13. $2[x]_补+\frac{1}{2}[y]_补=11.0000011$，运算结果未发生溢出

14. (1) $[x+y]_原=1.0011$，$x+y=-0.0011$，运算结果未发生溢出

(2) 因为完成$|x|+|y|$操作且操作结果的符号位为1，被加数为负数，所以运算结果发生负溢

15. (1) $[x-y]_原=0.1100$，$x-y=0.1100$，运算结果未发生溢出

(2) $[x-y]_原=11011$，$x-y=-1011$，运算结果未发生溢出

16. (1) $[x+y]_移=010100$，$x+y=0100$，运算结果未发生溢出

(2) $[x+y]_移=101000$，运算结果发生正溢

17. (1) $[x-y]_移=011101$，$x-y=1101$，运算结果未发生溢出

(2) $[x-y]_移=001101$，$x-y=-0011$，运算结果未发生溢出

18. 余3码编码的十进制加法器单元电路如附图2.1所示。

19. (1) ① $[x\times y]_原=1.0110110101$，$x\times y=-0.0110110101$

② $[x\times y]_补=1.1001001011$，$x\times y=-0.0110110101$

(2) ① $[x\times y]_原=01101000101$，$x\times y=+1101000101$

② $[x\times y]_补=01101000101$，$x\times y=+1101000101$

20. (1) ① 带求补器的原码阵列乘法器

$[x\times y]_原=1.0110110101$，$x\times y=-0.0110110101$

② 带求补器的补码阵列乘法器

$[x\times y]_补=1.1001001011$，$x\times y=-0.0110110101$

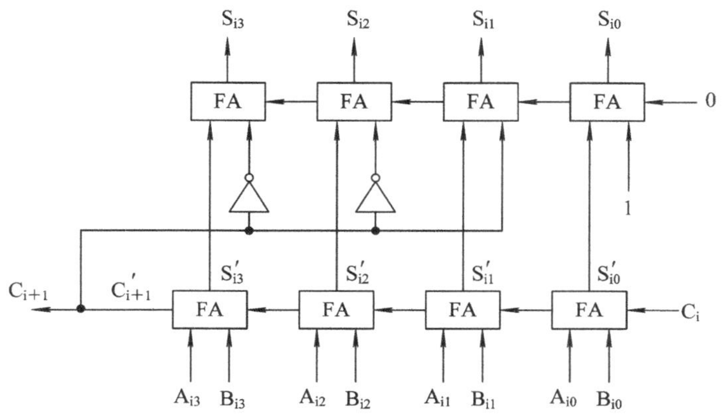

附图 2.1 余 3 码编码的十进制加法器单元电路

③ 直接补码阵列乘法器

$[x\times y]_{补}=1.1001001011$，$x\times y=-0.0110110101$

(2) ① 带求补器的原码阵列乘法器

$[x\times y]_{原}=01101000101$，$x\times y=+1101000101$

② 带求补器的补码阵列乘法器

$[x\times y]_{补}=01101000101$，$x\times y=+1101000101$

③ 直接补码阵列乘法器

$[x\times y]_{补}=01101000101$，$x\times y=+1101000101$

21. (1) ① 原码加减交替法

$[x\div y]_{原}=1.10110$，$[余数]_{原}=0.0000001110$

$x\div y=-0.10110$，余数$=0.0000001110$

② 补码加减交替法

$[x\div y]_{补}=1.01001$，$[余数]_{补}=1.1111110011$

$x\div y=-0.10111$，余数$=-0.0000001101$

(2) ① 原码加减交替法

$[x\div y]_{原}=010010$，$[余数]_{原}=111011$

$x\div y=+10010$，余数$=-11011$

② 补码加减交替法

$[x\div y]_{补}=010011$，$[余数]_{补}=000010$

$x\div y=+10011$，余数$=+00010$

22. (1) $[x\div y]_{原}=1.10110$，$[余数]_{原}=0.0000110011$

$x\div y=-0.10110$，余数$=0.0000110011$

(2) $[x\div y]_{原}=010010$，$[余数]_{原}=111001$

$x\div y=+10010$，余数$=-11001$

23. (1) $x=46=(101110)_2$

x 的三种机器码表示及移位结果如附表 2.2 所示。

附表 2.2 对 x=46 算术移位后的结果

移位操作	机器数		对应的真值
移位前	原码、反码	00101110	+46
左移一位		01011100	+92
左移两位		00111000	+56
右移一位		00010111	+23
右移两位		00001011	+11
移位前	补码	00101110	+46
左移一位		01011100	+92
左移两位		10111000	−72
右移一位		00010111	+23
右移两位		00001011	+11

(2) $y=-46=(-101110)_2$

y 的三种机器码表示及移位结果如附表 2.3 所示。

附表 2.3 对 y=−46 算术移位后的结果

移位操作	机器数		对应的真值
移位前	原码	10101110	−46
左移一位		11011100	−92
左移两位		10111000	−56
右移一位		10010111	−23
右移两位		10001011	−11
移位前	补码	11010010	−46
左移一位		10100100	−92
左移两位		01001000	+72
右移一位		11101001	−23
右移两位		11110100	−12
移位前	反码	11010001	−46
左移一位		10100011	−92
左移两位		11000111	−56
右移一位		11101000	−23
右移两位		11110100	−11

24. (1) 串行进位方式

$$C_1=G_0+P_0C_0$$

$$C_2 = G_1 + P_1C_1$$
$$C_3 = G_2 + P_2C_2$$
$$C_4 = G_3 + P_3C_3$$

(2) 并行进位方式

$$C_1 = G_0 + P_0C_0$$
$$C_2 = G_1 + G_0P_1 + P_0P_1C_0$$
$$C_3 = G_2 + G_1P_2 + G_0P_1P_2 + P_0P_1P_2C_0$$
$$C_4 = G_3 + G_2P_3 + G_1P_2P_3 + G_0P_1P_2P_3 + P_0P_1P_2P_3C_0$$

25. (1)组间串行进位方式的 ALU 如附图 2.2 所示。

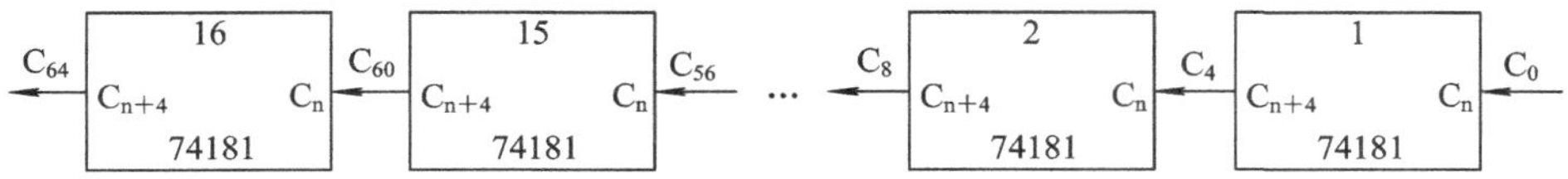

附图 2.2　组间串行进位方式的 ALU

(2) 两级组间并行进位方式的 ALU 如附图 2.3 所示。

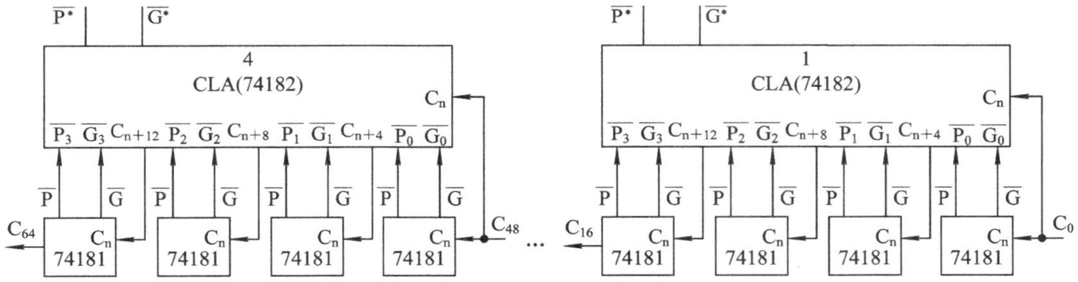

附图 2.3　两级组间并行进位方式的 ALU

(3) 三级组间并行进位方式的 ALU 如附图 2.4 所示。

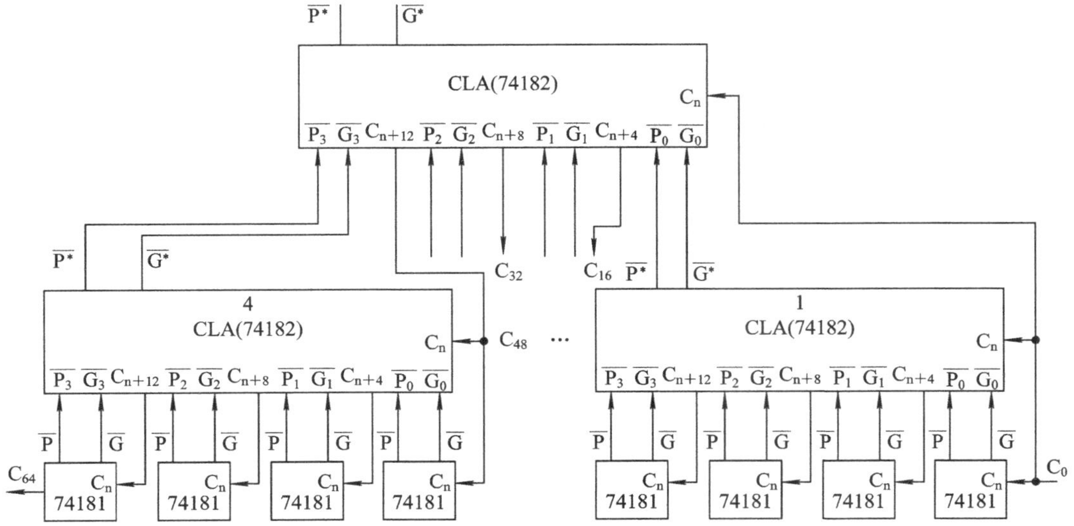

附图 2.4　三级组间并行进位方式的 ALU

26. (1) $[x+y]_浮$ =11100，11.010010，$[x-y]_浮$ =11110，00.110001，和、差均无溢出

$x+y=2^{-100}\times(-0.101110)$，$x-y=2^{-010}\times(0.110001)$

(2) $[x+y]_浮$ =11010，00.101100，$[x-y]_浮$ =11100，11.011111，和、差均无溢出

$x+y=2^{-110}\times(0.101100)$，$x-y=2^{-100}\times(-0.100001)$

27. (1) $[x\times y]_浮$ =11110，1.000110，乘积无溢出

$x\times y=2^{-010}\times(-0.111010)$

(2) $[x\times y]_浮$ =00001，0.110100，乘积无溢出

$x\times y=2^{001}\times(0.110100)$

28. (1) $[x\div y]_浮$ =00100，1.111010，商无溢出

$x\div y=2^{100}\times(-0.111010)$

(2) $[x\div y]_浮$ =11110，0.110001，商无溢出

$x\div y=2^{-010}\times(0.110001)$

29. 定点补码加减运算中，产生溢出的条件是：定点补码加减运算结果超出了定点数的表示范围。

溢出判断的方法有三种：① 单符号位法；② 进位判断法；③ 双符号位法，又称为“变形补码法”或“模 4 补码法”。

浮点加减运算中，产生溢出的条件是：浮点加减运算结果中阶码超出了它的表示范围。

30. (1) 码距为 4；最多能纠正 1 位错或发现 2 位错；出现数据 00011111，应纠正成 00001111；当已经知道出错位时，将该位数值取反即可纠正错误。

(2) 码距为 2；能发现 1 位错，不能纠错。

31. (1) 1；(2)0

32. 至少需要设置 6 个校验位。

设 16 个信息位为 $D_{16}\sim D_1$，6 个校验位为 $P_6\sim P_1$，22 位海明码为 $H_{22}\sim H_1$，则校验位的位置安排如下：

H_{22}	H_{21}	H_{20}	H_{19}	H_{18}	H_{17}	H_{16}	H_{15}	H_{14}	H_{13}	H_{12}	H_{11}	H_{10}	H_9	H_8	H_7	H_6	H_5	H_4	H_3	H_2	H_1
P_6	D_{16}	D_{15}	D_{14}	D_{13}	D_{12}	P_5	D_{11}	D_{10}	D_9	D_8	D_7	D_6	D_5	P_4	D_4	D_3	D_2	P_3	D_1	P_2	P_1

即 6 个校验位 $P_6\sim P_1$ 对应的海明码位号分别为 H_{22}、H_{16}、H_8、H_4、H_2、H_1。

33. (1) 1000110

(2) 1111111

(3) 0001101

(4) 0000000

34. 读出的数据错误。

35. (1) 代码的码距为 3；

(2) 这个代码是 CRC 码。

习题 3 参考答案

1. 略

2. DRAM 需要刷新，SRAM 则不需要。

3. (1) 16 GB；(2) 2^{14} 片。

4. (1) 4 条；(2) 4 片；(3) 16 片。

5. (1) 128 片；

(2) 刷新信号的周期应小于或等于 15.6 μs；

(3) 存储器刷新一遍最少要用 12.8 μs。

6. (1) 地址译码方案如下：

将地址的高 3 位 A_{15}、A_{14}、A_{13} 经 3∶8 译码器 74LS138 译码后实现片选，具体连接如下：

将 $\overline{Y}_0$ 作为 8 K×8 位 ROM 的 $\overline{CS}$；

将 $\overline{Y}_3$、$\overline{Y}_4$ 分别作为 2 组 8 K×8 位 RAM 的 $\overline{CS}$；

将 3∶8 译码器 74LS138 的一个使能端 $\overline{G_{2A}}$ 与 CPU 发出的访存允许信号 $\overline{MREQ}$ 相连，其他两个使能端 $\overline{G_{2B}}$、G_1 置均为有效信号。

(2) 主存与 CPU 的连接图如附图 3.1 所示。

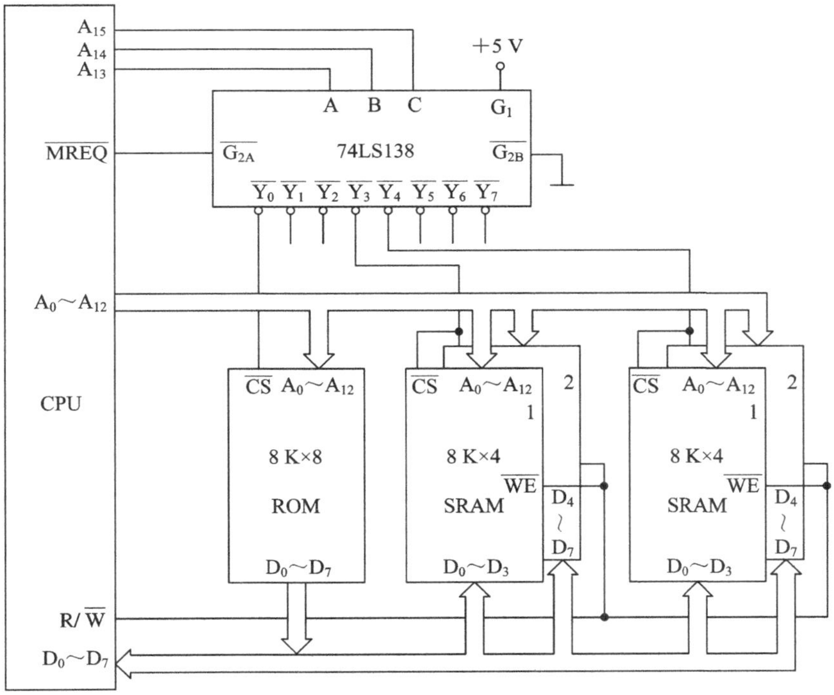

附图 3.1　主存与 CPU 的连接图

7. (1) 640 Mb/s；(2) 1205 Mb/s。

8. (1) 96 个时钟周期；(2) 27 个时钟周期。

9. h=0.96；t_a=58 ns；e≈0.862。

10. (1) 主存地址格式为

7 位	6 位	7 位
区号	块号	块内地址

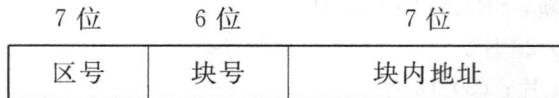

Cache 地址格式为

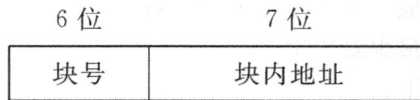

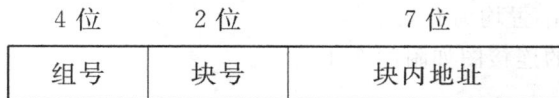

6 位	7 位
块号	块内地址

(2) 主存地址格式为

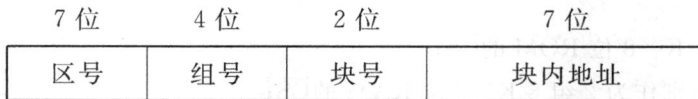

7 位	4 位	2 位	7 位
区号	组号	块号	块内地址

Cache 地址格式为

4 位	2 位	7 位
组号	块号	块内地址

11. (1)和(4)。

12. 2050

13. (1) 页面调度过程略。当采用 FIFO 替换算法时，命中率为 20%；当采用 LRU 替换算法时，命中率为 40%。

(2) 页面调度过程略。当采用 FIFO 替换算法时，命中率为 40%；当采用 LRU 替换算法时，命中率为 60%。

习题 4 参考答案

1. (1) 这台计算机最多可以设计出 256－m－n 条单操作数指令；

(2) 双操作数指令最多为 255 条，单操作数指令最多为 63 条，无操作数指令最多为 64 条。

2. (1) 各类指令的指令格式及各字段的位数设计如附图 4.1 所示。

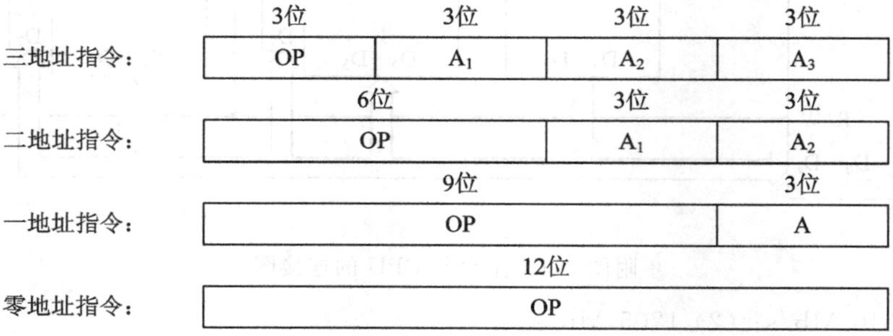

附图 4.1 扩展操作码的指令格式

(2) 各类指令的操作码编码如下：

000	A_1	A_2	A_3	2 条三地址指令
001	A_1	A_2	A_3	
010 000		A_1	A_2	32 条二地址指令
010 001		A_1	A_2	
⋮				
101 111		A_1	A_2	
110 000		000	A	64 条一地址指令
110 000		001	A	
⋮				
110 111		111	A	
111 000		000 000		16 条零地址指令
111 000		000 001		
⋮				
111 000		001 111		

(3) 操作码的平均码长为

$$\sum_{i=1}^{4}(P_i \cdot l_i)=\frac{2}{114}\times 3+\frac{32}{114}\times 6+\frac{64}{114}\times 9+\frac{16}{114}\times 12\approx 8.47\text{ 位}$$

3. 略

4. 略

5. (1) 寄存器直接；(2) 寄存器间接；(3) 立即；(4) 直接；(5) 相对、基址、变址；(6) 自动增量/减量；(7) 堆栈

6. (1) 1000；(2) 3000；(3) 1000；(4) 2000；(5) 1000；(6) 1000

7. (1) 无操作数指令最多有$[(2^8-K)\times 2^{12}-L]\times 2^{12}$条；

(2) 1748H；2600H；2500H

8. 指令格式设计如下：

7 位	3 位	14 位
操作码	寻址特征	形式地址

操作码占 7 位；寻址特征位占 3 位；可直接寻址的范围是 $0\sim 2^{14}-1$；一次间接寻址的范围是 $0\sim 2^{24}-1$。

9. (1) 指令格式设计如下：

6 位	2 位	8 位
OP	MOD	A

MOD=00，表示页面寻址；

MOD=01，表示间接寻址；

MOD=10，表示直接寻址。

(2) 主存能划分成 512 个页面；每页 256 个单元。

(3) 在设计的指令格式不变的情况下，可增加相对寻址。

10. (1)RS 型指令格式如下：

6 位	4 位	4 位	18 位
OP	R	R_b	A

(2) RS 型指令能访存的最大存储空间是$(2^{32}+2^{17}-1)\times 4$ B。

11. 单字长单地址指令的指令格式如下：

5 位	2 位	3 位	6 位
OP	MOD	R	A

寻址方式的定义和各种寻址方式的寻址范围如附表 4.1 所示。

附表 4.1 寻址方式的定义和各种寻址方式的寻址范围

寻址方式的定义	寻址方式	有效地址 E	寻址范围
MOD＝00	寄存器直接寻址	E＝R	$R_0 \sim R_7$
MOD＝01	寄存器间接寻址	E＝(R)	0～65535
MOD＝10	直接寻址	E＝A	0～63
MOD＝11	基址寻址	$E=(R_b)+A$	0～65535

12. ④

13. ③

14. (1) 该指令格式最多能定义 16 种不同功能的指令；立即寻址时，操作数的范围是－128～＋127；

(2) 绝对寻址(直接寻址)　E＝A
基址寻址　$E=(R_b)+A$
相对寻址　E＝(PC)＋A
立即寻址　A 为操作数

(3) 由于基址寻址时，有效地址 $E=(R_b)+A$，R_b 为 14 位，因此该寻址方式可寻址的地址范围为 $0\sim 2^{14}+2^7-2$。

(4) 间接寻址时，寻址的地址范围是 $0\sim 2^{16}-1$。

15～18. 略

习题 5 参考答案

1. 略
2. 略
3. STOI 指令的指令周期流程图如附图 5.1 所示。
4. LDA 指令的指令周期流程图如附图 5.2 所示。

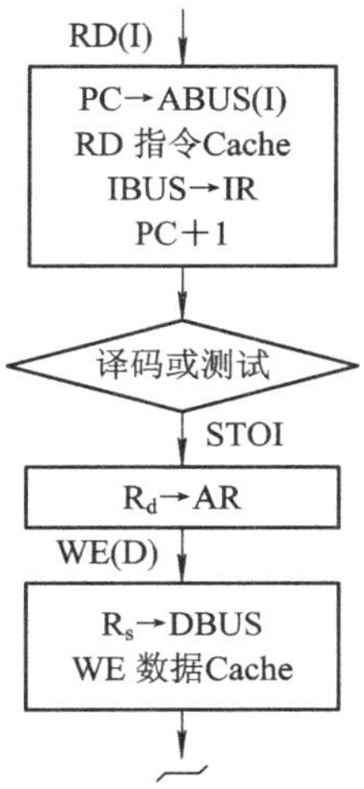

附图 5.1　STOI 指令的指令周期流程图

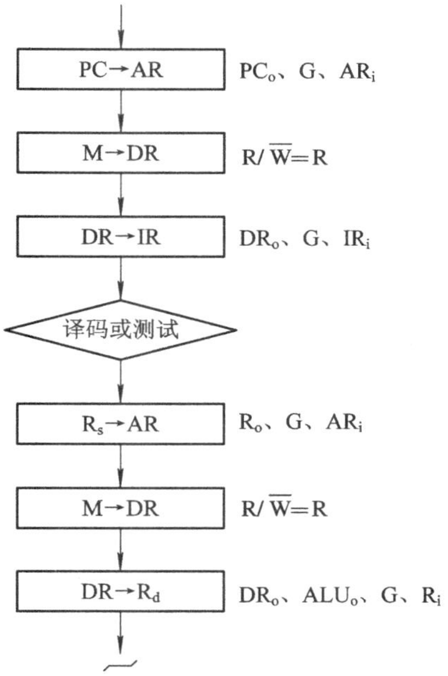

附图 5.2　LDA 指令的指令周期流程图

5. ADD 指令的指令周期流程图如附图 5.3 所示。

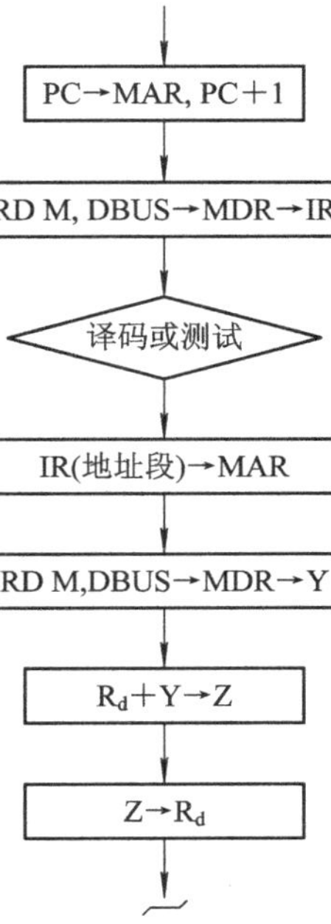

附图 5.3　ADD 指令的指令周期流程图

6. (1) a：数据缓冲寄存器 DR；　b：指令寄存器 IR；

c：主存地址寄存器 AR；　d：程序计数器 PC。

(2) M→IR→操作控制器。

(3) 读主存储器：通过 AR 先置操作数地址，M→DR→ALU→AC；

写主存储器：通过 AR 先置操作数地址，AC→DR→M。

7. 略

8. 略

9. 略

10. (1) 如果这 10 个控制字段采用编码表示法，需要 31 位控制位；

(2) 如果采用完全水平型编码方式，需要 69 位控制位。

11. 逻辑表达式的含义为：

(1) 在进行 P_1 测试时，根据指令寄存器 IR 中的 $IR_{15} \sim IR_{12}$ 修改 $\mu A_3 \sim \mu A_0$，进行 16 路分支；

(2) 在进行 P_2 测试时，根据零标志 ZF 修改 μA_4，进行 2 路分支：

(3)所有的表达式均分别和 T_4 相与，表示在 T_4 内形成后继微指令的微地址。

微地址转移逻辑图如附图 5.4 所示，图中 $S_4 \sim S_0$ 分别对应微地址寄存器 $\mu A_4 \sim \mu A_0$ 的异步置“1”端，低电平有效。

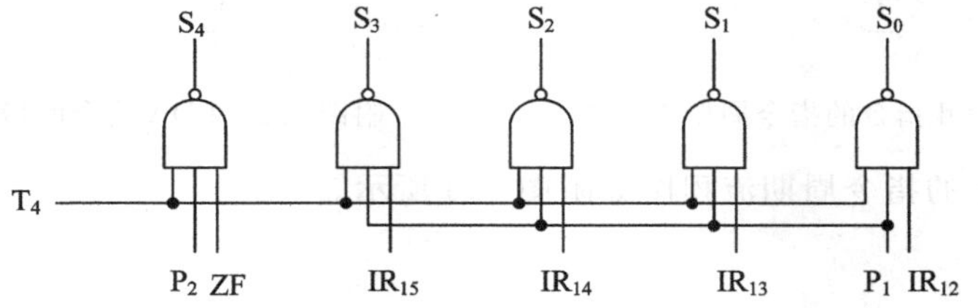

附图 5.4 微地址转移逻辑图

12. (1) 判别测试字段占 4 位，直接微地址字段占 9 位，操作控制字段占 35 位。

(2) 微程序控制器逻辑框图如附图 5.5 所示。

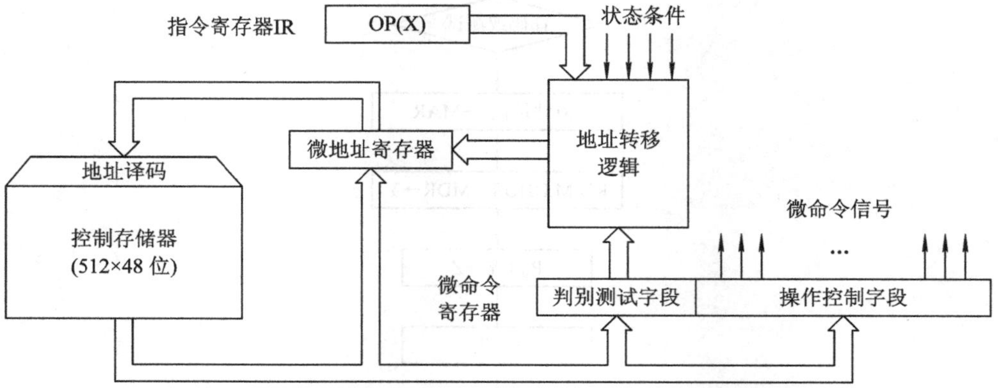

附图 5.5 微程序控制器逻辑框图

13. A：④；B：③；C：④；D：②；E：①；F：②；G：①。

14～18. 略

19. A：③；B：②。

20.（1）流水线的操作周期应设计为 100 ns；

（2）若相邻两条指令发生数据相关，而且在硬件上不采取措施，那么第 2 条指令要推迟 130ns 进行，如附图 5.6 所示。

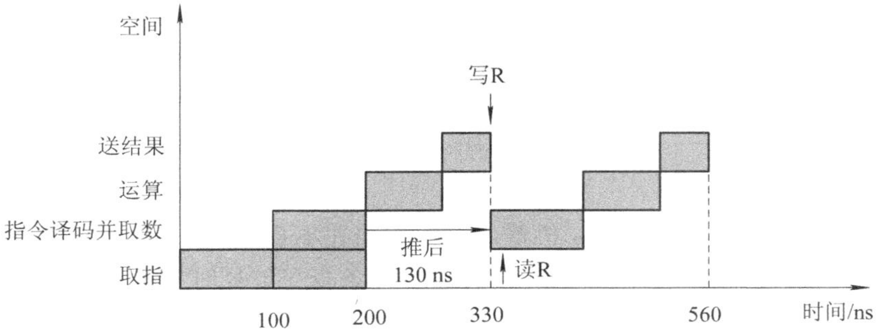

附图 5.6 两条指令流水解释的时空图

（3）如果在硬件设计上加以改进，如采用相关专用通路（结果一旦生成即可使用），则无需推迟第 2 条指令的读操作。

21. 在第(1)组指令中，存在 RAW 相关；在第(2)组指令中，存在 WAR 相关；在第(3)组指令中，存在 RAW 相关、WAR 相关和 WAW 相关。

22.（1）流水线时空图如附图 5.7 所示。

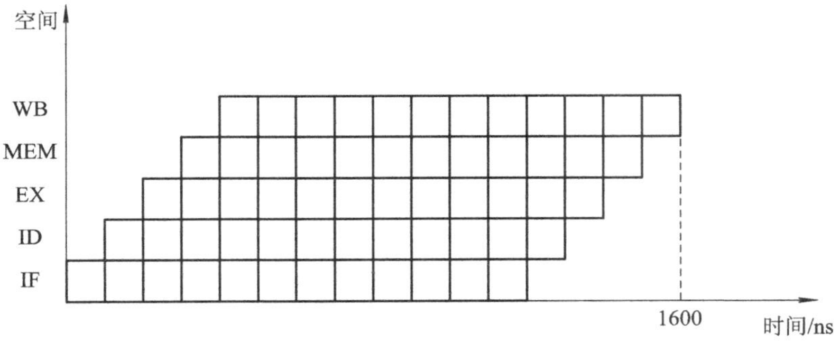

附图 5.7 指令流水处理的时空图

（2）流水线的实际吞吐率为

$$TP=\frac{12}{16\times 100\times 10^{-9}\times 10^{6}}=7.5\ \text{MIPS}$$

（3）流水线的加速比为

$$S_p=\frac{12\times 5\times 100}{16\times 100}=3.75$$

（4）流水线的效率为

$$\eta=\frac{12\times 5\times 100}{5\times 16\times 100}=75\%$$

23.（1）$\dfrac{1}{2\times 2\times \dfrac{1}{16\times 10^{6}}\times 10^{6}}=4\ \text{MIPS}$

(2) $\dfrac{1}{3\times2\times\dfrac{1}{16\times10^6}\times10^6}\approx2.67$ MIPS

24. A：①；B：⑦；C：④。

25. (1) $\dfrac{1}{2.5\times2\times\dfrac{1}{8\times10^6}\times10^6}=1.6$ MIPS

(2) $\dfrac{1}{5\times4\times\dfrac{1}{8\times10^6}\times10^6}=0.4$ MIPS

由(1)、(2)可以得出如下结论：机器的主频相同并不意味着平均指令执行速度也相同。平均指令的执行速度不仅与主频有关，而且还与每条指令解释时指令周期中所包含的机器周期数、每个机器周期中所包含的时钟周期数有关。

26. 提高单机系统指令级并行性的措施主要有超标量技术、超流水线技术、超标量超流水技术、VLIW 技术和 EPIC 技术等。

习题 6 参考答案

1. 略
2. 略
3. 地址总线、数据总线、控制总线；单向总线和双向总线；局部总线、系统总线、通信总线。
4. 略
5. 1064 MB/s；6400 MB/s
6. 略
7. 参见例 6.2。
8. 设 BUSY 为总线忙信号，当 BUSY=0 时，总线空闲。设总线授权的优先级依次为设备接口 0、1、2、…。独立请求方式优先级裁决逻辑电路如附图 6.1 所示。

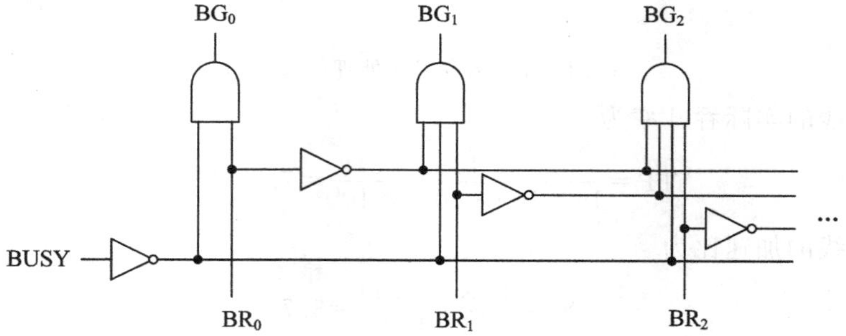

附图 6.1　独立请求方式优先级裁决逻辑电路

当总线忙时，BUSY=1，不响应设备请求。

当总线不忙，即 BUSY=0 时，若有 BR_1、BR_2 提出请求，即 $BR_1=1$、$BR_2=1$，设备接口 0 无请求($BR_0=0$)，由图可以看出，$BG_0=0$，$BG_1=1$，$BG_2=0$，响应设备接口 1 的请求，同时置总线忙。响应完设备接口 1 的请求并执行完相关操作后，撤消 BR_1，即令 $BR_1=$

0，接下来就可以响应设备接口 2 的请求。

9. 略

10. 串行方式；并行方式；复合方式

11. 略

12. 同步方式；异步方式；半同步方式；分离方式

13. 略

14. 非互锁方式；半互锁方式；全互锁方式

15. 略

16. 事务层；数据链路层；物理层

17. 略

18. 控制传输；等时(同步)传输；中断传输；数据块传输

习题 7 参考答案

1. 机械式；光电式

2. 略

3. 直流控制系统；接口系统；激光扫描系统；成像系统

4～7. 略

8. $T_B = T_S + \frac{60}{2r} + \frac{60n}{rN}$

9. (1) 9×2－2＝16 个存储面

(2) 有效存储区域＝(5－2.36)/2＝1.32 (英寸)

1250 TPI×1.32＝1650 道，即 1650 个柱面。

(3) 内层磁道周长为 2πR＝2×3.14×1.18＝7.41 (英寸)

每道信息量＝52 400 bpi×7.41 英寸＝388 284 位＝48 535.5 B

每面信息量＝388 284×1650＝640 668 600 位＝80 083 575 B

盘组总容量＝80 083 575 B×16＝1 281 337 200 B

(4) 磁盘转速 r＝2400 rpm＝2400 转/60 秒＝40 转/秒

磁道容量 N＝48 535.5 B

数据传输率＝rN＝40×48 535.5 B≈1.94 MB/s

(5) 16 个存储面，故记录面号为 4 位。

1650 个磁道，故磁道号为 11 位。

每个磁道拥有的扇区数＝48 535.5 B/2 KB≈24 扇区，故扇区号为 5 位。

10. 略

11. 略

12. (1) 寄存器组－Cache－主存－CD-ROM－硬磁盘

(2) 寄存器组－Cache－主存－硬磁盘－CD-ROM

习题 8 参考答案

1. 略

2. 略
3. 数据端口；状态端口；控制端口
4. 统一编址；独立编址
5. 略
6. 略
7. 查询法；向量法；强置程序计数器法
8. (1) 实际中断处理次序为：1→4→5→2→3
   (2) 运行过程示意图如附图 8.1 所示。

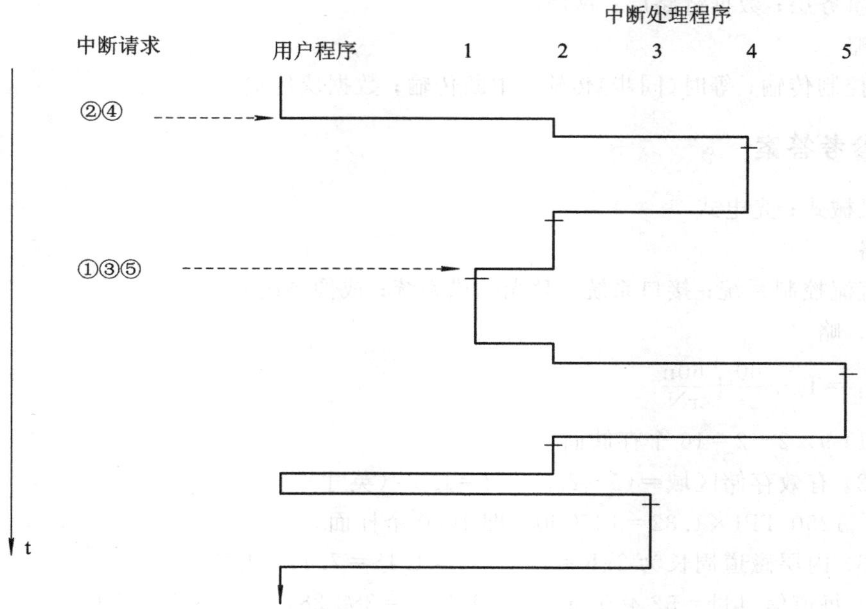

附图 8.1 运行过程示意图

9. 略
10. 略
11. 略
12. 略
13. 选择通道；数组多路通道；字节多路通道

附录 B 研究生入学考试“计算机组成原理”课程全国统考大纲

「考查目标」

1. 理解单处理器计算机系统中各部件的内部工作原理、组成结构以及相互连接方式，具有完整的计算机系统的整机概念。

2. 理解计算机系统层次化结构概念，熟悉硬件与软件之间的界面，掌握指令集体系结构的基本知识和基本实现方法。

3. 能够运用计算机组成的基本原理和基本方法，对有关计算机硬件系统中的理论和实际问题进行计算、分析，并能对一些基本部件进行简单设计。

「考查内容」

一、计算机系统概述

（一）计算机发展历程

（二）计算机系统层次结构

1. 计算机硬件的基本组成

2. 计算机软件的分类

3. 计算机的工作过程

（三）计算机性能指标

吞吐量、响应时间；CPU 时钟周期、主频、CPI、CPU 执行时间；MIPS、MFLOPS。

二、数据的表示和运算

（一）数制与编码

1. 进位计数制及其相互转换

2. 真值和机器数

3. BCD 码

4. 字符与字符串

5. 校验码

（二）定点数的表示和运算

1. 定点数的表示

无符号数的表示；有符号数的表示。

2. 定点数的运算

定点数的移位运算；原码定点数的加/减运算；补码定点数的加/减运算；定点数的乘/除运算；溢出概念和判别方法。

（三）浮点数的表示和运算

1. 浮点数的表示

浮点数的表示范围；IEEE754 标准。

2. 浮点数的加/减运算

（四）算术逻辑单元 ALU

1. 串行加法器和并行加法器
2. 算术逻辑单元 ALU 的功能和结构

三、存储器层次结构

(一) 存储器的分类
(二) 存储器的层次化结构
(三) 半导体随机存取存储器
1. SRAM 存储器的工作原理
2. DRAM 存储器的工作原理
(四) 只读存储器
(五) 主存储器与 CPU 的连接
(六) 双口 RAM 和多模块存储器
(七) 高速缓冲存储器(Cache)
1. 程序访问的局部性
2. Cache 的基本工作原理
3. Cache 和主存之间的映像方式
4. Cache 中主存块的替换算法
5. Cache 写策略
(八) 虚拟存储器
1. 虚拟存储器的基本概念
2. 页式虚拟存储器
3. 段式虚拟存储器
4. 段页式虚拟存储器
5. TLB(快表)

四、指令系统

(一) 指令格式
1. 指令的基本格式
2. 定长操作码指令格式
3. 扩展操作码指令格式
(二) 指令的寻址方式
1. 有效地址的概念
2. 数据寻址和指令寻址
3. 常见寻址方式
(三) CISC 和 RISC 的基本概念

五、中央处理器(CPU)

(一) CPU 的功能和基本结构
(二) 指令执行过程

（三）数据通路的功能和基本结构
（四）控制器的功能和工作原理
1. 硬连线控制器
2. 微程序控制器
微程序、微指令和微命令；微指令的编码方式；微地址的形成方式。
（五）指令流水线
1. 指令流水线的基本概念
2. 超标量和动态流水线的基本概念

六、总线

（一）总线概述
1. 总线的基本概念
2. 总线的分类
3. 总线的组成及性能指标
（二）总线仲裁
1. 集中仲裁方式
2. 分布仲裁方式
（三）总线操作和定时
1. 同步定时方式
2. 异步定时方式
（四）总线标准

七、输入/输出(I/O)系统

（一）I/O 系统基本概念
（二）外部设备
1. 输入设备：键盘、鼠标
2. 输出设备：显示器、打印机
3. 外存储器：硬盘存储器、磁盘阵列、光盘存储器
（三）I/O 接口(I/O 控制器)
1. I/O 接口的功能和基本结构
2. I/O 端口及其编址
（四）I/O 方式
1. 程序查询方式
2. 程序中断方式
中断的基本概念；中断响应过程；中断处理过程；多重中断和中断屏蔽的概念。
3. DMA 方式
DMA 控制器的组成；DMA 传送过程。
4. 通道方式

附录 C 国内外常用二进制逻辑元件图形符号对照表

图形符号						说明
中国	国际电工委员会	美国	德国	英国	日本	
						逻辑非，示在输入端
						逻辑非，示在输出端
						逻辑极性，示在输入端
						逻辑极性，示在输出端
						动态输入
						带逻辑非的动态输入
&	&	& 或	&	&	AND	“与”门
≥1	≥1	≥1 或	≥1	≥1	OR	“或”门
1	1	1 或	1	1	NOT	“非”门 反相器
&	&	& 或	&	&	NAND	“与非”门
≥1	≥1	≥1 或	≥1	≥1	NOR	“或非”门
=1	=1	=1 或	=1	=1		“异或”门
t_1 t_2	t_1 t_2	t_1 t_2 或 t_1 t_2	t_1 t_2	t_1 t_2		规定延迟 时间延迟单元

参 考 文 献

[1] 白中英. 计算机组成原理. 3 版. 北京：科学出版社，2002

[2] 唐朔飞. 计算机组成原理. 北京：高等教育出版社，2000

[3] 董荣胜. 计算机科学导论——思想与方法. 北京：高等教育出版社，2007

[4] 莫正坤，邵平凡. 计算机组成原理. 广州：中山大学出版社，2005

[5] 胡越明. 计算机组成与系统结构. 上海：上海交通大学出版社，2002

[6] 王爱英. 计算机组成与结构. 3 版. 北京：清华大学出版社，2001

[7] 陈智勇. 计算机系统结构. 西安：西安电子科技大学出版社，2004

[8] 陈智勇. 计算机原理课程设计. 西安：西安电子科技大学出版社，2006

[9] Tanenbaum Andrew S. 计算机组成——结构化方法. 刘卫东，宋佳兴，徐恪，译. 北京：人民邮电出版社，2006

[10] Stallings William. 计算机组成与体系结构——性能设计. 张昆藏，等，译. 7 版. 北京：清华大学出版社，2006

[11] Burd Stephen D. 系统体系结构. 郭新房，等，译. 5 版. 北京：清华大学出版社，2007

[12] Berger Arnold S. 计算机硬件及组成原理. 吴为民，等，译. 北京：机械工业出版社，2007

[13] 吕辉. 计算机系统结构与组成. 西安：西安电子科技大学出版社，2007

[14] 徐爱萍. 计算机组成原理习题与解析. 3 版. 北京：清华大学出版社，2007

[15] 郝文化. 计算机组成原理考研辅导教程. 成都：电子科技大学出版社，2005

[16] 罗莉，肖晓强. 典型题解析与实战模拟——计算机组成原理. 长沙：国防科技大学出版社，2002

[17] 教育部高等学校计算机科学与技术教学指导委员会. 高等学校计算机科学与技术专业公共核心知识体系与课程. 北京：清华大学出版社，2007

[18] 2009 年考研计算机大纲[OL]. http：//www.cnedu.cn/news/2008/8/